普通高等教育"十一五"国家级规划教材

电工与电子技术

（第二版）（下册）

王鸿明　段玉生　王艳丹

高等教育出版社
Higher Education Press

内容简介

本书是普通高等教育"十一五"国家级规划教材。

本书是为工科非电类专业编写的，用于讲授电工技术，电子技术课程使用的教材。编写时按通用教材要求考虑，因而内容丰富、适用面广。本书的特点是加强基础、增强应用，注重理论联系实际，力求达到学以致用。本书上册为电工技术部分，主要内容有电路元件与电路定律、电路分析方法、正弦交流电路、周期性非正弦电流电路、电路中的谐振与电路的频率响应、三相交流电路、电路的暂态过程、磁路、交流铁心线圈与变压器、电动机、继电器控制、可编程控制器（PLC）、电工测量、电路仿真软件 TINA 及应用。本书下册为电子技术部分，主要内容有二级管、晶体管，基本放大电路，差分放大、功率放大和集成运放，放大电路中的负反馈，集成运放的应用，电源逻辑代数，组合逻辑电路，时序逻辑电路，脉冲信号的产生与整形，大规模集成电路等内容。

本书可作为高等学校工科非电类专业本科、专科教材或参考书，对相关的工程技术人员亦有参考价值。

图书在版编目(CIP)数据

电工与电子技术. 下册/王鸿明，段玉生，王艳丹. —2版. —北京：高等教育出版社，2009.12（2015.9重印）
ISBN 978-7-04-028058-6

I. 电… II. ①王…②段…③王… III. ①电工技术-高等学校-教材②电子技术-高等学校-教材 IV. TM TN

中国版本图书馆 CIP 数据核字(2009)第 171606 号

策划编辑	金春英	责任编辑	王莉莉	封面设计	于文燕	责任绘图	尹 莉
版式设计	张 岚	责任校对	王效珍	责任印制	张泽业		

出版发行	高等教育出版社	网 址	http://www.hep.edu.cn	
社 址	北京市西城区德外大街4号		http://www.hep.com.cn	
邮政编码	100120	网上订购	http://www.landraco.com	
印 刷	三河市华骏印务包装有限公司		http://www.landraco.com.cn	
开 本	787×1092 1/16			
印 张	23.75	版 次	2005年4月第1版	
字 数	580 000		2009年12月第2版	
购书热线	010-58581118	印 次	2015年9月第3次印刷	
咨询电话	400-810-0598	定 价	34.30元	

本书如有缺页、倒页、脱页等质量问题，请到所购图书销售部门联系调换
版权所有 侵权必究
物 料 号 28058-00

第二版前言

《电工与电子技术》(第二版)是以国家电工课程教学指导委员会制订的"电工学教学基本要求(草案)"为依据,并根据本教材第一版使用时的教学实践及近年来电工、电子技术发展和应用的情况,对第一版教材进行了适当的修改和增删后完成的。

修改情况如下:

1. 对第一版教材中一些较深、较难的内容,如复杂正弦交流电路的分析、磁路分析、继电器控制电路设计、放大电路综合等内容进行了删减。此外,还对一些次要内容进行了精简,降低难度,从而使第二版教材能为更多的院校接受,适用面将会更广。

2. 对部分内容进行了优化组合,目的是使读者能具有较好的理论基础和分析问题的能力。例如,将第一版教材的第 15 章基本放大电路、第 16 章集成运算放大器,重新组合成 4 章内容。即,第 15 章基本放大电路,第 16 章差分放大、功率放大和集成运放,第 17 章放大电路中的负反馈,第 18 章集成运放的应用。进行重新组合后,基本概念更清晰,问题分析更明确,使读者能更好地理解各种放大电路的工作特点,为理解和应用集成运放电路打下良好的基础。

3. 节能环保是世界的一件"大事",本书第二版中凡涉及电能应用之处,编者均强调了这一概念,并从节能环保的角度介绍了可再生能源应用和节能灯等常识。增加这些内容的目的是让每个人在工作和生活中都树立节能的意识。

4. 考虑到目前业界可编程控制器(PLC)产品的市场占有率和应用情况,对可编程控制器一章进行了重新编写。采用西门子 S7-200 系列 PLC 作为学习 PLC 的典型机型,并增加了利用顺序功能图编程的方法。

5. 增加了电子设计自动化(Electronics Design Automation,EDA)的内容。随着电工电子技术的飞速发展,掌握和应用 EDA 技术,已经成为每位工程技术人员必备的技能。

EDA 技术以计算机为工作平台,以硬件描述语言为电路和器件设计的基础,结合相应的开发软件,使电子系统的设计产生了质的飞跃。在 EDA 技术中,最为基础的硬件描述语言是 SPICE(Simulation Program for Integrated Circuits Emphasis,即:针对 IC 设计的仿真程序)。SPICE 是 20 世纪 70 年代由 Berkeley 大学开始设计的,目前已经发展到 SPICE 3F5 版本。商业化的电路仿真软件都是基于 SPICE 的扩充,如 TINA、Multisim、PSpice 等。其功能从最初的只能进行数模混合电路仿真,扩充到了可以进行 VHDL 仿真、单片机(MCU)仿真、PCB 设计等功能。除此之外,每种仿真软件都有自己的特点。

本书在电工技术及模拟电路中采用 TINA 进行电路仿真。TINA 是完全汉化的电路仿真软件,除具有电路图输入、SPICE 仿真功能、VHDL 仿真、MCU 仿真、PCB 设计等这些电路仿真软件共有的功能外,还具有符号分析、输出相量图、三维实况仿真等特有功能,其功能强大、容易入门、运行流畅、模型正确的特点,很适合电工电子技术的教学使用。

TINA 的功能十分强大,而本书只利用了其中很基本的功能。它不但适合教学使用,也适合于电子系统的设计使用,相信读者利用其在线帮助经过练习,可以熟练使用 TINA 的各种功能。

硬件描述语言(VHDL)是目前应用可编程逻辑器件设计数字系统的基本语言,但是鉴于本书的应用范围和教学学时,只对可编程逻辑器件的原理、硬件描述语言(VHDL)及其使用环境进行了简要介绍。

本书由王鸿明、段玉生和王艳丹共同完成,段玉生负责编写本书上册的第 11 章和第 13 章,王艳丹负责编写下册的第 24 章,其余各章及附录由王鸿明编写。段玉生编写了与本书配套的电子教案,王艳丹编写了《电工与电子技术学习指导与习题解答》一书。通过这些与本书配套的教材,将能帮助读者更深入地理解和掌握本书的核心知识点,并为进一步学习有关内容提供有力帮助。

本书(上、下册)仍由北京理工大学刘蕴陶教授主审,刘蕴陶教授在长达一年的时间里,以严谨的科学态度和高度认真负责的精神,仔细审阅了书稿,提出了许多修改意见和建议。这些意见和建议为提高本书的质量起到了很好的作用,在此表示衷心的感谢。

由于书中引入新内容较多,而编者的学识和水平有限,书中必然会存在问题和不足,请使用本书的读者提出您的宝贵意见。

编　者

2008 年 12 月 20 日

第一版前言

本书是为工科非电类专业本、专科生,学习电工技术、电子技术课程而编写的教材。书中内容以教育部1995年颁发的电工技术、电子技术课程教学基本要求为依据,并在此基础上有扩展和加深,目的是使教材能更好地适应现代宽口径人才培养的需要和工科非电类专业对电工技术、电子技术课程教学的要求。为达此目的,编写时作者对书中内容遵循如下两个原则:

1. 考虑到电工技术、电子技术是一门技术基础课程,课程的这个性质决定了课程的内容应具有基础性和普遍适用性,特别是近年来许多非电类专业的专业技术与电工技术、电子技术和计算机技术结合得日益紧密,为了能给专业用电打下良好基础,本教材在编写时力求将基本概念、基本理论、基本知识和分析方法的讲述作为各章、节的重点,以便使读者能具有较扎实的理论基础和分析问题的能力,使读者能在电工技术、电子技术方面具有继续学习的能力,为此,本书中所讨论的问题均本着道理应讲清楚、原因应说明白,事件的过程应有一个清楚的交代。叙述过程要力求做到简明、易懂,准确无误。

2. 由于电工技术、电子技术课程又是一门应用类型的课程,因此,加强应用知识的介绍,学以致用是本教材编写时着重考虑的另一个问题。为了使读者能更好地理解基本概念、基本理论和能运用基本知识与分析方法去解决一些问题,本教材中根据不同的章、节,不同的要求引入了一些"案例"、即"阅读电路图";"选择电气元件";"分析电路原理或功能";"设计电路"等。安排这样一些内容的目的是使读者能够将所学的一个个知识点,汇集成一个知识链,从而能建立起完整的系统(或工程)的概念,有利于提高分析问题和综合问题的能力。

教材内容较教育部颁发的课程教学基本要求有扩展和加深,对于这部分内容标有*号,可按需要选讲。

本教材(上、下册)由北京理工大学刘蕴陶教授审稿。刘蕴陶教授对本书进行了详细的审阅,提出了宝贵的意见和修改建议,并与作者还就一些问题进行了讨论。作者对刘蕴陶教授的工作表示衷心的感谢。

本书使用的一些文字符号前、后章节不尽统一,主要是考虑教学的习惯性和连续性。

由于电工技术、电子技术的内容广泛,作者学识有限,因而在理解和掌握上定有认识不足和理解错误之处,期盼使用本书的教师和读者批评和指正。

编 者

2004年9月

目 录

第14章　半导体二极管、晶体管　1
14.1　二极管　1
　14.1.1　PN结　1
　14.1.2　二极管　3
　14.1.3　二极管的主要参数　6
　14.1.4　含二极管电路分析　6
　14.1.5　一些特殊二极管　9
14.2　双极型晶体三极管　12
　14.2.1　晶体管的电流控制作用　12
　14.2.2　晶体管共射组态特性曲线　14
　14.2.3　晶体管的主要参数　16
14.3　场效晶体管（场效应管）　17
　14.3.1　增强型N沟道场效应管（NMOS）　18
　14.3.2　增强型P沟道场效应管（PMOS）　20
　14.3.3　VMOS　20
　14.3.4　MOS管的参数　21
习题　23

第15章　基本放大电路　26
15.1　共发射极电压放大电路　26
　15.1.1　阻容耦合共发射极放大电路中各元件的作用　27
　15.1.2　静态分析　28
　15.1.3　动态分析　30
　15.1.4　工作点稳定的共发射极放大电路　37
15.2　共集电极放大电路——射极输出器　40
　15.2.1　静态分析　41
　15.2.2　动态分析　41
15.3　场效应管放大电路　45
　15.3.1　阻容耦合场效应管共源极放大电路　45
　15.3.2　阻容耦合场效应管共漏极放大电路（源极输出器）　48
15.4　多级放大电路　48
　15.4.1　阻容耦合多级共发射极放大电路　48
　15.4.2　阻容耦合、共射与共集组合多级放大电路　51
习题　53

第16章　差分放大、功率放大和集成运放　58
16.1　差分放大电路　59
　16.1.1　简单的直接耦合电路存在的问题　59
　16.1.2　差分放大电路的工作原理与分析　60
　16.1.3　差分放大电路的输入、输出方式　65
　16.1.4　性能改差的差分放大电路　66
16.2　功率放大　68
　16.2.1　直接耦合射极输出电路　68
　16.2.2　互补对称功率放大电路　71
　16.2.3　集成电路功率放大器　75
16.3　集成运算放大器　76
　16.3.1　集成运放的图形符号和等效电路　76
　16.3.2　集成运放的主要参数　77
　16.3.3　集成运放的工作区　78
习题　80

第17章　放大电路中的负反馈　84
17.1　反馈的基本概念　84
　17.1.1　反馈性质的判断　85
　17.1.2　反馈电路的组态与判定　88
　17.1.3　反馈放大电路的一般关系式　93
17.2　深度负反馈放大电路电压放大倍数计算　94
17.3　负反馈对放大电路性能的影响　99
习题　101

第18章　集成运放的应用　105
18.1　信号运算电路　105
　18.1.1　反相放大电路　105

		18.1.2	同相放大电路 ················ 107
		18.1.3	加、减运算电路 ············· 109
		18.1.4	积分和微分运算电路 ······· 113
	18.2	有源滤波电路 ································· 116
		18.2.1	一阶低通有源滤波器 ······· 116
		18.2.2	高通、带通和带阻电路 ····· 117
	18.3	电压比较器 ····································· 118
		18.3.1	单限比较器 ···················· 118
		18.3.2	迟滞比较器 ···················· 119
	18.4	波形发生电路 ································· 123
		18.4.1	正弦信号发生器 ············· 124
		18.4.2	非正弦信号发生器 ·········· 129
	习题	··· 134

第 19 章　电源 ·· 142

19.1	直流稳压电源 ································· 142
	19.1.1	整流电路 ························· 142
	19.1.2	滤波和稳压电路 ············· 148
19.2	可控整流电路 ································· 154
	19.2.1	晶闸管（SCR） ··············· 155
	19.2.2	晶闸管可控整流电路（主电路） ··· 158
	19.2.3	可控整流电路的控制电路（触发电路） ········· 165
	*19.2.4	脉宽调制技术（PWM） ··· 169
*19.3	开关电源和变频电源 ···················· 171
	19.3.1	开关电源 ························· 171
	19.3.2	变频电源 ························· 172
习题	··· 174

第 20 章　逻辑代数 ····································· 177

20.1	逻辑变量和逻辑函数 ···················· 178
	20.1.1	逻辑变量 ························· 178
	20.1.2	逻辑函数 ························· 179
20.2	逻辑运算 ··· 180
	20.2.1	基本逻辑运算 ················ 180
	20.2.2	复合逻辑运算 ················ 183
	20.2.3	逻辑代数的基本公式和定理 ··· 185
20.3	逻辑函数的标准形式与化简 ········ 188
	20.3.1	积之和与和之积 ············· 188
	20.3.2	逻辑函数表示方法 ·········· 190
	20.3.3	逻辑函数化简 ················ 194
习题	··· 197

第 21 章　组合逻辑电路 ···························· 200

21.1	集成逻辑门电路 ···························· 200
	21.1.1	集成与非门 ···················· 201
	21.1.2	集成或非门 ···················· 203
	21.1.3	集成门电路逻辑功能扩展 ··· 204
	21.1.4	集成门电路的特性 ·········· 207
21.2	组合逻辑电路的分析与设计 ········ 211
	21.2.1	组合逻辑电路的分析 ······· 211
	21.2.2	组合逻辑电路的设计 ······· 213
	21.2.3	竞争与冒险 ···················· 214
21.3	集成组合逻辑电路 ························· 215
	21.3.1	编码器 ···························· 216
	21.3.2	译码器 ···························· 219
	21.3.3	数据选择器 ···················· 223
	21.3.4	加法器 ···························· 226
	21.3.5	数值比较器 ···················· 227
	21.3.6	组合逻辑数字集成电路的应用（举例） ············· 229
习题	··· 232

第 22 章　时序逻辑电路 ···························· 235

22.1	触发器 ··· 235
	22.1.1	RS 触发器 ······················ 235
	22.1.2	D 触发器 ························ 239
	22.1.3	JK 触发器 ······················· 241
	22.1.4	T(T′) 触发器 ··················· 243
22.2	触发器的应用（一些常用时序逻辑电路） ································ 245
	22.2.1	寄存器 ···························· 245
	22.2.2	计数器 ···························· 247
22.3	时序电路分析 ································· 252
	22.3.1	同步时序电路分析 ·········· 252
	22.3.2	异步时序电路分析 ·········· 256
22.4	集成时序电路组件 ························· 259
	22.4.1	集成电路移位寄存器 ······· 259
	22.4.2	集成电路计数器 ············· 262
习题	··· 271

第 23 章　脉冲信号的产生与整形 ············ 277

23.1	门电路构成的多谐振荡器、单稳态触发器和施密特触发器 ········· 277
	23.1.1	多谐振荡器 ···················· 277

23.1.2 单稳态触发器 …………… 280
23.1.3 施密特触发器(鉴幅器) …… 284
23.2 555 定时器 ……………………… 286
　23.2.1 555 定时器的原理电路与功
　　　　能表 …………………………… 287
　23.2.2 555 定时器构成的多谐、单稳和
　　　　施密特触发器 ………………… 288
　23.2.3 555 定时器应用举例 ………… 293
习题 ……………………………………… 296
第 24 章 大规模集成电路 ……………… 300
24.1 数字量和模拟量的相互转换 …… 300
　24.1.1 D/A 转换器(DAC) ………… 300
　24.1.2 A/D 转换器(ADC) ………… 305
24.2 半导体存储器 …………………… 315
　24.2.1 只读存储器(ROM) ………… 315
　24.2.2 随机存储器(RAM) ………… 322
　24.2.3 存储器容量的扩展 …………… 325
24.3 可编程逻辑器件(PLD) ………… 326
　24.3.1 PLD 的逻辑图表示方法 …… 327
　24.3.2 PAL(可编程阵列逻辑)/GAL
　　　　(通用阵列逻辑) ……………… 329
　24.3.3 CPLD/FPGA ………………… 335
　24.3.4 PLD 的编程方法 …………… 337
　24.3.5 VHDL 简介 ………………… 339
习题 ……………………………………… 345
附录 ……………………………………… 350
　附录[一] ……………………………… 350
　附录[二] ……………………………… 356
部分习题答案 …………………………… 365
参考文献 ………………………………… 369

第 14 章

半导体二极管、晶体管

半导体二极管和晶体管是组成电子电路的基本元件。将二极管、晶体管和电阻、电容及其间相互的连线,制作在一块半导体硅片上,使之成为一个完整的、具有一定功能的半导体器件,这种器件称为集成电路。

在这一章内,将对二极管、晶体管的工作原理、特性、主要参数进行简要介绍,为学习电子电路作必要的知识准备。

▶14.1　二极管

半导体二极管的核心是一个 PN 结。

▶▶14.1.1　PN 结

1. 本征半导体和掺杂半导体

物质按导电能力的不同分为导体(电阻率为 10^{-8} Ω·m 数量级)和绝缘体(电阻率为 10^{14} Ω·m 数量级或更高),导电能力介于导体与绝缘体之间的物质称为半导体,如用于制造半导体器件的材料——硅,电阻率为 10^{3} Ω·m。

半导体器件通常是用硅或锗材料制造的。硅和锗都是 4 价元素。成晶体结构状的硅原子其外层的 4 个价电子都与相邻的原子形成共价键结构,如图 14.1.1(a)所示。这种由单一的硅原子并呈共价键结构的半导体,称为本征半导体。

本征半导体内处于共价键上的某些价电子,接收外界能量,如受热或光照后可脱离共价键的束缚成为自由电子,本征半导体内出现自由电子后,在共价键处就会出现一个空位,这个空位称为空穴。电子带负电,而原子失去价电子后显现正电,因此,分析时可认为空穴是带正电的粒子。在本征半导体中,自由电子(以后简称电子)和空穴是成对出现的,两者带电荷量相等,但符号相反。电子和空穴都是载运电荷的粒子,称为载流子。在电场的作用下,电子和空穴均会产生定向运动,形成电流。空穴电流与电子电流的区别在于,空穴电流是由处于共价键上的电子,在电场

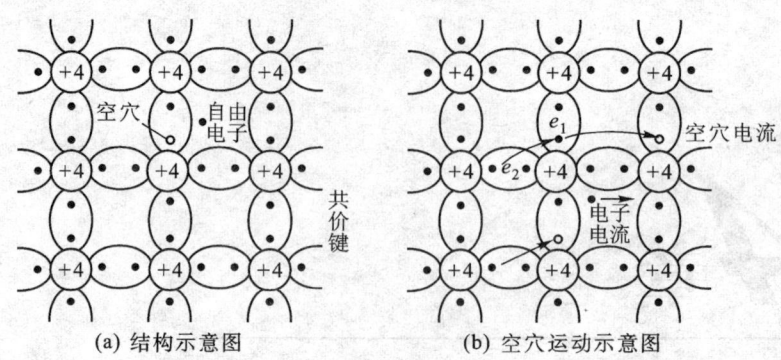

(a) 结构示意图　　　　　(b) 空穴运动示意图

图 14.1.1　本征半导体

力的作用下填补空穴而形成的,如图 14.1.1(b)所示。共价键上的电子 e_1 在电场力作用下移至空穴处填补了空穴,但电子 e_1 移走后,在 e_1 的位置处将出现新的空穴(即相当于原先的空穴在电场力的作用下移至 e_1 处),这时电子 e_2 又会填补 e_1 移走后的空穴,……由于共价键上的电子填补空穴的运动可视为空穴在移动,从而形成的电流称为空穴电流。因此,本征半导体内电流是由电子电流和空穴电流共同形成的,这是半导体导电与导体导电的区别(导体只有自由电子导电,没有空穴导电)。

常温下,本征半导体内的载流子数目很少,为增强半导体的导电能力,在硅(或锗)单晶内掺入五价元素或三价元素后可使半导体内载流子数量增加,从而提高导电能力。在半导体硅中掺入五价的砷(或磷)元素后,砷原子取代某些硅原子的位置,并与其他硅原子结成共价键,与硅原子形成共价键时只需要 4 个价电子,五价的砷原子外层的第 5 个价电子很容易成为自由电子,如图 14.1.2(a)所示。失去一个外层电子的砷原子是固定在晶格上不能移动的正离子。

掺入五价元素的半导体,自由电子数量增多,载流子中自由电子占多数,空穴占少数,这种掺杂半导体称为 N 型半导体,其符号如图 14.1.2(b)所示。符号表示,每掺入一个五价的砷原子后,就会出现一个带正电的离子和一个自由电子。

本征半导体掺入三价元素的铝(或硼)后,铝原子取代某些硅原子的位置,如图 14.1.3(a)所示,每掺入一个铝原子就会出现一个空穴,掺入三价元素的半导体,多数载流子是空穴,自由电子是少数,这种半导体称为 P 型半导体,其符号如图 14.1.3(b)所示。符号表示,每掺入一个三价的原子,就会出现一个带负电的离子和一个空穴。

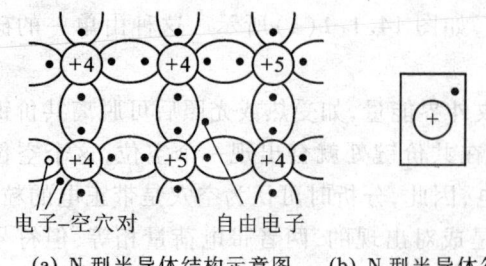
(a) N 型半导体结构示意图　　(b) N 型半导体符号

图 14.1.2　N 型半导体

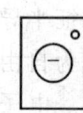
(a) P 型半导体结构示意图　　(b) P 型半导体符号

图 14.1.3　P 型半导体

2. PN结

将P型半导体和N型半导体制作在同一硅片上,使之结为一体,因为N型半导体内有大量电子,P型半导体内有大量空穴,当这样两种半导体结为一体后,因两边电子和空穴浓度不同而会产生电子和空穴的扩散,即N型区的电子向P型区扩散,P型区的空穴向N型区扩散。扩散的结果是N型区的电子填补P型区半导体共价键上的空穴,从而使自由电子与空穴同时消失,这种现象称为复合。电子与空穴复合过程中得到电子的P型半导体带负电,而失去电子的N型半导体带正电。随着电子不断与空穴复合,在半导体内部出现了电荷区,如图14.1.4中所示,这个空间电荷区称为PN结。

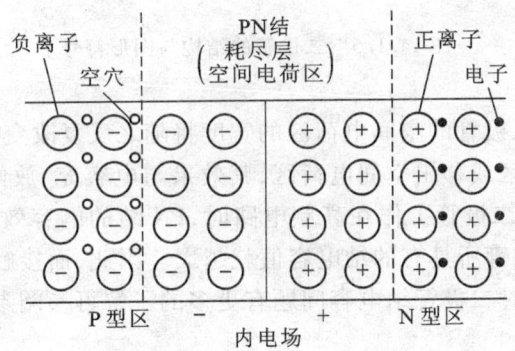

图 14.1.4　PN 结

空间电荷区的出现,使半导体内部产生了内电场,内电场的方向是从N型区指向P型区。内电场的出现又会使P型区的电子向N型区运动。电子在电场力作用下的运动称为漂移运动,因此,半导体内出现内电场后,电子、空穴的扩散运动与漂移运动同时存在。内电场随着扩散运动的增强而增强,内电场的增强又使漂移运动增强,最终电子、空穴的扩散与漂移运动达到动态平衡,即认为不再有载流子通过PN结,这时半导体内部的空间电荷区的宽度不再增加。

在分析PN结问题时,应当注意:半导体内部的空间电荷区(即PN结)虽然带电,但是在这个区域内的电子和空穴已全部复合,不存在自由电子和空穴了,因而空间电荷区又被称为耗尽层,即在这个区域内的自由电子已被完全耗尽了。空间电荷区内没有电子和空穴,因而与绝缘体相似。通过外加电压可以控制空间电荷区的宽度,从而使PN结具有单向导电的特性,利用这一特性可制成二极管。(有关PN结的更详细分析可参阅参考文献[1]、[2]等相关部分。)

▶▶14.1.2　二极管

1. 二极管的结构

二极管的核心部分是一个PN结,在P型与N型半导体的两端加上电极后就构成了一个二极管。与P型半导体相连的电极是二极管的阳极,与N型半导体相连的电极是二极管的阴极。

二极管有点接触和面接触等不同类型,如图14.1.5所示。

二极管所以有不同的结构类型,是因为工作需要的不同而产生的。面接触型二极管,PN结面积大,允许通过较大的电流,这类结构的二极管主要用于整流电路。点接触型的二极管,PN结面积小,只适用于小电流电路。PN结面积大的二极管若工作于频率较高的电路,当作用于二极

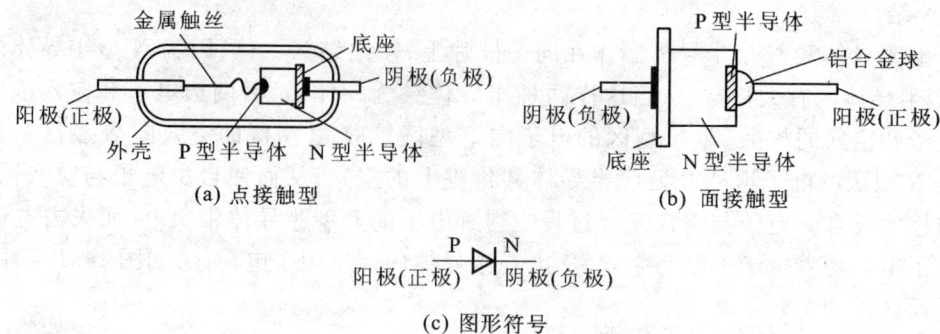

图 14.1.5　二极管的结构与图形符号

管上的电压反复交变时,二极管的空间电荷区的宽度将随之反复改变,空间电荷区宽度变化则意味着有电荷移入空间电荷区或移出空间电荷区,其效果与电容充、放电相似,即在交变电压作用下 PN 结具有电容效应,当二极管工作在高频电路时,PN 结的电容效应将影响二极管的单向导电性,PN 结面积越大,二极管所具有的结电容值就越大。因此,面接触型二极管的工作频率远低于点接触型的二极管。欲对二极管结电容问题有更多的了解可参阅参考文献[1]、[2]等相关内容。

2. 二极管的伏安特性

图 14.1.6(a)所示二极管电路,二极管的阳极电位高于阴极电位,即 U_D 为正值,这种情况称为二极管两端作用着正向电压也称二极管正向接法。图 14.1.6(b)所示情况,二极管两端作用着反向电压也称二极管反向接法。

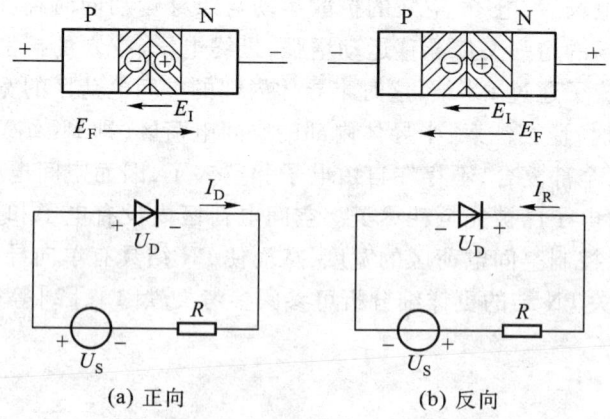

图 14.1.6　二极管正向接法与反向接法

二极管在正向电压作用下,外加电场 E_F 方向与内电场 E_I 方向相反,将会使半导体内部电场削弱,空间电荷区变窄,因而电子、空穴的扩散运动强于漂移运动,越过空间电荷区的电子和空穴在外电路电压作用下形成电流 I_D,如图 14.1.6(a)所示,这一电流通常称为二极管正向电流

(I_D)。若二极管上作用着反向电压,如图 14.1.6(b)所示,外加电场 E_F 方向与内电场 E_I 方向一致,从而使空间电荷区增宽,电子、空穴的扩散运动不能进行,只有 P 区的少数载流子(电子)和 N 区的少数载流子(空穴)在电场力的作用下产生漂移运动,形成二极管的反向电流(I_R)。

二极管的反向电流,是由少数载流子的漂移运动产生的,而少数载流子的数目与环境温度有关,当环境温度一定时,少数载流子的数目基本上也维持一定。因此,在一定的温度下,二极管的反向电流在一定的反向电压范围内,不会随着反向电压的增、减而发生变化。因此,二极管的反向电流又称为反向饱和电流,以字符 I_S 表示。通常情况下二极管的反向电流是很小的。

根据半导体物理的理论,通过 PN 结的电流与 PN 结两端电压之间有如下关系

$$I_D = I_S(e^{\frac{U_D}{U_T}} - 1) \tag{14.1.1}$$

式中:I_D 为通过 PN 结的电流;I_S 为 PN 结的反向饱和电流;U_D 为作用在 PN 结上的电压;U_T 称为温度电压当量,是个与温度等有关的参数,在室温下 $U_T \approx 26$ mV,可视为常数。

正向接法时 $U_D>0$,反向接法时 $U_D<0$。当正向接法时若 $U_D \gg U_T$ 时,则 $e^{\frac{U_D}{U_T}} \gg 1$,正向电流

$$I_D(I_F) \approx I_S e^{\frac{U_D}{U_T}} \tag{14.1.2}$$

反向接法时 $U_D<0$,若 $|U_D| \gg U_T$,则 $e^{\frac{U_D}{U_T}} \approx 0$,反向电流

$$I_D(=-I_R) \approx -I_S \tag{14.1.3}$$

根据式(14.1.1)作出的二极管的伏安特性曲线如图 14.1.7 中曲线①所示,而二极管的实测伏安特性曲线如图 14.1.7 中曲线②所示,两条曲线略有差别的原因是:实际二极管正向工作并作用有电压 U_D 时,只有外加电压 U_D 大于一定值后,能影响空间电荷区宽度时,二极管的电流才开始出现,此后电流随电压按指数规律增加。使二极管开始有电流的电压值称为二极管的开启电压 U_{on},如图 14.1.7 所示。

二极管的开启电压 U_{on} 值与制造二极管的材料有关,锗二极管的 U_{on} 值为 0.1~0.2 V,硅二极管的 U_{on} 值为 0.5 V 左右。二极管正向导电后,电流 I_D 随 U_D 按指数关系增长,当 I_D 达到额定值时,二极管的电压较开启电压 U_{on} 值增大不多,小电流的锗二极管电流达额定值时,其电压 U_D 约为 0.3 V,而硅二极管的电压 U_D 为 0.7 V 左右。

二极管在反向接法时,反向电流 $I_D = -I_R \approx -I_S$。在一定的反向电压值内,反向电流 $I_R \approx I_S$ 保持为一固定值,如图 14.1.7 中所示。当反向电压 U_R 增大而使电场力增强到一定程度后,可将共价键上的电子拉出,使载流子数目大大增加,从而使反向电流迅速增大。另外,反向电压增大,也会造成电子运动速度增大,高速运动的电子与原子核外层电子碰撞后,产生出新的电子-空穴对,并引起连锁反应,使载流子数目大大增加,造成反向电流迅速增大。二极管反向电压 U_R 超过一定数值后,造成反向电流迅速增加的现象,称为电击穿。使二极管出现电击穿的反向电压值,称为击穿电压 U_{RBR}。二极管出现电击穿后,如果对击穿后的电流值不加以限制,将会造成 PN 结过热而损坏,从而使二极管丧失单向导

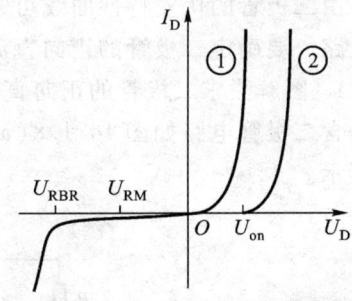

图 14.1.7 二极管的伏安特性曲线
①理论曲线;②二极管实测曲线

电能力。为防止电击穿,允许施加到二极管的最高反向电压值为 U_{RM},该值一般为击穿电压值的 1/2。

▶▶14.1.3 二极管的主要参数

为了表征半导体器件的性能和使用条件,每一种器件都有一系列相应的参数。二极管的主要参数有以下几个。

1. 最大整流电流 I_F

I_F 值是二极管长期运行时允许通过的正弦半波整流电流的平均值。I_F 值由 PN 结的面积及二极管的散热条件决定(即大电流的二极管工作时需装有散热片,否则该二极管的使用电流不能用到额定值)。二极管的正向电流若长时间超过额定值,二极管将会因过热而损坏。

2. 最大反向工作电压 U_{RM}

U_{RM} 为二极管工作时,允许施加的最大反向电压值。超过此值后,二极管可能被击穿。

3. 反向电流 I_R

二极管的反向电流 $I_R = I_S$,I_S 为反向饱和电流,I_S 越小,表明二极管单向导电性越好。二极管的反向电流受温度影响,温度升高,I_R 增大。

4. 最高工作频率 f_M

二极管的 f_M 与结电容有关,不同类型二极管的 f_M 值不同。PN 结面积大,电容效应强,则工作频率低。二极管的实际工作频率大于 f_M 后,单向导电性变差。

二极管的类型和参数可以从半导体器件手册中查到。有关二极管的命名方法及一些二极管的参数情况,可参阅本书附录[1]。

▶▶14.1.4 含二极管电路分析

由二极管的伏安特性曲线可知,二极管是一个非线性元件,因而含二极管的电路是一个非线性电路。要确定二极管的正向直流(称为静态)电压、电流时,可以用图解法或估算法进行。

1. 图解法求二极管的正向直流电压、电流

含二极管电路如图 14.1.8(a)所示,图中二极管的伏安特性曲线如图 14.1.8(b)中的曲线①所示。

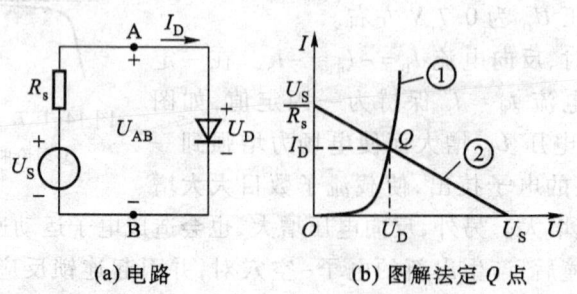

(a) 电路　　(b) 图解法定 Q 点

图 14.1.8　图解法确定二极管静态电压与电流

用图解法确定二极管的正向直流电压 U_D、电流 I_D 时,首先根据图 14.1.8(a),将该电路划分

成为两部分：二极管作为一部分；二极管以外的电源与线性电阻所组成的电路作为另外一部分。二极管的电流 I_D 与电压 U_{AB} 间的关系由它的伏安特性曲线决定；线性电阻与电源组成的这部分电路，其电压 U_{AB} 与电流 I_D 间的关系根据图 14.1.8(a)可知，为

$$U_{AB} = U_S - R_s I_D \tag{14.1.4}$$

式(14.1.4)为一直线方程，根据这一方程作出的曲线如图 14.1.8(b)中的斜线②。斜线②称为二极管的负载线，负载线②与二极管伏安特性曲线有交点 Q，Q 点的坐标值，即所求电路中二极管的正向直流电压 U_D 和电流 I_D 值，该 U_D 和 I_D 值又称为二极管的静态电压、静态电流值，交点 Q 又称为二极管的静态工作点。

2. 估算法计算二极管的正向电流

由二极管的伏安特性曲线可看出，二极管的正向电压高于管子的开启电压 U_{on} 之后，二极管的电流 I_D 随电压 U_D 按指数规律的关系增长。硅二极管开启电压为 0.5 V 左右，小功率硅二极管的正向电流达到额定值时，二极管的正向电压 U_D 约为 0.7 V。换句话说，硅二极管正向导电后，其电压 U_D 与 0.7 V 相差不会很多。同样，对于锗二极管而言，当正向电流达到额定值时，其电压为 0.3 V 左右。为了简化计算，只要二极管处于正向导电状态，就可认为：硅二极管的正向电压为 0.7 V；锗二极管的正向电压为 0.3 V。根据这一估算值，可以确定出图 14.1.8(a)电路中，二极管的正向电流值，即

当使用硅二极管时，正向电流

$$I_D(I_F) = \frac{U_S - U_D}{R_s} \approx \frac{U_S - 0.7}{R_s} \tag{14.1.5}$$

当使用锗二极管时，正向电流

$$I_D(I_F) = \frac{U_S - U_D}{R_s} \approx \frac{U_S - 0.3}{R_s} \tag{14.1.6}$$

3. 静态电阻 R_D、动态电阻 r_D

(1) 静态电阻

二极管在某个静态工作点下的电压 U_D 与电流 I_D 的比值，称为二极管的静态电阻 R_D，即

$$R_D = \frac{U_D}{I_D}\bigg|_Q$$

因为二极管是非线性元件，故在不同的静态工作点下，二极管的静态电阻值将不同，如图 14.1.9 所示，即二极管的静态电阻值不是常数。

(2) 动态电阻

二极管的动态电阻 r_D 的定义如下：二极管在某一静态工作点处，其电压 U_D 的增量 ΔU_D 与电流 I_D 的增量 ΔI_D 的比值，如图 14.1.10 所示，称为二极管的动态电阻 r_D。

当电压增量 ΔU_D 和电流增量 ΔI_D 很小时，可以认为 $\Delta U_D \rightarrow dU_D$，$\Delta I_D \rightarrow dI_D$，因而，图 14.1.10 中，$Q$ 点处的动态电阻

$$r_D = \frac{\Delta U_D}{\Delta I_D} = \frac{dU_D}{dI_D}\bigg|_Q \tag{14.1.7}$$

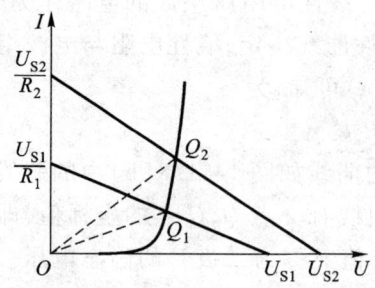

图 14.1.9　静态电阻与工作点的关系
（$U_{S2} > U_{S1}$；$R_1 > R_2$）

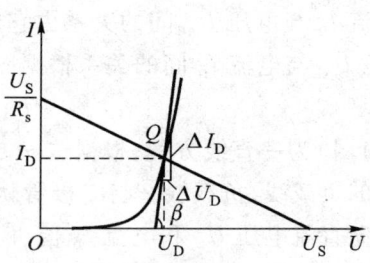

图 14.1.10　动态电阻

在二极管正向导电时，二极管的正向电压 $U_D \gg U_T$，这时二极管的正向电流 $I_D \approx I_S e^{\frac{U_D}{U_T}}$。将 I_D 式代入式(14.1.7)，得

$$r_D = \frac{dU_D}{d(I_S e^{\frac{U_D}{U_T}})}$$

$$= \frac{dU_D}{\frac{1}{U_T}(I_S e^{\frac{U_D}{U_T}}) \cdot dU_D}$$

$$= \left.\frac{U_T}{I_D}\right|_Q \tag{14.1.8}$$

式(14.1.8)中：I_D 为二极管在 Q 点的静态电流；U_T 为温度电压当量，室温下约为 26 mV。所以，二极管在工作点 Q 处的动态电阻 r_D 值可近似表示为

$$r_D = \frac{26 \text{ mV}}{I_D} \tag{14.1.9}$$

4. 计算举例

例 14.1.1　图 14.1.8(a)所示电路中使用的硅二极管，其伏安特性曲线如图 14.1.11 所示，该电路中的电源电压 $U_S = 3$ V，电阻 $R_s = 200$ Ω。(1) 应用图解法求二极管的静态电压 U_D 和电流 I_D；(2) 用估算法求该二极管的静态电流 I_D；(3) 求二极管在上述工作点下的静态电阻 R_D 和动态电阻 r_D；(4) 若电源电压 U_S 出现 $\pm\Delta U_S = 0.1$ V 的变化量时，求因 $\pm\Delta U_S$ 出现引起电流 I_D 的变化量 $\pm\Delta I_D$ 和电压 $\pm\Delta U_D$ 值。

解：(1) 根据式(14.1.4)作负载线，如图 14.1.11 中所示，负载线与二极管伏安特性曲线交于 Q 点，Q 点的坐标值，即静态 U_D 和 I_D 值，由图 14.1.11 可知：$U_D = 0.67$ V，$I_D = 11.7$ mA。

(2) 设 $U_D = 0.7$ V，由式(14.1.10)可知

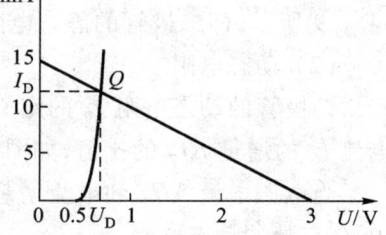

图 14.1.11　图解法求图 14.1.8(a)
电路二极管 U_D 和 I_D

$$I_D = \frac{U_S - 0.7}{R_s} = \frac{3 - 0.7}{200} \text{ A} = 11.5 \text{ mA}$$

(3) 通过估算值计算静态电阻 R_D 和动态电阻 r_D，即

$$R_D = \frac{U_D}{I_D} = \frac{0.7}{0.0115} \Omega \approx 60.9 \Omega$$

(按图解法所得数值计算 $R_D = 0.67/0.0117 \Omega \approx 57.3 \Omega$，相差 3.6 Ω，相对误差为 6% 左右)。

$$r_D = \frac{26 \text{ mV}}{I_D} = \frac{26}{11.5} \Omega \approx 2.26 \Omega$$

(按图解法所得数值计算 $r_D = 26/11.7 \Omega \approx 2.22 \Omega$，相差 0.04 Ω，相对误差为 1.8% 左右)。

(4) 当电源有 $\pm\Delta U_S$ 变化量时，可认为此时电路中存在两个电源，即电源 U_S 和电源 $\pm\Delta U_S$，应用叠加方法将 $\pm\Delta U_S$ 单独作用于电路求出 $\pm\Delta I_D$。电源 $\pm\Delta U_S$ 单独作用于电路时，二极管应用其动态电阻 r_D 代替，则

$$\pm\Delta I_D = \frac{\pm\Delta U_S}{R_s + r_D} = \frac{\pm 0.1}{200 + 2.26} \text{ A} = \pm 0.49 \text{ mA}$$

$$\pm\Delta U_D = r_D(\pm\Delta I_D) = \pm 0.49 \times 2.26 \text{ mV} = \pm 1.11 \text{ mV}$$

▶▶14.1.5 一些特殊二极管

1. 稳压二极管

稳压二极管是一种特殊的二极管，稳压二极管工作在反向击穿区，它的伏安特性曲线如图 14.1.13(a) 所示，图 14.1.13(b) 所示为稳压二极管的图形符号。稳压二极管的特点是：反向击穿后如能将电流限制在一定数值之内时，当反向电压减至低于击穿电压 U_{RMR}（稳压二极管用字母 U_Z 表示击穿电压）值后，仍可恢复到原来的阻断状态。

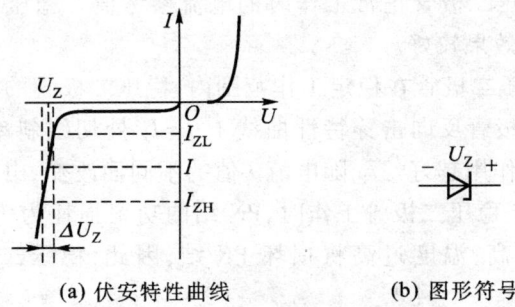

(a) 伏安特性曲线 (b) 图形符号

图 14.1.12 稳压二极管的伏安特性曲线与图形符号

由图 14.1.12 所示稳压二极管特性曲线可看出，稳压二极管击穿后，稳压二极管电流有较大的改变时，其电压值变化不多，利用这一特性可以用稳压二极管构成一个稳压电源。

(1) 稳压二极管稳压电路工作原理

由稳压二极管构成的稳压电路如图 14.1.13 所示，电路主要由稳压二极管 D_Z 和限流电阻

R_Z 组成。负载电阻 R_L 与稳压二极管并联,因此,$U_O = U_Z$ 这一稳压电路又称并联型稳压电路。

图 14.1.13 所示电路,引起负载 R_L 的电压 U_O 波动的原因不外乎电路输入电压 U_I 变动或负载 R_L 值改变,图 14.1.13 所示电路在这两种情况下均可较好地保持电路输出电压 U_O 稳定。首先分析 R_L 一定而 U_I 有变化时的情况,如 U_I 上升则稳压二极管电压 U_Z 应随之增加。由稳压二极管特性可看出,若 U_Z 有稍许上升,电流 I_Z 随之会有较大的增长,该电

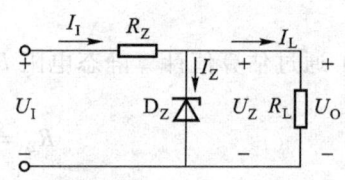

图 14.1.13 (并联型)稳压二极管稳压电路

路总电流 $I_I = I_Z + I_L$ 也要有较大增长,而 I_I 的增加将使限流电阻 R_Z 的电压($R_Z I_I$)增大许多,使输入电压 U_I 的增量绝大部分落在电阻 R_Z 上,而电压 U_O 增加不多,可以认为基本不变。相反,若 U_I 减小,稳压二极管电流 I_Z 减小,使限流电阻 R_Z 上的电压会随之减小,也可以使 U_O 基本不变,因而负载 R_L 电压 U_O 在 U_I 变动时可基本保持不变。

再看电路输入电压 U_I 保持不变,负载 R_L 有变化的情况。例如,R_L 的电阻值减小了,这时电流 I_L 增加,而 I_L 的增加使电流 $I_I = I_Z + I_L$ 增加,电阻 R_Z 的电压增加,在 U_I 一定的情况下,$R_Z I_I$ 的增加将使电压 U_Z(即 U_O)下降,而 U_Z(U_O) 的稍许下降就会引起电流 I_Z 有较大的减少,从而使 I_L 增加后,稳压二极管的电流 I_Z 下降,这样电流 I_I 可保持基本不变,因而使 $R_Z I_I$ 基本不变,从而可保持负载 R_L 上的电压 U_O(即 U_Z)在 R_L 减小后能保持基本不变。相反,若负载电阻 R_L 值增加后,电流 I_L 会减小,这将会引起电流 I_Z 增加,电流 $I_I = I_Z + I_L$ 仍可维持不变,从而使输出电压 U_O(U_Z)保持基本不变,实现了输出电压在负载电阻 R_L 改变时,能保持负载电压 U_O(U_Z)稳定。

(2)稳压二极管的主要参数

① 稳定电压 U_Z。稳压二极管反向击穿后,当通过稳压二极管中的电流值达到规定的电流 I_Z 时,稳压二极管上的电压值称为稳定电压 U_Z。由于制造工艺方面的原因,同一型号的稳压二极管,稳定电压 U_Z 值允许有一定的差别。

② 稳定电流 I_Z。为稳压二极管正常工作时的电流参考值。稳压二极管中的电流达到这一数值时,稳压二极管的稳压效果较好。

③ 动态电阻 r_Z。为稳压二极管在稳定工作范围内,稳压二极管的电压变化量 ΔU_Z 与电流变化量 ΔI_Z 之比,即在稳压二极管反向击穿特性曲线上 $I = I_Z$ 处切线斜率的倒数。动态电阻 r_Z 越小,说明稳压二极管的稳压作用越好。r_Z 随电流 I 值的不同而改变,电流 I 越大,r_Z 越小。

④ 最大耗散功率 P_{ZM}。稳压二极管工作时,PN 结的功率损耗为 $P_Z = U_Z I_Z$,损耗的功率将转化为热能,使 PN 结温度升高,温度过高将损坏 PN 结,因此,稳压二极管电流的最大值 $I_{ZM} = P_{ZM}/U_Z$。

⑤ 温度系数 α。稳压二极管的稳压值受温度影响很大,α 是说明稳定电压值受温度影响的参数。稳压值 $U_Z > 6$ V 的稳压二极管具有正稳压系数,$U_Z < 6$ V 的稳压二极管具有负稳压系数。为减小温度对稳压二极管稳压值的影响,将两个稳压值为 6 V 的稳压二极管反相串联后,封装在一个管壳内,构成具有双向击穿功能的稳压二极管,这种稳压二极管工作时总有一只工作在反向状态,另一只工作在正向状态,两只管子的温度系数将是一正一负,有温度补偿作用,这种管子的图形符号如图 14.1.14 所示,制成的稳压二极管的稳压值为 6.3 V 左右,这种稳压二极管受温度影响最小。

2. 发光二极管、光电二极管和光电池

(1) 发光二极管

发光二极管是用磷砷化镓等半导体材料制造的,管壳为透光树脂,该二极管通电后,电子、空穴复合时释放出光子而产生可见光。可见光的波长(光的颜色)由半导体材料决定,砷化镓掺磷发红光,磷化镓为绿光,调整磷在砷化镓中的比例可得橙色光或黄色光。发光二极管的图形符号如图 14.1.15 所示。发光二极管正向电压较一般二极管大,约为 1.6 V。当正向电压增加时,正向电流增大,发光的亮度增加。为防止发光二极管因电流过大而造成 PN 结过热而烧毁,应根据电源电压的大小在发光二极管电路中串联适当的限流电阻。

发光二极管应用到交流电路时,为防止发光二极管被反向击穿,可用两只发光二极管反极性并联,也可反极性并联一只普通二极管,以便降低发光二极管上的反向电压。

发光二极管主要用于显示电路中。例如,做成 7 段数码管,即将发光二极管制成条状,将 7 只条状的发光二极管排列成如图 14.1.16 所示的数字形,称为数码管。数码管内相应的二极管通电发光后,可以分别显示出 0 ~ 9 这样 10 个数码。

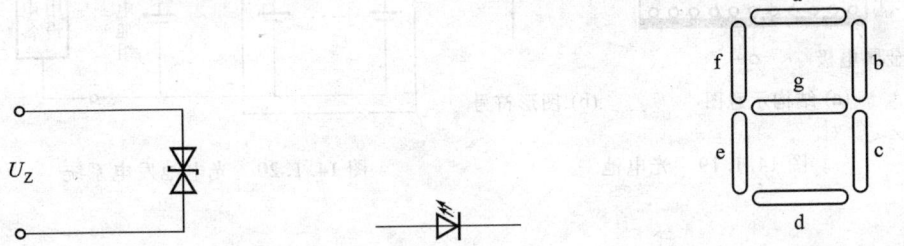

图 14.1.14　有温度补偿的双向　　图 14.1.15　发光二极管的　　图 14.1.16　7 只发光二极管
　　　稳压二极管的图形符号　　　　　　图形符号　　　　　　　　　构成的数码管

(2) 光电二极管

二极管的反向电流受外界因素影响,如光照或温度升高均会使共价键上的价电子获得能量而脱离原子核的束缚成为自由电子,因此使得二极管的反向电流会增大。PN 结型光电二极管在外壳上开设有一个光窗,其工作原理是:光线可通过光窗照射到 PN 结上,当管子工作在反向电压下时,有光照射到 PN 结后载流子数目增加,反向电流增大,没有光照射时反向电流很小。光电二极管有光照时的电流称为光电流,无光照射时的电流称为暗电流。一般光电二极管的暗电流约为 1 μA,而光电流为几十微安(μA)。光电二极管的图形符号如图 14.1.17 所示。

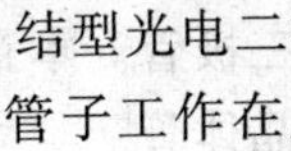

图 14.1.17　光电二极管的图形符号

光电二极管的应用之一,是将发光器件 D_1(发光二极管)与光电器件 D_2(光电二极管)组合在一起,以实现光信号为媒介的电信号的传递,如图 14.1.18 所示,这样组合而成的器件称为光电耦合器。

光电耦合器的发光器件与光电器件是相互绝缘的,分别置于两个不同的电路中,通过光电变换作用,实现两电路之间信号快速、单向传递。光电耦合器由于体积小、重量轻、使用寿命长、信号传递速度快且耗能小,因此,被广泛使用在两个相互绝缘电路间传递信号。

(3) 光电池

光电池可以将太阳光(光照)的能量转换成为电能。目前使用的光电池多数是用硅半导体制成的 PN 结,当太阳光照射到光电池后,共价键上的价电子接受外界能量而激发,产生电子-空穴对,这些电子-空穴对在 PN 结内电场的作用下漂移驱向两侧电极,则极间产生 0.5 V 左右的电压,如图 14.1.19 所示。将光电池外电路接通后将有电流产生。

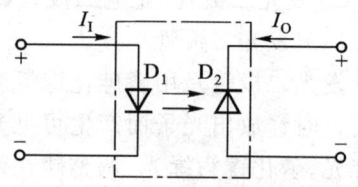

图 14.1.18 二极管光电耦合器

为了获得较大功率,需将若干光电池串、并联组成电池组,构成光电池发电系统,如图 14.1.20 所示。图中蓄电池组采用浮充电方式工作,可保证该系统在一定时间内正常连续供电。

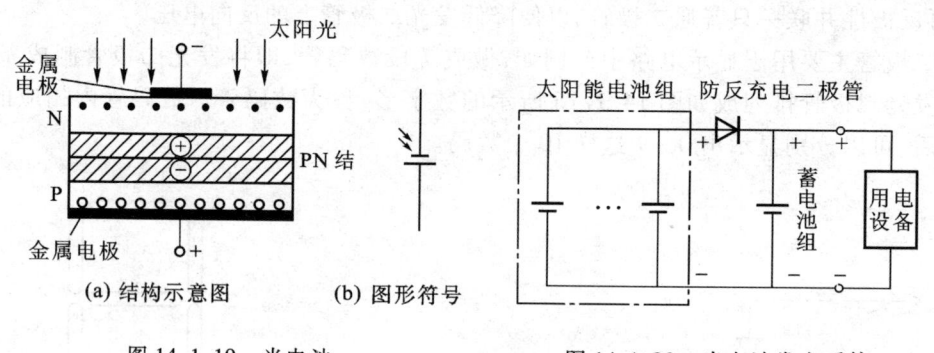

图 14.1.19 光电池   图 14.1.20 光电池发电系统

▶14.2 双极型晶体三极管

晶体三极管是电子电路中的重要元件。晶体三极管分为单极型和双极型两种,单极型晶体三极管通常称为场效晶体管,场效晶体管工作时参与导电的载流子只有一种(电子或空穴),因而称为单极型晶体三极管。双极型晶体三极管工作时,电子和空穴同时参与导电,因而称为双极型晶体三极管。本章及以后各章谈到双极型晶体三极管时简称为晶体管,单极型晶体三极管称为场效晶体管。

▶▶14.2.1 晶体管的电流控制作用

1. 结构与图形符号

晶体管是一个 3 层结构具有两个 PN 结的半导体器件,其结构示意图与图形符号如图 14.2.1 所示。

晶体管结构图中,位于中间层的这个区域称为基区,基区两边分别是发射区和集电区。由这 3 个区分别引出的电极,称为基极(B)、发射极(E)和集电极(C)。晶体管发射区和集电区是同类型的半导体,基区是另一种类型的半导体,这样在晶体管内部就有两个 PN 结,发射区与基区间的 PN 结称为发射结,集电区与基区间的 PN 结称为集电结,结构及图形符号如图 14.2.1(a)所示的晶体管称为 NPN 型管,图 14.2.1(b)所示为 PNP 型管。

2. 电流控制作用

14.2 双极型晶体三极管

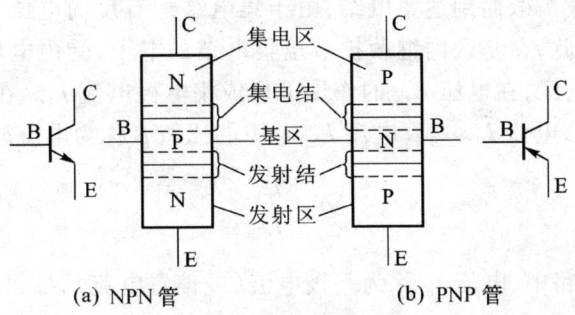

(a) NPN管　　　　(b) PNP管

图 14.2.1　晶体管的结构示意图与图形符号

晶体管在电子电路中的作用之一是构成放大电路,欲使晶体管能够有放大作用,晶体管的发射结应作用着正向电压,而晶体管的集电结应作用着反向电压。

当用晶体管组成放大电路时,晶体管 3 个电极中的一个电极应作为信号输入端;一个电极作为信号输出端,第 3 个电极作为输入和输出的公共端。根据用作公共端电极的不同,晶体管放大电路有共发射极电路、共集电极电路和共基极电路这样 3 种不同的连接方式,但不管哪种连接方式,为保证晶体管具有放大的作用,必须使发射结作用正向电压,集电结作用反向电压。下面以应用较广的共发射极放大电路为例,说明晶体管的电流控制(放大)作用。

图 14.2.2(a)所示为 NPN 型晶体管共发射极放大电路,图 14.2.2(b)所示是其结构示意图电路。该电路以发射极为公共端,基极为输入端,输入电流为 I_B,集电极为输出端,输出电流为 I_C。发射结正向电压由直流电源 U_B 提供,集电结反向电压由电源 U_C 提供,电阻 R_B 用于调节电流 I_B,电阻 R_C 可用于将电流 I_C 的变化转化成为电压 $R_C I_C$ 的变化。

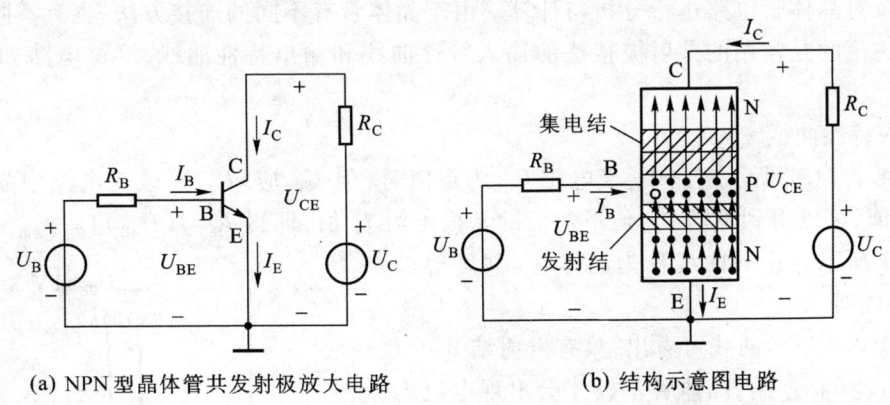

(a) NPN型晶体管共发射极放大电路　　　(b) 结构示意图电路

图 14.2.2　共发射极放大电路

在图 14.2.2(b)所示电路中,若 $U_{BE}=0.7$ V 而 $U_{CE}>U_{BE}$,这时晶体管发射结作用正向电压,集电结作用反向电压。发射结作用正向电压后,发射区的电子和基区空穴产生扩散运动,由于晶体管在制造时,有意将基区做得很薄且掺杂不多,即基区虽为 P 型半导体,但多数载流子空穴数量并不多,因而由发射区扩散到基区的大量电子只有很少部分与基区空穴复合形成基极电流 I_B,

大部分电子在基区内继续扩散而到达集电结,由于集电结加有反向电压,因而空间电荷区增厚,使集电结内电场增强,因此,在基区内继续扩散至集电结的电子,受内电场的作用而产生漂移运动并越过集电结进入集电区,在电压 U_{CE} 的作用下形成集电极电流 I_C。在共发射极电路中,输入电流为 I_B,输出电流为 I_C,电流 $I_C \gg I_B$。电流 I_C 与 I_B 的比值 β 称为电流放大系数,即

$$\beta = \frac{I_C}{I_B} \tag{14.2.1}$$

在图 14.2.2 所示电路中,电流 I_B 称为基极电流(或偏置电流),I_B 可通过估算法求出,即

$$I_B = \frac{U_B - U_{BE}}{R_B} \approx \frac{U_B - 0.7}{R_B} \tag{14.2.2}$$

电流 I_C 称为集电极电流,由式(14.2.1)知 $I_C = \beta I_B$。晶体管 C、E 极间的电压

$$U_{CE} = U_C - I_C R_C \tag{14.2.3}$$

当图 14.2.2 中的晶体管工作于放大区时,改变晶体管发射结电压 U_{BE} 时,将改变发射结空间电荷区的厚度,将影响电子、空穴的扩散,使基极电流 I_B 改变,而 I_B 的改变使集电极电流 I_C 会按 βI_B 关系改变,这一情况即是晶体管基极电流 I_B 对集电极电流 I_C 的控制作用,或称为晶体管的电流放大作用。

图 14.2.2 中,电流 I_E 称为发射极电流,发射极电流 I_E 与 I_B 和 I_C 的关系为

$$I_E = I_B + I_C = (1+\beta) I_B \tag{14.2.4}$$

▶▶14.2.2 晶体管共射组态特性曲线

晶体管各极电流和电压的关系曲线,称为晶体管的特性曲线,通过特性曲线,可了解晶体管性能、参数及对晶体管电路进行分析与计算。由于晶体管有不同的连接方法,也有不同的特性曲线,下面所讨论的是常用的共射极接法的输入特性曲线和输出特性曲线,测试电路如图 14.2.2(a)所示。

1. 输入特性曲线

在图 14.2.2(a)所示电路中,当电压 U_{CE} 为定值时(但 U_{CE} 应 $> U_{BE}$),改变电路中晶体管发射结电压 U_{BE} 值,可以得到不同 U_{BE} 值下对应的基极电流 I_B 值,即得 $I_B = f(U_{BE})|_{U_{CE}(定值)}$ 关系曲线,如图 14.2.3 所示。这一曲线称为晶体管(共发射极)的输入特性曲线。

由图 14.2.3 所示曲线可看出,只有发射结 B-E 极间的电压 $U_{BE} > U_{BE(on)}$ 后,晶体管基极才会出现电流 I_B。$U_{BE(on)}$ 为晶体管发射结的死区电压(或开启电压),对硅晶体管约为 0.5 V。共发射极接法下的输入特性曲线与 PN 结正向伏安曲线相似。在电压 U_{CE} 大于 1 V 后,U_{CE} 的数值改变对输入特性曲线影响不大,但温度的改变会影响输入特性。环境温度升高后,会有更多的原来处于共价键上的电子获得能量而脱离原子核的

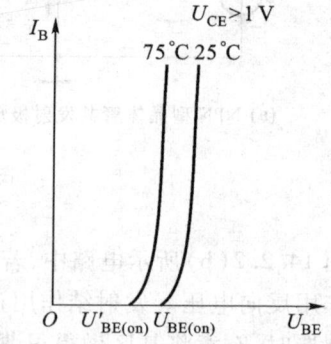

图 14.2.3 晶体管的输入特性曲线(共射接法)

束缚成为自由电子,使载流子数增加,这时在同样的 U_{BE} 电压作用下基极电流 I_B 增大。温度升高后若要维持电流 I_B 不变,可减小电压 U_{BE} 值。当温度升高 1℃时,电压 U_{BE} 应下降约 2.5 mV,电流 I_B 就能维持不变。

2. 输出特性曲线

图 14.2.2(a)所示电路,在 I_B 一定时,改变电压 U_{CE} 值时,集电极电流 I_C 随 U_{CE} 改变而变化的关系曲线,即 $I_C = f(U_{CE})|_{I_B(定值)}$ 关系曲线,称为晶体管(共发射极)的输出特性曲线。改变 I_B 值后,可测量出另一条 U_{CE}-I_C 曲线,即输出特性是一族曲线,如图 14.2.4 所示。

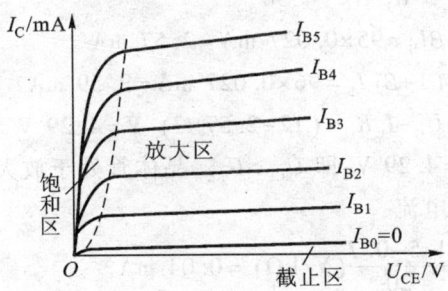

图 14.2.4　晶体管的输出特性曲线(共射接法)

晶体管的输出特性曲线可分为以下 3 个工作区域:

(1) 截止区

对 NPN 型晶体管而言,当发射结加有反向电压时,基极电流 $I_B=0$,这时晶体管的集电极电流 $I_C \approx 0$,因而在 $I_B=0$ 的这条曲线以下的这个区域称为截止区。

晶体管的 $I_B=0$ 时,集电极仍然存在着一个很小的、微安数量级的电流,这个不受 I_B 控制的集电极电流称为晶体管的穿透电流 I_{CEO}。穿透电流 I_{CEO} 是由半导体内的少数载流子形成的,这个电流受环境温度的影响很大,当温度升高时穿透电流 I_{CEO} 增大。

正常情况下,晶体管的穿透电流可以忽略不计,因此,晶体管在截止区工作时,C-E 极间相当于开路。当晶体管作为开关用时,若 $I_B=0$,则相当于将开关断开。

(2) 放大区

放大区处于特性曲线的等距平直部分,在这区域工作的晶体管,发射结为正向电压,集电结为反向电压,调节电路参数使电流 I_B 等量变化时,集电极电流 I_C 会有相应等量变化,换句话说,在这个区域内晶体管的集电极电流 I_C 与基极电流 I_B 之间具有 β 倍的关系,即表现出电流 I_B 对 I_C 的控制(放大)作用。工作在放大区的晶体管,发射结电压 U_{BE} 约为 0.7 V,而集电极与发射极间电压 $U_{CE} > U_{BE}$,即该电路电位 $V_C > V_B > V_E$。

(3) 饱和区

晶体管集电极的电压减小到一定程度后,将会削弱集电结吸引电子的能力,这时即使再增加基极电流 I_B,集电极电流 I_C 将不能随 I_B 按 β 倍关系增加,此情况称为饱和。晶体管饱和时电压 U_{CE} 值很小,通常将 $U_{CE} = U_{BE}$ 时定为晶体管开始进入饱和时的电压。晶体管进入饱和后,电流 I_C 不再与 I_B 保持 β 倍关系,即这时晶体管失去放大作用。晶体管在饱和状态下工作时,晶体管 C-E 极的电压 U_{CE} 很小(小功率晶体管为零点几伏,大功率管 1~2 V),可以视为晶体管的 C、E 极被短接,即相当于开关闭合。小功率晶体管在饱和区工作时,管子的发射结和集电结均为正向偏置,即电压 $U_{CE}<U_{BE}$,电位值为 $V_B>V_C>V_E$。

例 14.2.1 图 14.2.2(a)所示电路,已知 $U_B=1.5$ V,$U_C=12$ V,$R_C=3$ kΩ,$\beta=95$。

(1) 若 $R_B=30$ kΩ,用估算法计算 I_B、I_C、I_E 和 U_{CE},判断晶体管工作区域;

(2) 若 R_B 改为 20 kΩ,再计算 I_B、I_C、I_E 和 U_{CE},判断晶体管工作区域。

解:(1) 由式(14.2.2)可得

$$I_B = \frac{U_B - 0.7}{R_B} = \frac{1.5 - 0.7}{30}(\text{V/kΩ}) = 0.027 \text{ mA}$$

$$I_C = \beta I_B = 95 \times 0.027 \text{ mA} = 2.57 \text{ mA}$$

$$I_E = (1+\beta) I_B = 96 \times 0.027 \text{ mA} = 2.59 \text{ mA}$$

$$U_{CE} = U_C - I_C R_C = (12 - 2.57 \times 3) \text{ V} = 4.29 \text{ V}$$

由于 $U_{BE} \approx 0.7$ V,而 $U_{CE} = 4.29$ V,即 $U_{CE}>U_{BE}$,晶体管处于放大区工作。

(2) 当 R_B 改为 20 kΩ 后,电流

$$I_B = \frac{1.5 - 0.7}{20}(\text{V/kΩ}) = 0.04 \text{ mA}$$

$$I_C = \beta I_B = (95 \times 0.04) \text{ mA} = 3.8 \text{ mA}$$

$$I_E = (1+\beta) I_B = (96 \times 0.04) \text{ mA} = 3.84 \text{ mA}$$

$$U_{CE} = (12 - 3.8 \times 3) \text{ V} = 0.6 \text{ V}$$

电压 $U_{CE}<U_{BE} \approx 0.7$ V,所以晶体管工作于饱和区。

通过上述计算可以看出,晶体管的工作区域(即截止、放大、饱和)与电路参数值及电源电压值有关。通常在电源电压一定的情况下,用改变电阻 R_B 值的方法来调变晶体管所需要的工作区域。

工作时为了简化电路结构,减小电路中所使用的电源数量,实际应用的共发射极放大电路将电源 U_B 去掉,电流 I_B 亦由电源 U_C 供给,电路如图 14.2.5 所示。

在图 14.2.5 中,用估算法计算电流 I_B 时

$$I_B = \frac{U_C - U_{BE}}{R_B} \approx \frac{U_C - 0.7}{R_B}$$

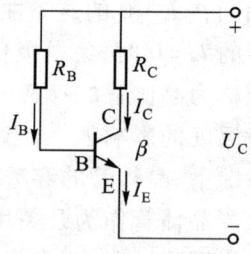

图 14.2.5 单电源供电的共发射极电路

▶▶14.2.3 晶体管的主要参数

晶体管的参数用于表明它的性能及适用范围,为使用晶体管提供依据。

晶体管的参数主要有以下几项。

1. 电流放大系数 β

电流放大系数 $\beta = \Delta I_c / \Delta I_b$(而直流 I_C/I_B 称为静态电流放大系数 $\bar{\beta}$,$\bar{\beta}$ 与 β 相差不大)。晶体管制成后,其 β 值也就确定了。由于制造工艺的原因,同一型号的晶体管的 β 值并不相同,且具有相当大的分散性。通常使用的小功率晶体管,其 β 值为 30~100,大功率晶体管的 β 值较低,只有 20~30。晶体管的 β 值过小,电流放大作用差,而 β 值过高(>100),性能不稳定,因晶体管 β 值受环境温度影响较大,故晶体管 β 值过高或过低均不合用。手册中 β 常用 h_{fe} 表示。

2. 穿透电流 I_{CEO}

晶体管的穿透电流就是特性曲线上 $I_B=0$ 时,晶体管的 I_C 值。穿透电流的大小是衡量晶体管质量的一个指标。穿透电流大,晶体管不受控制的电流成分增大,管子的性能下降。晶体管的穿透电流受工作环境温度影响,温度升高,穿透电流 I_{CEO} 增大。

3. 极限参数

(1) 集电极最大允许电流 I_{CM}

集电极电流 I_C 过大会使晶体管的 β 值降低,使管子过热烧毁晶体管。通常将 β 值下降到额定值的 2/3 时所对应的集电极电流,称为集电极最大允许电流 I_{CM}。小功率晶体管的 I_{CM} 为数十毫安,大功率晶体管的 I_{CM} 可达几百安。

(2) 反向击穿电压 $U_{(BR)CEO}$

晶体管基极开路时,允许加在 C-E 极间的最大电压值。一般晶体管为几十伏,高反压管允许电压值为数百伏至上千伏。

(3) 集电极最大允许耗散功率 P_{CM}

晶体管工作时,消耗的功率 $P_C=U_{CE}I_C$。晶体管消耗功率会使晶体管的温度升高,过高的温升将会损坏管子。通常利用 $P_C=U_{CE}I_C$ 公式并根据晶体管给定的 P_{CM} 值,可在特性曲线上画出集电极最大功率 P_{CM} 曲线,如图 14.2.6 所示。曲线的右上方为过损耗区,在 P_{CM} 线的左下方及 I_{CM} 线以下和 $U_{(BR)CEO}$ 线以左的这个区域为晶体管安全工作区。

(4) 特征频率 f_T

晶体管由于 PN 结的极间电容的影响,工作频率 f 升高后,晶体管的 β 值将下降。特征频率 f_T 表示:当晶体管 β 值下降至等于 1 时所对应的频率值。f_T 表明晶体管在交流工作下起放大作用的极限频率。高频晶体管的 f_T 可达 1 000 MHz 以上。

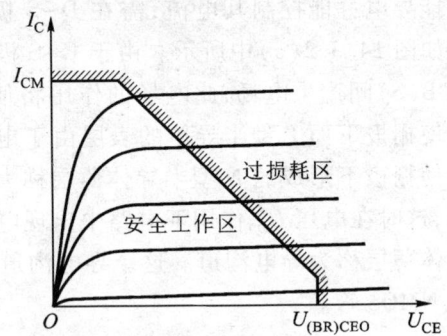

图 14.2.6 晶体管极限工作条件

▶14.3 场效晶体管(场效应管)

场效晶体管简称为场效应管,是目前应用广泛的半导体器件,其工作原理与双极型晶体管不同,场效应管是电压控制的元件,工作时其输入电路不汲取电流。场效应管有两种类型,一种称为结型场效应管;另一种称为绝缘栅型场效应管。绝缘栅型场效应管又简称为 MOS 管,MOS 管工作时功率损耗很小,制作一个 MOS 管占用硅片面积与双极型晶体管相比要小,因而被广泛地应用于大规模集成电路中。

MOS 管有两种,一种称为增强型 MOS 管,另一种称为耗尽型 MOS 管。制造集成电路时使用的是增强型 MOS 管,因此本书只介绍增强型 MOS 管的工作原理、特性曲线和主要参数,对于耗尽型 MOS 管和结型场效应管,读者可参阅参考文献[1]、[2]等对有关部分进行了解。

▶▶14.3.1 增强型N沟道场效应管(NMOS)

绝缘栅型场效应管是由金属电极、氧化物绝缘材料和半导体这3种材料构成,取这3种材料英文名称的字头缩写为 MOS,故简称为 MOS 管。MOS 管按导电时载流子类型的不同,分为 NMOS(载流子为电子)和 PMOS(载流子为空穴)两种。

1. 工作原理

增强型 NMOS 场效应管的结构示意图如图 14.3.1(a)所示。增强型 NMOS 场效应管是在一块 P 型半导体(称为衬底)上制造出两个 N 型区,由两个 N 型区引出的电极分别称为源极 S(表示导电时,载流子从这个电极输出)和漏极 D(表示导电时,载流子由这个电极收集),在 P 型半导体上涂有一层很薄的绝缘物质(SiO_2),在此绝缘层上有一个金属电极,称为栅极(G)。由图 14.3.1(a)所示结构示意图可以看出,该元件在各电极不通电时,源(S)极与漏(D)极之间有两个(NP-PN)PN 结,而栅极与源、漏极之间被绝缘材料隔绝。欲使图 14.3.1(a)所示 NMOS 场效应管能导电并能控制其电流,需在 D-S 极间加一正电压 U_{DS},同时在 G-S 极间亦加有正电压 U_{GS},如图 14.3.2(a)中所示。由于 G-S 极间加有正电压后,由图 14.3.2(a)可看出在栅极 G 与电极 B(S)间产生电场,此电场的作用将使衬底中的少数载流子——电子,会聚集到栅极下面,从而使栅极下面 P 型半导体的表层由于电子聚集而成为 N 型半导体。被电场吸引至栅极下的电子使栅极下形成的 N 型半导体薄层称为反型层,反型层将漏极 D 和源极 S 下面的两个 N 型区连通,这时在电压 U_{DS} 作用下电路中出现电流 I_D。电流 I_D 称为漏极电流,连通两个 N 型区的 N 型半导体薄层称为导电沟道。这个导电沟道是以电子为载流子,因而又称为 N 沟道。这种 MOS 管称为 NMOS 管。

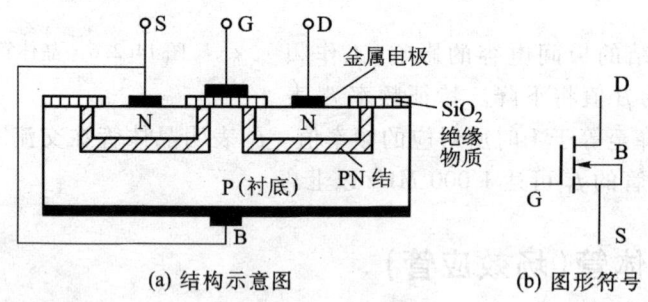

图 14.3.1 增强型 NMOS 场效应管

使漏-源极间开始出现导电沟道所需加入的栅极电压值,称为 NMOS 管的开启电压(或称阈值电压)$U_{GS(th)}$。只有栅-源极间电压 $U_{GS} > U_{GS(th)}$ 后,才能开始导电,通过电压 U_{GS} 可以控制导电沟道的深度,改变了导电沟道电阻,影响漏极电流 I_D 的数值。即 I_D 的改变是受电压 U_{GS} 控制,因此 MOS 管是一个电压(U_{GS})控制电流(I_D)的元件。为表示 U_{GS} 对 I_D 的控制作用,使用跨导 $g_m = \Delta I_D / \Delta U_{GS}$ 来描述。

图 14.3.1(a)所示 NMOS 场效应管的导电沟道必须在 G-S 极间加有一定电压之后才有可能出现,电压 U_{GS} 加大,导电沟道加深,导电更加容易,这样的 MOS 管称为增强型 MOS 场效应管。此外还有一种耗尽型 MOS 场效应管,这种 MOS 的导电沟道在元件制造完成后就存在了,工作时

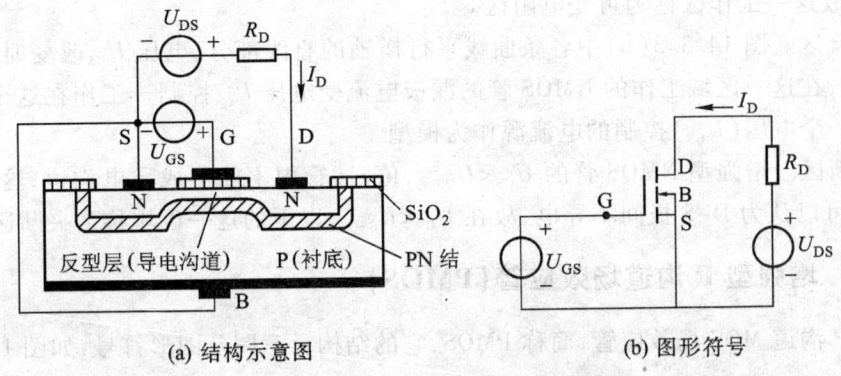

(a) 结构示意图　　　　(b) 图形符号

图 14.3.2　NMOS 管的导电沟道

为控制漏极 I_D，亦通过电压 U_{GS} 使该 MOS 管的导电沟道产生改变，当 $U_{GS}>0$ 时，导电沟道变得更宽，电流 I_D 增加，而 $U_{GS}<0$ 时，导电沟道变浅、变窄，电压 U_{GS} 更负时，导电沟道消失，电流 I_D 为零，这样的 MOS 场效应管称为耗尽型 MOS 场效应管。

2. 特性曲线

增强型 NMOS 场效应管的特性曲线如图 14.3.3 所示。由于 MOS 管栅-源极间有一绝缘层，栅-源极间加有电压 U_{GS}，但栅极没有电流，但是输入电压 U_{GS} 对漏极电流 I_D 有控制作用，因此 MOS 管亦有两组特性曲线，即转移特性曲线——描述 I_D 与 U_{GS} 的关系和输出特性曲线——描述 I_D 与 U_{DS} 的关系。NMOS 场效应管的转移特性曲线如图 14.3.3(a) 所示，图中 I_{D0} 为 $U_{GS}=2U_{GS(th)}$ 时对应的静态漏极电流。输出特性曲线如图 14.3.3(b) 所示。

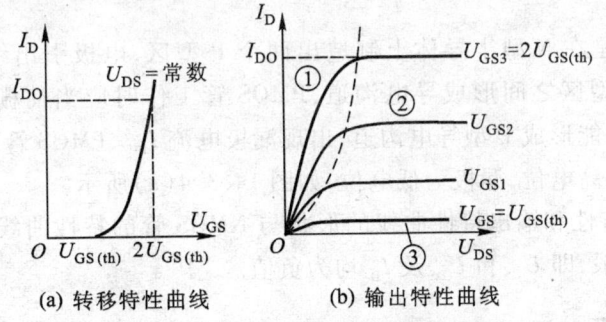

(a) 转移特性曲线　　　(b) 输出特性曲线

图 14.3.3　增强型 NMOS 场效应管特性曲线

①—可变电阻区；②—恒流区；③—夹断区

增强型 NMOS 管，只有栅-源极间的电压 $U_{GS}>$ 开启电压 $U_{GS(th)}$ 后，才会出现漏极电流 I_D，电流 I_D 随 U_{GS} 增加而增加，其近似关系为

$$I_D = I_{D0}\left(\frac{U_{GS}}{U_{GS(th)}}-1\right)^2 \tag{14.3.1}$$

NMOS 场效应管的输出特性曲线如图 14.3.3(b) 所示，亦有如下 3 个工作区。

(1) 可变电阻区。如图 14.3.3(b) 中虚线左边所示的这一工作区，在这一区域工作的 NMOS 管，其 I_D 与 U_{DS} 的增长成正比变化，当 U_{GS} 一定时 D-S 极间等效电阻为定值，但这一电阻受U_{GS}控制,故这一工作区称为可变电阻区。

(2) 恒流区。图14.3.3(b)中各条曲线平行横轴的直线部分,电压U_{GS}改变时,对应的电流值不同,因此,在这一区域工作的NMOS管的漏极电流受电压U_{GS}控制。工作在这个区域的场效应管可以用一个电压(U_{GS})控制的电流源作为模型。

(3) 夹断区。增强型NMOS管的$U_{GS}<U_{GS(th)}$值时,管内不能形成导电沟道,这时电流I_D值很小(≈ 0),可以认为D-S极间不导电,故在$U_{GS}<U_{GS(th)}$以下的这一区域称为夹断区。

▶▶14.3.2 增强型P沟道场效应管(PMOS)

增强型P沟道MOS场效应管,简称PMOS,它的结构示意图及图形符号,如图14.3.4所示。

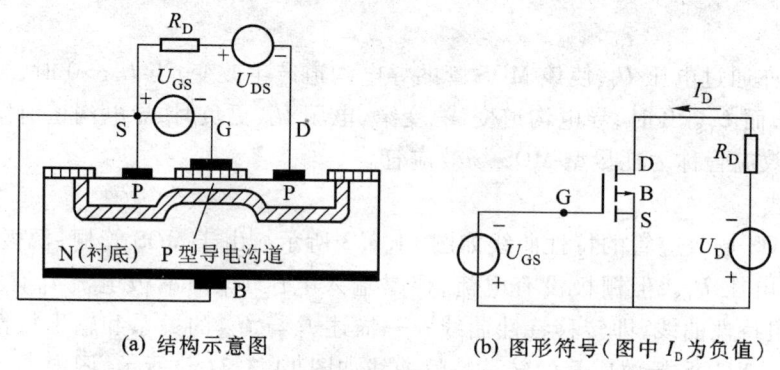

(a) 结构示意图　　(b) 图形符号(图中I_D为负值)

图14.3.4　增强型PMOS场效应管

增强型PMOS管是在N型半导体上制造出两个P型区,电极引出线的方法与NMOS管相同。为了能在两个P型区之间形成导电沟道,PMOS管工作时应当使栅-源电压为负值($U_{GS}<0$),当$U_{GS}<U_{GS(th)}$后才能形成P型导电沟道,出现漏极电流I_D。PMOS管工作时,漏-源极间也应加入负电压,即源极为高电位,漏极为低电位,如图14.3.4(a)所示。

PMOS管的转移特性和输出特性曲线的形状与NMOS管的特性曲线形状相同,但是应画在直角坐标系的第三象限,即U_{GS}和U_{DS}及I_D均为负值。

▶▶14.3.3　VMOS

由于图14.3.1(a)和图14.3.4(a)所示的MOS管,它们的源(S)极和漏(D)极间的导电沟道是横向排列,即S、D极横排在P(或N)型半导体的同一平面,这种结构在MOS管导电时,电流I_D处于绝缘层与衬底之中,电流产生的热量不易散出,因此,这种横向导电沟道的MOS管不适宜用于大功率电路。为了能够使电流I_D在MOS管内产生的热量易于散发,经结构改进而制造出了一种VMOS管,VMOS管的结构示意图如图14.3.5所示。

图14.3.5所示MOS管在N型半导体(衬底N$^+$)上制造出一层P型半导体,在P型半导体上再制造出两个N型半导体区,同时在半导体的垂直方向上开出一个V形槽(故称为VMOS),在V形槽表面及P型半导体表面涂有一层SiO$_2$绝缘物质。在V形槽绝缘物质层上覆盖一金属电

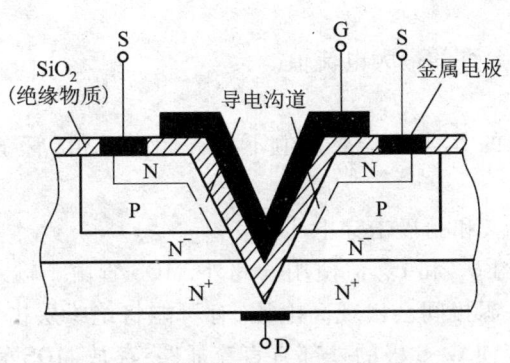

图 14.3.5　VMOS 管结构示意图

极,作为 MOS 管的栅极,在 P 型半导体内的 N 型区引出的电极为源(S)极,在 N^+ 型半导体引出的电极是漏(D)极。图中 N^+ 区表示该半导体掺杂浓度很高(而 N^- 则表示浓度不高,即该处虽然是 N 型半导体,但自由电子并不多)。

图 14.3.5 所示 MOS 管的栅(G)极-源(S)极间加入正电压 U_{GS} 后,当 U_{GS} 大于开启 $U_{GS(th)}$ 时,在电场力的作用下,将 P 型区内少数载流子——电子吸引至 V 形槽靠近绝缘层处,使该处的 P 型半导体改变成 N 型半导体,从而在源极 S 与漏极 D 间出现导电沟道,将 D-S 极连通,当加有电压 U_{DS} 后,电子将从源极 S 沿 V 形槽方向通过纵向沟道移向漏极 D,形成纵向电流 I_D。

图 14.3.5 所示 VMOS 管,在制造时可以将多个图 14.3.5 所示的结构单元制作在同一硅片上,并将各单元相应的电极并联,同时在 VMOS 管的底部加装上散热器,采取这些措施后,可以大大增加 VMOS 的电流 I_D 值,制造出适用于大功率电路的 MOS 管元件。

▶▶14.3.4　MOS 管的参数

1. 跨导 g_m

跨导 g_m 是表示 MOS 管栅极电压 U_{GS} 对漏极电流 I_D 的控制作用的参数,MOS 管的 g_m 值还与 U_{DS} 的大小有关,g_m 的定义为

$$g_m = \frac{\Delta I_D}{\Delta U_{GS}} \bigg|_{U_{DS}=常值} \tag{14.3.2}$$

由式(14.3.2)可知,g_m 是转移特性曲线上某一点切线的斜率,U_{GS} 值不同切点位置不同,g_m 值也就不同。

2. 开启电压 $U_{GS(th)}$

开启电压是增强型场效应管的参数,它表明在一定的 D-S 极间电压 U_{DS} 下,开始出现漏极电流 I_D 所需的 G-S 极间电压 U_{GS} 之值。

3. 夹断电压 $U_{GS(off)}$

夹断电压 $U_{GS(off)}$ 是耗尽型场效应管的参数,它表明管子在一定的 U_{DS} 下,使 $I_D = 0$ 时,所需的 U_{GS} 值(有关夹断的含义可参阅参考文献[1]、[2]等了解)

4. 输入电阻 R_{GS}

场效晶体管的特点之一是栅-源极之间的电阻很高,绝缘栅管的 $R_{GS} > 10^9\ \Omega$。

5. 最大漏极电流 I_{DM}

I_{DM} 为场效应管工作时允许的最大电流值。

6. 耗散功率 P_{DM}

场效应管工作时，管子的 I_D 与 U_{DS} 乘积值不允许超过此值，管子的 P_{DM} 值受管子的温升限制。

7. 漏极击穿电压 $U_{DS(BR)}$ 和栅极击穿电压 $U_{GS(BR)}$

管子工作时应按规定的 U_{DS} 和 U_{GS} 值使用。此外，MOS 管由于输入电阻极高，电荷不易泄放，当栅极因静电感应而在栅-源极间会出现高电压，有可能将绝缘层击穿。为避免这种情况发生，MOS 管的栅极不得悬空，应使 G-S 极的外部有直流通路，存放 MOS 管时应使其 3 个电极短接在一起。

例 14.3.1 图 14.3.6 所示电路，MOS 管的转移特性曲线和输出特性曲线如图 14.3.7 所示，该 MOS 管的开启电压 $U_{GS(th)} = 4$ V，求图 14.3.6 所示电路在 $U_i = 3$ V、6 V 及 8 V 的条件下，MOS 管的 g_m、I_D 和电压 U_{DS} 值。

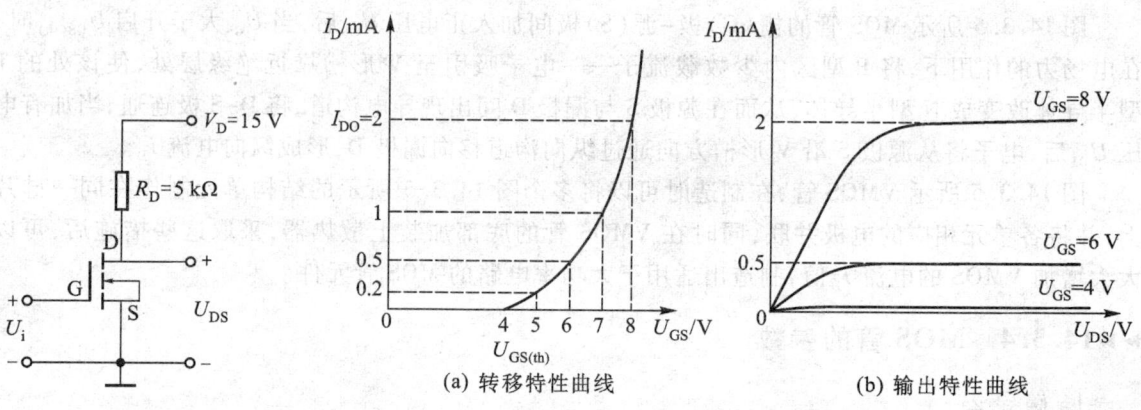

图 14.3.6 例 14.3.1 的图　　　　图 14.3.7 例 14.3.1 MOS 管特性曲线

解：(1) $U_{GS} = U_i = 3$ V 时，即输入电压 $U_{GS} = 3$ V $< U_{GS(th)} = 4$ V，MOS 管不能导电，$I_D = 0$，$U_{DS} = V_D - I_D R_D = 15$ V

(2) $U_{GS} = U_i = 5$ V 时，由转移特性可知 $I_D = 0.2$ mA，则 MOS 管的跨导

$$g_m \approx \frac{\Delta I_D}{\Delta U_{GS}} = \frac{0.2}{5-4} \text{ mA/V} = 0.20 \text{ mA/V}$$

$$U_{DS} = V_D - I_D R_D = (15 - 0.2 \times 5) \text{ V} = 14 \text{ V}$$

(3) $U_{GS} = U_i = 8$ V 时，由转移特性可知 $U_{GS} = 7$ V 时，$I_D = 1$ mA，$U_{GS} = 8$ V 时 $I_D = 2$ mA，则 MOS 管的跨导

$$g_m \approx \frac{\Delta I_D}{\Delta U_{GS}} = \frac{2-1}{8-7} \text{ mA/V} = 1 \text{ mA/V}$$

$$U_{DS} = V_D - I_D R_D = (15 - 2 \times 5) \text{ V} = 5 \text{ V}$$

习 题

14.1 N 型半导体中的多数载流子是电子还是空穴，P 型半导体呢，N 型半导体是带正电、负电、还是电中性，P 型半导体呢？

14.2 空间电荷区为何又称为耗尽层，空间电荷区不导电的原因是什么？

14.3 二极管正向导电时，电流是由多数还是少数载流子的哪种运动形成的；反向工作时，其电流又是由多数还是少数载流子的哪种运动形成的？

14.4 用估算法，求题图 14.4 所示电路硅半导体二极管的静态电压和电流，并计算出其静态电阻。已知该电路 $R_1 = R_3 = 200\ \Omega$，$R_2 = R_4 = 300\ \Omega$。

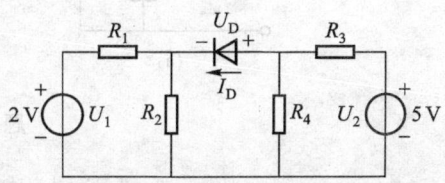

题图 14.4 习题 14.4 的图

14.5 题图 14.5(a) 所示电路，$R = 150\ \Omega$。二极管的伏安特性如图 14.5(b) 所示，用图解法求所示电路中二极管的正向静态电压、电流，并计算静态和动态电阻。

14.6 题图 14.6 所示电路，电压 $U_S = 5\ V$，$u_s = 0.2\sin 10^4 t\ V$，$R_1 = 500\ \Omega$，$R_2 = 200\ \Omega$，D 是个硅二极管，求电流 i_D 和电压 u_D。

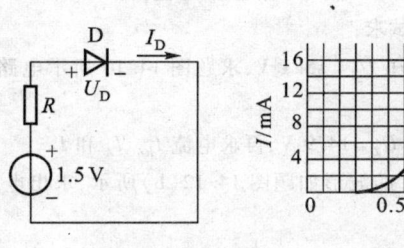

(a) 电路　　　(b) 伏安特性

题图 14.5 习题 14.5 的图

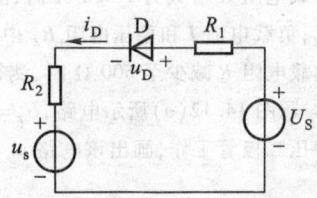

题图 14.6 习题 14.6 的图

14.7 题图 14.7 电路，电压 $u = 10\sin \omega t\ V$，$U_S = 5\ V$，D 为硅二极管。画出所示各电路输出电压 u_O 的波形。

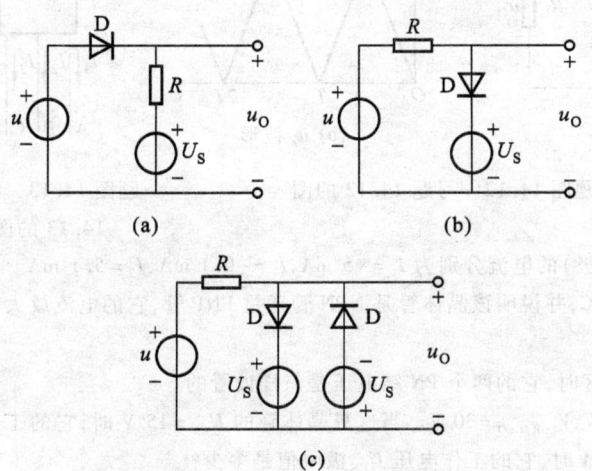

题图 14.7 习题 14.7 的图

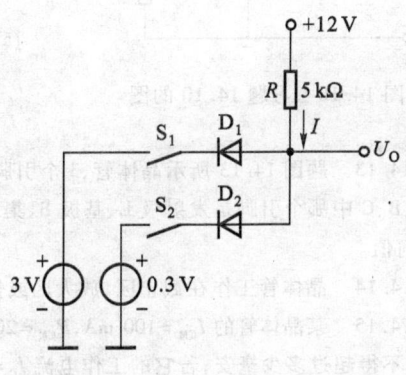

题图 14.8 习题 14.8 的图

14.8 题图 14.8 所示电路,D 为硅二极管,导通时 $U_D = 0.7$ V。
(1) 求电路中开关 S_1 闭合时,电压 U_0 和电流 I 的值。
(2) 求开关 S_2 闭合时,电压 U_0 和电流 I 的值。
(3) 求开关 S_1、S_2 同时闭合时,U_0 和电流 I 的值。

14.9 稳压值为 6.3 V 的硅稳压二极管,按题图 14.9(a),(b),(c)所示三种方法连接后,电压 U_0 为何值。

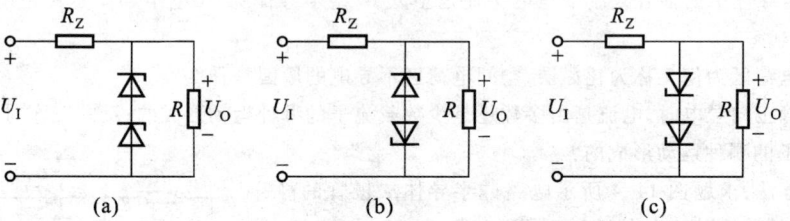

题图 14.9 习题 14.9 的图

14.10 题图 14.10 所示电路,电压 $U_I = 40$ V,稳压二极管的稳定电压值 $U_Z = 15$ V,稳压电阻 $R_Z = 625$ Ω,$R = 600$ Ω。
(1) 求电流 I_{RZ}、I_Z 和 I;
(2) 若 R 由 600 Ω 改变成为 500 Ω,U_Z 基本保持不变,求电流 I_{RZ}、I_Z、I 各是多少毫安?

14.11 电路如题图 14.10 所示,电路条件及参数也相同,试求:
(1) 负载电阻 R 增大为 1 000 Ω 时,测得稳压二极管的电压 $U_Z = 15.1$ V,求题图 14.10 所示电路中稳压二极管电流 I_Z,负载电流 I 和稳压电阻 R_Z 中的电流 I_{RZ};
(2) 负载电阻 R 减少至 500 Ω 时,测得稳压二极管的电压 $U_Z = 14.9$ V,再求电流 I_{RZ}、I_Z 和 I。

14.12 题图 14.12(a)所示电路,$U_Z = 6$ V,$R_L = 4R$,电压 u_s 的波形如题图 14.12(b)所示,求出电压 u_s 升至多少伏时稳压二极管工作,画出该电路 u_0 的波形。

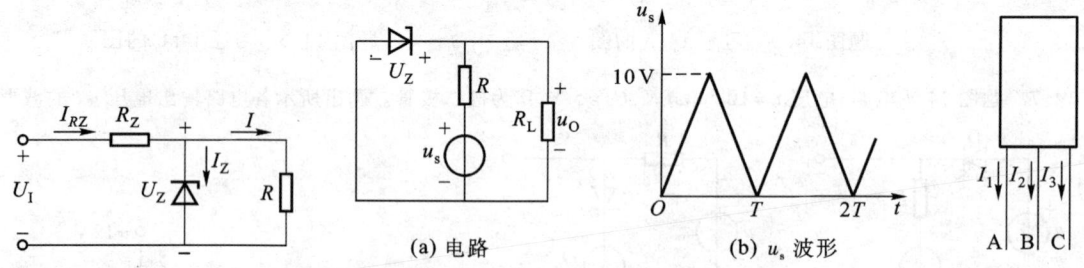

题图 14.10 习题 14.10 的图   题图 14.12 习题 14.12 的图   题图 14.13 习题 14.13 的图

14.13 题图 14.13 所示晶体管,3 个引脚(电极)的电流分别为 $I_1 = -5$ mA,$I_2 = -0.1$ mA,$I_3 = 5.1$ mA。试分析 A、B、C 中哪个引脚是发射极 E、基极 B、集电极 C,并说明该晶体管是 NPN 管还是 PNP 管,它的电流放大系数 β 为何值。

14.14 晶体管工作在截止区、放大区或饱和区时,它的两个 PN 结电压是怎样设置的。

14.15 某晶体管的 $I_{CM} = 100$ mA,$P_{CM} = 200$ mW,$V_{(BR)CEO} = 30$ V。当这只晶体管的 $U_{CE} = 15$ V 时,它的工作电流 I_C 不得超过多少毫安;若它的工作电流 $I_C = 5$ mA 时,它的工作电压 U_{CE} 极限值是多少?

14.16 题图 14.16 所示电路,设晶体管发射结正向电压 $U_{BE} = 0.7$ V,该晶体管的 $\beta = 80$。分析该电路在 U_B

=0 V、1 V 和 1.6 V 这 3 种情况下,晶体管 3 个电极的电流及 C-E 极的电压值并说晶体管的工作状态(饱和、截止还是放大)。

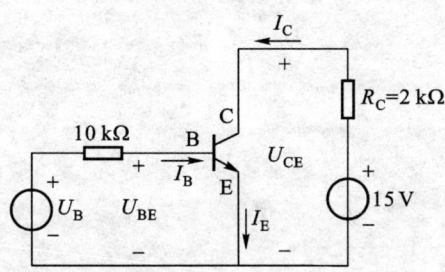

题图 14.16　习题 14.16 的图

14.17　判断题图 14.17 所示各电路中晶体管的工作状态(截止、饱和、放大),各晶体管 $\beta=60$。

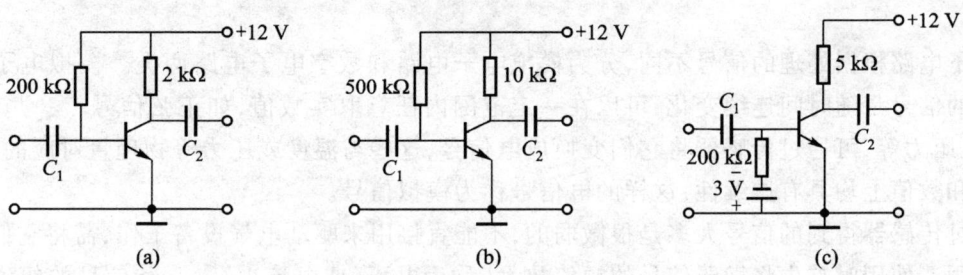

题图 14.17　习题 14.17 的图

14.18　题图 14.18 所示电路,NMOS 管的开启电压 $U_{GS(th)}=3$ V,当电压 $U_{GS}>8$ V 时该 MOS 管将进入可变电阻区,这时 MOS 管相当于一个很小的电阻。分析所示电路在信号 U_{GS} 作用下,D-S 极间的电压波形。

14.19　题图 14.19 所示 NMOS 管电路,电源电压 $V_{DD}=15$ V,该 MOS 管的特性曲线如图 14.3.7 所示,试分析当电路输入电压 $u_i=u_{gs}$ 分别为 3 V、6 V 和 10 V 时,NMOS 管分别工作于什么区域(提示:在不同 u_{gs} 下,漏极电流 I_D 可通过式(14.3.1)进行估算;若估算出的电流值 $>V_{DD}/R_D=15$ V/10 kΩ=15 mA 时,则表明该 NMOS 管工作于可变电阻区)。

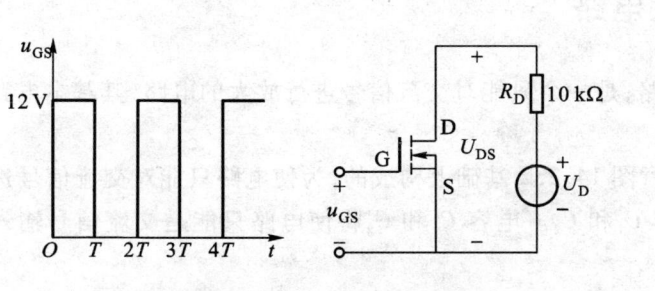
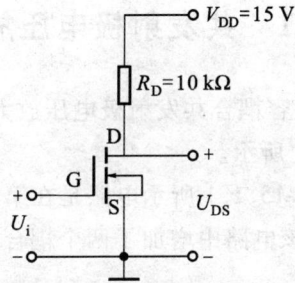

题图 14.18　习题 14.18 的图　　　　题图 14.19　习题 14.19 的图

第15章 基本放大电路

电子电路根据处理的信号不同,分为模拟电子电路和数字电子电路两类。模拟电子电路中所处理的信号是随时间连续变化,可以在一定范围内任意取实数值,如正弦信号。一些物理量,如温度、压力等,可通过传感器将它们变换成电信号,这些与温度或压力等物理量对应的电信号,在时间和数值上均具有连续性,这样的电信号称为模拟信号。

通过传感器得到的信号大多是很微弱的,不能直接用来驱动电气设备工作,需将它们放大后才能使用。使用时首先将微弱信号的幅值放大[称为电压(或电流)放大],待信号的幅值达到一定程度后,再提高电路输出功率的能力,称为功率放大。本章将介绍基本的电压放大电路的工作原理、分析方法及放大电路的性能指标。

放大电路工作时,根据信号在电路中的传递(称为耦合)方式的不同,分为:直接耦合,即信号直接从前级传递到下一级;阻容耦合,信号通过电容元件从前级传递到下一级;变压器耦合,通过变压器一次、二次绕组间传递信号;光电耦合,通过发光管和光电管传递信号。本书只讨论阻容耦合及直接耦合电路的工作情况,对于变压器耦合与光电耦合放大电路不进行讨论,读者欲了解这两种耦合电路的工作,可参阅参考文献[1]、[2]进行了解。

▶15.1 共发射极电压放大电路

阻容耦合共发射极电压放大电路,是一个只能对交流信号进行放大的电路,其基本电路如图15.1.1所示。

图15.1.1所示电路是在第14章图14.2.2基础上构成的,为使电路只能对交流信号进行放大,在该电路中增加了两个耦合电容 C_1 和 C_2。电容 C_1 和 C_2 将使电路只能是交流信号输入和输出。

由于放大电路内交、直流共存,分析时通常分两步进行,首先对放大电路进行静态分析,即通过放大电路的直流通道分析电路中的晶体管是否工作在特性曲线的放大区,具体说就是晶体管的3个电极的电位值是否具有 $V_C > V_B > V_E$ 的条件,因为只有处于放大区工作的晶体管才有可能完

15.1 共发射极电压放大电路

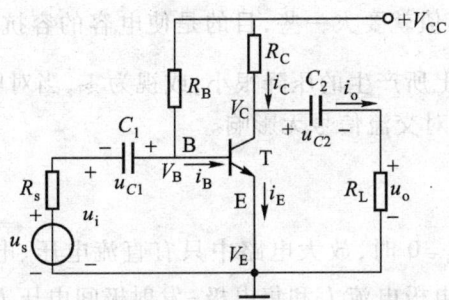

图 15.1.1 阻容耦合共发射极电压放大电路

成我们所需要的放大任务。

在对放大电路进行静态分析,并确定晶体管处于放大区工作后,可通过放大电路的交流通道对其进行动态分析,即分析电路输入交流信号后,电路交流输出量的大小及其他一些数据,通过动态分析可获得放大电路一系列性能指标。

▶▶15.1.1 阻容耦合共发射极放大电路中各元件的作用

图 15.1.1 所示电路中的各元件作用如下:

(1) 晶体管 T

由于晶体管具有电流放大作用,当放大电路有交流信号电压输入后,晶体管的基极电流将出现与输入电压成正比的变化量,从而控制集电极电流,产生比基极电流变化量大 β 倍的集电极电流变化量。

(2) 电源 V_{CC}

电源 V_{CC} 除了为晶体管提供电压、电流使晶体管能正常工作外,还要向放大电路的负载提供功率。因为电子放大器的输出电压、电流的交流(变化)量,一般情况下大于输入信号电压、电流的交流(变化)量。换句话说,放大电路的输出功率大于输入功率,放大器的输出功率不是由输入信号提供的,而是通过输入信号对晶体管电流的控制作用,将电源供给放大电路的直流功率的一部分转换成交流功率输出。

(3) 电阻 R_B

通过电源 V_{CC} 经电阻 R_B 为晶体管 T 的基极提供适当的直流(静态)基极电流。电流 $I_B = (V_{CC} - U_{BE})/R_B$。

(4) 电阻 R_C

当放大电路有交流信号输入后,晶体管集电极电流出现变化量,这时电阻 R_C 上的电压也要发生变化,通过电阻 R_C 将电流的变化转化成电压的变化,使放大电路产生交流(变化)量的输出电压。

(5) 电容 C_1 和 C_2

电容 C_1、C_2 分别串接在放大电路的输入、输出电路中,起着阻隔直流进入输入、输出电路的作用,又能使交流信号通过电容 C_1、C_2 进行传递。因此,这个电路称为阻容耦合放大电路。用于传递信号的耦合电容量,其大小与传递的信号频率有关,信号频率高,耦合电容的电容量可小些,频率低的信号使用的耦合电容值就要大一些,目的是使电容的容抗 $X_C = \dfrac{1}{\omega C}$ 有一适当值,在交流信号通过电容传递时,在电容上所产生的压降很小,或视为零,当对电路进行交流量分析时,将容抗 X_C 作用忽略不计,认为电容对交流信号无影响。

▶▶15.1.2 静态分析

放大电路输入信号电压 $u_i = 0$ 时,放大电路中只有直流电压、电流,这种情况称为静态。静态时晶体管的基极电流 I_B、集电极电流 I_C 和集电极-发射极间电压 U_{CE},合称为静态工作点,并用 Q 表示。

放大电路的静态工作点 Q 值,应通过所示电路的直流通道求出。图 15.1.1 所示电路的直流通道如图 15.1.2 所示。

对图 15.1.2 所示电路进行分析时,可以用图解法也可用估算法,通常多使用估算法分析静态工作点。

1. 估算法分析静态工作点

估算法分析静态工作点时,认为晶体管导电时其发射结的直流电压 $U_{BE} = 0.7$ V(硅管)或 $U_{BE} = 0.3$ V(锗管),然后从这一估值开始进行计算。

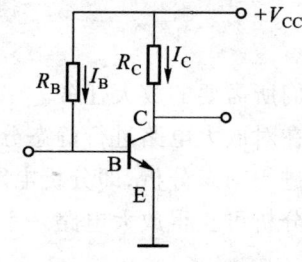

图 15.1.2 图 15.1.1 的直流通道

由图 15.1.2 所示电路可看出,当电路处于静态时,由电源 V_{CC} 提供的直流电流不能通过电容 C_1、C_2 传出。因此,直流电流将在电源 V_{CC}→电阻 R_B→晶体管发射结 B-E 极间及电源 V_{CC}→电阻 R_C→晶体管 C-E 极间形成两个回路。由电源 V_{CC}、电阻 R_B 和晶体管 B-E 极间形成的回路,为晶体管提供静态(直流)基极电流 I_B,即

$$I_B = \dfrac{V_{CC} - U_{BE}}{R_B} \qquad (15.1.1)$$

如使用硅晶体管,基极电流 I_B 可近似等于

$$I_B = \dfrac{V_{CC} - 0.7}{R_B} \qquad (15.1.2)$$

集电极电流由式(14.2.1)可知

$$I_C = \beta I_B$$

晶体管 C-E 极间电压

$$U_{CE} = V_{CC} - R_C I_C \qquad (15.1.3)$$

由第 14 章式(14.2.4)知,该电路中 3 个电极的电流关系为

$$I_E = I_C + I_B = (1 + \beta) I_B$$

图 15.1.1 所示电路,输入信号 $u_i = 0$ 时,电路中只存在直流量,由于电容的隔直作用,输入、输出电路中均没有直流电流,但电容上有直流电压,电容 C_1 的电压 $U_{C1} = U_{BE}(\approx 0.7 \text{ V})$,电容 C_2 的电压 $U_{C2} = U_{CE}(= V_{CC} - I_C R_C)$,电容电压的极性如图 15.1.1 中所示。

例 15.1.1 图 15.1.1 所示电路,$V_{CC} = 15$ V,晶体管 $\beta = 70$,$R_C = 3.9$ kΩ。用估算法分别求出 $R_B = 270$ kΩ 及 $R_B = 500$ kΩ 时,晶体管的静态 I_B、I_C、U_{CE} 之值及电容 C_1、C_2 的直流电压值。

解:(1) $R_B = 270$ kΩ 时,由式(15.1.2)知

$$I_B = \frac{V_{CC} - 0.7}{R_B} = \frac{15 - 0.7}{270} \text{ mA} \approx 0.053 \text{ mA}$$

而

$$I_C = \beta I_B = 70 \times 0.053 \text{ mA} = 3.71 \text{ mA}$$

由式(15.1.3)得

$$U_{CE} = V_{CC} - R_C I_C = (15 - 3.71 \times 3.9) \text{ V} \approx 0.53 \text{ V}$$

由于 $U_{CE} < U_{BE} = 0.7$ V,这种参数值下晶体管工作于饱和区,在这种工作条件下,该电路不可能对输入信号进行放大。

(2) $R_B = 500$ kΩ 时

$$I_B = \frac{15 - 0.7}{500} \text{ mA} \approx 0.029 \text{ mA}$$

$$I_C = 70 \times 0.029 \text{ mA} = 2.03 \text{ mA}$$

$$U_{CE} = (15 - 3.9 \times 2.03) \text{ V} \approx 7.08 \text{ V}$$

由上述计算出的数据可看出,$U_{BE} = 0.7$ V,$U_{CE} = 7.08$ V。晶体管的发射结有正向电压,集电结为反向电压,即

$$U_{BC} = U_{BE} - U_{CE} = (0.7 - 7.08) \text{ V} = -6.38 \text{ V}$$

电路中晶体管工作于放大区。因此,在上述参数值下,该放大电路可以对一定的交流信号进行放大。

2. 图解法分析静态工作点

根据电路给定的条件及晶体管的输入和输出特性曲线,用作图的方法确定放大的静态工作点,称为图解法。由图 15.1.1 所示电路的直流通道如图 15.1.2 所示,若图 15.1.2 电路中的晶体管的输入特性曲线如图 14.2.3 所示,输出特性曲线如图 14.2.4 所示,用图解法分析静态工作点时,首先用作图的方法确定出晶体管的静态 I_B 和 U_{BE} 值。由于静态值 I_B 和 U_{BE} 既应当在晶体管的输入特性上,同时又应当满足图 15.1.2 所示电路输入回路电压、电流方程式,即满足方程式

$$V_{CC} = I_B R_B + U_{BE} \tag{15.1.4}$$

式(15.1.4)是一个直线方程,在晶体管输入特性曲线上根据该方程作一直线(作图时可取两个特殊点,即点 $I_B = 0$、$U_{BE} = V_{CC}$ 和点 $I_B = V_{CC}/R_B$、$U_{BE} = 0$,根据这两个特殊点可作出直线),该直线与晶体管输入特性曲线的交点 Q 的坐标值,即应是该电路的静态 I_B 和 U_{BE} 值,如图 15.1.3 所示。

确定电路静态 I_C 和 U_{CE} 值,应由晶体管的输出特性曲线和输出回路电压、电流方程决定,即方程

$$V_{CC} = I_C R_C + U_{CE} \tag{15.1.5}$$

由式(15.1.5)作出的直线与输出特性曲线的交点 Q 求出静态 I_C、U_{CE} 值,如图 15.1.4 所示,其求法是根据式(15.1.5)在输出特性曲线上作直线(可取两个特殊点,即点 $I_C = 0$、$U_{CE} = V_{CC}$ 和点 $I_C = V_{CC}/R_C$、$U_{CE} = 0$),由于晶体管输出特性曲线有若干条,晶体管工作在哪一条输出特性曲线上应由基极电流 I_B 决定。基极电流 I_B 确定后,工作在这个 I_B 下的输出特性曲线与由式(15.1.5)所确定的直线相交点 Q 的坐标值即是所示电路的静态 I_C 和 U_{CE} 之值。

在对电子电路进行图解法分析时,由式(15.1.4)所示方程式作出的直线称为输入回路的负载线,而由式(15.1.5)所示方程式作出的直线称为输出回路的负载线。一般在电子电路用图解法分析时,静态 I_B 和 U_{BE} 用估算法来确定,而 I_C 和 U_{CE} 用作出输出回路的负载线与输出特性曲线

相交的交点坐标确定,通常所说作出负载线多是指根据式(15.1.5)方程式作出的输出回路的负载线。

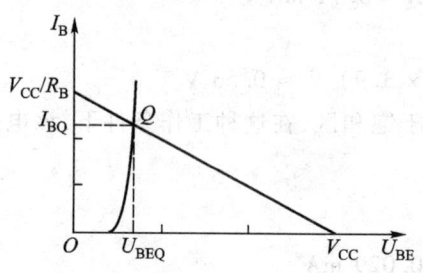

图 15.1.3　图解法确定静态 I_B、U_{BE}

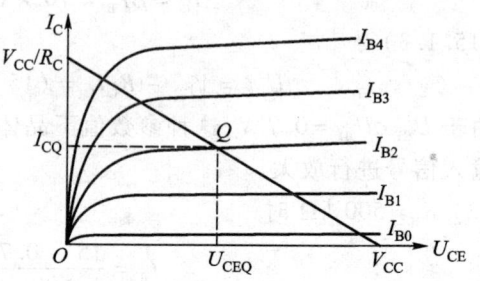

图 15.1.4　图解法确定静态 I_C 和 U_{CE}

▶▶15.1.3 动态分析

放大电路有信号电压输入后,电路中各处的电压、电流会在原有的静态值的基础上增加一个与输入信号波形相似的变化量,对放大电路中这些变化量的分析,称为放大电路的动态分析。

当图 15.1.1 所示电路的输入端加入正弦电压信号 u_i 后,晶体管的电流

$$i_B = I_B + i_b \quad (15.1.6)$$

式(15.1.6)中,I_B 为直流分量(静态值),i_b 为交流分量(由输入交流信号电压 u_i 引起),i_B 为基极电流的全量(以小写字母及大写字母下标示出,以下 i_C、u_{CE} 含义相同)。即

$$i_C = I_C + i_c \quad (15.1.7)$$
$$u_{BE} = U_{BE} + u_{be} \quad (15.1.8)$$

和
$$u_{CE} = U_{CE} + u_{ce} \quad (15.1.9)$$

当电路有输入的交流信号电压 u_i 作用后,该电路的晶体管的电压和电流,均在其静态值的基础上叠加上一个与输入信号频率相同的交流量,如图 15.1.5 所示。由于电容 C_1、C_2 的隔直作用,该电路的输入、输出电压、电流只有交流量。

对图 15.1.1 所示电路进行动态分析时,为求得由输入交流信号作用而在电路中引起的交流量,在小信号情况下可通过叠加方法求出,即电路的直流(静态)值由电路的直流通道求出,而电路中的交流

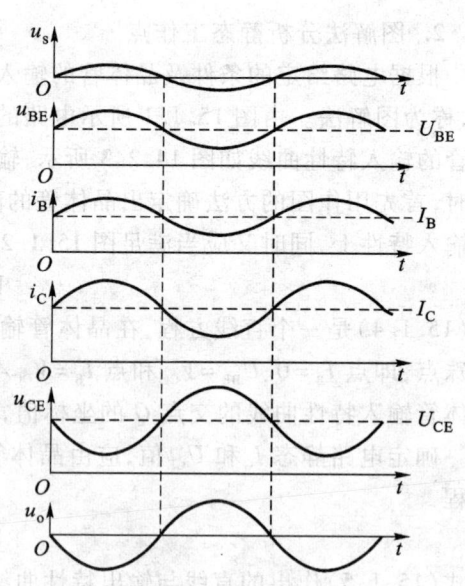

图 15.1.5　图 15.1.1 电路有输入信号 u_i 后,电压、电流波形

(动态)值由电路的交流通道求出。图 15.1.1 所示电路的交流通道如图 15.1.6 所示,因直流电源电压 V_{CC} 恒定,故在交流通道中视为短路。

为了能够用解析的方法计算出图 15.1.1 所示放大电路的交流电压和电流,需要将图 15.1.6 所示电路中的晶体管用其等效电路(模型)表示。

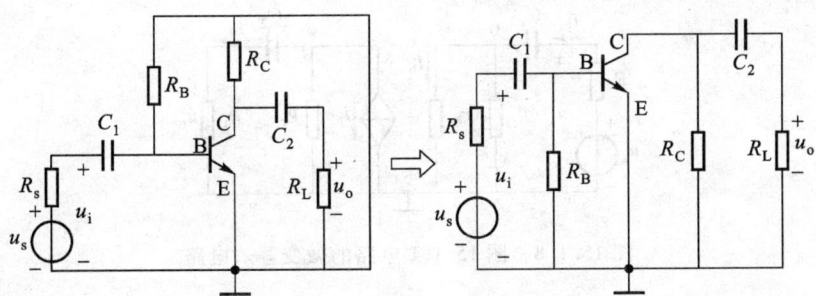

图 15.1.6　图 15.1.1 的交流通道

1. 小信号下晶体管的等效电路

图 15.1.1 所示电路,如果输入信号电压 u_i 幅值很小(小信号),因而在电路中引起的交流电压、电流的幅值亦很小,即由输入交流信号作用而在电路中引起的交流量的幅值,仅会使其总量在其静态值的基础上出现微小变动。

图 15.1.1 所示电路,当输入端有电压 u_i 时,就会在晶体管发射结(B-E 间)产生一个很小的电压 u_{be},产生的电流 i_b 亦很小。由于晶体管 B-E 极间是一个 PN 结,当 PN 结上作用的交流电压 u_{be} 仅在其静态值 U_{BE} 处引起微小变动时,作用于 PN 结上的交流电压 u_{be} 与其引起的交流电流 i_b 之间的关系,可以通过工作点处的动态电阻 r_{be} 表示。小信号下 PN 结的动态电阻计算公式,如式 (14.1.8) 所示,考虑晶体管的电极引线及 PN 结区域外半导体的电阻值,在交流信号作用下晶体管发射结的动态电阻 r_{be} 的计算公式为

$$r_{be} = r_{bb'} + (1+\beta)\frac{U_T}{I_E} \qquad (15.1.10)$$

式 (15.1.10) 中,$r_{bb'}$ 称为是晶体管基区体电阻,为 100~200 Ω;I_E 为静态发射极电流;U_T 为温度电压当量,室温下取值为 26 mV。由式 (15.1.10) 可看出 r_{be} 与静态 I_E 有关(在本书中计算 r_{be} 时 $r_{bb'}$ 取为 200 Ω)。

晶体管工作于放大区时,电流 $i_c = \beta i_b$,即集电集电流 i_c 仅取决于基极电流 i_b 而与晶体管 C-E 极间的电压 u_{ce} 无关,因而对晶体管的输出电路而言,相当于一个受控电流源,该电路输出电流 i_c 受 i_b 控制。这样晶体管在交流小信号下的等效电路(模型)如图 15.1.7 所示。

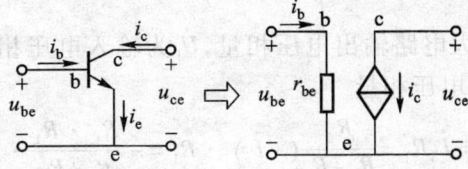

图 15.1.7　晶体管在交流小信号下的等效电路(模型)

将图 15.1.6 所示交流通道中的晶体管用其模型替代后,如图 15.1.8 所示。图 15.1.8 所示电路习惯上称为图 15.1.1 电路的微变等效电路,即小信号下交流通道的等效电路。

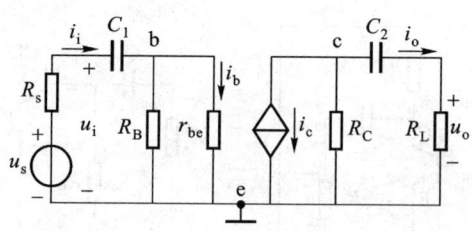

图 15.1.8　图 15.1.1 电路的微变等效电路

如果图 15.1.1 所示放大电路输入信号 u_i 是正弦电压信号,微变等效电路中的电压、电流也是按正弦规律变化,这时电路中的电压,电流可以用相量 $\dot{U}$、$\dot{I}$ 表示。如果输入信号 u_i 的频率较高而电容 C_1 和 C_2 的容量(μF 值)又足够大,这时电容 C_1、C_2 表现出的容抗 X_C 值很小,与电路中的电阻值相比可忽略不计,这时图 15.1.8 所示电路的相量模型图,如图 15.1.9 所示,分析放大电路的动态性能指标时,通过图 15.1.9 进行。

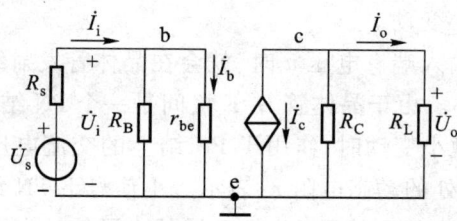

图 15.1.9　微变等效电路的相量模型图

2. 放大电路的性能指标

为反映放大电路各方面的性能,用下述指标说明。

(1) 电压放大倍数 $\dot{A}_u$

对于处理正弦信号的交流电压放大电路,其电压放大倍数用 $\dot{A}_u$ 表示,$\dot{A}_u$ 是一个复数,其表示式为

$$\dot{A}_u = \frac{\dot{U}_o}{\dot{U}_i} \tag{15.1.11}$$

式(15.1.11)中,$\dot{U}_o$ 为放大电路输出电压相量,$\dot{U}_i$ 为输入电压相量。由图 15.1.9 所示相量模型图可以看出,该电路输出电压相量

$$\dot{U}_o = \dot{I}_o R_L = \frac{R_C}{R_C + R_L}(-\dot{I}_c) \cdot R_L = -\frac{R_C \cdot R_L}{R_C + R_L} \cdot \dot{I}_c$$

设

$$R_L' = \frac{R_C \cdot R_L}{R_C + R_L}$$

R_L' 称为放大电路的交流负载电阻。

则

$$\dot{U}_o = -\frac{R_C \cdot R_L}{R_C + R_L} \cdot \dot{I}_c = -R_L' \cdot \dot{I}_c$$

由图 15.1.9 可以看出,该电路的输入电压 $\dot{U}_i$ 可写成为

$$\dot{U}_i = \dot{I}_b r_{be}$$

这样,图 15.1.1 所示电路的电压放大倍数

$$\dot{A}_u = \frac{\dot{U}_o}{\dot{U}_i} = \frac{-\dot{I}_c R'_L}{\dot{I}_b r_{be}} = -\beta \frac{R'_L}{r_{be}} \tag{15.1.12}$$

式(15.1.12)中负号,表示该电路 $\dot{U}_o$ 与 $\dot{U}_i$ 有 180°相差(见图 15.1.5)。因为 r_{be} 由放大电路的静态电流 I_E 决定,而 R'_L 又与放大电路外部接入的负载电阻 R_L 有关,因此图 15.1.1 所示放大电路的电压放大倍数将会随负载电阻 R_L 改变及静态工作点改变而发生变化。

例 15.1.2 图 15.1.1 所示电路,电源 $V_{CC} = 15$ V,$R_B = 500$ kΩ,$R_c = 5$ kΩ,晶体管为硅半导体管,$\beta = 60$,求负载 R_L 分别为 5 kΩ 和 10 kΩ 时,该电路的电压放大倍数 $\dot{A}_u$。

解:根据式(15.1.12)计算 $\dot{A}_u$ 时,首先要求晶体管发射结动态电阻 r_{be},而 r_{be} 又与静态发射极电流 I_E 有关。用估算法,由式(15.1.2)及 $I_E = (1+\beta) I_B$ 可得

$$I_E = (1+\beta)\left(\frac{V_{CC} - 0.7}{R_B}\right) = 61 \times \frac{14.3}{500 \times 10^3} \text{ A} = 1.74 \text{ mA}$$

电阻

$$r_{be} = 200 + (1+\beta)\frac{26}{I_E} = \left(200 + 61\frac{26}{1.74}\right) \Omega = 1.11 \text{ kΩ}$$

当 $R_L = 5$ kΩ 时,$R'_L = \dfrac{R_C \cdot R_L}{R_C + R_L} = \dfrac{5 \times 5}{5+5}$ kΩ = 2.5 kΩ

$R_L = 10$ kΩ 时,$R'_L = \dfrac{5 \times 10}{5+10}$ kΩ = 3.33 kΩ

所以,当 $R_L = 5$ kΩ 时,电路的电压放大倍数

$$\dot{A}_u = -\beta \frac{R'_L}{r_{be}} = -60 \frac{2.5}{1.11} \approx -135$$

$R_L = 10$ kΩ 时

$$\dot{A}_u = -60 \frac{3.33}{1.11} = -180$$

一个放大电路的电压放大倍数 $\dot{A}_u$ 与负载 R_L 和电路的静态工作点有关,当工作点改变或 R_L 值改变,电路的电压放大倍数会改变,这一现象在实际工作中是不允许的,为保持放大倍数 $\dot{A}_u$ 稳定,在放大电路中通过引入负反馈的方法加以解决。

(2)输入电阻 R_i

放大电路与外界信号源相连后,放大电路将从信号源处获取电流。若信号源有内阻,在信号源输出电流后,信号源内阻上会产生电压,这时作用到放大电路输入端处的电压 $\dot{U}_i$ 将小于信号源电压 $\dot{U}_s$,如图 15.1.9 所示。为衡量放大电路对信号源的影响强弱,提出了放大电路输入电阻这样一项技术指标。

放大电路的输入电阻 R_i 是交流(或变化)量的参数,R_i 由放大电路的输入端电压 $\dot{U}_i$ 与电流 $\dot{I}_i$

之比决定,即

$$R_i = \frac{\dot{U}_i}{\dot{I}_i} \tag{15.1.13}$$

图 15.1.1 所示放大电路的输入电阻 R_i 可通过图 15.1.9 求得,即

$$R_i = \frac{\dot{U}_i}{\dot{I}_i} = \frac{\dot{U}_i}{\dfrac{\dot{U}_i}{R_B} + \dfrac{\dot{U}_i}{r_{be}}} = \frac{R_B \cdot r_{be}}{R_B + r_{be}}$$

在 $R_B \gg r_{be}$ 的条件下,图 15.1.1 所示电路的输入电阻

$$R_i \approx r_{be}$$

图 15.1.1 所示电路的输入电阻 $R_i \approx r_{be}$,而 r_{be} 的数值不高,在这种情况下,若电路输入信号源 u_s 的内阻 R_s 较大时,放大电路输出电压 $\dot{U}_o$ 与信号源电压 $\dot{U}_s$ 之比,即

$$\dot{A}_{us} = \frac{\dot{U}_o}{\dot{U}_s}$$

将会与由式(15.1.12)计算出的结果有较大的差距。这个结论可以通过图 15.1.9 导出。由图 15.1.9 可看出 $\dot{U}_s$ 和 $\dot{U}_i$ 间有如下关系,即

$$\dot{U}_i = \frac{R_i}{R_i + R_s} \dot{U}_s$$

或

$$\dot{U}_s = \frac{R_i + R_s}{R_i} \cdot \dot{U}_i$$

因此

$$\dot{A}_{us} = \frac{\dot{U}_o}{\dot{U}_s} = \frac{R_i}{R_i + R_s} \cdot \frac{\dot{U}_o}{\dot{U}_i} = \frac{R_i}{R_i + R_s} \cdot \dot{A}_u \tag{15.1.14}$$

例 15.1.3 放大电路如图 15.1.1 所示,$R_L = 5 \text{ k}\Omega$,其他条件与例 15.1.2 相同,求信号源内阻 $R_s = 1 \text{ k}\Omega$ 时,该放大电路的 $\dot{A}_u$ 和 $\dot{A}_{us}$。

解:由例 15.1.2 知 $R_L = 5 \text{ k}\Omega$ 时,放大电路的 $\dot{A}_u = -135$。

图 15.1.1 所示放大电路的输入电阻

$$R_i = \frac{R_B \cdot r_{be}}{R_B + r_{be}} = \frac{500 \times 1.1}{500 + 1.1} \text{ k}\Omega \approx 1.1 \text{ k}\Omega$$

所以

$$\dot{A}_{us} = \frac{R_i}{R_i + R_s} \cdot \dot{A}_u = \frac{1.1}{1.1 + 1} \times (-135) \approx -71$$

通过例 15.1.3 的计算可看出,如果放大电路的输入电阻小,信号源 u_s 将要向放大电路提供较大的电流,在信号源内阻 R_s 上会产生较大的内部压降,使作用到放大电路输入端的电压 u_i 下降,从而影响了放大电路的输出电压,使 $\dot{A}_{us}$ 下降。为提高放大电路的输入电阻 R_i,可通过在电路中引入负反馈的方法解决。

(3) 输出电阻 R_o。

放大电路对外部接入的负载 R_L 而言,可视为一个有内阻的等效电源,如图 15.1.8 所示。当放大电路输出端接入有不同阻值的负载 R_L 时,电路的输出电压将会不同,即负载 R_L 会影响放大电路的电压放大倍数,其原因就是放大电路的输出端有内阻,这个内阻称为放大电路的输出电阻 R_o。输出电阻 R_o 是交流(变化)量的参数,一般可用以下两种方法求出。

① 通过开路电压 $\dot{U}_{oc}$ 与短路电流 $\dot{I}_{sc}$ 求 R_o。具体求解步骤是:通过图 15.1.9 所示微变等效电路的相量模型图,将接于电路输出端的负载 R_L 断开,求 R_L 断开后电路的电压——称为开路电压 $\dot{U}_{oc}$,如图 15.1.10(a)所示,然后再将该相量模型图的输出端短路,如图 15.1.10(b)所示,求出该模型图短路时的输出电流 $\dot{I}_{sc}$,图 15.1.1 所示电路的交流输出电阻

$$R_o = \dot{U}_{oc} / \dot{I}_{sc} \tag{15.1.15}$$

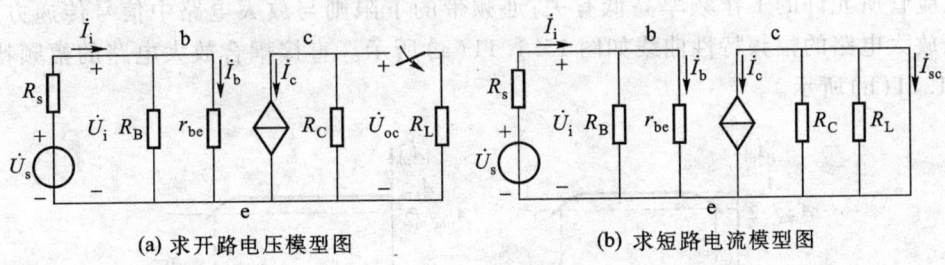

(a) 求开路电压模型图　　　　　(b) 求短路电流模型图

图 15.1.10　开路电压与短路电流

对图 15.1.1 所示放大电路,其相量模型图开路后[图 15.1.10(a)],开路电压 $\dot{U}_{oc} = -\dot{I}_c R_C$,短路后[图 15.1.10(b)]的短路电流 $\dot{I}_{sc} = -\dot{I}_c$,将这两个数据代入式(15.1.15),得放大电路的输出电阻

$$R_o = \frac{\dot{U}_{oc}}{\dot{I}_{sc}} = -\dot{I}_c R_C / -\dot{I}_c = R_C$$

图 15.1.1 所示电路的输出电阻 R_o 等于该电路晶体管集电极电阻 R_C。

② 实验方法测试放大电路的输出电阻 R_o。测试时首先将放大电路的输出端负载断开,测量开路电压(有效值)U_{oc};然后接入负载 R_L,再测量放大电路接有负载 R_L 时的输出电压(有效值)U_o,由于放大电路对负载 R_L 而言可视为一个电压源 U_s 与内阻 R_o 串联的等效电路,因此,U_{oc} 应当是 U_s,这时应当有关系式 $(U_{oc} - U_o)/R_o = U_o/R_L$,根据这个关系式可得输出电阻 R_o 的计算公式为

$$R_o = \left(\frac{U_{oc}}{U_o} - 1\right) R_L \tag{15.1.16}$$

根据图 15.1.1 的交流通道(图 15.1.8)可以看出,该电路的开路电压 $U_{oc} = I_c R_C$,输出端接有负载后,电压 $U_o = I_o R_L$,而电流 I_o 与 I_c 的关系为 $I_o = [R_C/(R_C + R_L)] \cdot I_c$,将以上关系式代入式(15.1.16),得

$$R_o = \left(\frac{I_c R_C}{\frac{R_C I_c}{R_C + R_L} \cdot R_L} - 1\right) \cdot R_L = R_C$$

计算结果与方法①相同。

一般共发射极放大电路,集电极电阻 R_C 为几千欧至十几千欧,与负载电阻 R_L 数量级相当,因此负载变动将会引起电路输出电压改变,使得放大电路在不同负载下,电压放大倍数不同。为减少负载 R_L 变动对电压放大倍数 $\dot{A}_u$ 的影响,应通过引入负反馈的方法解决。

(4) 频率特性

频率特性是指放大电路的放大倍数的幅值与信号频率的关系,这个关系又称为幅频特性。幅频特性反映放大电路对不同频率信号的适应能力。当放大电路在输入信号的电压幅值保持一定但信号频率改变时,电路输出电压随着信号频率改变而发生变化。当输出电压下降到正常输出电压的 70.7% 时,对应的频率值称为截止频率。截止频率之间的频段,称为中间频率段,简称中频段或放大器的通频范围,即通频带。放大电路的通频范围的上限,通常与电路中使用的晶体管或场效应管所允许的工作频率高低有关;通频带的下限则与放大电路中信号传递方式有关。阻容耦合放大电路的幅频特性曲线如图 15.1.11(a)所示。直接耦合放大电路的幅频特性曲线如图 15.1.11(b)所示。

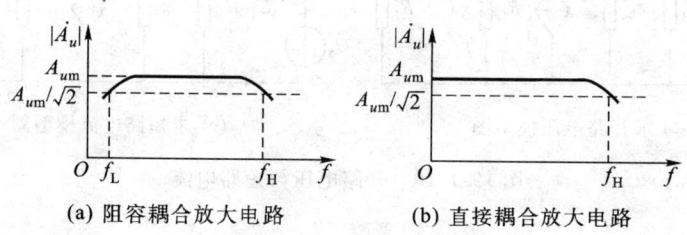

(a) 阻容耦合放大电路　　(b) 直接耦合放大电路

图 15.1.11　放大电路的幅频特性曲线

放大电路的幅频特性曲线,在其截止频率之间,曲线平坦部分所示出的电压放大倍数,习惯上称为放大电路中频段的电压放大倍数,用字符 A_{um} 表示。

阻容耦合放大电路的幅频特性曲线,有两个截止频率,即下限截止频率 f_L 和上限截止频率 f_H。直接耦合放大电路的幅频特性曲线只有上限截止频率 f_H,没有下限截止频率。换句话说,直接耦合放大电路既可以对直流信号进行放大,也可以对交流信号进行放大;阻容耦合放大电路由于输入、输出端接有耦合电容,直流信号不能通过,对交流慢变化信号表现出很大的阻抗,影响了低频信号的传递。

放大电路的通频带由电路的工作要求决定。例如,用于放大音乐信号、图像信号或脉冲信号的电路,由于被放大的信号中含有多种不同频率的谐波成分,这类放大电路的通频带就应当宽一些,以便各种不同频率成分的信号取得一致的放大效果,使电路的输出能重现输入信号的波形,不产生失真;另外一类放大电路,如滤波电路,通常要求通频带较窄,只有被允许通过的信号得到放大,而频带之外的信号使之很快的衰减。放大电路的频率特性是放大电路的一项重要的技术指标,有关频率特性问题的详细分析,可参阅参考文献[1]、[2]中的相关内容进行了解。

放大电路的性能指标,除上述 4 项外还有最大不失真输出电压、最大输出功率与效率等。本书对电压放大电路只讨论电压放大倍数,输入、输出电阻 3 项,在功率放大电路将讨论最大可能输出功率及效率等问题,其他项可参阅参考文献[1]、[2]等进行了解。

▶▶15.1.4 工作点稳定的共发射极放大电路

图 15.1.1 所示基本共发射极放大电路,其特点是电路结构简单,该电路在电源 V_{CC}、集电极电阻 R_C 确定后,改变基极电阻 R_B,就可以改变晶体管的静态工作点,但是该电路设定好的静态工作点却很容易受外界影响而改变,例如,当放大电路的工作环境、特别是环境温度改变时,将会使晶体管的载流子数目增加,使得晶体管特性曲线发生变化,从而会影响原设定好的静态工作点。这样,因环境影响而使静态工作点改变,就有可能使原正常工作的放大电路进入晶体管不能进行正常放大的饱和区或截止区内工作,造成放大电路输出信号的波形与输入信号波形不同,出现失真。例如,图 15.1.1 所示电路原定的静态 I_B 和 U_{BE} 值位于晶体管输入特性曲线的 Q 点处,电路有输入信号 u_i 后产生的 u_{be} 将叠加在静态 U_{BE} 值上,引起的变化 i_b 如图 15.1.12 所示。如果环境温度升高,输入特性曲线上移,工作点将移至 Q'(静态 I_B 增至 I'_B,讨论时,设 u_{be} 不变和 i_b 的幅值不增加)。

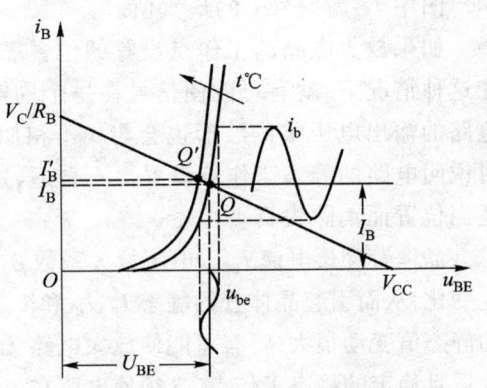

图 15.1.12 输入特性及 u_{be}、i_b。

由于晶体管的 $i_C = \beta i_B$,I_B 增加,I_C 亦增加,即温度变化影响电流 I_B 值,使原设定的 I_C 和 U_{CE} 值改变,从而使电路的静态工作点改变,如图 15.1.13 所示。

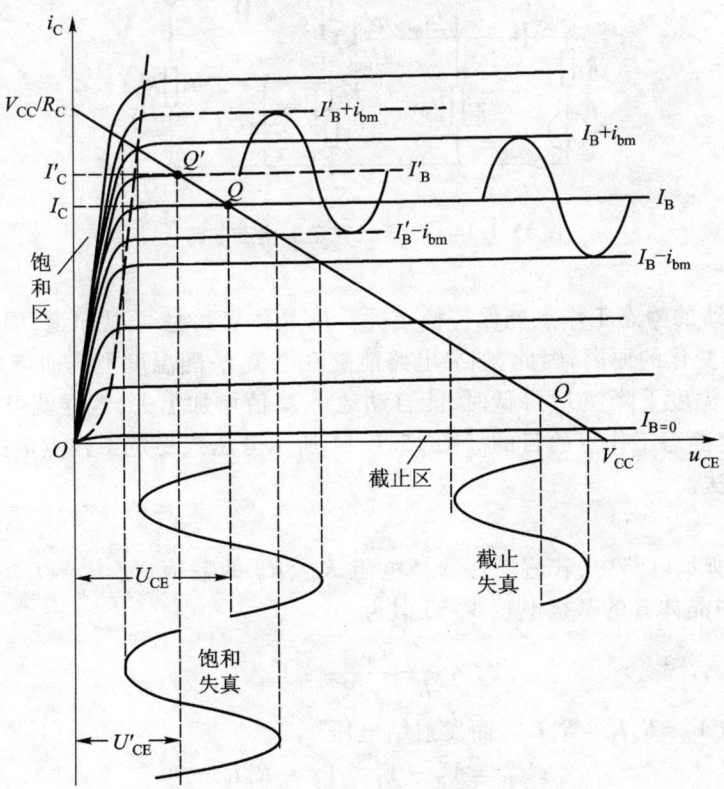

图 15.1.13 环境温度变化而影响静态工作点(使输出可能出现失真)

由图 15.1.13 可看出，温度升高后静态 I_B 增加至 I_B'，使工作点 Q 在输出特性曲线上上移，I_C 增至 I_C'，而 U_{CE} 下降至 U_{CE}'，该电路的工作点向晶体管的饱和区靠近，在输入信号 u_i 作用下，若温度改变前电路输出电压 u_o 与 u_i 波形相似，在温度升高后，因工作点靠近饱和区，就有可能使信号在一个周期的一段时间内晶体管的工作进入到饱和区之内，从而会使输出电压 u_o 的波形与 u_i 不相似，出现失真，这一失真是因进入晶体管的饱和区而出现的，故称饱和失真，如图 15.1.13 所示。图中 I_{bm} 为信号 i_b 的最大值。

如果放大电路的工作点设置的位置靠近晶体管的截止区，若环境温度变化而使工作点下移，在这种情况下，就有可能使信号在一个周期的一段时间内晶体管的工作进入到截止区之内，这时电路的输出电压 u_o 的波形也会与 u_i 不相似，称为截止失真，如图 15.1.13 所示。当电路出现失真时说明电路的静态工作点设置得不合适，这时可通过改变电路的电流 I_B 值，将电路的工作点调至适当位置而消除失真。

晶体管穿透电流 I_{CEO}、电流放大系数 β 和发射结开启电压 $U_{BE(on)}$，这些参数值随温度改变而发生变化，从而引起晶体管的静态 I_B、I_C 和 U_{CE} 值改变，使放大电路设置的静态值改变，如果放大电路的静态值变动很大，将有可能使放大电路无法正常工作。为保证晶体管能工作在放大区并有一个合适且稳定的静态工作点，必须使电路在工作点受外界影响而改变时，能自动地将它调整回来。

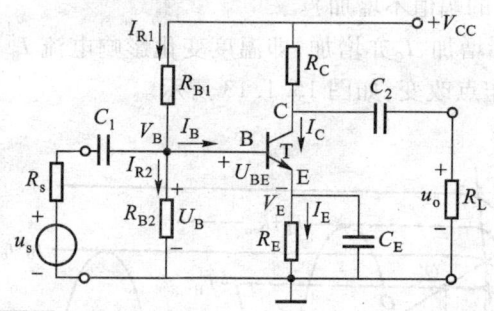

图 15.1.14　分压式稳定工作点电路

如何使放大电路的静态工作点能保持稳定呢？由晶体管特性可以知道，温度的变化是主要引起集电极电流 I_C 变化的原因，因此，如果电路能够在电流 I_C 随温度上升而增加时，设法自动地将 I_C 减小，相反，若温度下降使 I_C 降低时，能自动地将 I_C 值增加上去，这样就可以维持电流 I_C 值近似不变，达到稳定静态工作点的目的。图 15.1.14 所示分压式稳定工作点电路，是一种较常用的稳定工作点的办法。

1. 工作原理

在图 15.1.14 所示电路中，若适当地选择电阻 R_{B1}、R_{B2} 的数值，使 $I_{R1} \approx I_{R2} \gg I_B$（静态基极电流），这时，该电路中晶体管的基极电位 V_B 近似为

$$V_B \approx \frac{R_{B2}}{R_{B1} + R_{B2}} \cdot V_{CC} \tag{15.1.17}$$

电路中，发射极电位 $V_E = R_E I_E \approx R_E I_C$。而发射结电压

$$U_{BE} = V_B - V_E = V_B - R_E I_E \tag{15.1.18}$$

因此，该电路的静态集电极电流

$$I_\text{C} \approx I_\text{E} = \frac{V_\text{B} - U_\text{BE}}{R_\text{E}} \qquad (15.1.19)$$

由式(15.1.17)~式(15.1.19)可看出,由于 V_B 为固定值,当温度升高,电流 $I_\text{C}(I_\text{E})$ 增加时,发射极电位 V_E 会随之增加,晶体管发射结电压 $U_\text{BE} = V_\text{B} - V_\text{E}$,因 V_B 已被固定,所以 V_E 增加使 U_BE 减小,从而使静态基极电流 I_B 减小,而 I_B 减小则会抑制电流 I_C 的增加。相反,若温度降低,电流 I_C 减小,电位 V_E 值下降,使发射结电压 U_BE 增加,静态基极电流增加,抑制电流 I_C 下降,这样可使 I_C 基本上保持稳定。

由图15.1.14可看出,该电路能够稳定静态工作点,是利用 I_E 的变化,在 R_E 上产生电压会随之变化,将这电压再送回到输入回路去,调节电压 U_BE 来抑制电流 I_C 的变化,这种将输出量(电流 I_E)通过电阻变化成电压后又返回到输入回路的这一技术措施称为反馈,而电压 $U_\text{E} = R_\text{E} I_\text{E}$ 称为反馈电压,反馈电压增加时,会使基极电流 I_B 减小,因而这种反馈称为负反馈。由于反馈电压 U_E 是直流量,所以又称为直流负反馈。直流负反馈可以稳定电路的静态工作点。

2. 静态工作点的计算

估算法计算图15.1.14所示电路静态工作点的步骤如下。

首先根据式(15.1.17)计算出晶体管基极电位 V_B。然后由式(15.1.19)求晶体管静态发射极电流 I_E。在应用式(15.1.19)求 I_E 时,若晶体管为硅管时,取 $U_\text{BE} = 0.7$ V,锗管时取 $U_\text{BE} = 0.3$ V。即

硅管
$$I_\text{E} \approx \frac{V_\text{B} - 0.7}{R_\text{E}} \approx I_\text{C}$$

锗管
$$I_\text{E} \approx \frac{V_\text{B} - 0.3}{R_\text{E}} \approx I_\text{C}$$

基极电流
$$I_\text{B} = \frac{I_\text{E}}{1 + \beta}$$

和
$$U_\text{CE} \approx V_\text{CC} - (R_\text{C} + R_\text{E}) I_\text{C}$$

例15.1.4 图15.1.14所示电路,电压 $V_\text{CC} = 15$ V,硅晶体管 $\beta = 80$,电阻 $R_\text{B1} = 100$ kΩ, $R_\text{B2} = 20$ kΩ, $R_\text{C} = 5$ kΩ, $R_\text{E} = 1.5$ kΩ。电容 $C_1 = C_2 = 30$ μF, $C_\text{E} = 50$ μF。求所示电路静态工作点。

解:
$$V_\text{B} = \frac{20}{100 + 20} \times 15 \text{ V} = 2.5 \text{ V}$$

$$I_\text{E} = \frac{2.5 - 0.7}{1.5} \text{ mA} = 1.2 \text{ mA} \approx I_\text{C}$$

$$I_\text{B} = \frac{1.2}{1 + 80} \text{ mA} \approx 0.015 \text{ mA}$$

$$U_\text{CE} \approx [15 - (5 + 1.5) \times 1.2] \text{ V} = 7.2 \text{ V}$$

3. 动态分析

由于电容 C_1、C_2 及 C_E 的数值都比较大,只要输入的信号频率不是很低的情况下,电容的容抗是很小的,对电路的交流量进行分析可以将电容元件视为短路,这样,图15.1.14所示电路的微变等效电路相量模型图,如图15.1.15所示。根据图15.1.15可看出,它的电压放大倍数计算公式与图15.1.1所示电路的 $\dot{A}_u$、$\dot{A}_{us}$ 计算公式完全相同,但电路的输入电阻 R_i 等于 R_B1、R_B2 和 r_be 这3个电阻并联。

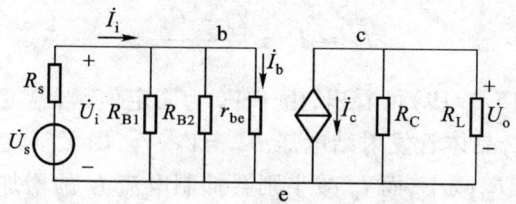

图 15.1.15　图 15.1.14 的微变等效电路相量模型图

例 15.1.5　图 15.1.14 所示电路，$R_s = 1 \text{ k}\Omega$，$R_L = 10 \text{ k}\Omega$，其他参数值与例 15.1.4 相同，求电路的 $\dot{A}_u$、$\dot{A}_{us}$、R_i 和 R_o。

解：为求 $\dot{A}_u$、$\dot{A}_{us}$，首先求出晶体管动态电阻 r_{be}。由例 15.1.4 中已知，$I_E = 1.2 \text{ mA}$，所以

$$r_{be} = \left(200 + 81 \times \frac{26}{1.2}\right) \Omega = 1\,955 \ \Omega \approx 1.96 \text{ k}\Omega$$

图 15.1.14 电路的交流负载电阻

$$R'_L = \frac{R_C \cdot R_L}{R_C + R_L} = \frac{5 \times 10}{5 + 10} \text{ k}\Omega = 3.33 \text{ k}\Omega$$

由式(15.1.10)得电路的 $\dot{A}_u$，即

$$\dot{A}_u = -\beta \frac{R'_L}{r_{be}} = -80 \times \frac{3.33}{1.96} \approx -136$$

电路的输入电阻 R_i 由电阻 R_{B1}、R_{B2} 和 r_{be} 并联组成，即

$$R_i = (R_{B1} /\!/ R_{B2}) /\!/ r_{be} = \frac{16.67 \times 1.96}{16.67 + 1.96} \text{ k}\Omega \approx 1.75 \text{ k}\Omega$$

由式(15.1.12)得电路的 $\dot{A}_{us}$，即

$$\dot{A}_{us} = \frac{R_i}{R_i + R_s} \cdot \dot{A}_u = \frac{1.75}{1.75 + 1} \times (-136) = -87$$

通过计算可看输出电压 u_o 的有效值为 u_i 有效值的 136 倍，但因放大电路的输入电阻 R_i 值较小，使得输出电压 u_o 的有效值仅是信号源电压 u_s 有效值的 87 倍。

该放大电路的输出电阻

$$R_o = R_C = 5 \text{ k}\Omega$$

▶15.2　共集电极放大电路——射极输出器

共集电极放大电路的交流信号通道是以集电极为公共端的一种放大器，图 15.2.1(a)所示为阻容耦合共集电极电路，它的交流通道如图 15.2.1(b)所示，由图可看出公共端为集电极。

共集电极放大电路由于从发射极输出，因此，又称为射极输出器。射极输出器有三个特点，即电压放大倍数 $\dot{A}_u \approx 1$；输入电阻 R_i 比共发射极电路高很多；输出电阻 R_o 比共发射极电路低很多。这种电路多用于多级放大电路的输入级和输出级。

对阻容耦合射极输出电路进行分析时，仍依静态和动态两步进行。

15.2 共集电极放大电路——射极输出器

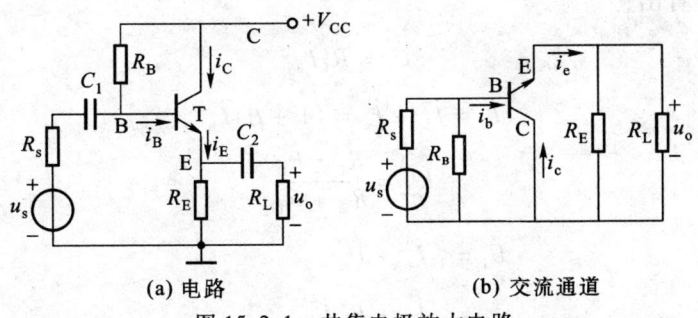

(a) 电路　　　　(b) 交流通道

图 15.2.1　共集电极放大电路

▶▶15.2.1　静态分析

由图 15.2.1(a)可以看出，如设发射结电压 $U_{BE}=0.7\text{ V}$ 时，电路的静态基极电流 I_B 将与电压 V_{CC}、电阻 R_B、R_E 等参数有如下关系，即

$$V_{CC} = R_B I_B + U_{BE} + R_E I_E$$
$$= R_B I_B + 0.7 + (1+\beta) R_E I_B$$

所以
$$I_B = \frac{V_{CC} - 0.7}{R_B + (1+\beta) R_E} \tag{15.2.1}$$

而
$$I_C = \beta I_B,\quad I_E = I_B + I_C = (1+\beta) I_B$$
$$U_{CE} = V_{CC} - R_E I_E \tag{15.2.2}$$

例 15.2.1　图 15.2.1(a)所示电路，电源电压 $V_{CC}=15\text{ V}$，电阻 $R_B=150\text{ k}\Omega$，$R_E=2\text{ k}\Omega$，$\beta=80$。求电路静态值。

解：由式(15.2.1)求电流，由式(15.2.2)求电压

$$I_B = \frac{15-0.7}{150+81\times 2}\text{ mA} = \frac{14.3}{150+162}\text{ mA} \approx 0.046\text{ mA}$$

$$I_E = (1+\beta) I_B = 81 \times 0.046\text{ mA} \approx 3.73\text{ mA}$$

$$U_{CE} = (15 - 3.73 \times 2)\text{ V} = 7.54\text{ V}$$

▶▶15.2.2　动态分析

1. 电压放大倍数 $\dot{A}_u$

图 15.2.1 所示射极输出电路的电压放大倍数，可通过该电路的微变等效电路分析得出。图 15.2.1 电路的微变等效电路如图 15.2.2 所示。

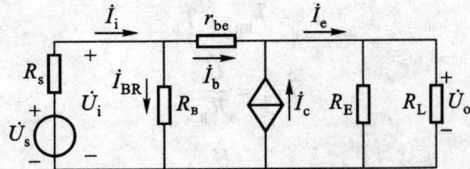

图 15.2.2　图 15.2.1 电路的微变等效电路

由图 15.2.2 可看出

输出电压
$$\dot{U}_o = R'_L \dot{I}_e$$
$$\dot{I}_e = \dot{I}_b + \dot{I}_c = (1+\beta)\dot{I}_b$$
$$R'_L = \frac{R_E \cdot R_L}{R_E + R_L}$$

输入电压
$$\dot{U}_i = r_{be}\dot{I}_b + \dot{U}_o$$
$$= r_{be}\dot{I}_b + R'_L \dot{I}_e$$
$$= [r_{be} + (1+\beta)R'_L]\dot{I}_b$$

图 15.2.1 所示电路的电压放大倍数
$$\dot{A}_u = \frac{\dot{U}_o}{\dot{U}_i}$$
$$= \frac{(1+\beta)R'_L \dot{I}_b}{[r_{be} + (1+\beta)R'_L]\dot{I}_b}$$
$$= \frac{(1+\beta)R'_L}{r_{be} + (1+\beta)R'_L} \tag{15.2.3}$$

如果 $(1+\beta)R'_L \gg r_{be}$，射极输出电路的电压放大倍数 $\dot{A}_u \approx 1$。射极输出的电压放大倍数 $\dot{A}_u \approx 1$ 说明射极输出电路的输出电压 $\dot{U}_o$ 与输入电压 $\dot{U}_i$ 相等，即输出电压随着输入电压的改变作同样的改变，因此，射极输出器又称为电压跟随器。

图 15.2.1 所示电路的
$$\dot{A}_{us} = \frac{\dot{U}_o}{\dot{U}_s} = \dot{A}_u \cdot \frac{R_i}{R_i + R_s} \tag{15.2.4}$$

式(15.2.4)中的 R_i 是射极输出电路的输入电阻。

2. 输入电阻 R_i

根据输入电阻 R_i 的定义，图 15.2.1 所示电路的输入电阻，可通过图 15.2.2 求出，即
$$R_i = \frac{\dot{U}_i}{\dot{I}_i}$$

由图 15.2.2 可知
$$\dot{I}_i = \dot{I}_{BR} + \dot{I}_b$$

而
$$\dot{I}_{BR} = \frac{\dot{U}_i}{R_B}$$
$$\dot{I}_b = \frac{\dot{U}_i}{r_{be} + (1+\beta)R'_L}$$

所以输入电阻

15.2 共集电极放大电路——射极输出器

$$R_i = \frac{\dot{U}_i}{\dot{I}_{BR} + \dot{I}_b}$$

$$= \frac{\dot{U}_i}{\dfrac{\dot{U}_i}{R_B} + \dfrac{\dot{U}_i}{r_{be} + (1+\beta)R'_L}}$$

$$= \frac{R_B \cdot [r_{be} + (1+\beta)R'_L]}{R_B + [r_{be} + (1+\beta)R'_L]} \tag{15.2.5}$$

由式(15.2.5)可知,射极输出器的输入电阻为 R_B 与 $[r_{be}+(1+\beta)R'_L]$ 并联后的总电阻,这个电阻值通常比共发射极放大电路的输入电阻值要高出十几至几十倍。

例 15.2.2 图 15.2.1 所示电路,$V_C = 15$ V,$R_B = 150$ kΩ,$R_E = 2$ kΩ,$R_L = 3$ kΩ,$\beta = 80$,$R_s = 1$ kΩ,求 $\dot{A}_u$ 和 $\dot{A}_{us}$。

解:因电路参数值与例 15.2.1 相同,因此,可知静态电流

$$I_E = 3.73 \text{ mA}$$

晶体管动态电阻

$$r_{be} = \left[200 + (1+80) \times \frac{26}{3.73}\right] \Omega \approx 0.76 \text{ k}\Omega$$

由于 $R_E = 2$ kΩ,$R_L = 3$ kΩ,所以交流负载电阻

$$R'_L = \frac{2 \times 3}{2+3} \text{ k}\Omega = 1.2 \text{ k}\Omega$$

由式(15.2.3)得

$$\dot{A}_u = \frac{(1+80) \times 1.2}{0.76 + (1+80) \times 1.2} \approx 0.99$$

求 $\dot{A}_{us}$ 时需要求得放大电路的输入电阻 R_i,图 15.2.1 所示电路的输入电阻 R_i 由式(15.2.5)求出,即

$$R_i = \frac{R_B \cdot [r_{be} + (1+\beta)R'_L]}{R_B + [r_{be} + (1+\beta)R'_L]}$$

$$= \frac{150 \times [0.76 + (1+80) \times 1.2]}{150 + [0.76 + (1+80) \times 1.2]} \text{ k}\Omega$$

$$\approx 59.3 \text{ k}\Omega$$

由式(15.2.4)得

$$\dot{A}_{us} = \dot{A}_u \cdot \frac{R_i}{R_i + R_s} = 0.99 \times \frac{59.3}{59.3 + 1} \approx 0.97$$

由于射极输出器的输入电阻 R_i 值高,因而信号源内阻对 $\dot{A}_{us}$ 影响小,放大电路的 $\dot{A}_{us}$ 与 $\dot{A}_u$ 值相差很小。

3. 输出电阻 R_o

图 15.2.1 所示电路的输出电阻 R_o 可通过图 15.2.2 所示微变等效电路,求出该电路的开路电压 $\dot{U}_{oc}$ 和短路电流 $\dot{I}_{sc}$ 后,计算出 $R_o = \dot{U}_{oc}/\dot{I}_{sc}$。

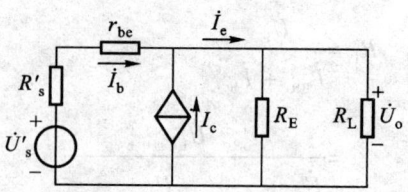

图 15.2.3　图 15.2.2 的等效电路

为计算方便,将图 15.2.2 用等效电源定理简化成如图 15.2.3 所示电路。图 15.2.3 中 $\dot{U}'_s = \dfrac{R_B}{R_B + R_s} \cdot \dot{U}_s$ 和 $R'_s = \dfrac{R_s \cdot R_B}{R_s + R_B}$。

通过图 15.2.3 所示电路,求该电路的开路电压 $\dot{U}_{oc}$ 和短路电流 $\dot{I}_{sc}$,如图 15.2.4 所示。

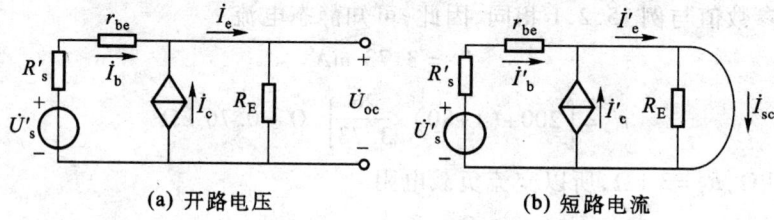

(a) 开路电压　　　　　　　　　　(b) 短路电流

图 15.2.4　图 15.2.3 电路的开路电压与短路电流

根据图 15.2.4(a)求开路电压 $\dot{U}_{oc}$,由图可看出

$$\dot{U}_{oc} = R_E \dot{I}_e$$

而电流 $\dot{I}_e$ 与 $\dot{U}'_s$ 的关系为

$$\dot{U}'_s = (R'_s + r_{be})\dot{I}_b + R_E \dot{I}_e = (R'_s + r_{be})\dfrac{\dot{I}_e}{1+\beta} + R_E \dot{I}_e$$

所以

$$\dot{I}_e = \dfrac{\dot{U}'_s}{R_E + \dfrac{(R'_s + r_{be})}{1+\beta}}$$

因此,开路电压又可写成

$$\dot{U}_{oc} = R_E \dot{I}_e = \dfrac{R_E}{R_E + \dfrac{(R'_s + r_{be})}{1+\beta}} \cdot \dot{U}'_s$$

根据图 15.2.4(b)求短路电流 $\dot{I}_{sc}$,由图可看出输出端短路后

$$\dot{I}'_b = \dfrac{\dot{U}'_s}{R'_s + r_{be}}$$

$$\dot{I}'_c = \beta \dot{I}'_b = \beta \dfrac{\dot{U}'_s}{R'_s + r_{be}}$$

短路电流
$$\dot{I}_{sc} = \dot{I}'_e = \dot{I}'_b + \dot{I}'_c = (1+\beta)\frac{\dot{U}'_s}{R'_s + r_{be}}$$

根据定义，输出电阻

$$R_o = \frac{\dot{U}_{oc}}{\dot{I}_{sc}} = \frac{R_E + \frac{(R'_s + r_{be})}{1+\beta} \cdot \dot{U}'_s}{(1+\beta)\frac{\dot{U}'_s}{R'_s + r_{be}}} = \frac{R_E \cdot \frac{(R'_s + r_{be})}{1+\beta}}{R_E + \frac{(R'_s + r_{be})}{(1+\beta)}} \quad (15.2.6)$$

式(15.2.6)表明,射极输出器的输出电阻为电路发射极电阻 R_E 与电阻 $(R'_s+r_{be})/(1+\beta)$ 并联。一般情况下, $R_E \gg (R'_s+r_{be})/(1+\beta)$,即它的输出电阻 $R_o \approx (R'_s+r_{be})/(1+\beta)$,其值为几十至几百欧左右,这个数值较共发射极放大电路的输出电阻 $R_o = R_C$ 小许多。

例 15.2.3 图 15.2.1 所示电路,数据如例 15.2.2 所示,求电路的输出电阻 R_o。

解：根据给定的数值可知

$$R'_s = \frac{R_s R_B}{R_s + R_B} = \frac{1 \times 150}{1+150}\ \text{k}\Omega \approx 0.99\ \text{k}\Omega$$

由式(15.2.6),求输出电阻

$$R_o = \frac{2 \times \frac{(0.99+0.77)}{1+80}}{2 + \frac{(0.99+0.77)}{1+80}}\ \text{k}\Omega \approx 0.022\ \text{k}\Omega = 22\ \Omega$$

通过以上分析可知,射极输出电路虽然电压放大倍数近似等于1,没有电压放大作用,但输出电流 $\dot{I}_e$ 大于输入电流 $\dot{I}_i$ 许多倍,因而有功率放大作用,可作为功率放大器。此外,电路具有输入电阻高和输出电阻低的特点,因而射极输出电路常被用于电子线路的输入级,以减小对被测电路的影响;由于输出电阻低,其输出接近恒压的特性,故又多用在多级放大电路的输出级,以增强带负载能力。

▶15.3 场效应管放大电路

用场效应管构成的放大电路,是通过管子的栅-源电压的改变来控制漏极电流变化,从而实现信号的放大。用场效应管构成的放大电路,场效应管应工作在它特性曲线的放大区(恒流区),因此,对场效应管放大电路进行分析时,同样是分两步进行,首先是静态分析——确定静态工作点,然后是动态分析——分析放大倍数和输入、输出电阻这样3项指标。

▶▶15.3.1 阻容耦合场效应管共源极放大电路

NMOS 管共源极阻容耦合放大电路,如图 15.3.1 所示,为使 NMOS 管在静态时即能产生导电沟道,NMOS 管栅-源极间应具有大于场效应管开启电压 $U_{GS(th)}$ 的正向直流电压,这一电压通过分压电路 R_{g1}、R_{g2} 和 R_g 供给。

1. 静态分析

图 15.3.1 所示 NMOS 管共源极阻容耦合放大电路的静态值,应由该电路的直流通道确定,

图 15.3.1 所示电路的直流通道如图 15.3.2 所示。

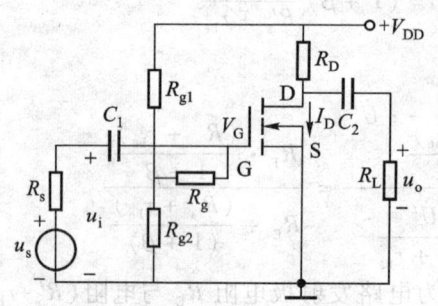
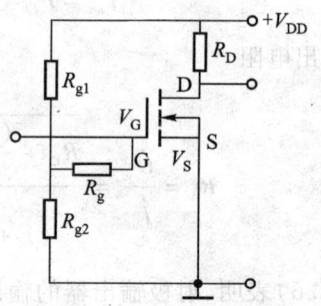

图 15.3.1　NMOS 管共源极阻容耦合放大电路　　图 15.3.2　图 15.3.1 的直流通道

图 15.3.1 所示电路在分压电阻 R_{g1}、R_{g2} 中间与栅极间增加了一个大电阻 R_g，由于场效应管栅极电流为零，所以接于电阻 R_{g1}、R_{g2} 中点与栅极之间的电阻 R_g 中的直流（静态）电流为零，对电路分压情况没有影响，图 15.3.1 中分压电路中加入电阻 R_g 的目的是，不致因为电路中存在分压电路而过多地降低放大电路的输入电阻。由于 R_g 对电路分压无影响，所以该电路栅-源极间电压 U_{GS} 为

$$U_{GS} = \frac{R_{g2}}{R_{g1}+R_{g2}} \cdot V_{DD} \tag{15.3.1}$$

为保证 NMOS 管工作时具有导电沟道出现，作用在图 15.3.2 中 NMOS 管栅-源极间的静态电压 U_{GS} 值应大于它的开启电压 $U_{GS(th)}$。

图 15.3.2 所示电路的静态电流 I_D 可以根据由式（15.3.1）计算出的 U_{GS} 及场效应管的 $U_{GS(th)}$ 值及转移特性曲线求出［见第 14 章式（14.3.1）及例 14.3.1］。确定出 I_D 后，可通过下式求出场效应管静态电压，即

$$U_{DS} = V_{DD} - I_D R_D \tag{15.3.2}$$

2. 动态分析

动态分析应根据图 15.3.1 所示电路的交流通道进行，图 15.3.1 所示电路的交流通道如图 15.3.3 所示。为便于对图 15.3.3 所示电路进行分析，将图 15.3.3 所示电路中的场效应管用其等效电路（模型）替代，场效应管的模型是这样考虑而得到的，绝缘栅型的场效应管，其栅-源极之间为一层绝缘物质，因此这类管子在栅-源极之间作用电压之后，栅-源极间没有电流，即输入电阻极高，可以认为栅-源极间为开路。

场效应管工作在恒流区时，小信号下漏极电流的变化量 ΔI_d 与栅-源极间的电压变化量 ΔU_{gs} 成比例，因此场效

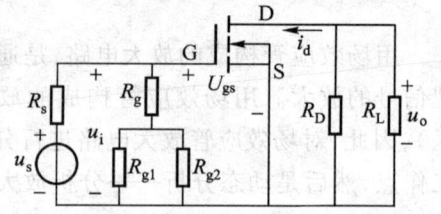

图 15.3.3　图 15.3.1 的交流通道

应管工作在变化量（交流）小信号下的等效电路如图 15.3.4 所示，即输入回路视为开路，输出回路为电压控制的电流源。

将 15.3.3 所示电路中的场效应管用它的模型替换，替换后的电路如图 15.3.5 所示，图 15.3.5 所示电路即为图 15.3.1 电路在小信号下的（微变）等效电路。若电路输入信号为正弦电

压(电流)，则图 15.3.5 所示电路中的各物理量可用相量表示，因而图 15.3.5 所示电路又称为微变等效电路的相量模型图。

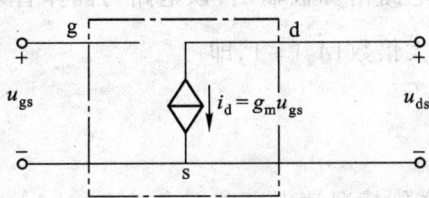

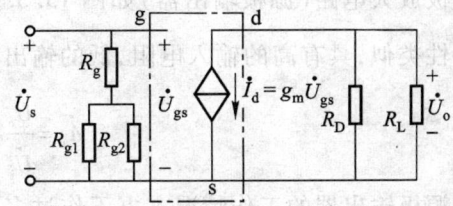

图 15.3.4 场效应管小信号的等效电路　　图 15.3.5 图 15.3.1 的微变等效电路的相量模型图

根据微变等效电路，可求出电压放大倍数和输入、输出电阻。由图 15.3.5 知 $\dot{U}_o = -g_m \dot{U}_{gs} R'_L$，而 $R'_L = (R_D \cdot R_L)/(R_D + R_L)$，图 15.3.1 所示电路的电压放大倍数

$$\dot{A}_u = \dot{U}_o/\dot{U}_s = \dot{U}_o/\dot{U}_{gs} = -g_m R'_L \tag{15.3.3}$$

式(15.3.3)中的 g_m 为场效应管在静态 U_{GS} 值下的跨导。

图 15.3.1 所示电路的输入电阻 R_i 和输出电阻 R_o 分别为

$$R_i = R_g + (R_{g1} \cdot R_{g2})/(R_{g1} + R_{g2}) \tag{15.3.4}$$

$$R_o = R_D \tag{15.3.5}$$

例 15.3.1　图 15.3.1 所示电路，场效应管的开启电压 $U_{GS(th)} = 4$ V，转移特性曲线如图 14.3.7 所示，电源电压 $V_{DD} = 18$ V，$R_D = 20$ kΩ，$R_L = \infty$，$R_g = 1$ MΩ，$R_{g1} = 20$ kΩ，$R_{g2} = 10$ kΩ。求电路的静态值 U_{GS}、I_D 和动态指标 $\dot{A}_u$、R_o 和 R_i。

解：由式(15.3.1)得

$$U_{GS} = \frac{R_{g1}}{R_{g1} + R_{g2}} \cdot V_{DD} = \frac{10}{10+20} \times 18 \text{ V} = 6 \text{ V}$$

由图 14.3.7(a)知 $2U_{GS(th)}$ 对应的电流 $I_{D0} = 2$ mA，通过式(14.3.1)，即

$$I_D = I_{D0}\left(\frac{U_{GS}}{U_{GS(th)}} - 1\right)^2 = 2 \times \left(\frac{6}{4} - 1\right)^2 \text{ mA} = 0.5 \text{ mA}$$

场效应管电压

$$U_{DS} = V_{DD} - I_D R_D = (18 - 0.5 \times 20) \text{ V} = 8 \text{ V}$$

场效应管在 $U_{GS} = 6$ V 下的跨导(计算方法见例 14.3.1)

$$g_m = \frac{\Delta I_D}{\Delta U_{GS}} = \frac{0.5 - 0.2}{6 - 5} \text{ mS} = 0.3 \text{ mS}$$

图 15.3.1 所示电路的动态指标

$$\dot{A}_u = -g_m R_D = -0.3 \times 20 = -6$$

$$R_i = R_g + \frac{R_{g1} \cdot R_{g2}}{R_{g1} + R_{g2}} = 1 \times 10^3 \text{ kΩ} + \frac{10 \times 20}{10 + 20} \text{ kΩ} \approx 1 \text{ MΩ}$$

$$R_o = R_D = 20 \text{ kΩ}$$

▶▶15.3.2 阻容耦合场效应管共漏极放大电路(源极输出器)

共漏极放大电路(源极输出器)如图 15.3.6 所示。电路由源极输出，该电路与晶体管射极输出器特性类似，具有高的输入电阻，低的输出电阻和放大倍数 $|\dot{A}_u| \leqslant 1$，即

$$\dot{A}_u = \frac{\dot{U}_o}{\dot{U}_i} = \frac{g_m R'_L}{1 + g_m R'_L}$$

有关源极输出器的工作情况本书不作过多讨论，更详细情况读者可参阅参考文献[1]、[2]进行了解。

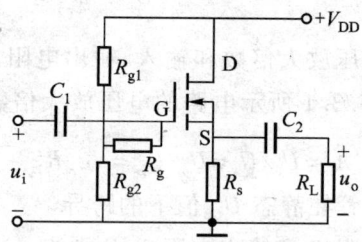

图 15.3.6　共漏极放大电路(源极输出器)

▶15.4　多级放大电路

信号通过一级放大电路达不到预期电压(或电流)值的要求时，可采用多级放大，即用几级放大电路串联起来进行放大。

▶▶15.4.1　阻容耦合多级共发射极放大电路

图 15.4.1 所示为两级阻容耦合共发射极放大电路，由于电容的隔直作用，所以这个两级放大电路中的每一级，其静态值相互不影响，因而可以各级单独计算。电路有交流信号输入后，通过电容可以从前一级传递到后一级。分析时仍依静态、动态两步进行。

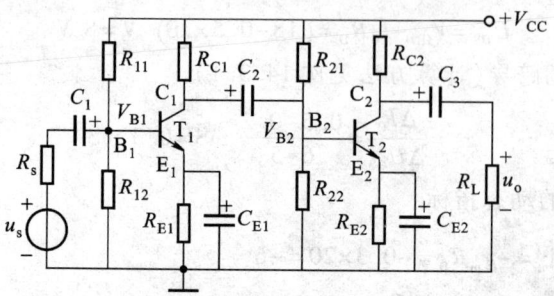

图 15.4.1　两级阻容耦合共发射极放大电路

15.4 多级放大电路

1. 静态分析

由于经过电容只能传递交流信息,因此该电路每一级的静态值互不影响,可单独进行,因此依式(15.1.15)～式(15.1.17)可分别计算出该放大电路每一级的静态工作点。

第一级静态工作点

$$V_{B1} = \frac{R_{12}}{R_{11}+R_{12}} \cdot V_{CC}$$

$$V_{E1} = V_{B1} - U_{BE1} \approx V_{B1} - 0.7$$

$$I_{C1} \approx I_{E1} = \frac{V_E}{R_{E1}}$$

$$U_{CE1} = V_{CC} - I_{C1}R_{C1} - I_{E1}R_{E1} \approx V_{CC} - I_{C1}(R_{C1}+R_{E1})$$

第二级电路静态工作点计算方法同上。

2. 动态分析

放大电路的动态指标应由电路的交流通道确定,图 15.4.1 电路的交流通道如图 15.4.2(a)所示。当电路中的晶体管用其等效电路替代,且电路输入为正弦信号而电容的容抗可忽略不计,这时交流通道(微变等效电路)的相量模型图如图 15.4.2(b)所示,电路的 $\dot{A}_u$、$\dot{A}_{us}$ 和 R_i、R_o 则可通过图 15.4.2(b)求出。

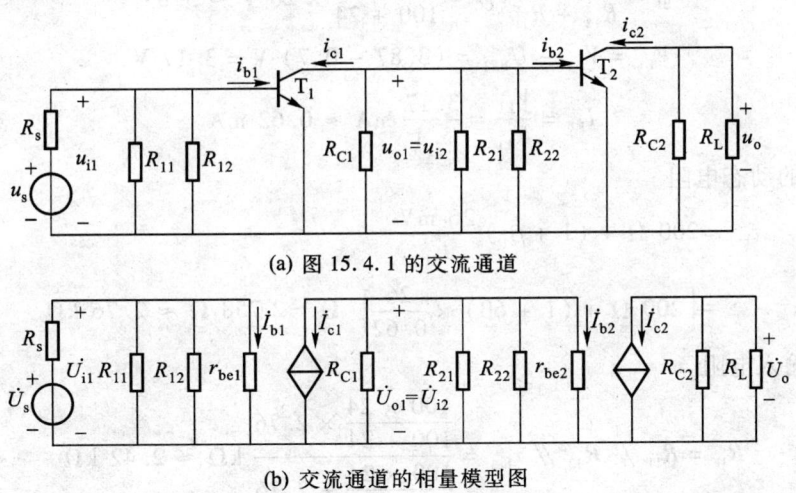

(a) 图 15.4.1 的交流通道

(b) 交流通道的相量模型图

图 15.4.2 动态分析

由图 15.4.2(b)可看出,图 15.4.1 所示电路的电压放大倍数

$$\dot{A}_u = \frac{\dot{U}_o}{\dot{U}_i} = \frac{\dot{U}_{o1}}{\dot{U}_{i1}} \cdot \frac{\dot{U}_{o2}}{\dot{U}_{i2}} = \dot{A}_{u1} \cdot \dot{A}_{u2}$$

而

$$\dot{A}_{us} = \frac{\dot{U}_o}{\dot{U}_s} = \frac{R_{i1}}{R_{i1}+R_s} \cdot \dot{A}_{u1} \cdot \dot{A}_{u2}$$

$\dot{A}_{u1}$是放大电路第一级的电压放大倍数

$$\dot{A}_{u1} = \frac{\dot{U}_{o1}}{\dot{U}_{i1}} = -\beta_1 \frac{R'_{L1}}{r_{be1}}$$

由图 15.4.2 可以看出，多级放大电路中前级与后级间的关系是，前级输出是后级输入，后级的输入电阻 R_{i2} 是前级的负载电阻。因此，$R'_{L1} = R_{C1} // R_{i2}$，而 $R_{i2} = R_{21} // R_{22} // r_{be2}$。

$\dot{A}_{u2}$是放大电路第二级的电压放大倍数

$$\dot{A}_{u2} = \frac{\dot{U}_o}{\dot{U}_{i2}} = -\beta_2 \frac{R'_{L2}}{r_{be2}}$$

而

$$R'_{L2} = R_{C2} // R_L$$

例 15.4.1 图 15.4.1 所示电路，$V_{CC} = 20$ V，$u_s = 2\sin 10^4 t$ mV。$R_s = 1$ kΩ，$R_{11} = 100$ kΩ，$R_{12} = 24$ kΩ，$R_{C1} = 15$ kΩ，$R_{E1} = 5.1$ kΩ，$R_{21} = 33$ kΩ，$R_{22} = 6.8$ kΩ，$R_{C2} = 7.5$ kΩ，$R_{E2} = 2$ kΩ，$R_L = 5$ kΩ，$\beta_1 = \beta_2 = 60$。容抗可以忽略不计，求该电路的电压放大倍数 $\dot{A}_{us}$ 及电路输出电压 u_o 的值。

解： 首先计算各级放大电路的静态发射极电流 I_E 值。第一级放大电路

$$V_{B1} = \frac{R_{12}}{R_{12} + R_{11}} V_{CC} = \frac{24}{100 + 24} \times 20 \text{ V} \approx 3.87 \text{ V}$$

$$V_{E1} = V_{B1} - U_{BE1} = (3.87 - 0.7) \text{ V} = 3.17 \text{ V}$$

$$I_{E1} = \frac{V_{E1}}{R_{E1}} = \frac{3.17}{5.1} \text{ mA} \approx 0.62 \text{ mA}$$

晶体管 T_1 的动态电阻

$$r_{be1} = 200 \text{ Ω} + (1+\beta_1) \frac{26 \text{ mV}}{I_{E1}}$$

$$= \left[200 \text{ Ω} + (1+60) \times \frac{26}{0.62}\right] \text{ Ω} = 2758 \text{ Ω} \approx 2.76 \text{ kΩ}$$

第一级的输入电阻

$$R_{i1} = R_{11} // R_{12} // r_{be1} = \frac{\frac{100 \times 24}{100 + 24} \times 2.76}{\frac{100 \times 24}{100 + 24} + 2.76} \text{ kΩ} \approx 2.42 \text{ kΩ}$$

第二级放大电路

$$V_{B2} = \frac{R_{22}}{R_{21} + R_{22}} V_{CC} = \frac{6.8}{33 + 6.8} \times 20 \text{ V} \approx 3.42 \text{ V}$$

$$V_{E2} = V_{B2} - U_{BE2} = (3.42 - 0.7) \text{ V} = 2.72 \text{ V}$$

$$I_{E2} = \frac{V_{E2}}{R_{E2}} = \frac{2.72}{2} \text{ mA} = 1.36 \text{ mA}$$

晶体管 T_2 的动态电阻

$$r_{be2} = 200 \text{ Ω} + (1+\beta_2) \frac{26 \text{ mV}}{I_{E2}} = 1.37 \text{ kΩ}$$

第二级放大电路输入电阻

$$R_{i2} = R_{21} \mathbin{/\mkern-5mu/} R_{22} \mathbin{/\mkern-5mu/} r_{be2} = \frac{\frac{33 \times 6.8}{33 + 6.8} \times 1.37}{\frac{33 \times 6.8}{33 + 6.8} + 1.37} \text{ k}\Omega = 1.1 \text{ k}\Omega$$

第一级放大电路的负载电阻

$$R'_{L1} = \frac{R_{C1} \cdot R_{i2}}{R_{C1} + R_{i2}} = \frac{15 \times 1.1}{15 + 1.1} \text{ k}\Omega \approx 1.02 \text{ k}\Omega$$

第二级放大电路的负载电阻

$$R'_{L2} = \frac{R_{C2} \cdot R_L}{R_{C2} + R_L} = \frac{7.5 \times 5}{7.5 + 5} \text{ k}\Omega = 3 \text{ k}\Omega$$

放大电路的电压放大倍数

$$\dot{A}_{us1} = \frac{R_{i1}}{R_{i1} + R_s}\left(-\beta_1 \cdot \frac{R'_{L1}}{r_{be1}}\right)$$

$$= \frac{2.42}{2.42 + 1}\left(-60 \times \frac{1.02}{2.76}\right)$$

$$\approx -15.7$$

$$\dot{A}_{u2} = -\beta_2 \frac{R'_{L2}}{r_{be2}} = -60 \times \frac{3}{1.37} \approx -131.4$$

总放大倍数

$$\dot{A}_{us} = \dot{A}_{us1} \cdot \dot{A}_{u2} = (-15.7) \times (-131.4) = 2\,063$$

放大电路输出电压

$$u_o = 2\,063 \cdot u_s = 4\,126\sin 10^4 \text{ mV} = 4.126\sin 10^4 \text{ V}$$

▶▶15.4.2 阻容耦合、共射与共集组合多级放大电路

共发射极放大电路的放大倍数高,但电路的输入电阻 R_i 低而输出电阻 R_o 高,因此这一放大电路在信号源有一定内阻 R_s 时,将使得放大电路的 $\dot{A}_u$ 与 $\dot{A}_{us}$ 相差很多,并且在电路负载 R_L 改变时,放大电路的放大倍数会有较大的变动。共集电极(射极输出)电路虽然 $\dot{A}_u \approx 1$,但 R_i 高,R_o 低,工作时受信号源内阻 R_s 及负载 R_L 的变动影响小,因此在 R_s 较大或 R_L 变动较大,同时又希望能获得较高而又具有较稳定的放大倍数的放大电路时,可以采用共射与共集电路组合的多级放大电路实现。

1. 共集-共射阻容耦合多级放大电路

共集-共射阻容耦合多级放大电路如图 15.4.3 所示,该电路在信号源内阻 R_s 较高而负载 R_L 变动较小的条件下应用时具有较好的效果。

例 15.4.2 图 15.4.3 所示电路,电源 $V_{CC} = 15$ V,电阻 $R_B = 150$ kΩ,$R_E = 2$ kΩ,晶体管 T_1、T_2 的 β 均为 80,$R_{21} = 100$ kΩ,$R_{22} = 20$ kΩ,$R_{C2} = 5$ kΩ,$R_{E2} = 1.5$ kΩ,$R_L = 10$ kΩ,信号源内阻 $R_s = 1$ kΩ,电容的容抗 X_C 均很小可不计,求所示电路的 $\dot{A}_u$ 和 $\dot{A}_{us}$。

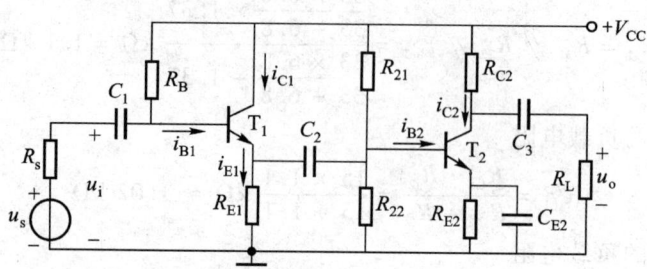

图 15.4.3 共集-共射阻容耦合多级放大电路

解：图 15.4.3 所示电路的微变等效电路相量模型图如图 15.4.4 所示。

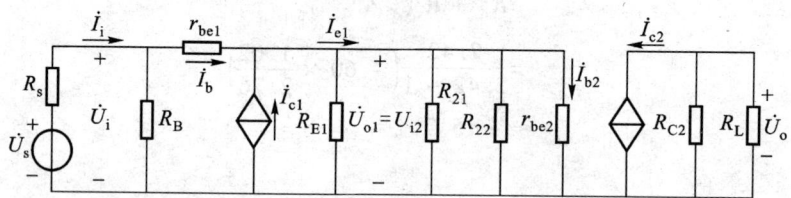

图 15.4.4 图 15.4.3 的微变等效电路相量模型图

图 15.4.3 所示电路的第一级（共集电极）电路的参数值与例 15.2.2 相同，电路的第二级（共发射极）电路的参数值与例 15.1.4 相同，可知 $r_{be1} = 0.77 \text{ k}\Omega$，$r_{be2} = 1.96 \text{ k}\Omega$，第二级电路输入电阻 $R_{i2} = R_{21} // R_{22} // r_{be2} = 1.75 \text{ k}\Omega$。则

$$R'_{L1} = R_E // R_{i2} = \frac{2 \times 1.75}{2 + 1.75} \text{ k}\Omega \approx 0.93 \text{ k}\Omega$$

$$R_{i1} = \frac{R_B [r_{be1} + (1+\beta) R'_{L1}]}{R_B + [r_{be1} + (1+\beta) R'_{L1}]} = \frac{150 \times [0.77 + (1+80) \times 0.93]}{150 + [0.77 + (1+80) \times 0.93]} \text{ k}\Omega = 50.5 \text{ k}\Omega$$

$$R'_{L2} = R_{C2} // R_L = \frac{5 \times 10}{5 + 10} \text{ k}\Omega = 3.33 \text{ k}\Omega$$

电压放大倍数

$$\dot{A}_{u1} = \frac{(1+\beta) R'_{L1}}{r_{be1} + (1+\beta) R'_{L1}} = \frac{(1+80) \times 0.93}{0.77 + (1+80) \times 0.93} = 0.99$$

$$\dot{A}_{u1s} = \frac{R_{i1}}{R_{i1} + R_s} \cdot \dot{A}_{u1} = \frac{50.5}{50.5 + 1} \times 0.99 = 0.97$$

$$\dot{A}_{u2} = -\beta \frac{R'_{L2}}{r_{be2}} = -80 \frac{3.33}{1.96} = -136$$

因此，图 15.4.3 所示放大电路中

$$\dot{A}_u = \dot{A}_{u1} \cdot \dot{A}_{u2} = 0.99 \times (-136) = -134.6$$

而

$$\dot{A}_{us} = \dot{A}_{u1s} \cdot \dot{A}_{u2} = 0.97 \times (-136) = -132$$

计算结果显示 $\dot{A}_u$ 与 $\dot{A}_{us}$ 相差不大。

2. 共射-共集阻容耦合多级放大电路

如果放大电路的信号源内阻 R_s 不高而工作时电路的负载 R_L 变动较大,对放大电路的要求是,既具有较高的电压放大倍数,而电路的放大倍数又受负载 R_L 变动影响较小,这时可采用共射-共集阻容耦合多级放大电路,即利用共集电路输出电阻低的特点,由共集电路向负载供电,从而可减小负载变动对电路电压放大倍数的影响。共射-共集阻容耦合多级放大电路如图 15.4.5 所示。

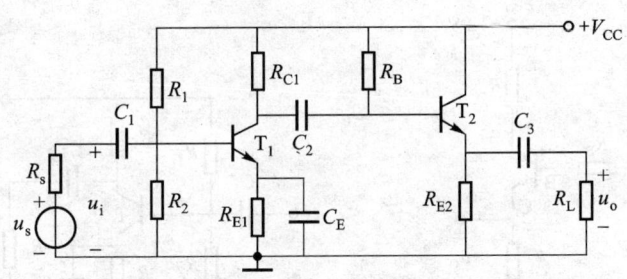

图 15.4.5 共射-共集阻容耦合多级放大电路

若图 15.4.5 所示电路的 $R_s=0.1$ kΩ,负载 R_L 在工作时会出现从 10 kΩ 变化到 5 kΩ 的情况,如电路中的其他参数值与例 15.4.2 相同时,读者可参照例 15.4.2 的步骤对图 15.4.5 所示电路进行分析,分析出 R_L 不同数值下电路的 $\dot{A}_{us}$ 值变动情况,了解共集(射极输出)电路的特点及在电路中的作用。

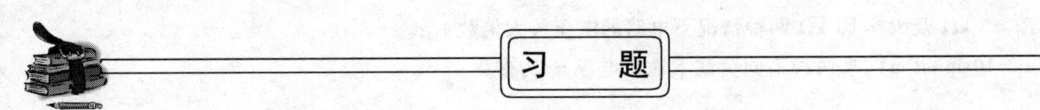

习 题

15.1 叙述图 15.1.1 所示电路中各元件的作用。

15.2 图 15.1.1 所示电路,耦合电容上的直流电压极性是怎样的,电路有输入信号后,电容电压的极性是否会改变?

15.3 电容耦合放大电路,为什么不能放大直流或慢变化的信号?

15.4 放大电路进行静态分析的目的是什么?如果一个交流放大电路工作时将静态 I_B 设置为零,可以吗?

15.5 交流放大电路的输出电压、电流较输入大许多倍,换句话说交流输出功率大于输入交流功率,输出交流功率是由电路中的晶体管提供的吗?

15.6 题图 15.6 所示电路,在所示出的各组参数值下,哪一种情况电路具有放大作用,求出它的电压放大倍数 $\dot{A}_u$(设 R_L 为 ∞)。(1) R_B = 200 kΩ、R_C = 2 kΩ,β = 60;(2) R_B = 500 kΩ、R_C = 8.6 kΩ,β = 60;(3) R_B = ∞、R_C = 5 kΩ,β = 60。

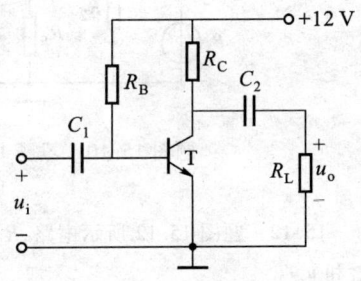

题图 15.6 习题 15.6 的图

15.7 题图 15.6 所示电路,$R_B=300$ kΩ,$R_C=3.9$ kΩ,$R_L=3$ kΩ,$\beta=50$,$u_i=10\sin 10^4 t$ mV。求所示电路 $\dot{A}_u$、R_i、R_o 和电压 u_o。

15.8 题图 15.8 所示电路,硅晶体管 $\beta=60$,$R_C=R_B=10$ kΩ。(1) 静态下,即 $U_B=3$ V,$u_b=0$ 时,为使 $u_O=0$,电阻 R_E 应为多少千欧;(2) 动态下,$U_B=3$ V,$u_b=0.1\sin 10^4 t$ V,求电压 u_O。

15.9 题图 15.9 所示电路,$R_1=50$ kΩ,$R_2=10$ kΩ,$R_C=5$ kΩ,$R_E=1$ kΩ,$R_L=10$ kΩ,$\beta=80$。求:(1) 电路的静态工作点;(2) 电压放大倍数 $\dot{A}_u$ 和输入、输出电阻;(3) 通过微变等效电路求 $u_i=5\sin\omega t$ mV 时,电路的交流电流 i_b、i_c 和输出电压 u_o。

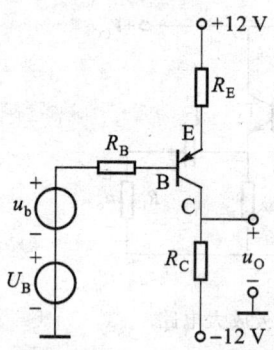

题图 15.8 习题 15.8 的图

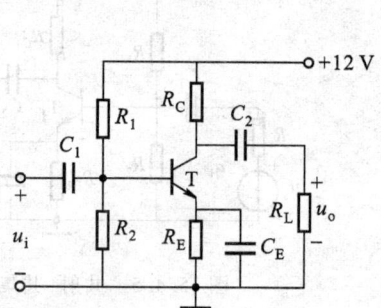

题图 15.9 习题 15.9 的图

15.10 题图 15.10 所示电路,$R_s=1$ kΩ,$R_1=120$ kΩ,$R_2=30$ kΩ,$R_C=5$ kΩ,$R_E=2$ kΩ,$R_L=5$ kΩ,$\beta=60$。求:(1) 电压放大倍数 $\dot{A}_u$ 及 $\dot{A}_{us}$;(2) 输入电阻 R_i 和输出电阻 R_o。

15.11 题图 15.11 所示电路,$R_s=1$ kΩ,$R_1=120$ kΩ,$R_2=30$ kΩ,$R_C=5$ kΩ,$R_E=2$ kΩ,$\beta=60$。

(1) 求 $R_L=5$ kΩ 及 $R_L=10$ kΩ 两种情况下电路的电压放大倍数 $\dot{A}_u$;

(2) 若 $u_s=10\sin\omega t$ mV,求两种不同负载下输出电压 u_o 为多少。

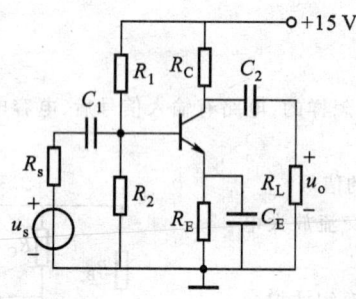

题图 15.10 习题 15.10 的图

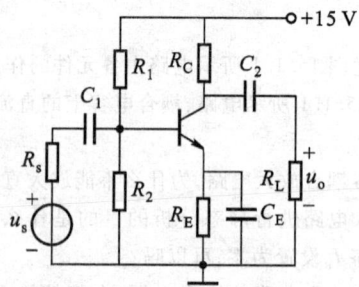

题图 15.11 习题 15.11 的图

15.12 题图 15.12 所示电路,$R_1=100$ kΩ,$R_2=50$ kΩ,$R_C=R_E=2$ kΩ,$\beta=80$。若 $u_i=500\sin\omega t$ mV,求电压 u_{o1} 和 u_{o2}。

15.13 题图 15.13 所示电路,$R_1=100$ kΩ,$R_2=50$ kΩ,$R=1$ MΩ,$R_D=10$ kΩ,$R_L=10$ kΩ,$g_m=0.5$ mS。求:(1) 画出电路的微变等效电路;(2) 求 $\dot{A}_u$、R_i 和 R_o 的值。

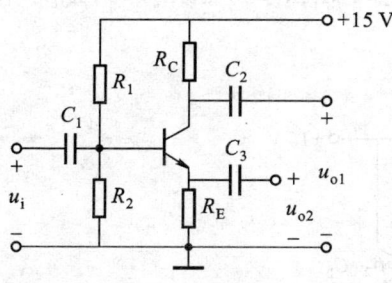
题图 15.12 习题 15.12 的图

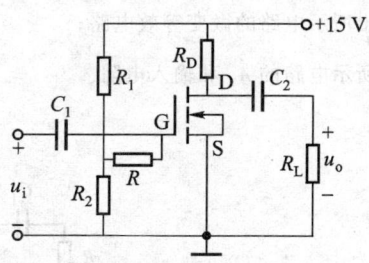
题图 15.13 习题 15.13 的图

15.14 电路如题图 15.14 所示。已知 $R_1 = 100$ kΩ，$R_2 = 50$ kΩ，$R = 1$ MΩ，$R_D = 10$ kΩ，$R_S = 10$ kΩ，$R_L = 10$ kΩ，$g_m = 0.5$ mA/V。

（1）画出电路的微变等效电路；

（2）求 $\dot{A}_u$，r_i 和 r_o。

15.15 源极跟随器电路如题图 15.15 所示。已知 $R_1 = 100$ kΩ，$R_2 = 50$ kΩ，$R = 1$ MΩ，$R_S = 10$ kΩ，$R_L = 10$ kΩ，$g_m = 0.5$ mS。

（1）画出电路的微变等效电路；

（2）求 $\dot{A}_u$，r_i 和 r_o。

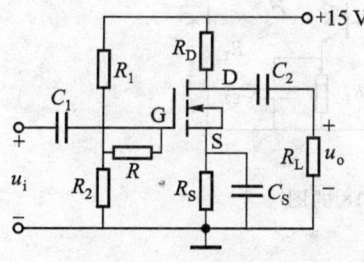
题图 15.14 习题 15.14 的图

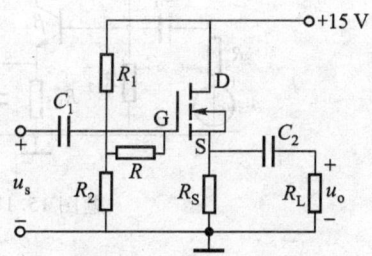
题图 15.15 习题 15.15 的图

15.16 射极跟随器电路如题图 15.16 所示。已知 $R_s = 1$ kΩ，$R_B = 200$ kΩ，$R_E = 3.9$ kΩ，$R_L = 5$ kΩ，$\beta = 80$。求静态工作点、电压放大倍数 $\dot{A}_{us}$ 和输入、输出电阻。

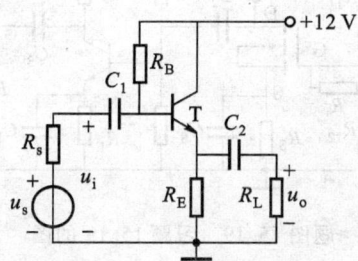
题图 15.16 习题 15.16 的图

15.17 题图 15.17 所示电路,$R_1=200$ kΩ,$R_2=300$ kΩ,$R_s=2$ kΩ,$R_E=10$ kΩ,$R_L=10$ kΩ,$\beta_1=70$,$\beta_2=40$。
(1) 画出所示电路的微变等效电路;
(2) 求所示电路的 $\dot{A}_u$ 和输入电阻。

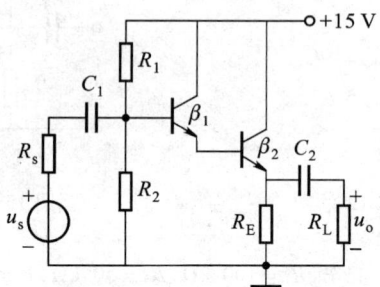

题图 15.17　习题 15.17 的图

15.18 题图 15.18 所示电路,$R_{11}=100$ kΩ,$R_{12}=20$ kΩ,$R_{C1}=10$ kΩ,$R_s=1$ kΩ,$R_{E1}=2$ kΩ,$R_{21}=39$ kΩ,$R_{22}=10$ kΩ,$R_{C2}=5$ kΩ,$R_{E2}=1.5$ kΩ,$R_L=5$ kΩ,$\beta_1=\beta_2=50$。求电压放大倍数 $\dot{A}_u$ 及输入、输出电阻。

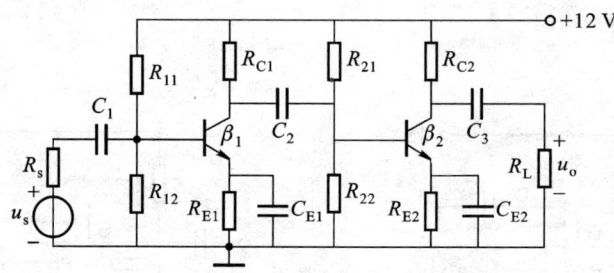

题图 15.18　习题 15.18 的图

15.19 题图 15.19 所示电路,$R=1$ MΩ,$R_{11}=500$ kΩ,$R_{12}=150$ kΩ,$R_D=5$ kΩ,$R_S=3$ kΩ,$R_{21}=40$ kΩ,$R_{22}=5.6$ kΩ,$R_C=5$ kΩ,$R_E=1.2$ kΩ,$R_L=5$ kΩ,$g_m=1$ ms,$\beta=60$。求电压放大倍数 $\dot{A}_u$ 和输入、输出电阻。

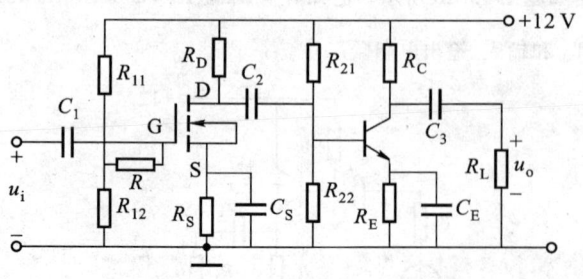

题图 15.19　习题 15.19 的图

15.20 题图 15.20 所示电路,$R_1=190$ kΩ,$R_2=10$ kΩ,$R_E=0.15$ kΩ,$R_C=2.5$ kΩ,$R_L=10$ kΩ,$\beta_1=\beta_2=50$。求电压放大倍数 $\dot{A}_u$ 和输入、输出电阻。

15.21 题图 15.21 所示电路,$R_1 = 33 \text{ k}\Omega, R_2 = 8.2 \text{ k}\Omega, R_C = 10 \text{ k}\Omega, R_{E1} = 3.5 \text{ k}\Omega, R_{E2} = 5 \text{ k}\Omega, \beta_1 = \beta_2 = 50$。求负载 R_L 从 ∞ 变至 10 kΩ 时,电路电压放大倍数的变化率 $\left(\dfrac{A_u - A_u'}{A_u} \times 100\%\right)$ 是多少。式中 A_u 是 $R_L = ∞$ 时的放大倍数,A_u' 是 $R_L = 10$ kΩ 时的放大倍数(从中体会射极输出电路的作用)。

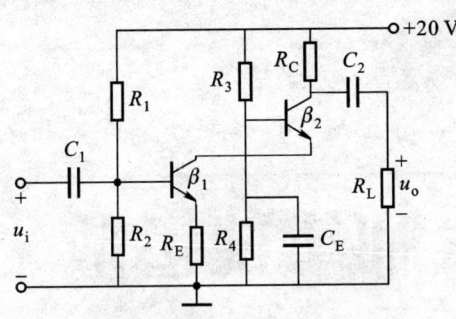

题图 15.20　习题 15.20 的图

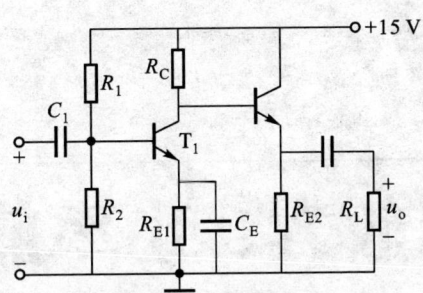

题图 15.21　习题 15.21 的图

第16章 差分放大、功率放大和集成运放

集成电路是20世纪60年代发展起来的一种新型电子器件,它是在半导体硅片上通过一系列生产工艺,制造出晶体管或MOS管、电阻、电容及其相互间的连线,构成一个完整的、有一定功能的电路。

集成电路与由单个晶体管、电阻、电容等元件焊接而成的分立元件电路相比,集成电路体积小、重量轻、焊点少,提高了电路工作的安全性并促进了设备的小型化。

集成运算放大器是模拟集成电路的一种,最初用于模拟电子计算机,作为直流电压运算部件发展而成。集成运算放大器具有良好的性能,目前广泛应用在计算技术、自动控制、无线电技术和各种电与非电量的电测线路中。

集成运算放大器(简称集成运放)是一个直接耦合的多级放大器,其内部电路通常由输入级、中间放大级、输出级和偏置电路等几部分组成,集成运放内部电路框图如图16.0.1(a)所示。图16.0.1(b)给出的是一个早期集成运放内部电路的简化原理图。

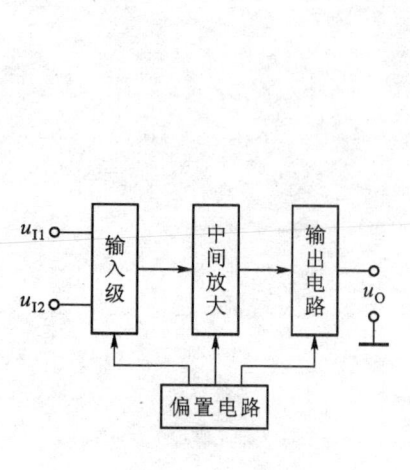

(a) 内部电路结构框图

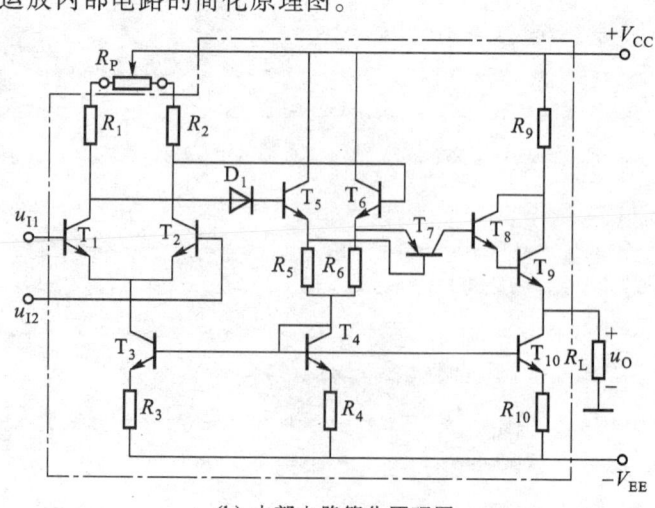

(b) 内部电路简化原理图

图 16.0.1 集成运放

16.1 差分放大电路

由图16.0.1所示电路原理图可以看出,集成运放是一个有两个信号输入端的、直接耦合多级放大电路。直接耦合是指信号传递时,信号源与放大电路的输入端,或多级放大电路中的前级输出端与后级输入端,是直接或通过电阻相连,中间不再有其他元件。在集成电路中所以使用直接耦合方式进行信号传递,原因是阻容耦合电路不能对直流或慢变化的信号进行传递。另外,集成电路由于电路中所有元件均要制作在同一硅片上,当电容量较大时,将使其制作变得困难,所以集成电路中,放大电路之间均采用直接耦合方式进行信号传递。

在用直接耦合方式进行信号传递时,存在着影响放大电路正常工作的若干外部因素,其中最主要的一个因素是环境温度变化,因为温度的变化会引起半导体内载流子数目变化,从而引起半导体元器件电流变化,若这一变化的数值可以与由信号作用而引起的电流变化相当,这将会使放大电路的工作失去意义,为减小温度变化对直接耦合放大电路工作的影响,在集成运放的输入级采用差分式放大电路,差分电路是一个有两个输入信号端的直接耦合放大电路。为提高集成运放输出带负载能力,集成运放输出电路通常采用直接耦合射极输出电路,因此,在本章中将着重讨论以下问题,即差分放大电路、直接耦合射极输出电路(用于功率放大)和集成运放的一些问题。

▶16.1 差分放大电路

▶▶16.1.1 简单的直接耦合电路存在的问题

简单地将图15.1.1所示阻容耦合放大电路中的电容去掉,可以得到如图16.1.1所示的直接耦合放大电路。图16.1.1所示电路存在以下问题,首先是:当输入电压 $u_s=0$ 时,因电路工作点设置使电路在 $u_s=0$ 时亦有一直流电压输出;其次是:环境温度改变,晶体管电流 I_c 随之改变,在 $u_s=0$ 时,该电路的输出电压既不为零且会随温度的变化而出现变化,这种因温度变化使放大电路输出电压出现的变化,称为温度漂移(简称温漂)或零点漂移。当温度变化引起输出的变化量超过由信号加入而引起的变化量,或者占有相当大的比重时,放大电路的输出就会变得不确定而失去意义。

为衡量直接耦合放大电路的温度漂移程度,不能仅看它输出端电压漂移量的大小,还要看放大电路放大倍数有多大。为便于比较,通常采用将输出漂移量折合到输入端去衡量。例如,某台放大器输出端的漂移量最大值为0.5 V,放大器的放大倍数 $A_u=100$,输出漂移量折合到输入端,相当于输入端作用着漂移量 $\frac{0.5}{100} \times 1\,000$ mV = 5 mV,因此,这个放大器若输入信号电压的幅值与5 mV相近时,该放大器输出量就会毫无意义;只有输入信号幅值大大地超过这个温度漂移的折合值时,由温度变化引起的输出变化量才可忽略不计。

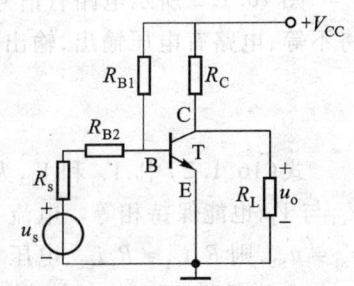

图16.1.1 直接耦合放大电路

因为第一级的漂移要经过放大电路逐级放大后传至输出端,所以对直接耦合放大电路而言,如何使第一级工作点稳定是最关键的。为了稳定直接耦合放大电路第一级的工作点,以减小输出的漂移,将温度变化而产生的漂移量限制在允许范围之内,直接耦合放大电路的第一级通常采用差分放大电路。

▶▶16.1.2 差分放大电路的工作原理与分析

为抑制直接耦合放大电路的温度漂移,可以用两个特性相同的晶体管(这种晶体管通常制造在同一块半导体硅片上,称为对管)按图 16.1.2 所示构成一个对称电路。即电路是由两个参数与结构完全相同的共发射极放大电路对接而成。输入信号 u_S 作用到差分电路的两个输入端(习惯上称为双端输入)。该电路由两个电源供电,目的是在输入信号 u_S 为零时,电路的输入端直流电位值也为零。该电路的输出是从两只晶体管集电极引出,输出电压

$$u_O = u_{C1} - u_{C2} \tag{16.1.1}$$

差分放大电路由于参数对称,因此,在温度变化时虽然电压 u_{C1} 和 u_{C2} 会随温度变化而改变,但温度变化引起两只晶体管输出电压漂移的大小与方向(极性)是一致的,因而从两集电极输出的电压 u_O 等于零。

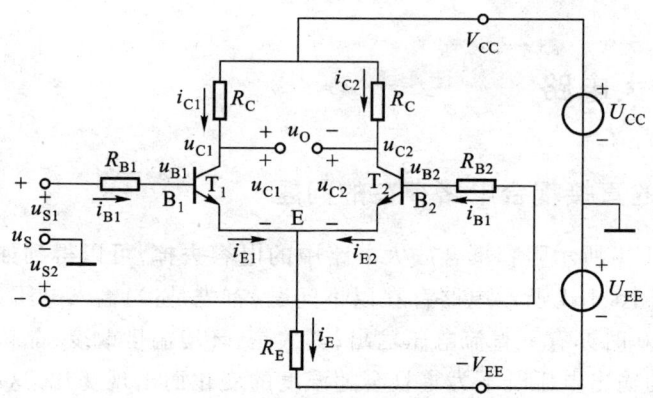

图 16.1.2 差分放大电路

图 16.1.2 所示电路有信号输入后,若两只晶体管输入信号不等,这时两管的集电极电流值将不等,电路有电压输出,输出电压

$$\begin{aligned}u_O &= u_{C1} - u_{C2} \\ &= (V_{C1} \pm R_c i_{C1}) - (V_{C2} \pm R_c i_{C2})\end{aligned} \tag{16.1.2}$$

式(16.1.2)中,V_{C1} 和 V_{C2} 为晶体管的静态集电极电位,由于电路对称,即使温度有变化,电位 V_{C1} 与 V_{C2} 也能保持相等。电流 i_{C1} 和 i_{C2} 是由于输入信号作用而使集电极电流出现的变化量,若 $u_{S1} \neq u_{S2}$,则 $R_c i_{C1} \neq R_c i_{C2}$,电压 $u_O \neq 0$。

由此可见,图 16.1.2 所示电路,只有当两管输入端的信号有差别时,放大电路才输出,因此,这个放大电路称为差分(或差动)放大电路。

图 16.1.2 中晶体管 T_1、T_2 发射极下面的电阻 R_E 与图 15.1.14 所示工作点稳定电路中的发射极电阻 R_E 的作用相同,起稳定静态工作点的作用。例如,当温度升高使两只晶体管的静态电流 I_{C1}、I_{C2} 增加,这时电阻 R_E 中的电流 $I_E \approx I_{C1} + I_{C2}$ 也增加,使电阻 R_E 上的电压增加,从而使该电路

中的 E 点直流电位值升高,因 T_1、T_2 管的基极静态电位值设定为 $V_{B1} = V_{B2} = 0$ V,在 V_E 值升高后,T_1、T_2 管的发射极电压 U_{BE1} 和 U_{BE2} 将减小,从而抑制 I_{C1}、I_{C2} 增加,使电流的温度漂移得到抑制。当有信号作用到差分放大电路时,如果两个输入信号大小相同、极性相反,这时两个晶体管的集电极电流 i_{C1}、i_{C2} 变化值相同,但符号相反,通过 R_E 中的总电流 i_E 没有改变,因此,电阻 R_E 中的变化量(或交流)电流为零,电路中的 E 点电位在上述信号作用下,电位值不变,E 点与地之间相当于短路。

1. 静态分析

图 16.1.2 所示电路,因为两管特性相近,两边参数值相同,因此,在输入信号为零时,两只晶体管的静态值应相同。如果基极电阻 R_{B1}、R_{B2} 的阻值不高且基极电流 I_{B1}、I_{B2} 又很小的情况下(大多数差分电路是这种情况),可以认为两只晶体管在信号 $u_S = 0$ 时,其基极直流电位 $V_{B1} = V_{B2} \approx 0$。

在 $V_{B1} = V_{B2} \approx 0$ 的情况下,设发射结直流电压 $U_{BE1} = U_{BE2} = 0.7$ V,因此,可知电路中 E 点的电位值为

$$V_E = V_B - U_{BE} = -0.7 \text{ V}$$

通过电阻 R_E 的静态电流 $I_E = I_{E1} + I_{E2}$,由于电路对称,电流 $I_{E1} = I_{E2}$,通过电阻 R_E 的电流 $I_E = I_{E1} + I_{E2} = 2I_{E1}$。

由图 16.1.2 可以看出

$$R_E I_E = V_E - (-V_{EE}) = V_E + U_{EE}$$

所以,电流

$$I_E = \frac{V_E + U_{EE}}{R_E} \tag{16.1.3}$$

或

$$I_{E1} = I_{E2} = \frac{I_E}{2} = \frac{1}{2}\left(\frac{V_E + U_{EE}}{R_E}\right) \tag{16.1.4}$$

因

$$I_{C1} \approx I_{E1} \quad \text{和} \quad I_{C2} \approx I_{E2}$$

及

$$I_{B1} = \frac{I_{E1}}{1 + \beta} \qquad I_{B2} = \frac{I_{E2}}{1 + \beta}$$

晶体管集电极电位

$$V_{C1} = V_{C2} = U_{CC} - R_C I_{C1} \tag{16.1.5}$$

晶体管 C-E 极电压

$$U_{CE1} = U_{CE2} = V_{C1} - V_E \tag{16.1.6}$$

2. 差模信号和共模信号

在图 16.1.2 所示电路中,若作用在放大电路两个输入端的信号电压 u_{S1}、u_{S2} 极性相同但大小不等,即 $u_{S1} \neq u_{S2}$,对这种情况,可以认为在差分放大电路每个输入端上作用的信号均由两个分量组成,即由共模信号分量 u_c 及差模信号 u_d 两部分合成。共模信号 u_c 及差模信号 u_d 的定义如下。

共模信号
$$u_c = \frac{1}{2}(u_{S1} + u_{S2}) \tag{16.1.7}$$

差模信号
$$u_d = \frac{1}{2}(u_{S1} - u_{S2}) \tag{16.1.8}$$

如果 $u_{S1} > u_{S2}$,则

$$u_{S1} = u_c + u_d$$
$$u_{S2} = u_c - u_d$$

例如:若 $u_{S1} = 0.35\ \text{V}$,$u_{S2} = 0.3\ \text{V}$,则信号中的共模部分

$$u_c = \frac{1}{2}(0.35 + 0.3)\ \text{V} = 0.325\ \text{V}$$

信号中的差模部分

$$u_d = \frac{1}{2}(0.35 - 0.3)\ \text{V} = 0.025\ \text{V}$$

信号 u_{S1} 与 u_{S2} 的差值,即 $u_{S1} - u_{S2}$,由式(16.1.8)可知,为 $2u_d$。

3. 动态分析

差分电路两个输入端作用的信号大小(或极性)不等时,差分电路将会有输出,差分电路的输出可以认为是由输入信号的不同分量,分别作用于电路后而产生的结果之叠加,即电路的输出 u_o 可认为是由信号的差模分量作用的结果,与共模分量作用所产生的结果叠加。

(1) 差模电压放大倍数

当图 16.1.2 所示电路输入端仅作用着信号的差模分量,电路的输出端产生的输出电压用 u_{od} 表示,称为差模输出电压,电压 u_{od} 与两输入端作用的输入信号之差 $u_{s1} - u_{s2} = 2u_d$ 的比值,称为差模放大倍数 A_{od},即

$$A_{od} = \frac{u_{od}}{u_{s1} - u_{s2}} = \frac{u_{od}}{2u_d} \tag{16.1.9}$$

为确定 u_{od} 与 u_d 之间关系,应通过图 16.1.2 所示电路的交流通道来确定,图 16.1.2 的交流通道如图 16.1.3 所示。在图 16.1.2 中,E 点电位在差模信号作用下,变化量为零,因此该支路在交流通道中可视为短路。

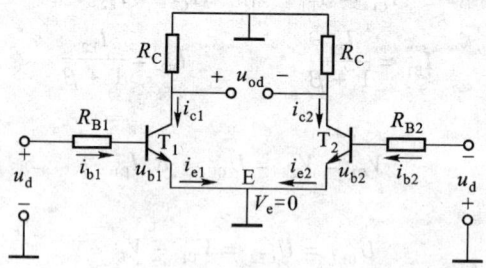

图 16.1.3　图 16.1.2 的交流通道

差分电路在差模信号电压作用下,两只晶体管输入端作用的差模电压大小相同,极性(或相位)相反,因此,在差模电压作用下,两只晶体管的电流变化量(或交流值)数值相同,但极性相反,即 $i_{b2} = -i_{b1}$,$i_{c2} = -i_{c1}$ 和 $i_{e2} = -i_{e1}$。

由于 $i_{b2} = -i_{b1}$ 和 $i_{c2} = -i_{c1}$,由图 16.1.3 可知

$$u_{od} = -R_C i_{c1} + R_C i_{c2} = -2R_C i_{c1}$$

而差分电路两个输入端之间的输入差值电压为

$$2u_d = (R_{B1} + r_{be1})i_{b1} - (R_{B2} + r_{be2})i_{b2}$$
$$= 2(R_{B1} + r_{be1})i_{b1}$$

得差分放大电路的差模电压放大倍数

$$A_d = \frac{u_{od}}{2u_d} = \frac{-2R_C i_{c1}}{2(R_{B1} + r_{be1}) \cdot i_{b1}} = -\beta \frac{R_C}{R_{B1} + r_{be1}} \quad (16.1.10)$$

如果图 16.1.2 所示电路的输出端接有负载 R_L 时,其交流通道如图 16.1.4 所示。

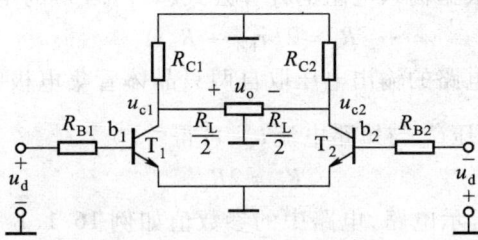

图 16.1.4 输出接有负载 R_L 的差分电路

在交流信号作用下,图 16.1.4 中的 u_{c1} 和 u_{c2} 的极性必然是相反的,如某个瞬间 u_{c1} 为正时, u_{c2} 必为负,所以接在 u_{c1}、u_{c2} 间的负载电阻 R_L,其中点处必为零电位值,因此,相当于每只晶体管接有 $R_L/2$ 的负载电阻,有负载 R_L 时的差模电压放大倍数

$$A_d = -\beta \frac{R'_L}{R_{B1} + r_{be1}} \quad (16.1.11)$$

式(16.1.11)中的

$$R'_L = \frac{R_C \cdot (R_L/2)}{R_C + (R_L/2)} \quad (16.1.12)$$

例 16.1.1 图 16.1.2 所示电路,电源电压 $U_{CC} = U_{EE} = 15$ V,晶体管 T_1、T_2 的 $\beta_1 = \beta_2 = 60$,电阻 $R_C = 10$ kΩ,$R_E = 20$ kΩ,$R_{B1} = R_{B2} = 2$ kΩ。求 $R_L = \infty$(输出开路)及 $R_L = 10$ kΩ 时,电路的差模电压放大倍数 A_d。

解: 首先用估算法计算晶体管静态发射极电流 I_{E1}、I_{E2}。设 $V_{B1} = V_{B2} = 0$,$U_{BE1} = U_{BE2} = 0.7$ V,因此,E 点电位 $V_E = -0.7$ V。由式(16.1.3)知

$$I_E = \frac{V_E + U_{EE}}{R_E} = \frac{-0.7 + 15}{20} \text{ mA} \approx 0.72 \text{ mA}$$

因

$$I_E = I_{E1} + I_{E2} = 2I_{E1}$$

所以

$$I_{E1} = \frac{I_E}{2} = 0.36 \text{ mA}$$

晶体管输入电阻 $r_{be1} = r_{be2} = \left[200 + (1+60) \times \frac{26}{0.36}\right] \Omega = 4.6$ kΩ

由式(16.1.10)求 $R_L = \infty$ 时,电路的差模电压放大倍数为

$$A_d = -\beta \frac{R_C}{R_{B1} + r_{be1}} = -60 \times \frac{10}{2 + 4.7} = -89.6$$

当 $R_L = 10$ kΩ 时,电路的交流负载电阻

$$R'_L = \frac{R_C \cdot (R_L/2)}{R_C + (R_L/2)} = \frac{10 \times 5}{10 + 5} \text{ k}\Omega = 3.33 \text{ k}\Omega$$

有负载后的差模电压放大倍数

$$A_d = -\beta \frac{R'_L}{R_{B1} + r_{be1}} = -60 \times \frac{3.33}{2 + 4.7} \approx -30$$

(2) 输入电阻 R_i 和输出电阻 R_o

由图 16.1.3 所示电路,根据输入电阻的计算公式(15.1.13)的定义,可知

$$R_i = 2(r_{be1} + R_{B1}) \tag{16.1.13}$$

由图 16.1.3 可看出,当电路的输出电压取自两只晶体管集电极时,根据式(15.1.15),即通过图 16.1.3 求出它的开路电压 $\dot{U}_{oc}$ 与短路电流 $\dot{I}_{sc}$,可得

$$R_o = 2R_C \tag{16.1.14}$$

例 16.1.2 图 16.1.2 所示电路,电路中的参数值如例 16.1.1 所示,求输入电阻 R_i 和输出电阻 R_o。

解:
$$R_i = 2(r_{be1} + R_{B1}) = 2 \times (4.7 + 2) \text{ k}\Omega = 13.4 \text{ k}\Omega$$
$$R_o = 2R_C = 2 \times 10 \text{ k}\Omega = 20 \text{ k}\Omega$$

4. 共模放大倍数 A_c 和共模抑制比 K_{CMR}

(1) 共模放大倍数 A_c

图 16.1.2 所示差分放大电路,如果两个输入端作用着同一个信号,即共模信号 u_C,如图 16.1.5 所示。差分电路在仅有共模输入的情况下,理想电路的输出电压应等于零。但实际上由于这两只晶体管的特性不可能完全一致,如两管的 β 值稍有不同,或两管外接的电阻值稍有差异,虽然输入端接入相同的信号电压,但这两个晶体管的集电极电压 u_{C1} 和 u_{C2} 会有微小的差别,共模输出电压 u_{oc} 不为零。电路参数不对称越严重,同样共模输入时,共模输出电压值也就越大。

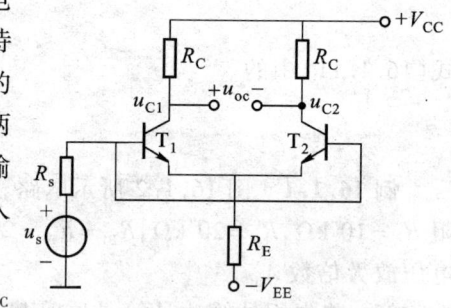

图 16.1.5 共模输入的差分电路

共模信号作用下,共模输出电压 u_{oc} 与共模输入电压 u_C 之比 A_c,称为差分电路的共模放大倍数,即

$$①A_c = \frac{u_{oc}}{u_C} \approx -\frac{R_C}{2R_E} \tag{16.1.15}$$

共模放大倍数的大小反映差分放大电路的对称性是否良好。共模放大倍数 A_c 的数值越大,说明差分放大电路对称性不好,抑制共模信号的能力差,电路在温度变化时,就会出现较大的共模输出。

(2) 共模抑制比 K_{CMR}

为了衡量差分电路对差模信号放大的能力和对共模信号的抑制能力,用差模放大倍数 A_d 与共模放大倍数 A_c 之比,作为衡量差分放大电路性能优劣的一个指标,称为共模抑制比,记作 K_{CMR}。即

---

① 式(16.1.15)的导出可参阅参考文献[1]、[2]中的相关内容了解。

$$K_{CMR} = \left|\frac{A_d}{A_c}\right| \tag{16.1.16}$$

共模抑制比,可以视为有用信号和干扰信号的对比。在理想情况下 $A_c=0$,K_{CMR} 为无穷大;在一般情况下差分放大电路的 A_d 约比 A_c 高出千倍以上。由于 A_d 比 A_c 大很多,因此,共模抑制比常用分贝作单位,即

$$K_{CMR} = 20\lg\left|\frac{A_d}{A_c}\right| \text{ dB} \tag{16.1.17}$$

例如,某差分放大电路,差模放大倍数 $A_d=2\,000$,共模放大倍数 $A_c=0.5$,共模抑制比

$$K_{CMR} = 20\lg\left|\frac{2\,000}{0.5}\right| \text{ dB} = 20\lg 4\,000 \text{ dB} = 72 \text{ dB}$$

▶▶16.1.3 差分放大电路的输入、输出方式

差分放大电路有两个输入端和两个输出端,因此,信号既可双端输入,也可以从一端输入。同样输出也是如此,既可双端输出也可以单端输出,因此,差分放大电路有 4 种接法。双端输入、双端输出电路,如图 16.1.2 所示,这里不再分析,下面对双端输入、单端输出和单端输入、单端输出电路工作情况作简要介绍。

1. 双端输入、单端输出的差分电路

图 16.1.6 所示为双端输入、单端输出的电路。

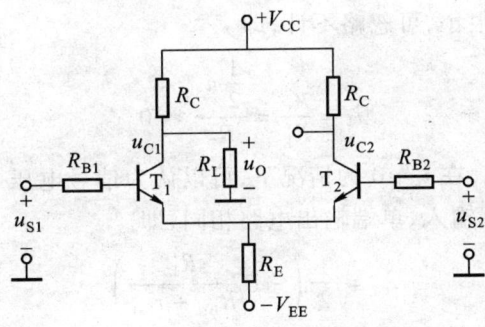

图 16.1.6 双端输入、单端输出的差分电路

由于电路对称,参数值相同,因此,这一电路的静态电流值两管是一样的。与双端输出不同之处在于,负载 R_L 电压仅来自 T_1 管集电极,而 T_2 管的集电极电压没有利用,因此,在单端输出时,其差模电压放大倍数会比双端输出减小一半,即这时电路的

$$A_d = \frac{1}{2}\left(-\beta\frac{R'_L}{R_{B1}+r_{be1}}\right) \tag{16.1.18}$$

式(16.1.18)中,$R'_L = \dfrac{R_C \cdot R_L}{R_C + R_L}$。

输入电阻 $\qquad\qquad\qquad R_i = 2(r_{be1}+R_{B1})$

输出电阻 $\qquad\qquad\qquad R_o = R_C$

2. 单端输入、单端输出的差分电路

如果差分放大电路的输入信号必须一端接地,而输出仅从放大电路 T_1 管或 T_2 管集电极取得,如图 16.1.7 所示,这种工作方式称为单端输入、单端输出。

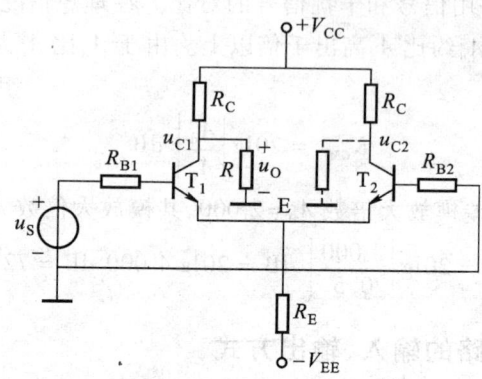

图 16.1.7 单端输入、单端输出的差分电路

单端输入电路的静态值计算方法与双端输入信号时没有区别,静态值两管对称相同。有信号电压输入时,信号电压经 $R_{B1} \to T_1$ 的 $(B-E)_1$ 结 $\to T_2$ 管的 $(B-E)_2$ 结 $\to R_{B2}$ 形成一个回路。与双端输入信号不同之处在于,有交流信号后电路中 E 点对地有 $u_e = \frac{1}{2} u_S$ 的电压,如果电阻 R_E 值很大,则电阻 R_E 中的交流电流很小,可忽略不计,即

$$i_e = \frac{u_e}{R_E} = \frac{\frac{1}{2} u_S}{R_E} \approx 0$$

由于 $R_{B1} = R_{B2}$ 和 $r_{be1} = r_{be2}$,在 $i_e \approx 0$ 的情况下,可以认为信号电压 u_S 被均分地作用到两管上,因此,工作情况可认为与双端输入、单端输出电路相同,即

$$A_d = \frac{1}{2} \left(-\beta \frac{R'_L}{R_{B1} + r_{be1}} \right)$$

$$R_i = 2(R_{B1} + r_{be1})$$

和

$$R_o = R_C$$

在图 16.1.7 所示单端输入的差分电路,T_1 管输入端接信源,T_2 管输入端接地。输出电压 u_O 取自 T_1 管集电极时,当 u_S 为正时,则 i_{B1} 增加而 i_{B2} 减小,将使 u_{C1} 下降而 u_{C2} 升高,这时输出电压 u_O 的极性或相位与输入电压 u_S 的极性或相位相反。若输出取自 T_2 管集电极时,如图 16.1.7 虚线所示,则 u_O 就会与 u_S 相位相同。因此,在电路输出端确定后,输入与输出电压相位(极性)相同的输入端,称为同相输入端;而输入与输出相位(极性)不同的输入端,称为反相输入端。

▶▶16.1.4 性能改善的差分放大电路

在集成电路中应用的差分放大电路有以下几种,其性能均优于图 16.1.2 所示电路。

1. 具有恒流源的差分放大电路

差分放大电路的一个重要性能指标是共模抑制比 K_{CMR}。为抑制温漂,要求差分电路应有很

高的共模抑制比。对图 16.1.2 所示电路,要增大 K_{CMR} 值,应当减小它的共模电压放大倍数 A_c 之值,为此应加大电阻 R_E[见式(16.1.15)]。但由于在集成电路中很难制造出太大的电阻,因此,在集成电路中的差分电路通常采用恒流源电路,稳定静态工作点。

图 16.1.8(a)所示为具有恒流源的差分放大电路,而图 16.1.8(b)所示为恒流源电路部分(T_3、D、R_{E3}、R_1、R_2)简化的示意图。

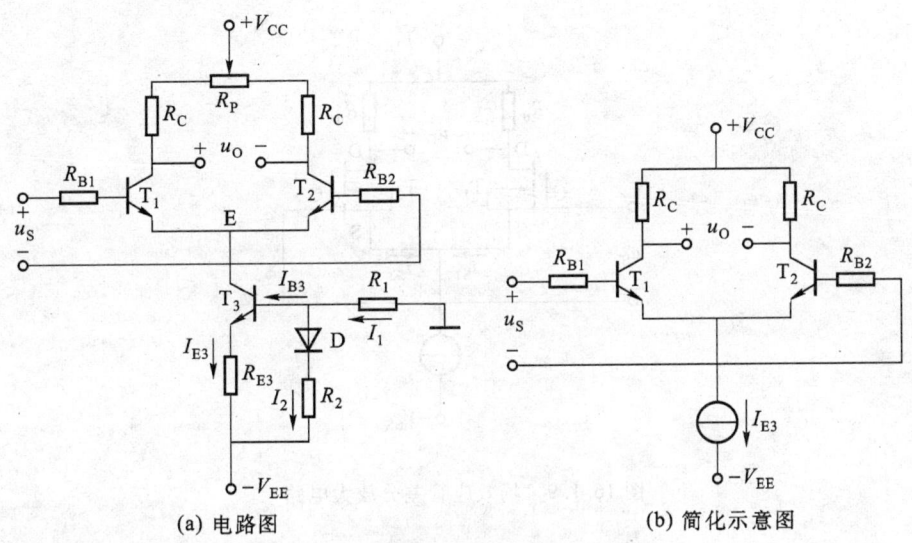

(a) 电路图   (b) 简化示意图

图 16.1.8 带恒流源的差分放大电路

图 16.1.8(a)与图 16.1.2 相比,不同之处有以下几处:

(1) 采用了直流负反馈技术及温度补偿措施,稳定差分电路的静态工作点

由图 16.1.8(a)可看出,T_3 管发射极电流 $I_{E3} \approx I_{E1}+I_{E2}$,当温度变化时,若 I_{E3} 能稳定,则电流 $I_{C1}(\approx I_{E1})$ 和 $I_{C2}(\approx I_{E2})$ 可保持稳定。为了能稳定电流 I_{E3},在图 16.1.8(a)电路中采用了图 15.1.14 分压式共发射极放大电路中所采用的保持电流 I_E 稳定的方法,这种直流负反馈作用可保持 I_{E3} 稳定。

在图 16.1.8(a)中,与电阻 R_2 串联的二极管 D 起着进一步稳定 I_{E3} 的作用,这个措施称为温度补偿,可进一步保持电流 I_{E3} 稳定。温度补偿的道理是这样的,温度升高时,若电流能保持不变时,二极管(PN 结)的电压下降;相反,温度降低时,电压会升高(参见图 14.2.3)。图 16.1.8(a)中的二极管 D 与 T_3 管发射结的电压,在温度变化时两者电压变化的方向相同,即温度升高时 U_D 下降,从而也使 U_{BE3} 有所下降,这样就使电流 I_{E3} 因温度升高而产生的增加值,被 U_{BE3} 的下降而抵消,从而可使 I_{E3} 更加稳定。

(2) 在图 16.1.8 中增加了调零电位器 R_P

差分放大电路中即使 T_1 管和 T_2 管的静态电流 $I_{C1}=I_{C2}$,若由于两管集电极电阻 R_C 存在微小差异,也会造成静态电压 U_{C1} 与 U_{C2} 不等,即在输入信号电压 u_S 为零时,输出电压 $u_O \neq 0$。若在电路中加入调零电位器后,可在电路输入电压为零而输出电压不等于零的情况下,调节电位器 R_P 滑动端的位置,将 T_1、T_2 管的静态电压 U_{C1} 与 U_{C2} 调成相等,使输出电压为零。

2. 场效应管差分放大电路

由于绝缘栅型场效应管的输入电阻高达 $10^9\,\Omega$ 以上,因此,用场效应管构成的差分电路,可以极大地提高电路的输入电阻。由绝缘栅型场效应管构成的差分电路,如图 16.1.9 所示。这个差分电路的工作原理与双极型晶体管差分电路的工作原理是类似的。场效应管差分放大电路主要应用在直接耦合多级放大电路的输入级。

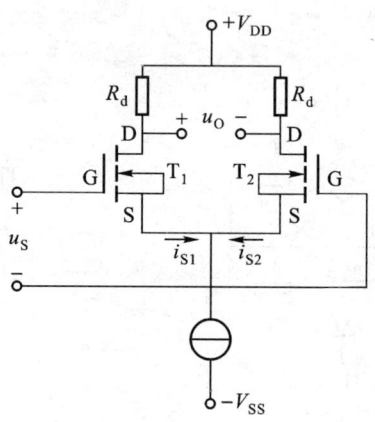

图 16.1.9 场效应管差分放大电路

▶16.2 功率放大

功率放大电路可向负载提供所需的电压和电流,即向负载输出足够的功率。功率放大电路因传输功率大,因此,如何将直流电源提供的能量高效率地转换成与信号频率相同的电压、电流供给负载,并尽可能减少电路本身损耗,即提高转换效率,是功率放大电路要解决的问题。

功率放大电路一般在大信号下工作,晶体管经常在接近极限值下运行,因此,如何保护晶体管不因过热、过压等问题而损坏是功率放大电路必须考虑的问题。限于学时及本课程的要求,本书只着重对功率放大电路进行原理性的阐述,对转换效率问题作简单介绍,对晶体管的损坏与保护等问题不进行讨论,有关功率管使用时的散热与保护等问题可参阅有关资料或参考文献[1]、[2]等有关内容。

目前应用的功率放大电路有多种形式,如变压器耦合功率放大电路,电容输出功率放大电路——简称 OTL 电路,意为不使用变压器的功率放大电路,OTL 电路通过输出电容向负载供电。使用最广泛的功率放大电路,称为 OCL 电路,意为该电路向负载供电既不通过变压器也不通过电容器,即该电路与 OTL 相比减少了输出电容器,故称无输出电容的功率放大电路。

OCL 电路实质上是一个直接耦合的功率放大电路,该电路的核心部分是直接耦合射极输出电路。

▶▶16.2.1 直接耦合射极输出电路

1. 简单直接耦合射极输出电路存在的问题

图 16.2.1 所示电路,是一个简单直接耦合射极输出电路,当输入信号 u_s 为零时,通过电阻 R_1、R_2 的分压为电路设置静态工作点。

图 16.2.1 所示电路工作时存在很多问题:如信号 $u_s=0$ 时,负载 R_L 有电流因而有输出和功率损耗;由于没有隔直电容,因而直流电流会通入信号源,影响信号源工作;而最主要的缺点是该电路的能量转换(电源的直流电能转换成交流电能)的效率低,直流电源提供的电能大部分消耗在电路本身,只有很小部分转换成交流电能输出,这个结论可通过以下计算说明。

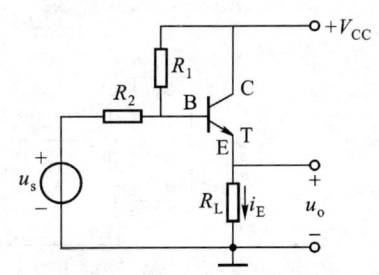

图 16.2.1 简单直接耦合射极输出电路

图 16.2.1 所示电路,若设静态 $U_{CE}=V_{CC}/2$,则静态电流 $I_E(I_L)=V_{CC}/2R_L$。当电路有正弦信号 u_s 输入后,电流 $i_E=I_E+i_e$ 出现变化量,为使电路不进入饱和或截止,电流 i_E 中的变化量 i_e 的最大值 I_{em} 应不超过静态电流 I_E。

有信号后,负载 R_L 所获得的最大(交流)输出功率 P_L 为

$$P_L < (I_{em}/\sqrt{2})^2 \cdot R_L = \left(\frac{V_{CC}/2R_L}{\sqrt{2}}\right)^2 \cdot R_L = V_{CC}^2/8R_L$$

直流电源提供的功率为 P_V,其值为

$$P_V = V_C \cdot I_E = V_{CC} \cdot \frac{V_C}{2R_L} = V_{CC}^2/2R_L$$

直流电能转换成交流电能的效率 η 为

$$\eta = P_L/P_V < \frac{1}{4} = 0.25$$

图 16.2.1 所示电路的能量转换效率不高,其原因就是该电路自身消耗的功率过多,在没有信号输入的情况下电阻 R_L 和晶体管 T 均有功率消耗,为此提出了一种建议,让晶体管静态电流为零,即没有输入信号时,晶体管处于截止状态,这样可以减小静态功率损耗提高能量转换效率,为此,提出了直接耦合互补对称射极输出电路。

2. 互补对称射极输出电路

互补对称射极输出电路由一只 NPN 型晶体管和一只 PNP 型晶体管组成,电路由正、负两组电源供电,电路如图 16.2.2 所示。

图 16.2.2(a)所示电路工作原理如下:在输入电压 u_i 的正半周作用时,NPN 型(即 T_1)管导电,由电源 $+V_{CC}$ 向 T_1 管提供电流向负载 R_L 供电;在输入电压 u_i 的负半周作用时,PNP 型(即 T_2)管导电,由电源 $-V_{CC}$ 向 T_2 管提供电流向负载 R_L 供电。每只晶体管工作时,与负载 R_L 均形成射极输出的关系,在输入信号的一个周期中,两管轮流导电,每管导电 1/2 周期,这样的一种工作情况称为互补对称射极输出,这一电路称为互补对称射极输出电路。

图 16.2.2(a)所示的互补对称射极输出电路,在输入电压 $u_i=0$ 时,晶体管 T_1、T_2 均处于截止状态,晶体管的静态电流为零。当电路有输入电压 u_i 作用后,在电压 u_i 的正半周作用下,T_1 导电、T_2 截止,输出电压 u_o 为 u_i(输入电压的正半周)$-u_{BE1} \approx u_i - U_{on}$(晶体管 T_1 的开启电压)。输入电压 u_i 的负半周作用时,晶体管 T_1 截止,T_2 开始导电,这时输出电压 $u_o = u_i$(输入电压的负半周)$-u_{BE2}$

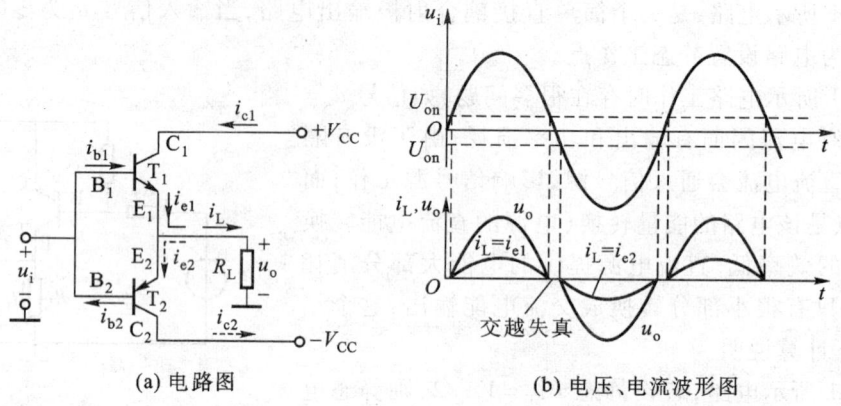

(a) 电路图　　(b) 电压、电流波形图

图 16.2.2　互补对称射极输出电路

$\approx u_i - U_{on}$，在输入电压 u_i 作用下，输出电压 u_o 的波形如图 16.2.2(b) 所示。

图 16.2.2(a) 所示电路，晶体管只有在输入信号电压 u_i 高于发射结的开启电压 U_{on} 之后才能导电，因此，在输入电压 u_i 的一个周期内，输出电压 u_o 会有两段时间为零，如图 16.2.2(b) 中所示。电路输出电压波形与输入波形不相同，称为失真。图 16.2.2(a) 所示电路的失真出现在输入电压 u_i 由正变负或由负变正的零值附近，这样的失真称为交越失真。

出现交越失真的原因是，输入电压 $u_i=0$ 时，该电路中晶体管 T_1、T_2 的静态发射结电压 $U_{BE}=0$，因此，有输入电压 u_i 后，必须在 u_i 值高于晶体管发射结的开启电压后，晶体管才能导电。因此，要克服交越失真，必须使晶体管 T_1、T_2 在 $u_i=0$，即静态时保持有一定的静态电流，当有输入电压 u_i 后可以使一只晶体管立即进入导电的跟随工作状态，另一只晶体管则进入截止状态。

为互补对称射极输出电路设置静态工作点的方法很多，图 16.2.3 所示电路是一种常用的设置静态工作点的方法，即在 T_1、T_2 管基极间接入两个二极管，利用二极管导电时产生的正向电压 $2U_D$ 为晶体管 T_1、T_2 发射结建立静态电压，即 $U_{B1B2}=U_{B1E}+U_{EB2}=2U_D$，使两只晶体管在输入电压 u_i 为零时，处于刚刚导通的状态。

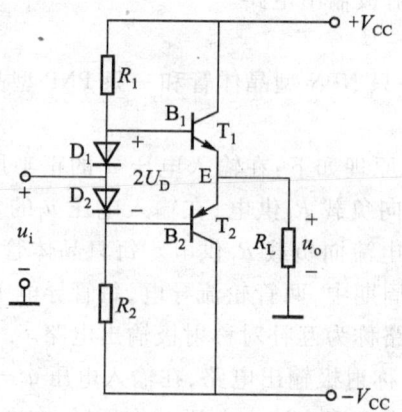

图 16.2.3　消除交越失真的互补对称射极输出电路

对图 16.2.3 所示电路而言,当电路要求输出较大电流时,为电路寻找两只性能一致的异类型(一个 PNP,另一个 NPN)大功率晶体管,比寻找性能一致的两只同类型(如两个 NPN)的大功率管要困难许多,因此,在输出大电流的电路中,常通过复合管向负载供电。复合 NPN 和 PNP 管如图 16.2.4 所示,图 16.2.4(a)所示为复合 NPN 型管,由两只 NPN 晶体管组成。图 16.2.4(b)所示为复合 PNP 型管,由一只 PNP 管和一只 NPN 管组成。复合管的总电流放大系数为 $\beta \approx \beta_1 \cdot \beta_2$。

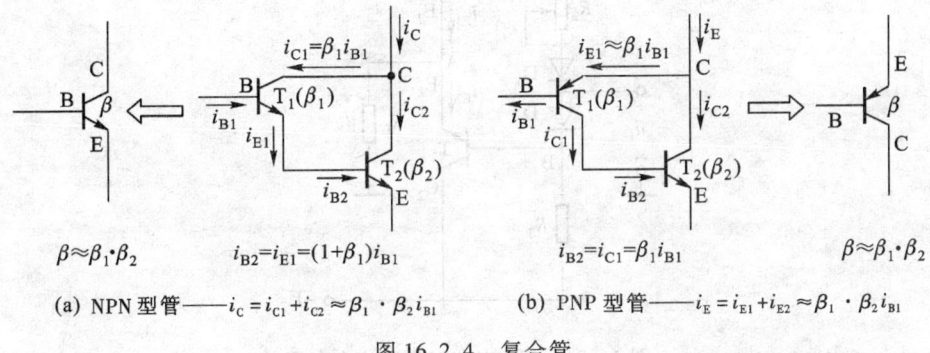

图 16.2.4 复合管

应用复合管构成的射极输出电路如图 16.2.5 所示,该电路直接向负载供电的是两只同类型的晶体管,因此,这样的电路称为准互补对称射极输出电路,这种电路通常多应用于功率放大电路的输出级。

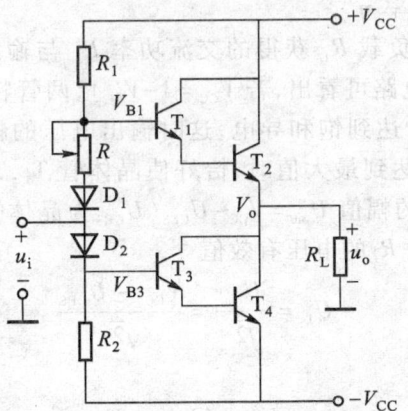

图 16.2.5 准互补对称射极输出电路

▶▶16.2.2 互补对称功率放大电路

互补对称功率放大电路如图 16.2.6 所示。该电路用于功率放大电路的原因是:电路的输出功率大、电路的电能转换效率高,该电路在 $u_i = 0$ 时,$u_o = 0$ 且晶体管的静态集电极电流很小,若忽略不计,可认为静态时电路消耗功率为零。图 16.2.6 所示电路中,二极管上的 $2U_D$ 电压和电阻 R_2 的电压 U_{R2},在晶体管 T_1、T_2 管的基极间建立静态电压,即 $U_{B1B2} = U_{R2} + 2U_D = U_{BE1} + U_{EB2}$。改

变电阻 R_2 时,可调节电压 U_{B1B2} 值,使 T_1、T_2 管工作在放大区,但只有较小的静态电流。当电路有电压 u_i 输入后,两只晶体管将会立即进入轮流导电状态,避免电路出现失真。

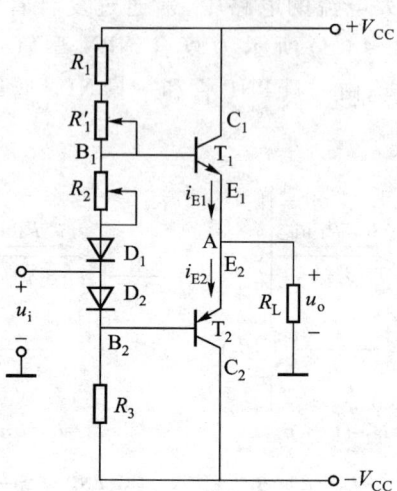

图 16.2.6　互补对称功率放大电路

在图 16.2.6 中增加了一个 R_1' 可调电阻。R_1' 的作用是,当输入电压 $u_i = 0$ 时,若电路输出端 A 点电位值不为零,负载 R_L 上将会出现直流电压,遇此情况可调节电阻 R_1'。当 A 点电位为正时,则增加 R_1' 电阻值;相反,若 A 点电位为负时,则减小 R_1' 的电阻值。

1. 输出功率 P_L 与转换效率 η

互补对称功率放大电路,负载 R_L 获得的交流功率 P_L 与输出电压 u_o 的有效值及负载电阻 R_L 值有关,由图 16.2.6 所示电路可看出,若 $V_{CC} = |-V_{CC}|$,两管特性一致,在输入正弦电压 u_i 达到最大值时,但晶体管 T_1、T_2 未达到饱和导电,这时输出电压的幅值 $U_o = V_{CC} - U_{CE}$(U_{CE} 为晶体管的管压降)。当输入正弦电压达到最大值时,恰好使晶体管 T_1、T_2 进入饱和导电,这时输出电压将获得最大值,这时输出电压的幅值 $U_{om} = V_{CC} - U_{CES}$($U_{CES}$ 为晶体管饱和电压,大功率管 U_{CES} 值为 2～3 V)。在这种情况下,负载 R_L 的电压有效值

$$U_L = \frac{U_{om}}{\sqrt{2}} = \frac{V_{CC} - U_{CES}}{\sqrt{2}}$$

负载 R_L 所获得的功率

$$P_L = \frac{U_L^2}{R_L} = \frac{(V_{CC} - U_{CES})^2}{2R_L} \tag{16.2.1}$$

若 $V_{CC} \gg U_{CES}$,近似估算时可认为

$$P_L \approx \frac{V_{CC}^2}{2R_L} \tag{16.2.2}$$

式(16.2.1)为负载 R_L 可能获得的最大功率(即电路输出的最大可能的交流功率)。图 16.2.6 所示电路的电能转换效率

$$\eta = \frac{P_L}{2P_V} \tag{16.2.3}$$

式(16.2.3)中 P_V 为每一个直流电源提供的功率。对于互补对称电路而言,每只晶体管只工作半个周期,通过每只晶体管的电流只是半个周期的正弦电流[参见图16.2.2(b)],该电流 i_e 的最大可能值可以表示为 $I_{em} = \left(\dfrac{V_{CC} - U_{CES}}{R_L}\right)$,即 $i_e = I_{em} \cdot \sin \omega t$,而每一个电源提供的功率,应当是这一电流的平均值 $I_{e(AV)}$ 与电压 V_{CC} 的乘积,即

$$P_V = \left[\frac{1}{2\pi}\int_0^\pi \left(\frac{V_{CC} - U_{CES}}{R_L}\right) \sin \omega t \cdot d\omega t\right] \cdot V_{CC}$$

$$= \frac{1}{\pi} \cdot \frac{(V_{CC} - U_{CES})}{R_L} \cdot V_{CC} \tag{16.2.4}$$

电源 V_{CC} 和 $-V_{CC}$ 一个周期内提供的功率为 $2P_V$,将式(16.2.4)代入式(16.2.3),得互补对称功率放大电路的能量转换效率为

$$\eta = \frac{P_L}{2P_V}$$

$$= \frac{\dfrac{(V_{CC} - U_{CES})^2}{2R_L}}{\dfrac{2(V_{CC} - U_{CES}) \cdot V_{CC}}{\pi R_L}}$$

$$= \frac{(V_{CC} - U_{CES})}{V_{CC}} \cdot \frac{\pi}{4} \tag{16.2.5}$$

在忽略晶体管饱和电压 U_{CES} 的情况下,互补对称放大电路的转换效率

$$\eta \approx \frac{\pi}{4} \times 100\% \approx 78.5\%$$

实际工作时达不到78.5%,大约为60%。直流电源提供的电能一部分转换成交流电能用于负载,另外部分将消耗在晶体管上,使晶体管发热。

2. 功率晶体管的选择

功率放大电路中使用的晶体管主要应根据管子集电极允许耗散功率(简称管耗)和管子的最大电流及管子所承受的集电极最大反向电压值来选择。

(1) 管耗

由式(16.2.4)可知,直流电源提供的功率 $2P_V = \dfrac{2}{\pi} \dfrac{(V_{CC} - U_{CES})}{R_L} \cdot V_{CC}$。负载消耗的功率 $P_L = \dfrac{(V_{CC} - U_{CES})^2}{2R_L}$。因此,两只晶体管所消耗的功率 P_T 为

$$P_T = P_{T1} + P_{T2}$$
$$= 2P_V - P_L$$
$$= \frac{2}{\pi} \frac{(V_{CC} - U_{CES})}{R_L} \cdot V_{CC} - \frac{(V_{CC} - U_{CES})^2}{2R_L}$$

若忽略晶体管饱和电压 U_{CES},则

$$P_T = \left(\frac{4}{\pi} - 1\right) P_L$$

$$\approx 0.27 P_L \tag{16.2.6}$$

实际工作时,管耗值比式(16.2.6)所示结果还要大一些,一般取每只晶体管的最大管耗约为电路最大输出功率 P_L 的 0.2 倍,即

$$P_{T1} = P_{T2} = 0.2 P_L \tag{16.2.7}$$

式(16.2.7)用来作为选管的依据(有关推导见参考文献[1]、[2]等的相关内容)。

(2) 集电极最大电流

通过管子的电流也就是负载电流,负载最大可能的电流为

$$I_{Lm} \approx \frac{V_{CC}}{R_L} \tag{16.2.8}$$

因此,电路中所用管子的电流值应按式(16.2.8)确定。

(3) 集电极承受的最大电压

互补对称功放电路,两只管子在一个周期内各工作半个周期,因此,当 T_1 管导电时,T_2 管截止,截止管上所承受的反向击穿电压的最大值为 $|V_{CC}|+|-V_{CC}|$,即应选用 $|V_{(BR)CEO}|>2V_{CC}$ 的管子。

例 16.2.1 图 16.2.1 所示电路,$V_{CC}(=-V_{CC})=15$ V,$u_i=0$ 时 $u_o=0$,晶体管 B、E 结静态电压 $U_{BE1}=U_{EB2}=0.7$ V,负载 $R_L=8$ Ω。求 $u_i=7.5\sin\omega t$ V 时,(1) 输出电压 u_o;(2) 负载功率 P_L;(3) 负载获得的最大可能功率 P_{Lm}(设 $U_{CES}=2$ V);(4) 选晶体管参数。

解:(1) 由于 T_1、T_2 为射极输出电路 $|\dot{A}_1|\approx 1$,所以

$$u_o \approx u_i = 7.5\sin\omega t \text{ V}$$

(2) 输出电压 u_o 的有效值 $U_o=U_L=7.5/\sqrt{2}$ V ≈ 5.3 V,所以

$$P_L = \frac{U_L^2}{R_L} = \frac{(5.3)^2}{8} \text{ W} = 3.51 \text{ W}$$

(3) 负载获得最大可能功率值

$$P_{Lm} = \frac{(V_{CC}-U_{CES})^2}{2R_L} = \frac{(15-2)^2}{2\times 8} \text{ W} = 10.56 \text{ W}$$

(4) 晶体管参数选择

管耗 $\quad\quad\quad\quad P_T \approx 0.2 P_{Lm} = 0.2\times 10.56$ W ≈ 2.11 W

电流 $\quad\quad\quad\quad I_{CM} = \frac{V_{CC}-U_{CES}}{R_L} = \frac{15-2}{8}$ A ≈ 1.63 A

电压 $\quad\quad\quad\quad U_{(BR)CEO} = 2V_{CC} = 30$ V

互补对称功率放大电路,也可以用单电源供电进行工作。由单电源供电时,要解决如何用一个电源来实现两只类型不同的晶体管轮流供电问题。为此,设计出用大电容耦合输出的电路,如图 16.2.7 所示。

单电源供电的互补对称功率放大电路,在电路的输出端 A 与负载 R_L 之间串入一个大容量的电容器 C。电路的工作原理如下:当输入电压 $u_i=0$ 时,调节电阻 R_3' 可以使功放电路输出端 A 点的电位 $V_A = \frac{V_{CC}}{2}$,这样,电容 C 将充上 $U_C = \frac{V_{CC}}{2}$ 的电压。

电路有输入电压 u_i 作用后,当 u_i 的正半周作用到电路输入端时,B_1、B_2 点电位升高,T_1 管的基

极电流 i_{B1} 增加,集电极电流 i_{C1} 增加;而 T_2 管则进入截止状态。在 T_1 管导电,T_2 管截止时,电源 V_{CC} 通过 T_1 管对 $R_L C$ 电路充电,负载 R_L 中的电流及电压实际方向与图 16.2.7 中所示 i_L 的参考方向一致。当 u_i 的负半周作用到电路输入端时,B_1、B_2 点的电位下降,T_1 管截止,T_2 管导电,电容 C 通过 T_2 管对负载 R_L 放电,在 R_L 中的电流的实际方向与图 16.2.7 所示 i_L 参考方向相反。

图 16.2.7 所示电路,只要电容 C 足够大,时间常数 $R_L C \gg$ 输入电压 u_i 的周期,那么,电容 C 在充、放电的过程中,可认为电容 C 的电压 U_C 为固定值,即电容 C 起着图 16.2.2 中电源 $-V_{CC}$ 的作用,这时,电路只需一个电源就能正常工作。

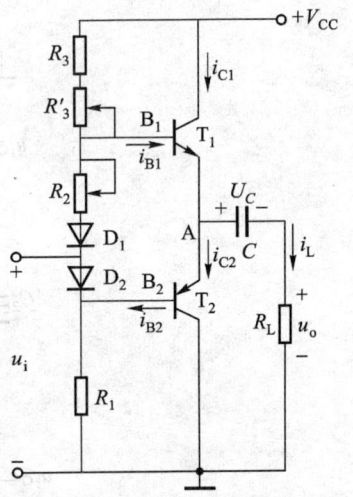

图 16.2.7 单电源供电的互补对称功率放大电路

▶▶16.2.3 集成电路功率放大器

集成功率放大器的种类很多,分为通用型和专用型两大类。通用型适用多种电路,专用型适用于特定电路,如收录机、电视机等。集成功放使用方便,只需在电路外部按要求接入一些电阻、电容和负载后,接入电源就可以在负载上获得所需要的功率。

TDA2003 是音响设备中应用的一种集成音频功率放大器。TDA2003 只有 5 个引脚,其内部电路与集成运放相似,主要由差分放大的输入级、中间放大级、互补对称电路的输出级和为各级放大电路建立静态工作点的偏置电路及过载、过热保护电路等五部分组成,如图 16.2.8 所示。

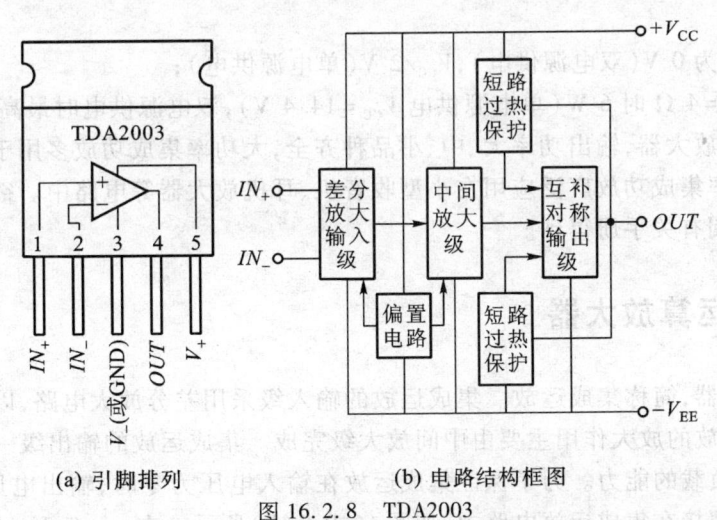

(a) 引脚排列　　　　　　　　(b) 电路结构框图

图 16.2.8　TDA2003

TDA2003 既可单电源供电(OTL 电路),也可双电源供电(OCL 电路),如图 16.2.9 所示。(图中外接电阻电容取值供参考:$R = 22$ kΩ,$R_1 = R_2 = 10$ kΩ,$R_3 = 22$ kΩ,$R_4 = 680$ Ω,$R_5 = 1$ Ω,$C_1 = 5$ μF,$C_2 = 22$ μF,$C_3 = C_6 = 0.1$ μF,$C_4 = 1\,000 \sim 2\,000$ μF,$C_5 = 0.22$ μF。)

TDA2003 的主要技术指标如下:

电源电压范围为 6~20 V;静态电流为 50~100 mA;

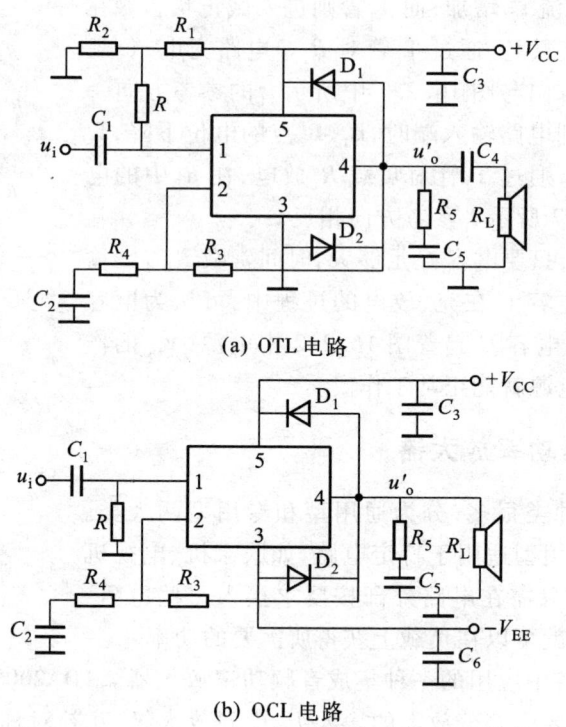

(a) OTL 电路

(b) OCL 电路

图 16.2.9　TDA2003 应用举例

静态输出电压为 0 V(双电源供电)，$V_{CC}/2$ V(单电源供电)；

输出功率为 $R = 4\ \Omega$ 时 6 W(单电源供电 $V_{CC} = 14.4$ V)，双电源供电时最高可达 18 W。

集成电路功率放大器，输出功率大、中、小品种齐全，大功率集成功放多用于品质要求较高的台式设备中，小功率集成功放广泛应用在小型收音机、耳机放大器等电路中。欲了解更多集成功放使用情况，可查阅有关手册得到。

▶16.3　集成运算放大器

集成运算放大器，简称集成运放。集成运放的输入级采用差分放大电路，以减少电路输出的零点漂移。集成运放的放大作用主要由中间放大级完成。集成运放的输出级一般为射极输出电路，以提高运放带负载的能力。为了保证集成运放在输入电压为零时，输出电压也应为零，将一个电位器 R_P 从外部接在集成运放电路中，如图 16.0.1(b) 所示。在 $u_s = 0$ 而 $u_o \neq 0$ 时，调节电位器 R_P 的滑动端的位置，可将集成运放静态输出电压 u_o 调节为零。集成运放由于具有优越的性能而被广泛应用于模拟电子电路中，为此，在这一节里将对集成运放的有关知识作一些介绍。

▶▶16.3.1　集成运放的图形符号和等效电路

集成运放内部电路是很复杂的，随着集成运放性能的不断提高，其内部电路的复杂程度也不断增加。但是，不管集成运放内部电路如何复杂，应用集成运放构成各种电子电路时，集成运放与外部的连接是简单的,它与外部相连的引脚只有这样几个:集成运放的两个信号输入端引脚;输出端引脚;接电源的引脚。某些集成运放还有与外接调零或消振元件相接的引脚。图 16.3.1 所示为两个不同型号的集成运放引脚图,图 16.3.1(a)所示的集成运放,除输入端 IN_+,IN_-,输出端 OUT,电源端 V_+,V_- 外,它的引脚 1 和引脚 5,即 OA_1 和 OA_2 引脚,应与调零电位器的固定端相连。图 16.3.1(b)所示的集成运放,内有 4 个可分别独立工作的运算放大器,工作时不必接调零电位器。根据图 16.3.1 所示集成运放的引脚图可知,集成运放工作时仅输入、输出等引脚与外电路相连,因此,集成运放的电路图形符号如图 16.3.2 所示,图 16.3.2(a)所示为国家标准符号,而图 16.3.2(b)所示是目前广泛使用的惯用符号。在本书中集成运放采用惯用符号。

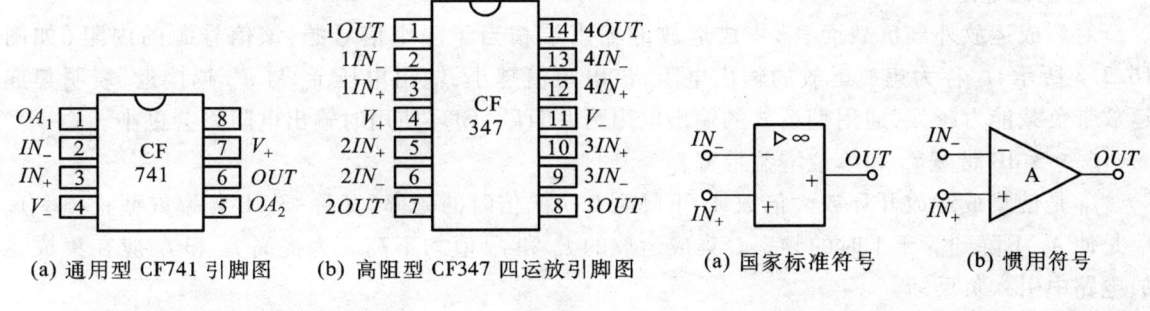

(a) 通用型 CF741 引脚图　　(b) 高阻型 CF347 四运放引脚图　　　(a) 国家标准符号　　(b) 惯用符号

图 16.3.1　集成运放引脚图(举例)　　　　　图 16.3.2　集成运放的图形符号

集成运放图形符号中,标有"+"号的信号输入端(IN_+)称为同相输入端,即信号从 IN_+ 端输入时,输出信号的极性与此端输入信号的极性相同。图形符号中标有"-"号的信号输入端(IN_-)称为反相输入端,即信号从 IN_- 端输入时,输出信号的极性与此端输入信号的极性相反。

集成运放的简化交流等效电路如图 16.3.3 所示。对输入的差值信号 u_{id} 而言,集成运放相当于一个电阻,此电阻称为差模输入电阻 r_{id},集成运放对其输出端所接入的负载而言,可视为一个有着很小内阻的电压源,电压源的电压 $u'_o = A_d \cdot u_{id}$。

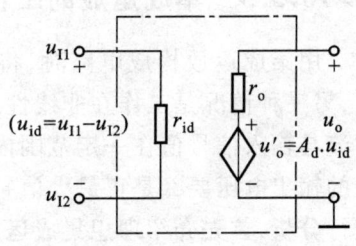

图 16.3.3　集成运放的简化
　　　　交流等效电路

▶▶16.3.2　集成运放的主要参数

集成运放的性能用其参数衡量,因此,了解集成运放各参数的意义,对正确选择和使用集成运放是很重要的。集成运放的主要参数有以下几个。

1. 开环差模电压放大倍数 A_d

开环差模电压放大倍数又称开环差模增益,其定义为

$$A_d = \frac{u_o}{u_{id}} \left(= \frac{\Delta U_o}{U_{I1} - U_{I2}} \right)$$

通用型的集成运放,开环差模增益在 10^5(100 dB)左右。

2. 共模抑制比 K_{CMR}

其定义为差模电压增益 A_d 与共模电压增益 A_c 之比,并用分贝(dB)为单位,即

$$K_{\text{CMR}} = 20\lg\left|\frac{A_d}{A_c}\right| \text{ dB}$$

K_{CMR}用于衡量集成运放放大差模信号及抑制共模信号的能力,其值一般为80 dB左右。

3. 差模输入电阻 r_{id}

集成运放两输入端间的等效电阻,称为差模输入电阻。r_{id}值越大,集成运放从输入信号电压取得的电流就越小,对信号源的影响也就越小。通用型集成运放的r_{id}为0.5~2 MΩ。

4. 共模输入电阻 r_{ic}

集成运放两输入端并联对地的等效电阻值,称为共模输入电阻,其值为10^8 Ω左右。

5. 输出电阻 r_o

对集成运放外部负载而言,集成运放的输出端相当于一个信号源,该信号源的内阻(如图16.3.3所示)r_o称为集成运放的输出电阻,该电阻值越小,输出电压u_o与u'_o越接近,表明集成运放带负载能力越强,通用型运放的输出电阻为几百欧,闭环使用时输出电阻将会更小。

6. −3 dB带宽f_H和单位增益带宽f_C

f_H是使集成运放开环放大倍数A_d下降到0.707倍时的频率(又称−3 dB频率或截止频率)。f_C是使A_d下降到等于1时的频率。集成运放的f_H和f_C值均不高。为提高f_H和f_C应在集成运放电路中引入负反馈。

集成运放除上述6个参数外,还有十多个性能指标参数,对于这里没列出的性能参数,可见参考文献[1]、[2]中相关内容或对电子器件手册进行了解。

▶▶16.3.3 集成运放的工作区

用集成运放构成电路时,将集成运放的工作情况划分成两个范围,一种是工作于线性工作区,另一种情况是工作在非线性工作区。工作在线性工作区的集成运放,其电路输出信号电压或电流与输入信号值在一定范围内保持某种比例关系。工作在非线性工作区的集成运放,集成运放的输出电压要么是正最大值$+U_{OM}$,要么是负最大值$-U_{OM}$。为了能够较便捷地对集成运放电路进行分析,首先介绍理想集成运放电路的两个重要结论。

1. 理想集成运放的两个重要结论

分析由集成运放构成的电路工作原理时,通常将实际集成运放视为一理想集成运放元件。所谓理想集成运放是具有以下参数值的集成运放,即该集成运放:

① 开环差模电压放大倍数$A_d = \infty$;
② 差模输入电阻$r_{id} = \infty$;
③ 共模抑制比$K_{\text{CMR}} = \infty$;
④ 输出电阻$r_o = 0$;
⑤ 带宽$f_H = \infty$;
⑥ 失调及其温漂均为零。

实际集成运放的参数值与理想集成运放参数值有些相当接近,例如,A_d、r_{id}、K_{CMR}值很大,而r_o值很小,可视为接近无穷或为零,另外一些参数值,如带宽f_H等则有较大差距,但是,只要在一定条件下使用,如工作频率不高,输出电流不大的情况下,实际运用用理想集成运放条件处理,可使对电路的分析大大简化,而所得结果与实际情况相当一致。

当集成运放具有理想化参数后,可得出下面两个重要结论。

（1）虚短路

由图 16.3.4 所示集成运放电路可看出,集成运放的输出电压 u_O 与输入的差值电压 $u_d = u_+ - u_-$ 之间有如下关系,即

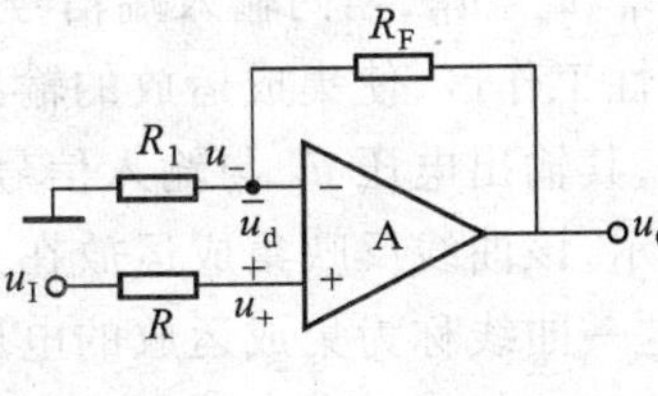

$$u_d = u_+ - u_- = \frac{u_O}{A_d}$$

图 16.3.4　虚短路与虚断路的意义

由于集成运放的 A_d 值很大（$A_d \to \infty$）,而集成运放输出电压 u_O 的最大值 U_{OM} 为有限值（其值不超过电源电压 V_{CC}）,因此,欲保持集成运放输出电压 u_O 与输入的差值电压 u_d 成比例关系,工作在线性区的集成运放,它两个输入端间的差值电压 $u_d = u_+ - u_-$ 必定非常小,若 $A_d \to \infty$ 则 $u_d \to 0$。换句话说,集成运放两输入端所作用的电压信号 u_+ 与 u_- 近似相等,即 $u_- \approx u_+$,其情况与两输入端短路时相似,故称虚短路。实际上 u_- 与 u_+ 并不相等,只是相差极其微小,分析时忽略其差别而认为 $u_- = u_+$,视为短路。

（2）虚断路

由于集成运放的输入电阻 r_{id} 极高,视为 ∞,因而认为从集成运放同相输入端和反相输入端进入集成运放的电流 i_+、i_- 为零。由于 $i_+ = i_- \approx 0$,因而与断路相似,故称虚断路。实际上 i_+、i_- 并不为零,只是电流相对其他部分电流而言小很多,分析时可忽略不计,视为断路。

虚短路 $u_+ = u_-$ 和虚断路 $i_+ = i_- = 0$ 是分析集成运放电路在线性工作状态下,输出与输入关系时所依据的两个出发点,即分析时总是从 $u_+ = u_-$ 和 $i_+ = i_- = 0$ 这两个重要结论开始。

2. 开环电路与闭环电路

用集成运放组成电路时,集成运放电路的连接有两种,一种称为开环电路,即集成运放的输出电压 u_O 或电流 i_O 不引回到集成运放的输入端,如图 16.3.5(a)所示,这种电路称为开环电路。

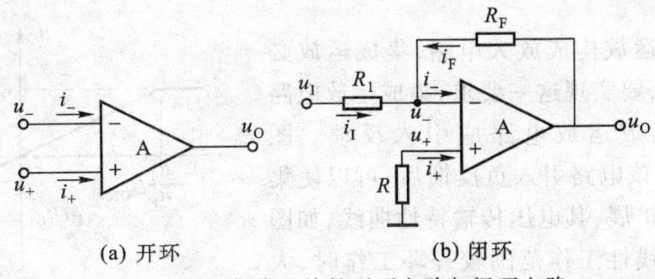

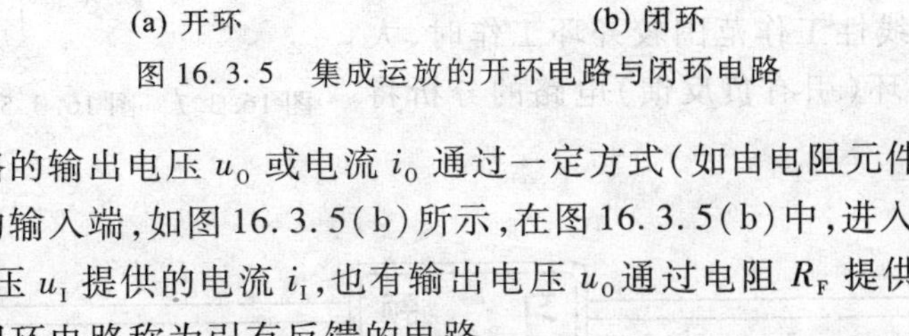

(a) 开环　　　　　　　(b) 闭环
图 16.3.5　集成运放的开环电路与闭环电路

若集成运放电路的输出电压 u_O 或电流 i_O 通过一定方式（如由电阻元件构成的电路）将它们又引回到集成运放的输入端,如图 16.3.5(b)所示,在图 16.3.5(b)中,进入集成运放反相端"-"的电流,既有输入电压 u_1 提供的电流 i_1,也有输出电压 u_O 通过电阻 R_F 提供的电流 i_F,这样的电路称为闭环电路。闭环电路称为引有反馈的电路。

（1）开环电路

集成运放电路的输出电压或电流不引到输入端,这种电路称为开环电路,如图 16.3.6(a)所示。集成运放在开环下工作时,输入信号 u_{I1}、u_{I2} 分别作用到集成运放的反相端和同相端,即

$u_-=u_{I1}$、$u_+=u_{I2}$,当两输入端信号的差值$|u_--u_+|=|\pm u_d|>|\pm U_{OM}|/A_d$后,集成运放就会进入非线性工作区,使集成运放的输出电压,要么为$+U_{OM}$,要么为$-U_{OM}$。因此,在开环下工作的集成运放,其输出电压u_O与输入信号电压$u_d=u_+-u_-=u_{I2}-u_{I1}$间的关系曲线,如图16.3.6(b)中曲线①所示,该曲线反映集成运放在开环下工作时,输出电压u_O随输入电压$u_d=(u_{I2}-u_{I1})$变化的情况,这一曲线称为集成运放的电压传输特性。

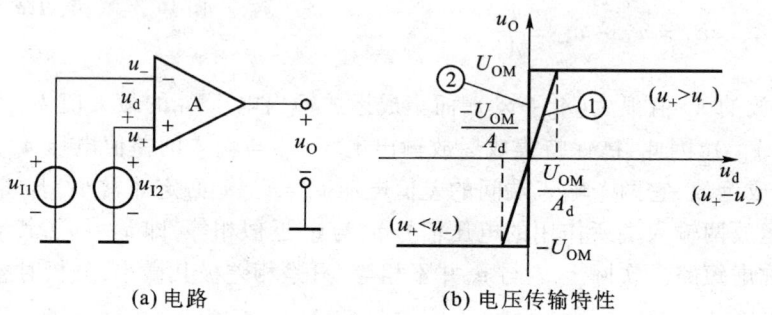

(a) 电路　　　　　　(b) 电压传输特性

图 16.3.6　开环电路

对于理想集成运放,因U_{OM}为有限值,而A_d为∞,因此,理想集成运放在开环下工作时,其电压传输特性将如图16.3.6(b)中的曲线②所示,即在$(u_+-u_-)<0$时,$u_O=-U_{OM}$,而在$(u_+-u_-)>0$时,$u_O=+U_{OM}$,传输特性曲线在u_d过零时,输出电压u_O出现跃变。由于集成运放的A_d值很大,即U_{OM}/A_d值是很小的,图16.3.6(b)中的两条曲线十分接近,因此,开环工作的集成运放,电压传输特性均用图16.3.6(b)中的曲线②描述。由图16.3.6(b)中的曲线②可看出,开环工作的集成运放可根据输出信号$u_O=+U_{OM}$或$-U_{OM}$判定运放两输入端的信号哪一个大、哪一个小,这种能根据输出判断输入信号大小的电路,称为比较器。

（2）闭环电路

为了能够用集成运放构成放大电路,集成运放必须工作于线性工作区,要实现这一要求,集成运放电路必须闭环工作,即集成运放电路应引入反馈。图16.3.5(b)所示电路,该电路引入负反馈后,可以使集成运放的线性工作区扩展,其电压传输特性曲线,如图16.3.7所示,电路的线性工作范围较开环工作时,大大地扩大了。对于闭环(引有负反馈)电路的分析将在下章讨论。

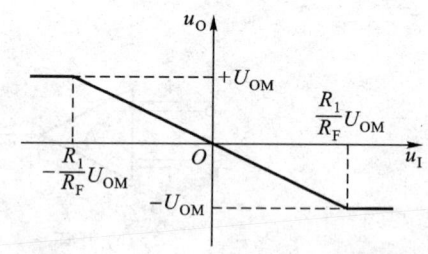

图 16.3.7　图 16.3.5(b)的电压传输特性

习　题

16.1　集成运放内部电路采用直接耦合放大的原因是什么?

16.2　集成运放输入级采用差分放大的目的是什么?

16.3 图 16.1.2 所示差分放大电路中的电阻 R_E 在电路中起着什么作用?

16.4 差分放大电路可以采用单端输出方式工作的原因是什么?

16.5 差分放大电路的输入信号为 u_1 和 u_2(设 $u_1 > u_2$),试确定出信号的共模分量和差模分量。

16.6 差分放大电路的共模抑制比 K_{CMR} 是用来衡量对电路中哪一种信号作用的抑制能力?

16.7 差分放大电路和互补对称射极输出电路均使用正、负两个电源,在这两个电路中它们的电源向电路供电的情况有何不同?

16.8 什么是交越失真?在互补对称电路采用什么方法来克服交越失真?

16.9 功率放大电路采用互补对称电路的原因是什么?其功率转换效率大约是多少?

16.10 什么是 OTL 电路,什么是 OCL 电路,这两种电路的区别在哪里?

16.11 题图 16.11 所示电路,$R_E = 10 \text{ k}\Omega$,$R_{C1} = R_{C2} = 10 \text{ k}\Omega$,$R_{B1} = R_{B2} = 1 \text{ k}\Omega$,$R_L = 5 \text{ k}\Omega$,$\beta = 60$。(1) 用估算法求静态工作点;(2) 求 A_d 和 R_i 及 R_o。

16.12 题图 16.12 所示电路,$R_C = 5 \text{ k}\Omega$,晶体管 B-E 极间交流电阻 $r_{be1} = r_{be2} = 2 \text{ k}\Omega$,$\beta_1 = \beta_2 = 50$,$u_{S1} = 0.05 \text{ V}$,$u_{S2} = 0.03 \text{ V}$,电路在所示信号作用下,放大电路的共模输出电压 $u_{OC} = 0.01 \text{ V}$,求所示电路的差模放大倍数 A_d,共模放大倍数 A_c 及共模抑制比 K_{CMR}。

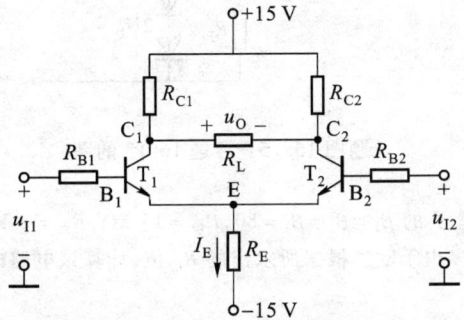

题图 16.11 习题 16.11 的图

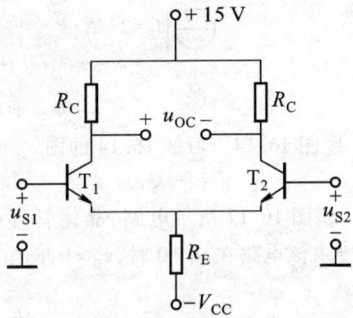

题图 16.12 习题 16.12 的图

16.13 题图 16.13 所示电路具有调零功能,即静态下若 $u_O \neq 0$ 时可调 R_P 使 $u_O = 0$。(1) 分析图示两个电路,若 $u_1 = 0$ 而 $u_O \neq 0$ 时(如 $u_O > 0$,即 $u_{C1} > u_{C2}$),两个电路的 R_P 应如何调节,即增加 R_{P1} 部分减小 R_{P2} 部分,还是相反;(2) 这两个电路的电压放大倍数表达式有无不同,写出它们的 A_d 表达式。

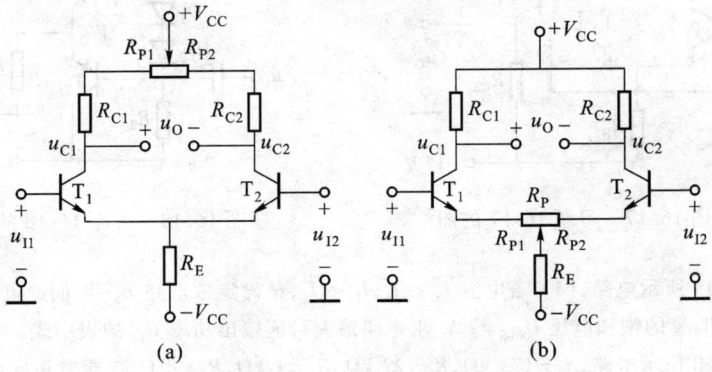

题图 16.13 习题 16.13 的图

16.14 题图 16.14 所示电路，若要求负载 R_L 中有 0.5 mA 的电流，该电路输入的差模电压应是多少？已知参数 $R_{B1}=R_{B2}=1\text{ k}\Omega$，$R_{C1}=R_{C2}=R_L=5\text{ k}\Omega$，$T_1$、$T_2$ 的 $\beta=60$。

16.15 题图 16.15 所示电路，$R=10\text{ k}\Omega$，$R_C=10\text{ k}\Omega$，$R_L=5\text{ k}\Omega$，$R_E=0.5\text{ k}\Omega$，$\beta_1=\beta_2=60$，二极管正向电压 $U_D=0.7$ V。（1）估算出各晶体管的静态电流 I_C、I_B 和 V_{B1}、V_{B2}；（2）求电路的差模电压放大倍数。

16.16 题图 16.15 所示电路，电路中各参数值与题 16.15 相同，若 $u_{s1}=5\sqrt{2}\sin\omega t$ mV，$u_{s2}=3\sqrt{2}\sin\omega t$ mV，求该电路的输出电压 u_o 为何值？电路中电容 C_1、C_2 的作用是什么？

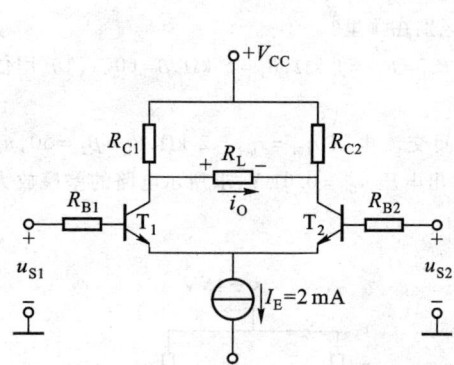

题图 16.14 习题 16.14 的图

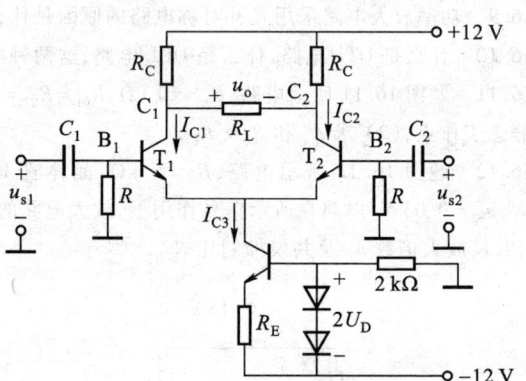

题图 16.15 习题 16.15 的图

16.17 题图 16.17 所示电路，晶体管为硅管，3 只管子的 $\beta_1=\beta_2=\beta_3=80$，$R_{E1}=15\text{ k}\Omega$，$R_{E2}=2\text{ k}\Omega$，$R_{C3}=10\text{ k}\Omega$。若要求该电路在 $u_I=0$ 时，$u_O=0$，问电阻 R_{C2} 应是多少千欧。根据所求出的 R_{C2} 值，计算该电路电压放大倍数 $\dot{A}_u$。

16.18 题图 16.18 所示电路，已知 $V_{CC}=15$ V，T_1、T_2 管饱和电压 $U_{CES}=2$ V，$R_L=8\ \Omega$，该电路最大可能输出功率 P_{Lm} 为何值，晶体管的 P_T、I_{CM} 和 $U_{(BR)CEO}$ 各应是多少。

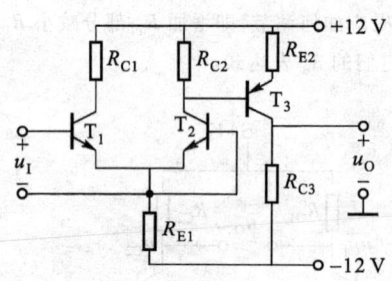

题图 16.17 习题 16.17 的图

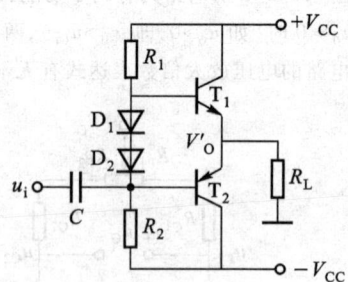

题图 16.18 习题 16.18 的图

16.19 题图 16.19 所示电路，（1）若电流 $I_{B2}\ll I_1$，$I_{B2}\ll I_2$，试确定该电路 B_3-B_4 间的电压 U_{CE} 与电压 U_{BE} 间的关系式；（2）若 T_3、T_4 管的饱和电压 $U_{CES}=2$ V，求电路最大可能输出功率 P_{LM} 的表示式。

16.20 题图 16.20 所示电路，$R_1=173\text{ k}\Omega$，$R_2=27\text{ k}\Omega$，$R_E=1\text{ k}\Omega$，$R_L=8\ \Omega$，二极管正向电压 $U_D=0.7$ V。分析并计算：

（1）在 u_i 的正半周时，T_1、T_2 这两个晶体管哪个导电，u_i 负半周时又是哪个管子导电；

(2) 为使电路在静态时，V'_O 处的直流电位等于 $\dfrac{V_{CC}}{2}$，即 $V'_O = 10\text{ V}$，应当将电阻 R_P 调节成多少欧；

(3) 计算所示电路负载 R_L 可能获得的最大功率 P_L 有多少（$U_{CES} = 1\text{ V}$）；

(4) 选晶体管的参数值（P_T、I_{CM}、$U_{(BR)CEO}$）。

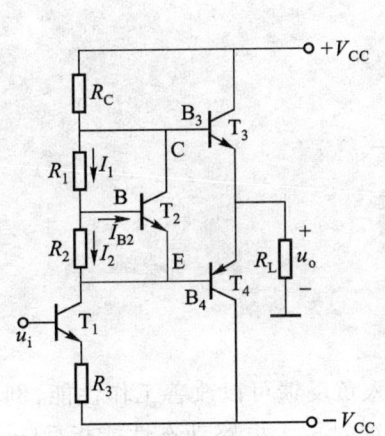
题图 16.19　习题 16.19 的图

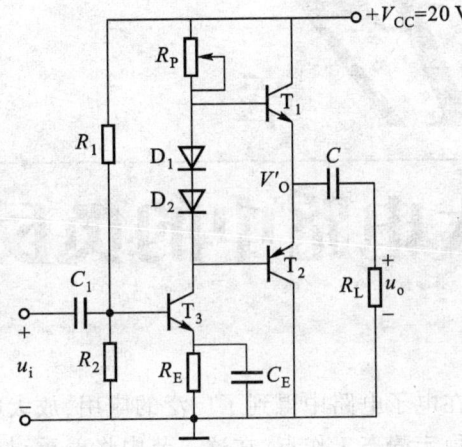
题图 16.20　习题 16.20 的图

16.21　集成运放的内部电路是由哪几部分组成，各部分的主要作用是什么？

16.22　理想集成运放的条件有哪些？

16.23　什么是虚短路，它是建立在什么条件下得到的？什么是虚断路，它是建立在什么条件下得到的？

16.24　什么是集成运放的开环应用和闭环应用？开环应用可以构成怎样的电路，闭环应用又构成怎样的电路？

16.25　题图 16.25 所示电路，定性地画出各电路的电压传输特性曲线并确定所示各电路的输出电压 u_O 在给定 u_I 值下，输出为 $+U_{OM}$ 还是 $-U_{OM}$。

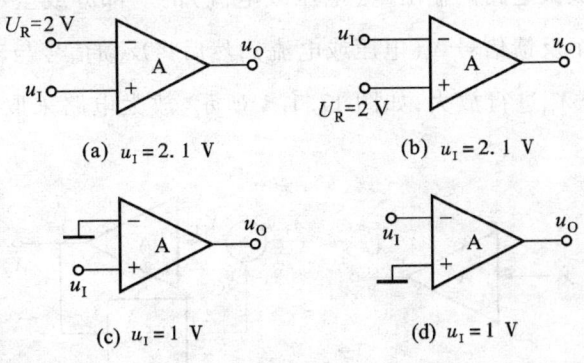
题图 16.25　习题 16.25 的图

第 17 章 放大电路中的负反馈

反馈在电子电路中得到了广泛的应用,放大电路引入负反馈可以改善工作性能,例如,第15章介绍的稳定静态工作点,在这一节中将着重讨论负反馈对放大电路动态性能指标——放大倍数等的影响。

因为静态工作点是指放大电路的直流电压、电流值,所以为稳定静态工作点而在电路中引入的反馈称为直流反馈。放大倍数是放大电路输出变化(交流)量与输入变化(交流)量的比值,因此,为改善放大电路动态性能而引入的反馈,习惯上称为交流反馈。一般论述放大电路反馈时,均是指交流反馈。

▶17.1 反馈的基本概念

所谓反馈,就是将放大电路的输出量(电压或电流)的一部分或全部,通过一个称为反馈网络的特定电路,取得一个反馈信号 $\dot{X}_f$(电压或电流),然后将反馈信号与输入信号 $\dot{X}_i$ 进行合成,放大电路对合成后的信号 $\dot{X}_{id}$ 进行放大,如图 17.1.1 所示,放大电路采取的这种技术措施就称为反馈。

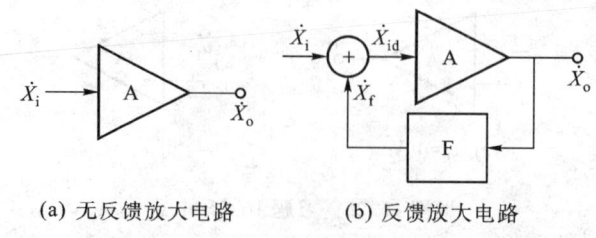

(a) 无反馈放大电路　　(b) 反馈放大电路

图 17.1.1　开环与闭环电路框图

在图 17.1.1 中,符号 ⊕ 称为比较环节,即电路的输入信号和反馈信号在该处进行合成(比较),两个信号在这里进行相加或相减。图 17.1.1 中的字符 $\dot{X}$ 既可视为电压 $\dot{U}$,亦可视为电流 $\dot{I}$,但 $\dot{X}_i$ 表示为电压 $\dot{U}_i$ 时,则 $\dot{X}_f$ 和 $\dot{X}_{id}$ 亦应是电压量;同样,$\dot{X}_i$ 视为电流 $\dot{I}_i$ 时,$\dot{X}_f$ 和 $\dot{X}_{id}$ 亦应是电流量,即进行合成(比较)时,只能是同类物理量。但 $\dot{X}_i$ 与 $\dot{X}_o$ 间无此限制。

由图 17.1.1(a)、(b)可看出反馈放大电路与无反馈放大电路的区别,即无反馈作用的放大电路,信息是单向传递,只有从输入端向输出端传递的信息;反馈放大电路,信息双向传递,既有从输入传向输出的信息,也有从输出传向输入的信息,因此,反馈放大电路是一个闭合电路,或称闭环电路。

▶▶17.1.1 反馈性质的判断

为了提高放大电路的动态性能,电路必须引入负反馈。因此,在对放大电路进行分析时,首先应分析电路是否引有反馈,其次要判断引入的是正反馈还是负反馈。因为,只有交流负反馈才可以改善放大电路的动态性能,而电路是否有交流负反馈可根据电路的交流通道来进行分析。

1. 判断电路是否存在反馈

判断电路是否存在反馈,可以通过电路的交流通道来观察,观察电路的输出电压 u_o 或电流 i_o 是否通过电阻或电容元件又送回到电路的输入端,与输入信号进行比较,如果存在,电路就引入有反馈,如果不存在,电路就没有反馈。下面,以图 17.1.2(a)所示工作点稳定电路为例,该电路的交流通道如图 17.1.2(b)所示,由这个电路可看出,进入该电路晶体管发射结的信号 u_{id} 就是输入信号 u_i,与电路输出信号 $u_o(i_o)$ 无关,因此,这个电路是一个没有(交流)反馈的放大电路,因此该电路在负载 R_L 改变或晶体管 β 值改变时,电路的电压放大倍数 A_u 将会随之改变,换句话说,图 17.1.2(a)所示电路的 A_u 在工作时是不稳定的。

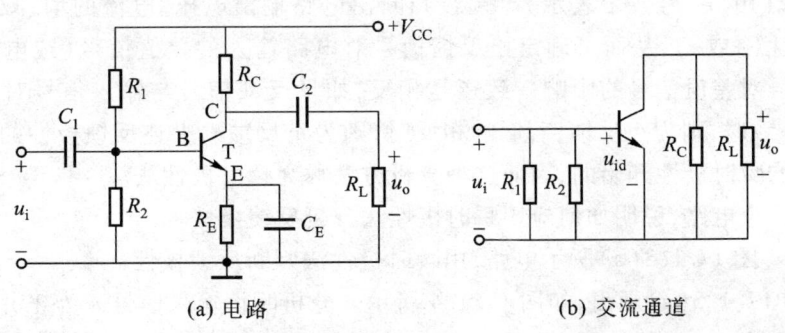

(a) 电路　　　　　　　　(b) 交流通道

图 17.1.2　无(交流)反馈的放大电路

图 17.1.3(a)所示电路,称为射极输出器,该电路的交流通道如图 17.1.3(b)所示,由图 17.1.3(b)可以看出,该电路进入晶体管发射结的信号 u_{id} 为输入信号 u_i 与输出信号 u_o 之差,即 $u_{id}=u_i-u_o$,放大电路输出电压 u_o 引至输入端,这是一个有(交流)反馈的放大电路。该放大电路虽然放大倍数 $A_u \leq 1$,但是 A_u 受负载 R_L 和 β 变动的影响小,换句话说、电路 A_u 很稳定。该电路虽

然 $A_u \leqslant 1$,但 R_i 高、R_o 低,使该电路具有特殊功能,这些特殊功能的产生均是由于电路引入反馈后而产生的。

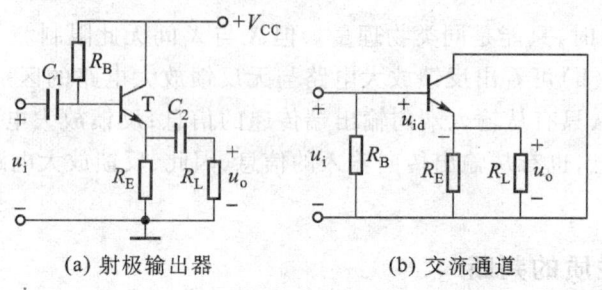

(a) 射极输出器　　　　(b) 交流通道

图 17.1.3　具有(交流)反馈的放大电路

2. 反馈极性的判断——瞬时极性法

对反馈电路进行分析时,要判断电路引入的反馈是正反馈还是负反馈,因为只有负反馈才能改善放大电路性能指标。判断反馈的性质(即正、负)称为反馈极性的判断。

如何判断反馈极性呢? 由图 17.1.1(b)所示反馈电路框图可看出,若电路引入反馈量 $\dot{X}_f$ 后,使图中进入到放大电路的差值信号 $\dot{X}_{id}$ 减小,即从而会使输出 $\dot{X}_o$ 减小,这样的反馈称为负反馈;相反,若引入反馈量 $\dot{X}_f$ 后,使图中进入到放大电路的差值信号 $\dot{X}_{id}$ 增加,即从而会使输出 $\dot{X}_o$ 增加,这样的反馈称为正反馈。

如何应用上述结论对反馈放大电路进行判断呢? 其步骤如下:首先根据示出的电路,设定输入信号的极性(或称瞬时极性),即设定输入的是一个正电压还是负电压,然后根据这一设定对该电路逐级进行判断,分析电路在这样一个信号作用下,各级输出电压和电流是增(用"+"号或↑表示)还是减(用"-"号或↓表示)。逐级判断出电路输出电压、电流的增、减后,据此可判断出反馈量的极性(+或-),从而可确定出反馈信号对电路输入的差值信号(或电路的输出)的影响是与输入信号对差值信号的影响一致还是相反,如果反馈信号与输入信号对差值信号(或电路输出)影响一致时,则为正反馈,若影响相反时,则为负反馈。上述反馈极性的分析方法,是从输入信号设定的瞬时极性开始的,因而这种分析方法称为瞬时极性法。

下面通过几个电路,说明如何应用瞬时极性法分析反馈极性。

例 17.1.1　图 17.1.3(a)所示电路,用瞬时极性法判断反馈极性。

分析:将图 17.1.3(a)画出,如图 17.1.4 所示。分析时设输入信号 u_i 为正并瞬时增加,由于 u_i↑则使电位 V_B↑和 i_B↑,电流 i_B↑使电流 i_E↑和电位 V_E↑,V_E↑使电路输出电压 u_o↑。由于图 17.1.4 所示电路晶体管 B-E 极的电压 $u_{BE}=V_B-V_E$,因 u_i↑使 V_B↑令 u_{BE}↑,而 u_i 的↑又使 V_E↑,而 V_E↑使 u_{BE}↓,所以这是一个负反馈电路,图 17.1.4 所示电路引入的是负反馈,这一点从该电路的交流通道可以观察得更清楚,由图 17.1.3(b)可以看出,被放大的信号 $u_{id}=u_i-u_o$,射极输出器电压 u_o 与 u_i 同相,因此,当 u_i↑使 u_{id}↑时,u_o 亦↑,而 u_o↑则使 u_{id}↓,u_i 与 u_o 对 u_{id} 影响相反,因此,这是负反馈电路。

例 17.1.2　分析图 17.1.5 所示电路的反馈极性。

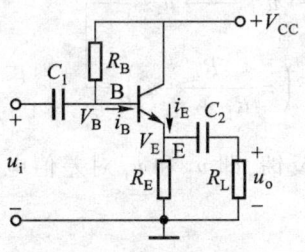

图 17.1.4 例 17.1.1 的图

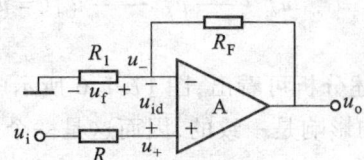

图 17.1.5 例 17.1.2 的图

分析：图 17.1.5 所示是一个同相输入的集成运放电路,设集成运放同相端的输入电压 u_i 瞬间正向增加,因 $i_+ = 0$,所以集成运放同相端对地电压 $u_+ = u_i$。集成运放同相输入的特点是输出 u_o 与输入同相,因而输出 u_o 也正向增加。该电路通过电阻 R_1、R_F 分压电路将输出电压 u_o 的一部分,即反馈电压 u_f 作用于该集成运放反相输入端,由 $i_- = 0$ 可知,反相输入端的电压 $u_- = u_f$,也为正向增加。由于 u_f 作用到反相输入端,集成运放反相输入的特点是输出与输入极性(相位)相反,因而反馈信号 u_f 的作用是使输出 u_o 产生负向变化,在这个电路中输入信号 u_i 与反馈信号 u_f 对输出 u_o 的影响相反,而从集成运放两个输入端作用的差值信号 $u_{id} = (u_+ - u_-)$ 也可看出,$u_+ = u_i$,$u_- = u_f$ 同为正值,两者相减,所以 u_i 与 u_f 对 u_{id} 的影响相反。因此,这一电路引入的是负反馈。

对图 17.1.5 所示电路进行反馈极性判断时,判断过程可用箭头表示,为此,规定箭头"——→"表示前一条件(情况)引发出的后一结果,用"↑"表示正极性(或增加),"↓"表示负极性(或减小),这样对图 17.1.5 所示电路反馈极性判断过程如下所示：

$$u_i^\uparrow \longrightarrow u_+^\uparrow \longrightarrow u_{id}^\uparrow(=u_+^\uparrow - u_-) \longrightarrow u_o^\uparrow$$
$$u_o^\downarrow \longleftarrow u_{id}^\downarrow(=u_+ - u_-^\uparrow) \longleftarrow u_f^\uparrow \left(=\frac{R_1}{R_1+R_F}u_o\right)$$

从这一过程可看出 u_i 使差值电压 u_{id} 增加,而反馈信号 u_f 使 u_{id} 减小,因此,这是负反馈。

例 17.1.3 分析图 17.1.6 所示电路的反馈极性。

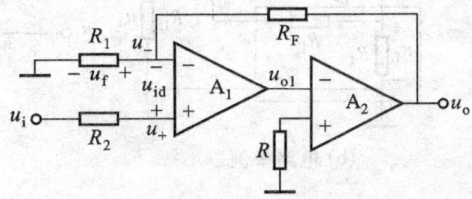

图 17.1.6 例 17.1.3 的图

分析：图 17.1.6 所示是一个两级集成运放构成的放大电路,第一级集成运放为同相输入,第二级集成运放为反相输入,因此,当 $u_i^\uparrow$ 时,引起各级电压变化情况如下,即

$$u_i^\uparrow \longrightarrow u_{id}^\uparrow(=u_+^\uparrow - u_-) \longrightarrow u_{o1}^\uparrow \longrightarrow u_o^\downarrow$$

$$u_o^\downarrow \longleftarrow u_{o1}^\uparrow \longleftarrow u_{id}^\uparrow(=u_+ - u_-^\downarrow) \longleftarrow u_f^\downarrow \left(=\frac{R_1}{R_1+R_F}u_o\right)$$

通过上述分析可看出，图 17.1.6 所示电路引入的是正反馈，即 u_i 和 u_f 对差值电压 u_{id}（或输出电压 u_o）的影响是一致的，因而这是一个正反馈电路。

▶▶17.1.2　反馈电路的组态与判定

1. 反馈电路的组态

反馈放大电路，工作时若需要稳定输出电压 u_o 时，应采用电压反馈；需稳定输出电流 i_o 时，应采用电流反馈。反馈放大电路不管是采用电压反馈还是电流反馈，电路中的反馈信号可根据需要以电压 u_f 或电流 i_f 形式出现。当输入为恒压性质的信号时，反馈信号也应以电压形式出现，在输入电路中反馈电压 u_f 与输入电压 u_i 应以串联相减的方式进行比较，这种情况下进入放大电路的差值电压 $u_{id}=u_i-u_f$，这样的反馈方式称为串联反馈；而输入信号具有恒流的特性时（如信号源的内阻较大，信号源输出电流受外部电路影响小，这种情况下认为信号源具有恒流特性），为了使反馈作用的效果显著，反馈量也应以电流形式出现，反馈电流 i_f 与输入的信号电流 i_i 在基本放大电路输入端的节点处相减，进入基本放大电路的差值电流 $i_{id}=i_i-i_f$，这样的反馈方式称为并联反馈。

这样，反馈放大电路根据其反馈信号在何处取得及与输入信号的比较方式之不同，可以有 4 种连接方法，称为 4 种组态，这 4 种组态及其举例如下所述。

(1) 电压串联负反馈

反馈信号取自输出电压 u_o，反馈信号以电压 u_f 形式出现，在输入电路内与输入电压 u_i 串联相减，进入基本放大电路的差值电压 $u_{id}=u_i-u_f$，这样的反馈电路称为电压串联负反馈电路。电压串联负反馈电路的框图及举例如图 17.1.7 所示。

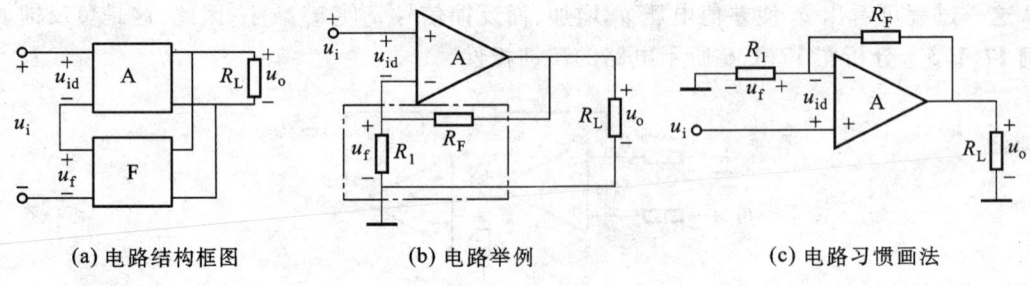

(a) 电路结构框图　　　(b) 电路举例　　　(c) 电路习惯画法

图 17.1.7　电压串联负反馈

图 17.1.7 所示电路的反馈信号取自电路的输出电压 u_o，故称为电压反馈。反馈电压 $u_f=[R_1/(R_1+R_2)]u_o$，设 $F=R_1/(R_1+R_2)$，称 F 为电路的反馈系数。在图 17.1.7 中可以看出，进入放大电路的差值电压 $u_{id}=u_i-u_f$，这样的比较方式称为串联相减（串联反馈）。

应用瞬时极性法判断电路反馈性质时，首先设定 u_i 的极性，如 u_i 的极性如图 17.1.7(b) 所

17.1 反馈的基本概念

示,由于信号是从集成运放同相端输入,u_o 应与 u_i 极性相同,根据 u_i 给出的瞬时极性可以判断出电路中各级电压的极性如下所示,即

$$u_i^\uparrow \longrightarrow u_o^\uparrow \longrightarrow u_f(=F \cdot u_o)^\uparrow \longrightarrow u_{id}(=u_i - u_f)^\downarrow \longrightarrow u_o^\downarrow$$

通过上述分析可以看出,图 17.1.7 所示电路反馈信号 u_f 取自电路的输出电压 u_o,$u_f = F \cdot u_o$。反馈信号与输入信号 u_i 在电路的输入端串联相减,u_i 与 u_f 信号对 u_{id}(或 u_o)的影响相反,因此图 17.1.7 所示电路是一个电压串联负反馈放大电路。电压负反馈放大电路可以使电路的输出电压 u_o 在电路工作时保持稳定,其稳定输出电压的过程,可通过图 17.1.7(b)所示的 u_o 与 u_i 和 u_f 关系得出,即

$$u_o = A \cdot u_{id} = A \cdot (u_i - u_f) = A \cdot (u_i - F \cdot u_o)$$

由上式可看出,电路由于某种原因,例如,负载电阻 R_L 值减小,而使输出电压 $u_o \downarrow$ 时,u_o 的下降会引起反馈电压 $u_f \downarrow$,使差值电压 $u_{id} = (u_i - u_f) \uparrow$,从而使输出电压 u_o 会自动地升高;相反,若 $u_o \uparrow$,则 $u_f \uparrow$,差值电压 u_{id} 将 $\downarrow$,使升高的 u_o 会自动地降下来,从而保持了输出电压 u_o 的稳定。

上述的分析同样适用于图 17.1.4 所示的射极输出器,该电路就是一个电压串联负反馈放大电路,电路中的反馈电压 $u_f = u_o$,即电路的反馈系数 $F = 1$,因而该电路在工作时对输出电压 u_o 具有很强的稳定作用,因而电路的 A_u 在工作时,不管出现何种情况变化均能保持稳定。

(2)电压并联负反馈

反馈信号取自输出电压 u_o,但反馈量以电流 i_f 形式出现,反馈电流在放大电路输入端节点处与输入信号电流 i_i 相减,进入基本放大电路的差值电流 $i_{id} = i_i - i_f$,这样的反馈电路称为电压并联负反馈电路。电压并联负反馈电路的结构框图及电路举例如图 17.1.8 所示。

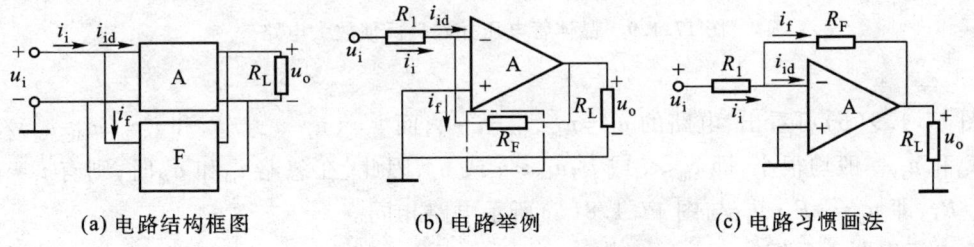

(a)电路结构框图　　(b)电路举例　　(c)电路习惯画法

图 17.1.8　电压并联负反馈

首先分析图 17.1.8 所示电路的反馈极性。由图 17.1.8(b)可知,信号电压 u_i 是从集成运放的反相端输入的,集成运放同相端接地,即 $u_+ = 0$。根据理想集成运放条件 $u_- = u_+ = 0$,所以输入电流 $i_i = u_i/R_1$,反馈电流 $i_f = -u_o/R_F$,反馈系数 $F = 1/R_F$。进入集成运放的差值电流

$$i_{id} = i_i - i_f = \frac{u_i}{R_1} - \left(-\frac{u_o}{R_F}\right) = \frac{u_i}{R_1} + \frac{u_o}{R_F}$$

由于信号是从反相端输入的,所以 u_o 与 u_i 的相位(或极性)总是相反的,因此,i_{id} 式中的 (u_i/R_1) 项与 (u_o/R_F) 项总是相减的,即若 u_i 正增加,则 u_o 更负,i_f 在所示方向增大,即反馈信号的出现总是与 i_i 对 i_{id} 的作用相反,因此,这一电路是负反馈,由于反馈电流 $i_f = -u_o/R_F$,反馈电流由输出电压 u_o 决定,因此,该电路可稳定输出电压 u_o,例如,输出电压 u_o 的幅值下降了如原为 -5 V,现在变成 -4.8 V,该电路稳定输出电压 u_o 的过程如下所示,即

$$|u_o|\downarrow \longrightarrow |i_f|\downarrow \left(=\left|\frac{-u_o}{R_F}\right|\right) \longrightarrow i_{id}^{\uparrow}(=i_i-i_f) \longrightarrow |u_o|\uparrow$$

图 17.1.8(b)所示电路,能够稳定输出电压的原因也可这样理解,由差值电流

$$i_{id} = \frac{u_i}{R_1} + \frac{u_o}{R_F}$$

因差值电流 i_{id} 很小($i_{id}=i_-$),可忽略不计,则由上式可得

$$u_o \approx -R_F \cdot \frac{u_i}{R_1} = -F \cdot u_i$$

因此,图 17.1.8(b)所示电路,只要输入电压 u_i 一定,电路的输出电压 u_o 也就基本确定了,与放大电路接入的负载 R_L 等因素无关。

图 17.1.9(a)所示电路,是由晶体管构成的电压并联反馈放大电路,对该电路分析可通过它的交流通道,图 17.1.9(b)所示电路进行。

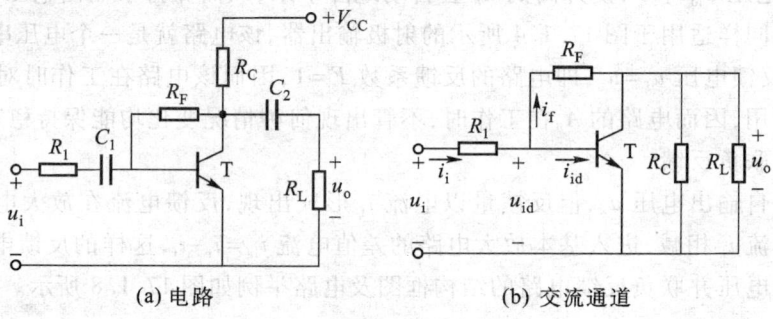

(a) 电路　　　　　　(b) 交流通道

图 17.1.9　晶体管电压并联负反馈放大电路

由图 17.1.9(b)可看出,电路的 $u_{id}=u_{be}$,$i_{id}=i_i-i_f$,而 $i_i=(u_i-u_{id})/R_1$ 和 $i_f=(u_{id}-u_o)/R_F$。由于电流 i_{id} 和 u_{id} 一般均很小,即 $i_{id}\ll i_i$ 或 i_f,$u_{id}\ll u_i$ 或 u_o,因此,在忽略 i_{id} 和 u_{id} 时,则有 $i_i \approx i_f$ 或 $u_i/R_1 \approx -u_o/R_F$,即 $u_o \approx -F \cdot u_i$,与图 17.1.8(a)所示电路相同。

(3) 电流串联负反馈

反馈信号取自输出电流 i_o,但以电压 u_f 形式出现,反馈电压 u_f 在集成运放的输入回路内与输入信号电压 u_i 串联相减,进入基本放大电路的差值电压 $u_{id}=u_i-u_f$,这样的反馈电路称为电流串联负反馈电路。电流串联负反馈电路的结构框图及电路举例如图 17.1.10 所示。

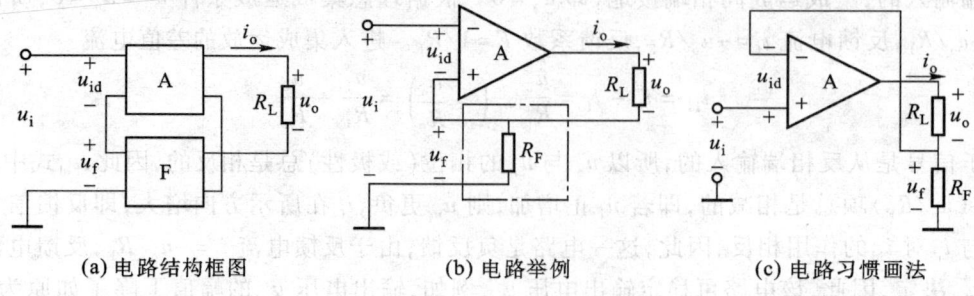

(a) 电路结构框图　　　　(b) 电路举例　　　　(c) 电路习惯画法

图 17.1.10　电流串联负反馈

17.1 反馈的基本概念

由图17.1.10(b)可看出,信号电压u_i作用于同相输入端,因此,输出的i_o、u_o的极性与输入电压u_i同相,电路的反馈信号$u_f=R_F i_o$,反馈系数$F=R_F$,反馈量作用于反相输入端,u_f的极性与i_o相同,即与u_i相同,进入基本放大电路的差值电压$u_{id}=u_i-u_f$,因此,反馈信号的出现将减小差值信号电压,所以这是一个负反馈放大电路。

由于图17.1.10(b)所示电路中的反馈量$u_f=R_F i_o$,因此,这个电路可以稳定输出电流。在u_i一定而电流i_o发生变化时,其稳定过程如下所示:

$$R_L\uparrow \longrightarrow i_o\downarrow \longrightarrow R_L i_o\downarrow \longrightarrow u_{id}\uparrow(=u_i-R_F i_o\downarrow) \longrightarrow i_o\uparrow$$

图17.1.10(b)所示电路,又称为电压-电流变换电路。根据图17.1.10(b)可知,电路差值电压$u_{id}=u_i-R_F i_o$,若忽略u_{id},认为$u_{id}\approx 0$,则电路的输出电流

$$i_o\approx \frac{u_i}{R_F}$$

即在R_F一定的条件,一定的输入电压对应着一定的i_o。

由晶体管构成的电流串联负反馈放大电路,如图17.1.11所示,图17.1.11(b)所示是图17.1.11(a)的交流通道。

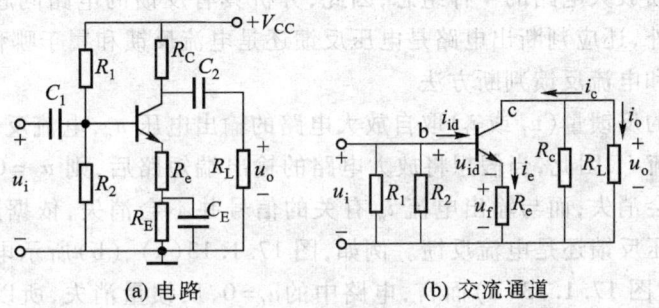

(a) 电路　　　　　　(b) 交流通道

图17.1.11　晶体管电流串联负反馈放大电路

由图17.1.11(b)所示交流通道可看出,该电路的反馈量以电压形式出现,反馈电压u_f与输入电压u_i在输入端串联相减,即$u_{id}=u_i-u_f$。反馈电压$u_f=i_e\cdot R_e$,而$i_e\approx i_c$,i_c与负载R_L中的电流i_o间有着$i_o=[-R_C/(R_C+R_L)]\cdot i_c$关系,因此,该电路$i_o$发生变化时反馈电压$u_f$会随之改变,从而可稳定$i_o$工作时稳定,其稳定过程读者可试行分析出。

(4) 电流并联负反馈

反馈信号取自输出电流,反馈信号以电流i_f形式出现,并在集成运放输入端的节点处与输入信号电流i_i相减,进入基本放大电路的差值电流$i_{id}=i_i-i_f$,这样的反馈电路称为电流并联负反馈。电流并联负反馈电路的结构框图及电路举例如图17.1.12所示。

图17.1.12(b)所示是一个反相输入电路,因此,该电路的i_o与i_i极性(或相位)相反。由于电路的同相端接地,因此,$u_-=0$。由图17.1.12(b)可看出,因$u_-=u_+=0$,在图17.1.12(b)所示电流参考方向下$i_f=-[R/(R_F+R)]i_o$,电路的反馈系数$F=-R/(R_F+R)$。因电路的反馈电流取自输出电流,为电流反馈,因而进入基本放大电路的差值电流$i_{id}=i_i-i_f=i_i+[R/(R_F+R)]i_o$,由于$i_o$与$i_i$的极性相反,在$i_i$为正极性时,$i_f$必为负极性,即$i_f$的出现将减小$i_{id}$,故这是电流并联负反馈

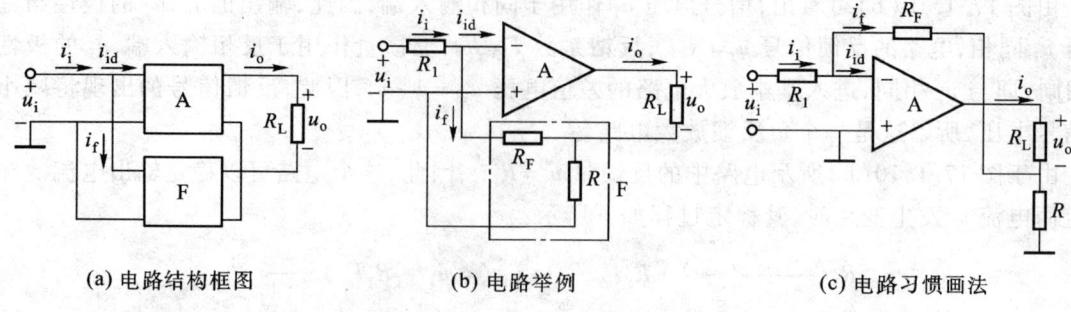

(a) 电路结构框图 (b) 电路举例 (c) 电路习惯画法

图 17.1.12 电流并联负反馈电路

电路。

由晶体管电路构成的电流并联负反馈放大电路,见 17.2 节的例 17.2.2,这里就不再列举了。

2. 反馈组态的判断

上面分析了反馈放大电路的 4 种组态,因此,分析具有反馈的电路问题时,除要分析该电路是正反馈或负反馈外,还应判断出电路是电压反馈还是电流反馈和属于哪种组态。

(1) 电压反馈和电流反馈判断方法

由于电压反馈的反馈量(u_f 或 i_f)取自放大电路的输出电压 u_o,电流反馈的反馈量(u_f 或 i_f)取自电路的输出电流 i_o,因此,当假想将放大电路的输出端短路后,则 $u_o=0$,这时与输出电压 u_o 有关的反馈信号就会消失,而与输出电流 i_o 有关的信号并不会消失,依据这个关系就可以确定出电路采用的是电压反馈还是电流反馈。例如,图 17.1.13(a)、(b) 所示电路,将电路输出端短路后,即令 $u_o=0$,对图 17.1.13(a) 而言,电路中的 $u_f=0$,反馈量消失,所以它是电压反馈,而图 17.1.13(b) 所示电路,输出端被短路后,电路的输出电流 i_o 可通过短路线流经电阻 R_F,因此,反馈电压 $u_f=i_o R_F$ 仍然存在,所以这个电路是电流反馈。

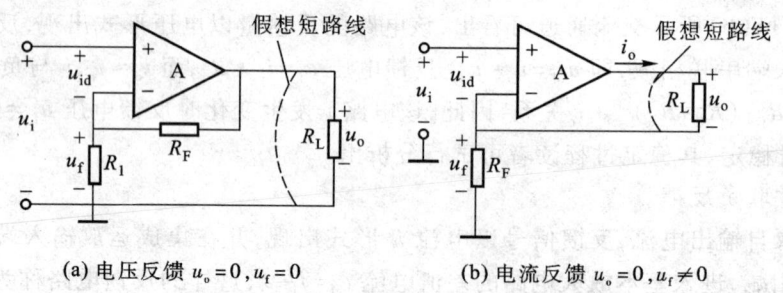

(a) 电压反馈 $u_o=0, u_f=0$ (b) 电流反馈 $u_o=0, u_f \neq 0$

图 17.1.13 电压、电流反馈判断

(2) 串联反馈与并联反馈

反馈量以电压 u_f 形式出现,输入信号电压 u_i 与反馈电压 u_f 分别作用到基本放大电路的两个输入端,基本放大电路输入的差值信号 $u_{id}=u_i-u_f$,如图 17.1.13(a)、(b) 所示两电路,这样的反馈称为串联反馈。若反馈量以电流 i_f 形式出现,输入信号电流 i_i 与反馈电流 i_f 在基本放大电路输入端一节点处,以电流相减的形式,将其差值电流 $i_{id} = i_i - i_f$ 送入基本放大电路,这样的方式称为并联反馈,并联反馈电路如图 17.1.8(b) 和图 17.1.12(b) 所示。

▶▶17.1.3 反馈放大电路的一般关系式

由图 17.1.1 及图 17.1.7~图 17.1.12 所示各种组态的反馈放大电路可看出,反馈放大电路由 3 部分组成,即由用于放大差值信号 $\dot{X}_{id} = \dot{X}_i - \dot{X}_f$ 的放大器(称为基本放大电路),其放大倍数 $\dot{A} = \dot{X}_o/\dot{X}_{id}$;获得反馈信号的反馈网络,反馈信号 $\dot{X}_f$ 与放大电路输出量 $\dot{X}_o$ 的关系为 $\dot{X}_f = \dot{F}\dot{X}_o$,$\dot{F}$ 称为反馈系数;用于将输入信号 $\dot{X}_i$ 与反馈信号 $\dot{X}_f$ 进行比较的比较电路,通过这一电路产生差值信号 $\dot{X}_{id} = \dot{X}_i - \dot{X}_f$。这样,通过图 17.1.1(b) 可以获得反馈放大电路的 $\dot{X}_o$ 与 $\dot{X}_i$ 的关系式,即反馈放大电路的放大倍数 $\dot{A}_f$ 为

$$\dot{A}_f = \frac{\dot{X}_o}{\dot{X}_i} = \frac{\dot{A}\dot{X}_{id}}{\dot{X}_{id} + \dot{X}_f} = \frac{\dot{A}}{\dfrac{\dot{X}_{id} + \dot{F}\dot{X}_o}{\dot{X}_{id}}} = \frac{\dot{A}}{1 + \dot{A}\dot{F}} \tag{17.1.1}$$

式(17.1.1)称为反馈放大器放大倍数的一般表示式,式中,$\dot{A}$ 称为开环放大倍数,即将图 17.1.1 中的反馈电路断开(这时成为无反馈放大电路),并将反馈网络作为负载考虑后该放大电路的放大倍数。$\dot{A}_f$ 为有反馈时的放大倍数,$\dot{F}$ 是反馈系数。式(17.1.1)表明,电路引入反馈后,放大倍数 $|\dot{A}_f|$ 是开环放大倍数 $|\dot{A}|$ 的 $1/|1+\dot{A}\dot{F}|$ 倍。$|1+\dot{A}\dot{F}|$ 称为反馈深度,随着 $|1+\dot{A}\dot{F}|$ 值的不同,电路引入反馈后有下面 3 种情况。

(1) $|1+\dot{A}\dot{F}| > 1$

则 $|\dot{A}_f| < |\dot{A}|$。即放大电路引入反馈后,放大倍数下降了,这种反馈称为负反馈。只有负反馈才可以改善放大电路的动态性能指标。当 $|1+\dot{A}\dot{F}| \gg 1$,即 $|\dot{A}\dot{F}| \gg 1$ 时,$\dot{A}_f = 1/\dot{F}$,这种情况称为深度负反馈。

(2) $0 < |1+\dot{A}\dot{F}| < 1$

在这种情况下,$|\dot{A}_f| > |\dot{A}|$,这说明电路引入反馈后,放大倍数较没引入反馈时提高了,这种情况称为正反馈。正反馈可以使放大电路获得较高的放大倍数,但正反馈过强易引起电路产生振荡,因此,当放大电路需要增加放大倍数时,不采用正反馈技术而是采用增加负反馈放大电路级数的方法,增大放大倍数。

(3) $|1+\dot{A}\dot{F}| = 0$

在这种情况下,$|\dot{A}_f|$ 为 ∞。这时电路不必有输入信号就可以产生稳定的输出,这种情况称为振荡。振荡将用于信号发生电路中。

由于在一般关系式(17.1.1)中,对输入信号 $\dot{X}_i$ 和输出信号 $\dot{X}_o$ 是电压量还是电流量并没作出限制,因此,应用一般关系式来分析反馈放大电路时,只有当 $\dot{X}_i$ 和 $\dot{X}_o$ 同为电压量时,应用式

(17.1.1)求出的 $\dot{A}_f$ 才是该电路的电压放大倍数 $\dot{A}_{uf}$,若 $\dot{X}_o$ 为电压量而 $\dot{X}_i$ 为电流量,或 $\dot{X}_o$ 为电流量而 $\dot{X}_i$ 为电压量及 $\dot{X}_i$ 和 $\dot{X}_o$ 均为电流量时,应用式(17.1.1)计算出的 $\dot{A}_f$ 并不是电路的电压放大倍数,$\dot{A}_{uf}$ 是转移阻抗、转移导纳或电流比。欲求出这3种情况下电路的电压放大倍数 $\dot{A}_{uf}$ 还需要进一步计算,才能得到该负反馈放大电路的电压放大倍数。此外,应用一般关系式计算 $\dot{A}_f$ 时,首先要求出基本放大电路的放大倍数 $\dot{A}$,这也是一件较复杂的工作,因此,在实际工作中,式(17.1.1)多用于对放大电路进行定性分析,具体分析反馈放大电路的电压放大倍数 $\dot{A}_{uf}$ 时,多采用估算法进行分析。

▶17.2 深度负反馈放大电路电压放大倍数计算

负反馈放大电路的电压放大倍数 $\dot{A}_{uf}$ 的计算方法很多,对于深度负反馈放大电路通常采用估算法进行分析。采用估算法分析问题的出发点是,深度负反馈放大电路的反馈深度 $|1+\dot{A}\dot{F}|\gg 1$,即 $|\dot{A}\dot{F}|\gg 1$。在这种情况下式(17.1.1)可写成为

$$\dot{A}_f = \frac{\dot{A}}{1+\dot{A}\dot{F}} \approx \frac{1}{\dot{F}}$$

由于 $\dot{A}_f = \dot{X}_o/\dot{X}_i, \dot{F} = \dot{X}_f/\dot{X}_o$,因此,上式又可表示为

$$\frac{\dot{X}_o}{\dot{X}_i} \approx \frac{1}{\dfrac{\dot{X}_f}{\dot{X}_o}}$$

即

$$\dot{X}_i \approx \dot{X}_f$$

上式说明,在深度负反馈的情况下,负反馈放大电路的差值信号 $\dot{X}_{id}$ 是一个非常小的量,$\dot{X}_{id}$ 与 $\dot{X}_i$ 或 $\dot{X}_f$ 相比是一个可忽略的数值。上述的结论应用到负反馈放大电路中,就是输入电压 u_i、反馈电压 u_f 比差值电压 u_{id} 大得多,u_{id} 与 u_i 或 u_f 相比可忽略不计;同样输入电流 i_i、反馈电流 i_f 比差值电流 i_{id} 大得多,i_{id} 与 i_i 或 i_f 相比可忽略不计。这样,对负反馈放大电路而言,若为串联反馈,则有 $u_i \approx u_f$ 的关系式;若为并联反馈,则有 $i_i \approx i_f$ 关系式。

用估算法分析负反馈放大电路的电压放大倍数,就从 $u_i \approx u_f$ 和 $i_i \approx i_f$ 这两个结论出发,通过所示反馈电路的交流通道,找出反馈电压 u_f 或反馈电流 i_f 与电路输出电压 u_o 的关系后,负反馈放大电路的电压放大倍数的关系式就很容易确定出来了。

由集成运放构成的放大电路,根据理想集成运放条件,认为 $A_d \to \infty$,$r_{id} \to \infty$ 而得出虚短路 $(u_+ = u_-)$ 和虚断路$(i_+ = i_- = 0)$ 这样两个分析集成运放电路的重要条件,将这两个条件应用到集成运放电路时,也会得到 $u_i = u_f$ 及 $i_i = i_f$ 的关系式。用估算法计算有负反馈的分立元件放大电路或集成运放电路的电压放大倍数时,依据的就是 $u_i = u_f$ 及 $i_i = i_f$ 这两个关系式。

在分析反馈放大电路问题时,应注意以下问题。

17.2 深度负反馈放大电路电压放大倍数计算

(1) 首先应确定反馈的极性

因为只有负反馈才能改善放大电路的性能,所以对一个给出的反馈放大电路,首先要判断电路中引入的是正反馈还是负反馈,反馈极性采用瞬时极性法进行判断。

(2) 确定电路的交流反馈

在一个反馈放大电路中,既有直流反馈也有交流反馈。直流反馈用于稳定电路的静态工作点,交流反馈用于改善放大电路的动态性能。对于电容耦合放大电路而言,电路的直流反馈网络与交流反馈网络可能不同,因此欲确定放大电路的交流反馈应通过所示电路的交流通道来确定。

(3) 确定闭环反馈

在一个多级放大电路中,每一级电路可能有这一级的反馈,称为局部反馈。反馈放大电路所讨论的反馈,是指该电路取自输出量的反馈信号与该电路输入量进行比较的那部分反馈。对于局部反馈一般不必考虑。

(4) 确定反馈电路的组态

反馈电路的组态与判定,可根据 17.1.2 节所述进行判定。

下面通过一些示例加以说明。

例 17.2.1 图 17.2.1 所示集成运放电路,判定反馈极性并用估算法求电压放大倍数 A_{uf}。

解:首先分析电路中的反馈情况。由图 17.2.1 可看出,该电路通过电阻 R_f、R_F 将输出电压 u_o 的一部分,即反馈电压 $u_f = [R_f/(R_f + R_F)] u_o$ 引至该电路第一级集成运放的同相输入端,这是一个电压反馈信号。若设 u_i 的极性如图中所示,依瞬时极性法进行判断,有

$$u_i^\uparrow \longrightarrow u_-^\uparrow \longrightarrow u_{id}^\uparrow (= u_-^\uparrow - u_+) \longrightarrow u_{o1}^\uparrow \longrightarrow u_o^\uparrow$$

$$u_o^\downarrow \longleftarrow u_{o1}^\downarrow \longleftarrow u_{id}^\downarrow (= u_- - u_+^\uparrow) \longleftarrow u_f^\uparrow \left(= \frac{R_f}{R_f + R_F} u_o\right)$$

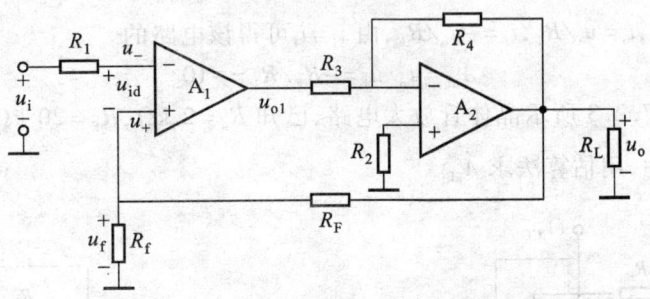

图 17.2.1 例 17.2.1 的图

通过上述分析可看出:反馈量 u_f 取自电路的输出电压 u_o,反馈量 u_f 的瞬时极性与 u_i 相同,但 u_i 与 u_f 分别作用到集成运放 A_1 的两个不同的输入端,因而 u_i 和 u_f 这两个信号对 u_{id}(或 u_o)的影响是相反的,所以这是一个电压串联负反馈的放大电路。

用估算法计算电路的电压放大倍数 A_{uf},因为这是电压串联负反馈,因而应根据 $u_i = u_f$ 求电压放大倍数。由于 $u_f = [R_f/(R_f + R_F)] u_o$,因此

$$u_i = u_f = \frac{R_f}{R_f + R_F} u_o$$

所以图 17.2.1 所示电路的电压放大倍数

$$A_{uf} = \frac{u_o}{u_i} = \frac{R_f + R_F}{R_f} = 1 + \frac{R_F}{R_f}$$

如图 17.2.1 所示电路，$R_f = 1 \text{ k}\Omega$，$R_F = 10 \text{ k}\Omega$，这一电路的电压放大倍数 $A_{uf} = 1 + 10/1 = 11$ 倍，且输出与输入电压同相。

在图 17.2.1 中，集成运放 A_2 电路中也引有（电压并联）反馈，这一反馈称为局部反馈，求图 17.2.1 电路的 A_{uf} 时，对局部反馈不必考虑。

例 17.2.2 图 17.2.2 所示放大电路，已知电路电阻 $R_1 = R_2 = R_3 = 10 \text{ k}\Omega$，$R_F = 100 \text{ k}\Omega$。判断反馈极性、反馈组态，并用估算法求该电路的电压放大倍数 A_{uf}。

解：图 17.2.2 所示电路通过电容传递信号，因此，这个放大电路只能用来放大交流信号。另外图 17.2.2 所示电路由单电源供电，为了不失真地放大交流信号，该电路应设置适当的静态工作点，以保证电路能正常工作。为此，该电路中设置有一个电阻分压电路，通过 R_2、R_3 分压电路使运放的 $U_+ = [R_2/(R_2+R_3)] \cdot V_{CC}$，若 $V_{CC} = 5 \text{ V}$，$R_2 = R_3$，则运放的 U_+ 有 2.5 V 直流电压，因运放输入电流 $I_+ = I_- = 0$，故 $U'_o = U_-$ 及 $U_- = U_+$，所以运放输出端 u'_o 处有 2.5 V 直流电压，当有交流信号输入后，u'_o 处的电压将以 2.5 V 为基准上下变动。

图 17.2.2 所示电路有交流信号输入后，电容视为短路，运放同相端交流电压 $u_+ = 0$，输入的电流 i_i 与反馈电流 i_f 在运放反相输入端处相减，i_i 与 u_i 有关，i_f 与 u_o 有关，交流反馈为电压并联反馈，反馈极性用瞬时极性法判断如下：

$$u_i\uparrow \longrightarrow i_i\uparrow \longrightarrow i_{id}\uparrow(=i_i-i_f) \longrightarrow u_o\downarrow$$
$$i_{id}\downarrow \longleftarrow i_f\uparrow(=-u_o/R_F) \longleftarrow$$

在忽略 i_{id} 情况下，$i_i = u_i/R_1$，$i_f = -u_o/R_F$，由 $i_i = i_f$ 可得该电路的

$$A_{uf} = u_o/u_i = -R_F/R_1 = -10$$

例 17.2.3 图 17.2.3 所示晶体管放大电路，已知 $R_s = 2 \text{ k}\Omega$，$R_F = 20 \text{ k}\Omega$，$R_{e2} = 2 \text{ k}\Omega$，$R_{C2} = R_L = 5 \text{ k}\Omega$，判断反馈极性，用估算法求 $\dot{A}_{uf}$。

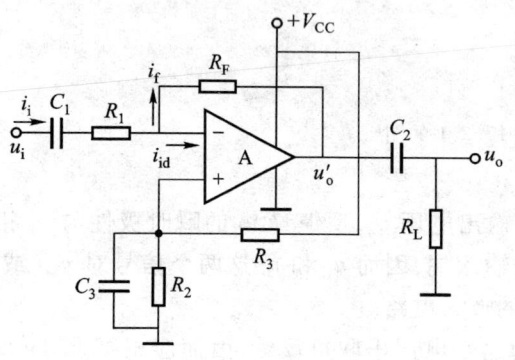

图 17.2.2 例 17.2.2 的图

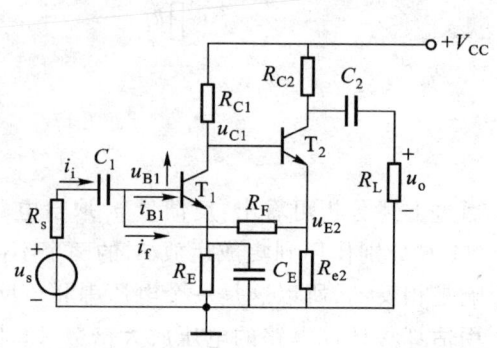

图 17.2.3 例 17.2.3 的图

解：图17.2.3所示电路为电流并联反馈放大电路，反馈电流 i_f 与输入电流 i_i 在 T_1 管基极处进行比较，该节点处交流电流间关系为 $i_i = i_{b1} + i_f$，而电流 $i_f = (u_{B1} - u_{E2})/R_F$。为判断反馈极性，可直接通过图17.2.3用瞬时极性法判断，结果如下：

$$u_s^\uparrow \longrightarrow i_i^\uparrow \longrightarrow u_{B1}^\uparrow \longrightarrow i_{B1}^\uparrow (= i_i - i_f) \longrightarrow i_{C1}^\uparrow \longrightarrow u_{C1}^\downarrow$$

$$i_{B1}^\downarrow \longleftarrow i_f^\uparrow \left(= \frac{u_{B1}^\uparrow - u_{E2}^\downarrow}{R_F} \right) \longleftarrow u_{E2}^\downarrow$$

由此可见，i_i 增加令 i_{B1} 增大，而 i_f 增加令 i_{B1} 减小，因此，这是一个并联负反馈。

下面求该电路的电压放大倍数。放大倍数应根据电路的交流通道确定，图17.2.3所示电路的交流通道如图17.2.4所示。

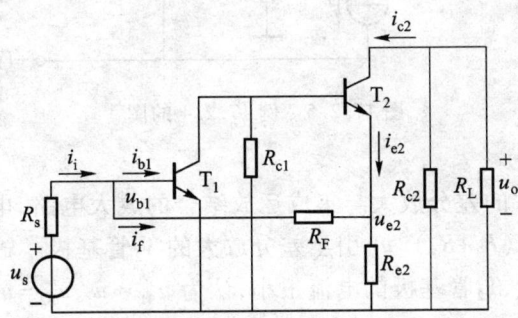

图17.2.4　图17.2.3的交流通道

由图17.2.4可看出，反馈电流 i_f 与电流 i_{e2} 有关，而 $i_{e2} \approx i_{c2}$，将电路输出端短路，即令 $u_o = 0$ 时，反馈电流仍存在，所以这是电流并联负反馈。按定义可知，电路的电压放大倍数

$$A_{uf} = \frac{u_o}{u_s}$$

由图17.2.4可知，$u_o = -R'_L i_{c2} \approx -R'_L i_{e2}$，而 $R'_L = (R_{c2} \cdot R_L)/(R_{c2} + R_L)$。

用估算法计算放大倍数时，对并联反馈依 $i_i = i_f$ 这一结论对电路进行分析。由图17.2.4可看出，若电流 $i_i = i_f$，即表明电流 $i_{b1}(= i_{id})$ 和电压 $u_{b1}(= u_{id})$ 可忽略不计，视 $u_{b1} = 0$ 和 $i_{b1} = 0$。

若 $u_{b1} = 0$ 则 $u_s = i_i R_s$

$$i_f = -\frac{R_{e2}}{R_{e2} + R_F} \cdot i_{e2}$$

或

$$i_{e2} = -\left(\frac{R_{e2} + R_F}{R_{e2}} \right) \cdot i_f$$

所以图17.2.3所示电路的电压放大倍数

$$A_{uf} = \frac{u_o}{u_s} = \frac{-i_{e2} R'_L}{i_i R_s} = \frac{\left(\frac{R_{e2} + R_F}{R_{e2}} \right) \cdot i_f \cdot R'_L}{i_i R_s} = \frac{R'_L}{R_s} \left(1 + \frac{R_F}{R_{e2}} \right)$$

将电阻值代入 A_{uf} 式，得图17.2.3所示电路的电压放大倍数

$$A_{uf} = 13.75$$

例 17.2.4 图 17.2.5 所示电路,判断属于何种类型的负反馈,并估算出该电路的电压放大倍数 A_{uf}。(设 T_1,T_2 管静态基极电流 I_{B1},I_{B2} 很小,可忽略不计)。

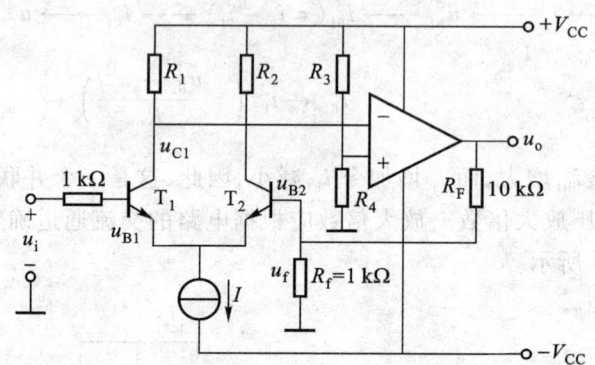

图 17.2.5 例 17.2.4 的图

解:这是一个分立元件的差分放大与集成运放结合的放大电路,电路输出电压 u_o 通过电阻 R_F、R_f 将反馈电压 $u_F = [R_f/(R_f+R_F)]u_o$ 引至差分放大的 T_2 管基极。输入信号电压 u_i 作用于 T_1 管基极,如果该电路通过 T_1、T_2 管基极的电流很小,认为 $u_{B1} \approx u_i$,$u_{B2} = u_F$,差分电路输入差值电压 $u_{id} = u_{B1} - u_{B2} = u_i - u_F$。这是电压串联反馈。

反馈极性判断如下:按图 17.2.5 所示电路中 u_i 的极性,有:

$$u_i^{\uparrow} \longrightarrow u_{B1}^{\uparrow} \longrightarrow u_{id}^{\uparrow}(=u_i - u_F) \longrightarrow u_{C1}^{\downarrow} \longrightarrow u_o^{\uparrow}$$

$$u_{id}^{\downarrow}(=u_i - u_F) \longleftarrow u_F^{\uparrow}\left(= \frac{R_f}{R_f + R_F}u_o\right)$$

u_i 与 u_F 瞬时极性相同,这是负反馈,电路为电压串联负反馈。电压放大倍数,可根据 $u_i = u_f$ 关系式确定,即

$$u_i = u_F = \frac{R_f}{R_f + R_F}u_o = \frac{1}{1+10}u_o$$

所以

$$A_{uf} = \frac{u_o}{u_i} = 11$$

通过上述列举的几个电路可看出,计算反馈放大电路的电压放大倍数时,首先应用瞬时极性法判断电路的反馈极性和组态。判断反馈极性时可以直接从给出的电路进行分析,由于应用的电路中的电压与电流均以其全量(即包含直流和交流两个分量),对于这样的物理量,在本书中以小写字母加大写字母下标表示,而交流量(变化量)则以小写字母小写下标表示。

用估算法分析反馈放大电路的放大倍数 A_{uf} 时,基于差值电压 $u_{id}=0$(虚短路)和 $i_{id}=0$(虚断路),因此,对串联负反馈电路有 $u_i = u_f$ 的关系式;对并联负反馈电路有 $i_i = i_f$ 的关系式,然后从这

两个结论出发,寻找出反馈量(u_f 或 i_f)与输出电压 u_o 的关系式及输入量(u'_i 或 i'_i)与输入电压 u_i 的关系式,并将它们代入电压放大倍数计算公式 $A_{uf}=u_o/u_i$ 中,从而得到反馈放大电路的电压放大倍数。

▶17.3 负反馈对放大电路性能的影响

放大电路引入负反馈后,电路的放大倍数下降,但电路的性能改善。

1. 提高放大倍数稳定性

无反馈的放大电路,电压放大倍数受诸多因素影响,如晶体管 β;电路接入的负载 R_L 等,从而使电路的放大倍数 A_u 在工作时不稳定。放大电路引入负反馈后放大倍数会变得很稳定。引入负反馈后,放大倍数的稳定程度可通过式(17.1.1)求出。为使问题简化,假定反馈网是由电阻元件构成(即可以不必考虑相移问题),并设电路工作在中间频率段,这时式(17.1.1)可写成为

$$A_f = \frac{A}{1+AF} \tag{17.3.1}$$

将式(17.3.1)对开环放大倍数 A 求导,得

$$\frac{dA_f}{dA} = \frac{1}{1+AF} - \frac{AF}{(1+AF)^2} = \frac{1}{(1+AF)^2} \tag{17.3.2}$$

式(17.3.2)又可写成

$$dA_f = \frac{dA}{(1+AF)^2}$$

对上式两边除 A_f,即引入负反馈后,放大倍数 A_f 的相对变化量为

$$\frac{dA_f}{A_f} = \frac{1}{(1+AF)^2} \cdot \frac{dA}{A_f} = \frac{1}{1+AF} \cdot \frac{dA}{A} \tag{17.3.3}$$

由式(17.3.1)和式(17.3.3)可看出,放大电路引入负反馈后,电路的放大倍数降至开环放大倍数 A 的 $(1+AF)$ 分之一,但放大倍数 A_f 的相对变化量也只有开环放大倍数 A 的相对变化量的 $(1+AF)$ 分之一,换句话说,A_f 的稳定性较 A 提高了 $(1+AF)$ 倍。

如果式(17.3.1)中的 $AF \gg 1$,则

$$A_f = \frac{A}{1+AF} \approx \frac{A}{AF} = \frac{1}{F} \tag{17.3.4}$$

式(17.3.4)说明在深度负反馈的情况下,电路闭环放大倍数接近于恒定,与电路中晶体管参数和电路负载电阻 R_L 等无关,仅由反馈系数 F 决定,因而使得放大电路的放大倍数稳定程度大大提高了。

例 17.3.1 某放大电路,空载时开环放大倍数 $A=10^4$,接有负载后,放大倍数 $A'=0.5\times10^4$。电路引入反馈,反馈系数 $F=0.2$,求闭环放大倍数 A_f 和 A'_f 及放大倍数相对变化量。

解:反馈系数 $F=0.2$,当 $A=10^4$ 时,$AF=2\times10^3$,得

$$A_f = \frac{A}{1+AF} = \frac{10^4}{1+10^4\times0.2} \approx 4.9975 \approx 5$$

当 $A' = 0.5 \times 10^4$ 时

$$A'_f = \frac{A'}{1 + A'F} = \frac{0.5 \times 10^4}{1 + 0.5 \times 10^4 \times 0.2} \approx 4.995 \approx 5$$

$$dA_f = A_f - A'_f = 0.0025$$

$$dA = A - A' = 0.5 \times 10^4$$

所以
$$\frac{dA}{A} = \frac{0.5 \times 10^4}{10^4} = 0.5$$

$$\frac{dA_f}{A_f} = \frac{0.0025}{4.9975} \approx 5 \times 10^{-4}$$

*2. 对放大电路输入电阻 R_i 和输出电阻 R_o 的影响

放大电路引入负反馈后,对电路的输入电阻 R_i 和输出电阻 R_o 有影响,影响的情况与反馈电路的反馈组态有关。

(1) 对输入电阻的影响

串联负反馈放大器,由于放大器对差值信号进行放大,差值信号比输入信号小,因此,电路的输入电流下降,即输入电阻增大;并联负反馈放大器,因输入电流 i_i 为反馈电流与差值电流之和,输入电流增加,故输入电阻下降。

(2) 对输出电阻的影响

电压负反馈具有稳定输出电压的作用。即这种电路在同样的条件下,其输出电压的变化量减小,这意味着电路的输出电阻比没有引入电压反馈前下降了,即电压负反馈降低了放大器的输出电阻;电流负反馈则保持或提高了放大器的输出电阻。

负反馈对放大电路输入电阻 R_i 和输出电阻 R_o 影响程度的分析与计算,可参阅参考文献 [1]、[2] 等相关部分内容进行了解。

3. 扩展通频带

放大器加入负反馈后,通频带将比开环时展宽。因为频率增高或减小时,若放大电路的输出信号降低,反馈信号将随之减小,差值信号增加,使放大电路的输出信号增加,也就使放大电路因受频率改变而影响输出信号下降的程度减小,从而使通频带展宽,如图 17.3.1 所示。通频带扩展的程度与反馈深度 $(1+AF)$ 有关。

4. 减小非线性失真

由于晶体管、场效晶体管等电子元件是非线性元件,因此,由这样的电子元件构成的电路,在输入信号正、负半周对称的情况下,输出信号的波形会因为基本放大电路的非线性而出现波形不对称,使输出波形正、负半波幅值不等(即放大电路对信号正、负半周的放大倍数不同),引入负反馈后,由于 $x_f = Fx_o$,因而反馈信号 x_f 的正、负半周与输入信号相减时,其差值电压 $x_{id} = x_i - x_f$,亦半周幅值大些,另外半周幅值小,进入放大电路时幅值小的半周对应放大倍数高而幅值大的半周对应放大倍数小,这恰好补偿了基本放大电路对正、负半周放大作用不同的非线性缺陷,可以使输出波形接近对称,减小了非线性失真。

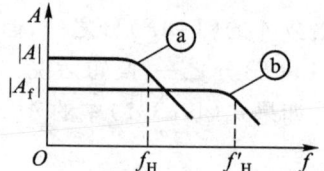

图 17.3.1 负反馈对通频带的影响
ⓐ—开环 ⓑ—闭环

通过上述分析可看出,放大电路引入负反馈后,可以提高放大倍数的稳定性、扩展频带、减小非线性失真以及改变电路的输入、输出电阻。这些性能及参数值改善程度,都与反馈深度($1+\dot{A}\dot{F}$)有关。有关放大倍数稳定性与($1+\dot{A}\dot{F}$)关系可参阅参考文献[1]、[2]进行了解。放大电路放大倍数将随反馈深度成反比而下降,这说明负反馈放大器的性能改善是以降低放大倍数为代价而取得的,由于提高放大倍数比较容易,因此,放大电路通常采用负反馈的方法来改善放大器的性能。

17.1 什么是反馈,什么是负反馈,什么是直流反馈,什么是交流反馈,为改善放大电路动态性能应引入什么反馈?

17.2 什么是反馈系数,什么是反馈深度,写出反馈放大电路放大倍数的一般关系式,说明电路引入反馈后可能有哪3种结果?

17.3 反馈放大电路的输入信号$\dot{X}_i$与输出信号$\dot{X}_o$为不同的物理量时,$\dot{A}_f$式的计算结果应当是电路哪一个参数?

17.4 欲提高放大电路的输入电阻应采用什么反馈,欲降低放大电路的输出电阻应采用什么反馈?

17.5 放大电路引入负反馈后,可改善放大电路哪些性能?

17.6 对题图 17.6 所示各电路,回答如下问题。

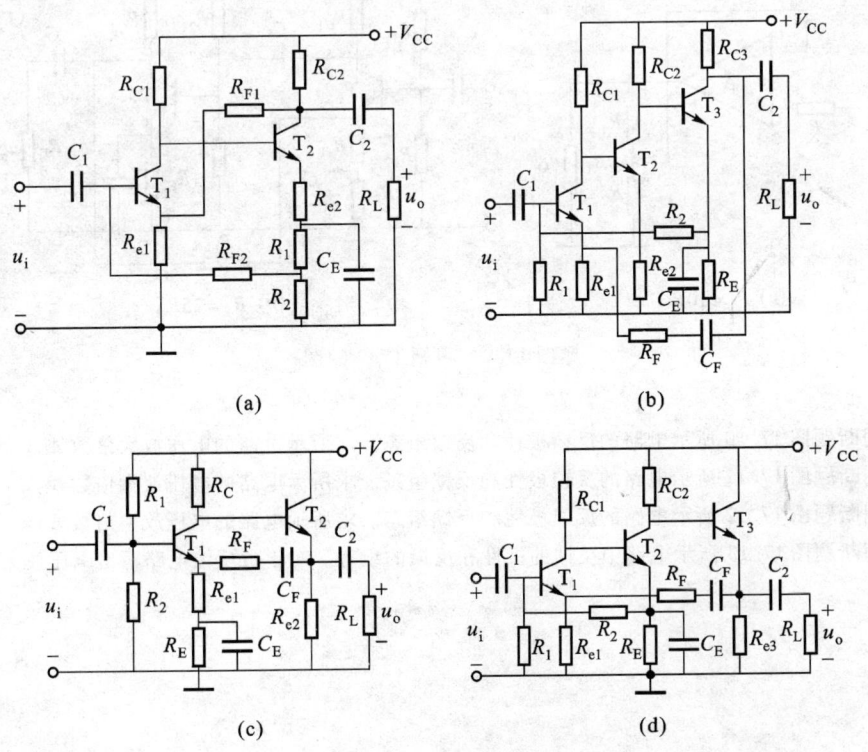

题图 17.6 习题 17.6 的图

(1) 标出反馈支路,判断哪些起直流反馈作用,哪些起交流反馈作用(图中电容对直流相当开路,对交流信号可视为短路);

(2) 判断所示电路中哪个电路是正反馈,哪个电路是负反馈。负反馈的电路属于哪种组态?

17.7 用估算法分析负反馈放大电路的 A_{uf} 时,依据的是哪两个条件,对串联反馈主要使用哪一个条件,对并联反馈又应使用哪一个条件?

17.8 对题图17.8提出的问题与习题17.6相同。对于负反馈电路求 $A_{uf}=?$。

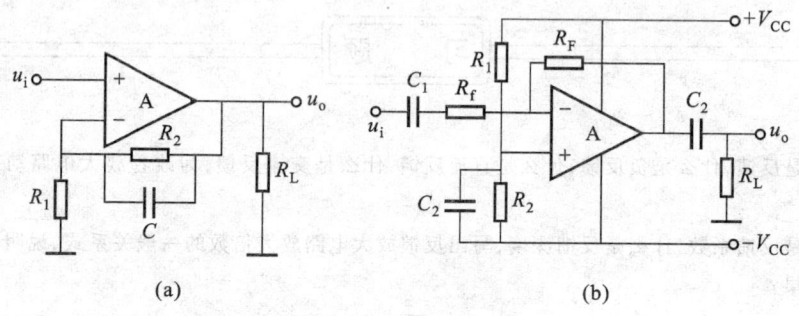

题图17.8 习题17.8的图

17.9 判断题图17.9所示电路的反馈极性和反馈组态。求电压放大倍数 A_{uf}。

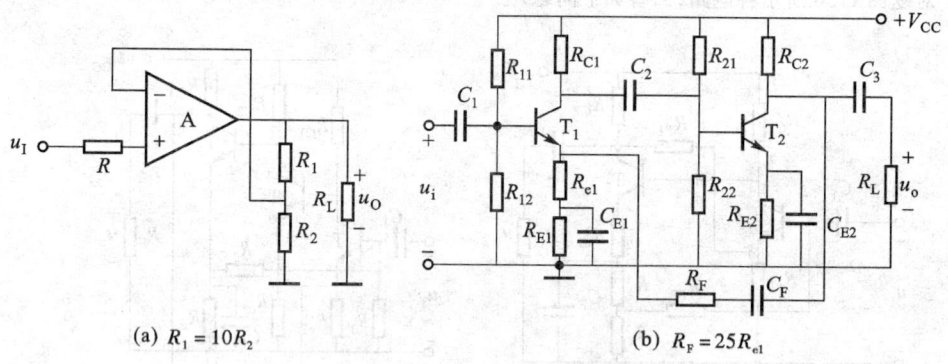

题图17.9 习题17.9的图

17.10 判断题图17.10所示电路的反馈极性和反馈组态。求所示电路的电压放大倍数 A_{uf}。

17.11 判断题图17.11所示电路的反馈极性和反馈组态。求所示电路的电压放大倍数 A_{uf}。

17.12 判断题图17.12所示电路的反馈极性和反馈组态。求所示电路的电压放大倍数 A_{uf}。

17.13 判断题图17.13所示电路中反馈的极性和反馈的组态。对于负反馈电路写出电压放大倍数 A_{uf} 的表示式。

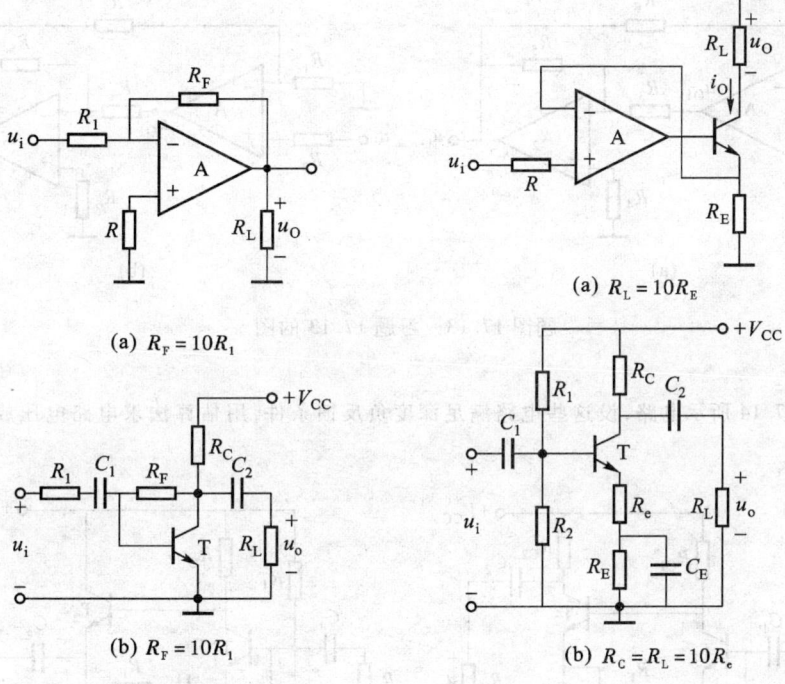

(a) $R_F = 10R_1$

(a) $R_L = 10R_E$

(b) $R_F = 10R_1$

(b) $R_C = R_L = 10R_e$

题图 17.10 习题 17.10 的图

题图 17.11 习题 17.11 的图

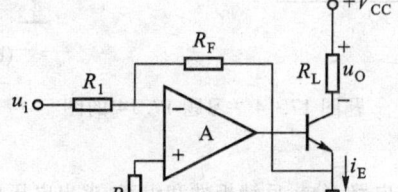

(a) $R_E = R_1 = (R_F = R_L)/5$

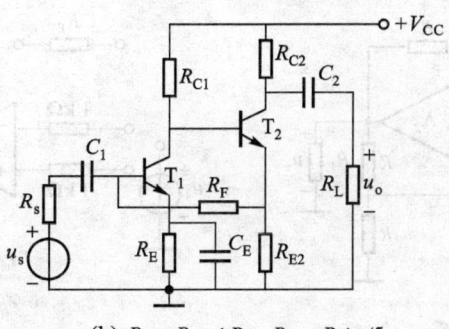

(b) $R_{e2} = R_s = (R_F = R_{C2} = R_L)/5$

题图 17.12 习题 17.12 的图

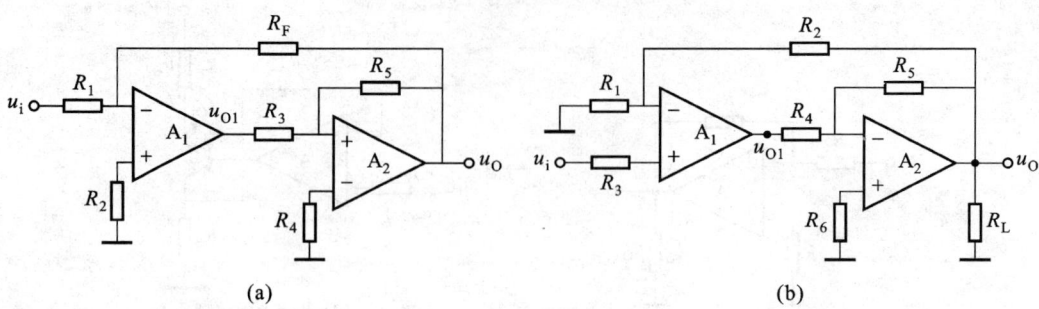

题图 17.13　习题 17.13 的图

17.14　题图 17.14 所示电路,设这些电路满足深度负反馈条件,用估算法求电路电压放大倍数 A_{uf} 的表示式。

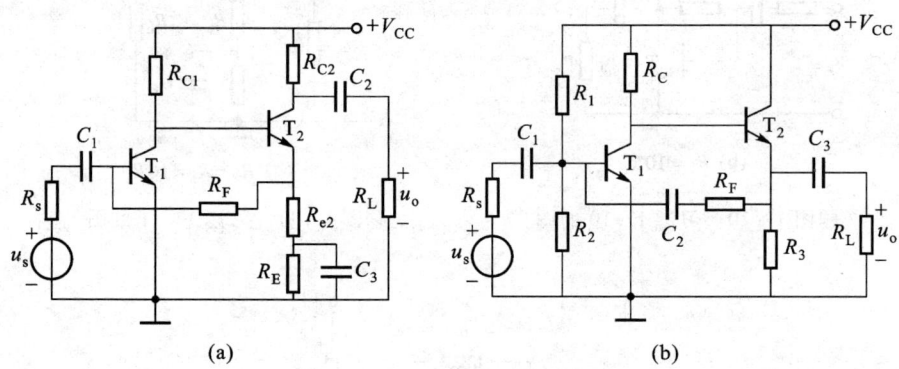

题图 17.14　习题 17.14 的图

17.15　题图 17.15 所示集成运放电路,分析反馈极性和组态,求出电压放大倍数 A_{uf}。

17.16　在题图 17.16 中,合理连线,(1)要求电路有高的输入电阻 R_{if},问信号源 u_s 与 R_F 应如何连接到电路中;(2)要求连接好的电路 $A_{uf}=20$,问 R_F 为何值。

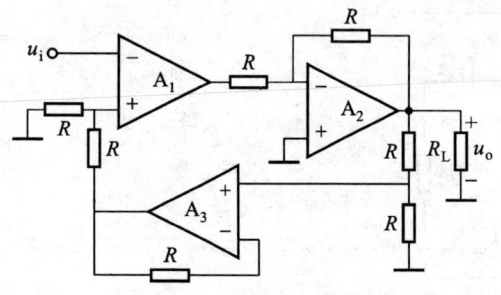

题图 17.15　习题 17.15 的图

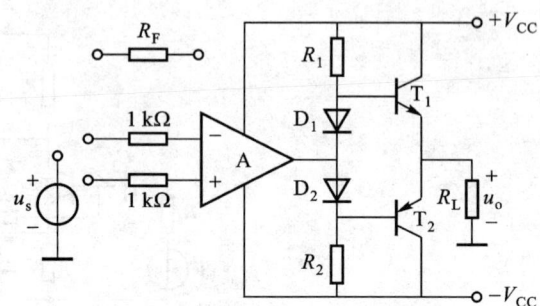

题图 17.16　习题 17.16 的图

第18章 集成运放的应用

集成运放在电子技术的各个领域中应用得十分普遍,从应用电路的功能来看可分为以下几类:信号运算(或放大)电路;信号处理电路;信号发生电路;信号变换电路;电与非电的测量电路等。按集成运放工作性质划分,可分为线性应用和非线性应用两类。

▶18.1 信号运算电路

集成运放在深度负反馈的情况下可构成多种运算电路,使集成运放电路的输出电压反映出输入电压某种运算的结果。分析这类电路时,将集成运放视为理想集成运放,因此,理想集成运放的两个重要结论,即 $u_+ = u_-$(虚短路)和 $i_+ = i_- = 0$(虚断路)是分析集成运放电路时的依据。

▶▶18.1.1 反相放大电路

反相放大电路,也称反相比例电路。反相放大(或比例)电路的电压从运放的反相输入端输入。

1. 基本反相放大电路

电路如图 18.1.1 所示,输入电压 u_I 通过电阻 R_1 作用到集成运放反相端,输出电压 u_O 通过电阻 R_F 也引至集成运放的反相输入端,构成了一个电压并联负反馈放大电路。在图 18.1.1 所示电路中,集成运放同相端经电阻 R 接地,该电阻称为电路静态($u_I = 0$ 时)补偿(或平衡)电阻,其值应选择为

$$R = \frac{R_1 \cdot R_F}{R_1 + R_F}$$

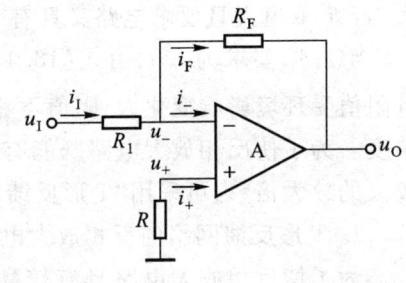

图 18.1.1 反相放大电路

以保证电路在静态时,集成运放两个输入端对地有相同的电阻值。

图 18.1.1 所示电路的输出电压 u_O 与输入电压 u_I 的关系,可通过理想集成运放的两个重要

结论,即 $u_+ = u_-$ 和 $i_+ = i_- = 0$ 确定出来。因为 $i_+ = 0$,所以 $u_+ = -i_+ R = 0$,得

$$u_- = u_+ = 0$$

在反相放大电路中,反相输入端虽然没有接地,但是该点电位值与地相等,因而将反相端称为"虚地"。

由于 $u_- = 0$,由图 18.1.1 所示电路可看出,电流

$$i_I = \frac{u_I - u_-}{R_1} = \frac{u_I}{R_1}$$

和

$$i_F = \frac{u_- - u_O}{R_F} = -\frac{u_O}{R_F}$$

由于 $i_- = 0$,所以 $i_I = i_F$,从上述方程组可得反相输入放大电路输出电压 u_O 与输入电压 u_I 的关系式为

$$u_O = -\frac{R_F}{R_1} u_I \tag{18.1.1}$$

图 18.1.1 所示电路的电压放大倍数(或比例系数)为

$$A_{uF} = \frac{u_O}{u_I} = -\frac{R_F}{R_1} \tag{18.1.2}$$

式(18.1.1)和式(18.1.2)中的负号表示输出电压 u_O 与输入电压 u_I 相位(极性)相反,而放大倍数(或比例系数)取决于电阻 R_F 与 R_1 的比值,其值可大于、小于或等于1,且与输出端是否接有负载 R_L 无关。

图 18.1.1 所示反相放大电路,有以下特点:

① 由于 $u_- = u_+ = 0$,因此,集成运放工作时,共模输入电压为零,在这个条件下工作的集成运放,对与共模信号有关的参数可以要求不高。

② 由于该电路引有电压并联负反馈,而电压负反馈降低了电路输出电阻,即 $r_o \approx 0$,因此,电路输出端负载 R_L 的变动对电路输出电压无影响,这一点从式(18.1.1)可看出。由于是并联反馈,因此,该电路输入电阻降低,由图 18.1.1 所示电路可看出,该电路的输入电阻

$$R_i = \frac{u_I}{i_I} = R_1 \tag{18.1.3}$$

图 18.1.1 所示电路的输入电阻 $R_i = R_1$,对于图 18.1.1 所示电路而言,R_1 的电阻值不能太大,若 R_1 取值大且要求电路又具有一定的放大倍数 A_{uF} 值时,反馈电阻 R_F 将会很大。如 R_1 取值 0.5 MΩ,A_{uF} 要求为-20,由式(18.1.2)可知 $R_F = 20 \times 0.5$ MΩ = 10 MΩ,这样大的电阻值精度低,且阻值受环境影响变化大、阻值不稳定因而会影响电路运算精度。为了使反相放大电路既能有较高的输入电阻,又能有较大的放大倍数,可采用"T形反馈网络"的反相放大电路。

2. T形反馈网络的反相放大电路

为了使反相放大电路具有较高的放大倍数和较大的输入电阻,而反馈电阻 R_F 又不致太大,可采用图 18.1.2 所示 T 形反馈网络的反相放大电路。

由理想运放的两个重要结论可知,图 18.1.2 所示电路的 $u_- = u_+ = 0$ 和 $i_+ = i_- = 0$,有

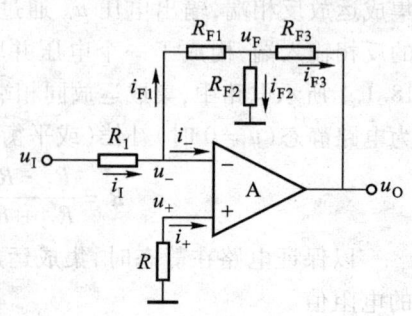

图 18.1.2 T形反馈网络反相放大电路

和
$$i_\mathrm{I}=i_\mathrm{F1}$$
$$i_\mathrm{F1}=i_\mathrm{F2}+i_\mathrm{F3}$$

电流
$$i_\mathrm{I}=\frac{u_\mathrm{I}}{R_\mathrm{I}}$$

$$i_\mathrm{F1}=\frac{-u_\mathrm{F}}{R_\mathrm{F1}}$$

和
$$i_\mathrm{F2}=\frac{u_\mathrm{F}}{R_\mathrm{F2}} \quad 及 \quad i_\mathrm{F3}=\frac{u_\mathrm{F}-u_\mathrm{O}}{R_\mathrm{F3}}$$

将 i_F1、i_F2 和 i_F3 式代入 $i_\mathrm{F1}=i_\mathrm{F2}+i_\mathrm{F3}$ 关系式,即

$$-\frac{u_\mathrm{F}}{R_\mathrm{F1}}=\frac{u_\mathrm{F}}{R_\mathrm{F2}}+\frac{u_\mathrm{F}-u_\mathrm{O}}{R_\mathrm{F3}}$$

或
$$u_\mathrm{O}=u_\mathrm{F}\left(\frac{R_\mathrm{F3}}{R_\mathrm{F1}}+\frac{R_\mathrm{F3}}{R_\mathrm{F2}}+1\right) \tag{18.1.4}$$

将电流 i_I 和 i_F1 式代入 $i_\mathrm{I}=i_\mathrm{F1}$ 关系式,即

$$\frac{u_\mathrm{I}}{R_\mathrm{I}}=-\frac{u_\mathrm{F}}{R_\mathrm{F1}}$$

或
$$u_\mathrm{F}=-\frac{R_\mathrm{F1}}{R_\mathrm{I}}u_\mathrm{I} \tag{18.1.5}$$

将式(18.1.5)代入式(18.1.4),得

$$u_\mathrm{O}=\left(-\frac{R_\mathrm{F1}}{R_\mathrm{I}}\right)\left(\frac{R_\mathrm{F3}}{R_\mathrm{F1}}+\frac{R_\mathrm{F3}}{R_\mathrm{F2}}+1\right)\cdot u_\mathrm{I}$$

$$=-\frac{1}{R_\mathrm{I}}\left(R_\mathrm{F3}+R_\mathrm{F1}+\frac{R_\mathrm{F1}\cdot R_\mathrm{F3}}{R_\mathrm{F2}}\right)\cdot u_\mathrm{I}$$

图 18.1.2 所示电路的电压放大倍数

$$A_{u\mathrm{F}}=\frac{u_\mathrm{O}}{u_\mathrm{I}}=-\frac{1}{R_\mathrm{I}}\left(R_\mathrm{F1}+R_\mathrm{F3}+\frac{R_\mathrm{F1}\cdot R_\mathrm{F3}}{R_\mathrm{F2}}\right) \tag{18.1.6}$$

由式(18.1.6)可看出 $(R_\mathrm{F1}+R_\mathrm{F3}+R_\mathrm{F1}\cdot R_\mathrm{F3}/R_\mathrm{F2})$ 相当于图 18.1.1 所示电路中的反馈电阻 R_F。当 R_I 取值较大时,由式(18.1.5)可看出,不用将 R_F1、R_F3 取值很大,只要将 $(R_\mathrm{F1}\cdot R_\mathrm{F3})/R_\mathrm{F2}$ 的比值选大,就可以获得(等效)高值反馈电阻而使电路有较高的电压放大倍数。

例如,图 18.1.2 中若 $R_\mathrm{I}=100\ \mathrm{k\Omega}$,当 $R_\mathrm{F1}=100\ \mathrm{k\Omega}$,$R_\mathrm{F2}=2\ \mathrm{k\Omega}$,$R_\mathrm{F3}=50\ \mathrm{k\Omega}$ 时,电路的输入电阻 $R_\mathrm{if}=R_\mathrm{I}=100\ \mathrm{k\Omega}$,电路的电压放大倍数 $A_{u\mathrm{F}}=(-1/100)\cdot(100+50+(100\times50)/2)=-26.5$。电路既有较大的输入电阻值,又有较高的电压放大倍数,但电路中使用的电阻阻值并不太大。

图 18.1.2 所示电路,同相输入端所接入的平衡电阻

$$R=\frac{R_\mathrm{I}[R_\mathrm{F1}+(R_\mathrm{F2}/\!/R_\mathrm{F3})]}{R_\mathrm{I}+R_\mathrm{F1}+(R_\mathrm{F2}/\!/R_\mathrm{F3})} \tag{18.1.7}$$

将上述电阻值代入后,可得 $R=50.48\ \mathrm{k\Omega}$。

▶▶18.1.2 同相放大电路

输入信号作用到运放的同相输入端。常见的同相输入电路有以下两种。

1. 基本同相放大电路

基本的同相放大电路如图 18.1.3 所示，输入电压 u_I 作用于集成运放同相输入端，输出电压 u_O 经电阻 R_F、R_f 将反馈电压 u_F 引至集成运放的反相输入端。接于同相输入端的平衡电阻 $R = (R_f \cdot R_F)/(R_f + R_F)$。

图 18.1.3 所示同相放大电路，是一个电压串联负反馈的放大电路。根据理想集成运放 $u_- = u_+$ 和 $i_+ = i_- = 0$ 的结论，可知，该电路

$$u_+ = u_I$$

和

$$u_- = u_F = \frac{R_f}{R_f + R_F} u_O$$

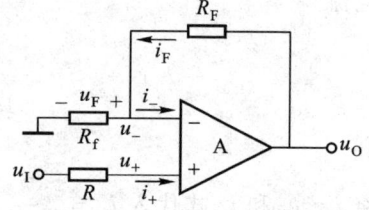

图 18.1.3 同相放大电路

根据 $u_- = u_+$ 式，可得图 18.1.3 所示电路的电压放大倍数

$$A_{uF} = \frac{u_O}{u_I} = \frac{R_f + R_F}{R_f} = 1 + \frac{R_F}{R_f} \tag{18.1.8}$$

A_{uF} 为正值，表明同相放大电路输出电压 u_O 与输入电压 u_I 同极性。图 18.1.3 所示同相放大电路的特点如下：

① 由 $u_- = u_+ = u_I$，因此，相当于集成运放两个输入端作用有共模电压，若 u_I 较大，共模电压也较大，因而在同相放大电路中使用的集成运放，对其共模抑制比 K_{CMR} 参数值和允许的最大共模输入电压值的要求，要比反相放大电路高很多。

② 图 18.1.3 所示同相放大电路，引有电压串联负反馈。因此，这一电路输出电阻 $R_o \approx 0$，因而负载 R_L 改变不会影响输出电压。由于电路引入的是电压串联反馈，因此，电路的输入电阻 $R_i = (1 + AF) r_{id}$。输入电阻高，输入信号电压几乎不向集成运放提供电流，因而对信号源影响极小。

③ 同相放大电路的电压放大倍数 $A_{uF} = 1 + R_F/R_f$ 总是 ≥ 1。

2. 同相跟随器

同相跟随器是集成运放同相输入时一种常见应用电路，如图 18.1.4 所示。

对图 18.1.4 所示电路应用理想集成运放条件，即由 $i_- = i_+ = 0$ 可知，该电路 $u_+ = u_I$ 和 $u_- = u_O$。由 $u_+ = u_-$ 条件可得所示电路输出电压 u_O 与输入电压 u_I 的关系为

$$u_O = u_I \tag{18.1.9}$$

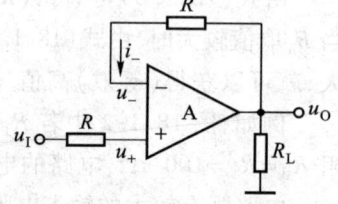

图 18.1.4 同相跟随器

由式（18.1.9）可知，同相跟随器的电压增益 $A_{uF} = 1$，即该电路的输出电压与输入电压大小相等且极性相同，电路没有电压放大作用。同相跟随器输入电阻高，电路工作时集成运放可认为不会从信号源取电流，因此，同相跟随器在放大电路中常作为缓冲级使用，如图 18.1.4 所示，将电路输入电压 u_I 与负载 R_L 隔离开，减小负载对信号源 u_I 的影响。

▶▶18.1.3 加、减运算电路

能够实现多个输入信号求和或求差的运算电路，称为加、减运算电路。

1. 反相求和运算电路

反相求和运算电路如图 18.1.5 所示，求和运算的信号均作用于集成运放的反相输入端，经反馈电阻 R_F 将输出电压也引至反相输入端。同相输入端经平衡电阻 R 接地。

根据理想集成运放条件，即 $i_- = i_+ = 0$ 和 $u_- = u_+ = -i_+R = 0$ 可知

$$i_F = i_{I1} + i_{I2} + i_{I3}$$

而

$$i_F = -\frac{u_O}{R_F}$$

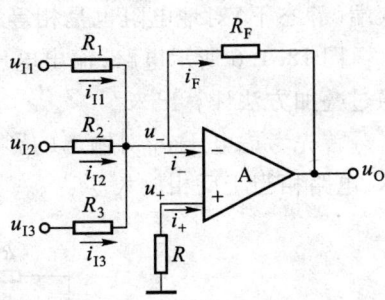

图 18.1.5 反相求和运算电路

$$i_{I1} = \frac{u_{I1}}{R_1}, i_{I2} = \frac{u_{I2}}{R_2}, i_{I3} = \frac{u_{I3}}{R_3}$$

得

$$-\frac{u_O}{R_F} = \frac{u_{I1}}{R_1} + \frac{u_{I2}}{R_2} + \frac{u_{I3}}{R_3}$$

电路的输出电压

$$u_O = -\left(\frac{R_F}{R_1}u_{I1} + \frac{R_F}{R_2}u_{I2} + \frac{R_F}{R_3}u_{I3}\right) \tag{18.1.10}$$

若式(18.1.10)中的 $R_1 = R_2 = R_3 = R_I$，则

$$u_O = -\frac{R_F}{R_I}(u_{I1} + u_{I2} + u_{I3}) \tag{18.1.11}$$

式(18.1.10)中，电压 $u_{I1} \sim u_{I3}$ 可正可负，该电路可实现对输入电压求和的运算。当改变电阻 R_1 或 R_2 或 R_3 的数值时，也就改变了该项输入电压在输出电压中所占的份额。

图 18.1.5 所示电路，同相输入端对地间应接入的平衡电阻为

$$R = R_F // R_1 // R_2 // R_3 \tag{18.1.12}$$

例 18.1.1 图 18.1.5 所示电路，电阻 $R_F = 20$ kΩ，$R_1 = 5$ kΩ，$R_2 = 4$ kΩ，$R_3 = 10$ kΩ，$u_{I1} = 1.2$ V，$u_{I2} = -1.5$ V，$u_{I3} = 0.8$ V。求电路输出电压 u_O 及平衡电阻 R。

解：根据式(18.1.10)可以求得电路输出电压

$$u_O = -\left[\frac{20}{5} \times 1.2 + \frac{20}{4} \times (-1.5) + \frac{20}{10} \times 0.8\right] \text{V} = 1.1 \text{V}$$

由式(18.1.11)可知，平衡电阻 $R = 1.67$ kΩ。

2. 减法电路

用集成运放构成的减法运算电路，有以下基本电路。

（1）差分电路

当集成运放两个输入端同时输入信号时，其输出将与两输入端输入的信号差成比例。基本差分电路如图 18.1.6 所示。

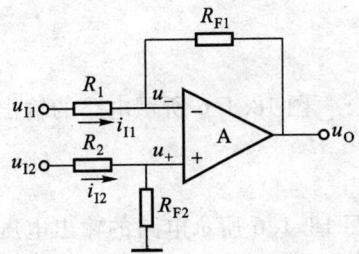

图 18.1.6 基本差分(减法)电路

图 18.1.6 所示差分电路可看成为反相输入与同相输入结合的集成运放电路。由理想集成

运放条件可知,该电路的 $u_+ = u_-$。由于是双端输入,所以该电路 $u_+ \neq 0$,因此,电路两输入端存在着共模电压。为保证电路输出仅由输入信号的差模决定,要求该电路两个输入端外接电阻应当匹配,即要求图 18.1.6 中的电阻 $R_2 = R_1$ 和 $R_{F2} = R_{F1}$。差分电路外部电阻匹配时,集成运放两输入端(静态下)对地电阻也是相等的,对地电阻 $R = R_1 /\!/ R_{F1}$。

图 18.1.6 所示电路,输出电压 u_0 与输入电压 u_{I1}、u_{I2} 的关系式,可应用理想集成运放条件,通过叠加方法计算出来。

首先考虑电压 u_{I1} 对输出的影响,将 u_{I2} 视为短路,由 u_{I1} 单独作用时,电路如图 18.1.7(a) 所示,电路相当于反相放大。

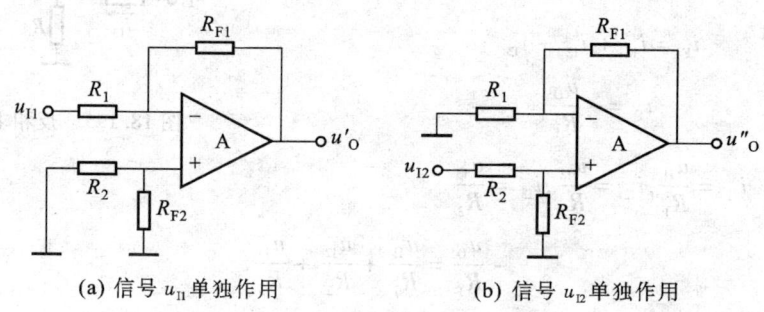

(a) 信号 u_{I1} 单独作用 (b) 信号 u_{I2} 单独作用

图 18.1.7 图 18.1.6 电路叠加分析

由图 18.1.7(a) 所示电路根据理想集成运放条件可得

$$u'_O = -\frac{R_{F1}}{R_1} u_{I1}$$

再考虑 u_{I2} 对输出的影响,将 u_{I1} 视为短路,u_{I2} 单独作用时,电路如图 18.1.7(b) 所示,为同相放大电路。根据理想集成运放 $i_+ = i_- = 0$ 这个条件,可知 $u_- = [R_1/(R_1 + R_{F1})] u''_O$ 和 $u_+ = [R_{F2}/(R_2 + R_{F2})] u_{I2}$。

由 $u_- = u_+$ 这一条件,可求得 u''_O 与 u_{I2} 关系式,即

$$\frac{R_1}{R_1 + R_{F1}} u''_O = \frac{R_{F2}}{R_2 + R_{F2}} u_{I2}$$

因为 $R_1 = R_2$ 和 $R_{F1} = R_{F2}$,所以

$$u''_O = \frac{R_{F1}}{R_1} u_{I2}$$

图 18.1.6 所示电路的输出电压

$$u_O = u'_O + u''_O = -\frac{R_{F1}}{R_1}(u_{I1} - u_{I2}) \tag{18.1.13}$$

图 18.1.6 所示电路的输出电压 u_0 与两个输入端作用的电压差成比例,电路可实现减法运算。

图 18.1.6 电路存在以下一些问题:

① 当要改变电路的比例系数时,由于必须保持电阻匹配,即要求 $R_2 = R_1$ 和 $R_{F2} = R_{F1}$,因此,调节不很方便。

② 电路工作时,两个信号源均要有电流输出,由图 18.1.6 所示电路可看出,u_{I1} 输出的电流

$i_{I1}=(u_{I1}-u_{+})/R_{1}$,$u_{I2}$ 输出的电流 $i_{I2}=u_{I2}/(R_{2}+R_{F2})$,为使比例系数调节方便和减小信号源输出电流,减法电路常使用以下两个电路。

(2) 高输入电阻差分放大电路

电路由 3 个集成运放组成,如图 18.1.8 所示,信号 u_{I1}、u_{I2} 分别作用到集成运放 A_1、A_2 同相输入端,因而不从信号源取电流。该电路的集成运放 A_3 构成了基本差分电路这一级的比例系数为 $-R_F/R$。集成运放 A_1 和 A_2 构成并联差分电路,它的比例系数可以根据理想集成运放条件,由图 18.1.8 所示电路求出。

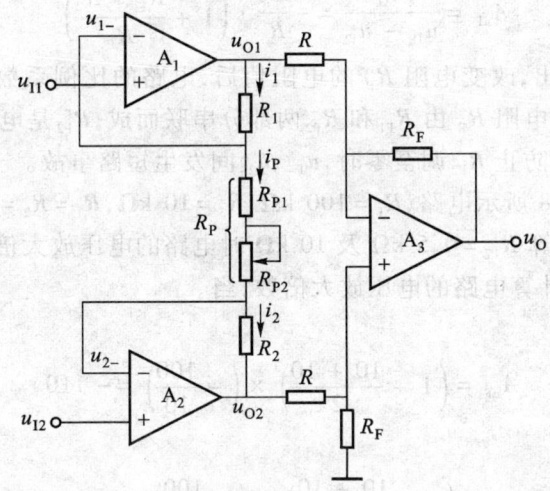

图 18.1.8 高输入电阻差分电路

由图 18.1.8 所示电路可知,电流 $i_1=i_P=i_2$ 和电压 $u_{1-}=u_{I1}$,$u_{2-}=u_{I2}$。因此

$$i_1=\frac{u_{O1}-u_{1-}}{R_1}=\frac{u_{O1}-u_{I1}}{R_1}$$

$$i_P=\frac{u_{1-}-u_{2-}}{R_P}=\frac{u_{I1}-u_{I2}}{R_P}$$

$$i_2=\frac{u_{2-}-u_{O2}}{R_2}=\frac{u_{I2}-u_{O2}}{R_2}$$

将 i_1、i_P、i_2 代入 $i_1=i_P$ 和 $i_P=i_2$ 式,得

$$u_{O1}=\left(1+\frac{R_1}{R_P}\right)u_{I1}-\frac{R_1}{R_P}u_{I2}$$

$$u_{O2}=-\frac{R_2}{R_P}u_{I1}+\left(1+\frac{R_2}{R_P}\right)u_{I2}$$

并联差分电路输出电压与输入电压关系为

$$u_{O1}-u_{O2}=\left(1+\frac{R_1+R_2}{R_P}\right)\cdot(u_{I1}-u_{I2}) \tag{18.1.14}$$

图 18.1.8 所示电路中集成运放 A_3 的输出电压 u_O 与输入电压 $(u_{O1}-u_{O2})$ 的关系为

$$u_O = -\frac{R_F}{R}(u_{O1} - u_{O2})$$

将式(18.1.14)代入 u_O 关系式,得到图 18.1.8 所示电路的输出电压 u_O 与输入电压 u_{I1}、u_{I2} 的差值关系为

$$u_O = -\frac{R_F}{R} \cdot \left(1 + \frac{R_1 + R_2}{R_P}\right) \cdot (u_{I1} - u_{I2}) \tag{18.1.15}$$

电路的比例系数(即电压放大倍数)

$$A_{uF} = \frac{u_O}{u_{I1} - u_{I2}} = -\frac{R_F}{R_3} \cdot \left(1 + \frac{R_1 + R_2}{R_P}\right) \tag{18.1.16}$$

由式(18.1.16)可看出,改变电阻 R_P 的电阻值后,电路的比例系数,即电压放大倍数 A_{uF} 将可以很方便地进行调节。电阻 R_P 由 R_{P1} 和 R_{P2} 两部分串联而成,R_{P2} 是电位器,R_{P1} 是固定电阻,R_P 中接有固定阻值的目的是防止 R_{P2} 调至零时,u_{1-}、u_{2-} 间发生短路事故。

例 18.1.2 图 18.1.8 所示电路,$R_F = 100$ kΩ,$R_3 = 10$ kΩ,$R_1 = R_2 = 10$ kΩ,$R_{P1} = 2$ kΩ,R_{P2} 可从零调到 10 kΩ。分别计算 $R_{P2} = 0$、5 kΩ 及 10 kΩ 时电路的电压放大倍数值。

解:由式(18.1.16)计算电路的电压放大倍数,当

$R_{P2} = 0$ 时

$$A_{uF} = \left(1 + \frac{10 + 10}{2}\right) \times \left(-\frac{100}{10}\right) = -110$$

$R_{P2} = 5$ kΩ 时

$$A_{uF} = \left(1 + \frac{10 + 10}{7}\right) \times \left(-\frac{100}{10}\right) = -38.6$$

$R_{P2} = 10$ kΩ 时

$$A_{uF} = \left(1 + \frac{10 + 10}{12}\right) \times \left(-\frac{100}{10}\right) = -26.7$$

由例 18.1.2 可看出,图 18.1.8 所示电路的 A_{uF} 随 R_P 值的改变不是线性变化,这是该电路的缺点。

(3)同相串联减法电路

图 18.1.9 所示同相输入的串联电路,既可减小信号源输出电流,又能实现输入信号的减法运算。

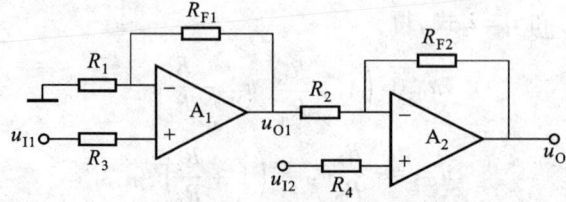

图 18.1.9 同相串联减法电路

图 18.1.9 所示是一级同相放大电路与一级差分电路串联而成。集成运放 A_1 构成了同相放

大电路,接于同相输入端的平衡电阻 $R_3 = R_1 /\!/ R_{F1}$,这一级电路的输出电压 $u_{O1} = (1 + R_{F1}/R_1) u_{I1}$。集成运放 A_2 构成了差分放大电路,信号 u_{I2} 作用于集成运放的同相输入端,电阻 R_4 用于电路静态平衡,$R_4 = R_2 /\!/ R_{F2}$。集成运放 A_2 的输出电压 $u_O = -(R_{F2}/R_2) u_{O1} + (1 + R_{F2}/R_2) u_{I2}$。将 u_{O1} 式代入 u_O 式,得

$$u_O = -\frac{R_{F2}}{R_2}\left(1 + \frac{R_{F1}}{R_1}\right)u_{I1} + \left(1 + \frac{R_{F2}}{R_2}\right)u_{I2}$$

图 18.1.9 所示电路中的电阻,若取

$$\frac{R_1}{R_{F1}} = \frac{R_{F2}}{R_2} = \frac{R_F}{R}$$

则
$$u_O = \left(1 + \frac{R_F}{R}\right) \cdot (u_{I2} - u_{I1}) \tag{18.1.17}$$

图 18.1.9 所示电路对信号 u_{I1}、u_{I2} 而言,具有极高的输入电阻又可实现两信号相减的运算。

例 18.1.3 图 18.1.9 所示电路,$R_1 = 100 \text{ k}\Omega$,$R_{F1} = 10 \text{ k}\Omega$,$R_2 = 10 \text{ k}\Omega$,$R_{F2} = 100 \text{ k}\Omega$。$u_{I1} = 0.5 \text{ V}$,$u_{I2} = 0.75 \text{ V}$。求电压 u_O 及平衡电阻 R_3,R_4 之值。

解:由于电阻值 $R_1/R_{F1} = R_{F2}/R_2 = 100/10 = 10$,可应用式(18.1.17)求电压 u_O,即

$$\begin{aligned} u_O &= \left(1 + \frac{R_{F2}}{R_2}\right)(u_{I2} - u_{I1}) \\ &= (1 + 10)(0.75 - 0.5) \text{ V} \\ &= 2.75 \text{ V} \end{aligned}$$

平衡电阻 $\quad R_3 = R_4 = R_1 /\!/ R_{F1} = 9.09 \text{ k}\Omega$(可使用标称值为 9.1 k$\Omega$ 的电阻)。

▶▶18.1.4 积分和微分运算电路

积分运算电路是一个应用广泛的电子电路,积分电路除能实现对信号的积分运算外,还用于精确的时间控制和信号发生电路及模拟量与数字量的转换电路中。

1. 反相积分电路

将图 18.1.1 反相放大电路中的反馈电阻 R_F 用电容 C 置换,如图 18.1.10(a)所示,即构成了一个反相积分电路,或称反相积分器。

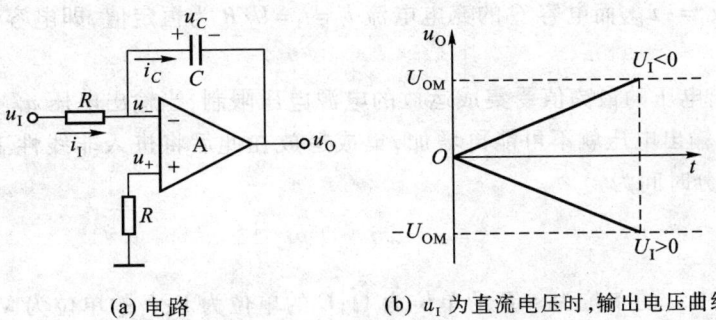

(a) 电路　　　　(b) u_I 为直流电压时,输出电压曲线

图 18.1.10 反相积分

图 18.1.10(a)所示电路的输出电压 u_O 与输入电压 u_I 之间的关系,可通过理想运放条件求出,即由 $i_- = i_+ = 0$,可知 $u_- = u_+ = 0$,因此,图 18.1.10(a)所示电路的输出电压 $u_O = -u_C$,电流 $i_C = i_I = u_I/R$。

而
$$i_C = C\frac{du_C}{dt} = C\frac{d(-u_O)}{dt} = -C\frac{du_O}{dt}$$

由上述 i_C 式可知,图 18.1.10(a)所示电路接入 u_I 后至时间 t 时,它的输出电压为

$$\begin{aligned} u_O &= -\frac{1}{C}\int_{-\infty}^{t} i_C dt \\ &= -\frac{1}{C}\int_{-\infty}^{0} i_C dt - \frac{1}{C}\int_{0}^{t} i_C dt \\ &= -U_C(0) - \frac{1}{C}\int_{0}^{t} i_C dt \end{aligned} \quad (18.1.18)$$

将 $i_C = i_I = u_I/R$ 代入式(18.1.18),得

$$\begin{aligned} u_O &= -U_C(0) - \frac{1}{C}\int_{0}^{t} \frac{u_I}{R} dt \\ &= -U_C(0) - \frac{1}{RC}\int_{0}^{t} u_I dt \end{aligned} \quad (18.1.19)$$

式(18.1.19)表明:积分电路的输出电压与电路的输入电压成积分关系。在式(18.1.19)中的 $U_C(0)$ 项是电路开始工作时,即 $t=0$ 时,电容 C 上已有的初始电压值。如果电容上的初始电压为零,则

$$u_O = -\frac{1}{RC}\int_{0}^{t} u_I dt \quad (18.1.20)$$

若图 18.1.10(a)所示电路的输入 u_I 为恒定电压,即 $u_I = U$ 时,积分电路的输出电压

$$u_O = -\frac{U}{RC}\int_{0}^{t} dt = -\frac{U}{RC}t \quad (18.1.21)$$

式(18.1.21)表明:电路输入电压为恒定值时,积分电路的输出电压将随时间成直线变化。当输入电压为正时,输出电压随时间负向增加;输入电压为负时,输出电压随时间正向增加。u_O 随时间变化的曲线如图 18.1.10(b)所示。图 18.1.10(a)所示电路的输出电压能够直线增减,是因为该电路的 $u_O = -u_C$,而电容 C 的充电电流 $i_C = i_I = U/R$ 为恒定值,即电容恒流充电,因此,电容电压直线变化。

积分电路输出电压的最高值受集成运放的电源电压限制,当输出电压 u_O 达到集成运放最大输出电压 $\pm U_{OM}$ 时,输出电压就不可能再增加,集成运放在此后将进入非线性工作区。当 U 为恒定直流时,线性积分时间为

$$t = |\pm U_{OM}|RC\frac{1}{U} \quad (18.1.22)$$

式(18.1.22)中:t 的单位为 s;R 的单位为 Ω;C 的单位为 F;U 的单位为 V。U_{OM} 与运放的电源电压有关,U_{OM} 一般较电源电压低 1~2 V。

例 18.1.4 图 18.1.10(a)所示积分电路,已知:$R = 10$ kΩ,$C = 1$ μF,积分开始时电容电压 $U_C(0) = 0$,电路的输入电压 $U = -5$ V。求所示电路在接入电压 U 后经过多长时间,输出电压 $U_O = 6$ V。

解：由公式(18.1.21)可求出输出电压达到 6 V 时所需的时间，将各有关数值代入后

$$6 = -\frac{-5}{10^4 \times 10^{-6}}t$$

得

$$t = \frac{10^{-2} \times 6}{5} \text{ ms} = 12 \text{ ms}$$

2. 微分电路

微分是积分的逆运算。微分运算电路如图 18.1.11 所示，电容 C 接于集成运放的反相输入端，输出电压 u_O 经电阻 R 引反馈至反相输入端。

根据理想集成运放条件，由图 18.1.11 可知：因 $u_+ = 0$，所以 $u_- = 0$，因 $i_- = 0$，所以 $i_C = i_F$。

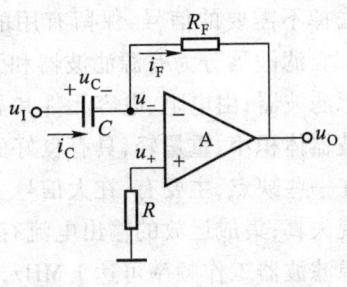

图 18.1.11 微分电路

电流

$$i_C = C\frac{du_C}{dt} = C\frac{d(u_I - u_-)}{dt} = C\frac{du_I}{dt}$$

$$i_F = \frac{u_- - u_O}{R_F} = -\frac{u_O}{R_F}$$

将 i_C 式及 i_F 代入 $i_C = i_F$ 关系式，得

$$u_O = -R_F \cdot C\frac{du_I}{dt} \tag{18.1.23}$$

由式(18.1.23)可看出，电路的输出电压 u_O 与输入电压 u_I 的微分成比例关系。因此，若电路的 u_I 为幅值等于 U_I 的阶跃信号时，则电路输出（理论上）将会是一个负向无穷大的尖波，实际上由于信号源及导线等电阻的影响，输出电压幅值将不会是无穷大，随着电容 C 的充电，输出电压将逐渐衰减至零，其波形将如图 18.1.12 所示。如果 u_I 为正弦波，则电路输出应是余弦信号。

图 18.1.11 所示微分电路，当输入电压 u_I 为阶跃信号或高频信号时，du_I/dt 值将会很大，由 i_C 及 u_O 式可看出，造成电路输入电流 i_C 大和输出电压 u_O 高的原因就在于，微分电路的输入阻抗（模）$|Z_I| = X_C = 1/2\pi fC$，输入信号频率越高，电路输入阻抗越小，因而输入电流越大，输出电压越高，这种情况极易引起集成运放内部的晶体管进入饱和或截止，从而使微分电路不能正常工作。为克服这个问题，实用的微分电路，输入电路常串有电阻，用于限制高频电流值；反馈电阻 R_F 并联（反向串联的）稳压二极管，用于限制输出电压幅值，如图 18.1.13 所示。与 R_F 并联的电容用于消除电路可能发生的自激振荡。

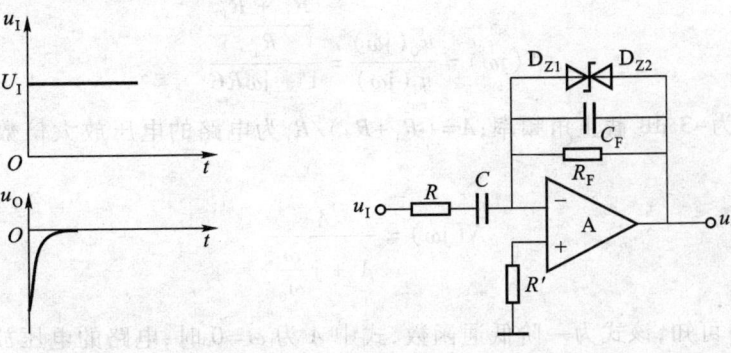

图 18.1.12 微分电路电压波形　　图 18.1.13 实用微分电路

18.2 有源滤波电路

有源滤波器属于信号处理电路。通常,在一个电路中既包含工作信号也包含有不需要的信号(亦称噪声)。由于这两类信号的频率不同,因此,可使用滤波器对电路中的信号进行处理,即去掉不需要的信号,保留有用的信号。

滤波器分为有源滤波器和无源滤波器两种。仅由电阻、电感、电容等元件组成的滤波器称为无源滤波器;由电阻、电容元件和晶体管放大电路或集成运放组成的滤波器称为有源滤波器。有源滤波器体积小、重量轻,具有良好的频率选择性,并可使处理的信号幅度不衰减。但有源滤波器也存在一些缺点,主要有:在大信号下工作时,集成运放的输出幅度受集成运放电源电压限制而可能出现失真;集成运放的输出电流有限;集成运放的工作频率较低,一般只有几十千赫,晶体管电路的有源滤波器工作频率可达 1 MHz,这使有源滤波电路的应用受到限制。有源滤波电路的这些不足恰好是无源滤波电路的优点,因此,在大电流输出及高频下工作时多使用无源滤波电路。

18.2.1 一阶低通有源滤波器

所谓低通滤波器是具有这样一种特性的电路,该电路允许直流信号(即下限截止频率为零)到规定的上限截止频率之间的信号通过,高于上限截止频率的信号衰减很大(见本书上册第 5 章 5.2 节)。

由 R、C 电路与集成运放所构成的一阶低通滤波电路,如图 18.2.1(a)所示。为研究图 18.2.1(a)所示电路对不同频率的信号通过该电路时,信号幅值衰减的情况,设 u_i 的幅值保持不变,其频率可以从零变化到 ω_n。因此,u_i 可视为频率 ω 的函数,将其写成为 $u_i(j\omega)$。对图 18.2.1(a)所示电路,根据理想集成运放条件,可知

$$u_+(j\omega) = \frac{-j\frac{1}{\omega C}}{R - j\frac{1}{\omega C}} u_i(j\omega) = \frac{1}{1 + j\omega RC} u_i(j\omega)$$

$$u_-(j\omega) = \frac{R_1}{R_1 + R_F} u_o(j\omega)$$

理想集成运放 $u_+ = u_-$,因此,图 18.2.1(a)所示电路的 $u_o(j\omega)$ 与 $u_i(j\omega)$ 之比 $N(j\omega)$ 为

$$N(j\omega) = \frac{u_o(j\omega)}{u_i(j\omega)} = \frac{\frac{R_1 + R_F}{R_1}}{1 + j\omega RC} \tag{18.2.1}$$

设 $\omega_0 = 1/RC$ 为 -3 dB 截止角频率;$A = (R_1 + R_F)/R_1$ 为电路的电压放大倍数,式(18.2.1)又可写成为

$$N(j\omega) = \frac{A}{1 + j\frac{\omega}{\omega_0}} \tag{18.2.2}$$

由式(18.2.2)可知,该式为一阶低通函数,式中 A 为 $\omega = 0$ 时,电路的电压放大倍数。由 $A = (R_1 + R_F)/R_1$,因此,只要改变 R_F 与 R_1 的比值就可调节电路输出电压的幅度。

$N(j\omega)$ 的模 $|N(j\omega)|$,为电路的幅频特性,即

$$|N(j\omega)| = \frac{|A|}{\sqrt{1+\left(\frac{\omega}{\omega_0}\right)^2}} \quad (18.2.3)$$

通过式(18.2.3)作出的幅频特性曲线,如图 18.2.1(b)所示,可以看出:频率增高幅度下降,即电路具有低通特性。

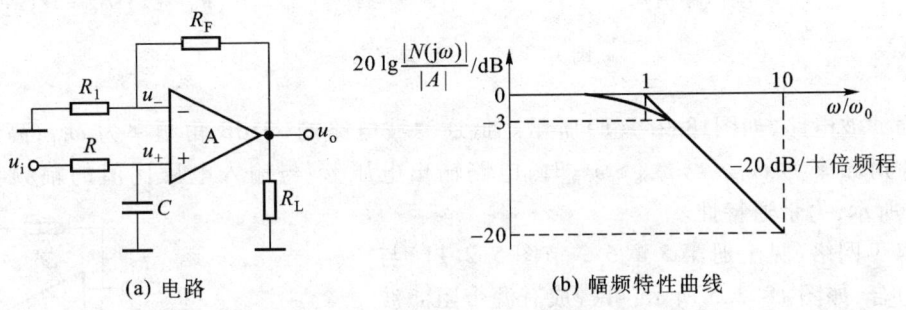

(a) 电路 (b) 幅频特性曲线

图 18.2.1 一阶有源 RC 低通滤波器

由于一阶滤波电路的滤波效果不理想,阻滞部分函数衰减很慢(-3 dB 之后,衰减速度为-20 dB/十倍频程),相差较大,为增进滤波效果,一般滤波电路均采用二阶以上的滤波器。当在图 18.2.1(a)所示一阶电路的基础上,再加一 R、C 电路,如图18.2.2所示,构成一个二阶低通电路。图 18.2.2 所示电路的输出与输入之比 $N(j\omega)$ 是一个含有变量 ω 平方的函数(二阶函数),称为二阶电路。

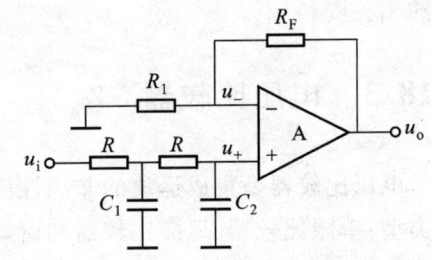

图 18.2.2 二阶低通滤波器

二阶电路虽然较一阶电路有改善,但与理想特性还是有较大差别。为了使滤波器特性能更接近理想特性,在电路中除引有负反馈外还增加了正反馈以改善幅频特性,常用的滤波电路有两种,即压控电压源二阶低通滤波电路和无限增益多路反馈二阶低通滤波电路。此外,为适应电子设备小型化的要求,研制生产出了"开关电容滤波器",这种滤波器的电阻、电容均被集成于一块芯片上,被广泛应用在多种电子电路中。有关压控电压源型滤波电路、无限增益多路反馈型滤波电路和开关电容滤波器等方面的知识,可参阅参考文献[1]、[2]等相关内容进行了解。

▶▶18.2.2 高通、带通和带阻电路

上面介绍了低通滤波电路,如将低通滤波电路中与信号滤波相关部分的电阻、电容位置互换,这时低通电路将成为高通滤波电路,如图 18.2.3 所示。

将低通滤波电路和高通滤波电路串联,若两者配合恰当则可

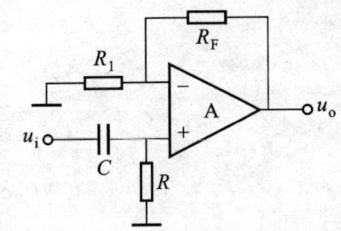

图 18.2.3 高通滤波电路

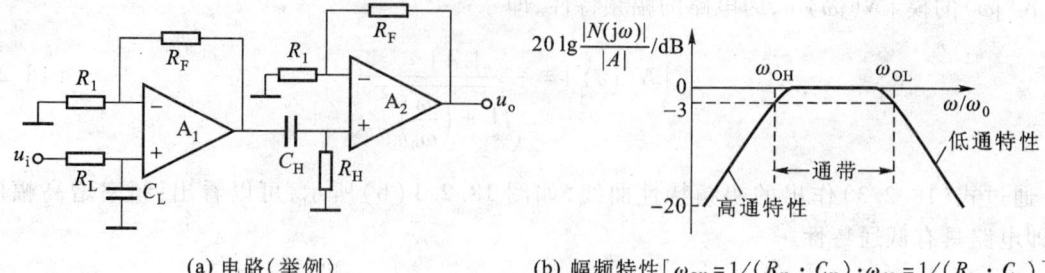

(a) 电路（举例）　　(b) 幅频特性 [$\omega_{OH}=1/(R_H \cdot C_H)$; $\omega_{OL}=1/(R_L \cdot C_L)$]

图 18.2.4　带通滤波电路

以得到带通滤波电路，如图 18.2.4(a) 所示。低通滤波电路的 -3 dB 角频率为 ω_{OL}，高通滤波电路的 -3 dB 角频率为 ω_{OH}，当 $\omega_{OL} > \omega_{OH}$ 时，电路输出电压 u_o 与输入电压比值的幅频特性如图 18.2.4(b) 所示，为带通特性。

运用双 T 网络（见上册第 5 章 5.2 节图 5.2.11）与集成运放组合，如图 18.2.5 所示，可构成有源带阻滤波电路，该电路的幅频特性见上册的图 5.2.12。

滤波电路的幅频特性曲线的形状受电路参数、电路的放大倍数及滤波器的阶数等诸多因素影响。欲确定滤波器的电路结构、参数和阶次，可参阅有关滤波器设计的相关资料。

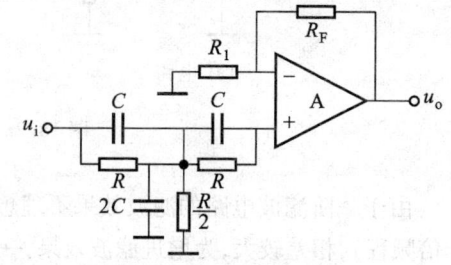

图 18.2.5　有源带阻滤波电路

▶18.3　电压比较器

电压比较器是集成运放的非线性应用。电压比较器能比较出两个电压的大小。它有 3 种基本类型：单限比较器、迟滞比较器和窗口比较器。比较器常应用在越限报警电路、波形发生电路、波形变换电路及模数转换电路中。以下对单限比较器以及迟滞比较器进行介绍。

▶▶18.3.1　单限比较器

单限比较器的基本电路如图 18.3.1(a) 所示，图中 u_I 为待比较的电压，U_R 为参考电压或称门限电压，它是一个给定的电压值。

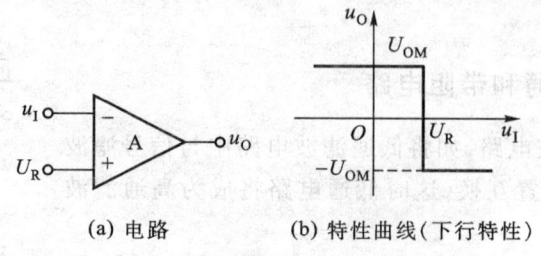

(a) 电路　　(b) 特性曲线（下行特性）

图 18.3.1　单限比较器（下行）

18.3 电压比较器

图 18.3.1(a)所示的单限比较器,根据理想集成运放 $A_{od}=\infty$ 可知:当 $u_I<U_R$ 时,运放输出电压 $u_O=+U_{OM}$;而 $u_I>U_R$ 时,$u_O=-U_{OM}$。该电路可根据输出电压的极性,判断出输入电压 u_I 是大于参考电压 U_R 还是小于 U_R。

电压比较器的输出电压 u_O 与输入电压 u_I 之间的关系曲线,称为输入-输出特性曲线。图 18.3.1(a)所示电路的输入-输出特性曲线如图 18.3.1(b)所示。该电路的 u_I 从集成运放的反相端输入,同相输入端接参考电压 U_R,因此,u_I 从负值逐渐变成正值并大于 U_R 后,电压 u_O 从 $+U_{OM}$ 变为 $-U_{OM}$,这样的输入-输出特性又称为下行特性。

若单限比较器的参考电压 U_R 接在反相输入端,待比较的电压 u_I 接于同相输入端,如图 18.3.2(a)所示。这个电压比较器的输入-输出特性曲线如图 18.3.2(b)所示,称为上行特性。

如果将图 18.3.1(a)所示的单限比较器的参考电压 U_R 取为零值,即将同相输入端接地,其电路如图 18.3.3(a)所示。这样的比较器,输出电压 u_O 在输入电压过零时发生变化,故称为过零比较器,图 18.3.3(a)所示为下行过零比较器,其输入-输出特性曲线如图 18.3.3(b)所示。

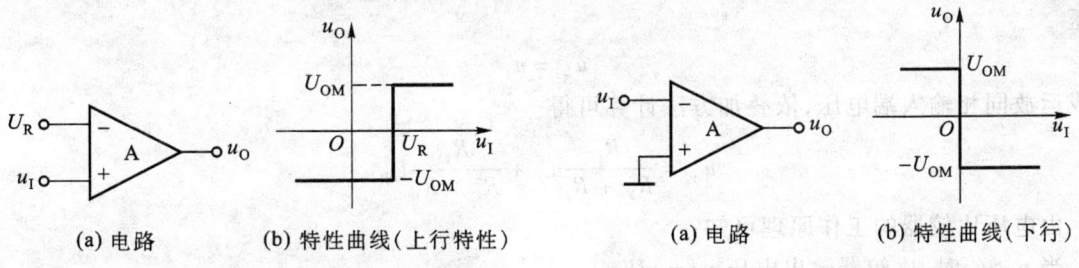

(a) 电路　　(b) 特性曲线(上行特性)　　　　(a) 电路　　(b) 特性曲线(下行)

图 18.3.2　单限电压比较器(上行)　　　　图 18.3.3　过零比较器(下行)

如果电压 u_I 从同相端输入,集成运放的反相输入端接地,如图 18.3.4(a)所示,该电路具有上行特性,其输入-输出特性曲线如图 18.3.4(b)所示。

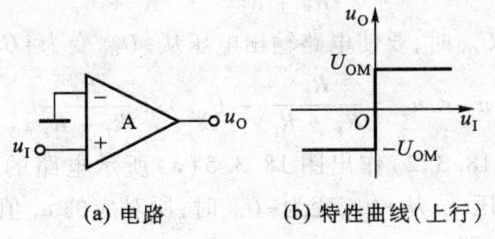

(a) 电路　　(b) 特性曲线(上行)

图 18.3.4　过零比较器(上行)

▶▶18.3.2　迟滞比较器

单限(或过零)比较器,在 u_I 接近参考电压 U_R 时,由于 u_I 本身的漂移或外界干扰叠加在 u_I 上,就有可能使 u_I 围绕 U_R 上、下波动,这样造成比较器输出电压 u_O 的极性不断变换,可能影响电路正常工作。为此,在单限比较器电路中引入正反馈,使比较器的输入-输出特性曲线具有迟滞回线形状,从而可以解决上述问题。输入-输出特性曲线具有迟滞回线形状的比较器,称为迟滞(或滞回)比较器。

1. 下行迟滞比较器

下行迟滞比较器如图 18.3.5(a)所示,由电阻 R_F、R_f 构成正反馈电路。

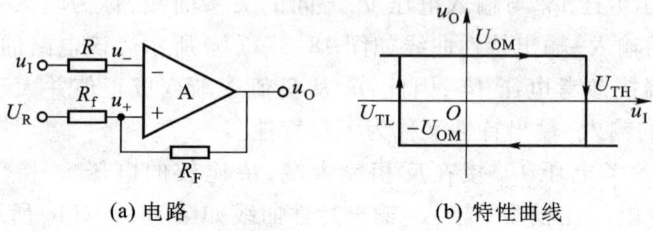

(a) 电路　　　　　　　(b) 特性曲线

图 18.3.5　下行迟滞比较器

对图 18.3.5(a)所示电路,根据理想集成运放 $i_+ = i_- = 0$ 的条件可知:集成运放反相输入端电压

$$u_- = u_I$$

集成运放同相输入端电压,依叠加方法计算可得

$$u_+ = \frac{R_f}{R_F + R_f} u_O + \frac{R_F}{R_f + R_F} U_R$$

由电压比较器的工作原理可知:

当 $u_- > u_+$ 时,比较器输出电压 $u_O = -U_{OM}$;

当 $u_- < u_+$ 时,比较器输出电压 $u_O = +U_{OM}$。

因图 18.3.5(a)所示电路中 $u_- = u_I$。若电路输出电压 $u_O = +U_{OM}$ 时,要使电路输出电压从 $+U_{OM}$ 变为 $-U_{OM}$,待比较的电压 u_I 应当是

$$u_I > u_+ = \frac{R_f}{R_F + R_f} U_{OM} + \frac{R_F}{R_f + R_F} U_R \tag{18.3.1}$$

若电路输出电压 $u_O = -U_{OM}$ 时,要使电路输出电压从 $-U_{OM}$ 变为 $+U_{OM}$,待比较的电压 u_I 应当是

$$u_I < u_+ = \frac{R_f}{R_F + R_f}(-U_{OM}) + \frac{R_F}{R_f + R_F} U_R \tag{18.3.2}$$

根据式(18.3.1)和式(18.3.2)作出图 18.3.5(a)所示电路的输入-输出特性曲线,如图 18.3.5(b)所示。使输出电压 u_O 从 $+U_{OM}$ 变为 $-U_{OM}$ 时,所对应的 u_I 值用 U_{TH} 表示,称为特性曲线的上阈值(或上门限)电压。即

$$U_{TH} = \frac{R_f}{R_F + R_f} U_{OM} + \frac{R_F}{R_f + R_F} U_R \tag{18.3.3}$$

使输出电压 u_O 从 $-U_{OM}$ 变为 $+U_{OM}$ 时,所对应的 u_I 值用 U_{TL} 表示,称为特性曲线的下阈值(或下门限)电压。即

$$U_{TL} = -\frac{R_f}{R_F + R_f} U_{OM} + \frac{R_F}{R_F + R_f} U_R \tag{18.3.4}$$

迟滞比较器的上阈值电压 U_{TH} 与下阈值电压 U_{TL} 之差,称为回差电压或门限宽度 ΔU。对于图 18.3.5(a)所示电路而言,回差电压

18.3 电压比较器

$$\Delta U = U_{TH} - U_{TL} = \frac{2R_f}{R_F + R_f} U_{OM} \tag{18.3.5}$$

由于迟滞比较器存在回差电压，因而使得这种电路具有抗干扰能力，只要干扰电压小于 ΔU，电路就不会发生误翻转。

迟滞比较器由于引入正反馈，因此，当电路的输出电压从 $+U_{OM}$ 向 $-U_{OM}$ 或相反变化时，正反馈将促使这个改变加速进行，因而迟滞比较器输出电压从 $+U_{OM}$ 变为 $-U_{OM}$，或相反转换时，转换的速度要高于单限比较器。

图 18.3.5(a) 所示电路中，若参考电压 $U_R = 0$，电路的 $U_{TH} = [R_f/(R_f + R_F)]U_{OM}$，$U_{TL} = -[R_f/(R_f + R_F)]U_{OM}$，电路的 $|U_{TH}| = |U_{TL}|$ 回差电压 ΔU 不变，仍为 $[2R_f/(R_f + R_F)]U_{OM}$。

2. 上行迟滞比较器

上行迟滞比较器的待比较电压 u_I 作用于集成运放的同相输入端，反相输入端接入参考电压 U_R，如图 18.3.6(a) 所示。

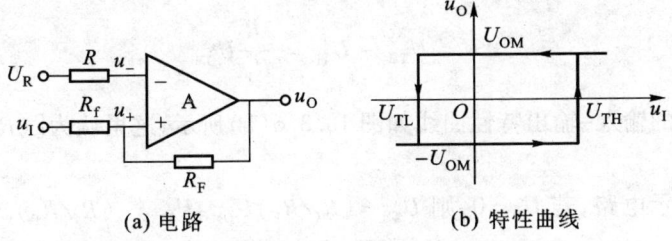

(a) 电路　　　　　(b) 特性曲线

图 18.3.6　上行迟滞比较器

根据理想集成运放条件：$i_+ = i_- = 0$，因此，比较器反相输入端的电压

$$u_- = U_R$$

同相输入端的电压 u_+，依叠加方法可求出，为

$$u_+ = \frac{R_f}{R_F + R_f} u_O + \frac{R_F}{R_F + R_f} u_I$$

对图 18.3.6(a) 所示电路而言，若输出电压 $u_O = -U_{OM}$ 时，要使电压 u_O 变为 $+U_{OM}$，必须使同相输入端的电压 u_+ 高于反相输入端电压 u_-，即

$$\frac{R_f}{R_F + R_f}(-U_{OM}) + \frac{R_F}{R_F + R_f} u_I > U_R$$

通过上式可以得到，使 u_O 从 $-U_{OM}$ 变成 $+U_{OM}$ 时，所需的 u_I 值，即

$$u_I > \frac{R_f + R_F}{R_F} U_R + \frac{R_f}{R_F} U_{OM}$$

当 u_I 达到上述值时，电压 u_O 从 $-U_{OM}$ 变为 $+U_{OM}$。因此，这个电压值是上行迟滞比较器的上阈值电压，即

$$U_{TH} = \frac{R_f + R_F}{R_F} U_R + \frac{R_f}{R_F} U_{OM} \tag{18.3.6}$$

图 18.3.6(a)所示电路,若输出电压 $u_O = +U_{OM}$ 时,要使 u_O 从 $+U_{OM}$ 变为 $-U_{OM}$,必须 $u_+ < u_-$,即

$$\frac{R_f}{R_F + R_f}U_{OM} + \frac{R_F}{R_F + R_f}u_I < U_R$$

通过上式可得到使 u_O 从 $+U_{OM}$ 变成 $-U_{OM}$ 时,对应的 u_I 值,即

$$u_I < \frac{R_f + R_F}{R_F}U_R - \frac{R_f}{R_F}U_{OM} \tag{18.3.7}$$

当 u_I 为上述值时,电压 u_O 从 $+U_{OM}$ 变为 $-U_{OM}$,因此,这个电压值应当是上行迟滞比较器的下阈值电压,即

$$U_{TL} = \frac{R_f + R_F}{R_F}U_R - \frac{R_f}{R_F}U_{OM} \tag{18.3.8}$$

回差电压

$$\Delta U = U_{TH} - U_{TL} = \frac{2R_f}{R_F}U_{OM} \tag{18.3.9}$$

上行迟滞比较器的输入-输出特性曲线如图 18.3.6(b)所示,这里认为 $[(R_f+R_F)/R_F]U_R<(R_f/R_F)U_{OM}$。

图 18.3.6(a)所示电路,若 $U_R = 0$,则 $U_{TH} = (R_f/R_F)U_{OM}$,$U_{TL} = -(R_f/R_F) \cdot U_{OM}$,回差电压 $\Delta U = (2R_f/R_F)U_{OM}$。

例 18.3.1 图 18.3.7 所示电路,$U_Z = \pm 6$ V。参考电压 $U_R = 5$ V,$R_F = 20$ kΩ,$R_f = 10$ kΩ,u_I 的波形如图 18.3.7(b)所示。求这个电压比较器的上、下阈值电压,回差电压,并画出输出-输入特性曲线及输出电压 u_O 的波形图。

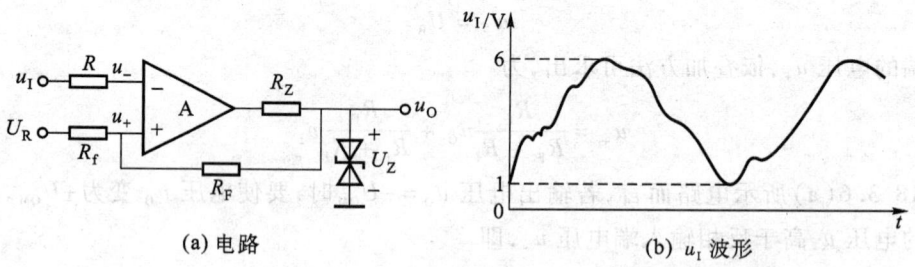

(a) 电路　　　　　　　　　　(b) u_I 波形

图 18.3.7　例 18.3.1 的图

解:这是一个下行迟滞电压比较器,输出电压通过双向稳压管将其幅值限制成 $U_{OM} = U_Z = \pm 6$ V。根据式(18.3.3)、式(18.3.4)和式(18.3.5)可计算出上、下阈值电压及回差电压,即

$$U_{TH} = \frac{R_f}{R_F + R_f}U_Z + \frac{R_F}{R_F + R_f}U_R$$

$$= \left(\frac{10}{20+10} \times 6 + \frac{20}{20+10} \times 5\right) \text{ V}$$

$$= 5.33 \text{ V}$$

$$U_{TL} = -\frac{R_f}{R_F + R_f} U_Z + \frac{R_F}{R_F + R_f} U_R$$

$$= \left(-\frac{10}{20+10} \times 6 + \frac{20}{20+10} \times 5\right) \text{ V}$$

$$= 1.33 \text{ V}$$

$$\Delta U = U_{TH} - U_{TL} = 4 \text{ V}$$

由于图 18.3.7(a) 所示是一个下行迟滞比较器, 因此, 当 $u_I > U_{TH}$ 时, 电路输出电压 u_O 从 $+U_{OM}$ 变为 $-U_{OM}$; 而 $u_I < U_{TL}$ 时, 输出电压 u_O 从 $-U_{OM}$ 变为 $+U_{OM}$, 图 18.3.7(a) 所示电路的输入-输出特性曲线及输出电压 u_O 的波形图如图 18.3.8(a) 及图 18.3.8(b) 所示。

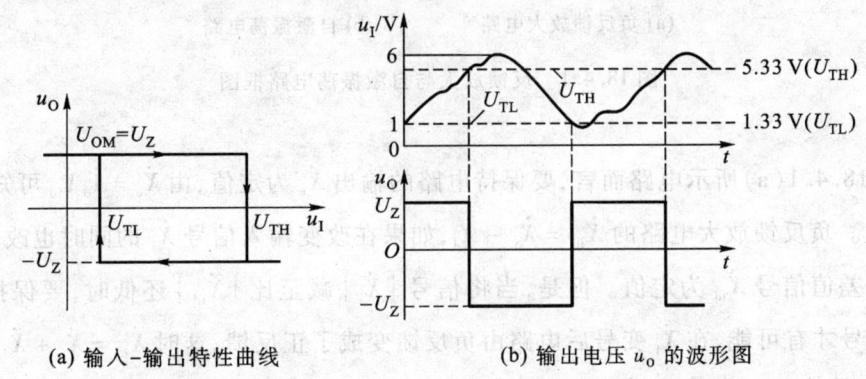

(a) 输入-输出特性曲线　　　　(b) 输出电压 u_O 的波形图

图 18.3.8　例 18.3.1 的特性曲线与波形图

迟滞比较器又称为施密特触发器, 利用它的滞回特性可构成多种有用的电路。例如, 用作越界报警器, 如图 18.3.8(b) 所示, 当电压 u_I 高过 U_{TH} 或低于 U_{TL} 时, 电路的输出电压 u_O 跳变可作为报警信号。如果 u_I 表示的是一个温度, 此电路可用于控制温度, 即将温度控制在 U_{TH}、U_{TL} 所标定的范围之内; 改变参考电压 U_R 还可以改变控温的范围。

▶18.4　波形发生电路

信号发生电路又称信号发生器或振荡器, 这类电路无需外界输入信号, 将该电路接入电源之后, 即有波形稳定的电压输出。

在测量、计算机、自动控制、无线电等电路中需要各种频率与波形的信号源, 这些信号源除一部分可用发电机产生外, 大多数均是根据自激振荡原理利用集成运放或晶体管和 R,L,C 元件构成的电子电路实现的。

信号发生器按产生的信号波形的不同, 可以分为: 正弦信号发生器和非正弦信号发生器两类。

▶▶18.4.1 正弦信号发生器

正弦信号发生器产生的信号为正弦波,信号的频率可从零点几赫到 1 000 MHz 以上。

1. 振荡条件

正弦信号发生器的振荡条件可通过反馈放大电路的原理框图来加以说明。

图 18.4.1(a) 所示负反馈放大电路,电路中 $\dot{X}_i$ 是输入信号,$\dot{X}_o$ 是输出信号,$\dot{X}_f$ 是反馈信号,$\dot{X}_{id}$ 是差值信号。

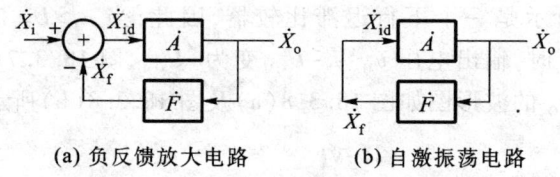

(a) 负反馈放大电路　　　　(b) 自激振荡电路

图 18.4.1　反馈放大与自激振荡电路框图

对于图 18.4.1(a) 所示电路而言,要保持电路的输出 $\dot{X}_o$ 为定值,由 $\dot{X}_o = \dot{A}_0 \dot{X}_{id}$ 可知,差值信号 $\dot{X}_{id}$ 应为定值。负反馈放大电路的 $\dot{X}_{id} = \dot{X}_i - \dot{X}_f$,如果在改变输入信号 $\dot{X}_i$ 的同时也改变反馈信号 $\dot{X}_f$,仍可以使差值信号 $\dot{X}_{id}$ 为定值。但是,当将信号 $|\dot{X}_i|$ 减至比 $|\dot{X}_{id}|$ 还低时,要保持 $\dot{X}_{id}$ 不变,必须使 $\dot{X}_f$ 变号才有可能,在 $\dot{X}_f$ 变号后电路由负反馈变成了正反馈,这时 $\dot{X}_{id} = \dot{X}_i + \dot{X}_f$。在正反馈的情况下,若将 $\dot{X}_i$ 减为零,$\dot{X}_{id} = \dot{X}_f$ 并能保持原值,如图 18.4.1(b) 所示,这时,电路不需要外界输入信号就可以维持一个稳定的输出。一个放大电路,没有输入信号但是电路能够保持有稳定的幅度与频率的信号输出,这种现象称为自激振荡。

由图 18.4.1(b) 可以看出自激振荡时,$\dot{X}_{id} = \dot{X}_f$,而 $\dot{X}_f = \dot{F}\dot{X}_o$,因此 $\dot{X}_{id} = \dot{F}\dot{X}_o$,因 $\dot{X}_{id} = \dot{X}_o/\dot{A}$,所以

$$\dot{F}\dot{X}_o = \dot{X}_o/\dot{A}$$

或

$$\dot{A}\dot{F} = 1 \tag{18.4.1}$$

式(18.4.1) 就是电路能够产生自激振荡的条件。由于 $\dot{A} = |\dot{A}|\underline{/\varphi_A}$ 和 $\dot{F} = |\dot{F}|\underline{/\varphi_F}$,因此,式(18.4.1) 又可写成

$$\dot{A}\dot{F} = |\dot{A}\dot{F}|\underline{/\varphi_A + \varphi_F} = 1 \tag{18.4.2}$$

由式(18.4.2) 可看出,电路只有在同时满足下列两个条件时,才能产生自激振荡。这两个条件分别是

$$|\dot{A}\dot{F}| = 1 \tag{18.4.3}$$

和

$$\varphi_A + \varphi_F = \pm 2n\pi \tag{18.4.4}$$

$|\dot{A}\dot{F}| = 1$ 称为自激振荡的幅值条件,幅值条件表明,电路要能产生自激振荡,$\dot{X}_{id}$ 必须经放

大($\dot{A}$)及衰减($\dot{F}$)后,仍应等于原值。

$\varphi_A + \varphi_F = \pm 2n\pi$ 称为自激振荡的相位条件,相位条件表明:电路要能产生自激振荡,$\dot{X}_{id}$必须通过放大电路及反馈网络之后的相移为零或$2n\pi$。n为整数。

式(18.4.3)和式(18.4.4)是反馈电路进入稳定振荡后得出的结论,反馈式振荡器只有同时满足这两个条件时,才能维持稳定的振荡。

2. 正弦波振荡电路的起振条件与电路组成

一个振荡电路刚接入电源后,要使振荡电路能够输出并保持一定频率和幅值,必须有一个输入信号,使电路开始工作起来,但是这个信号又不能由外部输入,那么这个起始的信号由哪里来呢?这一信号是由电路接入电源时出现的,当电路刚接入电源后,将会在电路中出现电压和电流,这个电压、电流既不是恒定直流,也不是正弦波,而是一个包含直流分量和各次谐波分量的非正弦电压、电流。在这个非正弦量中包含有所需频率为f_0的正弦分量。为了使电路能对频率为f_0的微弱信号产生稳定振荡,首先正弦波振荡电路的$|\dot{A}\dot{F}|$不应是定值,其值应能根据电路工作情况的不同而改变,例如,开始工作时$|\dot{A}\dot{F}|$应>1,以便于微弱的f_0频率的信号幅值能由小逐渐增大,当幅值增大到一定程度后,为了保持正弦波幅值稳定,该振荡电路的$|\dot{A}\dot{F}|$值能根据幅值改变而随之产生微调,即幅值增大时,$|\dot{A}\dot{F}|$值自动减小一些;而幅值降低后,$|\dot{A}\dot{F}|$值自动增加,这样的一种功能称为自动稳幅作用。其次,正弦波振荡电路中还应设置一个具有选频特性功能的网络,当电路接入电源后,电路中出现非正弦信号时,各次谐波信号经过选频网络后,只有频率为f_0的分量满足相位条件,因而最终该振荡电路只有频率为f_0的信号产生自激振荡,其余频率的信号因不满足相位条件而逐渐消失,使电路获得频率为f_0的正弦波。

综合以上所述,结合图18.4.1(b)——自激振荡电路框图可知,一个正弦发生电路应由以下4个部分组成:

① 放大电路。用于将直流电源提供的电能转化成交流电能输出。放大电路可以由晶体管、场效晶体管或集成运放构成,放大倍数能根据输出电压幅值而改变。

② 反馈网络。用于引入正反馈,并与放大电路共同满足振荡条件。

③ 选频网络。其作用是,只允许诸多谐波中的某一频率的正弦信号满足振荡条件,使电路输出为单一频率f_0的正弦波。通常,反馈网络与选频网络常合为一体,即该网络既有反馈作用又具有选频作用。

④ 稳幅电路。其作用是可以自动调节放大电路的放大倍数,使$|\dot{A}\dot{F}|$值能随振幅变动而变化,用来稳定输出电压的幅值。

能满足上述要求的电路有多种,常用的一种称为RC桥式电路。

3. RC正弦信号发生电路

(1) RC桥式正弦电路。图18.4.2所示由集成运放和RC桥式电路组成的信号发生电路,是一种常用的正弦发生电路。在这个电路中引有两个反馈,即由电阻R_F、R_f引至运放反相输入端的u'_f是电压负反馈,根据电阻R_F、R_f之比确定该电路的放大倍数;而由输出电压u_o经RC网络引至运放同相端的反馈信号u_f是正反馈,集成运放输出电压u_o与同相输入端的电压$u_+(=u_f)$相

位(极性)一致,因此,u_o 与 u_+(即 u_f)相差为零。图 18.4.2 所示电路的 $\dot{A} = \dfrac{\dot{U}_o}{\dot{U}_+} = |\dot{A}| \underline{/0°}$。电压 u_f 由输出电压 u_o 经 RC 反馈网络引至集成运放同相端,电路的反馈系数 $\dot{F} = \dot{U}_f / \dot{U}_o = |\dot{F}| \underline{/\varphi_F}$。为使电路能够产生振荡,由式(18.4.2)可知,要求 $|\dot{A}_0 \dot{F}| \underline{/\varphi_A + \varphi_F} = 1$,在 $\varphi_A = 0°$ 的情况下,反馈系数的相位角 φ_F 必须等于零或 $2n\pi$,以便满足自激振荡的相位条件。由此可根据图 18.4.2 中的反馈网络来确定能满足相位条件的频率 f_0。

为分析的方便,将图 18.4.2 中 RC 网络的参数值选择为 $R_1 = R_2 = R$ 和 $C_1 = C_2 = C$。在这一条件下,反馈系数

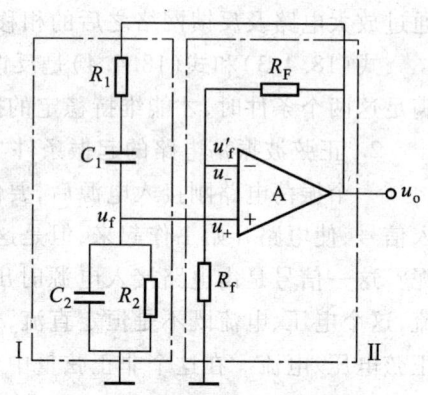

图 18.4.2 RC 桥式正弦信号发生电路
I — 反馈、选频网络;II — 放大电路

$$\dot{F} = \dfrac{\dot{U}_f}{\dot{U}_o}$$

$$= \dfrac{R /\!/ \left(-\mathrm{j}\dfrac{1}{\omega C}\right)}{R - \mathrm{j}\dfrac{1}{\omega C} + \left[R /\!/ \left(-\mathrm{j}\dfrac{1}{\omega C}\right)\right]} = \dfrac{1}{3 + \mathrm{j}R\omega C - \mathrm{j}\dfrac{1}{R\omega C}}$$

$$= \dfrac{1}{\sqrt{3^2 + \left(R\omega C - \dfrac{1}{R\omega C}\right)^2}} \underline{\left/ -\arctan \dfrac{\left(R\omega C - \dfrac{1}{R\omega C}\right)}{3}\right.}$$

欲使反馈系数 $\dot{F}$ 的相角等于零,则必须

$$R\omega C - \dfrac{1}{R\omega C} = 0$$

即电路的角频率

$$\omega = \omega_0 = \dfrac{1}{RC} \tag{18.4.5}$$

或频率

$$f = f_0 = \dfrac{1}{2\pi RC} \tag{18.4.6}$$

因此,图 18.4.2 所示电路,只有频率 $f = f_0 = 1/(2\pi RC)$ 的谐波分量满足相位条件。当 $f = f_0 = 1/(2\pi RC)$ 时,反馈系数的模 $|\dot{F}| = 1/\sqrt{3^2 + (R\omega C - 1/R\omega C)^2} = 1/3$。因此,为满足幅值条件 $|\dot{A}_0 \dot{F}| = 1$,应将该电路的电压放大倍数 $|\dot{A}_0|$ 调节成 3 倍,即取图 18.4.2 中的 $R_F = 2R_f$。图 18.4.2 中的 RC 网络除具有反馈网络的作用外,还具有选频网络的作用,即通过该网络的各次谐波,只有频率为 $f_0 = 1/(2\pi RC)$ 的信号满足振荡电路的相位条件,其他频率的信号均不满足这个要求。

(2) 稳幅措施

为了使振荡器容易起振并能很快地达到稳定输出和工作时保持输出幅值稳定,正弦波信号发生电路的放大倍数 $|\dot{A}_0|$ 应当是可变的,即起振时要求 $|\dot{A}_0 \dot{F}| > 1$ 使电路容易起振,起振后要求

$|\dot{A}_0|$ 能随着输出电压 u_o 幅值的变动而自动的改变,在 u_o 的幅值减小时,应当使 $|\dot{A}_0|$ 增大,待 u_o 的幅值过大时,$|\dot{A}_0|$ 应减小,以便稳定输出电压的幅值,具有这种功能的放大电路称为自动稳幅电路。图 18.4.3 所示为一利用二极管的自动稳幅电路。

在图 18.4.3 中,反馈电阻 R_F 的一部分 R_{F1},并联着两二极管 D_1 和 D_2,在自激振荡的过程中,总有一只二极管处于导电状态,导电的二极管与 R_{F1} 并联工作。由于二极管是一个非线性元件,当电路输出电压幅值增大时,图中 a,b 间的电压随之增高,二极管的正向电阻 R_D 将减小,从而使 a,b 间的电阻值 $R_{ab} = (R_{F1}//R_D)$ 下降,这时放大电路的放大倍数 $|\dot{A}_0| = 1 + (R_{ab} + R_{F2})/R_f$ 随之下降,从而使增高的电压降下来;反之,若 u_o 的幅值减小后,二极管的电阻 R_D 增高,电阻 R_{ab} 增大,$|\dot{A}_0|$ 增加,从而可使输出电压 u_o 的幅值增大,实现了自动维持输出电压幅值(稳幅)的目的。

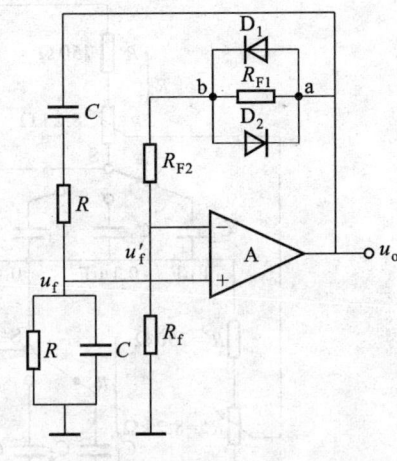

图 18.4.3 自动稳幅 RC 桥式振荡电路

例 18.4.1 图 18.4.3 所示电路:(1) 若电容 $C = 0.1~\mu F$,欲使电路产生 $f_0 = 1~kHz$ 的正弦信号,求电阻 R 的阻值;(2) 若电阻 $R_f = 5~k\Omega$,在电路产生稳幅振荡时,u_o 的幅值 $U_{OM} = 9~V$,二极管 D 的电压 $U_D = 0.6~V$,求电阻 R_{F2} 和 a、b 间电阻 R_{ab} 之值。

解:(1) 由 $f_0 = 1/2\pi RC$ 可知,电阻

$$R = \frac{1}{2\pi f_0 C} = \frac{1}{2 \times 3.14 \times 10^3 \times 10^{-7}}~\Omega = 1.59~k\Omega$$

(2) 桥式电路,在稳幅振荡时,电压放大倍数 $|\dot{A}_0| = 3$。由理想集成运放可知电流 $i_- = 0$,所以电阻 R_F 的电压应是 R_f 的 2 倍,即 $u_f' = u_o/3$,R_{F2} 与 R_{F1} 上的电压总合为 $2u_o/3$,当 $u_o = U_{OM}$ 时,通过 R_f 的电流 = $(1/3)U_{OM}/R_f$,所以,电阻 R_{F2} 为

$$R_{F2} = \frac{\left(\frac{2}{3}U_{OM} - U_D\right)}{\left(\frac{1}{3}U_{OM}\right)} = \frac{\left(\frac{2}{3} \times 9 - 0.6\right)}{\left(\frac{1}{3} \times \frac{9}{5}\right)}~k\Omega$$

$$= 9~k\Omega$$

由 $|\dot{A}_0| = 1 + (R_{ab} + R_{F2})/R_f = 3$ 可知,$R_{ab} + R_{F2} = 10~k\Omega$,$R_{ab} = 1~k\Omega$。

4. 频率可调的正弦信号发生电路

低频信号发生器,是进行电子实验时用于调试相应频率段放大电路或电声设备的必要设备。该设备的输出频率可调,调节范围一般为 20 Hz ~ 20 kHz(或 20 Hz ~ 200 kHz)。图 18.4.4 所示的采用场效晶体管稳幅的正弦发生电路,是一种常见正弦发生电路,该电路中的波段开关 S 和 S' 为同轴,用于改变频率范围。两个电位器 R" 也为同轴,用于在频段范围内细调输出频率值。按图中所示参数值,该电路的输出频率分为 3 个标称波段,即 20 ~ 200 Hz[实为 $f_L = 1/(2\pi RC_1) = $

$1/(2\pi\times8.95\times10^3\times1\times10^{-6})$ Hz ≈ 17.8 Hz ~ $f_H = 1/(2\pi\times0.75\times10^3\times1\times10^{-6})$ Hz ≈ 212 Hz]、200 Hz ~ 2 kHz(实为 178 Hz ~ 2.12 kHz)和 2 ~ 20 kHz(实为 1.78 ~ 21.2 kHz)。

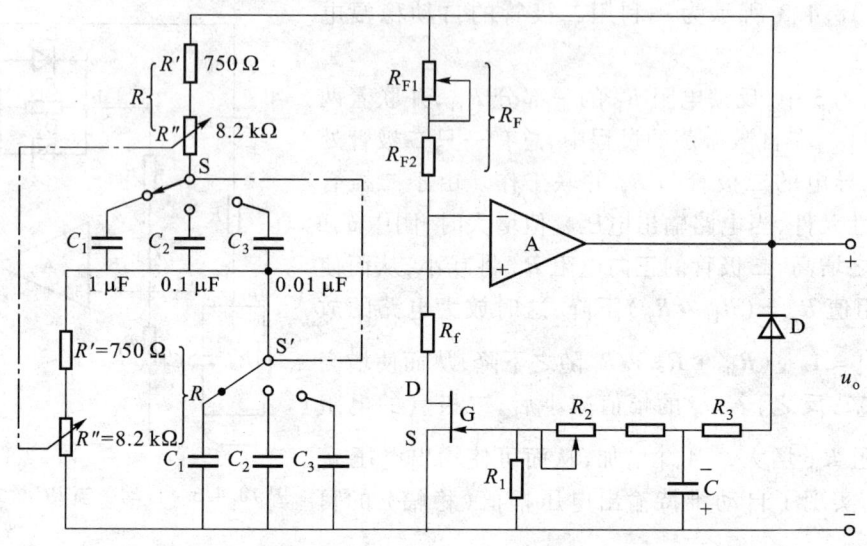

图 18.4.4 频率可调正弦发生电路

图 18.4.4 所示电路稳幅措施是通过控制一个结型①场效晶体管 D-S 极间导电沟道宽度,即 D-S 间的电阻而实现的。该电路工作时,输出电压 u_o 的负半周经二极管 D 整流和 R_3、C 滤波后,在电阻 R_1 上产生($-U_{GS}$)电压(有关整流、滤波的知识见下一章的 19.1 节),当 u_o 的幅值小时,$|-U_{GS}|$ 值减小,场效晶体管导电沟道变宽,即 D-S 间电阻 R_{DS} 减小,电路的电压放大倍数 $|\dot{A}| = 1 + R_F/(R_f + R_{DS})$ 增大,使输出电压幅值增大,相反,若输出电压幅值增大时,$|-U_{GS}|$ 值变大,导电沟道变窄,D-S 极间电阻 R_{DS} 增加,将使放大倍数下降,从而达到自动稳幅的目的。

正弦信号发生器输出的电压幅值及功率通常不能满足负载的要求,因此,作为信号源使用时还要进行电压放大和功率放大。图 18.4.5 所示为实用的信号发生器的原理框图,该设备通常有两种输出,即电压输出和功率输出。

(1)电压输出

信号发生器产生的正弦信号经电压放大和输出衰减器直接输出时,带负载能力很弱(即输出电流很小),只能供给电压信号,所以从衰减器端输出的信号称为电压输出。电压输出值的高低可通过衰减器和输出电压调节电位器 R 来改变。通过衰减器改变输出电压的范围,如 0 dB 时,输出无衰减,输出电压值最高。输出衰减每增加 10 dB,输出电压降至上一挡的(1/3.16),每增加 20 dB,将下降(1/10)。例如,最大输出电压为 5(0 ~ 5 V),衰减 10 dB,输出电压为 5/3.16 V ≈ 1.58 V(0 ~ 1.58 V),衰减 20 dB 后,输出电压为 5/10 V = 0.5 V(0 ~ 0.5 V)。输出电压调节电位器用于每一电压挡内细调。

---

① 有关结型场效应管的工作原理可参阅参考文献[1]、[2]了解。

(2) 功率输出

电压信号经功率放大后,可向负载提供一定功率(电流)。为使负载能获得最大功率,功率放大器通过变压器选用不同的变比,以适应不同阻抗值的负载。功率输出的阻抗匹配值一般分为几欧、几十欧、几百欧及几千欧数挡。因此,使用功率输出时,应根据负载阻抗的大小选择匹配值相近的一挡,以便能使负载获得较大功率。

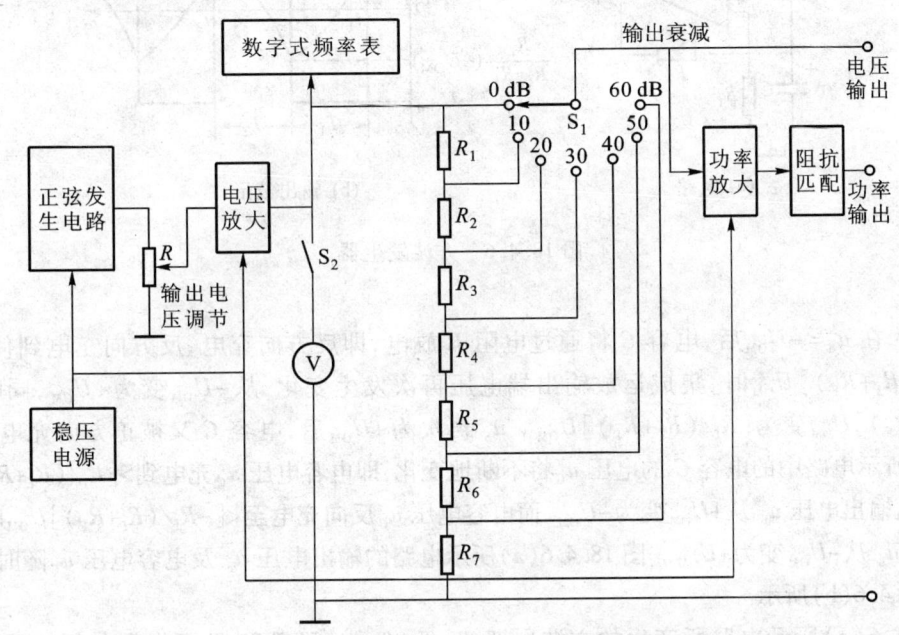

图 18.4.5　实用的信号发生器的原理框图

由集成运放及 RC 电路构成的振荡器,一般用于低频信号发生电路中,当工作时需要高频信号时,通常要由 LC 振荡电路与高频晶体管或 MOS 管来构成,有关 LC 振荡电路的工作原理可参阅参考文献[1]、[2]进行了解。

▶▶18.4.2　非正弦信号发生器

1. 方波发生器

最简单的方波发生器如图 18.4.6(a)所示,电路由下行迟滞比较器与 RC 充、放电回路组成,电路的工作原理如下。

图 18.4.6(a)所示电路接入电源后,由正反馈的作用,电路的输出 u_o 将很快达到最大值,既可能是 $+U_{OM}$,也可能是 $-U_{OM}$。设接入电源后 $u_o = +U_{OM}$,由理想运放条件,$i_+ = i_- = 0$ 可知 $u_+ = [R_f/(R_f+R_F)]U_{OM}$ 和 $u_- = u_C$。

若电路起始时 $u_C = 0$,而此时 $u_o = +U_{OM}$,电压 u_o 通过电阻 R 对电容 C 充电,使电容电压逐渐升高,一旦 $u_- = u_C \geq u_+ = [R_f/(R_f+R_F)]U_{OM}$,集成运放的输出电压 u_o 将从 $+U_{OM}$ 变为 $-U_{OM}$,如图 18.4.7(b)所示。

当 u_o 变为 $-U_{OM}$ 后,集成运放同相输入端的电压 u_+ 也将从 $[+R_f/(R_f+R_F)]U_{OM}$ 变为 $[-R_f/(R_f$

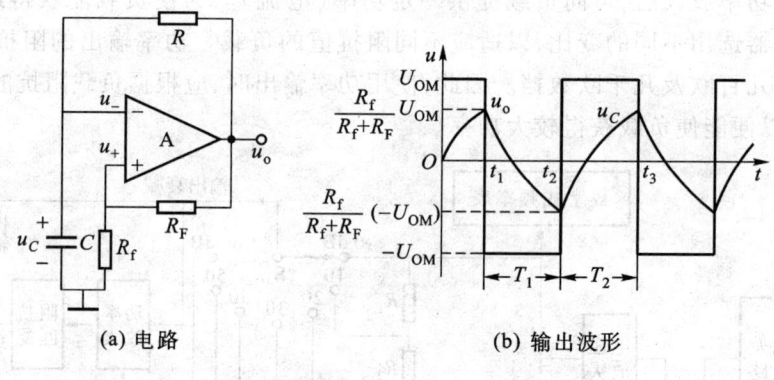

(a) 电路　　(b) 输出波形

图 18.4.6　方波发生器

$+R_F)]U_{OM}$。在 $u_o=-U_{OM}$ 后,电容 C 将通过电阻 R 放电,即反方向充电,反方向充电到使 $u_-=u_C<u_+=[-R_f/(R_f+R_F)]U_{OM}$ 时,集成运放输出端电压再次发生变化,从 $-U_{OM}$ 变为 $+U_{OM}$,同时 u_+ 也从 $[-R_f/(R_f+R_F)]U_{OM}$ 变为 $[R_f/(R_f+R_F)]U_{OM}$。u_o 再次为 $+U_{OM}$ 后,电容 C 又被正方向充电,因此,图 18.4.7(a)所示电路中的电容 C 的电压 u_C 将不断地变化,即电容电压 u_C 充电到 $>[R_f/(R_f+R_F)]\cdot U_{OM}$ 时,集成运放输出电压 u_o 从 $+U_{OM}$ 变为 $-U_{OM}$,而电容电压 u_C 反向充电至 $<[-R_f/(R_f+R_F)]U_{OM}$ 时,集成运放输出电压 u_o 从 $-U_{OM}$ 变为 $+U_{OM}$。图 18.4.6(a)所示电路的输出电压 u_o 及电容电压 u_C 随时间变化的波形如图 18.4.6(b)所示。

图 18.4.6(a)所示电路所产生的方波周期 $T=T_1+T_2$,时间 T_1 和 T_2 可根据分析一阶电路过渡过程问题的 3 要素法的计算公式求出。

由图 18.4.6(b)来确定 3 个特征量,因时间 $T_1=t_2-t_1$。在 $t=t_1$ 时,电容电压的起始值为 $u_C(t_1)=[R_f/(R_f+R_F)]U_{OM}$。电容反向充电理论上应达到的新稳态值 $U_C(\infty)=-U_{OM}$,但 $t=t_2$ 时,电容停止反向充电,此时电容电压 $u_C(t_2)=[-R_f/(R_f+R_F)]U_{OM}$。电路时间常数 $\tau=R\cdot C$。

将以上数据代入过渡过程计算公式,即

$$u_C(t_2)=U_C(\infty)+[u_C(t_1)-U_C(\infty)]e^{-\frac{t}{\tau}}$$

得

$$-\frac{R_f}{R_f+R_F}U_{OM}=-U_{OM}+\left[\frac{R_f}{R_f+R_F}U_{OM}-(-U_{OM})\right]e^{\frac{-T_1}{\tau}}$$

对上式进行整理、合并后,得

$$e^{\frac{-T_1}{\tau}}=\frac{R_F}{2R_f+R_F}$$

时间
$$T_1=\tau\ln\left(1+\frac{2R_f}{R_F}\right) \tag{18.4.7}$$

依据同样方法,可以求得时间 T_2,其值与 T_1 相等,因此,图 18.4.7(a)所示电路方波的周期

$$T=T_1+T_2=2\tau\ln\left(1+\frac{2R_f}{R_F}\right) \tag{18.4.8}$$

方波的频率

$$f = \frac{1}{T} = \frac{1}{2\tau\ln\left(1+\dfrac{2R_f}{R_F}\right)} \tag{18.4.9}$$

例 18.4.2 图 18.4.7 所示电路,已知 $R=10\text{ k}\Omega$, $C=0.1\ \mu\text{F}$, $R_f=R_F=20\text{ k}\Omega$, $R_Z=2\text{ k}\Omega$, $U_Z=\pm10\text{ V}$。求电路输出电压的幅值与频率 f 为何值。

解: 由式(18.4.9)计算电路输出电压的频率,即

由

$$f = \frac{1}{2R \cdot C\ln\left(1+\dfrac{2R_f}{R_F}\right)}$$

$$= \frac{1}{2\times10^4\times10^{-7}\ln(1+2)}\text{ Hz}$$

$$\approx 455.12\text{ Hz}$$

电路输出电压 u_o 的幅值由 U_Z 限制为 ±10 V。

2. 三角波发生器

三角波发生器可通过方波发生器与积分器组合而成。
图 18.4.8(a)所示电路是由上行迟滞比较器(用来产生一个方波)和反相积分器共同组合而成的三角波发生器。

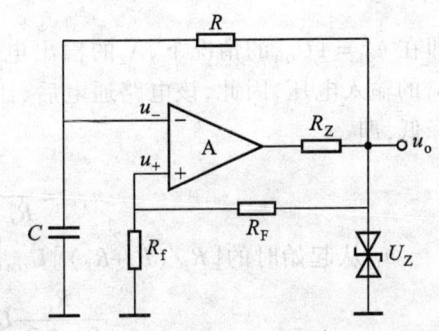

图 18.4.7 例 18.4.2 的图

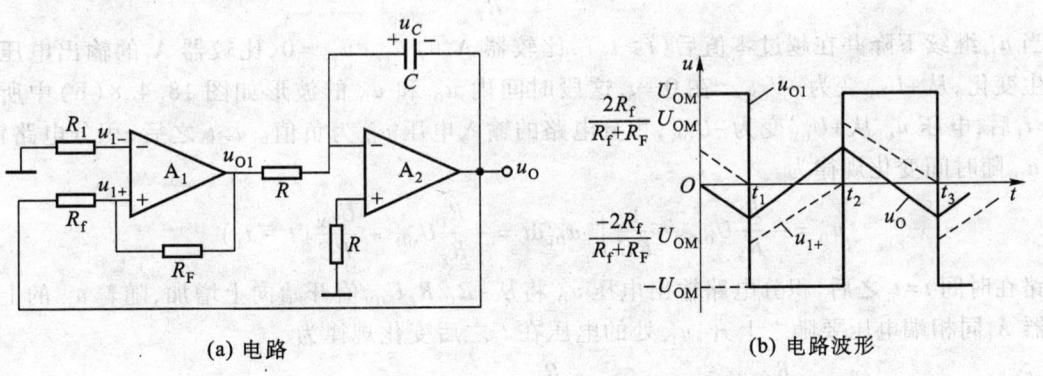

(a) 电路   (b) 电路波形

图 18.4.8 三角波发生器

图 18.4.8(a)所示电路的工作原理如下:该电路接入电源后,设集成运放 A_1 由于正反馈的作用,其输出电压 u_{O1} 很快达到 $+U_{OM}$ 值。若 A_2 积分电路的电容电压的初始值为零,则集成运放 A_2 的输出电压 $u_o=0$。

集成运放 A_1 构成了一个上行迟滞比较器,其反相输入端接地,故

$$u_{1-}=0$$

而 A_1 的同相输入端的电压,根据理想集成运放条件可知

$$u_{1+}=\frac{R_f}{R_f+R_F}u_{O1}+\frac{R_F}{R_F+R_f}u_o$$

起始时,因设 $u_{O1}=+U_{OM}$,而 $u_o=0$,所以

$$u_{1+}(0) = \frac{R_f}{R_f + R_F} U_{OM}$$

由于 $u_{1+} > u_{1-}$，故 $u_{O1} = U_{OM}$。比较器 A_1 的输出电压 $u_{O1} = +U_{OM}$，这个电压作为反相积分电路的输入电压，使积分电路 A_2 的输出电压

$$u_O = -\frac{1}{RC} \int_0^t u_{O1} dt = -\frac{U_{OM}}{RC} \cdot t$$

即在 $u_{O1} = +U_{OM}$ 的情况下，A_2 的输出电压 u_O 为负并随时间增长而下降。由于 u_O 又作为比较器 A_1 的输入电压，因此，该电路通电后，比较器 A_1 的同相输入端电压 u_{1+} 将会随着 u_O 的变负而逐渐降低，即

$$u_{1+} = \frac{R_f}{R_f + R_F} U_{OM} + \frac{R_F}{R_F + R_f}\left(-\frac{U_{OM}}{RC}t\right)$$

u_{1+} 从起始时的 $[R_f/(R_f+R_F)]U_{OM}$ 降至等于零时，所用时间 t_1 可由令上式为零求出。即

$$\frac{R_f}{R_f + R_F} U_{OM} + \frac{R_F}{R_F + R_f}\left(-\frac{U_{OM}}{RC}t_1\right) = 0$$

$$t_1 = \frac{R_f}{R_F} RC \tag{18.4.10}$$

当 $t = t_1$ 时，比较器同相端的电压 $u_{1+} = 0$，这时积分电路的输出电压

$$u_O(t_1) = -\frac{R_f}{R_F} U_{OM}$$

当 u_{1+} 继续下降并在越过零值后（$t \geq t_1$），比较器 A_1 的 $u_{1+} < u_{1-} = 0$，比较器 A_1 的输出电压 u_{O1} 要发生变化，从 $+U_{OM}$ 变为 $-U_{OM}$。在 0—t_1 这段时间内 u_{O1} 和 u_O 的波形如图 18.4.8(b) 中所示。在 $t \geq t_1$ 后，电压 u_{O1} 从 $+U_{OM}$ 变为 $-U_{OM}$，积分电路的输入电压 u_{O1} 为负值。$t > t_1$ 之后，积分电路输出电压 u_O 随时间变化规律为

$$u_O = -\frac{R_f}{R_F} U_{OM} - \frac{1}{RC}\int_{t_1}^t u_{O1} dt = -\frac{R_f}{R_F} U_{OM} + \frac{U_{OM}}{RC}(t - t_1)$$

即电路在时间 $t = t_1$ 之后，积分电路输出电压 u_O 将从 $-R_f/R_F U_{OM}$ 值开始向上增加，随着 u_O 的上升，比较器 A_1 同相端电压要随之上升，u_{1+} 处的电压在 t_1 之后变化规律为

$$u_{1+} = \frac{R_f}{R_F + R_f}(-U_{OM}) + \frac{R_F}{R_F + R_f} u_O$$

$$= \frac{R_f}{R_F + R_f}(-U_{OM}) + \frac{R_F}{R_F + R_f}\left[-\frac{R_f}{R_F} U_{OM} + \frac{U_{OM}}{RC}(t - t_1)\right]$$

$$= -\frac{2R_f}{R_F + R_f} U_{OM} + \frac{R_F U_{OM}}{RC(R_F + R_f)}(t - t_1)$$

令上述 u_{1+} 式等于零，即

$$u_{1+} = -\frac{2R_f}{R_f + R_F} U_{OM} + \frac{R_F U_{OM}}{RC(R_F + R_f)}(t - t_1) = 0$$

可以求出 u_{1+} 从 $-2R_f/(R_f+R_F)U_{OM}$ 上升到零所需时间（$t_2 - t_1$）为

$$t_2 - t_1 = \frac{2R_f}{R_F} RC \tag{18.4.11}$$

18.4 波形发生电路

在 $t=t_2$ 时,积分电路的输出电压为

$$u_O(t_2) = -\frac{R_f}{R_F}U_{OM} + \frac{U_{OM}}{RC}\left(\frac{2R_f}{R_F}RC\right) = \frac{R_f}{R_F}U_{OM}$$

比较器 A_1 的同相端电压 u_{1+} 在 $t=t_2$ 时又达零值,$t>t_2$ 后,u_{1+} 将 $>u_{1-}=0$,这时比较器 A_1 的输出电压又要从 $-U_{OM}$ 变为 $+U_{OM}$。在 (t_2-t_1) 这段时间内,u_{O1}、u_O 随时间变化的波形如图 18.4.8(b)中所示。

在 $t>t_2$ 之后,u_{O1} 又成 $+U_{OM}$,积分电路的输入信号为正值,积分电路的输出电压 u_O 从 $+\frac{R_f}{R_F}U_{OM}$ 向负值变化,如此不断循环使输出电压 u_O 成为一个三角波,u_O、u_{O1} 的波形如图 18.4.8(b)所示,输出电压 u_O 的周期

$$T = 2(t_2 - t_1) = 4R_f \cdot \frac{RC}{R_F} \tag{18.4.12}$$

频率
$$f = \frac{R_F}{4R_f \cdot RC} \tag{18.4.13}$$

由式(18.4.13)可知,改变电路电阻 R_f 与 R_F 的比值,或者改变 RC 充、放电电路的时间常数,均可以改变电路输出电压 u_O 的频率。

若将图 18.4.8(a)电路改变成如图 18.4.9 所示电路,即通过电位器 R_P 调节比较器的输出电压 u_{O1},可获得频率 f 可调节的三角波发生电路。

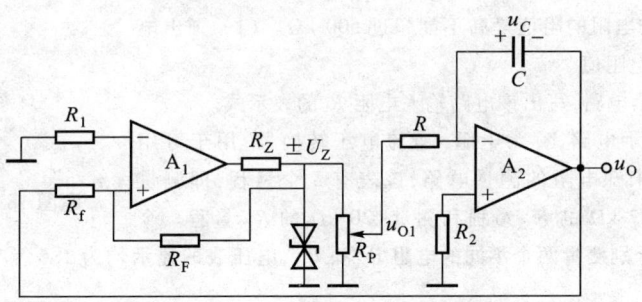

图 18.4.9 频率可调的三角波发生电路

如果在图 18.4.8(a)所示比较器 A_1 的反相输入端设置一个参考电压 U_R,改变 U_R 电压值可以使三角波沿纵轴方向移动。

3. 锯齿波发生器

锯齿波是一种常用的非正弦波,将图 18.4.8(a)所示三角波发生器进行一些改动,使积分电路在不同的工作时间段内的 τ 值不同,即可获得 u_O 为锯齿波的信号发生器。锯齿波发生器如图 18.4.10(a)所示。若选择 $R_1 \gg R_2$,当电压 $u_{O1} = +U_{OM}$ 时,二极管 D 导电,积分电路的时间常数 $\tau_P \approx R_2C$;在 $u_{O1} = -U_{OM}$ 时,二极管 D 不导电,积分电路的时间常数 $\tau_N = R_1C$。使 $\tau_N \gg \tau_P$,因而两时间常数不等,使输出电压 u_O 的波形如图 18.4.10(b)所示,为锯齿波。

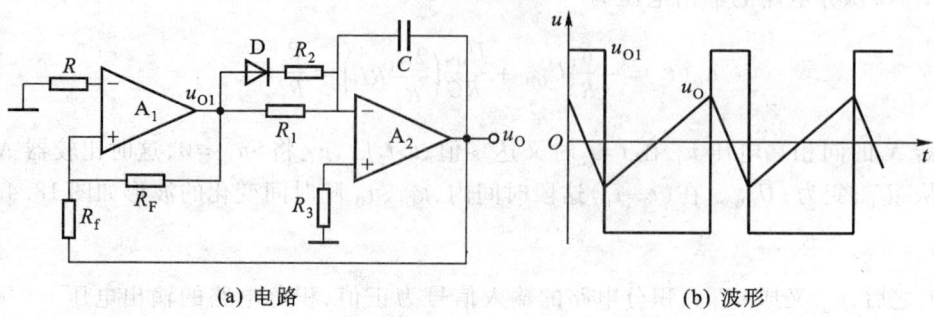

(a) 电路　　　　　　　　　　　　(b) 波形

图 18.4.10　锯齿波发生器

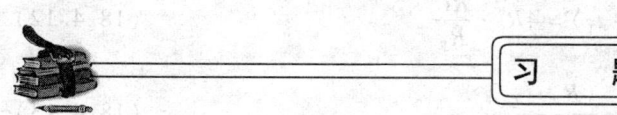

18.1　题图 18.1 所示电路，$u_I = 0.5$ V，求电路的输出电压 u_O，电路输入电阻 R_{if}，输入电流 i_I 和平衡电阻 R 为何值。

18.2　图 18.1.2 所示电路，已知 $R_1 = 100$ kΩ，$R_{F1} = R_{F3} = 50$ kΩ，$R_{F2} = 2$ kΩ。求该电路的电压放大倍数 A_u，输入电阻 R_{if} 和静态平衡电阻 R。

18.3　构成一反相比例运算电路，要求输入电阻 $R_{if} = 200$ kΩ，放大倍数 $A_u = -20$，电路中使用的电阻的阻值最高不能超过 500 kΩ。(1) 画出电路图；(2) 确定电路中的电阻值。

18.4　题图 18.4 所示电路，写出该电路输入电阻 R_{if} 的表示式。

18.5　题图 18.5 所示电路，称为电阻-直流电压转换器，用于万用表的电阻挡中作为测量未知电阻的测量电路，该表有 3 个量程，即测量 <200 Ω 的 R_{1N} 量程，测量 <2 kΩ 的 R_{2N} 量程和测量 <20 kΩ 的 R_{3N} 量程。今使用 R_{2N} 量程和 R_{3N} 量程分别测量两个不同的电阻 R_{x2} 和 R_{x3}，电压表的显示均为 1.5 V，求出所测电阻 R_{x2} 和 R_{x3} 的电阻值。

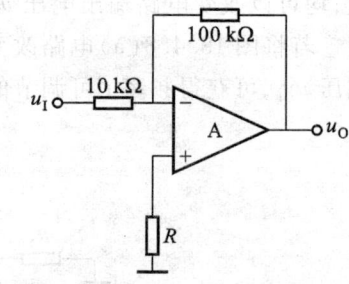

题图 18.1　习题 18.1 的图

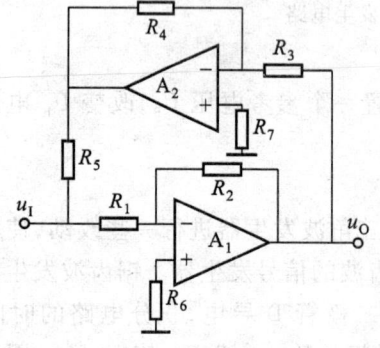

题图 18.4　习题 18.4 的图

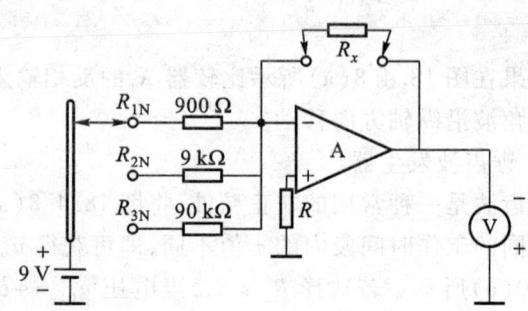

题图 18.5　习题 18.5 的图

18.6 题图18.6所示电路:(1)确定电路的静态工作点(u_+和u'_0的直流值);(2)判断该电路的交、直流反馈的区别;(3)计算交流电压放大倍数。

18.7 题图18.7所示电路:(1)确定电路的静态工作点(u_+和u_{o1}、u_{o2});(2)判断该电路的交、直流反馈的区别;(3)计算出交流电压放大倍数。

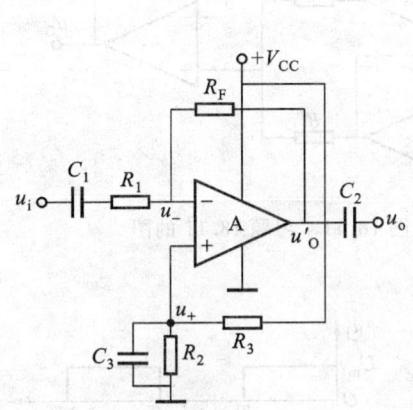

题图18.6 习题18.6的图

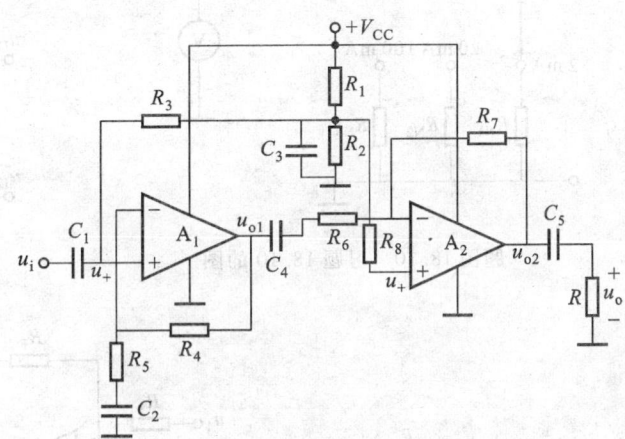

题图18.7 习题18.7的图

18.8 题图18.8所示电路,已知$u_1=0.5$ V,$R_f=10$ kΩ。欲使$u_0=10\,u_1$,求R_F和平衡电阻R之值。

18.9 题图18.9所示电路:(1)求该电路的电压放大倍数A_u为何值;(2)求第一级集成运放电路的输入电阻R_{i1}和第二级集成运放电路的输入电阻R_{i2};(3)求作用于第一级集成运放输入端的共模电压U_{IC1}和作用于第二级集成运放输入端的共模电压U_{IC2}为何值。

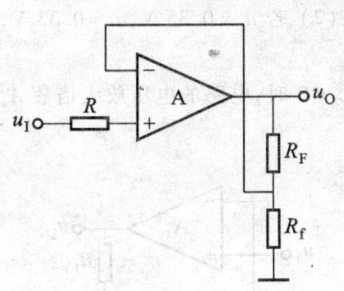

题图18.8 习题18.8的图

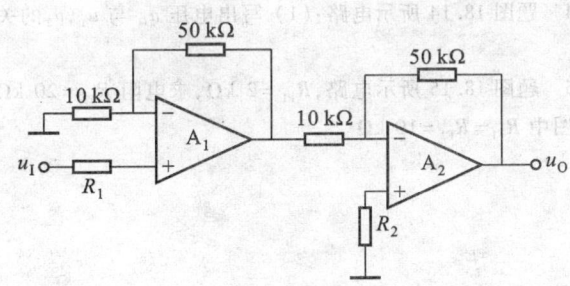

题图18.9 习题18.9的图

18.10 题图18.10所示电路,称为直流电流-直流电压转换器。它通过量程转换开关使被测电流通过不同的标准电阻,在满量程时均产生2 V的直流电压。根据图中给出的量程要求,确定出各量程下所需标准电阻的电阻值。

18.11 题图18.11所示电路:(1)写出u_0与u_{I1}和u_{I2}的函数关系式;(2)若$u_{I1}=1.25$ V,$u_{I2}=-0.6$ V,求u_0为何值。

18.12 题图18.12所示电路,写出u_0与u_1的关系式。

18.13 题图18.13(a)所示电路,电阻$R_1=R_2=R_F$,电压u_1和u_2的波形如图18.13(b)所示,图中$U_{m1}=U_{m2}$。写出u_0与u_1,u_2的关系式;画出u_0的波形图。

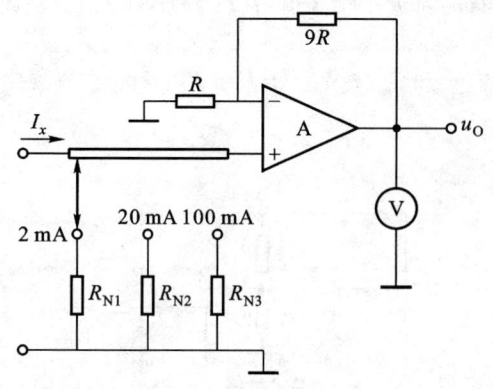

题图 18.10　习题 18.10 的图

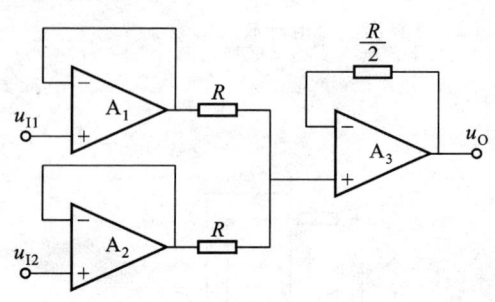

题图 18.11　习题 18.11 的图

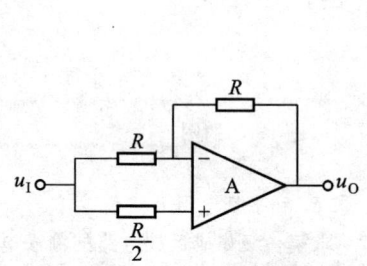

题图 18.12　习题 18.12 的图

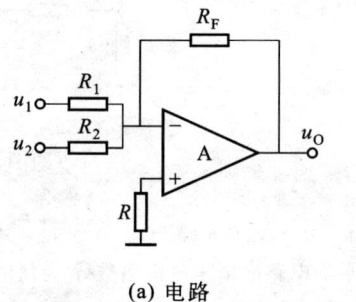

(a) 电路　　(b) 波形

题图 18.13　习题 18.13 的图

18.14　题图 18.14 所示电路:(1) 写出电压 u_O 与 u_1, u_2 的关系式;(2) 若 $u_1 = 0.35$ V, $u_2 = 0.33$ V,求电压 u_O 为何值。

18.15　题图 18.15 所示电路,$R_{P1} = 2$ kΩ,求电阻 $R_{P2} = 20$ kΩ 和 $R_{P2} = 0$ 时,电路的电压放大倍数 A_u 各是多少。已知图中 $R_{F1} = R_{F2} = 10$ kΩ。

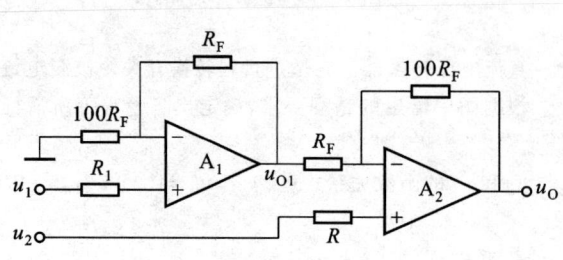

题图 18.14　习题 18.14 的图

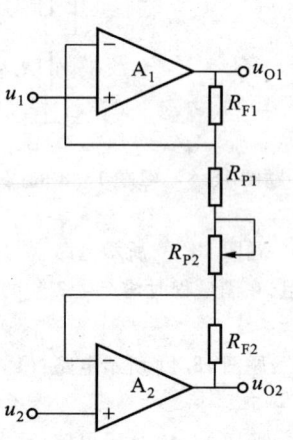

题图 18.15　习题 18.15 的图

18.16 题图 18.16 所示电路，$R_1 = R_2 = R_3 = 2\ \text{k}\Omega, R_P = 10\ \text{k}\Omega, R_{F1} = R_{F2} = 40\ \text{k}\Omega, R_f = 10\ \text{k}\Omega, R_F = 100\ \text{k}\Omega$。当电阻 R_x 从 $2.1\ \text{k}\Omega$ 变为 $2.2\ \text{k}\Omega$ 时，该电路的输出电压 u_O 将变化多少伏。

18.17 题图 18.17 所示电路，若 $u_1 = 1\ \text{V}, R = 100\ \text{k}\Omega, C = 1\ \mu\text{F}$。求 $u_O = -10\ \text{V}$ 时所需的时间 t 为何值，电路在起始时，电容电压为零。

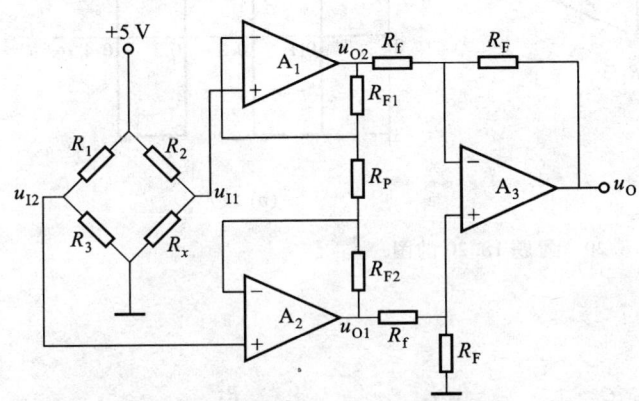

题图 18.16 习题 18.16 的图

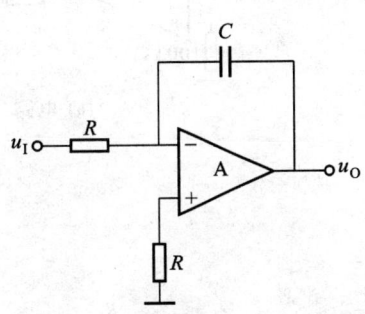

题图 18.17 习题 18.17 的图

18.18 电路如题图 18.17 所示，电路输入电压 u_1 的波形如图题 18.18 所示，画出电压 u_O 的波形，说明电路从 $t=0$ 开始工作后经多长时间后输出电压 u_O 又达零值。

18.19 题图 18.19 所示同相积分电路，根据理想集成运放条件，写出该电路 u_O 与 u_1 间的关系式。

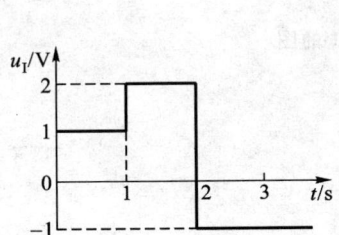

题图 18.18 习题 18.18 的图

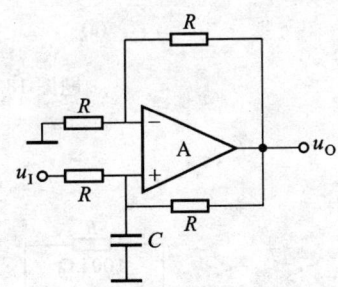

题图 18.19 习题 18.19 的图

18.20 题图 18.20 所示电路，电容器上的初始电压为零。写出 u_O 与 u_1 和 u_2 的关系式，若 $u_1 = 0.1\ \text{V}, u_2$ 的波形如题图 18.20(b) 所示，画出 u_O 的波形图。

18.21 题图 18.21 所示电路。分别写出电路输出电压 u_O 与输入电压 u_1 的关系式。

18.22 题图 18.22 所示电路，输入电压 u_1 的波形如题图 18.22(b) 所示。写出 u_O 与 u_1 的关系式，画出 u_O 的波形图。

18.23 指出题图 18.23 所示各电路属于哪种类型的滤波电路。

18.24 题图 18.24 所示各电路，参考电压 $U_R = 1.5\ \text{V}$，电阻 $R_f = R_F = 10\ \text{k}\Omega$，集成运放输出电压 $U_{OM} = \pm 10\ \text{V}$。确定图(c)、(d)电路的上、下阈值电压，回差电压 ΔU；画出(a)~(d)电路的输入-输出特性曲线。

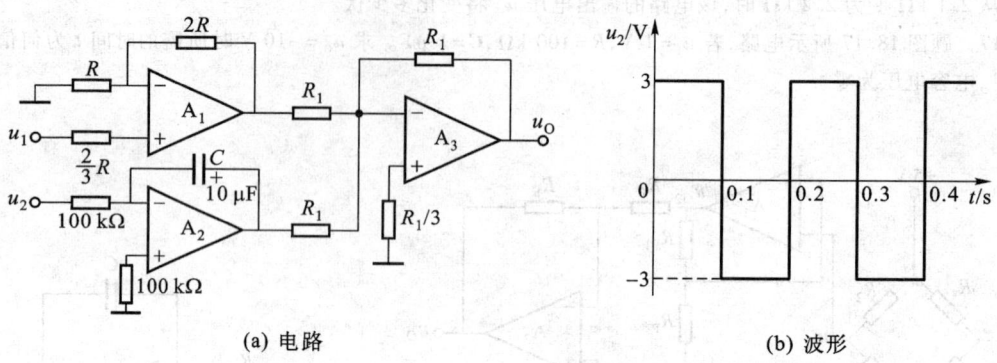

(a) 电路 (b) 波形

题图 18.20 习题 18.20 的图

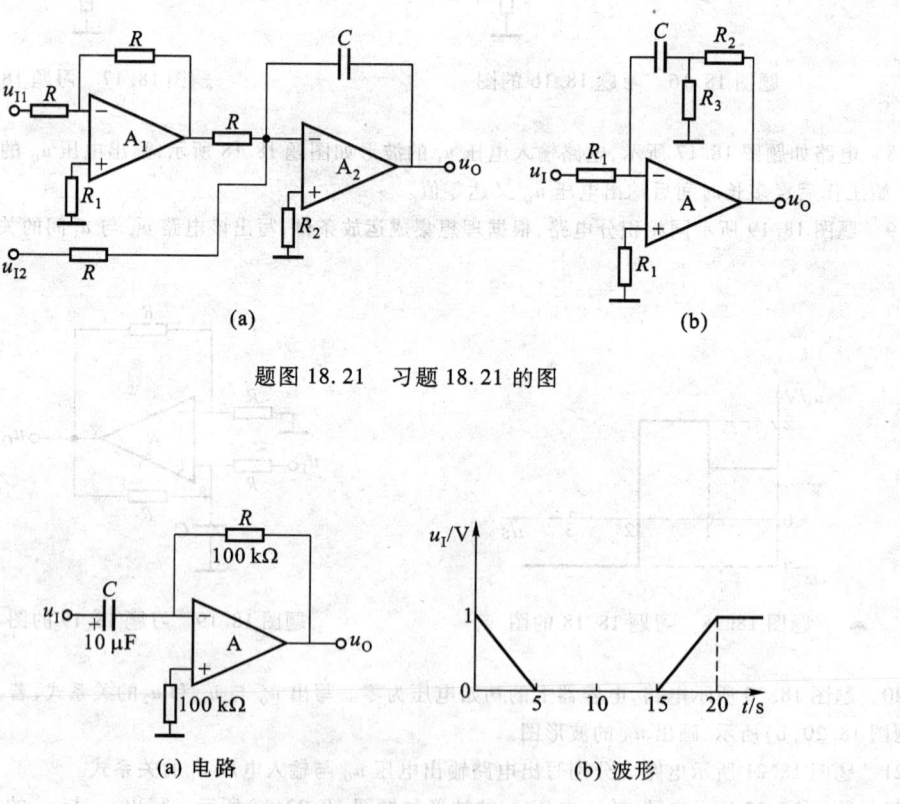

题图 18.21 习题 18.21 的图

(a) 电路 (b) 波形

题图 18.22 习题 18.22 的图

18.25 题图 18.25 所示比较器,若 $U_R = 10\text{ V}$, u_O 的 $U_{OM} = \pm 10\text{ V}$,该比较器要求 $U_{TH} = 10\text{ V}$, $U_{TL} = 6\text{ V}$,求电阻 R_f 与 R_F 的比值。

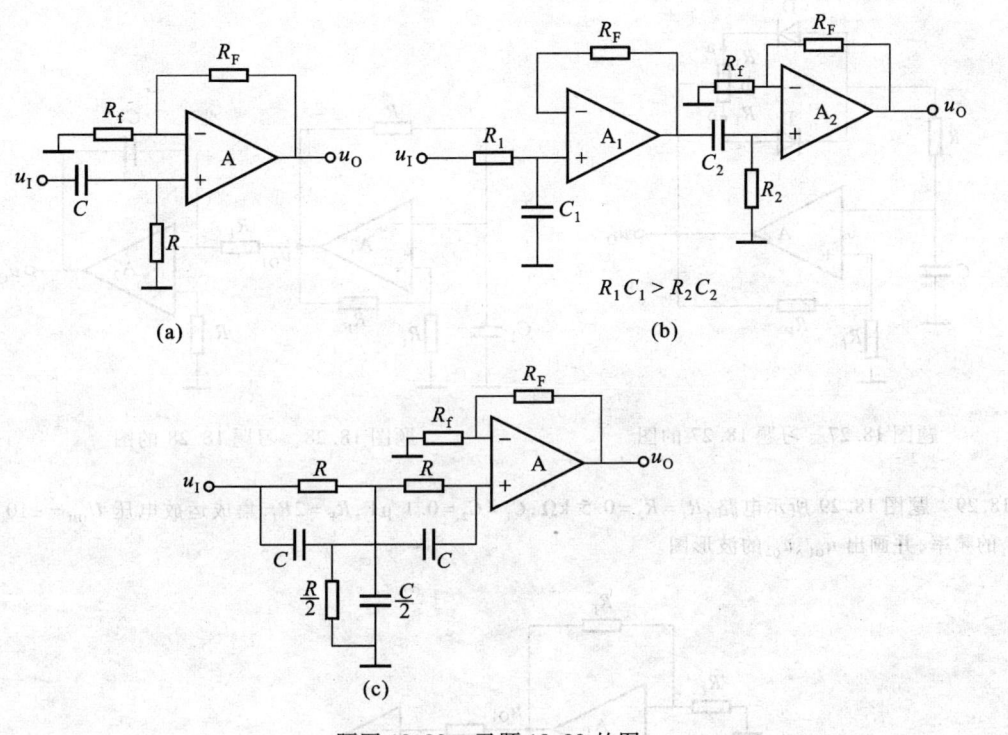

题图 18.23　习题 18.23 的图

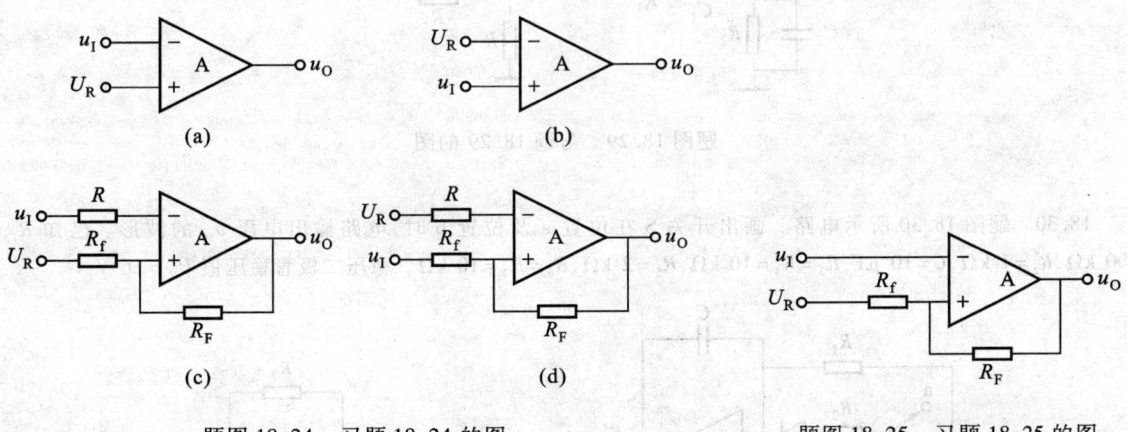

题图 18.24　习题 18.24 的图　　　　题图 18.25　习题 18.25 的图

18.26　图 18.4.8(a)所示电路，$R=10$ kΩ，$R_f=R_F$，$C=0.1$ μF，$U_{OM}=\pm 10$ V。计算所示电路的频率 f，画出电压 u_o 的波形。

18.27　题图 18.27 所示电路，$R_f=12$ kΩ，$R_F=14$ kΩ，$R=10$ kΩ，$R_1=50$ kΩ，$C=0.01$ μF，$U_{OM}=\pm 15$ V。求移动端在图中 a、b、c 3 个不同位置时，输出电压 u_o 的频率与波形（分析时将二极管视为理想元件，即正向导通电压为零，反向电阻为∞）。

18.28　题图 18.28 所示电路，$R=10$ kΩ，$R_1=1$ kΩ，$R_f=R_F=10$ kΩ，$C_1=0.1$ μF，$C_2=0.1$ μF，集成运放的 $U_{O1M}=\pm 10$ V，$U_{OM}=\pm 15$ V。求 u_{O1} 的频率，并画出 u_{O1} 和 u_o 的波形图。

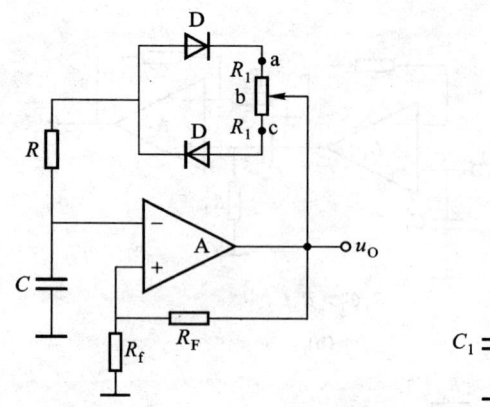
题图 18.27 习题 18.27 的图

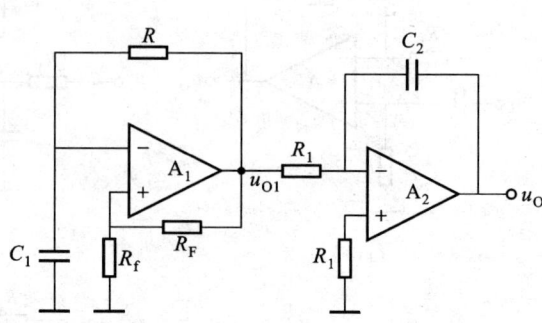
题图 18.28 习题 18.28 的图

18.29 题图 18.29 所示电路,$R_1 = R_2 = 0.5$ kΩ,$C_1 = C_2 = 0.1$ μF,$R_F = 2R_f$,集成运放电压 $U_{OM} = \pm 10$ V。求电压 u_{O1} 的频率,并画出 u_{O1}、u_{O2} 的波形图。

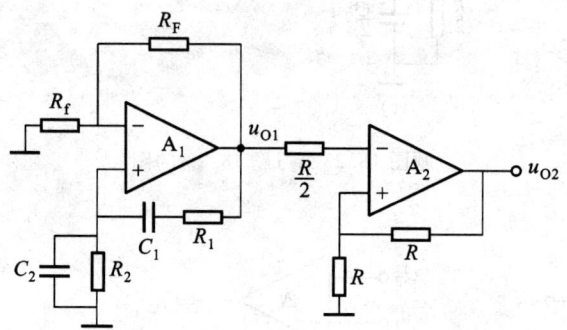
题图 18.29 习题 18.29 的图

18.30 题图 18.30 所示电路。画出开关 S 在位置 a 及位置 b 时,电路输出电压 u_O 的波形。已知 $R_1 = 100$ kΩ,$R_2 = 1$ kΩ,$C = 10$ μF,$R_3 = R_4 = 10$ kΩ,$R_5 = 2$ kΩ,$R_6 = R_7 = 10$ kΩ。稳压二极管稳压值 $U_Z = \pm 6$ V。

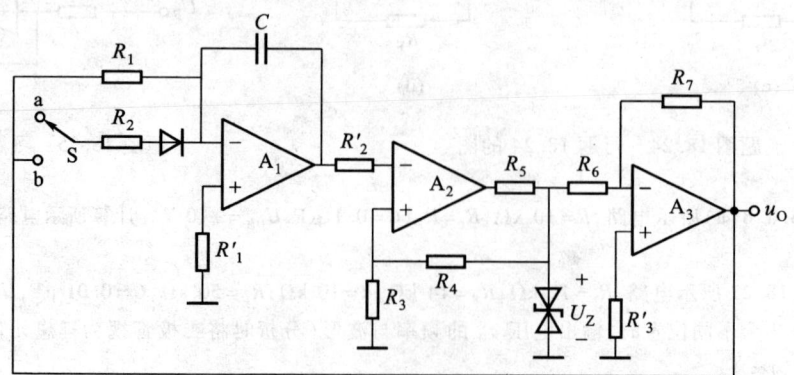
题图 18.30 习题 18.30 的图

18.31 题图 18.31 所示电路,$u_1 = U_{1m}\sin(2\pi \times 10^3 t)$ V,u_2 为幅值 $U_{2m} = 5$ V 的三角波,其周期 $T = 0.2$ ms。(1)画出 $U_{1m} = 2$ V 时,电路 u_O 的波形;(2)若 $U_{1m} = 4$ V 时,u_O 波形将有何改变,并画出 $U_{1m} = 4$ V 时 u_O 的波形。

18.32 题图 18.32 所示电路:(1)估算放大倍数;(2)估算负载 R_L 获得功率的最大值是多少瓦(估算时,认为晶体管的管压降 U_{CES} 及 0.5 Ω 的射极电阻电压总和为 1.5 V)。

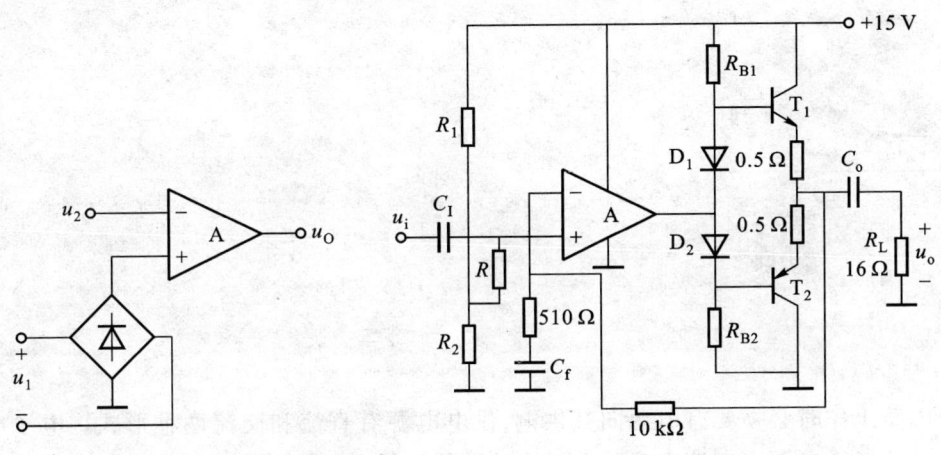

题图 18.31 习题 18.31 的图   题图 18.32 习题 18.32 的图

18.33 题图 18.33 所示电路,已知 $R_L = 48$ Ω。要求:(1)估算该电路的放大倍数;(2)估算负载 R_L 可能获得的最大功率 P 为何值。(估算时认为晶体管及其射极电阻 R_E 的电压总和为 1.5 V。)

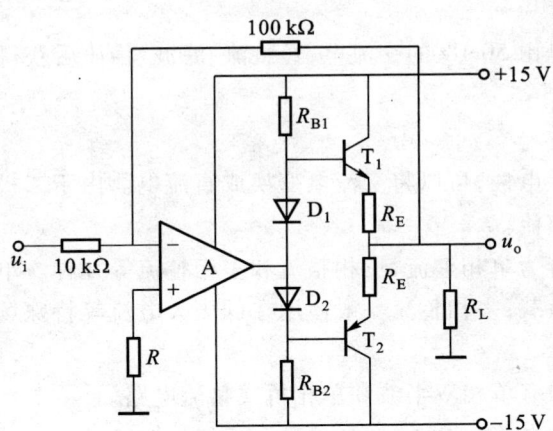

题图 18.33 习题 18.33 的图

第19章 电源

电子电路工作时必须要有电源向其供电,供电电源有直流和交流两种形式。电子电路使用最多的是直流稳压电源。交流电源除50 Hz的工频电源外,还使用几百赫到几十千赫的交流电源。直流稳压电源和各种不同频率的交流电源一般通过50 Hz的交流电经电子电路变换而成。

▶19.1 直流稳压电源

直流稳压电源通常是由50 Hz的交流电,经整流、滤波、稳压后获得。

▶▶19.1.1 整流电路

利用二极管的单向导电性,可以将交流电变换成直流电。由于二极管是不可控元件,因而二极管整流电路是不可控整流。

二极管整流电路可分为单相整流,三相整流和多相整流等几种。单相整流用于小功率负载;三相整流多用于大功率负载;多相整流一般使用在低压大电流等特殊场合。

1. 单相整流

常见的单相整流电路有单相双半波和单相桥式整流电路。

(1) 单相双半波整流电路

单相双半波整流电路是由单相半波整流电路组合而成。

① 单相半波整流电路。电路如图19.1.1(a)所示,图19.1.1(b)所示是单相半波整流电路的波形图。

由图19.1.1(a)所示电路可看出:当交流电压 u_2 为正半周时,在二极管 D 上作用着正向电压,二极管导电,若忽略二极管的正向压降 u_D,则负载 R 上的电压,即整流输出电压 u_0 与 u_2 的正半波相等;当电压 u_2 变为负半周后,二极管 D 工作在反向电压下,二极管不导电,电路中电流 $i_0 \approx 0$,负载 R 上没有电压,交流电压 u_2 的负半周全部作用在二极管上,二极管承受的最大反向电压 $U_{RM} = U_{2m}$。

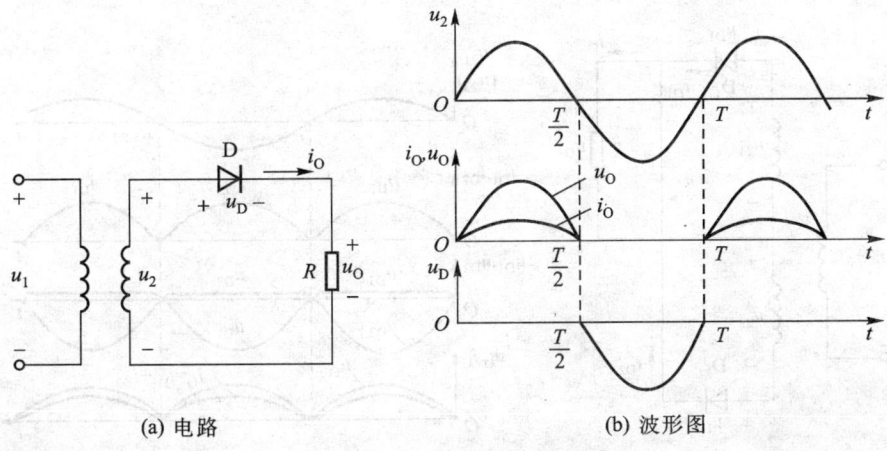

(a) 电路　　　　　　　　(b) 波形图

图 19.1.1　单相半波整流电路

若视二极管 D 为理想元件，在 $u_2 = U_{2m}\sin\omega t$ V 时，单相半波整流电路输出电压 u_O 的平均值 $U_{O(AV)}$ 为

$$U_{O(AV)} = \frac{1}{2\pi}\int_0^\pi U_{2m}\sin\omega t\,\mathrm{d}(\omega t) = \frac{U_{2m}}{\pi} = 0.45U_2 \tag{19.1.1}$$

由图 19.1.1(a) 所示电路的波形图可看出，单相半波整流电路，被整流的交流电仅在 1/2 周期内向负载供电，因而电路利用率不高，而且电路输出电压 u_O 的脉动大。由于半周导电，变压器二次绕组中仅半周内有电流，因而变压器一、二次绕组电流 i_1、i_2 中会有一个很大的直流电流分量，这个直流电流分量对变压器工作不利。为了消除这些不利因素，整流时多采用双半波整流电路或桥式整流电路。

② 单相双半波整流电路。为消除变压器不利的工作条件和提高交流电的利用率，可将两个单相半波整流电路按图 19.1.2(a) 所示连接。在这个电路中，交流电 u_{21}、u_{22} 的正半周二极管 D_1 导电，D_2 截止，交流电压 u_{21} 在正半周时通过 D_1 管引到负载 R 处；交流电 u_{21}、u_{22} 的负半周时，二极管 D_1 截止，D_2 导电，交流电压 u_{22} 通过 D_2 管引到负载 R 处，并使负载 R 的电压 u_O 的极性与 u_{21} 的正半周输出时相同，从而使负载 R 在交流电的正、负半周均有输出，并保持输出电压的极性不变。图 19.1.2(a) 中所示各电压、电流的波形如图 19.1.2(b) 所示。

单相双半波整流电路提高了整流电路的利用率、降低了整流输出电压 u_O、电流 i_O 的脉动和改善了变压器工作情况。单相双半波整流电路的整流电压平均值较半波整流提高了一倍，即

$$U_{O(AV)} = 2\times 0.45U_2 = 0.9U_2 \tag{19.1.2}$$

式 (19.1.2) 中 U_2 为变压器二次电压 u_{21}、u_{22} 的有效值。

单相双半波整流电路中，不导电的二极管所承受的最大反向电压 $U_{RM} = 2U_{2m}$。整流电路负载 R 中电流的平均值

$$I_{O(AV)} = \frac{U_{O(AV)}}{R} \tag{19.1.3}$$

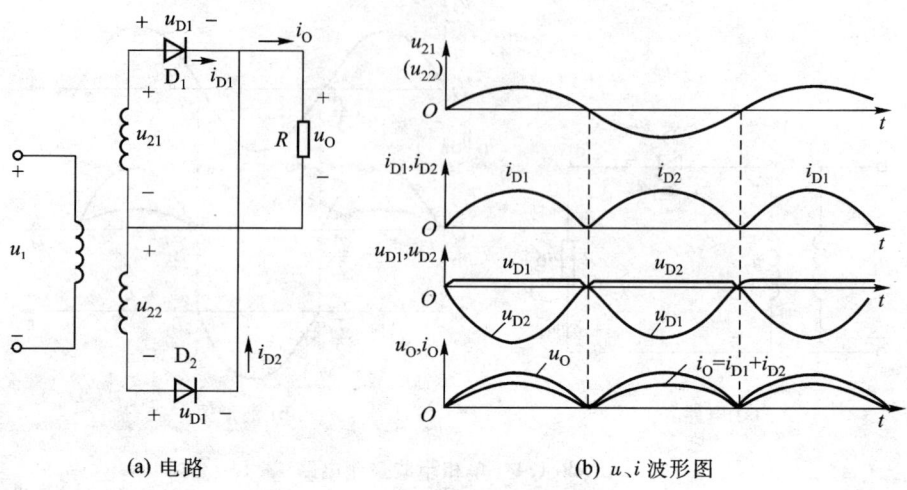

(a) 电路   (b) u、i 波形图

图 19.1.2 单相双半波整流电路

目前,在市场上出售的一些电池充电器,其内部就是一个双半波整流电路,如图 19.1.3 所示,图中电阻 R 用于限制充电电流值。

(2) 单相桥式整流电路

一般小功率整流多采用图 19.1.4(a) 所示单相桥式整流电路,图 19.1.4(b) 所示是单相桥式整流电路的惯用符号;图 19.1.4(c) 所示是电路的电压、电流波形图。

图 19.1.4(a) 所示电路的导电情况如下:在电压 u_2 的正半周时,电流 i_0 由电压 u_2 的 A 端输出→经二极管 D_1→负载 R_L→二极管 D_3→电压 u_2 的 B 端构成导电通路,在 D_1、D_3 管导电时,二极管 D_2 和 D_4 承受着反向电压不导电;在 u_2 的负半周时,电流 i_0 由电压 u_2 的 B 端输出→经二极管 D_2→负载 R_L→二极管 D_4→电压 u_2 的 A 端构成导电通路,在 D_2、D_4 管导电时,二极管 D_1、D_3 承受着反向电压不导电。不导电的二极管所承受的最大反向电压 $U_{RM} = U_{2m}$。

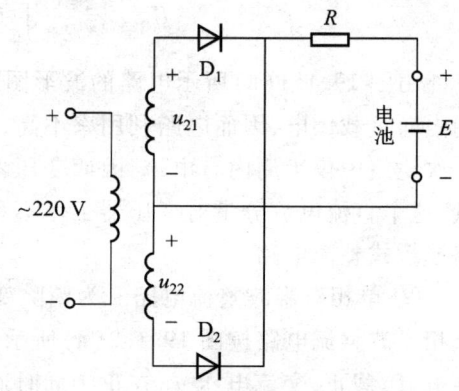

图 19.1.3 充电器电路

图 19.1.4(a) 所示电路,在 u_2 的正、负半周内均有整流电压输出,并保持电压 u_0 的极性不改变。桥式整流电路输出电压 u_0 的平均值 $U_{O(AV)}$ 为

$$U_{O(AV)} = \frac{1}{2\pi} \int_0^{2\pi} |U_{2m}\sin\omega t| \, d(\omega t) = \frac{2}{\pi} U_{2m} = 0.9 U_2 \quad (19.1.4)$$

整流电路输出电流 i_0 的平均值由电压 $U_{O(AV)}$ 与负载电阻 R 决定,即

$$I_{O(AV)} = \frac{U_{O(AV)}}{R} \quad (19.1.5)$$

通过每只二极管的平均电流 $I_{D(AV)} = \dfrac{I_{O(AV)}}{2}$。

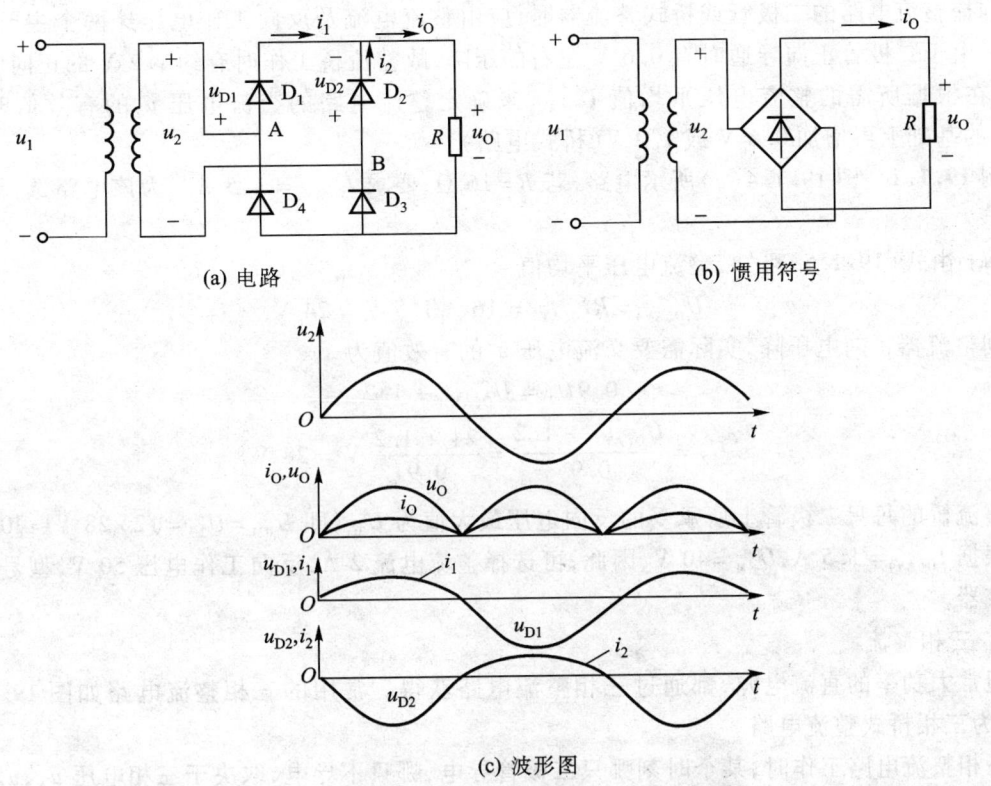

图 19.1.4 单相桥式整流电路

单相桥式整流电路应用广泛,因此,市场上有现成的桥式整流电路出售,表 19.1.1 给出了几种硅单相桥式整流器的型号与主要参数。

表 19.1.1 几种硅单相桥式整流器的型号与主要参数

参数 型号	不重复正向 浪涌电流 /A	整流 电流 /A	正向电 压降 /V	反向漏 电流 /μA	反向工 作电压 /V	最高工 作结温 /℃	外形与 引脚
QL1	1	0.05	≤1.2	≤10	常见分挡 为:25,50, 100,200, 400,500, 600,700, 800,900, 1 000	130	
QL2	2	0.1					
QL5	10	0.5					
QL6	20	1					
QL7	40	2		≤15			
QL8	60	3					

选择整流电路的二极管或桥式整流器时,应由整流电流及反向工作电压这两个主要参数来确定。由于二极管正向导通时有 0.6 V 左右的压降,故整流桥工作时有约 1.2 V 的正向电压降,因此,在根据所需的整流电压平均值 $U_{O(AV)}$ 来确定整流电路的交流电压 u_2 的有效值时,应在 $U_{O(AV)}$ 的基础上再增加 0.6 V 或 1.2 V(桥式电路)。

例 19.1.1 图 19.1.4(a)所示电路,若 $R = 16\ \Omega$,要求 $I_{O(AV)} = 1.5$ A。为该电路选择桥式整流器。

解:由式(19.1.5)可知,整流电压平均值

$$U_{O(AV)} = RI_{O(AV)} = 16 \times 1.5\ \text{V} = 24\ \text{V}$$

考虑到整流器正向电压降,实际需要交流电压 u_2 的有效值为

$$0.9 U_2 = U_{O(AV)} + 1.2$$

因此

$$U_2 = \frac{U_{O(AV)} + 1.2}{0.9} = \frac{24 + 1.2}{0.9}\ \text{V} = 28\ \text{V}$$

整流桥的每只二极管上所承受的反向电压最大值为 U_{2m},即 $U_{RM} = U_{2m} = \sqrt{2} \times 28$ V ≈ 40 V。

根据 $I_{O(AV)} = 1.5$ A,$U_{RM} = 40$ V,因此,可选择整流电流 2 A,反向工作电压 50 V,型号为 QL7 的整流器。

2. 三相整流

通常大功率的直流电源,都通过三相整流电路获得。常用的三相整流电路如图 19.1.5 所示,称为三相桥式整流电路。

三相整流电路工作时,某个时刻哪只二极管导电,哪只不导电,取决于三相电压 u_A, u_B, u_C 瞬时值的高低。若图 19.1.5 所示整流电路中的三相交流电压的波形如图 19.1.6 所示。

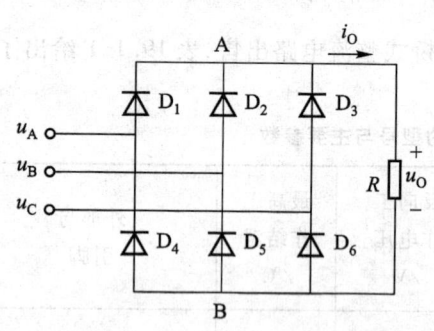

图 19.1.5 三相桥式整流电路

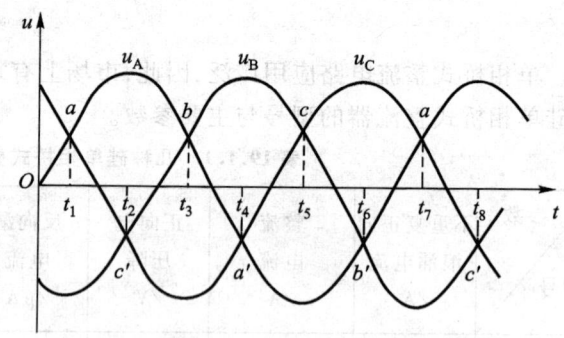

图 19.1.6 三相交流电压波形

由图 19.1.6 可看出:该三相电源的 3 根相线,通常只有一相电压最高,一相电压最低,所以,三相整流电路的电流,应从三相电源中电压最高的那一相流出,经过负载回到电压最低的那一相。

例如,在时间 $t = 0$ 到 $t = t_1$ 这段时间内,电压 u_C 最高,电压 u_B 最低。因此,整流电流 i_O 将从电源的 C 相输出,经二极管 D_3、负载 R、二极管 D_5 后回到 B 相电源。整流电流 i_O 由 C-B 线供给,整流电压 $u_O = u_{CB}$。

在 $t = 0$ 到 $t = t_1$ 这段时间,只有 D_3 和 D_5 导电,D_1, D_2 和 D_4, D_6 不能导电,原因是:D_3 导电后,整

流电路的 A 点电位与电压 u_C 相同,而 u_A、u_B 均低于 u_C。因此,使 D_1 和 D_2 管作用着反向电压;同样,在 D_5 导电后,B 点电位与 u_B 相同,而 u_A、u_C 均高于 u_B,因而使 D_4 和 D_6 也作用着反向电压而不能导电。

在时间 $t>t_1$ 之后,电压 u_C 将低于电压 u_A。电压 $u_A>u_C$ 后,二极管 D_1 导电,电路中 A 点电位与 u_A 相等,这时 D_3 管作用着反向电压而停止导电,整流电源的输出电流 i_O 自动地从由 C 相供出转换成由 A 相供出,整流电流 i_O 由电源 A-B 供给,整流电压 $u_O=u_{AB}$。

在图 19.1.6 中,电压 u_A 与电压 u_C 相等的 a 点,是整流电路输出电流由 C 相供出转为 A 相供出的转换点,交点 a 称为整流电路的自然换相点。

图 19.1.6 所示电路,在时间到达 $t=t_2$ 之后,电压 u_C 低于电压 u_B,而电压 u_A 仍保持最高。这时导电的二极管由 D_1、D_5 转换为 D_1、D_6,整流电流 i_O 由电源 A-C 线供给,整流电压 $u_O=u_{AC}$。时间 $t=t_3$ 之后,电压 u_B 高于 u_A,即过自然换相点 b 之后,二极管 D_2 导电,D_1 截止,整流电压 $u_O=u_{BC}$,i_O 由 B-C 线供给……

综上所述,三相桥式整流电路,整流电压 u_O 的瞬时值始终与电源线电压瞬时值相等,每个时刻只有两只二极管导电,每只二极管的导通时间都是 1/3 周期。三相桥式整流电路输出电压 u_O 的波形及在一个周期内,每只二极管导电时间及次序如图 19.1.7 中所示。

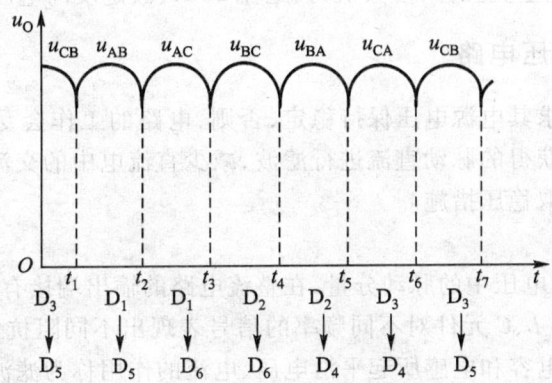

图 19.1.7 三相桥式电路整流电压波形

三相桥式整流电路输出电压 u_O 由电源的线电压提供,因此,整流电压的平均值

$$U_{O(AV)} = \frac{6}{2\pi} \int_{\frac{\pi}{3}}^{\frac{2\pi}{3}} \sqrt{2} U_L \sin\omega t\, d(\omega t) = 1.35\, U_L$$

式中,U_L 为电源线电压的有效值。三相电源的线电压 U_L 与相电压 U_P 的关系为:$U_L=\sqrt{3}U_P$。因此,上式可表示为

$$U_{O(AV)} = 1.35\, U_L = 2.34\, U_P \tag{19.1.6}$$

三相桥式整流电路负载电流 i_O 的平均值由电压平均值 $U_{O(AV)}$ 及负载电阻 R 确定,即

$$I_{O(AV)} = \frac{U_{O(AV)}}{R} \tag{19.1.7}$$

三相整流电路中的每一只二极管,在交流电的一个周期内导电时间为 1/3 周期,因此,二极管的平均电流 $I_{D(AV)}$ 为 $(I_{O(AV)}) \cdot 1/3$,二极管所承受的最大反向电压为电源线电压的最大值,即 $U_{RM} = \sqrt{2}\,U_L = \sqrt{6}\,U_P$。

例 19.1.2 图 19.1.5 所示三相整流电路,电源相电压的有效值 $U_A = U_B = U_C = 220$ V,负载电阻 $R = 10\ \Omega$,求整流电压 $U_{O(AV)}$ 并确定二极管的主要参数值。

解:由式(19.1.6)可知

$$U_{O(AV)} = 2.34\,U_P = 2.34 \times 220\ \text{V} = 514.8\ \text{V}$$

电流

$$I_{O(AV)} = \frac{U_{O(AV)}}{R} = \frac{514.8}{10}\ \text{A} = 51.48\ \text{A}$$

整流电路中使用的二极管主要参数值

$$I_{D(AV)} = \frac{1}{3}I_{O(AV)} = 17.16\ \text{A}$$

反向电压

$$U_{RM} = \sqrt{6}\,U_P = 2.45 \times 220\ \text{V} = 539\ \text{V}$$

可选型号为 2CZ20 硅整流元件,参数值为:电流 20 A、额定反向电压 600 V。

▶▶19.1.2 滤波和稳压电路

电子电路工作时,要求其电源电压保持稳定,否则,电路的工作会受到影响。为获得平滑的直流电压,要将整流之后获得的脉动直流进行滤波,减少直流电中的交流分量。为获得稳定的直流电源,还应在电路中采取稳压措施。

1. 滤波电路

为降低整流电路输出电压中的脉动分量,在整流电路的输出端接有电容器或电感器,利用这些元件具有的储能作用和 L、C 元件对不同频率的信号表现出不同阻抗值的特性,可以使整流后的电压、电流变得平滑。电容和电感所起平滑电压、电流的作用称为滤波。

小电流负载通常使用电容滤波电路,即在整流电路的输出端并联一个大电容,如图 19.1.8(a)所示。整流输出电压下降时,电容将充电时所获得的电能向负载放电,从而使电压脉动减小,电容滤波电路的电压电流的波形如图 19.1.8(b)所示。电容数值越大,电容存储的电能越多,负载电阻 R 的阻值越大、电容放电时电压降低得越少,输出电压越平缓。输出电压脉动减小,整流电压的平均值提高。

为了使电容滤波电路有较好的滤波效果,要求电容放电时的时间常数 $\tau = RC$ 应大于输入电压 u 的周期 T,一般应使

$$RC \geq (3 \sim 5)\frac{T}{2} \tag{19.1.8}$$

例如,负载电阻 $R = 100\ \Omega$,u 的频率 $f = 50$ Hz,周期 $T = 0.02$ s,要达到式(19.1.8)的要求,电路中的滤波电容器所需电容量为

$$C \geq \frac{(3 \sim 5)\frac{T}{2}}{R} = \frac{(3 \sim 5) \times 0.01}{100}\ \text{F} = 300 \sim 500\ \mu\text{F}$$

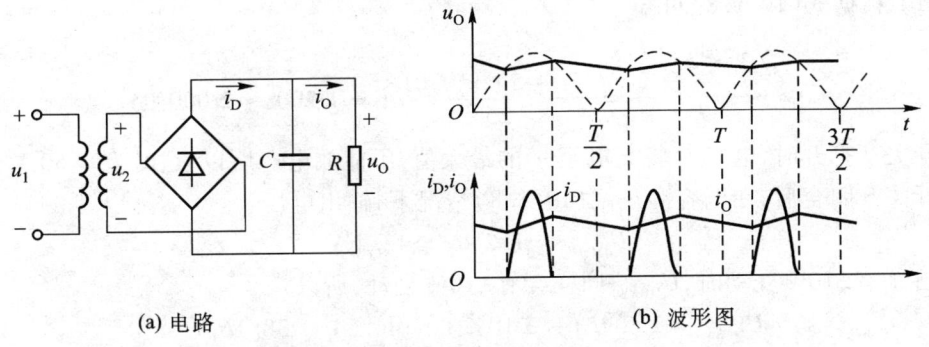

(a) 电路　　　　　　　　(b) 波形图

图 19.1.8　电容滤波电路

滤波电容一般在几十微法以上,有些电路甚至需要几千微法的电容。为减小滤波电容器的体积和重量,通常使用电解电容器。电解电容器是一种有极性的电容器,这种电容器接入电路时应将电容的正极接在整流电路输出的高电位,负极接在低电位。电容器的额定电压(耐压值)应大于被整流的交流电压的最大值($\sqrt{2}U$)。

电容滤波电路中所使用的电容 C 的电容量满足式(19.1.8)时,电路的直流输出电压的平均值将可以达到变压器二次电压有效值 U_2 的 1.2 倍,即

$$U_{O(AV)} \approx 1.2 U_2 \qquad (19.1.9)$$

整流电路接有电容电路后,整流电压的平均值提高,若负载电阻 R 一定时,负载电流 i_O 的平均值 $I_{O(AV)}$ 增大,电路由于加有电容后将会使整流二极管的导电时间减小,如图 19.1.8(b)所示,因此,通过二极管的电流波形与幅值均会有所改变,使二极管的谐波电流增加,为了使二极管工作时不会因过热而烧毁,应加大所选二极管的电流值,一般将其值增大至计算值的 2~3 倍。

例 19.1.3　图 19.1.9 所示电容滤波电路,电阻 $R=25\ \Omega$,电压 $u_2=50\sin 314t$ V。分析所示电路:

(1) 求电容 C;
(2) 开关 S 打开时,电容的直流电压 U_C 为何值;
(3) 开关 S 闭合后,输出电压 $U_{O(AV)}$ 为何值;
(4) 若交流电源 u_1 有 ±10% 改变时,整流输出电压 $U_{O(AV)}$ 的变动值是多少;
(5) 确定二极管的主要参数值。

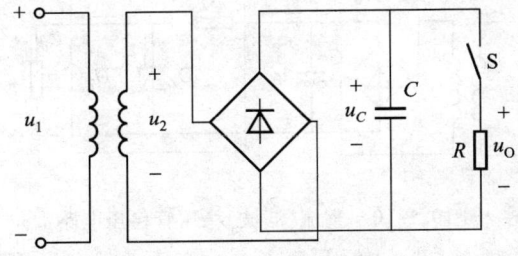

图 19.1.9　例 19.1.3 的图

解：(1) 根据式(19.1.8)可知

$$C \geqslant \frac{(3 \sim 5)\dfrac{T}{2}}{R} = \frac{(3 \sim 5) \times 0.01}{25}\,\text{F} = 1\,200 \sim 2\,000\,\mu\text{F}$$

(2) 开关 S 打开时，电容 C 将充电至 u_2 的最大值，不能放电。所以，这时 $U_C = 50$ V。

(3) 开关 S 闭合后，在电容满足式(19.1.8)情况下，输出电压

$$U_{O(AV)} = 1.2\,U_2 = 42.4\,\text{V}$$

(4) 当 u_1 有 ±10% 变动时，$U_{O(AV)}$ 同样会有 ±10% 变动，所以

$$U_{O(AV)} = 1.2\,U_2(1 \pm 10\%) \approx 46.64 \sim 38.16\,\text{V}$$

即输出电压最高约为 47 V，最低约 38 V，波动值约 9 V。

(5) 二极管主要参数

$$I_{D(AV)} = \frac{1}{2}I_{O(AV)} = \frac{1}{2}\cdot\frac{U_{O(AV)}}{R} \approx 0.85\,\text{A}$$

考虑到电容滤波电路二极管导电时间较 $T/2$ 小很多，将计算出的 $I_{D(AV)}$ 增大 3 倍，$I'_{D(AV)} = 3I_{D(AV)} \approx 2.5$ A。

考虑到交流电源电压 u_1 有 ±10% 的波动，二极管可能承受的最大反向电压 U_{RM}，取值为 $U_{2m} \times 1.1 = 55$ V。根据上述两项参数，可选用型号为 2CZ12B 型硅二极管（最大整流电流 3 A，最高反向工作电压 100 V）。

当整流电路负载电阻 R 很小，电路电压不很大时，电路中的电流也会很大，这种负载（如直流电动机）若用电容滤波将需用很大电容量的电容，将会使电路的应用带来很多问题，在此情况下应使用电感滤波，有关电感滤波的情况可参阅参考文献[1]等进行了解。

2. 稳压电路

由例 19.1.3 可知，当电路的电源电压有波动时，电路的输出也会随之有相应百分数的波动值，因此，只有滤波的电路，输出电压虽然脉动减小，但仍然存有脉动并会受电源或负载的变动而产生波动，为获得平稳的直流电压和减小输出电压受电源或负载变动而产生波动，小电流的情况下可用稳压二极管构成一个稳压电路，大电流时需使用晶体管等功率器件构成稳压电路。

(1) 稳压二极管稳压电路

稳压二极管的稳压电路由稳压二极管 D_Z 和稳压电阻 R_Z 组成，如图 19.1.10 中点画线框中所示。

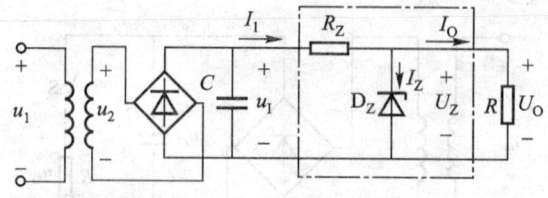

图 19.1.10 整流、滤波、稳压管稳压电路

稳压二极管稳压电路通电后，当电压 u_1 超过稳压二极管的反向击穿电压值后稳压二极管击

穿,反向击穿后的稳压二极管电流在较大范围内改变时,稳压二极管两端的电压变化不大(见第14章图14.1.13),利用稳压二极管的这一特性,与稳压电阻 R_Z 配合后可以实现稳定电压的目的,稳定电压的过程可由图19.1.10所示电路进行分析。在图19.1.10中,电压 u_I 是整流、滤波后输出的直流电压,电压 u_I 是不稳定的,如交流电源有±10%的波动时,u_I 也会有±10%的波动,当负载电阻 R 值保持一定时,若 u_I 增高,稳压二极管的电压 U_Z 要随之增加,但是这个电压稍有增加后,通过稳压二极管的电流会增加很多,于是稳压电阻 R_Z 的电压 $U_{RZ}=R_Z(I_O+I_Z)$ 随之增大,因此,输入电压 u_I 增大时稳压电阻 R_Z 上的电压相应随之增加,稳压电路的输出电压 $U_O=U_Z$ 变化不大,可以认为基本维持不变;相反,若电压 u_I 下降时,稳压二极管电压会随之有些下降,这时稳压二极管电流 I_Z 将减小许多,使稳压电阻 R_Z 上的电压降低,从而可以使稳压二极管的电压 U_Z 变化不大,输出电压 $U_O=U_Z$ 可以保持稳定。

如果输入电压 u_I 保持一定时,当负载电阻 R_L 值增加时,电流 I_O 将减小,这时稳压电阻 R_Z 的电压 $U_{RZ}=R_Z(I_O+I_Z)$ 会下降,在 u_I 一定时 U_{RZ} 的下降使稳压二极管电压 U_Z 上升,U_Z 值的上升电流 I_Z 将会增大,I_O 减小后电流 I_Z 增大使 U_{RZ} 下降不大,因而 U_Z 值的增加不多,可以视为基本维持不变,输出电压 $U_O=U_Z$ 保持稳定。

同样可以分析出,在 u_I 保持一定时,若负载电阻 R 减小时,电流 I_O 增加,这时稳压二极管电流 I_Z 将会减小,从而使 U_{RZ} 增加不大,输出电压 $U_O=U_Z$ 基本不变。

(2) 晶体管稳压电源

一般的晶体管直流稳压电源,向负载供电的晶体管采用发射极输出的方式工作,即负载 R 接在发射极与地之间。工作时为保持负载电压稳定,令晶体管工作在线性放大区。当电源电压或负载改变时,负载电压(即稳压电源输出电压)发生变化后,调节晶体管的管压降,使输出电压保持稳定,这样的一种稳压电源称为线性、串联型稳压电源,串联型稳压电源的结构框图,如图19.1.11所示,电源中与负载串联的晶体管 T 称为调整管。

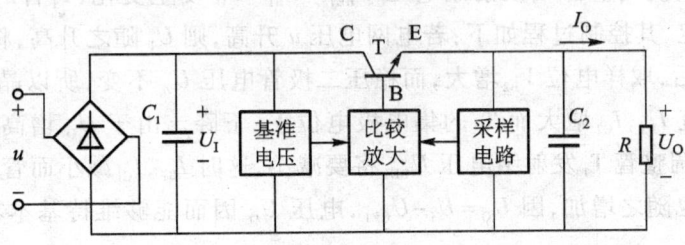

图 19.1.11　串联型稳压电源结构框图

在图19.1.11所示稳压电源结构框图中,调整管 T 构成了射极输出器,负载 R 是射极输出器的射极电阻。欲使图19.1.11所示电路的输出电压 U_O,在电源电压 u 波动或负载 R 变动均能保持稳定,要求该电路必须是一个闭环系统,以便在出现上述的变动时,调整晶体管的管压降 U_{CE} 来维持输出电压 U_O 稳定。为此,在图19.1.11设置了一个基准电压和一个能反映输出电压是否变化的取样电路,用基准电压与取样电压进行比较,以检测输出电压是否有变动。例如,若检测出输出电压 U_O 升高了,则通过比较放大电路输出的信号控制调整管 T,使电压 U_{CE} 增大,这样可使输出电压 U_O 下降;相反,若检测出 U_O 减小了,则应控制调整管 T,使其电压 U_{CE} 减小一些,以

便使 U_O 增加。具备上述调节功能的直流稳压电源如图 19.1.12 所示。

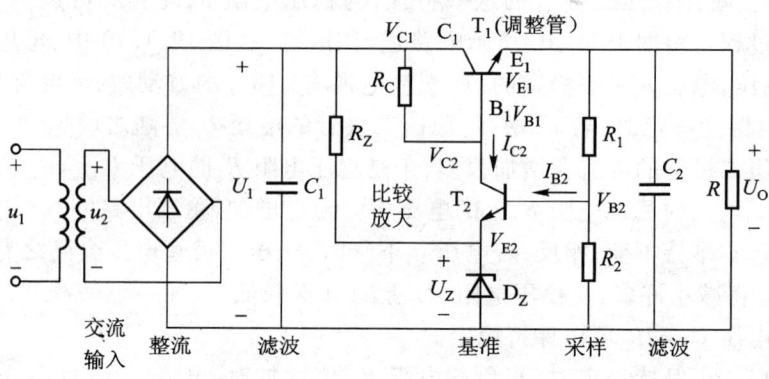

图 19.1.12 线性串联型直流稳压电源

图 19.1.12 所示电路中各元件的作用如下：晶体管 T_1 为调整管，T_2 用于比较放大；稳压管 D_Z 作为基准电压；电阻 R_1、R_2 构成的分压电路用于取样，取样电压 $U_{B2}=R_2 \cdot U_O/(R_1+R_2)$，$U_{B2}$ 也就是 T_2 管的基极电位 $V_{B2}=\dfrac{R_2}{R_1+R_2}U_O$，$T_2$ 管发射极电位 $V_{E2}=U_Z$，T_2 管发射结电压

$$U_{BE2}=V_{B2}-V_{E2}=\dfrac{R_2}{R_1+R_2}U_O-U_Z$$

图 19.1.12 所示电路在输出电压 U_O 发生变化时，T_2 管的 $U_{BE2}=\dfrac{R_2}{R_1+R_2}U_O-U_Z$ 随之改变，则 T_2 管的基极电流 I_{B2}、集电极电流 I_{C2} 和集电极电位 V_{C2} 随之变化。而 $V_{C2}(=V_{B1})$ 的变化，将改变调整管 T_1 的基极电压，使调整管 T_1 发射结电压 $U_{BE1}=V_{B1}-U_O$ 发生变化，T_1 管的 U_{CE1} 随之改变以维持输出电压 U_O 稳定，其控制过程如下：若电网电压 u 升高，则 U_1 随之升高，将使电路的输出电压 U_O 升高。U_O 升高后，取样电位 V_{B2} 增大，而稳压二极管电压 U_Z 不变，所以晶体管 T_2 的发射结电压 U_{BE2} 增大，使电流 I_{B2}、I_{C2} 增大而 T_2 的集电极电位 V_{C2} 下降。由于 U_O 增高而 T_1 管的基极电位 $V_{B1}=V_{C2}$ 下降，所以调整管 T_1 发射结电压 U_{BE1} 将要减小，这时 I_{B1}、I_{C1} 减小而管压降 U_{CE1} 增大，从而在 U_1 增大时，U_{CE1} 也随之增加，因 $U_O=U_1-U_{CE1}$，电压 U_O 因而能够维持基本不变，保持输出电压值不变。

3. 集成稳压器

集成稳压器是将上述的线性稳压电路集成在一块半导体芯片上，制成集成稳压电源组件。集成稳压器由于体积小、可靠性高、使用方便等诸多优点而被广泛应用在各种电子电路中。

集成稳压器主要有三端固定式、三端可调式和单片开关式等几种。

三端固定式集成稳压器是将基准电路、取样电路、比较放大电路、大功率调整管及过载保护电路和补偿电容等都集成在同一块芯片上。整个集成电路只有输入、输出和公共（地）3 个引出端，因而使用非常方便，获得广泛应用。三端稳压器缺点是稳压器的输出电压固定，为满足不同需要应生产出不同规格的产品。三端稳压器有两个系列，每一个系列又有 3 个分系列，即正电压的 78××系列和负电压的 79××系列。78 或 79 系列按输出电流的不同，每一系列中又分为 78

××、78M××和78L××或79××、79M××和79L××3个分系列。78××系列输出电流为1.5 A,78M××为0.5 A,78L××为0.1 A,79系列也类似。每一个系列的稳压器、输出的稳压值分为5 V、6 V、8 V、9 V、10 V、12 V、18 V、24 V等几挡。某个稳压器稳定电压值及输出电流值,通过型号表示,如输出+9 V电压、电流为1.5 A的集成稳压器,型号为7809;若输出为-9 V电压、电流为0.5 A的集成稳压器,型号为79M09。

78系列和79系列的集成稳压器有多种外形,常用的塑封直插,78(79)系列稳压器的外形及电路图形符号如图19.1.13所示,引脚(功能端)排列见表19.1.2。

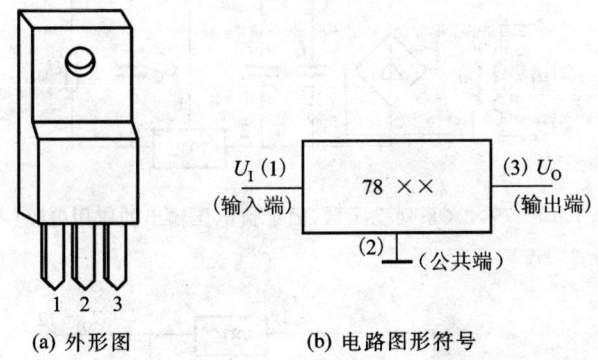

(a) 外形图　　　　(b) 电路图形符号

图19.1.13　78(79)系列(塑封直插)稳压器外形及电路图形符号

表19.1.2　78(79)系列(塑封直插)集成稳压器引脚排列

型号	引　脚		
	输入端	公共端	输出端
78××、78M××	1	2	3
78L××	3	2	1
79××、79M××、79L××	2	1	3

用三端固定输出78××系列的集成稳压器构成的稳压电路,如图19.1.14所示,为使稳压电路能正常工作,三端稳压器的最小压差,即$U_I - U_O$值,对正电压输出电路应>2 V,对负电压输出电路应<-2 V,一般在5 V左右。

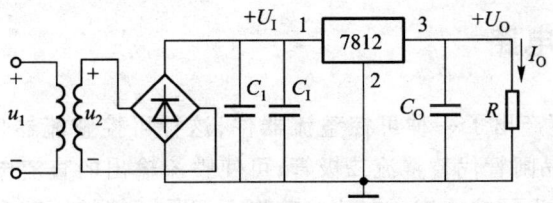

图19.1.14　78××系列稳压器,固定正电压输出的应用电路(举例)

图19.1.14中,C_1为滤波电容,根据负载电流I_0数值的大小来选取,一般为几百微法到几千微法。电容C_I用于防止电路输入线的电感效应而产生振荡;电容C_O用于消振和缓冲冲击性负载对电路工作稳定的影响。C_1一般为0.33 μF,C_O为0.1 μF。

用79××系列集成稳压器构成的输出为负电压的应用电路,如图19.1.15所示。

若要求用集成稳压器构成既能输出正电压,又能输出负电压的稳压电路时,其电路如图19.1.16所示。

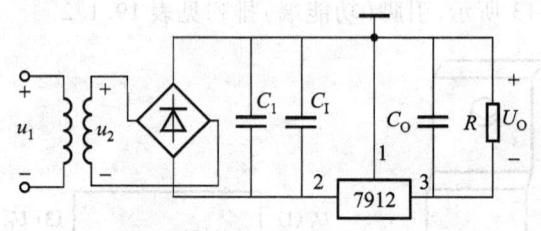

图19.1.15 79××系列稳压器,固定负电压输出的应用电路(举例)

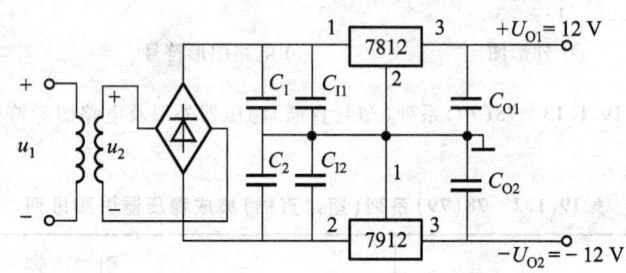

图19.1.16 正、负固定电压输出(举例)

使用集成稳压器时,应按要求加装散热装置。散热装置的尺寸应符合要求。

集成稳压器除三端固定式外还有三端可调输出稳压器和开关式集成稳压电源,三端可调输出稳压器(塑封直插式)的外形与三端固定式稳压器相似,有3个引脚,型号有LM317(正电压输出)和LM337(负电压输出),电流同样分为1.5 A,0.5 A和0.1 A 3种,有关三端可调输出稳压器的详情可查阅相关手册了解后使用。开关式集成稳压电源的工作原理将在本章稍后部分介绍。

▶19.2 可控整流电路

20世纪50年代末生产出了一种可控整流器件,这种可控整流器件称为"晶闸管(SCR)"。晶闸管曾称可控硅。用晶闸管代替整流二极管,可使整流输出的直流电压值能比较方便地按需要而改变,这样的整流称为可控整流。在这一节将介绍晶闸管的原理和特性及晶闸管可控整流电路的工作分析。

▶▶19.2.1 晶闸管(SCR)

晶闸管是一种单方向导通可控的电子器件。

1. 结构与工作原理

晶闸管是一个 4 层有 3 个 PN 结的半导体器件,其外形、内部结构示意图与电路图形符号如图 19.2.1 所示。

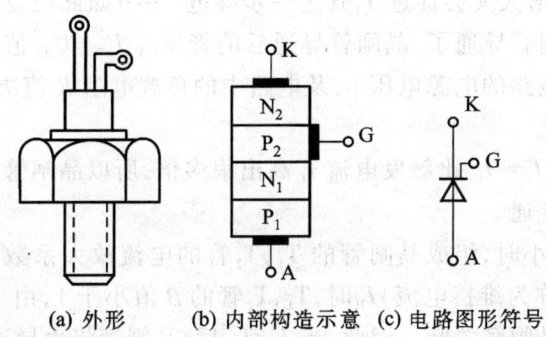

(a) 外形　(b) 内部构造示意　(c) 电路图形符号

图 19.2.1　晶闸管

图 19.2.1 所示晶闸管为螺栓型,另外还有一种平板形的晶闸管。晶闸管有 3 个电极,由半导体 P_1 处引出的电极 A 称为阳极;半导体 P_2 处引出的电极 G 称为控制极(或称门极);半导体 N_2 处引出的电极 K 称为阴极。

晶闸管仅在其阳极 A 与阴极 K 之间作用着一个正向电压 $U_T = U_{AK}$ 是不能导通的,因为在这个通道上有一个 P_2N_1 结处于反向偏置。晶闸管的正向电压 $U_T \neq 0$,但电流 $I_T \approx 0$,这种情况称为阻断。要使晶闸管从阻断变为导通,除 $U_T > 0$ 外,还需在晶闸管控制极 G 与阴极 K 间加入控制极电压 U_G,由电压 U_G 产生控制极电流 I_G 并达到一定值后,晶闸管将从阻断变为导通。作用于晶闸管控制极的电压 U_G 和电流 I_G,称为晶闸管的触发电压和触发电流。由触发信号控制晶闸管导通的原理如下。

图 19.2.1 所示晶闸管,由它内部构造示意图可认为晶闸管是由 PNP 型晶体管 T_1 和 NPN 型晶体管 T_2 组合而成,如图 19.2.2 所示。

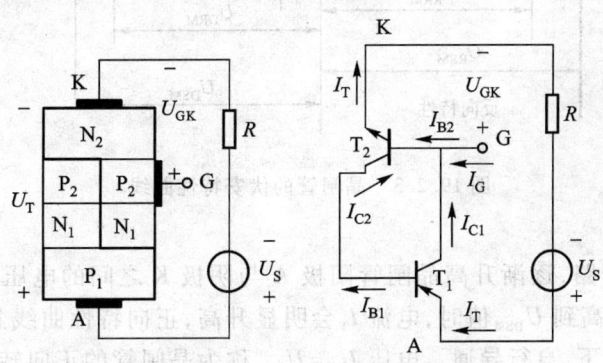

图 19.2.2　晶闸管的等效电路

晶闸管欲从阻断变为导通除要在 A、K 极间加正向电压 $U_{AK}=U_T$ 外，还应在控制极与阴极，即 G、K 间加入触发电压 U_{GK}。晶闸管在加入触发电压 U_{GK} 后，首先会引发 T_2 管产生基极电流 $I_{B2}=I_G$，这个电流出现后将会引发 T_2 管和 T_1 管趋向饱和导电，过程如下：当出现 $I_{B2}=I_G$ 后，T_2 管导电。T_2 管导电将带动 T_1 管基极导电，使 T_1 管出现基极电流 I_{B1}，由图 19.2.2 可看出 $I_{B1}=I_{C2}=\beta_2 I_{B2}=\beta_2 I_G$。$T_1$ 管有了基极电流 I_{B1} 后，T_1 管导通将会产生集电极电流 I_{C1}，$I_{C1}=\beta_1 I_{B1}=\beta_1 \cdot \beta_2 I_{B2}=\beta_1 \beta_2 I_G$。由图 19.2.2 可看出，电流 I_{C1} 将与电流 I_G 相加使 T_2 管基极电流增加到 $I'_{B2}=I_G+I_{C1}=I_G+\beta_1\beta_2 I_G$，这时将促使 I_{C2} 进一步增加，I_{C2} 的增大又会促进 T_1 管进一步导电，……如此反复的正反馈作用，使 T_1，T_2 很快进入饱和状态，即晶闸管导通了，晶闸管导通后的管压降 $U_T=U_{AK}$ 值约 1 V。晶闸管导通后，晶闸管的电流 I_T 值，由该电路的电源电压 U_s 及电路中的负载电阻 R 值决定。这一电流值应小于晶闸管允许通过的电流值。

晶闸管导通后的电流 $I_T \approx I_{C1}$ 比触发电流 I_G 高出很多倍，所以晶闸管导通后，将触发电压 U_{GK} 撤除，不会影响晶闸管的导通。

当晶闸管的电流 I_T 很小时，组成晶闸管的 T_1，T_2 管的电流放大系数 β 值下降。当晶闸管的电流 I_T 低于某一电流值（称为维持电流）I_H 时，T_1，T_2 管的 β 值小于 1，由于正反馈的作用，将使电流 I_T 越来越小，最终导致晶闸管关断。因此，当 $I_T<I_H$ 后，晶闸管将由导通变为阻断。

晶闸管和大功率二极管、晶体管，在使用时应当注意冷却和散热。晶闸管等电子器件在使用时应装置散热器，电流在 20 A 以下的元件多采用自然冷却方式散热，电流在 200 A 以下的晶闸管多采用强迫风冷方式散热，电流在 200 A 以上的晶闸管可考虑采用水冷方式散热。

2. 晶闸管的特性曲线

晶闸管的伏安特性曲线如图 19.2.3 所示，正向特性位于第 I 象限，反向特性位于第 III 象限。

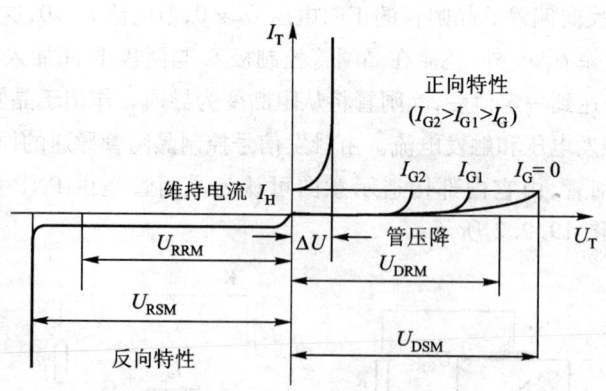

图 19.2.3　晶闸管的伏安特性曲线

当晶闸管控制极开路，逐渐升高晶闸管阳极 A 与阴极 K 之间的电压 U_T 时，电流 I_T 增加不多；但当正向电压 U_T 升高到 U_{DSM} 值时，电流 I_T 会明显升高，正向特性曲线急剧转折，晶闸管在没有控制极触发信号作用下，自行导通。电压 $U_T=U_{DSM}$ 称为晶闸管的正向转折电压或断态不重复峰值电压，即 U_T 达到 U_{DSM} 值后，晶闸管自动地由阻断变为导通。因此，工作时不允许将正向电压

U_T 升高到 U_{DSM} 值。控制极开路时,允许作用到晶闸管上的正向电压值为 U_{DRM},$U_{DRM} = 0.8U_{DSM}$,电压 U_{DRM} 称为正向阻断电压或断态重复峰值电压,即在 U_{DRM} 值作用下,晶闸管控制极为开路也可保持阻断状态。

晶闸管在加入控制极触发信号后,从阻断到导通所需的正向电压将低于 U_{DRM};控制极电流 I_G 越大,晶闸管从阻断变为导通所需的正向电压值越低。晶闸管导通后的特性与二极管的正向特性相似。

晶闸管的反向特性与二极管反向特性相同。即在一定反向电压范围内,晶闸管的漏电流很小,呈阻断状态;当反向电压增加到某个电压值时,晶闸管反向电流急剧增加,晶闸管反向击穿。使晶闸管反向电流急剧增大时对应的反向电压值,称为反向不重复峰值电压 U_{RSM}。为保证晶闸管反相为阻断状态,反向允许作用的最大电压值为 U_{RRM},称为反向重复峰值电压,$U_{RRM} = 0.8U_{RSM}$。

3. 晶闸管的主要参数与型号

(1) 断态重复峰值电压 U_{DRM}

在控制极断路和正向阻断条件下,可以重复作用在晶闸管上的正向峰值电压。普通晶闸管 U_{DRM} 值为 100~3 000 V。

(2) 反向重复峰值电压 U_{RRM}

控制极断路时,可以重复作用在晶闸管的反向峰值电压。普通晶闸管的 U_{RRM} 值从 100~3 000 V。

(3) 通态平均电流 I_{TAV}

通态平均电流是晶闸管在环境温度为 +40 ℃ 和规定冷却条件下,在电阻性负载和单相工频正弦半波的导电角不小于 170° 的电路中,当结温稳定并不超过额定结温时,所允许的最大通态平均电流。晶闸管的通态平均电流 I_{TAV} 的规格从 1~1 000 A。

(4) 通态平均电压 U_T

U_T 是指晶闸管通过额定通态平均电流,待结温稳定时,晶闸管阳极与阴极之间的电压平均值。U_T 一般在 1 V 左右。

(5) 维持电流 I_H

在室温下且 $U_{GK} = 0$ 时,晶闸管从较大的通态电流降低至刚好能保持通态所需的最小通态电流。每只晶闸管的维持电流 I_H 值须通过实验测试出来。

(6) 控制极触发电流 I_G

在室温和 $U_T = 6$ V 直流电压下,使晶闸管完全开通所需的最小控制极直流电流。通态平均电流较小的晶闸管所需控制极触发电流较小,约几毫安到几十毫安;通态平均电流大的晶闸管,控制极触发电流需几十到几百毫安。

(7) 控制极触发电压 U_{GK}

对应于控制极触发电流的控制极直流电压,一般小于 5 V。

晶闸管除上述参数外,还有 4 个动态参数,即开通时间 t_{on},关断时间 t_{off},正向电压上升率 du/dt 及电流上升率 di/dt。参数 t_{on},t_{off} 决定了晶闸管的开关频率,du/dt,di/dt 将影响晶闸管的使用寿命。有关其他类型晶闸管及新型全控元件,可参阅本书附录[一]的第 5 部分。

晶闸管的型号由字母及数字等 5 部分组成,如下所示:

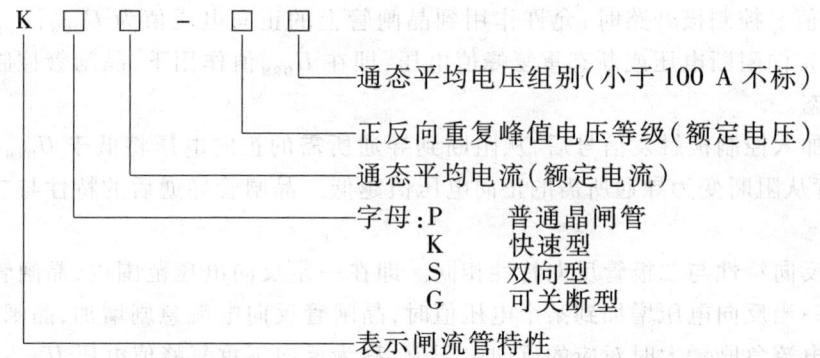

例如：KP50-1 000（普通晶闸管，50 A、1 000 V）。

晶闸管工作时，其电流波形（或导电角）经常会与厂方给定的数据不符，如图 19.2.4 所示。晶闸管的导电角 $\theta<170°$，这时应如何选择晶闸管的通态平均电流 I_{TAV} 值呢？因为已经知道造成器件过热而损坏的原因，不是由电流平均值决定的，而是由电流的热效应，即电流有效值决定的。因此，当电流波形或导电角与厂方给定的不同时，应当先计算出该电流的有效值，然后通过这个有效值确定所需晶闸管的通态平均电流值。具体计算方法将在下一节通过计算举例说明。

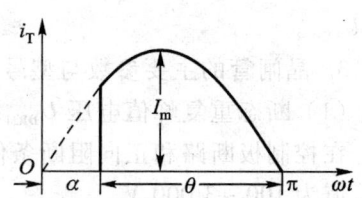

图 19.2.4　导电角 $\theta<170°$ 的电流波形
α—控制角；θ—导电角

▶▶19.2.2　晶闸管可控整流电路（主电路）

晶闸管可控整流电路是由整流电路（又称主电路）和控制电路（给晶闸管控制极提供电压和电流的电路）这样两部分组成。晶闸管可控整流电路的工作与其负载有关，这里讨论纯电阻负载和 R-L 负载两种情况。小功率可控整流电路多采用单相桥式电路，因此，在这一节内讨论的内容为单相桥式可控整流电路。

1. 电阻负载

电阻负载单相桥式可控整流电路的主电路，通常如图 19.2.5(a)所示，这个电路的一个特点是只使用两只晶闸管，习惯称为半控桥。晶闸管 T_1 控制电压 u_2 正半周导通时间，T_2 控制负半周导通时间。图 19.2.5(a)的另一个特点是两只晶闸管的阴极接在一起。因而触发电压 u_{GK} 可由一个触发源提供。当触发电压 u_{GK} 到来时，在电压 u_2 的正半周 T_1 管受控导通，这时 T_2 管虽然也有触发电压，但 T_2 管上作用的是反向电压，故不会导通。在 u_2 进入负半周后，触发电压 u_{GK} 到来时，T_2 管导通而 T_1 管不会导通。电路的波形如图 19.2.5(b)所示。

由图 19.2.5(b)所示波形可看出：输出电压 u_0 波形的形状及电压的平均值，由晶闸管触发信号 u_{GK} 出现的时刻决定，即由图 19.2.5(b)中电角度 α 的大小决定，因此，称 α 为控制角。若忽略晶闸管导通后的管压降，即认为导通后 $U_T \approx 0$，可控整流电路电压平均值 $U_{O(AV)}$ 与 α 的关系为

$$U_{O(AV)} = \frac{1}{\pi}\int_\alpha^\pi \sqrt{2}\,U_2 \sin\omega t\,\mathrm{d}(\omega t) = 0.9 U_2 \frac{1+\cos\alpha}{2} \tag{19.2.1}$$

晶闸管 T 导通时间所对应的电角度 θ，称为导通角。在图 19.2.5 所示电路中，θ 与 α 的关系

19.2 可控整流电路

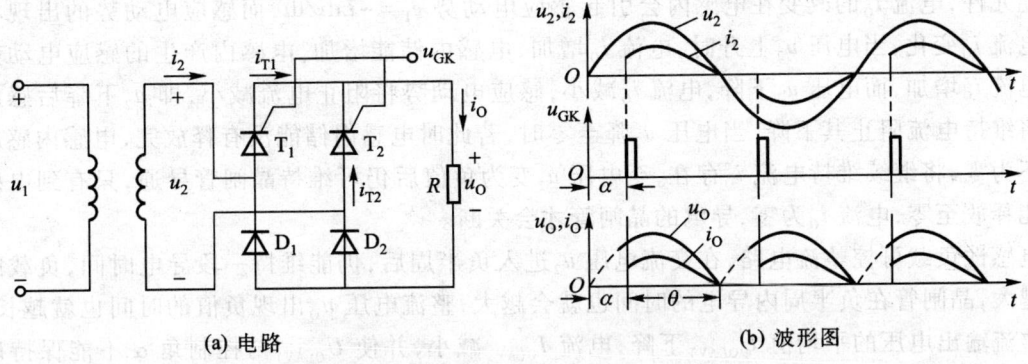

(a) 电路　　(b) 波形图

图 19.2.5　电阻负载单相半控桥式整流电路

为

$$\theta = 180° - \alpha \tag{19.2.2}$$

图 19.2.5(a)所示电路,负载是电阻 R,在这种情况下,整流电路输出电流 i_O 的波形将与 u_O 相似,整流电流的平均值

$$I_{O(AV)} = \frac{U_{O(AV)}}{R} \tag{19.2.3}$$

单相桥式可控整流电路,每只晶闸管只在半个周期内导通,因此,通过每只晶闸管的电流平均值 $I_{T(AV)}$ 应当是输出电流 $I_{O(AV)}$ 的一半,即 $I_{T(AV)} = I_{O(AV)}/2$。该电路晶闸管上所承受的正、反向电压的最大值为交流电压 u_2 的最大值 U_{2m}。

2. 电感性负载

发电机的励磁绕组、继电器线圈等均可视为电阻与电感串联的负载,称为电感性负载。当可控整流电路向电感性负载供电时,如图 19.2.6 所示,由于负载电路存在电感,晶闸管导通后电流不能发生跃变,致使整流输出电流 i_O 的波形与电压 u_O 波形不相似,如图 19.2.6(b)所示。

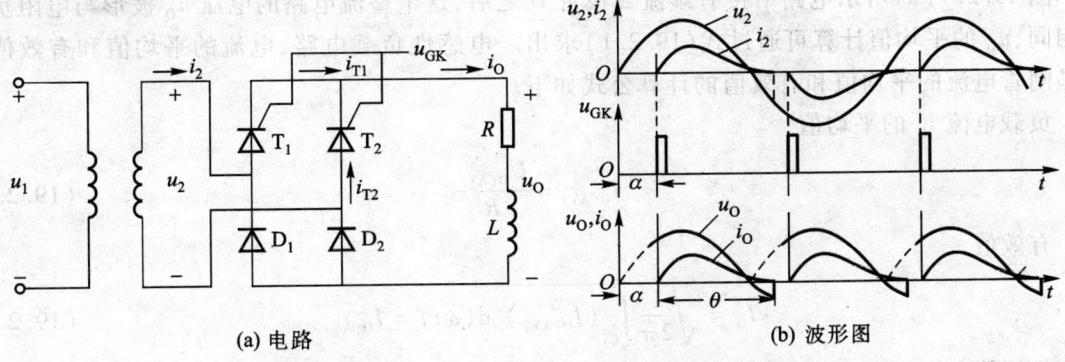

(a) 电路　　(b) 波形图

图 19.2.6　电感性负载单相半控桥式整流电路

电感性负载的电流 i_0 与电压 u_0 的波形不相似,原因很容易理解,因为负载中存在电感,电感是储能元件,电流 i_0 的改变在电感内会引起感应电动势 $e_L = -Ldi/dt$,而感应电动势的出现将会阻止电流 i_0 变化,当电压 u_2 上升时,电流 i_0 增加,电感内储能增加,电感内产生的感应电动势将阻止电流 i_0 增加,而电压 u_2 下降,电流 i_0 减小,感应电动势将阻止电流减小,即 u_2 下降后感应电动势将维持电流阻止其下降,当电压 u_2 降至零时,若此时电感内储能没有释放完,电感内感应电动势不为零,将继续维持电流 i_0 存在,至电压 u_2 变为负值后仍可维持晶闸管导通,只有到电感内的储能释放至零,电流 i_0 为零,导电的晶闸管才会关断。

电感性负载可控整流电路,在交流电压 u_2 进入负半周后,仍能维持一段导电时间,负载的电感量越大,晶闸管在负半周内导电的时间也就会越大,整流电压 u_0 出现负值的时间也就越长,这就使整流输出电压的平均值 $U_{O(AV)}$ 下降,电流 $I_{O(AV)}$ 减小,并使 $U_{O(AV)}$ 与控制角 α 不能保持确定关系。为了使输出电压 u_0 不出现负电压,就必须在 u_2 降低到零时为电感的储能提供一个释放储能的电路,为此,在电感性负载可控整流电路的负载上并联有一个二极管 D,如图 19.2.7(a)所示,并联的这个二极管称为续流二极管,其作用是,在电压 u_2 的每半个周期,当 u_2 降低到零后,电感内产生的感应电动势 e 将使电流 i_0 通过负载及二极管 D 构成的回路流通,当电流 i_0 在续流二极管内流通时,将使晶闸管电压 U_T 为负,使电压 u_2 为零时晶闸管能够立即关断,整流电压 u_0 不再出现负值,从而也就保证了整流输出电压 $U_{O(AV)}$ 受控制角 α 控制。

电感性负载可控整流电路接入续流二极管后,该电路的输出电压 u_0 的波形如图 19.2.7(b)所示,在这种情况下该电路的输出电压平均值 $U_{O(AV)}$ 与控制角 α 的关系由式(19.2.1)决定,但由于负载性质不同,其电流 i_0 的波形与电阻性负载不同,如果负载的电感量较大,电流 i_0 在电压 u_2 过零晶闸管关断后,电流 i_0 通过二极管 D 续流时间就会比较长,其时间的长短与负载的时间常数 $\tau = L/R$ 有关,若时间常数很大时,续流时间可能延续到晶闸管再次开通时,如图 19.2.7(b)中所示,在晶闸管导通时 $i_0 = i_T$,晶闸管关断时 $i_T = 0$、$i_D = i_0$。

若负载的电感量较大,由于电感的扼流作用,电流 i_0 变化不大,为计算方便,通常在 $\omega L \gg R$ 的条件下,认为电流 i_0 没有波动,为一恒定值,即 $i_0 = I_{O(AV)}$,如图 19.2.7(c)所示。这种情况下,晶闸管不导电时通过续流二极管 D 保持电流 i_0 连续。在 $\omega L \gg R$ 条件下,电流 i_0、i_T、i_D 及电源提供的电流 i 的波形如图 19.2.7(c)中所示。

图 19.2.7(a)所示电路中接有续流二极管 D 之后,这个整流电路的电压 u_0 波形与电阻负载时相同,u_0 的平均值计算可通过式(19.2.1)求出。电感性负载电路,电流的平均值和有效值以及晶闸管电流的平均值和有效值的计算公式如下。

负载电流 i_0 的平均值

$$I_{O(AV)} = \frac{U_{O(AV)}}{R} \tag{19.2.4}$$

有效值

$$I_0 = \sqrt{\frac{1}{2\pi}\int_0^{2\pi}(I_{O(AV)})^2 d(\omega t)} = I_{O(AV)} \tag{19.2.5}$$

晶闸管电流 i_{T1},i_{T2} 的平均值为

$$I_{AV} = \frac{1}{2\pi}\int_\alpha^\pi I_{O(AV)} d(\omega t) = \frac{(\pi - \alpha)}{360°}I_{O(AV)} = \frac{\theta}{360°}I_{O(AV)} \tag{19.2.6}$$

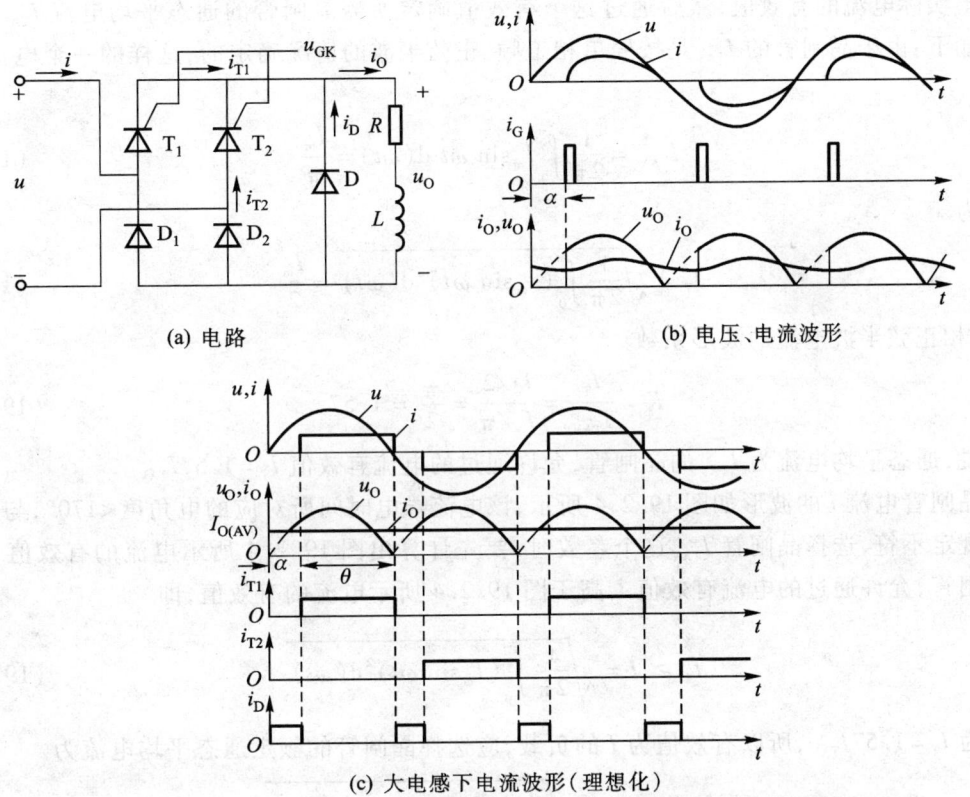

(a) 电路

(b) 电压、电流波形

(c) 大电感下电流波形(理想化)

图 19.2.7 电感性负载单相桥式可控整流电路

有效值

$$I = \sqrt{\frac{1}{2\pi}\int_{\alpha}^{\pi}(I_{O(AV)})^2 d(\omega t)} = \sqrt{\frac{\theta}{360°}}I_{O(AV)} \tag{19.2.7}$$

当晶闸管阻断时,其 U_{DRM} 与 U_{RRM} 均为电压 u_2 的最大值,即 $U_{DRM} = U_{RRM} = U_{2m}$。

如果负载需要的功率较大时,如超过 10 kW 以上,应采用三相可控整流电路。有关三相可控整流电路问题,可参阅参考文献[10]、[11]、[12]中的相关部分内容。

3. 晶闸管参数值计算

可控整流电路的主电路的计算包括许多内容,这里仅就晶闸管参数计算问题进行一些讨论。可控整流电路中的晶闸管,要确定的参数有:通态平均电流 $I_{T(AV)}$ 和断态重复正、反向峰值电压 U_{DRM}、U_{RRM} 值。

断态重复正、反向峰值电压,可根据被整流的交流电压 u_2 的幅值 U_{2m} 计算出。在断态下,晶闸管承受的正、反向的最大电压就是 U_{2m}。为保证安全,一般取 $U_{DRM} = U_{RRM} = (1.5 \sim 2)U_{2m}$。

晶闸管的通态平均电流 I_{TAV} 是按照电阻负载,导电角 $\theta > 170°$ 的正弦半波电流平均值给出的,但是实际使用的晶闸管工作时,其电流波形或导电角经常会与厂方给定的波形不符,这时应如何选择晶闸管的 I_{TAV} 值呢?我们知道造成器件过热而损坏的原因,不是由电流平均值决定的,而是由电流的热效应、即电流有效值决定的。因此,当电流波形或导电角与厂方给定的不同时,应当先计算出实际电流的有效值,然后通过这个有效值确定所需晶闸管的通态平均电流 I_{TAV} 值。计算方法如下:由于晶闸管的 I_{TAV} 是按照单相工频、正弦半波的情况确定的,这样的一个电流,其平均值为

$$I_{TAV} = \frac{1}{2\pi}\int_0^{\pi} I_m \sin \omega t \, d(\omega t) = \frac{I_m}{\pi} \tag{19.2.8}$$

有效值为

$$I_T = \sqrt{\frac{1}{2\pi}\int_0^{\pi} (I_m \sin \omega t)^2 d(\omega t)} = \frac{I_m}{2} \tag{19.2.9}$$

所以,单相正弦半波电流的波形系数

$$K = \frac{I_T}{I_{TAV}} = \frac{I_m/2}{I_m/\pi} = \frac{\pi}{2} = 1.57 \tag{19.2.10}$$

换句话说,通态平均电流为 I_{TAV} 的晶闸管,允许通过的电流有效值 $I_T = 1.57 I_{TAV}$。

若晶闸管电流 i 的波形如图 19.2.4 所示,该电流导电时间所对应的电角度<170°,与晶闸管参数的规定不符,选择晶闸管 I_{TAV} 这个参数时,要先计算出图 19.2.4 所示电流的有效值 I,使选择的晶闸管,允许通过的电流有效值 I_T 高于图 19.2.4 所示电流的有效值,即

$$I_T \geq I = \sqrt{\frac{1}{2\pi}\int_\alpha^{\pi} (I_m \sin \omega t)^2 d(\omega t)} \tag{19.2.11}$$

因为 $I_T = 1.57 I_{TAV}$,所以有效值为 I 的负载,应选择晶闸管的额定通态平均电流为

$$I_{TAV} \geq \frac{I}{1.57} = \frac{\sqrt{\frac{1}{2\pi}\int_\alpha^{\pi} (I_m \sin \omega t)^2 d(\omega t)}}{1.57} \tag{19.2.12}$$

对于电阻负载电路(参见图 19.2.5),可先通过式(19.2.1)和式(19.2.3)计算出负载电流的平均值 $I_{O(AV)}$,得到每只晶闸管的电流平均值 $I_{1(AV)} = I_{O(AV)}/2$,因 u_2 为正弦波,可通过表 19.2.1 查出不同控制角 α 下,电流有效值与平均值的比值(即波形系数),得到该电流的有效值。

表 19.2.1 单相半波电阻负载,波形系数 K 与控制角 α 的关系

控制角 α/°	0	30	60	90	120	150
波形系数 K	1.57	1.66	1.88	2.22	2.78	3.99

例 19.2.1 图 19.2.5(a)所示电路,若 $R = 4\ \Omega$。求:

(1) 若要求 $\alpha = 90°$ 时,整流电压 $U_{O(AV)} = 40$ V,求交流电压 u_2 的有效值;

(2) 选晶闸管参数;

(3) 当 $\alpha = 30°, 60°, 120°$ 时,整流电压 $U_{O(AV)}$ 各是多少伏。

解:(1) 根据式(19.2.1)可知

$$U_2 = \frac{2 U_{O(AV)}}{0.9(1 + \cos \alpha)} = \frac{2 \times 40}{0.9(1 - 0)} \text{ V} \approx 89 \text{ V}$$

考虑到晶闸管、二极管的导通压降,应将计算出的 U_2 值加大一些,取 $U_T + U_D = 2$ V,则电压 U_2 应取值 $(89+2)$ V $= 91$ V。

(2) 晶闸管的 U_{DRM}、U_{RRM} 可根据 U_{2m} 确定，考虑安全系数，取

$$U_{DRM} = U_{RRM} = 2U_{2m} = 2\sqrt{2} \times 91 \text{ V} \approx 257 \text{ V}$$

晶闸管的额定通态电流 I_{TAV} 计算如下：由于 $U_{O(AV)} = 40$ V，所以

$$I_{O(AV)} = \frac{U_{O(AV)}}{R} = \frac{40}{4} \text{ A} = 10 \text{ A}$$

图 19.2.5(a) 所示是桥式整流电路，每只晶闸管仅在半个周期内工作，即 $I_{O(AV)}$ 是由两只晶闸管共同承担，所以，每只晶闸管的平均电流

$$I_{1(AV)} = I_{2(AV)} = \frac{I_{O(AV)}}{2} = 5 \text{ A}$$

由表 19.2.1 可知，$\alpha = 90°$ 时，波形系数 $K = 2.22$。所以晶闸管电流的有效值为

$$I_1 = I_2 = 5 \times 2.22 \text{ A} = 11.1 \text{ A}$$

由式(19.2.12)计算通态平均电流，即所选用的晶闸管的通态平均电流为

$$I_{TAV} = \frac{I_1}{1.57} = \frac{11.1}{1.57} \text{ A} = 7.07 \text{ A}$$

考虑安全系数，取

$$I_{TAV} = 2 \times 7.07 \text{ A} = 14.1 \text{ A}$$

根据以上计算出的数，可以选用 KP20 型晶闸管，其 $U_{DRM} = U_{RRM} = 300$ V，$I_{TAV} = 20$ A。

(3) 由式(19.2.1)可以分别计算出不同 α 角时整流电压值。当 $\alpha = 30°$ 时

$$U_{O(AV)} = 0.9 U_2 \frac{1 + \cos\alpha}{2} = 0.9 \times 89 \frac{1 + \cos 30°}{2} \text{ V} = 74.7 \text{ V}$$

依照同样方法，可求出 $\alpha = 60°$ 时，$U_{O(AV)} = 60$ V；$\alpha = 120°$ 时，$U_{O(AV)} = 20$ V。

例 19.2.2 图 19.2.7(a) 所示电路，已知 $\omega L \gg R$，$R = 2$ Ω，$u = 120\sqrt{2}\sin 314t$ V，晶闸管导电角 $\theta = 120°$。计算整流输出电压 $U_{O(AV)}$ 和电流 $I_{O(AV)}$，并确定晶闸管的 U_{DRM} 及 I_T 参数值。

解： 由式(19.2.1)计算 $U_{O(AV)}$ 值。由于 $\theta = 120°$，所以控制角 $\alpha = 180° - \theta = 60°$。考虑到晶闸管及二极管的导通压降($U_T + U_D$ 取值 2 V)，则

$$U_{O(AV)} = \left(0.9 \times 120 \frac{1 + \cos 60°}{2} - 2\right) \text{ V} \approx 79 \text{ V}$$

整流电流

$$I_{O(AV)} = \frac{U_{O(AV)}}{R} = \frac{79}{2} \text{ A} = 39.5 \text{ A}$$

由式(19.2.7)可求出晶闸管电流的有效值，即

$$I_1 = I_2 = \sqrt{\frac{\theta}{360°}} I_{O(AV)} = \sqrt{\frac{120°}{360°}} \times 39.5 \text{ A} \approx 22.8 \text{ A}$$

根据式(19.2.12)可求得选用的晶闸管通态平均电流

$$I_{TAV} = \frac{I_1}{1.57} = \frac{22.8}{1.57} \text{ A} \approx 14.5 \text{ A}$$

考虑安全系数,取

$$I_{TAV} = 2 \times 14.5 \text{ A} = 29 \text{ A}$$

晶闸管的 U_{DRM} 及 U_{RRM} 由 U_{2m} 决定,考虑安全系数后,取

$$U_{DRM} = U_{RRM} = 2U_{2m} = 2 \times \sqrt{2} \times 120 \text{ V} \approx 339 \text{ V}$$

根据上述计算数据,可选用 KP30 型晶闸管,其 U_{DRM}、U_{RRM} 值为 400 V,I_{TAV} 值为 30 A。

4. 晶闸管的保护电路

晶闸管或其他大功率电子器件在高电压、大电流下工作时,经常会承受过电压、过电流的冲击,若不采取措施加以防范很容易造成器件损坏。电路中产生高于工作电压、电流的原因很多:如含有电感元件的电路,突然断电时电感释放储能而会引起高电压;电路受雷击也会引起高电压。当电路出现过载或短路时将会在电路中产生超出正常工作电流若干倍的大电流,因此,在大功率的电路中均要采取过压保护和过流保护措施。

(1) 过压保护

晶闸管可控整流电路中,较常用的过压保护措施有两种方法:

① 阻容保护。在变压器二次侧及晶闸管两端并联一个电阻、电容串联支路,如图 19.2.8(a) 所示。

并联的阻容支路称为缓冲电路或吸收电路,当电路出现过电压时,RC 支路被充电,从而减缓电压上升的速率,减弱对电子器件的影响。

② 压敏电阻保护。压敏电阻是一种较新型的浪涌吸收器件,该元件正常工作时压敏电阻不会击穿,漏电流也很小,当遇到尖锋电压时(过电压),很快被击穿并保持稳压特性。压敏电阻对过压反应快,抑制过压能力强且价格便宜,因而在大功率器件的保护电路中得到广泛应用。用压敏电阻保护器件过压时,压敏电阻与被保护的电路或器件的连接方式与阻容电路类似,如图 19.2.8(b) 所示。

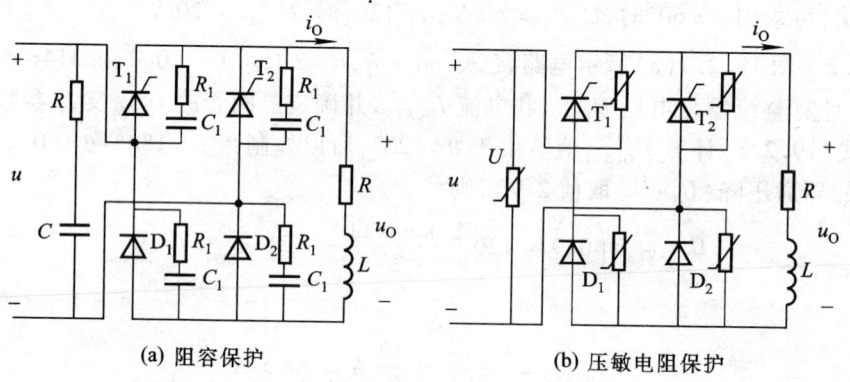

(a) 阻容保护　　　(b) 压敏电阻保护

图 19.2.8　过压保护

(2) 过流保护

由于晶闸管承受电流过载的能力很低,因此,在晶闸管电路中必须采取措施,防止电路一旦出现过流时,能在电子器件还没有损坏前,迅速地将过流现象消除。最简单有效的过流保护措施是在电路中装有快速熔断器,如图 19.2.9 所示(图中所示为快速熔断器接入的位置,并不要求在

这几处均装有快速熔断器),当电路一旦出现过流后,快速熔断器的熔丝熔断(例如,型号为 RSO 的快速熔断器,1.1 倍过流时 4 h 不熔断,6 倍过流时小于 0.02 s 熔断)。快速熔断器主要用于短路保护。

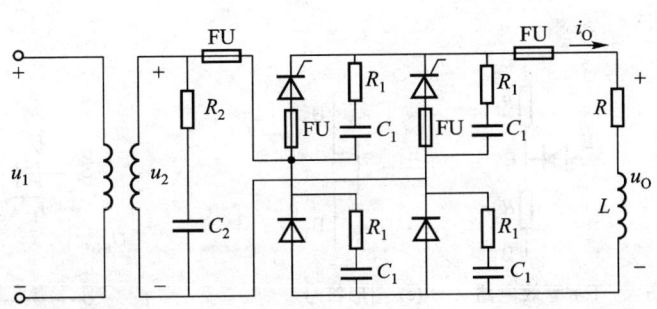

图 19.2.9 快速熔断器过流保护

▶▶19.2.3 可控整流电路的控制电路(触发电路)

产生晶闸管控制极触发电压、电流的电路,称为控制电路或触发电路。触发电路所产生的触发电压 u_{GK} 是使晶闸管能按照预定的规律和确定的时间,由阻断状态转变成导通状态的重要条件之一,晶闸管电路工作的可靠性和稳定性在很大程度上取决于触发电路。

对触发电路的一般要求如下:
① 触发电路要能够提供出幅值一定,并能维持一定时间的触发电压 u_{GK},以保证晶闸管能可靠地导通。
② 触发电压 u_{GK} 的波形,上升沿应尽可能陡直,电压的幅值应稳定不变,以保证晶闸管在每一个工作周期内应在同一时刻触发。
③ 触发电压 u_{GK} 的下降沿不能出现负脉冲,以防将控制极反向击穿。
④ 触发电压 u_{GK} 出现的时刻应能平稳移动,使控制角 α 有一定的变化范围。

能够满足上述要求的触发电路有多种,这里以工作比较简单的单结晶体管触发电路为例,说明触发信号的形成与移相。

1. 单结晶体管及单结晶体管振荡器
(1) 单结晶体管

简称单结管,它是在一块 N 型半导体上制成只有一个 PN 结的器件。单结晶体管的结构示意图、等效电路及图形符号如图 19.2.10 所示。

在图 19.2.10(a) 所示结构示意图中,N 型半导体两端引出的电极,称为第一基极 B_1 和第二基极 B_2,B_2、B_1 间 N 型半导体具有几千欧的电阻值。P 型区引出的电极称为发射极 E,发射极对 B_1、B_2 均形成 PN 结。单结晶体管工作时,在两基极 B_2、B_1 间加入一直流电压 U_{BB},如图 19.2.11 所示。

图 19.2.11 中,$E'-B_1$ 之间的电压 $U_{E'B1}$ 由电阻 R_1 和 R_2 的分压比决定。即

$$U_{E'B1} = \frac{R_1}{R_1 + R_2} U_{BB}$$

设
$$\eta = \frac{R_1}{R_1 + R_2} \tag{19.2.13}$$

式中,η 称为单结晶体管的分压比,其值一般在 0.35~0.7 之间。

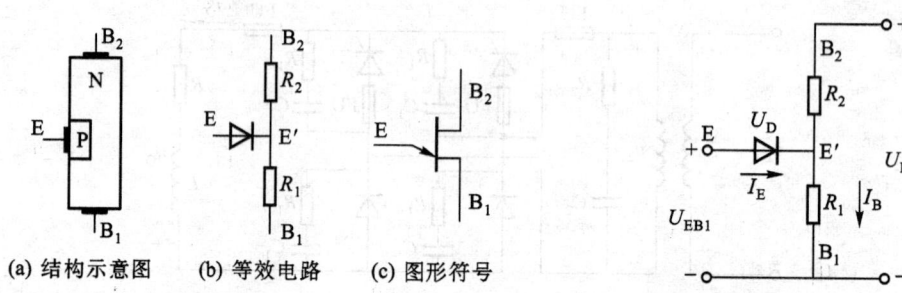

(a) 结构示意图 (b) 等效电路 (c) 图形符号

图 19.2.10　单结晶体管　　　　图 19.2.11　单结晶体管的分压比

因此,式 $U_{E'B1}$ 又可表示为

$$U_{E'B1} = \eta U_{BB} \tag{19.2.14}$$

由图 19.2.10 可看出,当发射极 E 与 B_1 极间输入电压 $U_{EB1} < U_{E'B1}$ 时,PN 结为反向偏置,发射极电流 $I_E \approx 0$,这时通过单结晶体管 B_2-B_1 极间的电流 $I_B = \frac{U_{BB}}{R_1+R_2}$(一般只有几毫安)。

将电压 U_{EB1} 升高后,在 $U_{EB1} = U_{E'B1} + U_D$ 时,单结晶体管 E-B_1 极间的 PN 结正向导通,E-B_1 极间 PN 结开始导通时的电压 U_{EB1} 称为单结晶体管的峰点电压 U_P,这个电压值为

$$U_P = \eta U_{BB} + U_D \tag{19.2.15}$$

在 $U_{EB1} = U_P$ 时,单结晶体管发射极电流 I_E 用 I_P 表示,称为峰点电流。

单结晶体管在 $U_{EB1} \geq U_P$ 后,E-B_1 极间 PN 结正向导通,因而 P 型半导体内的载流子(空穴)注入 E'-B_1 段的 N 型半导体内,使 E'-B_1 段内的载流子数目增多,E'-B_1 段的电阻 R_1 值显著下降,单结晶体管 E'-B_1 段内的电流 I_E 显著增加。

单结晶体管 E-B_1 板间导通后,若 U_{EB1} 不能维持高于 U_P 而逐渐减小时,但由于 E'-B_1 段的电阻随着载流子继续注入而不断下降,将可能出现 U_{EB1} 下降而 I_E 上升的情况。这种情况称为负阻现象。单结晶体管的负阻现象随着 U_{EB1} 下降至 $U_V(U_V < U_P)$ 时,E-B_1 间的 PN 结将自动关断。U_V 称为单结晶体管的谷点电压,与谷点电压 U_V 对应的电流 I_E 值,称为谷点电流 I_V。

(2) 单结晶体管振荡器

利用单结晶体管上述特性可构成一个自激振荡器,如图 19.2.12 所示,该电路通过改变电阻 R 值,可以控制每半个周波内第一个触发信号出现的时刻,利用这个触发信号作为晶闸管的触发电压 u_{GK}。

图 19.2.12(a)所示电路由两部分组成:由"变压器-整流桥-稳压二极管稳压电路"组成的电路(图中点画线框的 I 部分),为单结晶体管振荡器提供一个梯形波电压 u_z,如图 19.2.12(b)所示,这部分电路称为同步电源或削波电源;由单结晶体管及 RC 电路构成了自激振荡器(图中点画线框的 II 部分),用于产生脉冲并控制半周期内第一个脉冲出现的时刻。图 19.2.12(a)所

19.2 可控整流电路

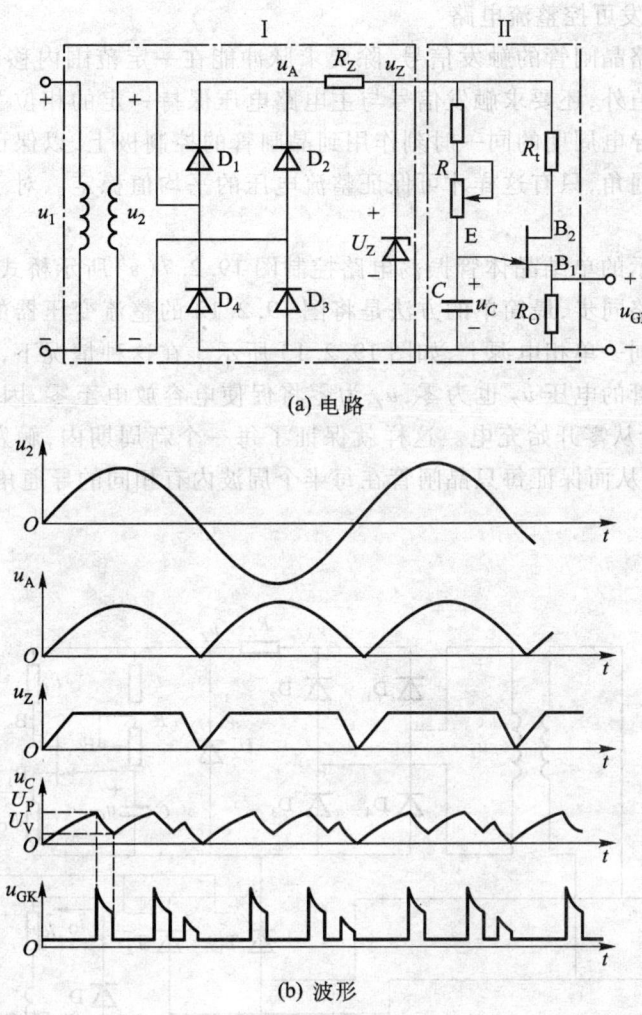

图 19.2.12 单结晶体管振荡电路

示电路的工作原理如下：单结晶体管及 RC 电路的电源电压均由 u_Z 供电，u_Z 是一个梯形波的电压，交流电 u_2 过零时，u_Z 亦为零，因此，电容电压 u_C 亦为零，从而保证在交流电的每半个周波开始时，电容将从零开始充电。当电容 C 由电压 u_Z 经电阻 R 充电，在电容电压 u_C 升高到单结晶体管的峰值 U_P 时，单结晶体管导通，单结晶体管 E-B_1 间成低阻状态，这时电容 C 经 E-B_1 结对 R_O 放电，电阻 R_O 上的电压 $u_{GK} \approx u_C$，电容放电后电压下降，当 u_C 降低到谷点电压 U_V 值时，单结晶体管关断。电容这时从 U_V 值起再次充电，充至 U_P 时，再次放电，……因此，在半个周波内由 R_O 处可得到若干个脉冲信号。在半个周波内出现脉冲的个数及半周波内第一个脉冲出现的时刻，由 R、C 值决定。在电容 C 一定时，减小电阻 R 值，充电电流增大，半个周波内出现脉冲的数目增多，第一个脉冲出现的时刻前移；反之，脉冲数目减少，第一个脉冲后移。电阻 R 数值改变后，在每半个周波内，第一个脉冲出现的时刻及半个周波内脉冲的数目均要发生变化，但每半个周波内，第一个脉冲出现的时刻及脉冲数目完全相同。

2. 单结晶体管触发可控整流电路

用于可控整流电路晶闸管的触发信号,除要求脉冲能在一定范围内移动,改变导通角 θ,以便调节整流电压平均值外,还要求触发信号与主电路电压保持一定的相位关系。即要求触发脉冲应在晶闸管的每个导电周期的同一时刻作用到晶闸管的控制极上,以保证晶闸管在每个导电周期内具有相同的导通角,只有这样才可保证整流电压的平均值稳定。对于触发电路的这种要求,称为同步。

用图 19.2.12 所示的单结晶体管振荡电路控制图 19.2.7(a)所示桥式可控整流电路时,要保持触发电路与主电路同步,最简单的方法是将图 19.2.12 的整流变压器的一次绕组与可控整流电路的主电路接到同一单相电源上,如图 19.2.13 所示。在这种情况下,主电路电压为零时,控制电路中稳压二极管的电压 u_Z 也为零,u_Z 为零将促使电容放电至零,因此,每一个新的周期开始后,电容 C 要重新从零开始充电。这样就保证了每一个新周期内,触发电路输出的第一个脉冲出现的时刻相同,从而保证每只晶闸管在每半个周波内有相同的导通角。因而电压 u_Z 被称为同步电压。

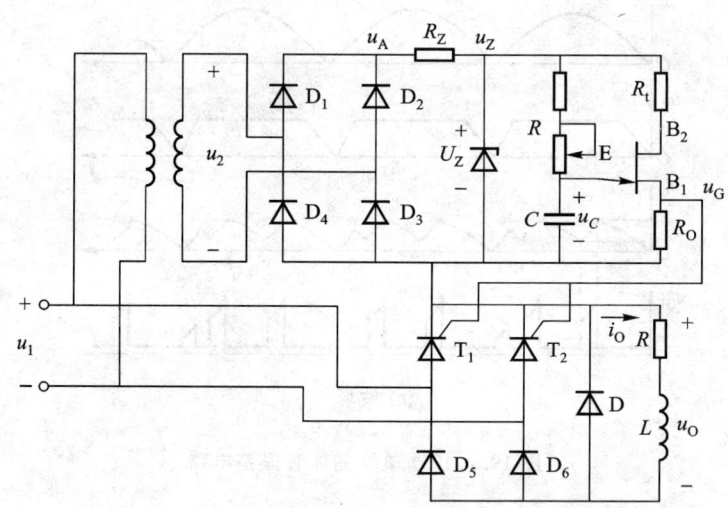

图 19.2.13 单结晶体管触发可控整流电路

图 19.2.13 所示电路,改变触发电路中电阻 R 的电阻值时,将改变该触发电路输出脉冲信号 u_{GK} 在半个周波中的位置,因而使可控整流电压的平均值改变,例如,若电阻 R 减小,电容充电电流增大,脉冲前移,晶闸管导通角增大,整流电压平均值升高;相反,若电阻 R 增加,脉冲后移,导通角减小,整流电压的平均值减小。图 19.2.14(a)与(b)给出了在两个不同 R 值下,对应图 19.2.13 所示电路上各标志点处的电压波形图。

可控整流电路中的触发电路在每半个周波内可能产生几个脉冲,但只有第一个脉冲起作用,第一个脉冲出现时使晶闸管由阻断变为导通,以后出现的脉冲对晶闸管导电不再有影响。

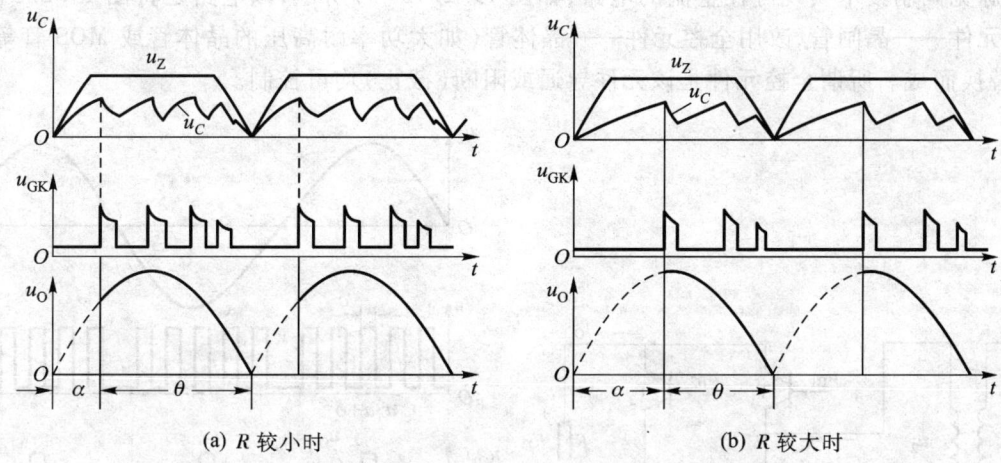

图 19.2.14 单结晶体管触发可控整流电路波形图

▶▶ *19.2.4 脉宽调制技术(PWM)

晶闸管可控整流电源是依靠改变晶闸管的控制角 α 来调节整流电压 $U_{O(AV)}$ 值,这种调压方法称为相控调压。相控调压虽然提高了整流电路的效率,为获得可控直流电压源带来了方便,但相控调压的使用带来了被称为"电力公害"的两个问题。第一个问题,从图 19.2.5(b) 和图 19.2.7(c) 可以看出:由于使用相控调压,相控整流电路的电流是非正弦波,因而在电网内会出现高次谐波电流。高次谐波电流将对在同一电网内工作的电子仪器、通信设备、继电器等电器产生干扰,会影响它们的正常运行;另一个问题是功率因数的下降,即使是纯电阻负载,功率因数也小于1。对于相控整流电路的功率因数,可通过例 19.2.1 的计算得出。

该电路的有功功率

$$P_2 = I_O^2 R$$

式中,I_O 是负载电流 i_O 的有效值。

变压器二次的视在功率

$$S_2 = U_2 I_2$$

由例 19.2.1 可知,若忽略晶闸管的损耗和其他损耗,$U_2 = 89$ V,$I_2 = I_O$。该电路的功率因数

$$\cos \varphi = \frac{P_2}{S_2} = \frac{I_O^2 R}{U_2 I_2} = \frac{I_O R}{U_2}$$

电流 I_O 可通过有效值公式求得,当 $\alpha = 90°$ 时,全波整流的有效值 $I_O = 1.57 I_{O(AV)} = 1.57 \times 10$ A $= 15.7$ A。

因而

$$\cos \varphi = \frac{15.7 \times 4}{89} = 0.71$$

对相控整流电路而言,造成 $\cos \varphi$ 降低的原因是,电流的波形为非正弦并延后出现,其基波与电压波形出现相位差,晶闸管导通角越小,功率因数将越低,因而限制了它的作用。为了减小谐波电流和提高 $\cos \varphi$,可控整流电路中广泛使用脉宽调制技术(PWM)和正弦脉宽调制技术(SPWM)。下面对脉宽调制技术作一简要介绍。

用脉宽调制技术实现可控整流的电路,如图 19.2.15(a)所示,该电路是将图 19.2.5(a)中的半控元件——晶闸管,改用全控元件——晶体管(如大功率耐高压的晶体管或 MOS 管等新型器件)替换而成。所谓全控元件是该元件导通或阻断(截止)均可控制。

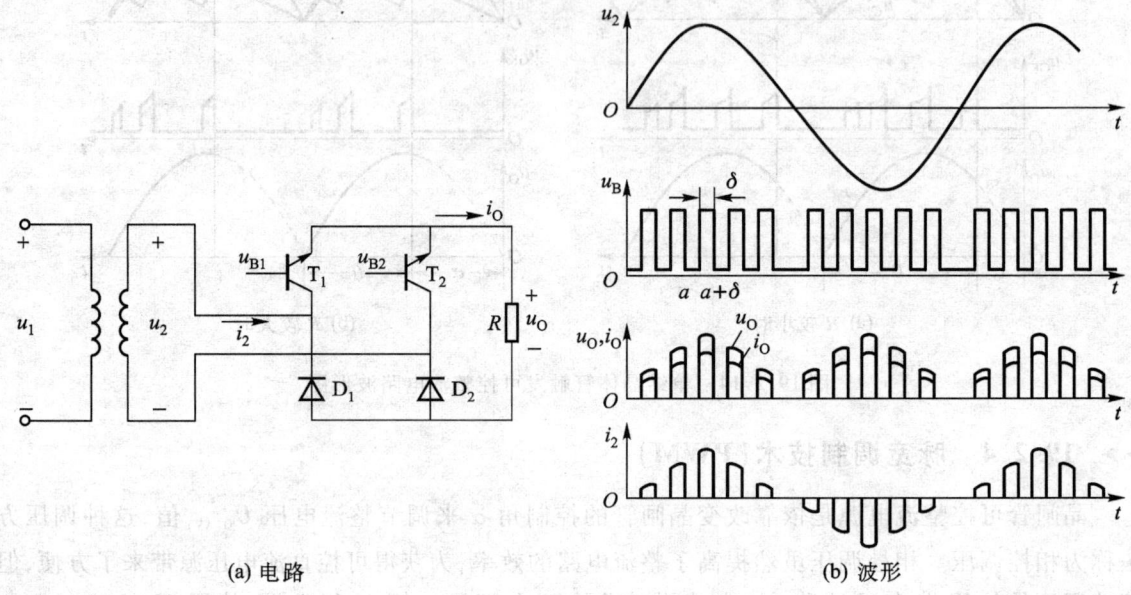

(a) 电路　　　　　　　　　　　　　(b) 波形

图 19.2.15　脉宽调制

脉宽调制电路在 T_1、T_2 分别导电的半个周期内,基极上作用着多个信号宽度可调的控制电压 u_B,在 T_1(或 T_2)管基极控制电压 u_B 为低时,管子导通;u_B 为高时管子关断(截止),电路输出电压、电流的波形如图 19.2.15(b)所示。

由图 19.2.15(b)所示 u_O 的波形,可求出整流电压 u_O 的平均值为

$$U_{O(AV)} = \sum_{n=1}^{p} \left[\frac{2}{2\pi} \int_{\alpha}^{\alpha+\delta} U_{2m} \sin \omega t \, d(\omega t) \right]$$

$$= \frac{U_{2m}}{\pi} \sum_{n=1}^{p} \left[\cos \alpha - \cos(\alpha+\delta) \right]$$

(19.2.16)

式中,p 为电压 u_2 半周内出现的脉冲个数;α 为晶体管在半周内第 n 个脉冲出现时的起始导通角;δ 为第 n 个脉冲的导电角。

脉宽调制电路中的晶体管在正弦电压 u_2 的半周内可导通、关断几十次或上百次,即工作频率可达几十千赫,这种工作状态下对削减电流 i_2 中的谐波有利,同时可使电路 $\cos \varphi$ 得以提高。

脉宽调制电路调节脉冲宽度的原理,如图 19.2.16所示。

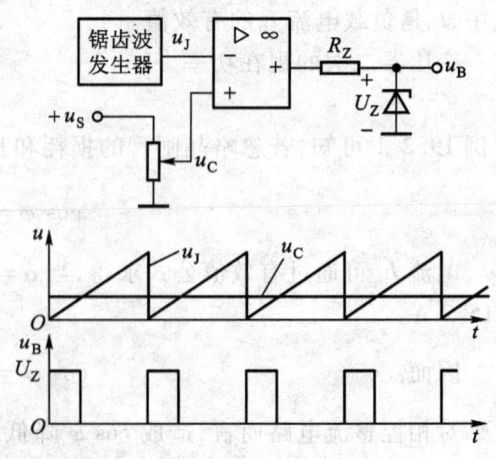

图 19.2.16　脉宽调制电路调节脉冲宽度的原理

在图 19.2.16 中,锯齿波 u_J 称为调制波,作用在电压比较器的反相输入端。电压 u_C 称为控制波,作用在比较器的同相输入端。比较器输出电压 u_B 的宽度由两输入电压的交点决定,如图 19.2.16 所示。从图中可看出,增大电压 u_C 之值,输出脉冲 u_B 的宽度增大;减小电压 u_C 之值时,输出脉冲 u_B 的宽度变窄。用 u_B 控制图 19.2.15 所示的晶体管基极时,u_B 变窄后,整流电压 $U_{O(AV)}$ 增高;u_B 变宽后,电压 $U_{O(AV)}$ 下降。

目前,应用高频、大容量的全控器件,实施脉宽调制技术,可以较好地解决谐波电流及 $\cos\varphi$ 低下的问题,因而脉宽调制技术在整流电路和变频等电路中得到广泛应用。

*19.3 开关电源和变频电源

19.3.1 开关电源

开关电源与 19.1 节介绍的线性稳压电源的区别在于电源电路中调整管的工作状态不同,线性电源电路中的调整管工作在晶体管的线性放大区,开关电源电路中的调整管工作在饱和与截止区,即相当于在开关状态下。调整管工作在开关状态下将大大减少调整管工作时的功率损耗,因而开关电源的效率大幅提高。另外,在开关电源电路中,使用脉宽调制技术(PWM),其工作频率可在 20 kHz 以上,因而可使用高频变压器取代 50 Hz 工频变压器,从而使得电源的重量和体积大大地减轻和减小,特别适合作便携式设备的电源,因此,开关电源已在很多地方得到应用。

对开关电源电路进行分析时,开关电源的输入是直流电压,这个直流电压可以是蓄电池提供的,也可以是 50 Hz 交流电经整流后得到的直流电压。开关电源输出一般是与输入电压值不同的稳定直流电压,因此,开关电源电路又称为直流-直流变换电路(DC/DC 变换)。

开关电源的主电路按调整管与负载连接的方式不同,分为串联型、并联型和桥式等多种类型。这里以串联型开关电源电路为例,对开关电源工作情况作简单介绍。串联型开关电源的主电路原理图如图 19.3.1(a)所示,在图 19.3.1(b)和(c)中,给出了图 19.3.1(a)所示电路中调整管 T 处于饱和导电(相当于开关闭合)及截止(相当于开关打开)时,电路中电压、电流的情况。

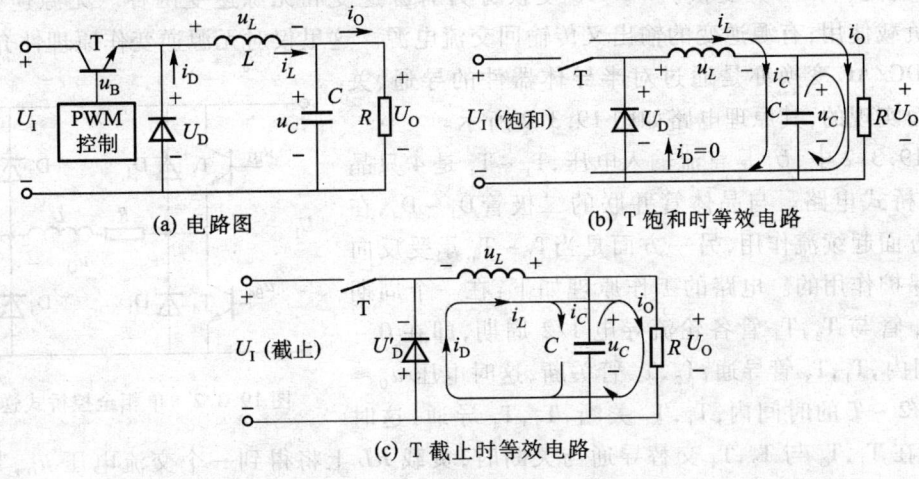

图 19.3.1 串联型开关电源电路

由图 19.3.1(a)可知,当调整管截止后,等效电路如图 19.3.1(c)所示,电感元件的电压极性如图 19.3.1(c)所示,存储于电感元件的磁场能要释放出来,给负载 R 供电并向电容充电。电感元件"放电电流"经续流二极管 D 形成回路,在这时,二极管导通,其电压极性如图 19.3.1(c)所示。随着电感元件磁场能的释放,电流 i_L 会逐渐减小,使电阻 R 电压降低,这时电容 C 不再充电并与电感一起对负载 R 放电。

作用于调整管 T 的基极控制电压 u_B 出现后,调整管 T 饱和导电,等效电路如图 19.3.1(b)所示,T 管导通后电压 U_I 向电路供电,电流 i_L 欲增加,因此,这时电感元件的电压极性如图 19.3.1(b)所示,当 T 管从截止变成导通后,由于电流 i_L 不能跃变,因此,电容会继续地放电。然后随着电流 i_L 的逐渐增大,负载电流 i_o 增加,负载电压 U_o 上升,当电压 U_o 升高到高于电容电压之后,电容停止放电并由电感 i_L 对电阻 R 供电和对电容充电。控制信号消失后调整管 T 截止,这时重复电感释放储能,续流二极管导电过程。

图 19.3.1(a)所示电路输出电压的平均值 $U_{O(AV)}$ 为

$$U_{O(AV)} \approx \frac{t_1}{T} U_I \qquad (19.3.1)$$

式(19.3.1)中,t_1 为调整管 T 在一个控制周期内的导通时间,$T = t_1 + t_2$(t_2 为截止时间)。因此,该电路只要改变 PWM 控制信号 u_B 的占空比(t_1/T),就可以调节电源输出电压值,当电路引入负反馈后可保持输出电压 $U_{O(AV)}$ 值稳定。

开关电源电路主要由两大部分组成,即主电路和控制电路这样两部分。串联型开关电源主电路原理图如图 19.3.1(a)所示,开关电源的控制电路,早期多由分立元件组成,现在多使用集成电路元件,有关这些产品的性能与特点等可查阅相关手册进行了解。

▶▶19.3.2 变频电源

变频电源通常是指将 50 Hz 的交流电转变成另一种频率的电源电路。如将 50 Hz 的交流电变成低于 50 Hz 或高于 50 Hz 交流电。进行频率变换的电路,即变频电路的主电路通常是个逆变电路,逆变电路是将直流电变成交流电的转换电路,这种将直流电转换成交流电的变换电路,称为直流/交流(DC/AC)变换。DC/AC 变换分为有源逆变和无源逆变两种。无源逆变的交流输出供给负载使用;有源逆变的输出又传输回交流电源。这里仅对无源逆变作原理性介绍。

无源 DC/AC 变换亦是通过对半导体器件的导通、关断的控制而实现的,其原理电路如图 19.3.2 所示。

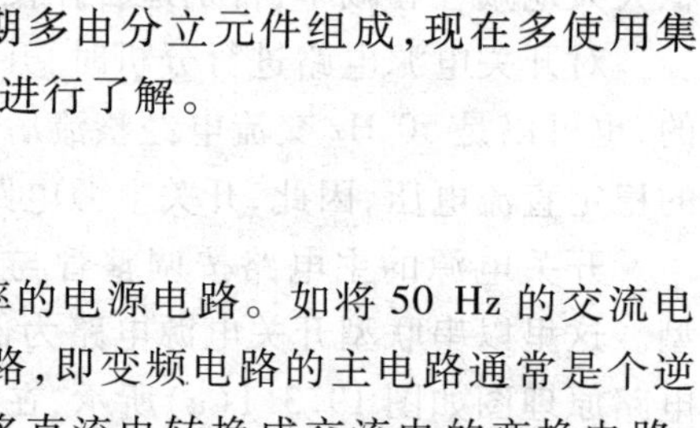

在图 19.3.2 中,U_I 是直流输入电压,$T_1 \sim T_4$ 是 4 只晶体管,接成桥式电路。与晶体管并联的二极管 $D_1 \sim D_4$,在电路中一方面起续流作用,另一方面是当 $T_1 \sim T_4$ 承受反向电压时起保护作用的。电路的工作原理如下:在一个周期 T 内,T_1、T_3 管与 T_2、T_4 管各轮流导电 1/2 周期,即在 $0 \sim T/2$ 的时间内,T_1、T_3 管导通,T_2、T_4 管关断,这时电压 $u_O \approx U_I$;到了 $T/2 \sim T$ 的时间内,T_1、T_3 关断,T_2、T_4 导通,这时 $u_O \approx -U_I$。在 T_1、T_3 与 T_2、T_4 交替导通与关断时,负载 RL 上将得到一个交流电压 u_O,其波形如图 19.3.3 所示,即通过图 19.3.2 所示电路将直流电压 U_I 变换成为一个交变的方波电压,接入

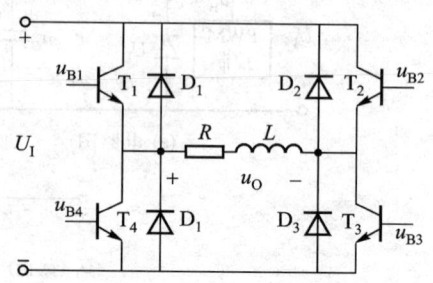

图 19.3.2 单相全控桥式逆变器

适当滤波电路后可将方波变成正弦波,图 19.3.3 所示交流电压的幅值固定,频率由桥臂器件 T_1,T_3 与 T_2,T_4 交替导通与关断的频率决定。

DC/AC 变换,是电力电子技术中应用最为广泛的一个方面。目前,凡需要非工频(50 Hz)交流电的设备,或不具有交流电而需要使用 50 Hz 交流电的地方,多采用逆变的方法获得交流电。

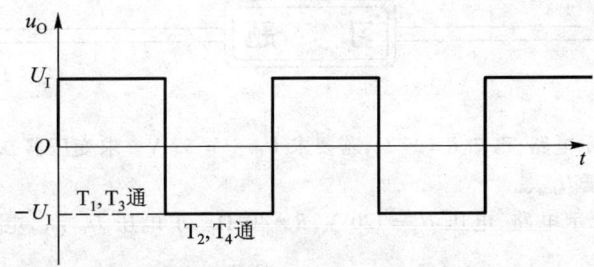

图 19.3.3 单相逆变器电压波形

无源逆变的应用范围广泛,下面列举的是一些常见的应用场合。

非工频交流电源:如用于感应加热、长波通信、功率超声应用、电火花加工等。其应用频率在几百赫至几百千赫。

交流电动机变频调速:交流电动机采用变频调速后,电机损耗减小,效率提高。其调速性能已能与直流机调速相比,是当前重点的技术推广项目。

高压直流电源:许多医疗设备要用高压直流电源,如医用 X 光机等。为减轻变压器的体积与重量,目前多采用 50 Hz 的市电整流后,再逆变成几十千赫的高频交流电,经高频变压器升压然后对高频、高压交流电整流,得到高压直流。同容量的高频变压器较 50 Hz 的变压器在体积与重量上减少许多,因此,设备小型化成为可能。

不间断电源(UPS)及备用电源:某些用户如电子计算中心、交通管理控制中心、医院等,要求供电质量稳定、可靠和连续。对于这样的特殊用户,在其供电系统中多配备有不间断电源装置。不间断电源装置的示意图如图 19.3.4 所示。

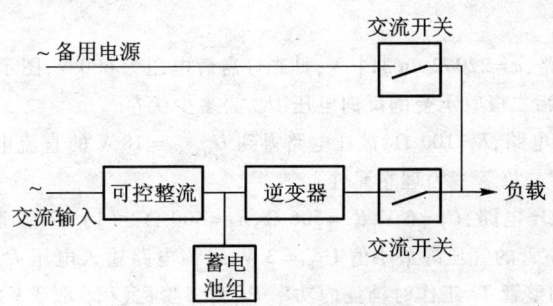

图 19.3.4 不间断电源示意图

不间断电源(UPS)主要由可控整流装置、蓄电池组、逆变器 3 部分组成。正常工作时,由 50 Hz 的交流电经可控整流装置变换为直流,对蓄电池进行浮充电;同时,该直流经逆变器变换成电压与频率均保持稳定的 50 Hz 的交流电供负载使用。一旦电网停电,蓄电池组起作用,逆变器保持交流输出不间断。为提高供电可靠性,不间断电源系统通常还设有备用供电线路,以备逆变器部分出现故障时,通过开关可将负载切换至备用电源上。

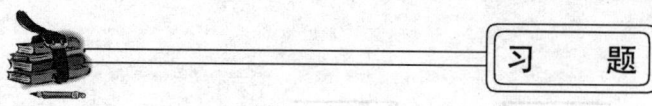

19.1 图 19.1.1(a)所示电路,已知 $R = 20\ \Omega$,若要求 $U_{O(AV)} = 55$ V。求变压器二次电压 U_2,二极管电流平均值 $I_{O(AV)}$ 及承受的反向电压 U_{RM}。

19.2 图 19.1.4(a)所示电路,电压 $U_2 = 120$ V,$R = 40\ \Omega$。求电压 $U_{O(AV)}$,电流 $I_{O(AV)}$,二极管的 $I_{D(AV)}$ 及 U_{RM}。

19.3 题图 19.3 所示电路,变压器二次绕组 $N_{21} = N_{22}$,每个绕组的电压 $U_{21} = U_{22} = 50$ V,$R = 20\ \Omega$。求电流 $I_{O(AV)}$,每只二极管的电流 $I_{D(AV)}$ 及 U_{RM}。

19.4 题图 19.4 所示电路,称为倍压整流电路。试分析该电路的工作原理,示出电容两端电压极性。若 $u_2 = 500\sqrt{2}\sin 314t$ V,$R = 10$ kΩ,$C_1 = C_2 = 10\ \mu$F,求电压 $U_{O(AV)}$ 为何值,二极管 D_1,D_2 承受的反向电压 U_{RM} 为何值。

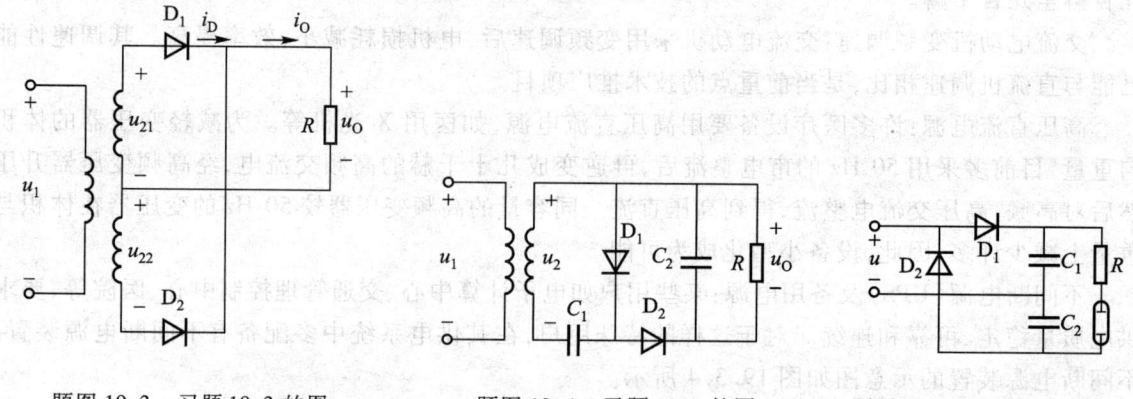

题图 19.3 习题 19.3 的图　　　题图 19.4 习题 19.4 的图　　　题图 19.5 习题 19.5 的图

19.5 题图 19.5 所示电路,$u = 220\sqrt{2}\sin 314t$ V,日光灯启辉电压为 600 V,图示电路能否使日光灯启辉。该电路电容耐压应当高于多少伏,二极管承受的反向电压 U_{RM} 为多少伏?

19.6 图 19.1.8(a)所示电路,$R = 100\ \Omega$,欲在电路得到 $U_{O(AV)} = 18$ V 的直流电压,确定电路所需电容 C 及变压器二次电压 u_2 的有效值(二极管视为理想元件)。

19.7 图 19.1.12 所示稳压电路,$U_Z = 6$ V,$R_1 = 506\ \Omega$,$R_2 = 300\ \Omega$。(1) 若 T_2 管的 $U_{BE2} = 0.7$ V,确定该电路输出电压 U_O 的值;(2) 若调整管的管压降最小值 $U_{CE1} = 3$ V,求该电路输入电压 U_I 值等于多少伏;(3) 若所示稳压电路输出电流 $I_O = 1$ A,调整管 T_1 工作时消耗的功率 P_{T1} 为多少瓦(U_{CE1} 取 3 V)?

19.8 题图 19.8 所示电路,图(a)电路欲得到输出电流(最大值)0.5 A、电压+12 V;图(b)电路欲得到电流(最大)0.5 A、电压-12 V,图(c)电路欲得到电流(最大)0.5 A、电压±12 V。选择三端集成稳压器的型号,并在图上标出引脚号。

19.9 图 19.1.1(a)所示电路,将该电路的二极管 D 用晶闸管 T 替换,若 $R = 2\ \Omega$,当控制角 $\alpha = 90°$ 时,$I_{O(AV)} = 10$ A。求 U_2 为何值,选晶闸管参数 $I_{T(AV)}$ 及 U_{DRM} 和 U_{RRM}(留有二倍余量)。

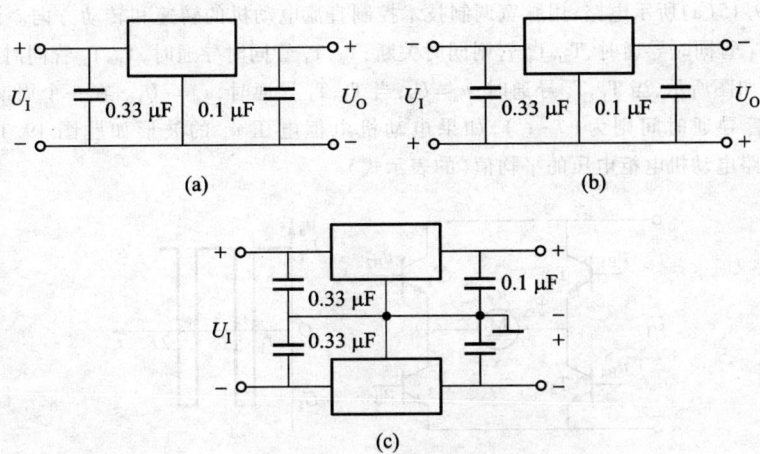

题图 19.8 习题 19.8 的图

19.10 图 19.2.5(a)所示电路，$u_2 = 100\sqrt{2}\sin 314t$ V，$R = 3$ Ω，晶闸管控制角 $\alpha = 120°$。求电压 $U_{O(AV)}$，选择晶闸管参数（留二倍余量），画出整流电压、电流和晶闸管电压、电流的波形图。

19.11 图 19.2.7(a)所示电路，$R = 4$ Ω，$L = 0.1$ H，电压 $u = 110\sqrt{2}\sin 314t$ V，晶闸管控制角 $\alpha = 30°$。计算整流电压 $U_{O(AV)}$，电流 $I_{O(AV)}$，选择晶闸管参数（按二倍余量考虑）。画出输出电压 u_O，电流 i_O 和晶闸管电压、电流的波形图。

19.12 图 19.2.7(a)所示电路，晶闸管导通角 $\theta \leq 165°$，若要求整流电压 $U_{O(AV)}$ 可在 0~35 V 范围内连续可调。求所示电路电压 u 的有效值应不低于多少伏，晶闸管控制角 α 的变化范围有多大。

19.13 如果图 19.2.13 所示电路中单结晶体管振荡电路的电压不是由削波电压提供，而是由恒定直流电压提供。这时，可控整流输出电压 $U_{O(AV)}$ 将有何变化。

19.14 题图 19.14 所示电路，R 为白炽灯，该电路可作为灯光控制器用。分析该电路的工作原理，画出所示电路电压 u_2，u_A，u_Z，u_C，u_{G1}，u_{G2}，u_{T1} 及 u_O 的波形（设晶闸管的控制角 $\alpha = 45°$）。

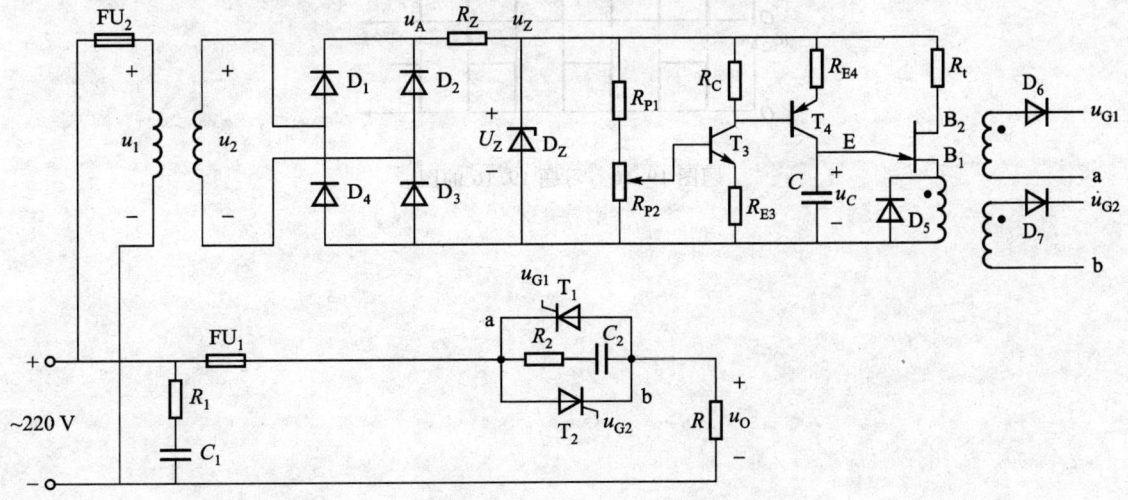

题图 19.14 习题 19.14 的图

19.15 题图 19.15(a)所示电路,用脉宽调制技术控制直流电动机的转速和转动方向。该电路在一个工作周期时间 T 内,T_1、T_3 管同时导通时,T_2、T_4 管则同时关断;T_2、T_4 管同时导通时,T_1、T_3 管同时关断。若电动机电枢电压 u_a 的正方向如图所示,当 T_1、T_3 导通时,$u_a = U_1$;当 T_2、T_4 导通时,$u_a = -U_1$。在一个周期内,若 T_1、T_3 管导通时间为 t_1,T_2、T_4 管导通时间则为 $(T-t_1)$,如果电动机电枢电压 u_a 的波形如题图 19.15(b)所示。求题图 19.15(a)所示电路电动机电枢电压的平均值(的表示式)。

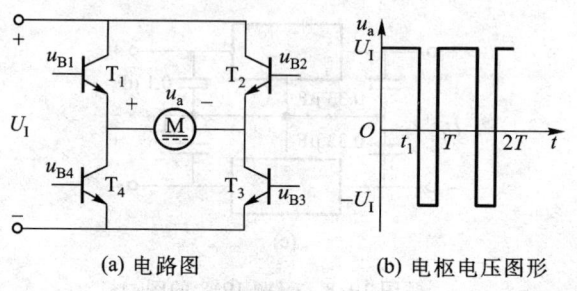

(a) 电路图 (b) 电枢电压图形

题图 19.15 习题 19.15 的图

19.16 题图 19.16 所示电路,电压 u_{B1}、u_{B2} 的波形如图所示,分析电路的功能,画出电压 u_O 的波形。

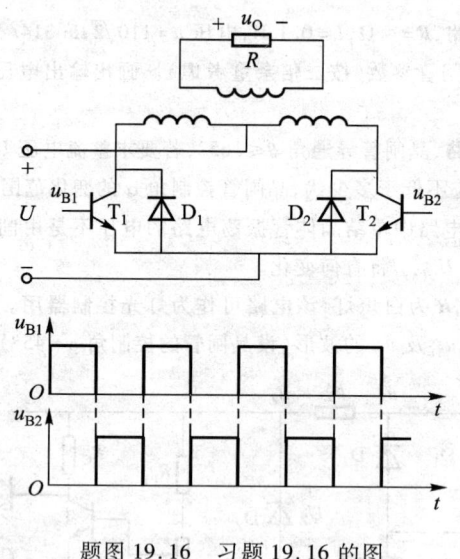

题图 19.16 习题 19.16 的图

第20章 逻辑代数

电子电路分为模拟电路和数字电路两类,此前介绍的是模拟电路问题,下面几章将讨论数字电路问题。之所以将电子电路分为模拟电路和数字电路,是因为这两类电路中所处理的信号及电路所要讨论的问题有很大的不同。模拟电路中信号多具有连续变化的特点,信号在一段时间内可以任意取值,模拟电路要讨论的问题是信号如何放大(电压、电流和功率),电路在工作时如何保持在放大过程中不失真及电路可处理的信号频率范围(通频带)等。数字电路则不同,数字电路的信号特点是,信号在时间上和取值上都是不连续的(称为离散信号),信号只有两种取值,即只有高、低电位之分,而信号的每一种取值(高或低)并无非常严格的要求。正由于数字电路的信号与模拟电路的信号不同,因而数字电路的组成、工作特点及分析方法也与模拟电路有很大的不同。下面以一个数字测速系统为例,对数字电路工作情况作简单介绍。

测量旋转物体的转速有许多种方法,图20.0.1所示的是采用数字方法测量转速的系统框图。

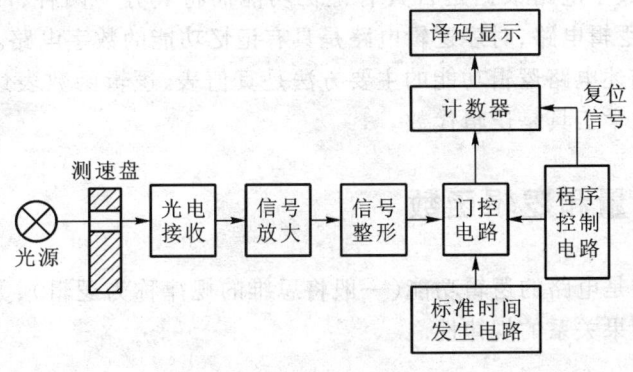

图 20.0.1 数字测速系统框图

被测物体的转轴上装置有一个圆盘,圆盘上有一小孔。光线可透过小孔照射到光电接收装置上,有光照时,光电接收装置的输出电压增大。因此,被测物体每转动一周,光电接收装置就输出一个电信号。这个信号具有短暂和突发的特点,这种信号称为脉冲信号。

由光电接收装置输出的脉冲信号,幅度小,形状也不规则。要对这个信号进行放大,放大后的信号还要进行幅度与宽度的整齐划一,这种工作称为整形。整形后的信号通过门控电路进入计数器。门控电路由程序控制电路发出的信号控制其开、闭。门控电路应当过一段时间打开一次,每次开通有一定的时间,如 1 s 或 0.1 s。只有门控电路打开时,脉冲信号才能通过这个电路进入计数器。因此,进入计数器的脉冲信号数就与被测物体的转速有关。计数器计数后通过译码电路和显示电路以十进制数的方式将测量值显示出来。

数字测速系统的工作由程序控制电路进行控制,在读数显示一定时间之后,控制电路发出命令,将计数器内的数据清除,让显示器读数回零。然后再将门控电路打开,再次输入脉冲,测量出该时段的脉冲数并使显示装置重新显示出新测量的数据。数字测速装置不断地进行计数、显示、清除,将被测物体不同时段的转速值测试出来。

图 20.1.1 内的译码电路用于数码转换。数字电路多采用二进制的方法进行计数,而为了读数方便要以十进制数的方式显示,从二进制计数到十进制显示,中间有数码转换问题。实现这种转换的电路称为译码电路。

通过上述数字测速电路的工作,可以看出数字电路与模拟电路的工作方式有以下不同。

数字电路中作用的是二值信号;模拟电路中作用的通常是随时间连续变化的信号。这两种电路的信号不同,使得工作在这两种电路内的晶体管的工作状态也不同。模拟电路中的晶体管通常工作在线性放大区,场效应管工作在恒流区;数字电路中的晶体管经常工作在饱和区与截止区,场效应管工作于可变电阻区与截止区。

由图 20.0.1 所示框图可看出,数字电路是一个逻辑控制电路,这种电路主要研究电路输入、输出间的逻辑关系,即讨论的问题是该电路在什么条件下应当将哪一条通道打开,打开多长时间,完成什么任务等,与模拟电路的工作时所研究电路输入、输出信号的大小、相位、保真等问题有着很大的不同。数字电路研究的主要对象是电路单元的输入和输出状态之间的逻辑关系,即电路的逻辑功能。数字电路除具有一定逻辑功能外,有的还具有"记忆"功能,即能够存储一定数量的信息。因此,数字电路根据是否具有记忆功能而将其分为两种,即一种称为组合逻辑电路,另一种称为时序逻辑电路,时序逻辑电路是具有记忆功能的数字电路。

在数字电路中描述电路逻辑功能的主要方法是真值表、逻辑函数表达式、逻辑图和卡诺图,而分析逻辑电路的数学工具是逻辑代数。

▶20.1 逻辑变量和逻辑函数

数字电路研究的是电路的逻辑功能(一般将思维的规律称为逻辑),数字电路中的逻辑是指电路输出与输入的因果关系的规律性。

▶▶20.1.1 逻辑变量

图 20.1.1 所示电路,开关 A、B 只有接通和断开两种状态,接于这个电路中的指示灯 Y 只有亮和暗(灭)两种情况。

由于开关和白炽灯都只有两种互不相容的状态,因而可以用二进制数码 **0** 或 **1** 来描述电路中开关和指示灯的两种不同的状态。例如,规定 $A=1$,$B=1$ 表示开关接通,$A=0$,$B=0$ 表示开关断开,同样规定 $Y=1$ 表示灯亮,$Y=0$ 表示灯灭。这种按照事先约定的规则,表示事物状态的符号称为逻辑数。每 1 位逻辑数只有 0 和 1 两种可能值,分别表示两个互不相容的事物或状态。因描述事物状态的逻辑数会因事物状态改变而变化,因此,逻辑数又称逻辑变量。

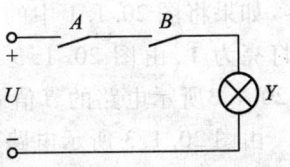

图 20.1.1　开关(串联)电路

逻辑变量用字母表示,逻辑变量的取值只能是 1 或 0,而 1、0 不代表具体数值的大小,仅代表变量的状态。如规定 1 代表开关接通或指示灯亮,那么 0 就表示开关断开或指示灯暗。接通与断开、亮与暗是两种相反的状态,因而将这两种对立状态的取值称互为反数,即认为 0 是 1 的反和 1 是 0 的反。

在数字逻辑电路中,通常将取值为 1 的变量称为原变量,取值为 0 的变量称为反变量,反变量用字母上加"-"杠表示,即原变量用 A、B 或 Y 表示,反变量用 $\overline{A}$、$\overline{B}$ 或 $\overline{Y}$ 表示。

数字电路中,逻辑变量的取值为 1 或为 0,是用来表示两种不同的电位或电压值,在数字电路中称为电平。1 表示高电位——即高电平,0 表示低电位——即低电平,这样的规定,称为正逻辑。若用 1 表示低电平,用 0 表示高电平,这种表示规则称为负逻辑。一般都使用正逻辑。

▶▶20.1.2　逻辑函数

图 20.1.1 所示开关电路,只有开关 A、B 同时接通后,灯 Y 才能亮。即只有 $A=1$、$B=1$ 时 Y 才为 1,若 A、B 中有一个为 0(没接通)或 A、B 都没接通,灯 Y 不可能为 1。因为在这个电路中,灯 Y 的值取决于 A、B 的取值,因此,将 A、B 称为自变量,Y 称为因变量,因变量与自变量间的关系称为逻辑函数。

由于函数可用表格、函数式等方法表示,将图 20.1.1 所示电路的因变量与自变量间的关系用表格形式表示时,见表 20.1.1,这样一种将因变量与自变量间全部对应关系一一列出的表格,称为图 20.1.1 所示电路的真值表。

表 20.1.1　图 20.1.1 的真值表

A	B	Y
0	0	0
0	1	0
1	0	0
1	1	1

在图 20.1.1 中,每一个开关均有两种状态,两个开关将会有 4 种不同的组合状态。由表 20.1.1 可看出,只有当两个开关同时为 1(接通)时,灯才会亮($Y=1$)。当一个事件只有所有自变量均为 1 时,因变量的值才为 1,这种因果关系称为与函数(或与逻辑)。

图 20.1.2 所示是由二极管及电阻元件构成的电路,若电路的输入 A、B 和输出 Y,其高电平用 1 表示,低电平用 0 表示,今欲使图 20.1.2 所示电路的输出 Y 获得高电平(1)时,电路的输入和输出是与逻辑关系。

如果将图 20.1.1 中的两个开关 A、B 由串联改为并联,如图 20.1.3 所示,规定开关接通为 **1**,灯亮为 **1**,由图 20.1.3 所示电路可看出,电路中只要有一个开关接通,灯既可亮,因此,图 20.1.3 所示电路的真值表见表 20.1.2。

由图 20.1.3 所示电路的真值表可看出,当电路的自变量有一个为 **1** 时,因变量就会为 **1**,这种因果关系称为**或**函数(或**或**逻辑)。

图 20.1.4 所示电路,当电路的输入、输出为高电平时,设为 **1**,低电平时,设为 **0**,这一电路若要求输出为 **1** 时,其输出与输入间即为**或**逻辑关系。

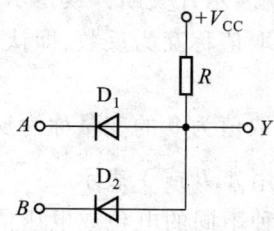

图 20.1.2 与逻辑电路(要求 $Y=1$)

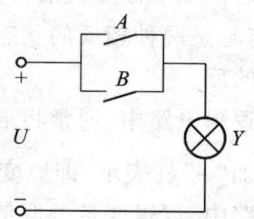

图 20.1.3 开关并联电路

表 20.1.2 图 20.1.3 的真值表

A	B	Y
0	0	0
0	1	1
1	0	1
1	1	1

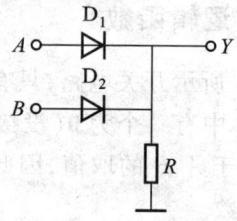

图 20.1.4 或逻辑(要求 $Y=1$)的电路

▶20.2 逻辑运算

数字电路的逻辑分析与设计可以应用逻辑代数(又称布尔代数)的运算来实现。逻辑代数的运算称为逻辑运算。逻辑代数(布尔代数)是爱尔兰数学家乔治·布尔为研究事物逻辑关系而提出的一种数学方法,以后被广泛应用于解决开关电路和数字逻辑电路的分析与设计中。

逻辑代数同样用字母表示逻辑变量,在二值逻辑中,每个逻辑变量只有两种可能的取值,即 **1** 或 **0**。这里的 **1**、**0** 并不代表数值的大小,只代表变量的两种状态。

逻辑运算分为基本逻辑运算和复合逻辑运算。复合逻辑运算是由基本逻辑运算组合而成。

▶▶20.2.1 基本逻辑运算

逻辑代数的基本运算有 3 种,即**与**、**或**、**非**。

1. 与逻辑

图 20.1.1 所示电路,就是一个实现与逻辑关系的电路。由图 20.1.1 所示电路的真值表可得出与逻辑关系的定义为:当决定事件发生的各个条件全部具备之后,事件才会发生。这样的因

果关系称为**与逻辑**。

由图20.1.1的真值表可看出,Y与A、B之间的关系是:只有A、B同为**1**时,Y才为**1**,而A、B两个变量中有一个为**0**(或者均为**0**)时,Y就为**0**。这样的逻辑关系可以用数学式表示为

$$Y = A \cdot B \tag{20.2.1}$$

式中的"·"号称为逻辑乘,用于表示**与逻辑**运算。

与逻辑(逻辑乘)的运算规则和一般算术运算中的乘法规律相同,即

$$0 \cdot 0 = 0;\quad 1 \cdot 0 = 0;\quad 1 \cdot 1 = 1$$

变量A,B作逻辑乘运算时,若B=0,则A·B=0。若B=1,则A·B=A。若B=A,则A·B=A·A=A。若要式(20.2.1)中Y=1,必须A、B同为1。

一个电路的输出与输入逻辑关系,既可以用真值表来表示,也可以用逻辑式表示,二者形式不同但表示的确是同一事件。在数字电路的设计中,常根据真值表写出逻辑式,然后获得所需的逻辑图。

图20.1.1所示电路,开关的接通、断开与灯的亮、暗是**与逻辑**关系。能够实现**与逻辑**关系的电路称为**与门电路**,简称**与门**。数字电路中**与门**的逻辑符号如图20.2.1所示。图20.2.1(a)所示符号又称矩形轮廓符号。

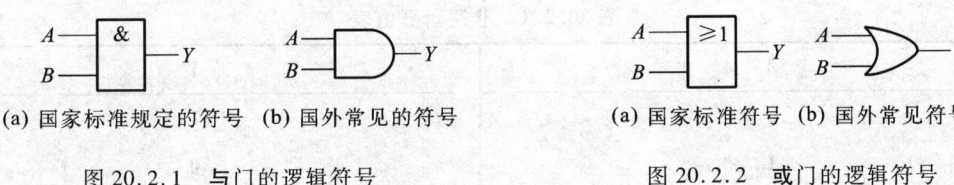

(a) 国家标准规定的符号 (b) 国外常见的符号   (a) 国家标准符号 (b) 国外常见符号

图 20.2.1 与门的逻辑符号   图 20.2.2 或门的逻辑符号

2. 或逻辑

图20.1.2所示电路,就是一个实现**或逻辑**关系的电路。由图20.1.2的真值表可得到**或逻辑**关系的定义为:当决定事件成立的各个条件中,有一个或一个以上条件具备之后,事件就会发生。这样的因果关系称为**或逻辑**。由图20.1.2的真值表可看出,Y与A、B之间的关系是:只要A、B中有一个为**1**时(或A、B同时为**1**时)Y就为**1**,只有A、B同时为**0**时,Y才为**0**。这样的逻辑关系可以用数学式表示为

$$Y = A + B \tag{20.2.2}$$

式中的"+"号称为逻辑加,用于表示**或逻辑**运算。

或逻辑(逻辑加)的运算规则为

$$0 + 0 = 0;\quad 1 + 0 = 1;\quad 0 + 1 = 1;\quad 1 + 1 = 1$$

由此可推出

$$0 + A = A;\quad 1 + A = 1;\quad A + A = A$$

由于变量A,B取值可以是**1**,也可以是**0**,因此,由式(20.2.2)可看出:只要变量A,B的取值有一个是**1**,因变量Y就是**1**。**或门**的逻辑符号如图20.2.2所示。

3. 非逻辑

非逻辑关系是指:决定事件发生的条件只有一个,当条件出现,事件不发生,条件不存在时事件发生。这样的逻辑关系称为**非逻辑**。

图 20.2.3 所示晶体管反相器,若以输入高电平作为条件出现,输出高电平作为事件发生,则所示电路中,输出的高电平与输入的高电平之间存在着非逻辑关系。即输入高电平时,晶体管饱和导电输出为低电平;相反,输入为低电平时,晶体管截止输出为高电平。能实现非逻辑关系的电路称为非门电路,简称非门。非门电路的逻辑符号如图 20.2.4 所示,图中 A 为输入(自变量),Y 为输出(因变量)。

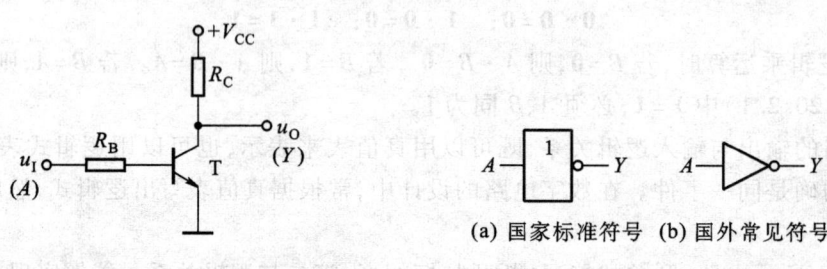

图 20.2.3　非门电路　　　　图 20.2.4　非门的逻辑符号

(a) 国家标准符号　(b) 国外常见符号

若设 $A=1$ 表示条件出现,$A=0$ 为条件没出现。$Y=1$ 表示事件发生,$Y=0$ 为事件不发生。依照非逻辑的定义,它的真值表见表 20.2.1。

表 20.2.1　非逻辑真值表

A	Y
0	1
1	0

非逻辑的数学表达式为

$$Y = \overline{A} \tag{20.2.3}$$

式(20.2.3)中,A 上的横线表示求反运算,即 $A=1$、$\overline{1}=0$,而 $A=0$ 时,$\overline{0}=1$。由此可推出

$$A + \overline{A} = 1; \quad A \cdot \overline{A} = 0; \quad \overline{\overline{A}} = A$$

例 20.2.1　图 20.2.5(a)所示电路,u_A、u_B、u_C(用 A、B、C 表示)均为二值信号,信号波形如图 20.2.5(b)所示,$U_H = 5\text{ V}$,$U_L = 0.3\text{ V}$。二极管 D 可视为理想电路元件,即正向 $U_D = 0$,反向电阻 ∞。今欲使电路输出 u_O(即 Y)获得高电平,所示电路是一个什么逻辑门,并列出该电路的真值表。

解: 由图 20.2.5(a)可看出,该电路的输入信号中有一个(或一个以上)信号为低电平(0.3 V)时,输出电压 $u_O(Y)$ 即为低电平(0.3 V),若要求 u_O 为高电平(5 V),必须输入的 3 个信号均为高电平时才能实现。因此,这是一个与门。

由于一个变量有两个状态(即 2 种状态),两个变量的组合状态将有 4 种(2^2 种),3 个变量的组合状态将是 8 种(2^3 种)。若用 **1** 表示高电平(5 V),**0** 表示低电平(0.3 V),则图 20.2.5(a)所示电路的真值表,见表 20.2.2。

20.2 逻辑运算

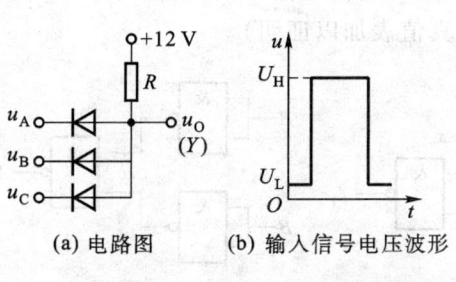

(a) 电路图　　(b) 输入信号电压波形

图 20.2.5　例 20.2.1 的图

表 20.2.2　图 20.2.5(a) 电路的真值表

A	B	C	Y
0	0	0	0
0	0	1	0
0	1	0	0
0	1	1	0
1	0	0	0
1	0	1	0
1	1	0	0
1	1	1	1

▶▶20.2.2　复合逻辑运算

与、或、非是 3 种基本运算,应用这 3 种运算可以组成复合逻辑运算。常用的一些复合逻辑运算有与非、或非、异或、同或等。

1. 与非逻辑(与非门)

与非逻辑是由与逻辑和非逻辑结合在一起(串联)而构成的复合逻辑,即自变量先进行与运算,然后将运算结果求反得与非运算。由二极管构成的与门电路和晶体管非门电路串联,可构成与非门电路,如图 20.2.6 所示。

若 u_A、u_B 均为二值信号(如信号高电平 $U_H = 5$ V,低电平 $U_L = 0.3$ V)当 u_A、u_B 均为高电平时,P 点为高电平,将使晶体管 T 饱和导电,晶体管 T 的输出 u_O 为低电平。而 u_A 或 u_B 有一个为低电平时(也包括 u_A、u_B 同为低电平时),P 点为低电平,晶体管不能导电,因而输出 u_O 为高电平。若 u_O 用字母 Y 表示,当 Y = 1 表示 u_O 为高电平,Y = 0 表示 u_O 为低电平。同样,电压 u_A 用字母 A 表示,u_B 用字母 B 表示,A = 1 表示 u_A 为高电平,A = 0 表示 u_A 为低电平;B = 1 表示 u_B 为高电平,B = 0 表示 u_B 为低电平。图 20.2.6 所示电路的真值表见表 20.2.3。

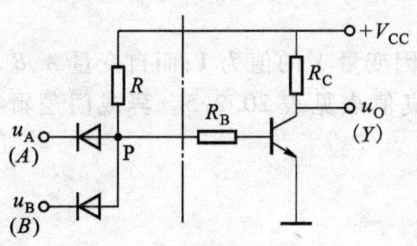

图 20.2.6　与非门电路

表 20.2.3　图 20.2.6 的真值表

A	B	Y
0	0	1
0	1	1
1	0	1
1	1	0

与非逻辑表达式(以图 20.2.6 所示电路为例)为

$$Y = \overline{A \cdot B} \tag{20.2.4}$$

与非门的逻辑符号,如图 20.2.7 所示。与非门的逻辑符号是在与门逻辑符号的基础上,在输出加一小圆圈,该圆圈表示非(反)逻辑运算。

与非、或非等复合逻辑门被广泛应用的原因是,通过复合逻辑门可以组成其他的逻辑门,应用复合逻辑门(与非门,或非门)可以构成具有记忆功能的逻辑电路。例如,图 20.2.8 所示,就是通过与非门构成的与门和或门(其变换结果可通过真值表加以证明)。

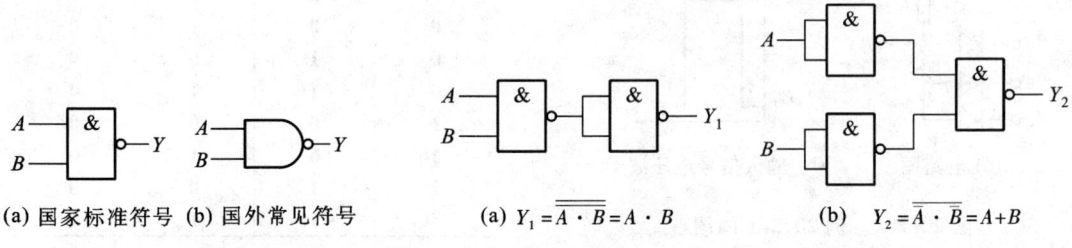

(a) 国家标准符号 (b) 国外常见符号

图 20.2.7 与非门的逻辑符号

(a) $Y_1 = \overline{\overline{A \cdot B}} = A \cdot B$ (b) $Y_2 = \overline{\overline{A} \cdot \overline{B}} = A + B$

图 20.2.8 逻辑运算符号的等效变换

2. 或非逻辑(或非门)

或非逻辑是由**或**运算和**非**运算结合在一起构成的逻辑运算。**或非门**的逻辑符号如图 20.2.9 所示,其输出处的小圆圈也表示取反逻辑运算之意。

或非门的真值表见表 20.2.4。

表 20.2.4 或非门的真值表

A	B	Y
0	0	1
0	1	0
1	0	0
1	1	0

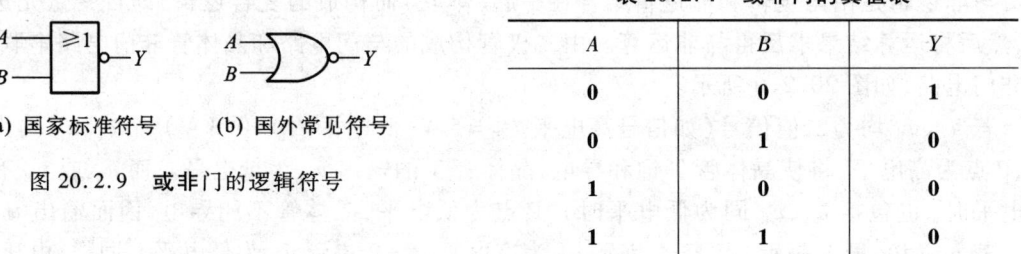

(a) 国家标准符号   (b) 国外常见符号

图 20.2.9 或非门的逻辑符号

或非运算的逻辑表达式(以两个自变量为例),可表示为

$$Y = \overline{A+B} \tag{20.2.5}$$

3. 异或逻辑(异或门)

异或是这样一种逻辑,当自变量 A、B 取值不同时,因变量 Y 的值为 **1**;而自变量 A、B 取值相同时(同 **1** 或同 **0**),因变量 Y 的值为 **0**。**异或**逻辑的真值表见表 20.2.5。**异或门**逻辑符号如图 20.2.10 所示。

表 20.2.5 异或逻辑真值表

A	B	Y
0	0	0
0	1	1
1	0	1
1	1	0

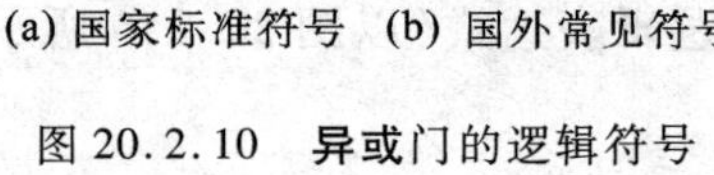

(a) 国家标准符号 (b) 国外常见符号

图 20.2.10 异或门的逻辑符号

异或逻辑运算的表达式为

$$Y = A \oplus B \tag{20.2.6}$$

式(20.2.6)中,符号⊕表示自变量 A、B 作**异或**运算。

二进制数的求和运算,可以通过**异或**门实现。如两个二进制数 a_i 和 b_i,作不考虑低位进位的相加运算时(能够作这种运算的电路称为半加器),运算结果的"本位和 S_i"有如下 4 种,即

(被加数)	(加数)	(进位)	(本位和)
a_i	b_i	c_i	S_i
0 +	0 =	0	0
0 +	1 =	0	1
1 +	0 =	0	1
1 +	1 =	1	0

将上述求和运算结果与**异或**逻辑的真值表比较,可以看出,**异或**逻辑运算结果与两个 1 位二进制数本位求和的运算结果相同,因此,在数字电路中可用**异或**门构成二进制数的运算电路。

用**与非**门可组合成**异或**门,如图 20.2.11 所示。

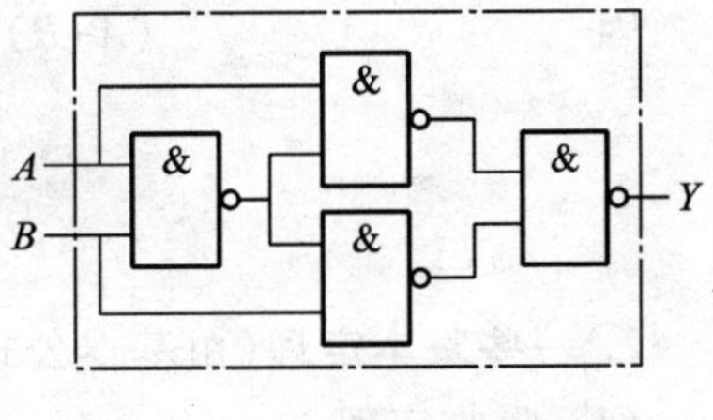

根据图 20.2.11 所示逻辑图,**异或**逻辑表达式也可写成为

$$Y = \overline{A} \cdot B + A \cdot \overline{B} \qquad (20.2.7)$$

图 20.2.11 用与非门组合的**异或**门

由式(20.2.7)可看出,只要自变量 A、B 的取值不同,因变量 Y 的值为 **1**;而 A、B 取值相同时,$Y = 0$。

4. 同或逻辑(同或门)

同或的逻辑关系为:当自变量 A、B 取值相同时,因变量 Y 为 **1**;A、B 取值不同时,Y 为 **0**。同或逻辑和异或正好相反。同或逻辑的真值表见表 20.2.6。

表 20.2.6 同或逻辑的真值表

A	B	Y
0	0	1
0	1	0
1	0	0
1	1	1

同或的逻辑表达式为

$$Y = A \odot B = \overline{A \oplus B} = A \cdot B + \overline{A} \cdot \overline{B} \qquad (20.2.8)$$

式(20.2.8)中,符号"⊙"表示变量 A、B 作**同或**运算。

同或门的逻辑符号如图 20.2.12 所示。

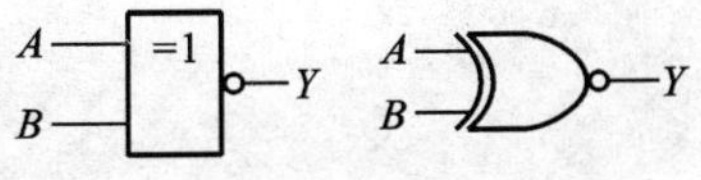

异或门和**同或**门在数据传送中也有广泛应用。

(a) 国家标准符号 (b) 国外常见符号

图 20.2.12 同或门的逻辑符号

▶▶**20.2.3 逻辑代数的基本公式和定理**

由于逻辑变量的取值只有 **0** 和 **1** 两种,因此,根据逻辑代数的 3 种基本运算的定义,可得出以下公式和定理。

1. 基本公式(布尔恒等式)

(1) $\overline{1}=0$ (2) $\overline{0}=1$

(3) $0 \cdot A=0$ (4) $0+A=A$

(5) $1 \cdot A=A$ (6) $1+A=1$

(7) $A \cdot A=A$ (8) $A+A=A$

(9) $A \cdot \overline{A}=0$ (10) $A+\overline{A}=1$

(11) $A \cdot B=B \cdot A$ (12) $A+B=B+A$

(13) $A \cdot (B+C)=A \cdot B+A \cdot C$ (14) $A+(B+C)=(A+B)+C$

(15) $\overline{\overline{A}}=A$ (16) $A+B \cdot C=(A+B) \cdot (A+C)$

式(16) $A+B \cdot C=(A+B) \cdot (A+C)$ 的证明如下：

因
$$(A+B) \cdot (A+C) = A \cdot A+A \cdot C+B \cdot A+B \cdot C$$
$$=A+A \cdot C+B \cdot A+B \cdot C$$
$$=A \cdot (1+C+B)+B \cdot C$$
$$=A+B \cdot C$$

2. 一些基本定理(由基本公式导出)

(1) 吸收定理

在逻辑表达式中，某些项或项内的某些变量，可根据逻辑代数运算规则进行化简，可以使表达式中的一些变量或项被简化掉(称为吸收)，从而使逻辑式简化。吸收定理有以下几个。

① 原变量吸收

$$A+A \cdot B=A \cdot (1+B)=A$$
$$A \cdot B+C \cdot D+A \cdot B \cdot C=A \cdot B \cdot (1+C)+C \cdot D=A \cdot B+C \cdot D$$

② 反变量吸收

$$A+\overline{A} \cdot B=A+B$$

证明如下

$$A+\overline{A} \cdot B = A+A \cdot B+\overline{A} \cdot B$$
$$=A+B(\overline{A}+A)=A+B$$

③ 混合变量吸收

$$A \cdot B+A \cdot \overline{B}=A \cdot (B+\overline{B})=A$$
$$A \cdot B+\overline{A} \cdot C+B \cdot C=A \cdot B+\overline{A} \cdot C$$

证明如下

$$A \cdot B+\overline{A} \cdot C+B \cdot C = A \cdot B+\overline{A} \cdot C+(A+\overline{A}) \cdot B \cdot C$$
$$=A \cdot B+\overline{A} \cdot C+A \cdot B \cdot C+\overline{A} \cdot B \cdot C$$
$$=A \cdot B \cdot (1+C)+\overline{A} \cdot C \cdot (1+B)$$
$$=A \cdot B+\overline{A} \cdot C$$

(2) 反演定理(德·摩根定理)

反演定理有两条,即

$$\overline{A \cdot B} = \overline{A} + \overline{B}$$

和

$$\overline{A+B} = \overline{A} \cdot \overline{B}$$

这两条定理可以通过真值表来证明其正确性。对于 $\overline{A \cdot B} = \overline{A} + \overline{B}$,可将该等式两边的函数式真值表分别列出,见表 20.2.7 和表 20.2.8。由这两个真值表可看出:在变量 A,B 的所有组合下,两表所示结果相同。

对于 $\overline{A+B} = \overline{A} \cdot \overline{B}$ 可通过同样方法加以证明。

表 20.2.7 $\overline{A \cdot B}$ 的真值表

A	B	$A \cdot B$	$\overline{A \cdot B}$
0	0	0	1
0	1	0	1
1	0	0	1
1	1	1	0

表 20.2.8 $\overline{A}+\overline{B}$ 的真值表

A	B	$\overline{A}$	$\overline{B}$	$\overline{A}+\overline{B}$
0	0	1	1	1
0	1	1	0	1
1	0	0	1	1
1	1	0	0	0

逻辑代数除上面介绍的基本定律和定理之外,还有 3 项规则,即代入规则、反演规则和对偶规则。有关这 3 项规则的使用可参阅参考文献[4]、[5]等的相关内容。

例 20.2.2 图 20.2.13 所示逻辑图,其逻辑表达式为 $Y = \overline{\overline{A \cdot C} + A \cdot \overline{B}}$。这个表达式称为**与或非表示式**,应用基本定律和定理,对该逻辑式进行简化,并画出简化后的逻辑图。

解:对式 $Y = \overline{\overline{A \cdot C} + A \cdot \overline{B}}$ 应用基本定律和定理化简。

即

$$\begin{aligned}
Y &= \overline{\overline{A \cdot C} + A \cdot \overline{B}} \\
&= (\overline{\overline{A \cdot C}}) \cdot (\overline{A \cdot \overline{B}}) \\
&= (\overline{\overline{A}} + \overline{C}) \cdot (\overline{A} + \overline{\overline{B}}) \\
&= (A+C) \cdot (\overline{A}+B) \\
&= A \cdot \overline{A} + A \cdot B + \overline{A} \cdot C + B \cdot C \\
&= A \cdot B + \overline{A} \cdot C + B \cdot C
\end{aligned}$$

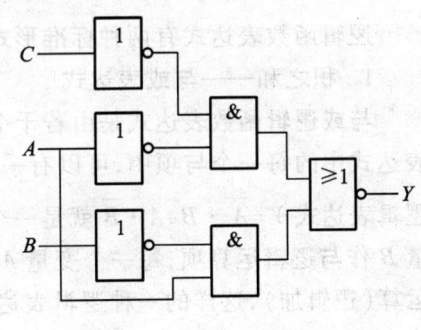

图 20.2.13 例 20.2.2 的图

由混合变量吸收定理可知,$A \cdot B + \overline{A} \cdot C + B \cdot C$ 化简结果为

$$Y = A \cdot B + \overline{A} \cdot C$$

简化后的逻辑式称为**与或逻辑表示式**。

根据 $Y = A \cdot B + \overline{A} \cdot C$ 作出逻辑图,如图 20.2.14 所示。

例 20.2.3 将例 20.2.2 的 $Y = \overline{\overline{A \cdot C} + A \cdot \overline{B}}$ 化简后的逻辑图改用与非门构成等效逻辑图替代,并画出逻辑图。

解:式 $Y = \overline{\overline{A \cdot C} + A \cdot \overline{B}}$ 的简化等效式为

$$Y = A \cdot B + \bar{A} \cdot C$$

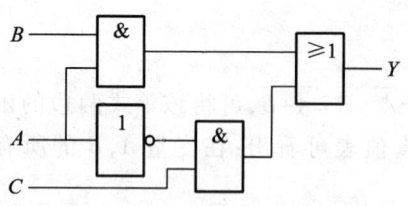

图 20.2.14　图 20.2.13 的等效逻辑图

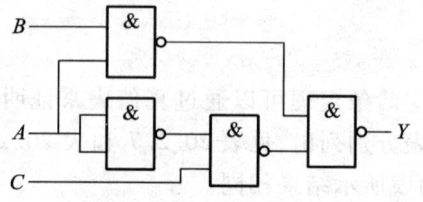

图 20.2.15　图 20.2.14 的等效逻辑图

对上式进行两次求反运算，并应用反演定理，即

$$Y = A \cdot B + \bar{A} \cdot C = \overline{\overline{A \cdot B + \bar{A} \cdot C}} = \overline{\overline{A \cdot B} \cdot \overline{\bar{A} \cdot C}}$$

根据式 $Y = \overline{\overline{A \cdot B} \cdot \overline{\bar{A} \cdot C}}$ 作逻辑图，如图 20.2.15 所示，该逻辑图均由与非逻辑（与非门）实现。

▶20.3　逻辑函数的标准形式与化简

逻辑函数的表达式可以有多种形式，标准形式的函数表达式有两种，即**与或**表达式和**或与**表达式。在进行逻辑电路设计时，通常根据真值表可以较容易地写出**与或**表达式。

▶▶20.3.1　积之和与和之积

逻辑函数表达式有两种标准形式，即**与或**表达式和**或与**表达式。

1. 积之和——与或表达式

与或逻辑函数表达式是由若干个**与**项以逻辑加的方式组成，形成所谓**与或**表达式。在这个表达式中的每一个**与**项中，可以有一个或多个以原变量和反变量形式出现的自变量。例如，**异或**逻辑表达式 $Y = \bar{A} \cdot B + A \cdot \bar{B}$ 就是一个**与或**表达式。在这个表达式中，每一项是一个变量 A 与变量 B 作**与**逻辑运算项，每一个变量 A、B 既可以是原变量，也可以是反变量。**与**项之间作**或**逻辑运算（逻辑加），这样的一种逻辑表达式称为**与或**式，又称积之和表达式。

2. 和之积——或与表达式

或与逻辑函数表达式是由若干个**或**项以逻辑乘的形式组成。在这个表达式的每一个**或**项中，可以有一个或多个原变量和反变量作逻辑加运算。例如，逻辑函数式 $Y = (A + \bar{B}) \cdot (\bar{A} + B)$ 就是一个**或与**逻辑表达式，又称和之积表达式。

任何类型的逻辑函数表达式，均可以通过逻辑代数的基本公式，将其化成积之和或和之积表达式，同样，积之和与和之积表达式也可相互转化。

例 20.3.1　图 20.3.1 所示逻辑图，其逻辑表达式 $Y = \overline{A \cdot \overline{AB} \cdot \overline{AB} \cdot B}$，将该式化为积之和形式。

解：应用反演定理进行转换，即

$$Y = \overline{A \cdot \overline{AB}} \cdot \overline{\overline{AB} \cdot B}$$
$$= A \cdot \overline{AB} + \overline{AB} \cdot B$$
$$= A \cdot \overline{AB} + \overline{AB} \cdot B$$
$$= A \cdot (\overline{A} + \overline{B}) + (\overline{A} + \overline{B}) \cdot B$$
$$= A\overline{B} + \overline{A}B$$

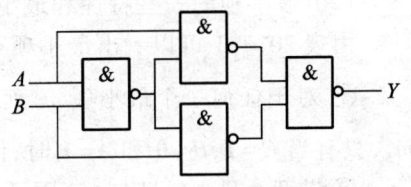

图 20.3.1　例 20.3.1 的图

例 20.3.2　将 $Y = \overline{\overline{A}\,BC \cdot \overline{BC}(A+C)}$ 化成和之积形式。

解：
$$Y = \overline{\overline{A}\,BC \cdot \overline{BC}(A+C)}$$
$$= (\overline{\overline{A} + \overline{B} + \overline{C}}) \cdot (\overline{B} + \overline{C}) \cdot \overline{(A+C)}$$
$$= (A + \overline{B} + \overline{C}) \cdot (\overline{B} + \overline{C}) \cdot (A + C)$$

3. 最小项与最小项表达式(标准与或表达式)

(1) 最小项

逻辑函数有 A、B、C、…共 n 个自变量，P 是 n 个逻辑自变量的积。如果在 P 中每个自变量都以原变量或反变量的形式作为一个因子出现，且仅出现一次，则称 P 为 n 个变量的一个最小项。

例如，一个逻辑函数有 3 个自变量，即 A、B、C，对于 3 个变量 A、B、C 而言，将有 $\overline{A} \cdot \overline{B} \cdot \overline{C}$，$\overline{A} \cdot \overline{B} \cdot C$，$\overline{A} \cdot B \cdot \overline{C}$，$\overline{A} \cdot B \cdot C$，$A \cdot \overline{B} \cdot \overline{C}$，$A \cdot \overline{B} \cdot C$，$A \cdot B \cdot \overline{C}$ 和 $A \cdot B \cdot C$ 共 8 个最小项。

对于有 n 个自变量的逻辑函数而言，共有 2^n 个最小项。为了简化最小项的书写，用 m_i 表示最小项，m 的下标 i 表示最小项的排列顺序，确定 i 值的规则是：将最小项中的原变量记为 **1**，反变量记为 **0**，当变量的排列顺序(如是按 $ABCD$ 排列，还是按 $DCBA$ 排列)确定后，可根据变量排列顺序置入相应的 **1**、**0** 值，形成一个二进制数，由这个二进制数可得到等值十进制值，该十进制值即为该最小项的下标 i 之值。例如，由 C、B、A 3 个变量按 CBA 顺序排列时，构成的全部最小项及其简化表示式，见表 20.3.1。

表 20.3.1　三变量最小项及其表示方法

变量			十进制数码	最小项 m_i
C	B	A		
0	0	0	0	$\overline{C} \cdot \overline{B} \cdot \overline{A} = m_0$
0	0	1	1	$\overline{C} \cdot \overline{B} \cdot A = m_1$
0	1	0	2	$\overline{C} \cdot B \cdot \overline{A} = m_2$
0	1	1	3	$\overline{C} \cdot B \cdot A = m_3$
1	0	0	4	$C \cdot \overline{B} \cdot \overline{A} = m_4$
1	0	1	5	$C \cdot \overline{B} \cdot A = m_5$
1	1	0	6	$C \cdot B \cdot \overline{A} = m_6$
1	1	1	7	$C \cdot B \cdot A = m_7$

(2) 最小项的一些特性和最小项表达式

由表 20.3.1 可以看出最小项有如下一些特性：

① 对于任何一个最小项 m_i 而言，只有一组变量的取值可使其为 **1**，例如，最小项 $C \cdot \bar{B} \cdot A = m_5$，只有当 $C=1, B=0$ 和 $A=1$ 时，该最小项 $C \cdot \bar{B} \cdot A$ 值为 **1**，其他取值均为 **0**。

② 若两个最小项只有一个因子不同，称这两个最小项逻辑相邻，逻辑相邻的两个最小项通过逻辑加运算时，可以合并成一项并可将一对取值不同的因子化简掉。例如，最小项 $C \cdot \bar{B} \cdot \bar{A}$ 和最小项 $C \cdot \bar{B} \cdot A$，这两个最小项中变量 A 取值不同，当 $C \cdot \bar{B} \cdot \bar{A}$ 和 $C \cdot \bar{B} \cdot A$ 作逻辑加（或运算）时，则有

$$C \cdot \bar{B} \cdot \bar{A} + C \cdot \bar{B} \cdot A = C \cdot \bar{B} \cdot (\bar{A}+A) = C \cdot \bar{B}$$

③ 最小项表达式（标准与或式）：利用公式 $A+\bar{A}=1$ 及 $A \cdot 1 = A$，可将任何一个逻辑函数化为最小项之和。例如，逻辑函数

$$\begin{aligned} Y(C,B,A) &= C \cdot A + B \cdot \bar{A} \\ &= C \cdot A \cdot (B+\bar{B}) + B \cdot \bar{A} \cdot (C+\bar{C}) \\ &= C \cdot B \cdot A + C \cdot \bar{B} \cdot A + C \cdot B \cdot \bar{A} + \bar{C} \cdot B \cdot \bar{A} \\ &= m_7 + m_5 + m_6 + m_2 \end{aligned}$$

上式又可简写成

$$Y(C,B,A) = \sum m(7,5,6,2)$$

Y 称为逻辑函数最小项表达式，这样的表达式在逻辑函数化简中得到广泛应用。

逻辑函数除可以用最小项之和（**与或**表达式）表示外，还可以用最大项之积的形式表示（称为**或与**标准式），有关最大项及最大项之积表达式等问题，可参阅参考文献[4]、[5]、[6]内的相关内容，有关二进制数、十进制数和十进制数的二进制编码见本书附录。

▶▶20.3.2 逻辑函数表示方法

逻辑函数有 4 种表示方法。

1. 逻辑图

将逻辑电路中各逻辑单元或部件，用逻辑符号表示，这种用逻辑符号连成的图称为逻辑图。例如，图 20.3.2 所示即用与非门组合成的异或门电路。从这个逻辑图中可以很容易根据输入变量的状态，定出输出的状态，确定出输入、输出之间的逻辑关系。

2. 逻辑表达式

逻辑图的输入、输出间的逻辑关系，可以通过与、或、非等逻辑运算式表示，这样的关系式称为逻辑表达式。

从逻辑图写逻辑表达式的步骤如下：通常从逻辑图的输入端开始，逐级列出各级门的逻辑式，最后得到所示逻辑图的输入、输出间的关系式。

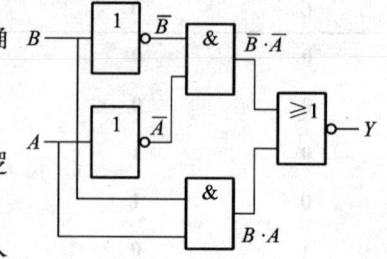

图 20.3.2 **异或门**

例如，图 20.3.2 所示逻辑图的逻辑表达式为 $Y = \overline{(\bar{B} \cdot A) + B \cdot A}$。

3. 真值表

真值表是用列表的方法,将逻辑函数输入变量 $A,B,\cdots$ 取值的所有组合与输出变量 Y 的对应取值都列入一个表中,这样的一个表格称为逻辑函数的真值表。

在真值表中,输入变量组合的数目与变量的数目有关,若有 n 个输入变量则有 2^n 个状态组合。例如,图 20.3.2 所示逻辑图的真值表见表 20.3.2。

表 20.3.2 图 20.3.2 的真值表

B	A	$\overline{B}$	$\overline{A}$	$\overline{B}\cdot A$	$B\cdot\overline{A}$	$Y=\overline{(\overline{B}\cdot A)}+B\cdot\overline{A}$
0	0	1	1	1	0	0
0	1	1	0	0	0	1
1	0	0	1	0	0	1
1	1	0	0	0	1	0

在图 20.3.2 中,输入变量有两个,因此,输入变量组合有 4 种,如表 20.3.2 中所示。在表 20.3.2 中,将逻辑电路中间的输出量的取值也一一列出,目的是使读者了解输出 Y 与输入 B,A 间对应取值获得的过程。

真值表是表示逻辑函数的一种方法,因此,根据真值表也应能够写出与之对应的逻辑表达式或画出逻辑图。根据真值表写逻辑表达式,通常采用**与或表达式**的形式写出,**与或表达式**的写法是:将真值表中函数 Y 取值为 **1** 所对应的输入变量组合作为一个**与式**,再将这些取值为 **1** 的**与式**相加(**或**),得到函数的**与或逻辑表达式**。

为了使**与或逻辑表达式**的输入、输出函数关系与真值表所列的结果完全一致,根据真值表写**与或表达式**时,对式中的每个变量组合项(**与式**)的写法作如下规定:在真值表中若输入变量(A,$B,\cdots$)取值为 **1** 时,表达式中的这个变量即用 B、A(原变量)写出;对于取值为 **0** 的输入变量则用 $\overline{B}$,$\overline{A}$(反变量)写出。按上述规定,表 20.3.2 内函数值 Y 为 **1** 的项有 $\overline{B}A$ 和 $B\overline{A}$ 两个与项,因此,逻辑表达式为 $Y=\overline{B}\cdot A+B\cdot\overline{A}$(**异或门**),根据这个表达式作出的逻辑图,如图 20.3.3 所示。

图 20.3.3 是根据图 20.3.2 的真值表作出的,但是这两个逻辑图的构成却不同,原因在于用不同的逻辑功能元件构成的逻辑图可以实现相同的逻辑函数关系。

4. 卡诺图

卡诺图是一种方块图,它是以图形的方式表达逻辑函数的真值表。例如,用卡诺图表示表 20.3.2 所示真值表时,如图 20.3.4 所示。由所示图形可看出,其方块个数由变量数 n 决定,由

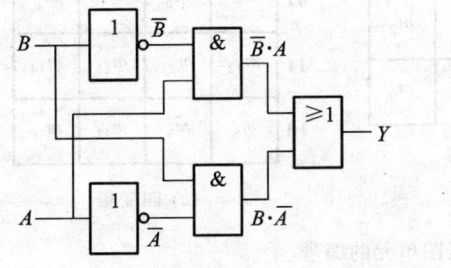

图 20.3.3 $Y=B\cdot\overline{A}+\overline{B}\cdot A$ 的逻辑图

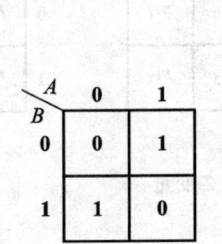

图 20.3.4 与表 20.3.2 对应的卡诺图

于有 n 个变量的真值表共有 2^n 项,即有 2^n 个最小项,用卡诺图表示时应画出 2^n 个小方块,每一小方块称为一个单元。用卡诺图表示逻辑函数时,应在方块的上方及左边注明该单元所对应的输入变量状态组合,这时就可以知道哪一个单元表示的是哪一个最小项。在卡诺图的单元内填入的是该输入变量组合下对应的输出量取值。

卡诺图的画法有一定的规则,这个规则是:两个几何位置相邻的单元,其输入变量的取值只能有 1 位不同,这一规定称为逻辑相邻。例如,逻辑函数 $Y(C,B,A)=\sum m(0,1,2,4)$ 的真值表见表 20.3.3,根据这个真值表画出的卡诺图如图 20.3.5 所示。由这张卡诺图可以看出:单元 $\overline{C}\,\overline{B}\,\overline{A}(000)$ 和单元 $\overline{C}\,\overline{B}\,A(001)$ 是位置相邻、逻辑相邻;同样,单元 $\overline{C}\,\overline{B}\,\overline{A}(000)$ 与单元 $\overline{C}\,B\,\overline{A}(010)$、单元 $C\,\overline{B}\,\overline{A}(100)$ 也是位置相邻、逻辑相邻。这说明卡诺图是一个球体表面的展开图。

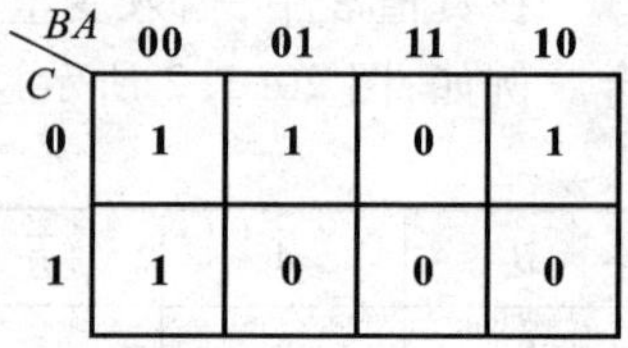

BA C	00	01	11	10
0	1	1	0	1
1	1	0	0	0

图 20.3.5 逻辑函数 $Y(C,B,A)$ 的卡诺图

表 20.3.3 逻辑函数 $Y(C,B,A)$ 的真值表

m_i	C	B	A	$Y(CBA)$
0	0	0	0	1
1	0	0	1	1
2	0	1	0	1
3	0	1	1	0
4	1	0	0	1
5	1	0	1	0
6	1	1	0	0
7	1	1	1	0

有 n 个变量的逻辑函数,其卡诺图有 2^n 个小方块,为表明某单元是逻辑变量中的哪一个最小项,应用时对每一个小方块进行编号,编号的方法与最小项的编号方法一致。由于卡诺图的画法要求几何位置相邻的小方块应是逻辑相邻,因此,相邻小方块的输入逻辑变量(最小项)的因子取值只应有 1 位不同,这样,二变量逻辑函数、三变量逻辑函数和四变量逻辑函数的卡诺图各小方块的编号应如图 20.3.6 所示。

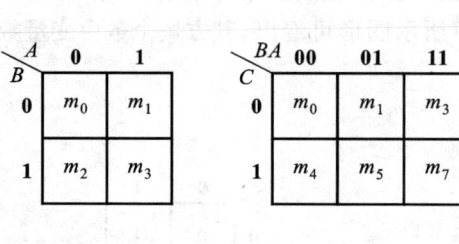

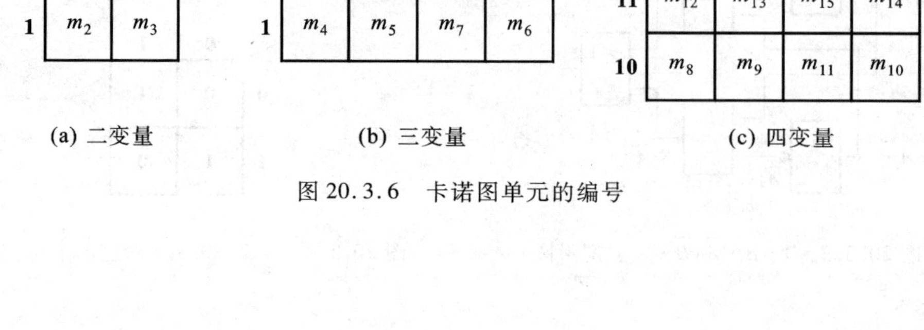

(a) 二变量   (b) 三变量   (c) 四变量

图 20.3.6 卡诺图单元的编号

20.3 逻辑函数的标准形式与化简

由图 20.3.6 可看出,为保持几何位置相邻的单元逻辑相邻,即相邻的两个最小项只有一个变量取值不同,卡诺图小方块的编号不能按数值大小顺序排列,而必须按图中所示方式排列。

由于卡诺图是用图形表达逻辑函数的真值表,因此,逻辑图、逻辑函数式、真值表和卡诺图4者的逻辑意义是完全相同的。例如,某逻辑函数的最小项表达式为 $Y(A,B,C)=\sum m(0,2,5,7)$,则该逻辑函数的真值表见表 20.3.4,它的卡诺图如图 20.3.7 所示。

C\BA	00	01	11	10
0	1_{m_0}	0	0	1_{m_2}
1	0	1_{m_5}	1_{m_7}	0

图 20.3.7 式 $Y(C,B,A)=\sum m(0,2,5,7)$ 的卡诺图

表 20.3.4 式 $Y(C,B,A)=\sum m(0,2,5,7)$ 的真值表

m_i	C	B	A	$Y(C,B,A)$
0	0	0	0	1
1	0	0	1	0
2	0	1	0	1
3	0	1	1	0
4	1	0	0	0
5	1	0	1	1
6	1	1	0	0
7	1	1	1	1

例 20.3.3 根据图 20.3.8 所示卡诺图,写出相应的最小项逻辑表达式,列出真值表并画出逻辑图。

解:由图 20.3.8 所示卡诺图可知,逻辑表达式为

$$Y=\sum m(1,2,4,7)=\overline{C}\cdot\overline{B}\cdot A+\overline{C}\cdot B\cdot\overline{A}+C\cdot\overline{B}\cdot\overline{A}+C\cdot B\cdot A$$

逻辑真值表见表 20.3.5。

C\BA	00	01	11	10
0	0	1	0	1
1	1	0	1	0

图 20.3.8 例 20.3.3 的图

表 20.3.5 例 20.3.3(卡诺图)的真值表

m_i	C	B	A	Y
0	0	0	0	0
1	0	0	1	1
2	0	1	0	1
3	0	1	1	0
4	1	0	0	1
5	1	0	1	0
6	1	1	0	0
7	1	1	1	1

由表 20.3.5 所示的真值表，可以写逻辑表达式，即 $Y=\overline{C}\,\overline{B}A+\overline{C}B\overline{A}+CB\,\overline{A}+CBA$，根据逻辑表达式画出逻辑图，如图 20.3.9 所示。

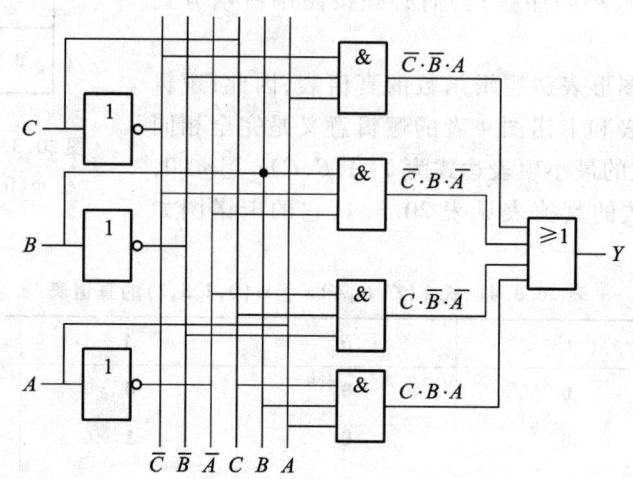

图 20.3.9　例 20.3.3 的逻辑图

▶▶20.3.3　逻辑函数化简

一般情况下根据真值表直接写出的逻辑表达式或作出的逻辑图，常会存在一些多余项，所谓多余项是指可以省略而不会影响逻辑功能的项。由于这些多余项的存在而使逻辑图变得复杂了，换句话说，为实现某种逻辑功能必须使用更多的逻辑门电路，从而使电路中连线增多、元件增加，电路出现故障的机会增大，故一个逻辑电路设计好后，有必要对电路进行化简。常用的化简方法有：逻辑代数公式化简和用卡诺图化简。

1. 公式化简

通过真值表得到的逻辑表达式，是一个**与或**表达式。对这个表达式进行公式化简时，利用 20.2.3 节介绍过的逻辑代数基本运算规则、定律和定理进行化简。

例 20.3.4　化简逻辑表达式 $Y=A\,\overline{B}\,C+ABC+AB\,\overline{C}+\overline{A}\,BC$。

解：由基本规则知道：$A+A+\cdots+A=A$ 和 $A+\overline{A}=1$。所以上式可写成

$$Y=(A\,\overline{B}\,C+ABC)+(AB\,\overline{C}+ABC)+(\overline{A}\,BC+ABC)=AC+AB+BC$$

例 20.3.5　化简逻辑表达式 $Y=AB\,\overline{C}+\overline{B}\,C+\overline{C}\,B+\overline{B}\,D+\overline{D}\,B$。

解：

$$\begin{aligned}Y&=AB\,\overline{C}+\overline{B}\,C+\overline{C}\,B+\overline{B}\,D+\overline{D}\,B\\&=AB\,\overline{C}+\overline{B}\,C(D+\overline{D})+\overline{C}\,B+\overline{B}\,D+\overline{D}\,B(C+\overline{C})\\&=AB\,\overline{C}+\overline{B}\,CD+\overline{B}\,C\,\overline{D}+\overline{C}\,B+\overline{B}\,D+\overline{D}\,BC+\overline{D}\,B\,\overline{C}\\&=AB\,\overline{C}+\overline{B}\,D(C+1)+C\,\overline{D}(B+\overline{B})+\overline{C}\,B(1+\overline{D})\end{aligned}$$

20.3 逻辑函数的标准形式与化简

$$= AB\overline{C} + \overline{B}D + C\overline{D} + \overline{C}B$$
$$= B\overline{C} + \overline{B}D + C\overline{D}$$

例 20.3.6 化简表达式 $Y = A \cdot \overline{\overline{AB} \cdot \overline{\overline{AB} \cdot B}}$。

解：用反演定理，得

$$Y = A \cdot \overline{\overline{\overline{AB} \cdot \overline{\overline{AB} \cdot B}}}$$
$$= A \cdot \overline{AB} + \overline{AB} \cdot B$$
$$= A(\overline{A} + \overline{B}) + (\overline{A} + \overline{B})B$$
$$= A\overline{A} + A\overline{B} + \overline{A}B + B\overline{B}$$
$$= A\overline{B} + \overline{A}B$$

2. 卡诺图化简

由于卡诺图上的每一单元和逻辑函数的一个最小项相对应，而卡诺图的画法又规定相邻单元所代表的最小项仅有一个变量不同，因此，卡诺图上相邻单元若函数值相同（如同为 **1**），这样的两个最小项就可以合并，消去取值不同的变量。由于卡诺图所具有的这种直观性，用卡诺图可以很方便地进行逻辑化简。

(1) 化简规律

① 两个最小项合并：在卡诺图上，若两个最小项所对应的单元相邻，且函数值均为 **1**，则这两个最小项可合并成一项，合并后消除一个变量，如图 20.3.10 所示。

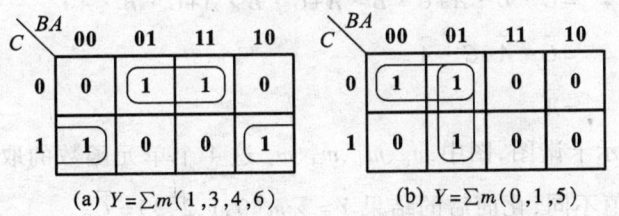

(a) $Y = \sum m(1,3,4,6)$ (b) $Y = \sum m(0,1,5)$

图 20.3.10 两个最小项（单元）化简

在图 20.3.10(a) 中，卡诺图中取 **1** 的单元与逻辑函数中的最小项 m_1、m_3、m_4、m_6 对应。其中，$m_1(\overline{C} \cdot \overline{B} \cdot A)$ 和 $m_3(\overline{C} \cdot B \cdot A)$ 位置相邻、逻辑相邻，且函数值相同，而这两项仅有一个变量取值不同，这两项可以合并成为一项并消去一个变量。用卡诺图进行化简时，就是将同为 **1** 且相邻的单元用细实线圈起来，意为这两个单元可合并，对 m_1、m_3 单元而言合并后消去取值不同的因子 $(B, \overline{B})$，合并后的结果为 $\overline{C} \cdot A$。在卡诺图上，m_4、m_6 单元函数值相同，这两个单元也是位置相邻和逻辑相邻，这两个单元各用半圆圈起，如图所示，化简后的结果为 $C \cdot \overline{A}$。因此，逻辑函数 $Y = \sum m(1,3,4,6)$ 经卡诺图化简后为 $Y = \overline{C} \cdot A + C \cdot \overline{A}$。

在图 20.3.10(b) 中，根据 $A + A = A$，最小项 m_1 可以使用两次，分别与 m_0、m_5 合并，m_1、m_0 合并化简结果为 $\overline{C} \cdot \overline{B}$，$m_1$ 与 m_5 合并化简结果为 $\overline{B} \cdot A$。因此，逻辑函数 $Y = \sum m(0,1,5)$ 化简后，

结果为 $Y=\overline{C} \cdot \overline{B}+\overline{B} \cdot A$。

② 4 个最小项合并:在卡诺图上,4 个相邻单元函数取值相同(如同为 **1**),则可以合并成一个乘积项,合并后可消去两个取值不同的变量,如图 20.3.11 中所示。

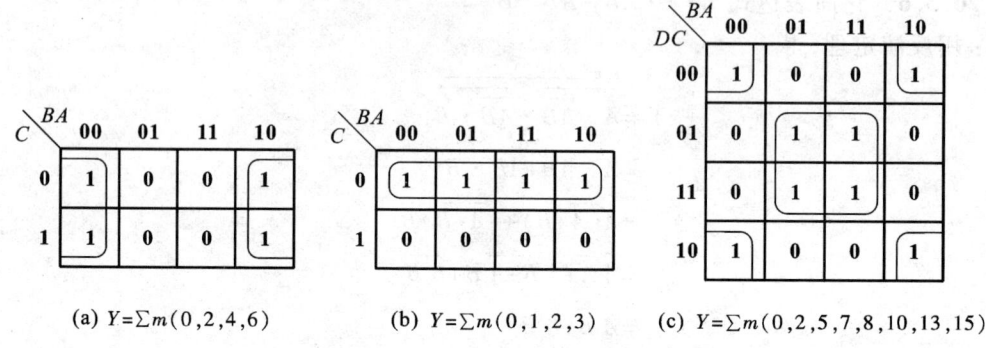

(a) $Y=\sum m(0,2,4,6)$ (b) $Y=\sum m(0,1,2,3)$ (c) $Y=\sum m(0,2,5,7,8,10,13,15)$

图 20.3.11 4 个最小项(单元)化简

在图 20.3.11(a)中,m_0、m_2、m_4、m_6 4 个最小项函数值相同,且位置相邻、逻辑相邻,化简后可以消两个取值不同的变量 B 和 C,化简结果为

$$Y=\overline{A}$$

对图 20.3.11(a)应用公式化简,也会得到相同结果,即

$$Y = \sum m(0,2,4,6)$$
$$=\overline{C} \cdot \overline{B} \cdot \overline{A}+\overline{C} \cdot B \cdot \overline{A}+C \cdot \overline{B} \cdot \overline{A}+C \cdot B \cdot \overline{A}$$
$$=\overline{C} \cdot \overline{A}+C \cdot \overline{A}$$
$$=\overline{A}$$

图 20.3.11(b)所示卡诺图,图中 m_0、m_1、m_3、m_4 这 4 个单元函数的取值相同且相邻,在这 4 个单元中变量 B、A 取值不同,化简后的结果 $Y=\sum m(0,1,2,3)=\overline{C}$。

图 20.3.11(c)中,m_0、m_2、m_8、m_{10} 这 4 个单元函数取值相同且位置相邻,可以合并,消去变量 D、B,化简后的结果为 $\overline{C} \cdot \overline{A}$;另 4 个单元 m_5、m_7、m_{13}、m_{15} 的函数取值相同、位置相邻,化简后可消去变量 D、B,化简后的结果为 $C \cdot A$。因此,$Y=\sum m(0,2,5,7,8,10,13,15)$ 化简后结果为 $Y=\overline{C} \cdot \overline{A}+C \cdot A$。

③ 8 个最小项合并:8 个单元在卡诺图上合并的情况如图 20.3.12 所示。

在图 20.3.12(a)中,8 个单元相邻且函数取值相同,化简后可消去 3 个变量(D,C,B),化简后 $Y=\overline{A}$。图 20.3.12(b)中将单元 m_6、m_7、m_{14}、m_{15} 使用两次,逻辑函数 Y 化简后的结果为 $Y=C+B$。

通过上述化简过程可以看出:

① 应用卡诺图化简,就是将函数值相同(如同为 **1**)且相邻的两个单元、4 个单元、8 个单元合并起来,两个单元可将两个最小项(单元)合成一项并消去一个取值不同的变量;4 个最小项(单元)合成一项并消去两个取值不同的变量;8 个最小项(单元)合成一项并消去 3 个取值不同

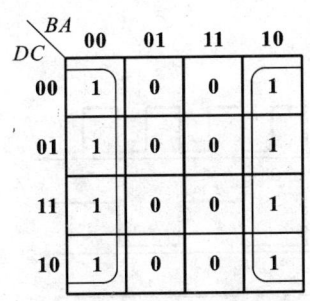 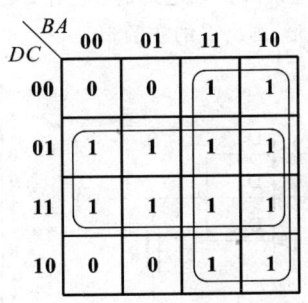

(a) $Y=\sum m(0,2,4,6,8,10,12,14)$ (b) $Y=\sum m(2,3,4,5,6,7,10,11,12,13,14,15)$

图 20.3.12 8 个最小项（单元）化简

的变量。

② 用卡诺图化简时，函数值为 **1** 的单元可以重复使用。

③ 卡诺图上的所有单元均被使用过一次后，化简也就停止了。

（2）无关最小项

一个有 n 个自变量的逻辑函数，在某些情况下其输出并不是与 2^n 个最小项都有关。例如，用 4 位二进制表示 1 位十进制数时，4 位二进制有 16 种状态组合，用于表示 1 位十进制数时，只需其中 10 种组合，另有 6 种组合是不需要的。如用 8421 码表示十进制数时，只需要 **0000~1001** 这 10 种组合，而 **1010~1111** 这 6 种组合是不需要的。通常将不决定逻辑函数取值的最小项称为无关最小项（无关项），或称约束项。由于在二-十进制中这些无关项通常是不会出现的，因而在用卡诺图化简时，可以认为这些最小项使函数值为 **1**，也可认为这些最小项使函数值为 **0**。合理地选择无关项的取值可以使逻辑函数得到进一步简化。例如，图 20.3.13 所示卡诺图，$C\cdot B\cdot \overline{A}$ 和 $C\cdot B\cdot A$ 这两个最小项为无关项（在卡诺图上，无关项常用符号×表示）。

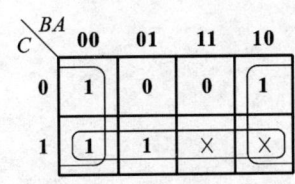

图 20.3.13 具有无关项的卡诺图

应用卡诺图化简时，若不利用无关项，图 20.3.13 化简后的结果为 $Y=\overline{C}\cdot \overline{A}+C\cdot \overline{B}$；如果利用无关项，认为×=**1**，则化简的结果（如图中细实线所画）为 $Y=C+\overline{A}$。利用无关项后，结果更简单。

逻辑函数化简的方法，除以上介绍的公式化简和卡诺图化简外，还有一种"逻辑函数列表化简法"这种化简法又称奎因-麦克卢斯基法（Q-M 法）。这种化简方法更适于用计算机进行逻辑函数化简，且化简的逻辑变量数没有限制。有关 Q-M 法化简逻辑函数的方法可参阅参考文献 [4] 等相关内容。

 习 题

20.1 题图 20.1(a)所示电路，A、B、C 均为二值信号，波形如题图 20.1(b)所示，二极管视为理想元件。

(1) 若要求输出为高电平(**1**),该电路是一个什么门?

(2) 按所示 A、B、C 波形,画出 Y 的波形。

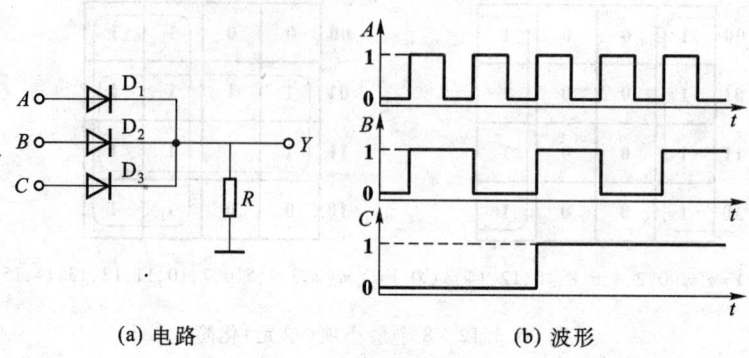

(a) 电路   (b) 波形

题图 20.1   习题 20.1 的图

20.2   题图 20.2 所示电路,A、B 信号波形如图 20.1(b)所示,**1** = 5 V,**0** = 0.3 V,二极管视为理想元件,分析所示电路输入、输出的逻辑关系,说明它是一个什么逻辑门?画出它的逻辑图,列出该电路真值表,画出 Y 的波形。

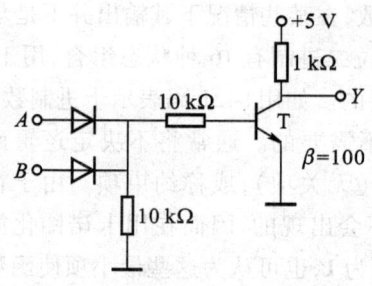

题图 20.2   习题 20.2 的图

20.3   题图 20.3 所示各门电路输入端 A、B 的波形如题图 20.1(b)所示,画出各门电路输出端 Y 的电压波形。

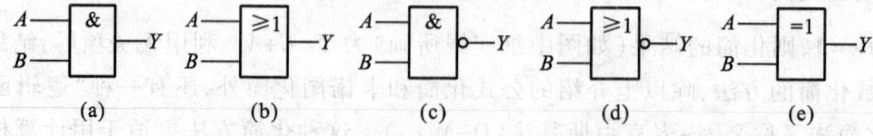

题图 20.3   习题 20.3 的图

20.4   根据给出的逻辑函数式,画逻辑图。

(1) $Y = \overline{AB + CD} \cdot (A + B) \cdot (C + D)$ (3) $Y = \overline{AB} \oplus (A + B)$

(2) $Y = \overline{AB + BC + CA}$ (4) $Y_1 = \overline{AB + BC + CA}$, $Y_2 = \overline{ABC + AY_1 + BY_1 + CY_1}$

20.5   化简下列逻辑式,列出真值表。

(1) $Y = A\overline{B} + B + \overline{A}B$

(2) $Y = \overline{ABC} + A\overline{B}$

(3) $Y = \overline{ABC} + AC + \overline{BC}$

20.6 化简下列逻辑式，简化后的结果用与非门实现。

(1) $Y = A\overline{B}C + ABC + AB\overline{C} + \overline{A}BC$

(2) $Y = (A+B+\overline{C})B + (\overline{A}+B)C$

(3) $Y = A\overline{B} + B + \overline{AB}$

20.7 写出下列逻辑函数的最小项之和的表达式。

(1) $Y = AB + C$

(2) $Y = (A+BC) \cdot \overline{C}D$

(3) $Y = AB + \overline{\overline{BC} \cdot (\overline{C+A})}$

(4) $Y = A + B + \overline{C}$

(5) $Y = A\overline{D} + \overline{B}\overline{C}D$

20.8 用公式化简下列逻辑表达式，并用门电路实现，画出逻辑图。

(1) $Y = A\overline{B}C + ABC + AB\overline{C} + \overline{A}BC$

(2) $Y = A\overline{C} + ABD + \overline{A}C + BD$

(3) $Y = \overline{\overline{(A+B+C)} + \overline{(AB+AC)}}$

(4) $Y = A\overline{B}CD + \overline{A}BC\overline{D} + A\overline{B}\overline{C}D + \overline{A}BCD$

20.9 用卡诺图化简下列各逻辑表达式，将简化后的结果用与非门实现。

(1) $Y = (A+B+\overline{C})B + (\overline{A}+B)C$

(2) $Y = AC + ABD + BC + BD$

(3) $Y = \sum m(0,1,2,5,6,7)$

(4) $Y = \sum m(0,1,2,5,6,7,8,9,10,13)$

20.10 用真值表证明下列各等式。

(1) $A\overline{B} + B + \overline{A}B = A + B$

(2) $\overline{A+B+C} = \overline{A} \cdot \overline{B} \cdot \overline{C}$

(3) $\overline{A} \cdot \overline{B} \cdot \overline{C} = \overline{A+B+C}$

20.11 写出题图20.11所示各逻辑图的逻辑表示式，并用与非门实现。

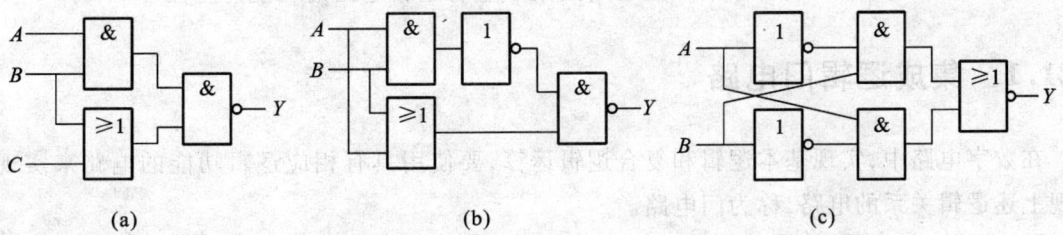

题图20.11 习题20.11的图

第21章 组合逻辑电路

数字电路按逻辑功能的不同特点，分为组合逻辑电路和时序逻辑电路两类。组合逻辑电路的特点是：电路任意时刻的输出状态只取决于该时刻的输入状态，与电路在该时刻之前的状态无关，这样的电路称为组合逻辑电路。组合逻辑电路的框图如图21.0.1所示。

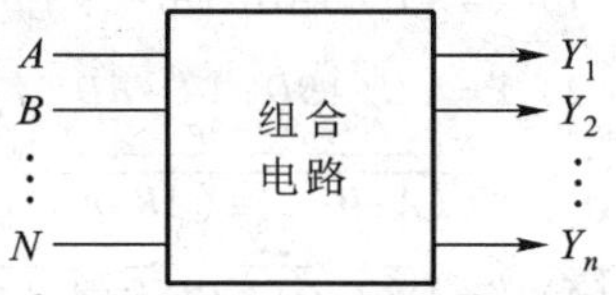

图 21.0.1　组合逻辑电路框图

组合逻辑电路自变量通常用 A、B、C、… 表示，因变量用 Y 表示。如果有多个输出则用 Y_1、Y_2、…、Y_n 表示。

对于只有一个输出的组合逻辑电路，其表示式可写成

$$Y=F(A、B、C、\cdots)$$

对于多输出的组合电路，表示式为

$$\begin{gathered}Y_1=F_1(A、B、C、\cdots)\\Y_2=F_2(A、B、C、\cdots)\\\vdots\\Y_n=F_n(A、B、C、\cdots)\end{gathered}$$

组合逻辑电路是由基本逻辑门电路和复合逻辑门电路组合而成，而目前绝大多数常用的组合逻辑电路均已制成集成电路，因此，本章将首先介绍集成逻辑门电路，然后介绍组合逻辑电路的分析方法及设计步骤，最后介绍一些常用的集成组合逻辑电路的功能与应用。

▶21.1　集成逻辑门电路

在数字电路中，实现基本逻辑和复合逻辑运算，要使用具有相应逻辑功能的电路来实现，能实现上述逻辑关系的电路，称为门电路。

用二极管、晶体管、电阻元件等组装而成的门电路，称为分立元件电路。目前，分立元件电路很少使用，已被数字集成电路替代。数字集成电路目前应用较多的有两类：即双极型集成电路和CMOS集成电路。双极型集成电路中以TTL电路应用最广泛，TTL电路的特点是，这种逻辑电路

的输入电路、输出电路由双极型晶体管组成,故称晶体管-晶体管逻辑电路,简称 TTL 电路。TTL 电路一般工作速度较快,即平均传输延迟时间 t_{pd} 小,但功耗较 CMOS 集成电路高。CMOS 集成电路的一个优点是在相同尺寸的芯片上可制造出更多的门电路,因此,CMOS 电路的集成度比 TTL 电路高,更适合于制成大规模及超大规模集成电路;CMOS 电路的另一个优点是电源电压范围较 TTL 电路大,使得 CMOS 电路抗干扰能力较 TTL 组件强。

目前,我国生产的数字集成电路,TTL 和 CMOS 的均有许多品种。TTL 产品有 4 个系列,即 CT54/74 系列(标准系列)、CT54/74H 系列(高速系列)、CT54/74S 系列(肖特基电路)、CT54/74LS 系列(低功耗肖特基),这 4 个系列与国际通用的 54/74 系列产品的性能与引脚均相同,完全通用(54 系列为军品,74 系列为民用产品,两者在一些技术参数值有差别)。

CMOS 产品有 CC4000 系列及能与 TTL 产品混合使用的高速 CMOS 集成电路 74HC 系列。与 CC4000 系列对应的国外产品型号为 CD4000 系列。有关这方面的情况可查阅手册了解。

数字集成电路通常以在一块芯片上,集成多少个门作为衡量组件集成度的规模。一般认为:集成度低于 10 个门者为小规模集成电路(SSI);一块芯片上有 100 个门者为中规模集成电路(MSI);超过 100 个门,达 1 000 个门者为大规模集成电路(LSI);超过 1 000 个门,达 10 000 个门的集成电路称为超大规模集成电路(VLSI)。

在本节中,以数字集成 TTL 和 CMOS 与非门为例,介绍集成门电路的特性与主要技术参数。

▶▶21.1.1 集成与非门

1. TTL 与非门

TTL 是晶体管-晶体管逻辑的简称。

(1) 电路内部结构

TTL 与非门内部电路,由 3 部分组成,如图 21.1.1 所示。多发射极晶体管 T_1 和电阻 R_1 构成输入级——起着与门作用;T_2 管和电阻 R_2、R_3 构成中间级,起着非门的作用;T_3、T_4 和 D 及电阻 R_4 构成电路的输出级,以提高带负载能力。

(2) 工作原理

电路的输入级 T_1 管有两个(最多可以有 5 个)发射极,称为多发射极晶体管。由于晶体管基极 B_1 与发射极 E_1 间为 PN 结,基极 B_1 与集电极 C_1 间也是 PN 结,因此,这个多发射极管 T_1 在集成电路中起着与门的作用,其原理示意图如图 21.1.2 所示。图 21.1.1 中,接在输入端处的二极管 D_1 和 D_2,用于抑制输入端可能出现的负干扰信号,又可防止输入端信号为负时造成 T_1 管发射极电流过大,D_1 和 D_2 在电路中起着保护作用。

TTL 电路中,电源电压 $V_{CC} = 5$ V,电路输入、输出标准高电平 $u_H = 3.5$ V,输入、输出标准低电平 $u_L = 0.3$ V。如果将图 21.1.1 所示电路的高电平定为逻辑 **1**,低电平定为逻辑 **0**,可以看出:当电路输入有一个为 **0** 时,输出为 **1**,只有输入全部是 **1** 时,输出为 **0**,即符合与非逻辑。分析如下:

设 $u_A = 0.3$ V,$u_B = 3.5$ V。在 $u_A = 0.3$ V 时,T_1 管的 B_1-E_1 这个 PN 结正向导通,T_1 管的基极对地电压 $u_{B1} = U_{BE1} + u_A \approx 1$ V。当 $u_{B1} \approx 1$ V 时不可能使 B_1-C_1,B_2-E_2 和 B_4-E_4 这 3 个 PN 结导电,因此,T_2 和 T_4 管截止。在 T_2 管处于截止状态下,电源将通过电阻 R_2 使晶体管 T_3 导电,电路输出端的电压

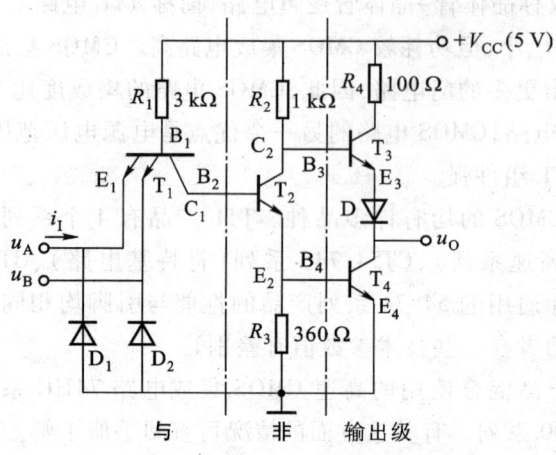

图 21.1.1 TTL 与非门

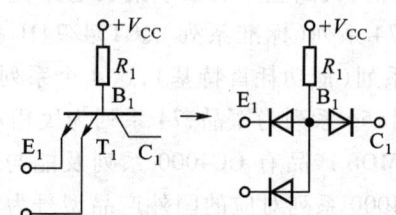

图 21.1.2 多发射极 T_1 管的等效电路

$$u_O = V_{CC} - (I_{B3}R_2 + U_{BE3} + U_D)$$

$I_{B3}R_2$ 是 T_3 管基极电流 I_{B3} 在电阻 R_2 上产生的电压,这个电压数值很小,约 0.1 V;U_{BE3} 是 T_3 管发射结正向电压;U_D 是二极管 D 的正向电压。U_{BE3} 与 U_D 这两个电压值约为 0.7×2 V = 1.4 V。在电源 V_{CC} = 5 V 的情况下,图 21.1.1 所示电路的输出电压 $u_O \approx 3.5$ V。通过上述分析可知:该电路输入信号有一个(或多个)为低电平 0.3 V 时,电路的输出是高电平 3.5 V。

当图 21.1.1 所示电路的输入端均接高电平,即 $u_A = u_B = 3.5$ V 时,T_1 管的基极电压升高,当 u_{B1} 达到 2.1 V 时,就会使 T_1 管的 B_1-C_1,T_2 管的 B_2-E_2 和 T_4 管的 B_4-E_4 这 3 个 PN 结正向饱和导电,T_1 管的基极电位 u_{B1} 将被钳制在 2.1 V,不再升高。T_2 管的饱和导电使 T_2 管集电极对地电压值 $u_{C2} = u_{E2} + u_{CE2} = u_{B4} + u_{CE2} \approx 0.7$ V + 0.3 V $\approx$ 1 V。u_{C2} = 1 V 不能使 T_3 管和二极管 D 导电,T_3 管处于截止状态,这时输出端电压 $u_O = u_{CE4} \approx 0.3$ V。所以,图 21.1.1 在各输入端均接入高电平时,电路的输出为低电平。图 21.1.1 所示电路的输入、输出关系符合**与非**逻辑,所以图 21.1.1 是一个与非门。与非门的逻辑符号如图 20.2.7 所示,逻辑式如式(20.2.4)所示。

2. CMOS 与非门

MOS 集成电路的基本逻辑单元通常用增强型 PMOS 和增强型 NMOS 按照互补对称形式连接而成的,如图 21.1.3 所示。用这两种 MOS 管以互补对称形式连接构成的集成电路,称为 CMOS 集成电路,即互补对称连接的金属-氧化物-半导体集成电路的英文缩写。

PMOS 管导通条件是需要负栅-源电压,即 $u_{GS} <$ 开启电压 $U_{GS(th)}$ 之后形成导电沟道;NMOS 管导通条件是需要正栅-源电压,即 $u_{GS} >$ 开启电压 $U_{GS(th)}$ 之后形成导电沟道。为了能够用一个信号电压对图 21.1.3 所示电路中的两个不同类型的管子进行控制,须将两管的栅极 G_1,G_2 接在一起作为输入端,将两管的漏极 D_1,D_2 接在一起作为输出端,PMOS 的源极 S_1 接电源正极,NMOS 的源极 S_2 接电源负极或地。当栅极输入 u_I 为高电平时,NMOS 管导通,PMOS 管截止,电路的输出为低电平 $u_O = 0$,当栅极输入 u_I 为低电平时,PMOS 管导通,NMOS 管截止,电路的输出高电平 $u_O = V_{DD}$。图 21.1.3 电路,输入高电平时,输出低电平;输入低电平时,输出高电平。因此,这个电路具有反相作用,或者说它是一个非门。

图 21.1.3 所示电路在静态下,不管输出为高电平还是低电平,电路中总有一个管子处于截止状态,因此,该电路中的静态电流为零,静态下没有功率损耗。

由 CMOS 构成的二输入端与非门的原理电路如图 21.1.4 所示。PMOS 管并联,NMOS 管串联,每一个输入信号作用到一个 PMOS 管和一个 NMOS 管的栅极上。

由图 21.1.4 可以看出:只有当两个输入信号 u_A,u_B 同为高电平时,两只 NMOS 管同时导电,两只 PMOS 管截止,输出为低电平;若输入信号 u_A 或 u_B 有一个为低电平时,NMOS 管必然有一个为截止而 PMOS 管必然有一个导通,这时输出为高电平。所以图 21.1.4 所示电路具有与非逻辑功能,它是一个与非门。

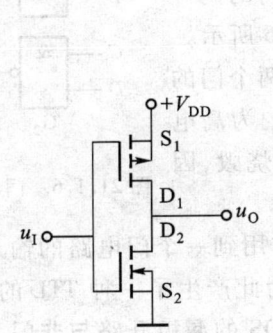

图 21.1.3 CMOS 反相器(非门)

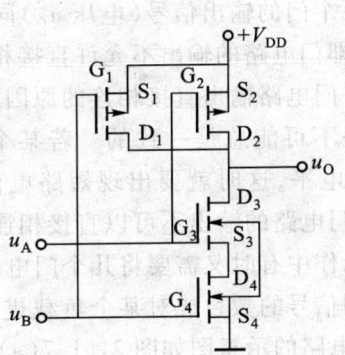

图 21.1.4 CMOS 与非门

▶▶21.1.2 集成或非门

集成电路 TTL 或非门的原理电路如图 21.1.5(a)所示,CMOS 或非门的原理电路如图 21.1.5(b)所示。

由图 21.1.5 所示电路可以看出:输入信号 u_A 或 u_B 只要有一个是高电平,输出就是低电平;只有输入均为低电平时,输出才为高电平。电路输入、输出电平符合或非逻辑。

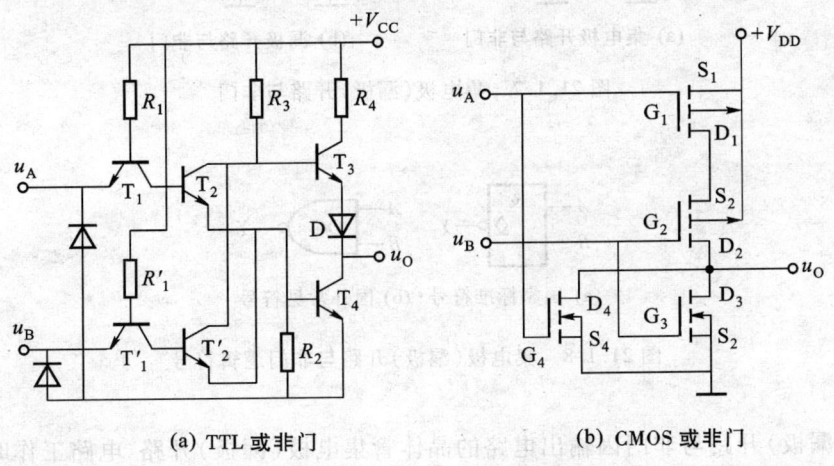

(a) TTL 或非门　　　　　　(b) CMOS 或非门

图 21.1.5 数字集成或非门

或非门的国家标准符号和国外常见符号如图 20.2.9 所示,**或非逻辑的逻辑式**,如式(20.2.5)所示。

▶▶21.1.3 集成门电路逻辑功能扩展

这里介绍 3 种在数字电路中应用广泛的特殊门电路:集电极开路与非门、三态门和模拟开关。

1. 集电极(漏极)开路与非门

一个门电路的输出信号可以同时送到几个门的输入端,但是不允许将几个门的输出信号(电压 u_O)同时作用到一个门的同一个输入端,即门电路的输出不允许直接相连,如图 21.1.6 所示。

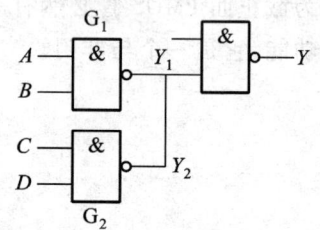

不允许门电路输出直接相连的原因很简单,因为这两个门的输出端电平不可能总是一致的。若某个时刻输出端 Y_1 为高电平,Y_2 为低电平,这时就要出现短路电流,将门 G_1、G_2 烧毁,因此,一般的门电路的输出不可以直接相连。

图 21.1.6 门电路输出错误连接

实际工作中有时又需要将几个门电路的输出同时作用到一个门电路的输入端上,以增加电路输入控制信号的数目或对某个负载进行共同控制。为此产生了一种 TTL 的集电极开路与非门,其原理电路的示意图如图 21.1.7(a)所示,以及 CMOS 的漏极开路与非门,其原理电路示意图如图 21.1.7(b)所示。集电极开路与非门,简称 OC 门。集电极开路和漏极开路的与非门的逻辑符号如图 21.1.8 所示。

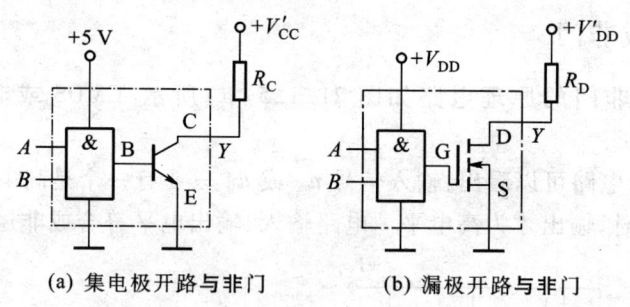

(a) 集电极开路与非门　　(b) 漏极开路与非门

图 21.1.7 集电极(漏极)开路与非门

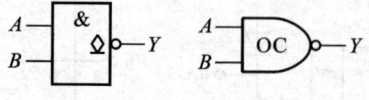

(a) 国家标准符号　(b) 国外常见符号

图 21.1.8 集电极(漏极)开路与非门逻辑符号

集电极(漏极)开路**与非门**因输出电路的晶体管集电极(漏极)开路,电路工作时必须通过外接电阻 $R_C(R_D)$ 及另一个电源 $V'_{CC}(V'_{DD})$ 才能正常工作。当电路接有外接电阻及电源后,该电路的输入、输出具有**与非**逻辑关系。

集电极(漏极)开路**与非**门主要用在以下几方面:

(1) 线与

将若干个集电极(漏极)开路的**与非**门的输出端直接连在一起,电路的最后输出,为各个门输出的**与**,如图 21.1.9 所示,这样的连接称为线与。图 21.1.9 所示线与的逻辑表达式为

$$Y = Y_1 \cdot Y_2 = \overline{A \cdot B} \cdot \overline{C \cdot D} \tag{21.1.1}$$

在线与电路中,只要 Y_1,Y_2 中有一个为低电平,整个电路的输出 Y 就是低电平,只有 Y_1,Y_2 均为高电平时,这个线与电路的输出才是高电平。

(2) 驱动大电流负载

由于一般门电路输出电流不超过 10 mA,为了驱动大电流负载,如发光二极管或小型继电器线圈,这时常使用集电极(漏极)开路的**与非**门驱动,如图 21.1.10 所示。

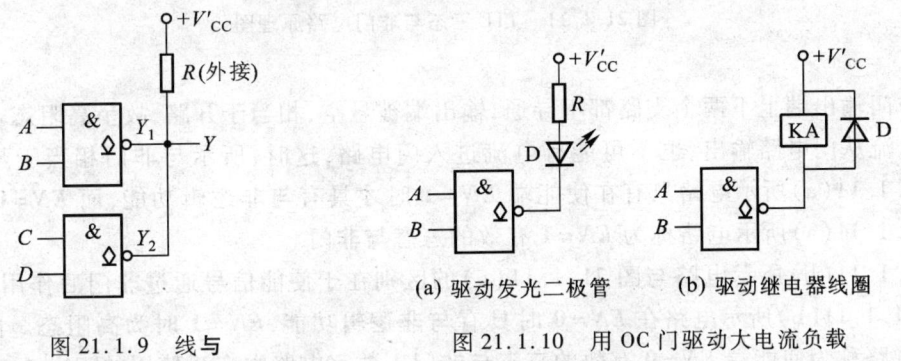

图 21.1.9　线与　　　　图 21.1.10　用 OC 门驱动大电流负载

在图 21.1.10(a)中,外接电阻 R 用于限制发光二极管电流。在图 21.1.10(b)中,与继电器线圈 KA 并联的二极管 D,用于继流保护。

(3) 电平转换

TTL 电路输出的标准高电平 U_{OH} 为 3.5 V,低电平 U_{OL} 为 0.3 V,若工作时需要更高的 U_{OH} 值,可利用 OC 门实现。由图 21.1.7(a) 电路可看出,若取电压 $V'_{CC} > V_{CC} = 5$ V 时,OC 门输出端 Y 的高电平 U_{OH} 接近 V'_{CC},可使门电路输出电压改变。

2. 三态门

一般的门电路,输出要么是高电平(**1**),要么是低电平(**0**),输出只有两种状态。三态门的输出除了 **1,0** 这两种状态外还有第 3 种状态,称为高阻态。在高阻态下,三态门电路的内部与它的外部电路处于断开状态,在这种状态下门电路的输出电阻接近无穷大,故称高阻态。

下面以 TTL 三态**与非**门为例,说明产生高阻态的原因。图 21.1.11(a)、(b)所示电路为 TTL 三态**与非**门的原理电路。

三态门是在一般门电路的基础上加入控制端而成,该控制端称为使能端,并用字母 EN 表示。如图 21.1.11(a)所示电路,当 EN 端为高电平时(>4 V),连接在电路中的二极管 D_2 对电路工作无影响,电路输入、输出之间具有**与非**逻辑关系。当图 21.1.11(a)所示电路的使能端 EN 为低电平 0.3 V 时,T_1 管的基极 B_1 电位 $V_{B1} \approx 1$ V,由于 $EN = 0.3$ V,二极管 D_2 导电,使 T_2 的集电极 C_2 的电位 $V_{C2} \approx 1$ V,由于 V_{B1} 和 V_{C2} 电位值均在 1 V 左右,就使得 T_3 和 D_1 及 T_4 管同为截止

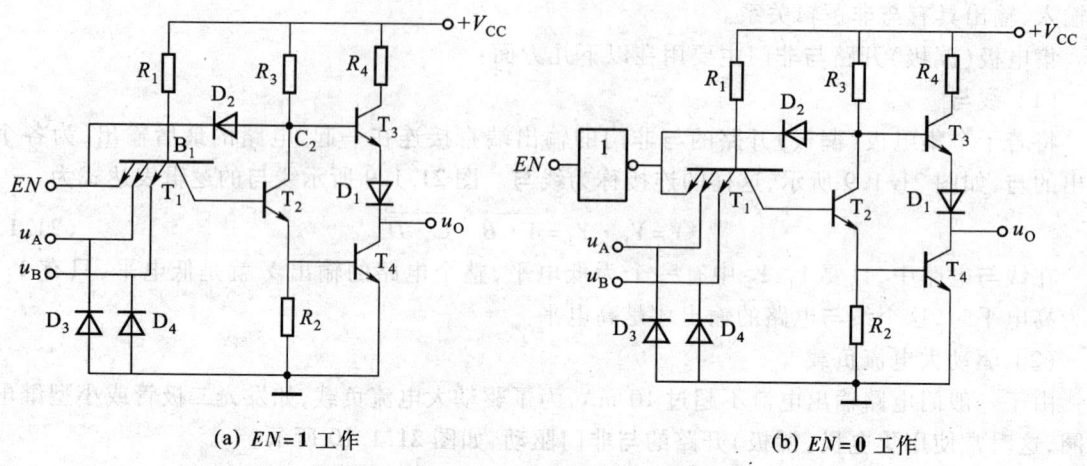

(a) $EN=1$ 工作　　　　　　　　(b) $EN=0$ 工作

图 21.1.11　TTL 三态与非门电路原理图

状态,与非门输出端上下两个支路都不导通,输出端被悬空,相当于开路,故呈高阻态。在高阻态下,既没电流从门电路输出,也不可能有电流进入门电路,这时,所示与非门相当于与外电路隔绝。图 21.1.11(a)所示电路只有在使能端 $EN=1$ 时才具有与非逻辑功能,而 $EN=0$ 时为高阻态。图 21.1.11(a)所示电路称为 $EN=1$ 有效的三态与非门。

图 21.1.11(b)所示电路与图 21.1.11(a)的区别在于使能信号通过非门后作用到电路上。因此,图 21.1.11(b)所示电路在 $EN=0$ 时具有与非逻辑功能,$EN=1$ 时为高阻态。图 21.1.11(b)所示电路称为使能端 $EN=0$ 有效的三态与非门。数字电路中广泛使用的 $EN=1$ 有效的三态非门和 $EN=0$ 有效的三态非门的逻辑符号如图 21.1.12 所示。

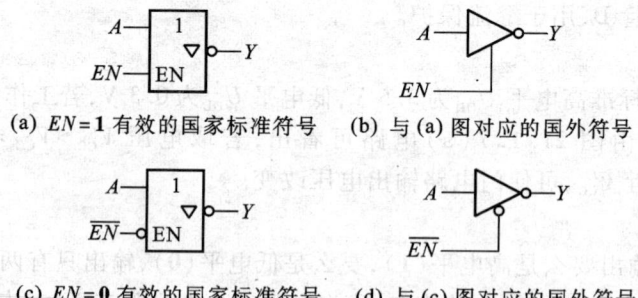

(a) $EN=1$ 有效的国家标准符号　　(b) 与(a)图对应的国外符号

(c) $EN=0$ 有效的国家标准符号　　(d) 与(c)图对应的国外符号

图 21.1.12　三态非门的逻辑符号

三态门在计算机和数字控制系统及数字化仪器、仪表中有着广泛的应用,三态门在这些电路中作为单元、部件、系统和总线间的接口电路。图 21.1.13 所示电路,利用三态非门及公用的传输线,在不同时刻将系统 I 和系统 II 的数据通过公用的传输线分别传输出去,即控制端 $C=1$ 时,系统 I 进行传输,在 $C=0$ 时系统 II 进行传输,利用一组传输线分时传递不同系统的信息。

3. 模拟开关

模拟开关是一种 MOS 集成电路器件。我们知道 MOS 管导电沟道形成后,将漏-源极连通,而导电沟道没有形成时,漏源之间相当于断路,利用这个特性可以用 MOS 管做成一个开关,如图 21.1.14 所示。当 NMOS 的栅极电压 u_G 高于输入电压 u_I,而且其差值大于开启电压 $U_{GS(th)}$,漏-源极间出现导电沟道,信号可以从输入端传向输出端。这样的一种器件称为模拟开关。

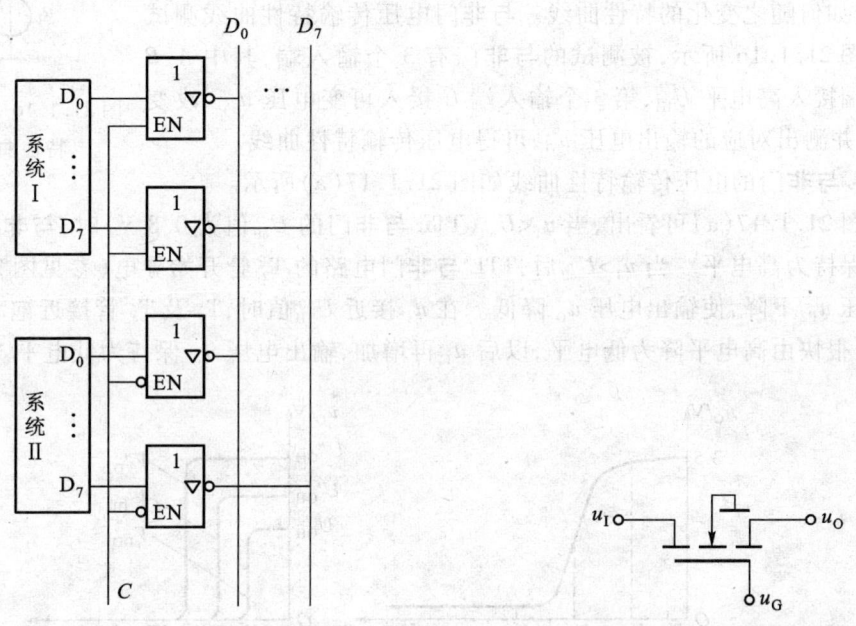

图 21.1.13　应用三态门通过传输线分时传递信息　　　图 21.1.14　NMOS 管开关

由于 MOS 管的漏极 D 和源极 S 可以对调使用,因此,由 MOS 管构成的开关,信息可以双向传递,既可以从 S 端传向 D 端,也可以从 D 端传向 S 端。CMOS 双向模拟开关的电路如图 21.1.15 所示。模拟开关广泛应用在电子设备系统中,可用于传送或切断模拟信号或数字信号。

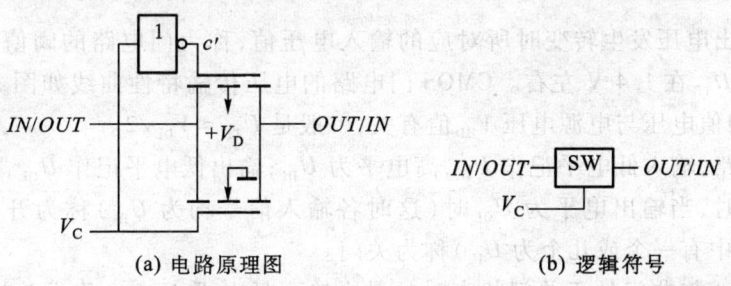

(a) 电路原理图　　　　　　　　(b) 逻辑符号

图 21.1.15　CMOS 双向模拟开关

▶▶21.1.4　集成门电路的特性

为了更好地使用数字集成电路,要对数字集成电路的特性有所了解。在这里对门电路的电压传输特性、输入特性、输出特性及动态特性等作一些介绍,目的是通过这些介绍对电路的抗干扰能力、带负载能力、工作速度及功耗等参数的意义有所了解,从而为正确使用和选择数字集成电路做准备。

1. 电压传输特性

传输特性是研究数字集成门电路的输入电压 u_I 改变时,输出电压 u_O 如何随之变化的特性曲线。与非门电压传输特性曲线测试电路如图 21.1.16 所示,被测试的与非门有 3 个输入端,其中 A、B 两输入端接入高电平 U_{IH},第 3 个输入端 C 接入可变电压 u_I。改变电压 u_I 并测出对应的输出电压 u_O,可得电压传输特性曲线。

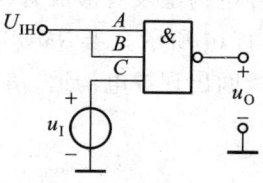

图 21.1.16 与非门电压传输特性曲线测试电路

TTL 与非门的电压传输特性曲线如图 21.1.17(a)所示。

由图 21.1.17(a)可看出,当 $u_I<U_{off}$(TTL 与非门的 U_{off} 值为 0.8 V)时,与非门的输出电压 u_O 基本上保持为高电平。当 $u_I>U_{off}$ 后,TTL 与非门电路的 T_2 管开始导电(参见图 21.1.1),T_2 管集电极电压 u_{C2} 下降,使输出电压 u_O 降低。在 u_I 接近 U_{TH} 值时,T_2 及 T_4 管接近饱和导电,电路输出电压 u_O 很快由高电平降为低电平,以后 u_I 再增加,输出电压 u_O 保持为低电平。

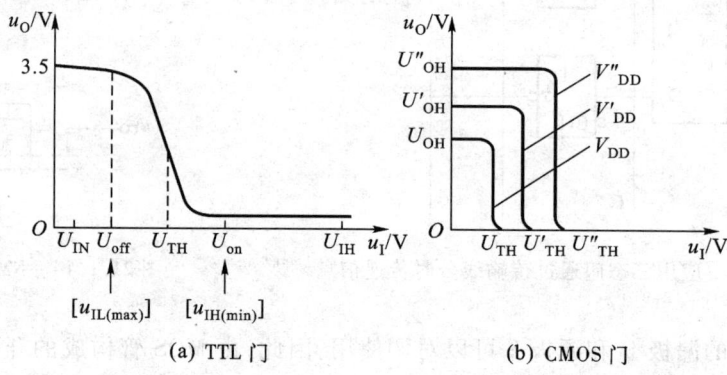

(a) TTL 门　　(b) CMOS 门

图 21.1.17 与非门电压传输特性曲线

在门电路输出电压发生转变时所对应的输入电压值,称为门电路的阈值电压 U_{TH}。TTL 门电路的阈值电压 U_{TH} 在 1.4 V 左右。CMOS 门电路的电压传输特性曲线如图 21.1.17(b)所示,转折很陡,并且阈值电压与电源电压 V_{DD} 值有关,一般是 $U_{TH} \approx V_{DD}/2$。

数字集成电路,输入低电平记作 U_{IL},高电平为 U_{IH};输出低电平记作 U_{OL},高电平为 U_{OH}。在分析与非门电路时,当输出电平为 U_{OL} 时(这时各输入信号均为 U_{IH})称为开门;当输出电平为 U_{OH} 时(输入信号中有一个或几个为 U_{IL})称为关门。

关门电平 U_{off}:与非门处于关门状态时的最大输入低电平 $U_{IL(max)}$ 称为关门电平,用符号 U_{off} 表示。TTL 与非门的 $U_{off} \approx 0.8$ V;CMOS 与非门的 U_{off} 值与电源电压 V_{DD} 值有关。

开门电平 U_{on}:与非门处于开门状态时的最小输入高电平 $U_{IH(min)}$ 称为开门电平,用符号 U_{on} 表示。TTL 与非门的 $U_{on} \approx 2$ V。CMOS 与非门的 U_{on} 值与电源电压 V_{DD} 值有关。

门电路工作时,其输入电压 u_I 一般是由前一级门的输出电压 u_O 提供的,如图 21.1.18 所示。

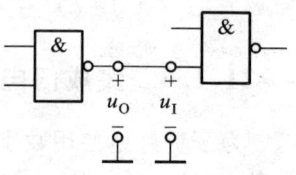

图 21.1.18 两级门电路

上面对电压传输特性及有关名词进行了一些介绍,目的是通过电压传输特性及相关名词来了解集成门电路的噪声容限。所谓噪声容限是指允许外界干扰信号的幅值。当电路输入的信号加入这样大幅值的干扰后,电路的逻辑关系应不受影响。

噪声容限的定义是这样规定的:

输入信号低电平时允许的噪声容限

$$U_{NL} = U_{IL(max)} - U_{OL(max)} \quad (21.1.2)$$

式中,$U_{IL(max)} = U_{off}$(关门电平);$U_{OL(max)}$为前一级门输出低电平的最大值。

输入信号高电平时允许的噪声容限

$$U_{NH} = U_{OH(min)} - U_{IH(min)} \quad (21.1.3)$$

式中,$U_{OH(min)}$为前一级门输出高电平的最小值;$U_{IH(min)} = U_{on}$(开门电平)。

TTL门电路,输出$U_{OH(min)} = 2.4$ V,$U_{OL(max)} = 0.4$ V,关门电平$U_{off} = 0.8$ V,开门电平$U_{on} = 2.0$ V,因此,TTL门电路的$U_{NL} = (0.8-0.4)$ V $= 0.4$ V,$U_{NH} = (2.4-2.0)$ V $= 0.4$ V。TTL组件的噪声容限比较小,因而抗干扰能力较差。

CMOS的门电路,噪声容限与电源电压V_{DD}值有关,一般$U_{NH} = U_{NL} = (30\% \sim 50\%) V_{DD}$,若$V_{DD} = 5$ V时,其噪声容限高于1.5 V,较TTL组件高出许多。

2. 输入特性和输出特性

(1) 输入特性

输入特性反映了电路输入端电流i_I与输入端电压u_I之间的关系。由于门电路工作时其输入电压为二值信号,即要么输入低电平U_{IL},要么为高电平U_{IH},下面针对这两种电平讨论其输入电流i_I。

由图21.1.1可看出,TTL与非门的任意一个输入端为低电平时,即$U_{IL} = 0.3$ V,电流i_I将从与非门内部流向$U_{IL} = 0.3$ V的输入信号,若设电流i_I流入与非门为正,在输入低电平时,根据图中给定的参数值可知,电流$i_I \approx -1.4$ mA。当输入为高电平时,$U_{IH} = 3.5$ V,T_1管基极电位被钳制在2.1 V,输入电压$U_{IH} > u_{B1}$,电流i_I流入与非门,因为这时T_1管发射结为反向偏置,电流i_I将很小,约为几十微安。

对于CMOS集成电路,由于输入端为MOS管的栅极,输入电阻极高,在10^{10} Ω以上,因此,不管输入为高电平还是低电平,输入电流i_I均很小,一般不超过0.1 μA。

(2) 输出特性

数字集成门电路的输出特性分两种情况讨论。即:

① 输出高电平特性。门电路输出为高电平时,电流从门电路输出端流出,进入负载门的输入端,如图21.1.19(a)所示,这种情况又称为拉电流负载。随着驱动的门数增加,输出电流值将增加,输出电压下降。为防止输出电压偏离标准高电平过多而引起逻辑关系混乱,对门电路的输出电流值有限制,这个限制常用允许在输出端接入同类门的个数表示,称为扇出系数N。

② 输出低电平特性。门电路输出为低电平时,电流从外部流入门电路的输入端,如图21.1.19(b)所示,这种情况称为灌电流负载。随着输出端驱动负载的增多,灌入的电流增大后,TTL与非门输出电路晶体管T_4脱离饱和,使得输出低电平升高。为防止因灌电流过大,造成输出电压升高而偏离标准低电平过多,引起逻辑关系混乱,对输出低电平时允许接入的门数也有一定限制。

在对输入、输出特性进行综合考虑之后,为了不引起逻辑混乱,TTL门电路一般最多允许驱

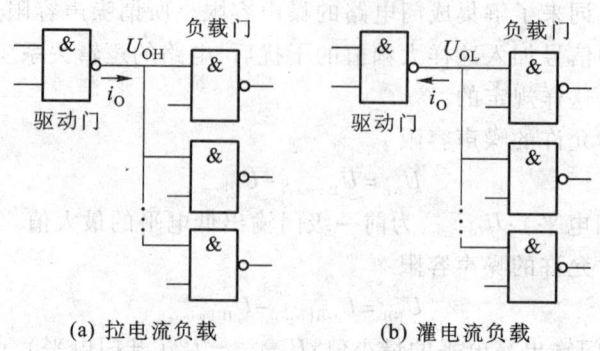

(a) 拉电流负载　　　　(b) 灌电流负载

图 21.1.19　输出特性

动 10 个同类门作为负载，即 TTL 门电路的扇出系数 $N=10$；CMOS 门电路一般最多允许驱动 20 个同类门，即 CMOS 门的扇出系数 $N=20$。

3. 输入端负载特性

输入端的负载特性是研究门电路输入端接有电阻时，对电路逻辑功能的影响。

在图 21.1.20 中，**与非门**的输入端 A 接高电平，输入端 B 经电阻接地，B 端信号经 RC 电路传入。

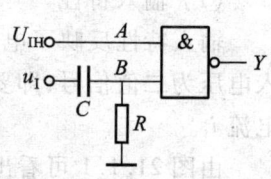

图 21.1.20　与非门输入端负载特性

对图 21.1.20 所示电路分析可知，若电路中使用的是 CMOS **与非门**，因 CMOS 电路输入极（栅极）不取电流，因此，在该电路 $u_I=0$ 时，B 点仍是零电位，B 与地间接有电阻 R 不影响电路逻辑关系。如果图 21.1.20 所示电路中，使用的是 TTL **与非门**，虽然 $u_I=0$，但是将有直流电流从**与非门** B 端流出，在电阻 R 上产生电压，相当于在 B 端加有信号电压。由图 21.1.1 TTL **与非门**电路可看出，如果外部电阻 $R>2\ \mathrm{k\Omega}$ 时，在电阻 R 上将会出现 $>1.4\ \mathrm{V}$ 的直流电压，这时该输入端相当于接入高电平，为保持 $u_I=0$ 时，B 为低电平，电阻 R 必须 $<2\ \mathrm{k\Omega}$，若 $R>2\ \mathrm{k\Omega}$ 将会引起电路逻辑混乱。

根据以上所述可知，若 TTL 门电路的某一输入端悬空，即相当于该输入端与地之间接入无穷大电阻，这时，该输入端相当于接入了高电平。

在使用 CMOS 或 TTL 集成门电路时，有时会遇到门电路输入端的数目多于输入信号个数，这时出现多余输入端问题。多余输入端不要将其悬空，虽然**与非门**的输入端悬空时相当于输入高电平，不会影响**与非门**的逻辑功能，但是输入端悬空易引入干扰，特别是 CMOS 门，输入端悬空易造成输入电路击穿而损坏。对于**与非门**有多余输入端时，一般采用以下两种方法处理：一种方法是将多余输入端接在电源的正极上；另一种方法是将输入信号同时也作用到多余输入端上，总之不要将输入端悬空。

对于**与门、或门、或非门**等电路的多余输入端的处理方法和**与非门**相类似，可以并联使用，也可以将多余输入端接于适当电压值。

4. 平均传输延迟时间

平均传输延迟时间是数字集成电路的一项动态指标。在集成电路工作时，输入信号从高电平变为低电平或作相反的变化,均会引起集成电路内晶体管工作状态的改变,一些晶体管从导电转为截止,有些晶体管从截止变为导电,晶体管工作状态的改变使电路的输出电平发生变化。集成电路中这些晶体管工作状态的改变,需经过一定的时间才能建立起稳定输出。即输入端作用的信号电平发生变化后,输出信号的改变要滞后一些时间,如图 21.1.21 所示。

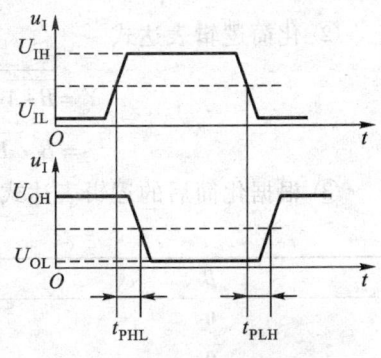

延迟时间以输入、输出波形的幅值下降段(或上升段)的中点所对应的时间间隔 t_{PHL} 和 t_{PLH} 表示。t_{PHL} 称为高电平到低电平的延迟时间,又称下降沿传输延迟时间;t_{PLH} 称为低电平到高电平的延迟时间或上升沿传输延迟时间。数字集成电路产品手册中给出的是平均传输延迟时间 t_{pd}。

$$t_{pd} = \frac{1}{2}(t_{PHL} + t_{PLH})$$

图 21.1.21 门电路传输延迟时间

平均传输延迟时间的大小,决定了数字集成电路的工作速度。CT74LS 系列的 TTL 数字集成电路,平均延迟时间为 10 ns。一般的 MOS 集成电路,平均延迟时间为 60 ns,工作速度低于 TTL 电路。74HC 系列高速 CMOS 集成电路的 t_{pd} 与 TTL 电路的 CT74LS 系列产品的工作速度相近,逻辑功能和引脚的排列也与 TTL 产品一致,由于 CMOS 集成电路静态功耗低,因此,可以用高速 MOS 系列产品替代 TTL 的元件。

由于 TTL 和 CMOS 集成电路均可以制成功能相同的门电路,因此,在一个数字电路中有可能同时使用 TTL 和 CMOS 集成电路。当一个数字电路中同时使用两种类型的集成电路时,有时会出现连接问题,即用一种集成电路驱动另一种集成电路时,必须满足一定的条件才能正常工作。有关这方面的知识可参阅参考文献[4]、[5]、[6]中,有关不同类型集成电路连接的问题。

双极型的数字集成电路,主要类型是 TTL 电路,除此之外还有高阈值逻辑(电路输入、输出逻辑 1,电平高于 3.5 V,称为 HTL)、发射极耦合逻辑(ECL)及集成注入逻辑(IIL),有关这些集成电路的情况可参阅参考文献[4]、[5]、[6]中相关内容。

▶21.2 组合逻辑电路的分析与设计

▶▶21.2.1 组合逻辑电路的分析

为确定组合逻辑电路的逻辑功能,需要对电路进行分析。组合逻辑电路分析的步骤一般如下:① 根据给出的逻辑图写出逻辑表达式;② 化简逻辑表达式;③ 由化简后的表达式列真值表;④ 根据真值表确定逻辑功能。

例 21.2.1 图 21.2.1 所示逻辑图,写出该逻辑图的逻辑表达式,化简,列出真值表,说明它的逻辑功能。

解:① 根据所示逻辑图逐级写出逻辑表达式:由图 21.2.1 可知,$Y_1 = \overline{B + A}$;$Y_2 = B \cdot A$,而

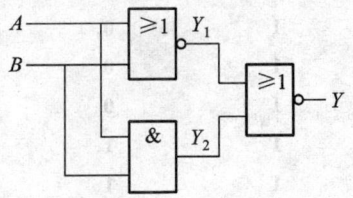

图 21.2.1 例 21.2.1 的图

$$Y = \overline{Y_1 + Y_2} = \overline{\overline{B+A} + \overline{B \cdot A}}$$

② 化简逻辑表达式

$$Y = \overline{\overline{B+A} + \overline{B \cdot A}} = \overline{\overline{B+A}} \cdot \overline{\overline{B \cdot A}} = (B+A) \cdot (\overline{B} + \overline{A})$$
$$= B \cdot \overline{B} + B \cdot \overline{A} + \overline{B} \cdot A + A \cdot \overline{A} = B \cdot \overline{A} + \overline{B} \cdot A$$

③ 根据化简后的逻辑表达式,列真值表,见表 21.2.1。

表 21.2.1　图 21.2.1 的真值表

B	A	Y
0	0	0
0	1	1
1	0	1
1	1	0

通过化简后的逻辑表达式和真值表可看出,图 19.2.1 所示逻辑图是一个**异或逻辑门**(**异或门**)。

例 21.2.2　图 21.2.2 所示逻辑图,写出该逻辑图的逻辑表达式,列出真值表,说明它的逻辑功能。

解: ① 根据逻辑图写出逻辑表达式: $Y_1 = D \oplus C$; $Y_2 = B \oplus A$; $Y = Y_1 \oplus Y_2 = (D \oplus C) \oplus (B \oplus A)$。

由于逻辑表达式已比较简单,可直接通过该式列真值表。

② 图 21.2.2 的真值表见表 21.2.2(4 个输入变量有 16 种组合)。为表示清楚将中间输出 Y_1、Y_2 也示于表内。

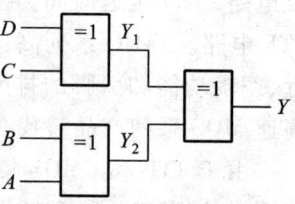

图 21.2.2　例 21.2.2 的图

表 21.2.2　图 21.2.2 的真值表

D	C	B	A	Y_1	Y_2	Y
0	0	0	0	0	0	0
0	0	0	1	0	1	1
0	0	1	0	0	1	1
0	0	1	1	0	0	0
0	1	0	0	1	0	1
0	1	0	1	1	1	0
0	1	1	0	1	1	0
0	1	1	1	1	0	1
1	0	0	0	1	0	1
1	0	0	1	1	1	0
1	0	1	0	1	1	0
1	0	1	1	1	0	1
1	1	0	0	0	0	0
1	1	0	1	0	1	1
1	1	1	0	0	1	1
1	1	1	1	0	0	0

③ 根据真值表可以看出,当输入逻辑变量取 1 的个数为奇数时,输出 Y 为 1,而输入逻辑变量取 1 的个数为偶数时,输出 Y 为 0(输入全 0 时输出也为 0),这一电路的逻辑功能是用于检测输入逻辑变量取 1 的奇、偶数,为奇偶检测电路。

▶▶21.2.2 组合逻辑电路的设计

组合逻辑电路设计的步骤一般如下:
① 根据工作要求列出真值表。
② 由真值表写出逻辑函数表达式。
③ 用逻辑代数或卡诺图进行化简。
④ 根据化简后的逻辑函数表达式作出逻辑图或按指定要求的门电路构成逻辑图。
下面通过一些举例说明设计过程。

例 21.2.3 设计一个电路用于判别 4 位二进制数码所表示的 1 位十进制数是否大于等于 5(4 位二进制数码的每 1 位为 1 时,表示对应的十进制数码分别为 8421,这样的 4 位二进制数码,称为 8421 码),当电路输入的二进制码大于或等于 5 时,电路的输出为 1,否则输出为 0,并用与非门实现这一判别电路。

解:因为要求用 4 位二进制数码表示 1 位十进制数,4 位二进制数码若用 $DCBA$ 表示时,每 1 位数码出现 1 或 0 的状态组合共有 16 种,即组合从 **0000~1111**,用这样 4 位二进制数表示 1 位十进制数时仅需要 10 种状态组合就够了。根据每位二进制数码所代表的十进制数值的不同,因此状态组合中有 6 种,即 $DCBA=$ **1010~1111** 这 6 组输入是不会出现的,换句话说,在这些组合输入下,输出的取值为任意值,即可以认为是 1,也可以认为是 0。为使函数得到简化,将这些任意项作为 1 来考虑。电路设计步骤如下:
① 根据要求列出真值表见表 21.2.3。

表 21.2.3 例 21.2.3 的真值表

输入(8421 码)				输出
D	C	B	A	Y
0	0	0	0	0
0	0	0	1	0
0	0	1	0	0
0	0	1	1	0
0	1	0	0	0
0	1	0	1	1
0	1	1	0	1
0	1	1	1	1
1	0	0	0	1
1	0	0	1	1
1	0	1	0	×
1	0	1	1	×
⋮	⋮	⋮	⋮	⋮
1	1	1	1	×

② 用卡诺图化简:化简时将任意项取值为 **1**。卡诺图及化简情况如图 21.2.3 所示。
③ 根据卡诺图化简结果写出逻辑表达式为
$$Y = D + C \cdot A + C \cdot B$$
④ 应用反演定理,将式 Y 用与非逻辑表示,得
$$Y = \overline{\overline{D + C \cdot A + C \cdot B}}$$
$$= \overline{\overline{D} \cdot \overline{C \cdot A} \cdot \overline{C \cdot B}}$$
⑤ 根据 $Y = \overline{\overline{D} \cdot \overline{C \cdot A} \cdot \overline{C \cdot B}}$ 画逻辑图,如图 21.2.4 所示。

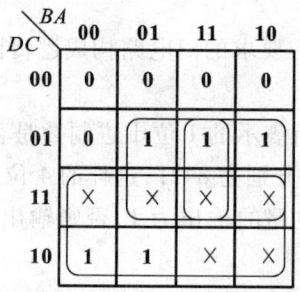

图 21.2.3　例 21.2.3 的卡诺图

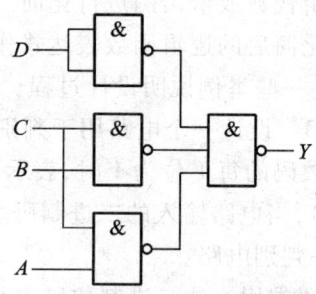

图 21.2.4　例 21.2.3 的逻辑图

例 21.2.4　a_1、a_0 是一个 2 位二进制正整数(a_1 是高位,a_0 是低位),设计出能实现 $Y = (a_1 a_0)^2$ 的逻辑运算电路(Y 也用二进制数表示)。

解: ① 根据要求列真值表。因为 2 位二进制数有 4 种组合,即 **00**(相当于十进制 **0**),**01**(十进制 **1**),**10**(十进制 **2**)和 **11**(十进制 **3**),因此,$Y = (a_1 a_0)^2$ 即应当是 $0^2, 1^2, 2^2$ 和 3^2 这样 4 种求平方的运算。这 4 个十进制数平方后用二进制数表示时,分别为 **0000**(0^2),**0001**(1^2),**0100**(2^2) 和 **1001**(3^2),因此,该电路的输出应当有 4 位二进制数码,电路的真值表见表 21.2.4。

表 21.2.4　例 21.2.4 的真值表

a_1	a_0	Y_3	Y_2	Y_1	Y_0
0	**0**	**0**	**0**	**0**	**0**
0	**1**	**0**	**0**	**0**	**1**
1	**0**	**0**	**1**	**0**	**0**
1	**1**	**1**	**0**	**0**	**1**

② 写逻辑函数表达式。根据表 21.2.4 可以分别写出如下逻辑函数表达式,即
$$Y_0 = \bar{a}_1 \cdot a_0 + a_1 \cdot a_0 = a_0 \cdot (\bar{a}_1 + a_1) = a_0 \qquad Y_1 = 0$$
$$Y_2 = a_1 \cdot \bar{a}_0 \qquad Y_3 = a_1 \cdot a_0$$

③ 根据逻辑表达式作逻辑图,如图 21.2.5 所示。

▶▶21.2.3　竞争与冒险

信号通过门电路传输时,存在传输延迟时间。当信号通过不同途径作用到某一个门电路的

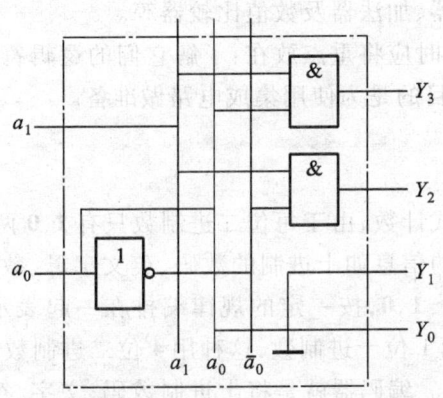

图 21.2.5 例 21.2.4 的逻辑图

不同输入端时,到达输入端的时间有先有后,如图 21.2.6 所示,在这个电路中,信号 A 通过不同路径从门 G_1 和门 G_2 传送到门 G_3 的输入端,因此,门 G_1 和 G_2 输出信号 Y_1,Y_2 到达 G_3 门的时间也会有先后,这种现象就称为竞争。

当逻辑电路的信号出现竞争后,在电路的输出就可能出现意外的信号,这种情况称为冒险。

对图 21.2.6 所示电路,根据逻辑式 $Y=AB+\bar{A}C$ 可知,若 $B=C=1$ 时,不管信号 A 是 **0** 还是 **1**,输出 Y 均应当为 **1**,但由于出现竞争,从而可能使输出 Y 出现负脉冲信号。例如,在 $B=C=1$ 的情况下,信号 A 从 **1** 变为 **0** 时,由于门的延迟时间而在输出 Y 产生负脉冲,如图 21.2.7 所示,这个信号的出现有可能使电路产生误动作,故应当避免。电路中出现竞争现象时不一定都会产生干扰脉冲。在什么条件下会产生引起误动作信号,什么条件不会产生,如何避免和消除等问题,可参阅参考文献[4]、[5]等相关内容。

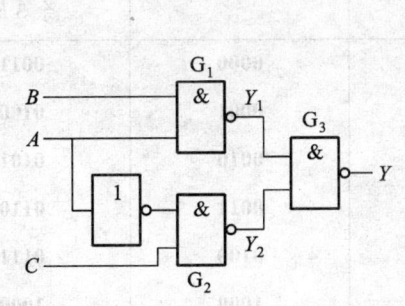

图 21.2.6 竞争与冒险

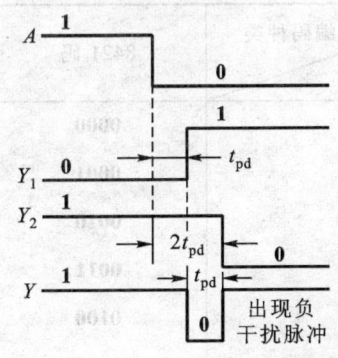

图 21.2.7 竞争冒险产生的干扰负脉冲

▶21.3 集成组合逻辑电路

数字集成组合逻辑电路是数字集成电路中的一个大类,常用的中、小规模组合逻辑集成电路有编码器、译码器、数据选择器、加法器及数值比较器等。

对于数字集成电路,学习时应将重点放在:了解它们的逻辑符号,集成电路的功能表和特殊引出端(引脚)的控制作用。目的是为使用集成电路做准备。

▶▶21.3.1 编码器

数字系统采用二进制方式计数,由于每位二进制数只有 **1**,**0** 两个数码,只能表示两个不同的信号。为了要表示各种不同的信息如十进制的数码、英文字母、数学符号等,便在数字系统中将若干位二进制数码,即若干个 **1**,**0**,按一定的规律编排在一起表示上述信息。例如,从 **0000** 到 **1111** 中挑选出 10 种组合表示 1 位十进制数,这种用 4 位二进制数表示 1 位十进制数的方法称为二−十进制代码,简称 BCD 码。编码器就是将十进制数码、文字、符号等变换为二进制代码的一种数字逻辑电路。

1. 十进制数的二进制编码

数字电路中,各种数据要转换成二进制数码后才能进行处理。由于人们习惯使用十进制数,所以数字电路中输入及输出时仍采用十进制数,为此在数字电路中使用二进制数码来代表十进制数码,称二−十进制代码。

因为十进制数的每 1 位有 0~9 共 10 个数码,用二进制数码表示时,需要 4 位二进制数码。4 位二进制数码有 16 种组合状态,即从 **0000~1111**,表示 1 位十进制数时应从中挑选出 10 种组合状态,常用的二−十进制代码如 8421 码、2421 码,5421 码和 8421 余 3 码等,见表 21.3.1。

8421 码、2421 码、5421 码称为有权(恒权)代码,有权代码的特点是:在这种编码方式中,每一位二值代码的 **1** 都代表一个固定的十进数值,将每一位的 **1** 代表的十进制数加起来,其结果就是它所代表的十进制数码。以 8421 码为例,它最低位权为 1,第 2 位权为 2,第 3 位权为 4,第 4 位权为 8,当 4 位二进制数码显示为 **0101** 时,代表着十进制数码 5(0+4+0+1)。

表 21.3.1 一些常用的二−十进制代码

编码种类 十进制数	8421 码	2421 码	5421 码	8421 余 3 码
0	0000	0000	0000	0011
1	0001	0001	0001	0100
2	0010	0010	0010	0101
3	0011	0011	0011	0110
4	0100	0100	0100	0111
5	0101	1011	1000	1000
6	0110	1100	1001	1001
7	0111	1101	1010	1010
8	1000	1110	1011	1011
9	1001	1111	1100	1100

由表 21.3.1 可看出,在 8421 码中,4 位二进制代码中有 6 种代码,即 **1010 ~ 1111** 是不可能出现的,对于 2421 码和 5421 码,同样均有 6 种不同的代码不可能出现,其不可能出现的 6 种代码可以很容易地定出。在需要将一个十进制数写成 8421 码时,只要将十进制数码换成对应的 8421 码即可,如

$$(825)_{10} = (100000100101)_{8421}$$

表 21.3.1 中所示的 8421 余 3 码,是一种特殊的无权代码,即每 1 位二进制数码为 **1** 时,权值不定。对于同样的一个十进制数,余 3 码比相应的 8421 码多出 **0011**(即十进制数 3),故称余 3 码。

2421 码和 8421 余 3 码在计算机的运算操作中被广泛使用。

代码在数字电路中形成及传输过程中,发生错误的可能性的大小与编码的方式有关。格雷码(又称循环码)是一种无权码,由于它的编码特征,有利于提高数据传输、变换的可靠性。格雷码的编码特点见表 21.3.2。

表 21.3.2 格雷码及其与二进制码对照表

十进制数	二进制码	格雷码	十进制数	二进制码	格雷码
0	0000	0000	8	1000	1100
1	0001	0001	9	1001	1101
2	0010	0011	10	1010	1111
3	0011	0010	11	1011	1110
4	0100	0110	12	1100	1010
5	0101	0111	13	1101	1011
6	0110	0101	14	1110	1001
7	0111	0100	15	1111	1000

由表 21.3.2 可看出,格雷码的值不能由 4 位二进制数码中为 **1** 的权值相加决定。格雷码的特点是任意两个相邻数码之间仅有 1 位数码值不同,表 21.3.1 所示那些代码的情况就不是这样,如 8421 码在某些情况下,由一个数码变成下一个相邻的数码时,如 7(**0111**)变至 8(**1000**)时,4 位代码都要改变,数码值的改变是通过电子器件输出电平的高、低来实现的,但电子器件的输出总会有先有后,不可能在同一瞬间完成变换,这样在数据变化过程中就有可能出现与 **0111** 或 **1000** 代码不同的数码,例如,最高位变化比前 3 位快,因而瞬间可能出现 **1111** 错误的代码,产生错误代码就可能使电路引出错误的操作,这是不允许的。格雷码由于编码的特点,不会引发错误代码出现,因而称其为可靠性代码。

可靠性代码除格雷码外,还有五中取二码和奇偶检验码等,有关情况可通过参阅参考文献[4]、[5]进行了解。

2. 数字集成电路编码器

数字集成电路编码主要有二进制编码器和十进制编码器两种,每种又分为普通编码器和优先编码器两类。图 21.3.1 所示是将十进制的 0 ~ 9 这 10 个数码编成 4 位 8421 码的编码器,这是一个普通编码器。该电路工作时,按下某个十进数码的按钮后,如按下数码 7 按钮,电路的 4 位二进制的输出端 $DCBA$ 的电平为 **0111**,即产生与按钮号对应的 8421 码。若同时按下两个按钮(即同时输入了两个编码信号),输出就可能出现混乱,因此普通编码器任何时刻只允许输入 1

个编码信号。

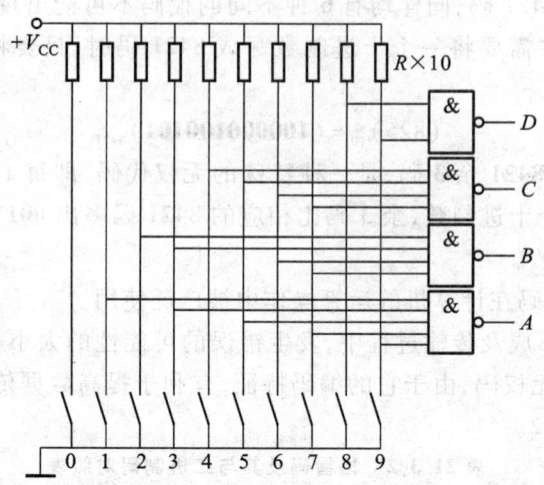

图 21.3.1　编码电路原理图

优先编码器与普通编码器不同之处在于,当输入信号有两个或以上时(即出现误操作时),编码器输出显示输入数码大的信号对应的编码,如电路同时输入数 3 和 7 时,输出显示 7 的编码 **0111**。例如,型号为 74LS147 的数字集成编码器,是一个优先编码器,根据它的功能表可以很清楚地了解它的这一特点。

74LS147 二-十进制编码器有 $\bar{I}_1 \sim \bar{I}_9$ 共 9 个信号输入端,当所有输入端无输入时,对应着十进制的数码 0。这种编码器采用输入信号为 0 电平时编码,编码器的 4 个输出端 $\bar{Y}_3 \sim \bar{Y}_0$,用 8421 码的反码形式反映输入信号情况。所谓反码,即原定输出为 **1** 时,现在输出为 **0**。例如,当输入端 $\bar{I}_5$ 为低电平 0 时,编码器的 4 个输出端显示的不是与十进制 5 对应的 **0101** 数码,而是 **0101** 的反码 **1010**,即输出端 $\bar{Y}_3=1, \bar{Y}_2=0, \bar{Y}_1=1, \bar{Y}_0=0$。其功能表见表 21.3.3。

表 21.3.3　数字集成电路编码器(74LS147)功能表

十进制数	输入(低电压—0)									输出(8421 反码)			
	$\bar{I}_1$	$\bar{I}_2$	$\bar{I}_3$	$\bar{I}_4$	$\bar{I}_5$	$\bar{I}_6$	$\bar{I}_7$	$\bar{I}_8$	$\bar{I}_9$	$\bar{Y}_3$	$\bar{Y}_2$	$\bar{Y}_1$	$\bar{Y}_0$
0	1	1	1	1	1	1	1	1	1	1	1	1	1
9	×	×	×	×	×	×	×	×	0	0	1	1	0
8	×	×	×	×	×	×	×	0	1	0	1	1	1
7	×	×	×	×	×	×	0	1	1	1	0	0	0
6	×	×	×	×	×	0	1	1	1	1	0	0	1
5	×	×	×	×	0	1	1	1	1	1	0	1	0
4	×	×	×	0	1	1	1	1	1	1	0	1	1

续表

十进制数	输入（低电压—0）									输出（8421 反码）			
	$\bar{I}_1$	$\bar{I}_2$	$\bar{I}_3$	$\bar{I}_4$	$\bar{I}_5$	$\bar{I}_6$	$\bar{I}_7$	$\bar{I}_8$	$\bar{I}_9$	$\bar{Y}_3$	$\bar{Y}_2$	$\bar{Y}_1$	$\bar{Y}_0$
3	×	×	0	1	1	1	1	1	1	1	1	0	0
2	×	0	1	1	1	1	1	1	1	1	1	0	1
1	0	1	1	1	1	1	1	1	1	1	1	1	0

在表 21.3.3 中，符号×表示该输入端电压可为任意值，即为 **0**、为 **1** 均可。因此由表 21.3.1 可看出该编码器是一个有优先权的编码电路，即若同时输入了两个数码（为一种误操作），输出显示的是数码值大的二进制代码。74LS147 的功能端（引脚），如图 21.3.2 所示，是一个有 16 个引脚的数字集成电路组件。

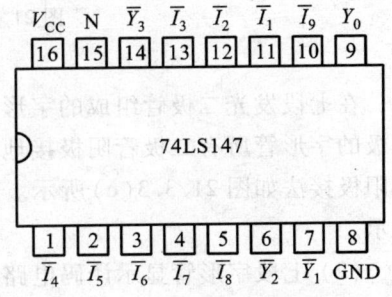

图 21.3.2　74LS147 功能端

二进制数字集成电路编码器，常用的还有 8 线-3 线优先编码器，该集成电路有 8 个信号输入端和 3 个输出端，任意一个输入端作用输入信号后，3 个输出端以 3 位二进制数码与之对应，有关 8 线-3 线优先编码器的真值表、引脚、逻辑符号与使用可通过有关手册（如参考文献[8]）查出。

▶▶21.3.2　译码器

译码器是一种被广泛应用的组合逻辑电路，其作用是通过译码电路的输出将输入的二进制代码的含意表述出来，因此，译码是编码的反操作。

译码器有多种，如二进制译码器、二-十进制译码器和显示译码器等。这里对显示译码器和二进制译码器作一些介绍。

1. 显示译码器

将数字、文字、符号的二进制代码译成数字、文字、符号的电路称为显示译码器。

显示译码器的逻辑电路与使用的显示器件种类有关，目前应用较多的显示器件是七段字符显示器，如十进制数码由七段可发光的线段组合而成。

（1）显示器

七段字符显示器有半导体数码管显示器（七段发光二极管简称 LED）和液晶显示器（简称 LCD）两种。液晶显示器是由一种具有光学特性的有机化合物制成的显示器，液晶的透明度和呈现的颜色受外加电压影响，利用这一特点可制成字符显示器（其工作原理可参阅参考文献[4]）。液晶显示器的特点是功耗很小、工作电压低、无辐射，因而在各种便携式仪器、仪表、手机和电脑中获得了广泛应用。

半导体数码管显示器是由 7 只发光二极管组合而成。发光二极管工作电压低，亮度高，使用寿命长，可靠性高，但工作电流较大。发光二极管与普通二极管使用的半导体材料不同，常用的有磷砷化镓等。材料成分不同的发光二极管在一定的正向电压（约 1.6 V）下，发光颜色也不同，可发出红、黄、绿等不同颜色。由 7 段发光二极管组成的数码管（又称字形管）如图 21.3.3

所示。

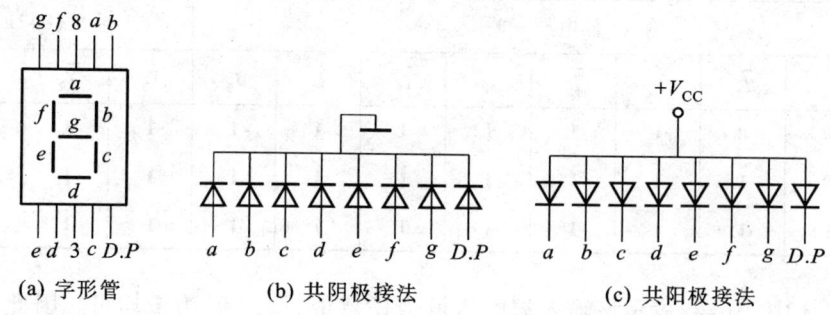

(a) 字形管　　　(b) 共阴极接法　　　(c) 共阳极接法

图 21.3.3　七段发光二极管组成的数码管

在七段发光二极管组成的字形管中,发光二极管的连接分为共阴极和共阳极两种形式。共阴极的字形管所有二极管阴极接地,即图 21.3.3(b)所示[图 21.3.3(a)中的 3 脚和 8 脚除外],共阳极接法如图 21.3.3(c)所示。有的字形管还有一个小数点 D.P,如图 21.3.3 中(b)、(c)所示。

(2) 七段字形管显示译码电路

为驱动七段显示器,需要将输入的二-十进制代码(如 8421 码),转换成控制显示器相应段"点燃"的 7 个电压,以便显示器用十进制数显示出二-十进制代码所表示的十进制数值。能够实现这种转换的组合逻辑电路,称为译码电路。驱动共阴极七段发光二极管显示器的数字集成译码电路有 74LS48 等组件,该译码器的 4 个输入端输入 8421 代码,译码器的 7 个输出端分别对应接在 7 个发光二极管的阳极,译码器某一输出端为高电平,与之相连的发光二极管通电、发光,显示出与 8421 代码对应的 0~9 个数码之一,74LS48 译码器与七段发光二极管显示器连接示意图,如图 21.3.4 所示,74LS48 译码器的输入为 4 位 8421 码,输出以 1 电位驱动 7 段共阴极接法的发光二极管显示器。

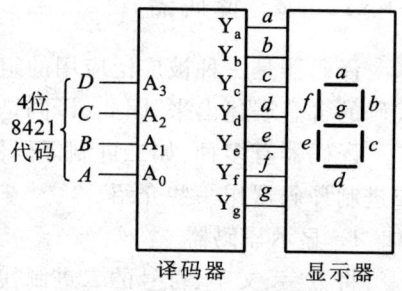

图 21.3.4　译码-显示电路

表 21.3.4 是共阴极七段显示译码电路的功能表,根据这个真值表可画出译码电路的逻辑图。这个逻辑图是比较复杂的,欲了解 74LS48 的逻辑图,可参阅参考文献[4]或集成电路大全等手册。

表 21.3.4　共阴极七段显示译码电路功能表

十进制数	输入				输出							字形
	A_3	A_2	A_1	A_0	a	b	c	d	e	f	g	
0	0	0	0	0	1	1	1	1	1	1	0	⌐⌐
1	0	0	0	1	0	1	1	0	0	0	0	¦
2	0	0	1	0	1	1	0	1	1	0	1	⊇

十进制数	输入				输出							字形
	A_3	A_2	A_1	A_0	a	b	c	d	e	f	g	
3	0	0	1	1	1	1	1	1	0	0	1	
4	0	1	0	0	0	1	1	0	0	1	1	
5	0	1	0	1	1	0	1	1	0	1	1	
6	0	1	1	0	0	0	1	1	1	1	1	
7	0	1	1	1	1	1	1	0	0	0	0	
8	1	0	0	0	1	1	1	1	1	1	1	
9	1	0	0	1	1	1	1	0	0	1	1	

(3) 74LS48 的应用

数字集成电路 74LS48 的外引线功能端（引脚）排列图，如图 21.3.5 所示。

74LS48 是一种功能较全面的七段字形显示译码器，它除通过输出 $Y_a \sim Y_g$ 驱动七段字形管外，还有灯测试输入 $\overline{LT}$；灭灯输入 $\overline{RI}$；灭零输入 $\overline{RBI}$；灭零输出 $\overline{RBO}$。灭零输出 $\overline{RBO}$ 与灭灯输入 $\overline{RI}$ 共用一个引脚。各控制端的作用如下：

灯测试输入 $\overline{LT}$。用 $\overline{LT}$ 控制端检查七段显示器各字段能否正常工作。当 $\overline{LT}$ 为 0 时，译码器输出 $Y_a \sim Y_g$ 均为 1，使显示器的各段发光二极管均通电，应显示出"8"字形，从而说明显示器工作正常。

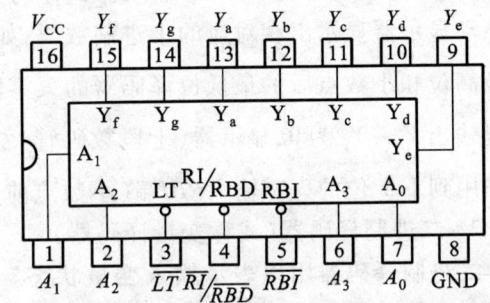

图 21.3.5　74LS48 集成电路外引线功能端排列图

灭灯输入 $\overline{RI}$。当 $\overline{RI}$ 接入 0 信号时，这时不管 $\overline{LT}$ 及 $A_3 \sim A_0$ 输入的代码如何，输出端 $Y_a \sim Y_g$ 均为 0，显示器熄灭。即 $\overline{RI}$ 的作用是无条件的。

灭零输入 $\overline{RBI}$。灭零输入 $\overline{RBI}$ 的作用是有条件的，只有输入的 4 位代码 $A_3 \sim A_0 = $ **0000**，而 $\overline{RBI}$ 又是 **0** 信号，输出端 $Y_a \sim Y_g$ 才会为零，显示器熄灭。若 $\overline{RBI} = $ **0** 信号，但 $A_3 \sim A_0 \neq $ **0000**，这时显示器不会熄灭，显示的数码与 $A_3 \sim A_0$ 4 位代码对应。

灭零输出 $\overline{RBO}$。$\overline{RBO}$ 与 $\overline{RI}$（灭灯输入）是同一个引脚，当这一引脚不输入信号时，可得到一个输出信号。输出信号是 **1** 还是 **0** 与 $A_3 \sim A_0$ 的输入及 $\overline{RBI}$（灭零输入）有关，当 $A_3 \sim A_0 = $ **0000** 及 $\overline{RBI} = $ **0** 时，$\overline{RBO}$ 输出为 **0**；若 $A_3 \sim A_0 \neq $ **0000** 或 $\overline{RBI}$ 不为零，这时 $\overline{RBO}$ 输出为 **1**。

下面通过一个多位数码显示电路来了解 $\overline{RBO}$ 和 $\overline{RBI}$ 在多位数码显示电路中灭零的功能。图 21.3.6 所示是一个有 8 位数码的显示电路，若显示值为 00200.030 时，在这个数列中，最高位、次高位及小数点后最低位显示出的 0 是不必要的,应当将它灭掉,但小数点前后的 0 应保留并显示出。为实现上述要求,各显示译码器的 $\overline{RBO}$ 及 $\overline{RBI}$ 连接如图 21.3.6 所示。

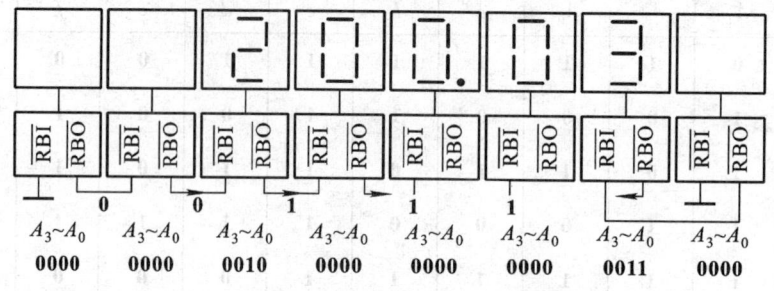

图 21.3.6 译码器(74LS48)灭零控制电路接线示意图

由图 21.3.6 可看出:多位显示时,在小数点前、后的这两位译码器,灭零输入 $\overline{RBI}$ 端都接入 **1** 信号,因为这两位不管 $A_3 \sim A_0$ 输入什么样的数码,译码器的输出 $Y_a \sim Y_g$ 将按照输入的二进制代码驱动显示器显示出相对应的十进制数码,如 $A_3 \sim A_0$ 为 **0000**,应显示出 0,不能灭掉。多位显示的最高位和小数点后的最低位译码器的灭零输入 $\overline{RBI}$ 均接地,这两位只要 $A_3 \sim A_0 =$ **0000**,该位的译码输出 $Y_a \sim Y_g$ 为 **0**,显示器(七段数码管)被熄灭,同时该译码器的灭零输出 $\overline{RBO}$ 为 **0** 信号并将其作用到下 1 位的灭零输入 $\overline{RBI}$ 端(小数点前如此)或上 1 位的 $\overline{RBI}$ 端(小数点后如此)。

2. 二进制译码器(或称变量译码器)

二进制译码器用以表示输入变量状态。图 21.3.7 所示是一个三变量的二进制译码器的逻辑图,该电路称为 3 线-8 线译码器。该译码器的特点是,输入有几种可能的状态组合,输出就有与状态组合数相应的信号输出端。

图 21.3.7 所示 3 线-8 线译码器,输入端作用的 A、B、C 3 个信号有 8 种组合状态,为反映输入变量是哪种组合状态,译码器设有 $Y_0 \sim Y_7$ 共 8 个输出端,可通过这 8 个输出端电压的高、低与输入组合状态相对应。例如,输入为 $A =$ **1**,$B =$ **0**,$C =$ **1** 时,由图 21.3.7 可看出,输出端 Y_5 为 **0** 信号,而其他输出端均为 **1** 信号。因此,通过输出的 **1**、**0** 信号就可以知道输入变量是哪种组合状态。

74LS138 是集成电路 3 线-8 线译码器,该译码器外引线功能端(引脚)排列图如图 21.3.8(a)所示,图 21.3.8(b)所示是它习惯用符号图。集成电路 3 线-8 线译码器 74LS138,除有 3 个变量 A_2、A_1、A_0 输入端外,还有 3 个使能信号控制端 S_1、$\overline{S}_2$ 和 $\overline{S}_3$,只有 $S_1 =$ **1**、$\overline{S}_2 =$ **0** 和 $\overline{S}_3 =$ **0** 时才能正常译码。译码器有 $\overline{Y}_0 \sim \overline{Y}_7$ 共 8 个输出端,输出为 **0** 称为译中。

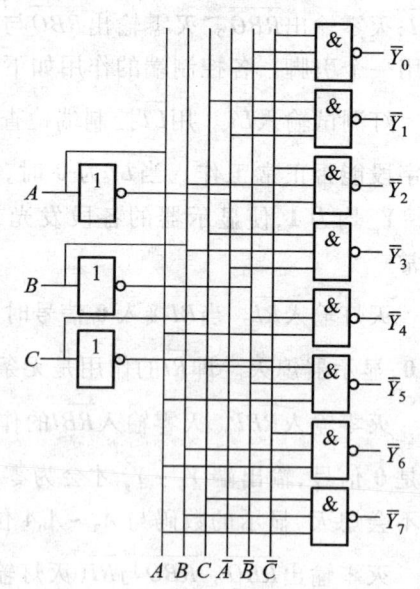

图 21.3.7 3 线-8 线译码器逻辑图

74LS138 的功能表见表 21.3.5。

21.3 集成组合逻辑电路

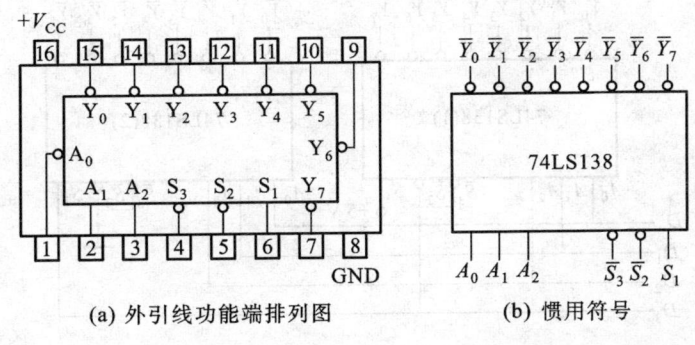

(a) 外引线功能端排列图　　(b) 惯用符号

图 21.3.8　74LS138（3 线-8 线）译码器

表 21.3.5　3 线-8 线译码器 74LS138 功能表

输入					输出							
S_1	$\overline{S_2}+\overline{S_3}$	A_2	A_1	A_0	$\overline{Y_0}$	$\overline{Y_1}$	$\overline{Y_2}$	$\overline{Y_3}$	$\overline{Y_4}$	$\overline{Y_5}$	$\overline{Y_6}$	$\overline{Y_7}$
×	1	×	×	×	1	1	1	1	1	1	1	1
0	×	×	×	×	1	1	1	1	1	1	1	1
1	0	0	0	0	0	1	1	1	1	1	1	1
1	0	0	0	1	1	0	1	1	1	1	1	1
1	0	0	1	0	1	1	0	1	1	1	1	1
1	0	0	1	1	1	1	1	0	1	1	1	1
1	0	1	0	0	1	1	1	1	0	1	1	1
1	0	1	0	1	1	1	1	1	1	0	1	1
1	0	1	1	0	1	1	1	1	1	1	0	1
1	0	1	1	1	1	1	1	1	1	1	1	0

由 74LS138 的真值表可知,该电路欲实现译码功能时,各控制端 S_1、$\overline{S_2}$ 和 $\overline{S_3}$ 的电位值应如图 21.3.9 所示。

74LS138 的 3 个控制端 (S_1、$\overline{S_2}$、$\overline{S_3}$) 又称为片选输入端,利用片选端可以将多个 3 线-8 线译码器连接起来,扩展译码器的功能,如图 21.3.10 所示,将两个 74LS138 连接起来,即构成一个 4 线-16 线的译码器。

由图 21.3.10 可看出,当 $D_3 = \mathbf{0}$ 时,第(1)片 74LS138 工作,当 $D_3 = \mathbf{1}$ 时,第(2)片 74LS138 工作。

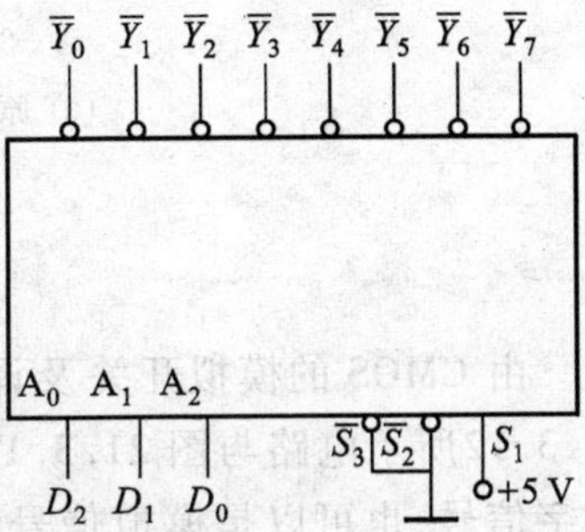

▶▶ 21.3.3　数据选择器

数据选择器的作用相当于一个波段开关,其功能是在多个数据存在的情况下,选择一个需要的数据输出。

图 21.3.9　74LS138 接线

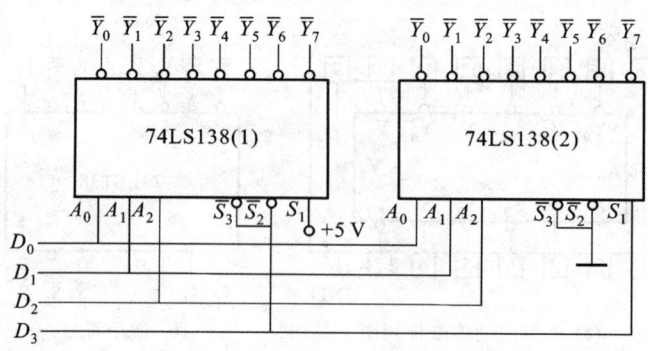

图 21.3.10 应用两个 74LS138 构成 4 线-16 线译码器

由与、或、非门构成的 4 选 1 数据选择器如图 21.3.11 所示。该电路可以从 4 个输入的数字信号 $D_3 \sim D_0$ 中任选一个信号输出。在数据选择器中,将输入的信号分为两组,一组称为地址输入码,如图中的 A_1、A_0;另一组是信号输入(或输入函数),如图中的 $D_3 \sim D_0$。数据选择器的作用就是根据不同的地址输入,使输出端得到不同的输入信号。

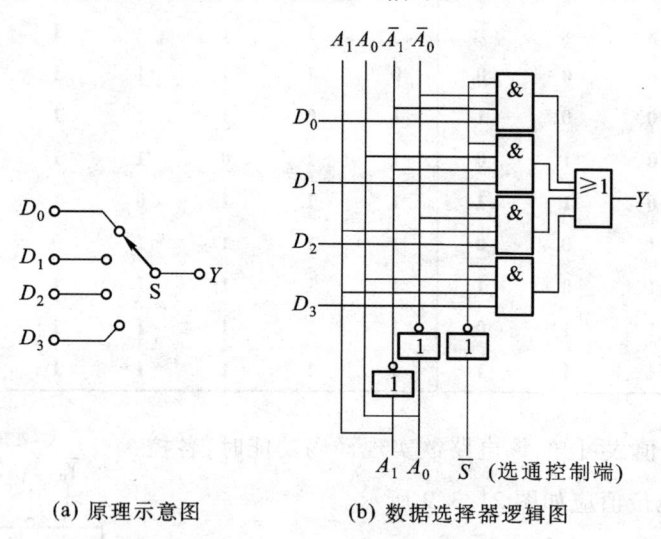

(a) 原理示意图　　　　(b) 数据选择器逻辑图

图 21.3.11 4 选 1 数据选择器

由 CMOS 的模拟开关及译码电路构成的 4 选 1 模拟数据选择器如图 21.3.12 所示。图 21.3.12 所示电路与图 21.3.11 所示电路的区别是:图 21.3.12 所示电路的输入信号,既可以是数字信号,也可以是模拟信号。而图 21.3.11 所示电路只能用于数字信号而不能对模拟信号选择。

74LS153 是常用的集成电路数据选择器,该组件内有两个相同的 4 选 1(双 4 选 1)数据选择器。74LS153 的外引线功能端排列图及惯用简化符号如图 21.3.13 所示。

74LS153 的真值表见表 21.3.6。

21.3 集成组合逻辑电路

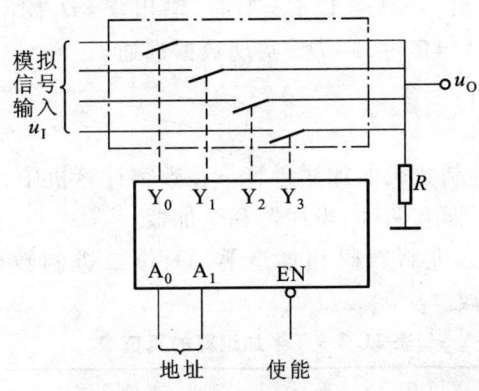

图 21.3.12 4 选 1 模拟数据选择器

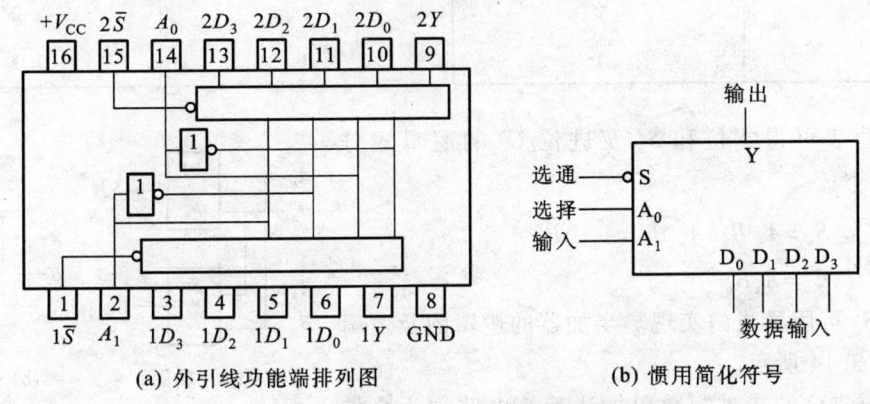

(a) 外引线功能端排列图　　　　(b) 惯用简化符号

图 21.3.13 74LS153 双 4 选 1 数据选择器

表 21.3.6 74LS153 数据选择器功能表

输入			输出
A_1	A_0	$\overline{S}$	Y
×	×	1	0
0	0	0	D_0
0	1	0	D_1
1	0	0	D_2
1	1	0	D_3

根据图 21.3.11 和表 21.3.6 所示，在 74LS153 的使能端 $\overline{S}=0$ 的情况下，选择器的输出 Y 与输入变量 A_1、A_0（地址码）及数据 D_3、D_2、D_1、D_0 间，可写出如下关系式

$$Y=(A_1 \cdot A_0) \cdot D_3+(A_1 \cdot \overline{A_0}) \cdot D_2+(\overline{A_1} \cdot A_0) \cdot D_1+(\overline{A_1} \cdot \overline{A_0}) \cdot D_0 \tag{21.3.1}$$

由关系式(21.3.1)可看出,当 $A_1=1$、$A_0=1$ 时,输出 $Y=D_3$;$A_1=1$、$A_0=0$ 时,输出 $Y=D_2$;$A_1=0$、$A_0=1$ 时,$Y=D_1$;$A_1=0$、$A_0=0$ 时,$Y=D_0$,实现数据选通。

▶▶21.3.4 加法器

加法器的功能是实现二进制数码的加法运算。在数字计算机中,加法器是加、减、乘、除运算电路中的一个组成部分。加法器有两种:半加器和全加器。

半加器执行不带进位的二进制数码相加运算。1位二进制数码半加运算的真值表见表21.3.7,A_n 是被加数,B_n 是加数。

表 21.3.7 半加运算的真值表

A_n	B_n	本位和 S_n	进位 C_n
0	0	0	0
0	1	1	0
1	0	1	0
1	1	0	1

通过真值表可得本位和 S_n 及进位 C_n 的逻辑式分别为

$$S_n = \overline{A}_n B_n + A_n \overline{B}_n = A_n \oplus B_n$$
$$C_n = A_n B_n$$

本位和 S_n 可用**异或门**实现。半加器的逻辑图及逻辑符号如图21.3.14所示。

考虑低位进位的二进制数码加法运算电路称为全加器,全加器的真值表见表21.3.8。

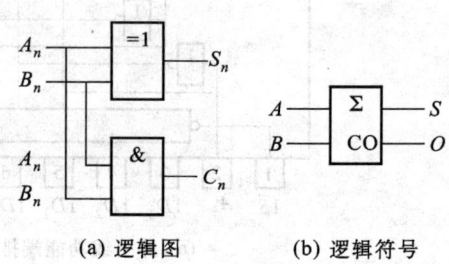

(a) 逻辑图　　(b) 逻辑符号

图 21.3.14 半加器的逻辑图和逻辑符号

表 21.3.8 全加器的真值表

输入			输出	
A_n	B_n	CI_{n-1}	S_n	CO_n
0	0	0	0	0
0	0	1	1	0
0	1	0	1	0
0	1	1	0	1
1	0	0	1	0
1	0	1	0	1
1	1	0	0	1
1	1	1	1	1

在表 21.3.8 中：CI_{n-1} 为低位的进位；A_n 为被加数；B_n 为加数；S_n 为本位和；CO_n 为向高 1 位的进位。通过真值表，利用卡诺图可以求出全加运算本位和 S_n 及进位 CO_n 的逻辑表达式，分别为

$$S_n = \overline{CI}_{n-1}(\overline{A}_n B_n) + \overline{CI}_{n-1}(A_n \overline{B}_n) + CI_{n-1}(\overline{A}_n \overline{B}_n) + CI_{n-1}(A_n B_n)$$
$$= \overline{CI}_{n-1}(A_n \oplus B_n) + CI_{n-1}(\overline{A_n \oplus B_n})$$
$$= CI_{n-1} \oplus (A_n \oplus B_n)$$
$$CO_n = A_n B_n + CI_{n-1} \overline{A}_n B_n + CI_{n-1} A_n \overline{B}_n$$
$$= A_n B_n + CI_{n-1}(A_n \oplus B_n)$$

根据 S_n、CO_n 逻辑式可得全加器的逻辑图，如图 19.3.15(a) 所示，全加器的逻辑符号如图 21.3.15(b) 所示，符号中 CI 为进位输入端，CO 为向高位进位的输出端。

全加器用于带进位的二进制数作相加运算，两个多位二进制数相加时应当使用全加器，相加时可依次将低位全加器的进位输出 CO 接到高位全加器的进位输入 CI 端，如图 21.3.16 所示。

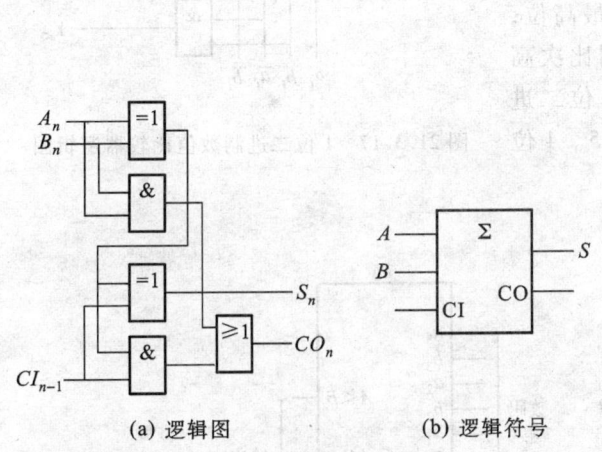
(a) 逻辑图　　(b) 逻辑符号

图 21.3.15　全加器逻辑图和逻辑符号

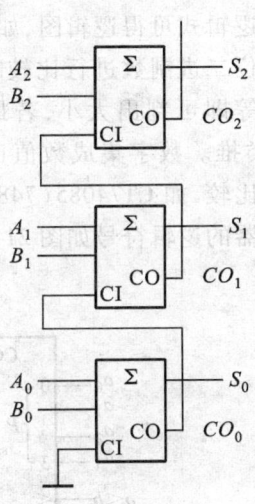

图 21.3.16　多位二进制数相加的运算电路

图 21.3.16 所示为二进制数相加的运算电路，称为串行进位的加法电路，这种加法电路进行运算时，上 1 位的运算必须在下 1 位运算产生出进位结果后才能进行，因此，若二进制数的位数较多时，运算将会变得很慢。为提高运算速度，应减小进位信号所经过的多个传递电路，从而减少传递时所需要的时间，为此产生了超前进位加法器，例如，74LS283 是 4 位超前进位全加器，有关这一进位方法的原理可参阅参考文献[4]等相关内容进行了解。

▶▶**21.3.5　数值比较器**

数值比较器又称数码比较器，比较器能对两个位数相同的二进制数 A,B 进行比较，A,B 相比的结果有 3 种：$A>B$；$A<B$；$A=B$。为此，数值比较器在输出端需要设置 3 个标志，以便判别比较结果是哪一种。

1位二进制数 a_i 与 b_i 进行比较时的功能表见表21.3.9。

表21.3.9　1位数值比较器功能表

a_i	b_i	$Y_=(a_i=b_i)$	$Y_>(a_i>b_i)$	$Y_<(a_i<b_i)$
0	0	1	0	0
0	1	0	0	1
1	0	0	1	0
1	1	1	0	0

根据功能表21.3.9可以得到 $Y_=$，$Y_>$ 和 $Y_<$ 的逻辑式分别为

$$Y_= = \bar{a}_i \bar{b}_i + a_i b_i$$
$$Y_> = a_i \bar{b}_i$$
$$Y_< = \bar{a}_i b_i$$

通过逻辑式可得逻辑图，如图21.3.17所示。

当多位二进制数进行比较时，首先比较最高位，若两者不等即可判出大小，若最高位相等则比次高位，依此类推。数字集成数值比较器可对4位二进制数进行比较，如CT74085(7485)或CC14585。4位数值比较器的逻辑符号如图21.3.18所示。

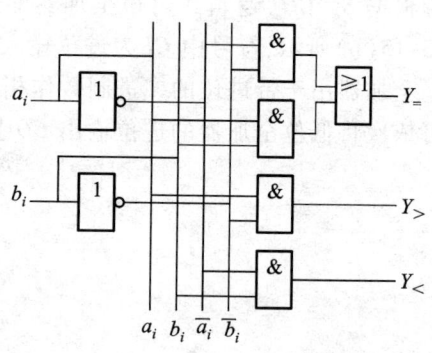

图21.3.17　1位二进制数值比较器逻辑图

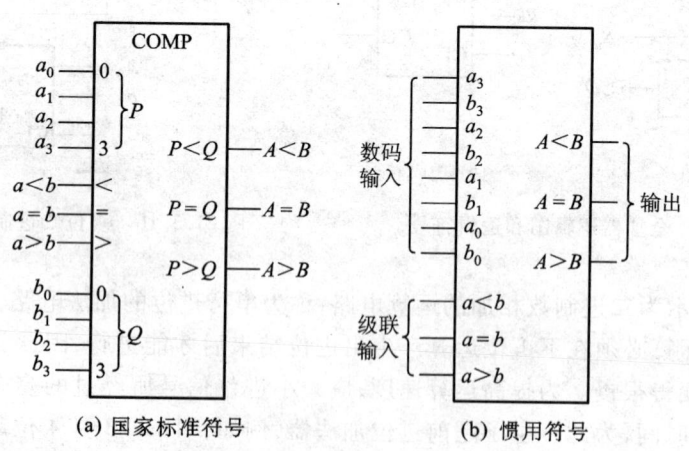

(a) 国家标准符号　　(b) 惯用符号

图21.3.18　4位数值比较器的逻辑符号

CT74085、CC14585 4位数值比较器的功能表见表21.3.10。

表 21.3.10 CT74085、CC14585 4位数值比较器的功能表

数码输入				级联输入			输 出		
$a_3 b_3$	$a_2 b_2$	$a_1 b_1$	$a_0 b_0$	$a>b$	$a<b$	$a=b$	$A>B$	$A<B$	$A=B$
$a_3>b_3$	×	×	×	×	×	×	1	0	0
$a_3<b_3$	×	×	×	×	×	×	0	1	0
$a_3=b_3$	$a_2>b_2$	×	×	×	×	×	1	0	0
$a_3=b_3$	$a_2<b_2$	×	×	×	×	×	0	1	0
$a_3=b_3$	$a_2=b_2$	$a_1>b_1$	×	×	×	×	1	0	0
$a_3=b_3$	$a_2=b_2$	$a_1<b_1$	×	×	×	×	0	1	0
$a_3=b_3$	$a_2=b_2$	$a_1=b_1$	$a_0>b_0$	×	×	×	1	0	0
$a_3=b_3$	$a_2=b_2$	$a_1=b_1$	$a_0<b_0$	×	×	×	0	1	0
$a_3=b_3$	$a_2=b_2$	$a_1=b_1$	$a_0=b_0$	1	0	0	1	0	0
$a_3=b_3$	$a_2=b_2$	$a_1=b_1$	$a_0=b_0$	0	1	0	0	1	0
$a_3=b_3$	$a_2=b_2$	$a_1=b_1$	$a_0=b_0$	0	0	1	0	0	1

▶▶21.3.6 组合逻辑数字集成电路的应用(举例)

在本节的前4部分介绍了一些组合逻辑的数字集成电路,随着生产技术的进步,这些集成电路组件产品的价格也越来越低,因此,设计组合逻辑电路时可以考虑使用这些集成电路组件,而不一定应用单个的各种门电路的组合来实现所要求的逻辑功能。下面通过一些举例来说明组合逻辑数字集成电路的应用。

1. 用 74LS153(4选1)数据选择器实现逻辑函数

4选1数据选择器(74LS153)的输入信号是2位地址码 A_1、A_0 和4个数据输入端,其简化符号如图 21.3.19 所示。

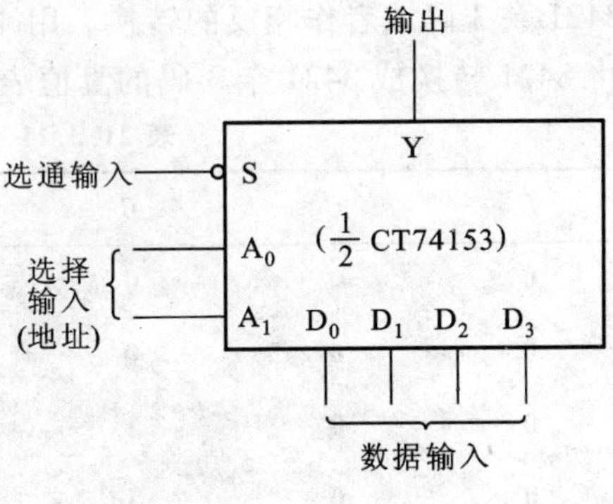

由前面叙述可知,4选1数据选择器的输出 Y 在选通信号 $\overline{S}=0$ 时,Y 与 A_1、A_0 和 D_3、D_2、D_1、D_0 的关系如式(21.3.1)所示,即

$$Y = (A_1 \cdot A_0) \cdot D_3 + (A_1 \cdot \overline{A}_0) \cdot D_2 + (\overline{A}_1 \cdot A_0) \cdot D_1 + (\overline{A}_1 \cdot \overline{A}_0) \cdot D_0 \qquad (21.3.1)$$

图 21.3.19 4选1数据选择器简化符号

应用数据选择器来实现逻辑函数时,可以将作用于地址码处的信号作为逻辑自变量,作用于 $D_n \sim D_0$ 处的数据视为另一个逻辑自变量。这样,4选1数据选择器可用来实现三变量的逻辑函数。

$Y(C、B、A) = C \cdot A + \overline{B} \cdot A + \overline{C} \cdot \overline{A}$ 是一个三变量逻辑函数,用4选1数据选择器实现这一逻辑

函数时,步骤如下:

① 将给出的逻辑表达式化成最小项表达式,即

$$Y(C,B,A) = C \cdot A + \bar{B} \cdot A + \bar{C} \cdot \bar{A}$$
$$= C \cdot A(B+\bar{B}) + \bar{B} \cdot A(C+\bar{C}) + \bar{C} \cdot \bar{A}(B+\bar{B})$$
$$= C \cdot B \cdot A + C \cdot \bar{B} \cdot A + C \cdot \bar{B} \cdot A + \bar{C} \cdot \bar{B} \cdot A + \bar{C} \cdot B \cdot \bar{A} + \bar{C} \cdot \bar{B} \cdot \bar{A}$$

② 从最小项表达式中任选两个变量,如 B、A 作为地址码,第 3 个变量 C 视为输入信号(数据),并对最小项表达式 Y,依式(21.3.1)的形式合并,则

$$Y(C,B,A) = C \cdot (B \cdot A) + (C+\bar{C})\bar{B} \cdot A +$$
$$\bar{C} \cdot (B \cdot \bar{A}) + \bar{C} \cdot (\bar{B} \cdot \bar{A})$$
$$= C \cdot (B \cdot A) + 1 \cdot \bar{B} \cdot A + \bar{C} \cdot (B \cdot \bar{A}) +$$
$$\bar{C} \cdot (\bar{B} \cdot \bar{A})$$

将所得逻辑函数式与 4 选 1 数据选择器的逻辑式对照后可以看出,当选择 A、B 作为地址码,第 3 个变量 (C、$\bar{C}$) 作为数据输入时,数据选择器 $D_3 \sim D_0$ 处的输入信号应分别为 C、1、$\bar{C}$ 和 $\bar{C}$,确定出输入信号后,用 74LS153 实现逻辑函数 Y,如图 21.3.20 所示。

2. 应用全加器作代码变换

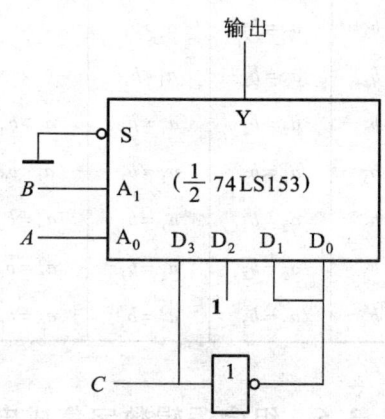

图 21.3.20 用 4 选 1 实现三变量逻辑函数

在数字电路中,常需要将一种代码的数转换成另一种代码的数,例如,将 8421 代码转换成 8421 余 3 码或者作相反的转换。用 4 位全加器 74LS283 实现这一逻辑函数转换是非常方便的。将 8421 转换成 8421 余 3 码的真值表见表 21.3.11。

表 21.3.11 8421 码转换成 8421 余 3 码的真值表

D	C	B	A	Y_3	Y_2	Y_1	Y_0
0	0	0	0	0	0	1	1
0	0	0	1	0	1	0	0
0	0	1	0	0	1	0	1
0	0	1	1	0	1	1	0
0	1	0	0	0	1	1	1
0	1	0	1	1	0	0	0
0	1	1	0	1	0	0	1
0	1	1	1	1	0	1	0
1	0	0	0	1	0	1	1
1	0	0	1	1	1	0	0

由真值表可看出 8421 余 3 码的值均比 8421 码多 **0011**（十进制 3），因此，用 74LS283 作代码转换时很方便，若 4 位的被加数 A_3、A_2、A_1、A_0 输入 8421 码对应的 D、C、B、A 位值，加数 B_3、B_2、B_1、B_0 输入为 **0011**，从 4 位全加器输出的 $Y_3 \sim Y_0$ 就是 8421 余 3 码。电路如图 21.3.21 所示。

3. 应用全加器（如 74LS183）构成 5 位表决电路

74LS183 是在一片集成电路内有 2 个全加器的组件，如图 21.3.22 所示。应用全加器（74LS183）构成的 5 位表决电路如图 21.3.23 所示。在图 21.3.23 中，当输入（E、D、C、B、A）中有 3 个或多于 3 个为 **1** 时，表决电路输出 $Z=1$，否则为零。

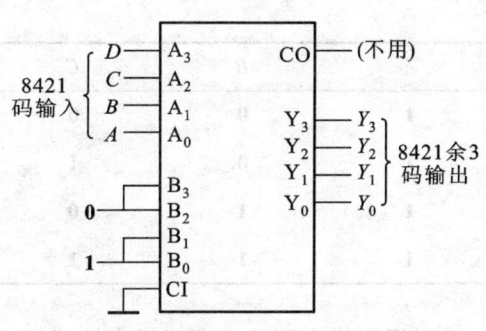

图 21.3.21　应用 4 位全加器作代码变换
（8421 码转换为 8421 余 3 码）

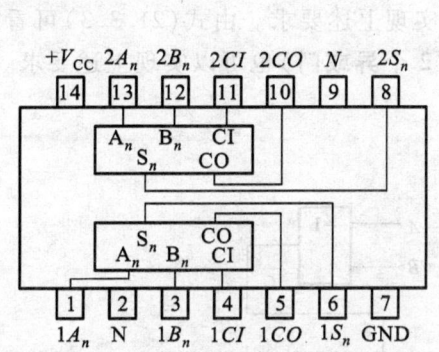

图 21.3.22　74LS183 外引线功能端排列图

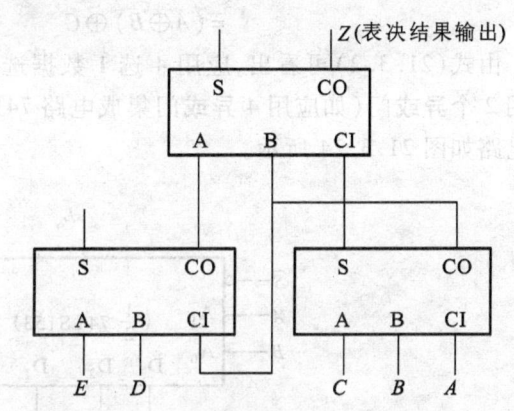

图 21.3.23　应用全加器构成的 5 位表决电路

4. 设计用 3 个开关控制一个照明灯的逻辑电路

设计电路时，要求改变任何一个开关的状态都能控制照明灯由亮变暗或由暗变亮。要求用组合逻辑集成组件实现。

为解决这个问题，首先列真值表，3 个开关分别用 A、B、C 表示，灯用 L 表示。设开关闭合为 **1**，开关打开为 **0**；灯亮为 **1**，灯暗为 **0**。并设起始时 3 个开关均处于打开状态，此时灯暗。真值表见表 21.3.12。

表 21.3.12　3 开关控灯的真值表

A	B	C	L	解　释
0	0	0	0	起始状态
0	0	1	1	1 个开关改变，灯由暗变亮
0	1	0	1	（同上）
0	1	1	0	2 个开关改变，灯由亮变暗

A	B	C	L	解 译
1	0	0	1	1个开关改变,灯由暗变亮
1	0	1	0	2个开关改变,灯由亮变暗
1	1	0	0	(同上)
1	1	1	1	3个开关改变,灯由暗变亮

根据真值表写最小项逻辑表达式,为

$$L = \overline{A} \cdot B \cdot C + \overline{A} \cdot B \cdot \overline{C} + A \cdot \overline{B} \cdot \overline{C} + A \cdot B \cdot C \quad (21.3.2)$$

或

$$L = (\overline{A} \cdot B + A \cdot \overline{B}) \cdot \overline{C} + (\overline{A} \cdot \overline{B} + A \cdot B) \cdot C$$

$$= (A \oplus B) \cdot \overline{C} + \overline{(A \oplus B)} \cdot C$$

$$= (A \oplus B) \oplus C \quad (21.3.3)$$

由式(21.3.2)可看出,应用4选1数据选择器即可实现上述要求。由式(21.3.3)可看出,应用2个**异或门**(如应用4**异或门**集成电路74LS86中的2个**异或门**)也可以实现上述要求。两个电路如图21.3.24所示。

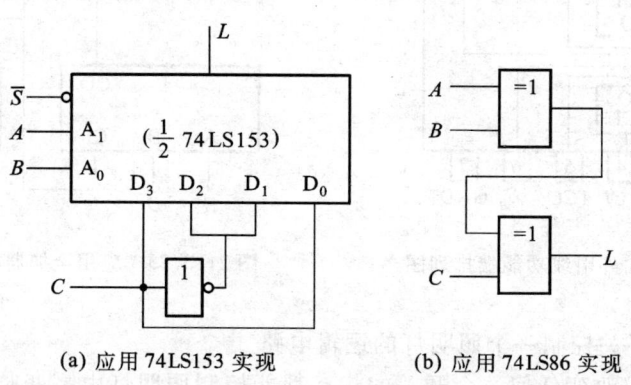

(a) 应用74LS153实现　　　(b) 应用74LS86实现

图21.3.24　表21.3.10的逻辑图

习　题

21.1　确定题图20.1所示各TTL门输出端状态(**1**、**0**或高阻态)。

21.2　作用于各门电路输入端的信号波形如题图21.2(a)所示。画出题图21.2(b)、(c)所示电路输出端Y的波形图。

21.3　题图21.3所示是数字集成74LS00,TTL二输入端四与非门的引脚图,用该集成电路实现逻辑函数$Y = A \oplus B$。

(1) 画出Y式的逻辑图(用4个二输入与非门实现);

(2) 用74LS00实现上述逻辑功能电路,画出引脚连线(引脚14和7接电源)。

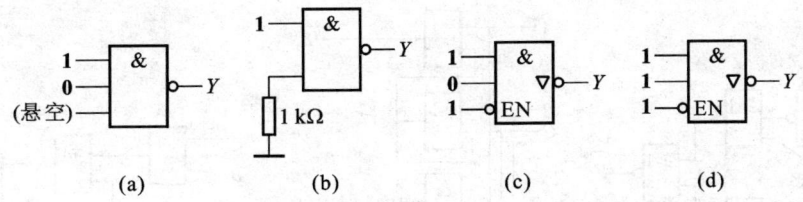

题图 21.1　习题 21.1 的图

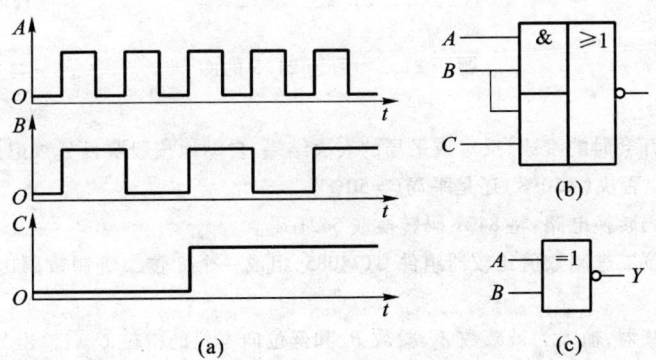

题图 21.2　习题 21.2 的图

21.4　题图 21.4 所示电路,写出该电路的逻辑函数式。

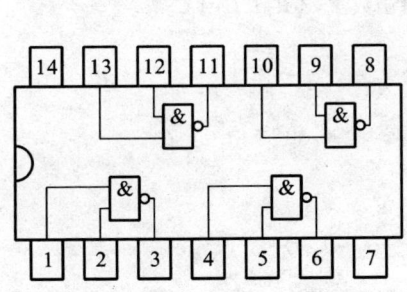

题图 21.3　习题 21.3 的图

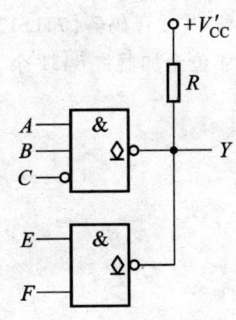

题图 21.4　习题 21.4 的图

21.5　题图 21.5 所示各逻辑图,列出真值表,说明其逻辑功能。

21.6　用与非门构成如下电路:

（1）三变量的奇数检测电路（即三变量中为 **1** 的个数是奇数时,输出为 **1**）;

（2）四变量的奇数检测电路（四变量中为 **1** 的个数是奇数时,输出为 **1**）。

21.7　$A = a_1 a_0$ 是一个 2 位二进制正整数,用与非门完成 $Y = A^3$ 的逻辑电路（Y 也用二进制数表示）。

21.8　有 A,B,C 3 台电动机,其工作要求如下:A 开机时,B 必须开机;B 开机时,C 必须开机;如不满足这要求,应发出报警信号。用与非门完成上述报警控制电路。

21.9　某公司有 4 位股东,A 掌握 40% 股票,B 掌握 30% 股票,C 掌握 20% 股票,D 掌握 10% 股票。设计一

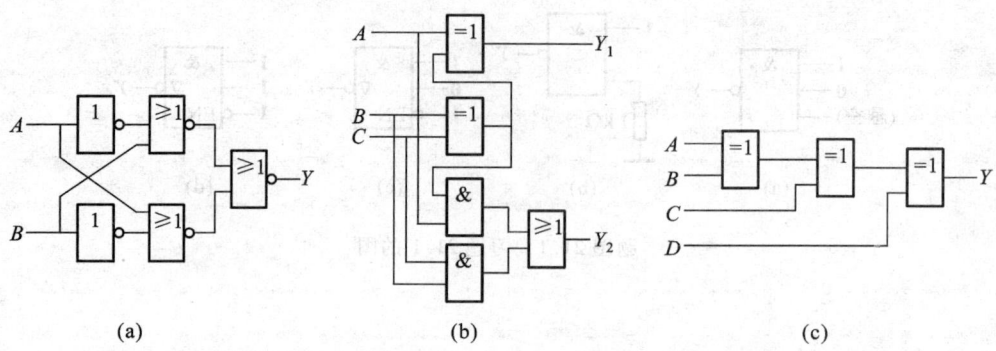

题图 21.5　习题 21.5 的图

个逻辑电路,将 4 位股东开会时的赞成、反对或平局的表决结果,自动地按股票百分数记分。逻辑电路应能指出表决结果是通过(>50%)、否决(<50%)还是平局(=50%)。

21.10　设计一个代码转换电路,将 8421 码转换成 5421 码。

21.11　使用两块 4 位二进制数值比较器组件 CT74085,组成一个 8 位二进制数码比较器,画出两组件间的连接线。

21.12　设计一个全减器,输入为被减数 A_i、减数 B_i 和低位向本位的借位 C_{i-1};输出为差 D_i 及本位向高位的借位 C_i。要求用**异或门**、**与非门**组成此电路。

21.13　一个控制电路,只有接收到的 3 路(A、B、C)信号完全相同时才能工作,否则产生报警信号(设工作信号为 **1**,报警信号为 **0**),用 4 选 1 多路选择器实现上述逻辑要求。

21.14　用 4 选 1 多路选择器实现逻辑函数 $Y = \overline{(A \oplus B)} \cdot C + A \cdot \overline{B} + \overline{A}\,B\,\overline{C}$。

21.15　用 3 线-8 线译码器(74LS138)和与非门实现逻辑函数 $Y = A\,\overline{B} + B\,\overline{C} + \overline{A}\,C$。

21.16　应用 4 位全加器将 8421 余 3 码转换成 8421 码。

第22章
时序逻辑电路

时序逻辑电路与组合逻辑电路的区别在于:时序逻辑电路在某个时刻的输出状态不仅与该时刻电路输入信号情况有关,而且还与电路在信号作用之前所具有的状态有关。因此,时序逻辑电路中要有能够记忆(存储)原有状态(1、0信号)的电路,触发器就是具有这种功能的电路。

触发器是时序电路中的基本单元。利用触发器可构成存放数码或指令的部件——寄存器,还可以构成计数器及其他一些电路。在这一章里先介绍触发器的有关问题,然后介绍由触发器构成的一些应用电路,接着介绍时序电路的分析方法及常用数字集成电路的使用。关于时序电路的设计问题,读者可通过参考文献[4]、[6]中的相关内容进行了解。

▶22.1 触发器

触发器是双稳态触发器的简称。双稳态触发器由于能够保持两种不同的稳定输出状态而得名。触发器的输出状态在输入控制信号作用下可以发生变化,但是与组合逻辑电路不同之处在于:这种电路在输入信号去除之后,触发器能够保持信号作用时所具有的输出端的状态。这种特性称为触发器具有保持或记忆的功能。

触发器能够实现的逻辑功能有:计数功能;置数功能——置1、置0功能;保持功能。触发器按能实现的逻辑功能不同分为:RS 触发器(实现置0和置1功能);D 触发器(置数功能);JK 触发器(多功能)和 $T(T')$ 触发器(翻转功能或计数功能)。为实现各种逻辑功能,可通过不同的逻辑电路实现。对于触发器,从使用角度而言,应着重于了解触发器的逻辑功能、触发方式及各种功能触发器的逻辑符号,至于触发器的电路结构及其工作原理不是我们学习的重点。

▶▶22.1.1 RS 触发器

具有置1、置0功能的触发器称为 RS 触发器。

1. 基本 RS 触发器

将两个与非门,即第一个门的输出端连接到第二个门的输入端(具有闭环连接特性,组合逻辑电路不存在这种情况)交叉耦合便构成一个双稳态触发器,如图22.1.1所示(同样,用两图22.1.1所示触发器仅有两个输入控制端 $\bar{S}_D$ 和 $\bar{R}_D$,这样的触发器称为基本触发器。基本触发器有两个输入端 $\bar{S}_D$ 和 $\bar{R}_D$,两个输出端 Q 和 $\bar{Q}$。图22.1.1所示触发器依与非门的逻辑函数式 $Y = \overline{A \cdot B}$ 可知,当输入端 $\bar{S}_D = 0$、$\bar{R}_D = 1$ 时,输出端 $Q = 1$、$\bar{Q} = 0$,而输入端 $\bar{S}_D = 1$ 而 $\bar{R}_D = 0$ 时,输出 $Q = 0$、$\bar{Q} = 1$。

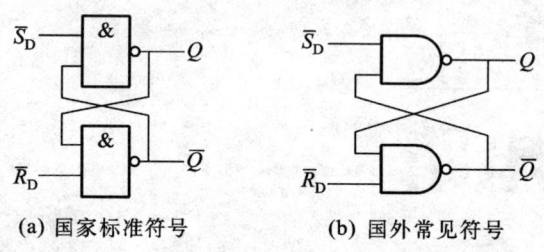

(a) 国家标准符号　　　(b) 国外常见符号

图22.1.1　基本 RS 触发器(由两个与非门组成)

由两个与非门组成的基本 RS 触发器的逻辑符号如图22.1.2所示,图中输入端 $\bar{R}_D$、$\bar{S}_D$ 处的小圆圈表示欲使触发器输出端状态改变时,该输入端应输入一个低电平信号。符号输出端 $\bar{Q}$ 处有小圆圈,而 Q 处没有,它表明这两个输出端的状态(电平)是相反的,即 $Q = 1$ 时 $\bar{Q} = 0$,而 $Q = 0$ 时 $\bar{Q} = 1$,正常工作的触发器其 Q 和 $\bar{Q}$ 输出端状态总是相反的。

因为时序电路在某时刻的输出状态不仅与该时刻输入信号情况有关,还要与触发器在信号到来之前所具有的状态有关,所以,讨论时序电路问题时要先给出电路开始时刻触发器输出端的状态,即初始态,然后才能进行分析。如,设图22.1.2所示触发器的初始态为 $Q = 0$、$\bar{Q} = 1$,电路的输入端 $\bar{R}_D = 1$,另一输入端 $\bar{S}_D$ 加入一个低电平信号,即使 $\bar{S}_D$ 由1变为0,当 $\bar{S}_D = 0$ 后,根据与非门的逻辑可知:触发器的 Q 端将从0变为1,$\bar{Q}$ 端则从1变为0。在触发器输出端 Q、$\bar{Q}$ 状态改变之后,将 $\bar{S}_D$ 端的低电平信号撤除,即 $\bar{S}_D$ 端又回到高电平1,该触发器输出端的状态仍保持 $Q = 1$、$\bar{Q} = 0$,即信号作用时所具有的输出状态。

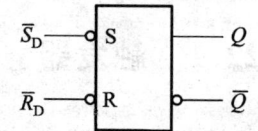

图22.1.2　基本 RS 触发器逻辑符号

在输出端状态为 $Q = 1$、$\bar{Q} = 0$ 时,若输入端 $\bar{S}_D = 1$ 而使 $\bar{R}_D = 0$,触发器的 Q 端将从1变为0,$\bar{Q}$ 端从0变1。当输出端状态改变之后,$\bar{R}_D$ 端的电平从0又变回1时,触发器的输出状态仍保持信号作用时所具有的输出状态,即保持着 $Q = 0$、$\bar{Q} = 1$。

触发器的 Q 端和 $\bar{Q}$ 端的电平,在输入于 $\bar{S}_D$、$\bar{R}_D$ 端信号的作用下,由0变为1或由1变为0,输出端状态的这种变化称为触发器的翻转。促使触发器发生翻转而作用于输入控制端的信号,称为输入控制信号或触发信号。

触发器的输出端 $Q = 1$、$\bar{Q} = 0$,称触发器为1状态。使触发器 $Q = 1$ 的触发信号称为置1信号,故 $\overline{S}_D$ 输入端称为置 **1** 端或置位端。当 $\overline{S}_D = 1$,而 $\overline{R}_D = 0$ 时,触发器的 Q 端由 **1** 电平变为 **0** 电平,$\overline{Q}$ 变为 **1** 电平。触发器的输出端 $Q = 0$,$\overline{Q} = 1$ 称触发器处于 **0** 状态,使触发器 $Q = 0$ 的触发信号称为置 **0** 信号,故 $\overline{R}_D$ 输入端称为置 **0** 端或复位端。

图 22.1.1 所示触发器状态的改变是由作用于 $\overline{S}_D$ 或 $\overline{R}_D$ 端的触发信号决定,当 $\overline{S}_D$ 或 $\overline{R}_D$ 端电平由 **1** 变 **0** 后,触发器的状态就可能发生变化,因此,这种工作方式称为直接置位或复位,所以图 22.1.1 所示触发器又称直接置位、复位的触发器。对于直接置位、复位的触发器而言,图 22.1.1 不允许 $\overline{R}_D$ 端和 $\overline{S}_D$ 端同时为 **0** 电平信号,因为,当 $\overline{R}_D$、$\overline{S}_D$ 端同为 **0** 时,则电路输出 Q 和 $\overline{Q}$ 同为 **1**。在 $\overline{R}_D$、$\overline{S}_D$ 同为 **0** 这种情况下,若输入信号同时撤除时(即 $\overline{R}_D$、$\overline{S}_D$ 同时恢复为 **1** 后),图 22.1.1 所示电路的输出端状态将是不确定的,即输出端既可能为 $Q = 1$、$\overline{Q} = 0$,也可能 $Q = 0$ 而 $\overline{Q} = 1$,所以图 22.1.1 所示电路 $\overline{R}_D$ 和 $\overline{S}_D$ 同时为 **0** 是不允许出现的。

图 22.1.1 所示基本 RS 触发器的工作波形如图 22.1.3 所示。

图 22.1.1 所示基本 RS 触发器的真值表见表 22.1.1。

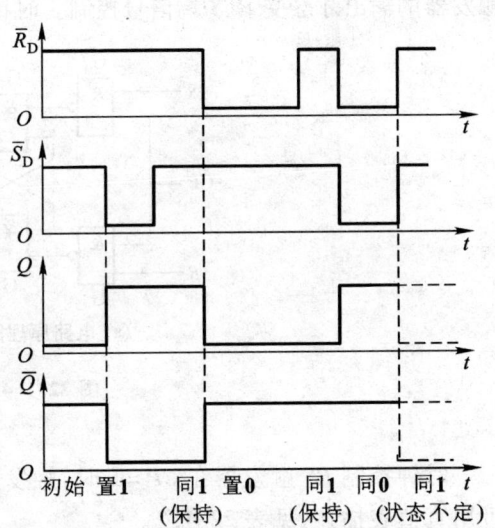

图 22.1.3 基本 RS 触发器工作波形图

表 22.1.1 基本 RS 触发器真值表

Q_n	$\overline{S}_D$	$\overline{R}_D$	Q_{n+1}	说明
0	0	0	不定	不允许
0	0	1	1	置 1
0	1	0	0	置 0
0	1	1	0	保持 $Q_{n+1} = Q_n$
1	0	0	不定	不允许
1	0	1	1	置 1
1	1	0	0	置 0
1	1	1	1	保持 $Q_{n+1} = Q_n$

在表 22.1.1 中,Q_n 称为现在状态(简称现态),即触发器的 Q 端在触发信号作用前所具有的状态;Q_{n+1} 称为次态,即触发信号 $\overline{R}_D$ 或 $\overline{S}_D$ 作用后,触发器 Q 端所具有的状态。

2. 时钟控制电平触发的 RS 触发器

基本 RS 触发器在工作时,只要出现输入控制信号,输出会立即反映,这种随时都可能改变触发器输出状态的情况,会给数字系统的工作带来不便。在一个数字系统中,通常要求各触发器能按一定的节拍协调动作,即触发器输出状态的改变的时间应由一个外界输入的统一信号进行控制,这个统一的信号称为时钟脉冲,并用字符 CP 表示。

为使 RS 触发器能在时钟脉冲 CP 作用下接收信号,将图 22.1.1 所示电路增加两个**与非门**,构成了时钟控制的 RS 触发器,如图 22.1.4(a)所示。由图 22.1.4(a)可看出,当时钟脉冲 $CP=\mathbf{0}$ 时,R、S 端的信号改变,触发器的输出端状态不会发生变化,只有当时钟脉冲 CP 到达后,即 $CP=\mathbf{1}$ 时,触发器的输出才会受 R、S 端信号控制。时钟控制 RS 触发器的逻辑符号如图 22.1.4(b)所示。

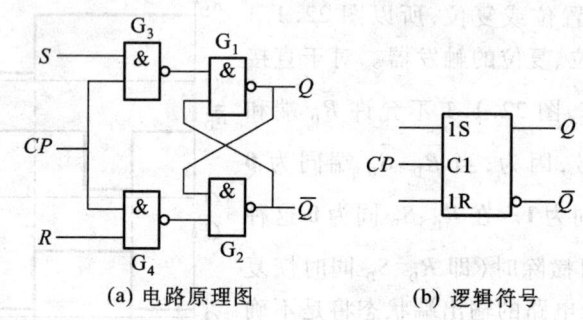

(a) 电路原理图　　　　(b) 逻辑符号

图 22.1.4　时钟控制 RS 触发器

时钟控制 RS 触发器在 $CP=\mathbf{1}$ 时,触发器的次态 Q_{n+1} 是现态 Q_n 和输入的函数,这种函数关系可用真值表描述,见表 22.1.2。

RS 触发器不允许两输入控制信号端同时作用 **1** 信号的原因,与基本 RS 触发器不允许 $\overline{S}_\mathrm{D}$、$\overline{R}_\mathrm{D}$ 端同为 **0** 的原因相同,即 R、S 同为 **1** 时,当时钟 CP 撤走后,触发器输出端 Q、$\overline{Q}$ 状态不定。根据表 22.1.2 作出的时钟控制 RS 触发器的工作波形图,如图 22.1.5 所示。由图 22.1.5 可看出,在 $CP=\mathbf{1}$ 期间,输入控制端 R 或 S 出现由 **0** 到 **1** 的改变时,触发器输出端的状态就会随之改变,这样的触发关系称为电平触发。电平触发的触发器在 $CP=\mathbf{1}$ 期间,输入信号发生变化触发器输出会随之改变,因而电平触发的触发器受干扰信号影响大,抗干扰能力低。

表 22.1.2　时钟控制 RS 触发器真值表

现态	输	入	次态
Q_n	R	S	Q_{n+1}
0	0	0	0
0	0	1	1
0	1	0	0
0	1	1	不允许
1	0	0	1
1	0	1	1
1	1	0	0
1	1	1	不允许

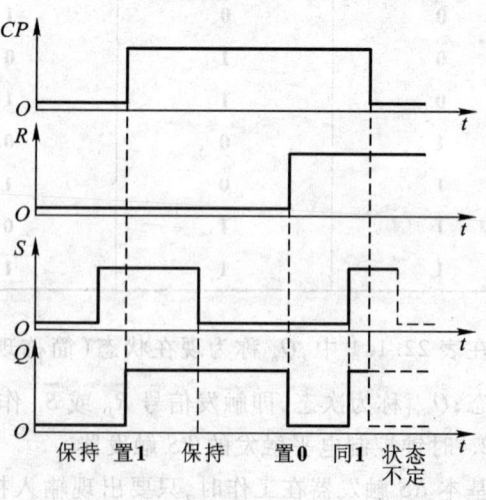

图 22.1.5　时钟控制 RS 触发器工作波形图

表 22.1.2 表明了 RS 触发器在 $CP=1$ 时,次态 Q_{n+1} 与现态 Q_n 和控制端信号 R、S 间的关系,可通过卡诺图对表 22.1.2 进行化简(化简时将 $R=S=1$ 项视为无关项),可以得到 RS 触发器 Q_{n+1} 与 Q_n 和 R、S 的逻辑表达式,为

$$Q_{n+1}=S+\bar{R}Q_n \tag{22.1.1}$$

由于 R、S 不能同时为 1,所以还必须有另一条件,即

$$R \cdot S=0 \tag{22.1.2}$$

式(22.1.1)称为 RS 触发器的特性方程,式(22.1.2)称为 RS 触发器的约束条件。通过特性方程可分析出 Q_{n+1} 与 Q_n 和 R、S 的关系,即它的逻辑功能。RS 触发器的逻辑功能除可用真值表和特性方程表示外,还可应用状态转换图来说明。状态转换图用两个内填 0、1 的圆圈分别代表触发器的两个状态,用箭头表示状态转换方向,即从现态转到次态。在箭头旁注明转换的条件。RS 触发器的状态转换图如图 22.1.6 所示。

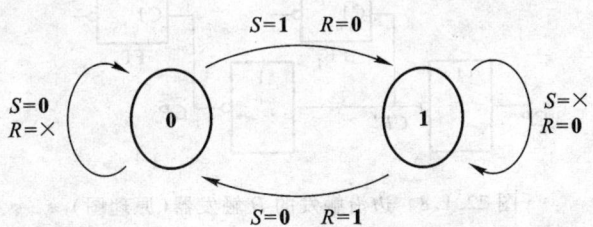

图 22.1.6 RS 触发器的状态转换图

图 22.1.6 所示 RS 触发器的状态转换图显示,若触发器现态 $Q_n=0$,则在 $S=1$、$R=0$ 的条件下,次态 Q_{n+1} 将转换为 1;若现态 $Q_n=0$,在 $S=0$ 而 R 不管为何值时,触发器的次态 Q_{n+1} 仍为 0。对现态 $Q_n=1$ 的情况分析亦类似。

▶▶22.1.2 D 触发器

D 触发器是一种只有一个输入控制端的触发器。该输入端称为数据输入端,简称 D 端。这种触发器的输出状态,由时钟脉冲到达前的那一时刻,D 端所输入的信号 1 或 0 决定。

1. 时钟控制电平触发的 D 触发器

这种 D 触发器由于逻辑结构简单,输入、输出关系容易判明,主要用于存储数码,因此,又称为锁定器或透明寄存器。其逻辑原理图如图 22.1.7(a)所示,图 22.1.7(b)是它的逻辑符号。

由图 22.1.7(a)所示逻辑原理图可以看出:在触发器数据输入端 $D=0$ 时、时钟脉冲 CP 到来后,触发器的输出端 $Q=0$,$\bar{Q}=1$;若数据输入端 $D=1$ 时,时钟脉冲到来后,触发器的输出端 $Q=1$,$\bar{Q}=0$。

图 22.1.7(a)所示 D 触发器,输入端 D 处有干扰信号时,将会在触发器输出端显示出来,影响电路正常工作。

2. 时钟边沿触发的 D 触发器

为降低干扰信号对触发器工作的影响,集成电路的触发器采用边沿触发方式工作,即触发器仅在时钟脉冲的上升时刻或下降时刻接收控制端的信息,如图 22.1.8 所示。

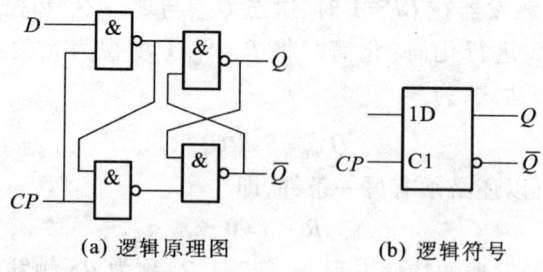

图 22.1.7 时钟控制电平触发的 D 触发器

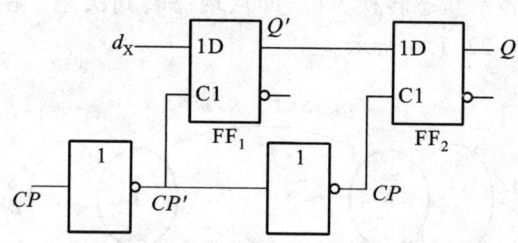

图 22.1.8 边沿触发的 D 触发器(原理图)

图 22.1.8 所示边沿触发的 D 触发器,在 $CP=0$ 时 $CP'=1$,因此该电路中的触发器 FF_1 工作,FF_2 不工作。FF_1 工作时接收信号 d_X。当 CP 从 $0 \nearrow 1$ 时,FF_1 停止工作而 FF_2 将接收 $CP=1$ 之前的 FF_1 输出端 Q' 处的信号,同时在 $CP=1$ 期间外部 d_X 信号有改变时,FF_2 的输出 Q 也不会改变。边沿触发的 D 触发器逻辑符号如图 20.1.9(a)、(b) 所示。

图 22.1.9(a)、(b) 的区别在时钟脉冲输入端符号,符号 ">" 表示触发器在时钟上升边沿触发,接收输入信号;而在符号 ">" 的框外加有一个小圆圈,则表示触发器在时钟下降边沿触发,接收输入信号。

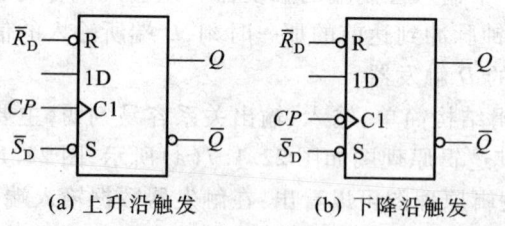

(a) 上升沿触发　　(b) 下降沿触发

图 22.1.9 边沿触发 D 触发器逻辑符号

能实现边沿触发的逻辑电路可参阅参考文献[4]、[5]、[6]等的相关内容。图 22.1.9 所示 D 触发器逻辑符号上除时钟脉冲 CP 输入端和数据 D 输入端外,还有两个直接置位 $\overline{S}_D$ 和复位 $\overline{R}_D$ 端,只要在 $\overline{S}_D$ 端加一低电平(**0**),信号触发器的 $Q=\mathbf{1}$(置 **1**),若在 $\overline{R}_D$ 端施加一低电平(**0**)信号,则可以使 Q 端为 **0**(置 **0**),这个置 **1**、置 **0** 的工作不受时钟脉冲控制,故称为直接置 **1**、置 **0** 输入端。触发器正常工作时,$\overline{S}_D$ 和 $\overline{R}_D$ 端均应处于高电平(**1**)。上升沿触发的 D 触发器,工作波形如图 22.1.10 所示。

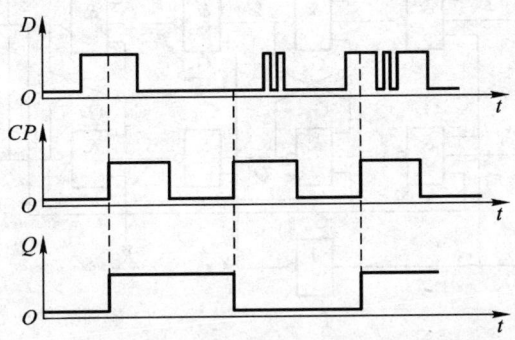

图 22.1.10　上升沿触发的 D 触发器工作波形图

由工作波形图可看出,边沿触发的触发器,在时钟 $CP=1$ 或 $CP=0$ 期间,输入信号(数据 D 值)改变时,对触发器输出没有影响。

D 触发器的真值表见表 22.1.3。

由真值表可知,D 触发器的特性方程为

$$Q_{n+1} = D \tag{22.1.3}$$

根据真值表可画出 D 触发器的状态转换图,如图 22.1.11 所示。

表 22.1.3　D 触发器真值表

现态	数据	次态
Q_n	D	Q_{n+1}
0	0	0
0	1	1
1	0	0
1	1	1

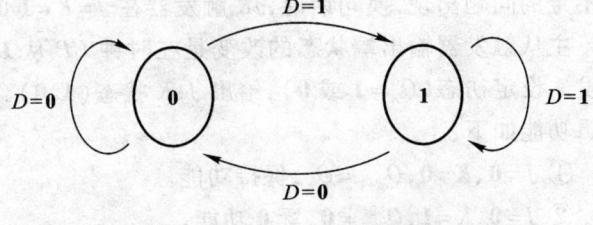

图 22.1.11　D 触发器状态转换图

▶▶22.1.3　JK 触发器

JK 触发器有两个输入控制端,一个称 J 控制端,另一个称 K 控制端,至于为何称为 JK 控制端并无特别意义。JK 触发器具有置 **1**、置 **0**、翻转和保持 4 种功能,即能够实现触发器所具有的全部功能,故 JK 触发器又称多功能触发器。为防止干扰信号影响触发器的正常工作,TTL 的 JK 触发器采用边沿触发,CMOS 的 JK 触发器采用主从触发,有关这两种结构的 JK 触发器工作原理,可参阅参考文献[4]、[5]、[6]等的相关内容。下面以主从电路的 JK 触发器为例,讨论它的逻辑功能。由 9 个门电路构成的主从 JK 触发器的逻辑原理图,如图 22.1.12 所示。

图 22.1.12 所示电路是由两个时钟控制 RS 触发器和一个非门构成。门 $G_5 \sim G_8$ 组成的触发器称为主触发器,$G_1 \sim G_4$ 构成了从触发器。在时钟 $CP=1$ 时主触发器接收 J、K 输入端的控制

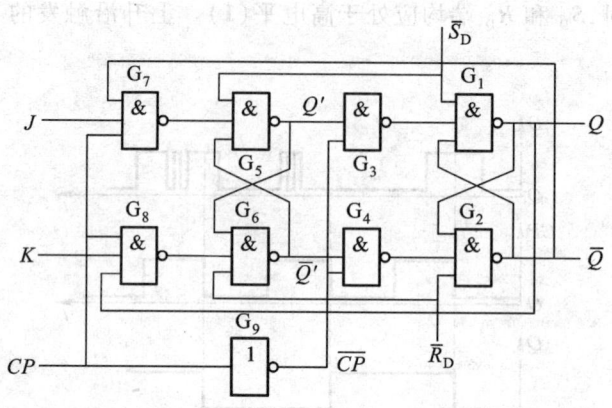

图 22.1.12 （主从）JK 触发器

信号,从而确定主触发器输出 Q'、$\overline{Q}'$ 的状态。当时钟 $CP = 0$ 后,$\overline{CP} = 1$,从触发器将主触发器 Q'、$\overline{Q}'$ 的状态移到从触发器的输出端。由于在 $CP = 0$ 时主触发器 Q'、$\overline{Q}'$ 状态不会改变,因而触发器的输出将可避免干扰影响。

为避免 RS 触发器在 $R = 1$、$S = 1$ 时,CP 撤走后触发器输出 Q、$\overline{Q}$ 状态不定,JK 触发器利用输出端 Q 和 $\overline{Q}$ 不同时为 1 的特点,将输出 Q 和 $\overline{Q}$ 的信号分别引到 G_7 和 G_8 门的输入端,这样做可以使 $CP = 1$ 期间,$J = 1$、$K = 1$ 时,G_7、G_8 门的输出不会同时为 0,避免了主触发器在 CP 撤走后状态不定的问题出现,换句话说,JK 触发器在 $J = K = 1$ 时逻辑功能也是明确的。

主从触发器输出端状态的改变是在时钟 CP 从 1 变 0 后实现的,因此,可以视为时钟下降沿触发。设定初态($Q_n = 1$ 或 0),给出 J、K 状态(1,0),通过图 22.1.12 可以分析出 J、K 触发器的逻辑功能如下：

① $J = 0$、$K = 0$,$Q_{n+1} = Q_n$,保持功能。
② $J = 0$、$K = 1$,$Q_{n+1} = 0$,置 0 功能。
③ $J = 1$、$K = 0$,$Q_{n+1} = 1$,置 1 功能。
④ $J = 1$、$K = 1$,$Q_{n+1} = \overline{Q}_n$,翻转功能。即 CP 过后,输出端 Q 的状态与时钟到来前 $\overline{Q}$ 端状态相同,这种功能称为翻转（或计数）功能。

JK 触发器的触发方式有两种,即主从触发和边沿触发。边沿触发又分上升沿触发和下降沿触发两类。它们的逻辑符号如图 22.1.13 所示。

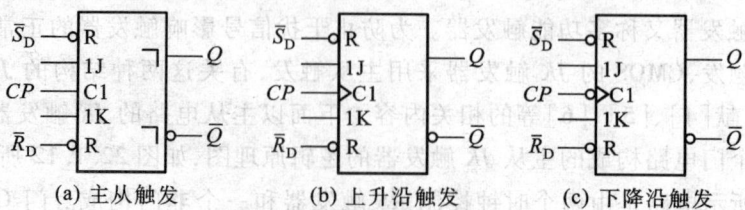

(a) 主从触发　　　(b) 上升沿触发　　　(c) 下降沿触发

图 22.1.13　JK 触发器逻辑符号

JK 触发器的真值表见表 22.1.4。

表 22.1.4　JK 触发器真值表

现态 Q_n	输入 J	输入 K	次态 Q_{n+1}	(功能)
0	0	0	0	保持
0	0	1	0	置0
0	1	0	1	置1
0	1	1	1	翻转(0→1)
1	0	0	1	保持
1	0	1	0	置0
1	1	0	1	置1
1	1	1	0	翻转(1→0)

JK 触发器的工作波形图,如图 22.1.14 所示。

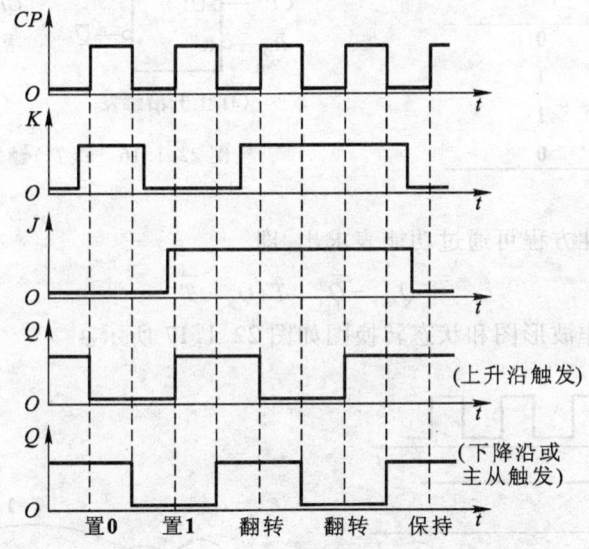

图 22.1.14　JK 触发器工作波形图

通过真值表用卡诺图化简可得到 JK 触发器的逻辑表达式,即状态方程为

$$Q_{n+1} = J\overline{Q}_n + \overline{K}Q_n \tag{22.1.4}$$

根据真值表和状态方程可画出 JK 触发器的状态转换图,如图 22.1.15 所示。

▶▶22.1.4　T(T′)触发器

T 触发器是只有一个 T 输入控制端的触发器。T 触发器具有保持和翻转两种功能。当触发器的 T 控制端为 **0** 时,具有保持功能;当 T 控制端为 **1** 时,具有翻转(计数)功能。习惯上将只具有翻转功能的触发器称为 T′触发器。

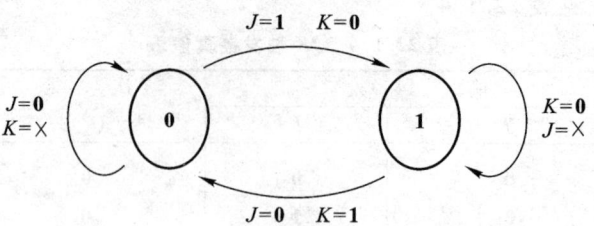

图 22.1.15 JK 触发器状态转换图

T 触发器可以用 JK 触发器实现。例如，将图 22.1.12 中的 J,K 端连在一起称为 T 输入控制端。当 T=**0**（即 J,K 同为 **0** 时）具有保持功能；当 T=**1**（即 J,K 同为 **1** 时）具有翻转功能。T(T′) 触发器的逻辑符号如图 22.1.16 所示。T 触发器的功能表见表 22.1.5。

表 22.1.5 T 触发器功能表

输入	现态	次态
T	Q_n	Q_{n+1}
0	0	0
0	1	1
1	0	1
1	1	0

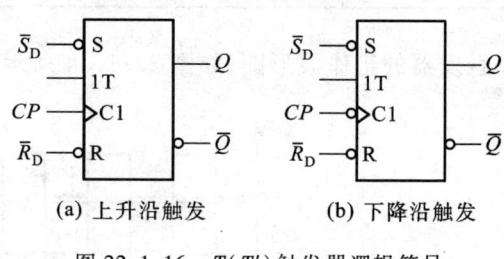

(a) 上升沿触发   (b) 下降沿触发

图 22.1.16 T(T′) 触发器逻辑符号

T(T′) 触发器的特性方程可通过功能表求出，即

$$Q_{n+1} = \overline{Q}_n \cdot T + Q_n \cdot \overline{T} \tag{22.1.5}$$

T(T′) 触发器的工作波形图和状态转换图如图 22.1.17 所示。

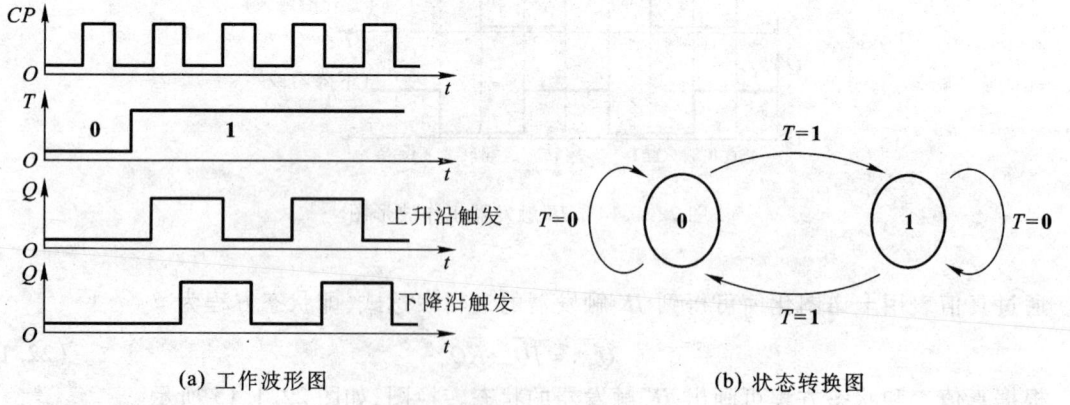

(a) 工作波形图 (b) 状态转换图

图 22.1.17 T(T′) 触发器的工作波形与状态转换图

通过以上介绍，对于触发器应着重掌握以下问题：

① 触发器具有两种稳定状态，即 $Q=0$、$\overline{Q}=1$ 或者 $Q=1$、$\overline{Q}=0$。

② 触发器的状态可以在时钟脉冲 CP 的作用下触发翻转（即改变触发器输出端的状态），翻转后的状态由输入信号及现态决定。

③ 触发器按功能可分为 RS、D、JK 和 $T(T')$ 4 种。按触发方式可分为电平触发、时钟边沿触发和主从触发 3 种。触发器的逻辑功能可通过真值表、特性方程或状态转换图表示，触发器的触发方式要通过触发器的逻辑符号或工作波形图表示，因此，认识并理解触发器符号的意义是很重要的。

④ 触发器的逻辑原理图，是为了了解触发器的逻辑功能而提出来的，对于这些原理图可不必作过多研究。

⑤ 使用的触发器均为集成电路组件，有关集成触发器的系列、品种和性能特点、外引线功能端排列等使用资料可查阅集成电路手册等得到（如参考文献[7]、[8]所示）。

▶22.2 触发器的应用（一些常用时序逻辑电路）

触发器是具有记忆功能的逻辑单元，一个触发器可存储 1 位二进制信息，因此，它是构成时序数字电路的基本组成部分。下面着重介绍触发器在时序电路中的一些应用。

▶▶22.2.1 寄存器

寄存器是数字电路中用于存放二值代码的部件。寄存器具有以下的逻辑功能：可在时钟脉冲的作用下，将代码存入寄存器（称写入），或将代码从寄存器中移出（称读出），或在时钟脉冲作用下令代码在寄存器内移动（移位）。由于触发器可存储二进制数码，所以二进制数码的寄存器可用触发器构成。

寄存器根据其功能的不同，分为基本寄存器（或称数码寄存器）和移位寄存器两种。

1. 基本寄存器

基本寄存器可用时钟控制 RS 触发器或者 D 触发器组成。图 22.2.1 所示是由 4 个 D 触发器组成的 4 位二进制数码寄存器。

由图 22.2.1 可看出，待寄存的 4 位数码 $d_3 \sim d_0$ 分别放置在各触发器的 D 端，在时钟脉冲上升沿作用下将数码 $d_3 \sim d_0$ 置入进各触发器的 Q 端，即时钟上升沿过后触发器的输出端 $Q_3 = d_3$、$Q_2 = d_2$、$Q_1 = d_1$ 和 $Q_0 = d_0$。图 22.2.1 所示的这种数码寄存方式称为并行输入。欲使寄存于各触发器的二进制数码消除，可在各触发器的直接置零 $\overline{R}_D$ 端，输入 1 个负脉冲——清零脉冲，如图 22.2.1 中所示，当清零信号过后，各触发器的 Q 输出端全部为零。

2. 移位寄存器

数字电路中将一个存储单元中的数码传送到另一个存储单元中，称为移位。由触发器构成的移位寄存器分为单

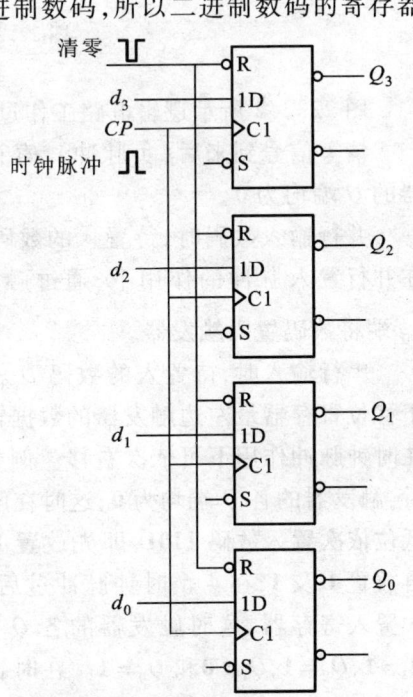

图 22.2.1 4 位二进制数码寄存器

向移位寄存器和双向移位寄存器两种。单向移位寄存器又有左移和右移之分。

移位寄存器中数码的存入或移出有两种方式:并行输入、输出和串行输入、输出。并行输入方式是在时钟脉冲作用下将待存入的数码一次全部置入寄存器;串行输入方式,在每到来一个时钟脉冲时,只置入 1 位数码,若有 n 位二进制数码存入寄存器,需要经 n 个脉冲才能完成。

(1) 单向移位寄存器

根据数码在寄存器内移动的方向,可分为左移移位寄存器和右移移位寄存器两种。

图 22.2.2 所示为 4 位右移移位寄存器的逻辑图。该移位寄存器由 4 个 D 触发器组成,数码置入可以用并行输入方式也可用串行输入方式进行。数码的输出可以并行输出(同时从 $Q_3 \sim Q_0$ 输出),也可串行输出,即存于寄存器内的数码依次从 Q_0 端输出。

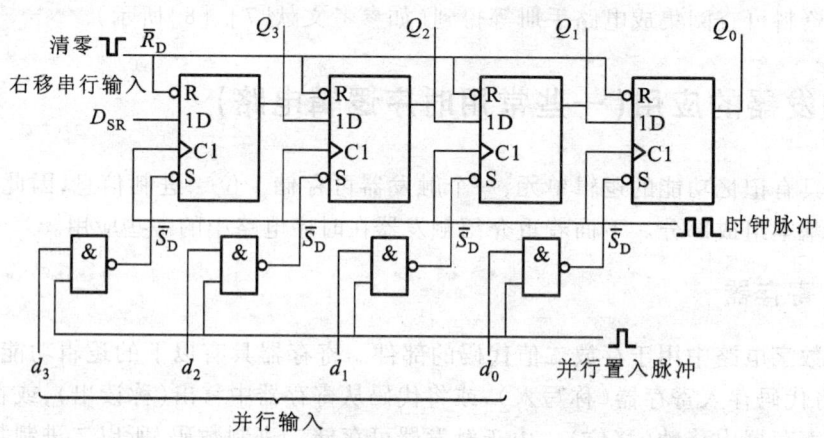

图 22.2.2　移位寄存器(4 位右移)逻辑图

图 22.2.2 所示逻辑电路工作过程如下:

清零信号到来后(负脉冲),寄存器清零,各触发器的 Q 端均为 **0**。

并行输入数码时,待置入的数码 $d_3 \sim d_0$ 设置后,在并行置入脉冲的作用下,通过触发器的直接置位 $\overline{S}_D$ 端将数码置入触发器。

串行输入时,待置入的数码 D_{SR} 从低位起依次置于移位寄存器最左边触发器的数据输入端 D 处,数码在时钟脉冲作用下可依次右移。例如,电路起始清零后,触发器的各 Q 端均为 **0**;这时在触发器的 D 端,从低位依次置入数码 **1101**,即先放置 **1**,再放置 **0**,然后再放置 **1** 及 **1**,在 4 个时钟脉冲过后,数码 **1101** 将依次置入寄存器,这时触发器的各 Q 端的状态分别为 $Q_3=1,Q_2=1,Q_1=0$ 和 $Q_0=1$。在时钟脉冲作用下,图

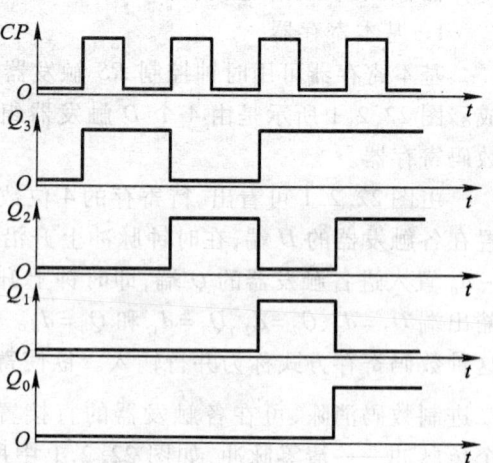

图 22.2.3　移位寄存器(图 22.2.2)
串行输入(**1101**)时的波形图

22.2.2 所示移位寄存器各 Q 端电位变化的波形图(时序)如图 22.2.3 所示。要将寄存器内的数据依次移出,只要再输入 4 个时钟脉冲即可。

由 D 触发器组成的左移移位寄存器如图 22.2.4 所示。D_{SL} 为待输入的左移数码,按时钟 CP 的节拍依次从输入级的 D 端进入并向左移位。数码左移的工作过程与右移类似。

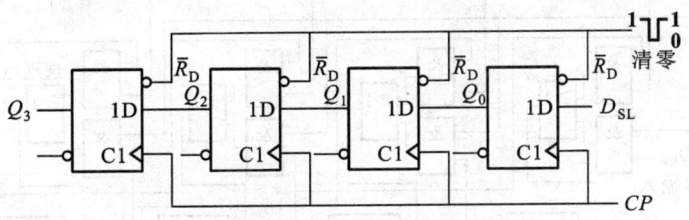

图 22.2.4 4 位左移移位寄存器

在进位计数制中,书写的习惯是高位在左边、低位在右边,因此,左移移位寄存器是实现数据向存储高位数的寄存器移位,而右移则是数据向存储低位的寄存器移位。对于二进制数码而言,左移 1 位数码值增大 1 倍(相当于乘以 2),右移 1 位数码值减小 1 倍(相当于除以 2)。移位寄存器的这一特性被应用于二进制数码的乘、除运算中(见参考文献[6])。

寄存器和移位寄存器在数字电路中用于存储信息、代码、符号和组成运算部件。图 22.2.5 所示是一个二进制数码加法运算电路的示意图,A 和 B 是两个移位寄存器,电路的工作过程如下:

电路开始工作前,将触发器清零,然后将待运算的二进制数码 $a_n \cdots a_0$ 和 $b_n \cdots b_0$ 并行置入移位寄存器 A、B 中。时钟脉冲到来后,两个二进制数码均从最低位(即从 a_0、b_0 开始)移出,进入全加器作加法运算,运算结果再送到移位寄存器 A 中保存。

(2)双向移位寄存器

双向移位寄存器内所存储的数码既可以左移、又可以右移。为了在一个寄存器内实现数码的双向移动,必须在电路中增加控制电路和选通电路,以便根据需要来决定数码在寄存器内的移动方向。图 22.2.6 所示即是一个双向移位寄存器的逻辑原理图。

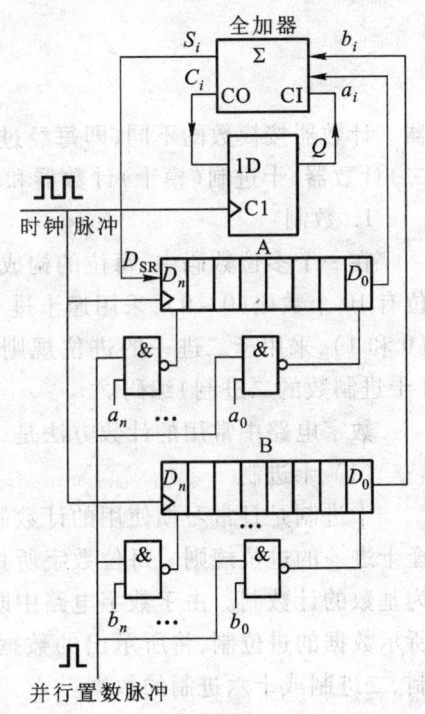

图 22.2.5 二进制加法运算电路示意图

由图 22.2.6 可看出,当选通控制信号 $M=1$、$M'=0$ 时,移位寄存器可进行数据右移操作;$M=0$、$M'=1$ 时,寄位器实现数据左移操作。

▶▶22.2.2 计数器

触发器的另一个重要应用是组成计数器。

计数器按功能的不同,可分为加法计数器、减法计数器和可逆计数器,即可加、可减的计数

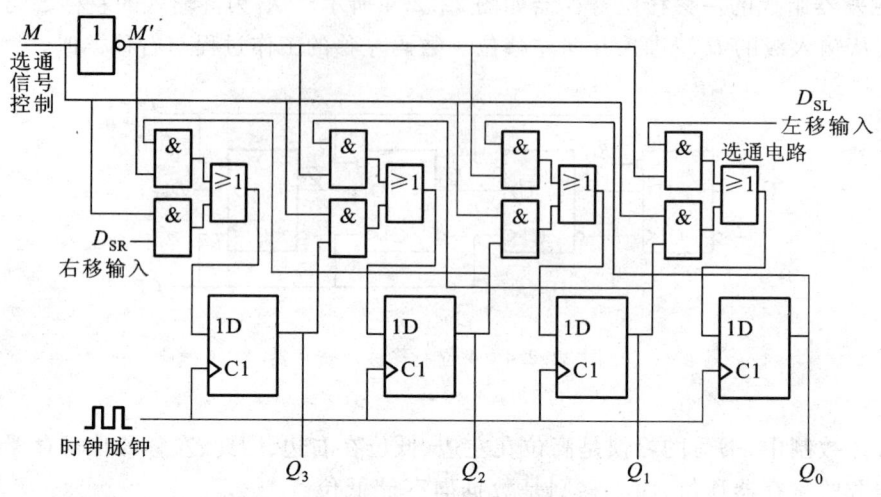

图 22.2.6 双向移位寄存器

器。计数器按模数的不同,即每经过多少次计数后,计数器又回到初始状态,可分为二进制(模二)计数器、十进制(模十)计数器和任意进制(模 N)计数器等几种。

1. 数制

在一个多位数码中,每位的构成方法及其进位规则,称为数制(或进位制)。如十进制数,每位有 10 个数码(0~9),采用逢十进一的进位规则。数字电路中使用的二进制,每位有两个数码(**0** 和 **1**),采用逢二进一的进位规则。应用若干位二进制数来表示 1 位十进制数的方法,称为(十进制数的二进制)编码。

数字电路中常用的计数方法是十进制、二进制、十六进制等。

(1) 十进制

十进制是日常习惯使用的计数制,每位有 0~9 共 10 个数字符号来表示一个数的大小,采用逢十进一的进位规则。每位数字所具有的符号的个数称为基数(或模),所以十进制数又称以 10 为基数的计数制。由于数字电路中既使用十进制计数,也使用二进制或十六进制计数,为了显示所示数据的进位制,将所示出的数据用下标 10(或字母 D)、2(B)或 16(H)说明这是一个十进制、二进制或十六进制的数据。

例如,表明 575.68 是十进制数,可写成为 $(575.68)_{10}$ 或 $(575.68)_D$。

十进制数 575.68,小数点左边第 1 位为个位,这 1 位的 5 代表着 $5 \times 10^0 = 5$;小数点左边第 2 位为十位,这 1 位的 7 代表着 $7 \times 10^1 = 70$;第 3 位为百位,这 1 位的 5 代表着 $5 \times 10^2 = 500$;而小数点右边第 1 位为十分位,这 1 位的 6 代表着 $6 \times 10^{-1} = 6/10$;右边第 2 位为百分位,这 1 位的 8 代表着 $8 \times 10^{-2} = 8/100$。由上述可知,在进位制的数列中,每个数码均有两个特征值,一个称为本征值,如它是 1、还是 2、……,另一个称为位置值或称"权"值,如上述数列中,同为 5 的数码,因所处位置不同所代表的数值也不同,即权值不同。

(2) 二进制

二进制中,每位只有两个不同的取值,即 **0** 和 **1**,进位规则是逢二进一,即 **0+0 = 0,0+1 = 1,1+**

$1=10$。

为表明 **101101.01** 是二进制数,可写成 $(101101.01)_2$ 或 $(101101.01)_B$。

对于二进制数也可以用按位置值(权)加以展开,如 $(101101.01)_2 = 1\times 2^5 + 0\times 2^4 + 1\times 2^3 + 1\times 2^2 + 0\times 2^1 + 1\times 2^0 + 0\times 2^{-1} + 1\times 2^{-2}$。求 $(101101.01)_2$ 所等值的十进制数,称为二-十转换,需要转换时,只要将所示二进制数按权展开,然后将展开后的各项的数值按十进制数相加即可。即

$$(101101.01)_2 = 1\times 2^5 + 1\times 2^3 + 1\times 2^2 + 1\times 2^0 + 1\times 2^{-2}$$
$$= 32 + 8 + 4 + 1 + 0.25$$
$$= (45.25)_{10}$$

(3) 十六进制

数字电路中还经常使用十六进制数。十六进制数的每1位有16个数码,即 0~9 和 A、B、C、D、E、F,进位规则是逢十六进一。使用十六进制数的原因是,4位二进制数(有16种状态组合)刚好可以表示1位十六进制数,对应关系如下所示。

十六进制	0	1	2	3	4	5	6	7	8	9	A	B	C	D	E	F
二进制	0000	0001	0010	0011	0100	0101	0110	0111	1000	1001	1010	1011	1100	1101	1110	1111

二进制数改用等值十六进制数表示时,变换方法是:整数部分应从低位到高位,每4位分为一组,最后不足4位时用零补足;小数部分则从高到低,同样4位一组,最后不足4位时也用零补成4位,按二进制与十六进制的对应关系进行转换,如下所示

$$(10110101011.0111101)_2 = 0101\ \ 1010\ \ 1011.0111\ \ 1010$$
$$\downarrow\ \ \ \ \ \downarrow\ \ \ \ \ \downarrow\ \ \ \ \ \downarrow\ \ \ \ \ \downarrow$$
$$5\ \ \ \ \ A\ \ \ \ \ B\ \ .\ 7\ \ \ \ \ A$$

所以 $(10110101011.0111101)_2 = (5AB.7A)_{16}$

二进制数改用等值十六进制数表示后,更容易书写、阅读和记忆。

在数字电路中,还使用着八进制,有关八进制和八进制与二进制、十进制、十六进制及它们之间相互转换的方法,可参阅参考文献[4]、[5]等的相关内容。

2. 二进制计数器

二进制计数器是按二进制数的规律累计脉冲的数目。二进制计数器分为加法计数和减法计数;按计数过程中触发器翻转的时刻又分为同步与异步两种。同步或异步是指计数器中触发器翻转次序的不同。同步计数器在计数过程中,需要翻转的触发器在同一时刻翻转;异步计数器工作时,要翻转的触发器在翻转的时间上有先后之分。

(1) 异步二进制加法计数器

二进制加法计数的规则是逢二进一,因此,可使用 T' 触发器构成二进制计数器。T' 触发器每输入一个脉冲,触发器的状态改变一次,一个 T' 触发器正好可作为1位二进制计数器。

图 22.2.7 所示逻辑图是由 T' 触发器组成的4位异步二进制计数器。

分析计数器电路的逻辑功能时,首先要了解电路中所使用的触发器的逻辑功能及其触发方式,对异步计数器还应了解各触发器的触发信号(时钟脉冲)是由何处提供的。图 22.2.7 所示计数器中的各触发器,因控制端 $T=1$,触发器是上升沿触发,因此,只要各触发器的时钟输入端

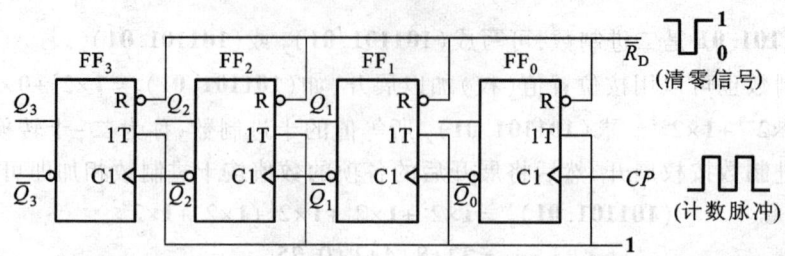

图 22.2.7　T' 触发器组成的 4 位异步二进制计数器

有 **0↗1** 的上升沿变化，触发器就会翻转。

图 22.2.7 所示计数器，触发器 FF_0 的时钟脉冲由计数脉冲 CP 提供，而触发器 FF_1、FF_2、FF_3 的时钟脉冲可由这些触发器的前级 Q 或 $\overline{Q}$ 端提供，因为触发器翻转时，其输出端 Q 和 $\overline{Q}$ 有 **0↗1** 和 **1↘0** 的变化，因此，Q 或 $\overline{Q}$ 端的输出信号可以作为另一个触发器的时钟脉冲(信号)，在图 22.2.7 中选前级触发器的 $\overline{Q}$ 端的输出作为后级时钟脉冲，这是根据计数器要完成加计数还是减计数及触发器是上升沿触发还是下降沿触发决定。图 22.2.7 中的触发器是上升沿触发，为了使该计数电路能够按二进制的逢二进一的计数规律计数，在这个电路中后级触发器的时钟脉冲应来自前级的 $\overline{Q}$ 端，因此 $CP_1=\overline{Q}_0$、$CP_2=\overline{Q}_1$ 和 $CP_3=\overline{Q}_2$。各触发器时钟脉冲的这一情况，将使图 22.2.7 所示计数器工作时，各触发器 Q 端状态改变不可能在同一时间出现，总是 FF_0 翻转后 FF_1 才有可能翻转，FF_1 翻转后 FF_2 才可能翻转……。这种工作情况称为异步，所以图 22.2.7 所示为一异步二进制加法计数器。

由图 22.2.7 可以看出：该计数器内的每个触发器 Q 端为 **1** 时，代表输入的脉冲数是不同的，当 $Q_0=1$ 时，表示有 1 个脉冲；当 $Q_1=1$ 时，表示有 2 个脉冲；当 $Q_2=1$ 表示有 4 个脉冲；当 $Q_3=1$ 表示有 8 个脉冲。所以，4 位二进制计数器可以计入 8+4+2+1=15 个脉冲，即这时 $Q_3Q_2Q_1Q_0=$ **1111**，第 16 个脉冲到达时，各触发器 Q 端电平全部变为 **0**。

图 22.2.7 所示计数器在计数脉冲 CP 作用下，各触发器输出端状态改变的波形(时序)图，如图 22.2.8 所示。计数器内各触发器在计数脉冲 CP 作用下，状态转换的情况，除用波形图表示外，还可用状态转换图表示，图 22.2.7 所示电路的状态转换图，如图 22.2.9 所示。

如果将图 22.2.7 所示计数器中的触发器 FF_1、FF_2 和 FF_3 的时钟脉冲改由前级触发器的 Q 端提供，这时，该计数器就成为异步二进制的减法计数器，这时计数器的状态情况为 **0000→1111→1110→1101→…→0001→0000**。

（2）同步二进制加法计数器

由于异步二进制计数器工作速度慢，为提高工作速度可用同步计数器。同步计数器工作时，计数脉冲同时作用到各触发器的时钟输入端，每个触发器能否翻转要由该触发器输入控制端电平来确定。为确定各触发器输入控制端的控制要求，观察图 22.2.9 所示的二进制加法计数器中各触发器输出状态转换图。由转换图可以看出：计数器中最低位的触发器每接收到一个计数脉冲就要翻转一次，因此，这个 T' 触发器的控制端 $T=1$。最低位以后的各级触发器翻转的条件是，

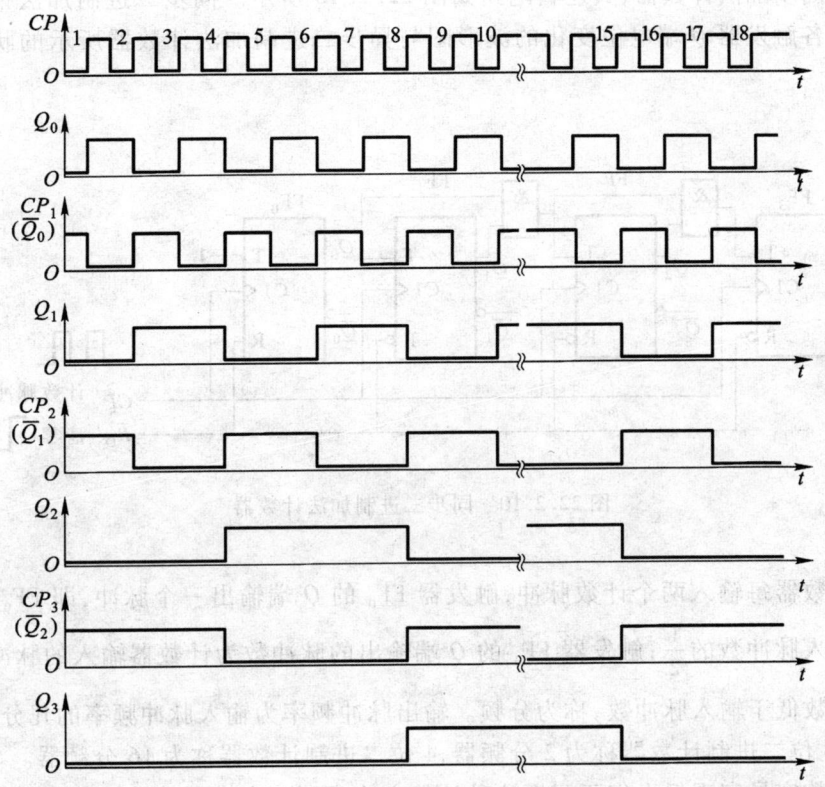

图 22.2.8 二进制加法计数器波形图（时序图）

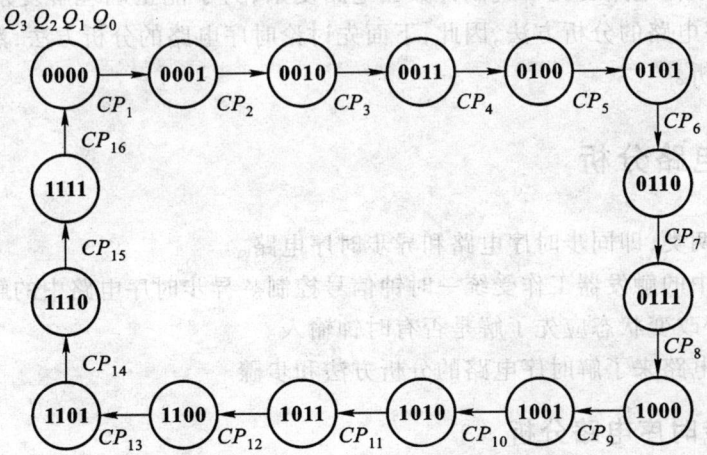

图 22.2.9 图 22.2.7 的状态转换图

只有在它的前级各触发器的 Q 端均为 **1** 时才能翻转。因此,用 4 个上升沿触发的 T 触发器构成的 4 位二进制同步加法计数器,其逻辑电路如图 22.2.10 所示。同步二进制加法计数器输出状态转换情况及各触发器 Q 端电位变化的波形图与异步二进制加法计数器所示的状态及波形图是相同的。

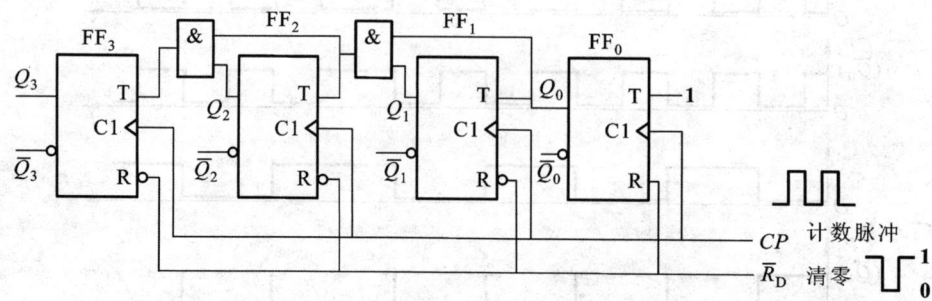

图 22.2.10　同步二进制加法计数器

二进制计数器每输入两个计数脉冲,触发器 FF_0 的 Q 端输出一个脉冲,即 FF_0 的 Q 端输出脉冲数是它输入脉冲数的 $\frac{1}{2}$;触发器 FF_3 的 Q 端输出的脉冲数为计数器输入的脉冲数的 $\frac{1}{16}$。计数器输出脉冲数低于输入脉冲数,称为分频。输出脉冲频率为输入脉冲频率的几分之一,就称为几分频器,即 1 位二进制计数器称为 2 分频器,4 位二进制计数器称为 16 分频器。

二进制计数容易实现但人们不习惯这种计数方法,因此,十进制计数器仍然是需要的。十进制计数器是通过 4 位二进制计数器构成的,即从 4 位二进制计数器的 16 种状态组合(**0000 ~ 1111**)中任取 10 种来表示 1 位十进制数,如常用的 8421 码十进制计数器。

通常十进制计数器电路要比二进制计数器电路复杂,为了能正确理解复杂时序电路的工作原理,需要掌握时序电路的分析方法,因此,下面先讨论时序电路的分析方法,然后再对一些典型的时序电路进行分析。

▶22.3　时序电路分析

时序电路分为两类,即同步时序电路和异步时序电路。

同步时序电路中的触发器工作受统一时钟信号控制。异步时序电路中的触发器不受统一时钟控制,触发器能否改变状态应先了解是否有时钟输入。

下面通过一些电路来了解时序电路的分析方法和步骤

▶▶22.3.1　同步时序电路分析

时序电路分析步骤一般如下:

① 根据给出的逻辑电路,写出时序电路输出函数表达式和触发器的激励方程(又称驱动方程)。

② 将激励方程代入电路中所用触发器的特性方程,从而得到触发器的次态方程(又称状态方程)。

③ 列出次态真值(转换)表和状态转换图。

④ 通过状态转换表及转换图可确定出电路的逻辑功能,并可画出时序。

⑤ 检查所示逻辑电路能否自启动。

下面以图 22.3.1 所示电路为例,说明时序电路分析的步骤。分析步骤如下:

① 根据图 22.3.1 所示电路,写输出函数表达式和触发器的激励方程。在图 22.3.1 中,X 是输入控制信号。由图 22.3.1 可知,输出

$$Y = \overline{X \cdot \overline{Q_2}}$$

触发器的激励方程(驱动方程),即作用于触发器控制信号端的逻辑表达式。由于图 22.3.1 中使用的是下降沿触发的 JK 触发器,在触发器 FF_1 的 J_1、K_1 端输入的是 1 信号,因此,FF_1 的激励方程为

$$J_1 = K_1 = 1$$

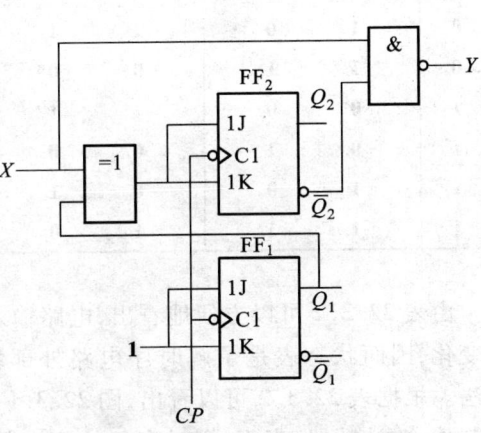

图 22.3.1 同步时序电路(分析举例)

触发器 FF_2 的 J_2、K_2 端输入的信号,根据图 22.3.1 可知

$$J_2 = K_2 = X \oplus Q_1$$

② 将激励方程代入触发器的特性方程,得到触发器的次态方程。所谓次态方程的含义是,通过该方程可以得出在时钟到来后触发器应具有的状态。

图 22.3.1 中所应用的是 JK 触发器,JK 触发器的特性方程为 $Q_{n+1} = J\overline{Q_n} + \overline{K}Q_n$。因此,将 $J_1 = K_1 = 1$ 和 $J_2 = K_2 = X \oplus Q_1$ 这两个驱动方程代入 Q_{n+1} 式后,对于触发器 FF_1 有

$$Q_{1(n+1)} = 1 \cdot \overline{Q_{1n}} + \overline{1} \cdot Q_{1n} = \overline{Q_{1n}}$$

即触发器 FF_1 是一个 T' 触发器,每输入一个时钟 CP,它的输出端 Q 的状态改变一次。

对于触发器 FF_2 有

$$Q_{2(n+1)} = (X \oplus Q_{1n}) \cdot \overline{Q_{2n}} + \overline{(X \oplus Q_{1n})} \cdot Q_{2n}$$
$$= (X \oplus Q_{1n}) \oplus Q_{2n}$$

根据 FF_1 和 FF_2 的现态(1 或 0)及输入 X(1 或 0),触发器 FF_1 和 FF_2 的次态也就确定了。

③ 列出次态真值表和状态转换图,以便确定电路的逻辑功能。

次态真值表用于表明,电路在输入给定的情况下,触发器的次态和电路的输出与触发器现态间的关系。在图 20.3.1 中,输入只有控制量 X,触发器有 FF_2、FF_1 共两个,根据触发器的次态方程 $Q_{2(n+1)} = (X \oplus Q_{1n}) \oplus Q_{2n}$ 和 $Q_{1(n+1)} = \overline{Q_{1n}}$ 及 $Y = \overline{X \cdot \overline{Q_2}}$ 可以得到电路的次态真值表见表 22.3.1。在分析时序电路时,状态表可按如下方式绘制表格,即将输入变量列在表格的顶部,表格的左边列出现态,表格的内部列出次态和输出(次态/输出),见表 22.3.2 所示。

表 22.3.1 图 22.3.1 的次态真值表

输入 X	现态 Q_{2n}	现态 Q_{1n}	次态 $Q_{2(n+1)}$	次态 $Q_{1(n+1)}$	输出 Y
0	0	0	0	1	1
0	0	1	1	0	1
0	1	0	1	1	1
0	1	1	0	0	1
1	0	0	1	1	0
1	0	1	0	0	0
1	1	0	0	1	1
1	1	1	1	0	1

表 22.3.2 图 22.3.2 的状态表

$Q_{2n}、Q_{1n}$ \ $Q_{2(n+1)}、Q_{1(n+1)}/Y$ X	0	1
0 0	01/1	11/0
0 1	10/1	00/0
1 0	11/1	01/1
1 1	00/1	10/1

由表 22.3.2 可以方便地看出,电路输入端上加信号后,触发器的状态是如何变化,输出是如何变化,因而状态表是了解时序电路外部特性的一种好方法。根据表 22.3.2 可以看出,图 22.3.1 是一个 2 位二进制加、减计数器,当 $X=0$ 时实行加法计数,即每输入一个 CP,触发器 Q_2、Q_1 的状态从 $00\to 01\to 10\to 11\to 00$;当 $X=1$ 时,实行减法计数,即每输入一个 CP(相当减 1 信号),触发器 Q_2、Q_1 的状态从 $00\to 11\to 10\to 01\to 00$。

$X=0$ 时输出 $Y=1$,$X=1$ 时输出 Y 仅在 $\overline{Q_2}=0$ 时为 1。

时序电路中,触发器的这种状态转变可以通过状态转换图(简称状态图)描述。状态图是时序电路的图形表示,用状态图表示时序电路时,应将电路中触发器的所有可能的状态组合用相应数目的圆圈表示,圈内标记出的二进制数码,用于表示触发器各种不同状态的组合。圆

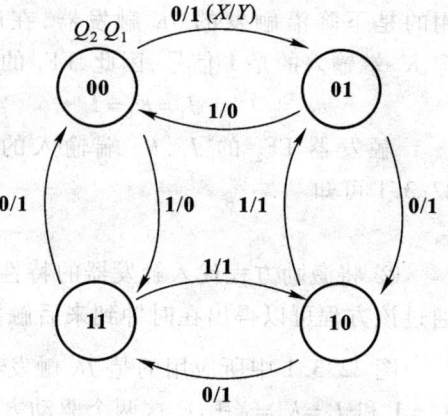

图 22.3.2 图 22.3.1 的状态图

圈之间用带箭头的弧线连接起来,用以表示状态改变的方向(从现态指向次态),在弧线旁记有输入变量 X 和由它所产生的输出 Y(如图所示)。依这个规定,图 22.3.1 所示电路的状态图,如图 22.3.2 所示。

通过状态图可以很容易地了解该电路的逻辑功能。

④ 画时序(波形)图。时序电路的波形图可通过次态真值表或状态表画出,图 22.3.1 所示电路的波形(时序)图,如图 22.3.3 所示。

例 22.3.1 图 22.3.4 所示电路,确定电路的次态真值表、画状态转换图,说明电路功能,检查能否自启动。

解:(1) 写电路输出函数表达式和触发器的激励方程。

输出函数 $\qquad Y=Q_{2n}\cdot\overline{Q_{1n}}\cdot\overline{Q_{0n}}$

激励方程 $\qquad FF_0 \quad J_0=\overline{Q_{2n}}, K_0=1$

$\qquad\qquad\quad FF_1 \quad J_1=K_1=Q_{0n}$

22.3 时序电路分析

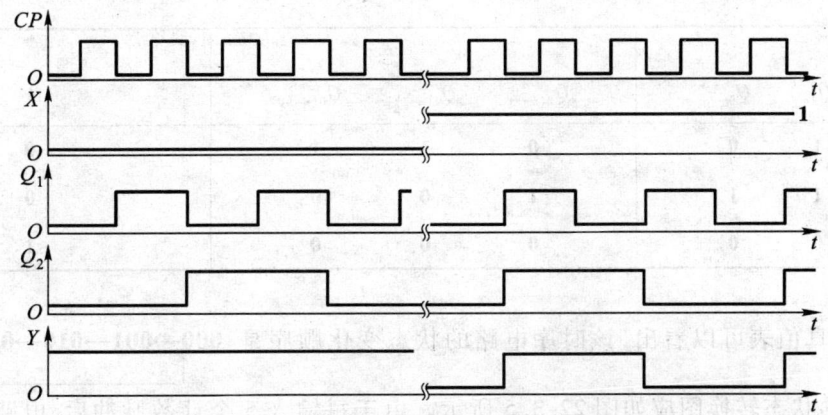

图 22.3.3　图 22.3.1 的波形(时序)图

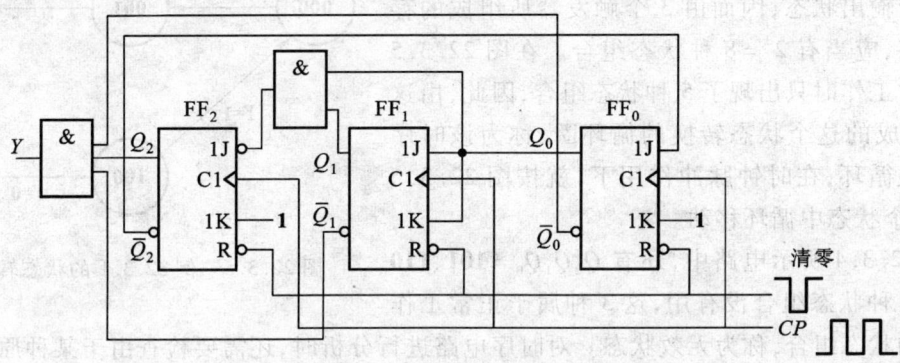

图 22.3.4　例 22.3.1 的图

$$FF_2 \quad J_2 = Q_{1n} \cdot Q_{0n}, K_2 = 1$$

(2) 写触发器的次态方程:将激励方程代入特性方程,得次态方程。即

$$Q_{0(n+1)} = J_0 \overline{Q_{0n}} + \overline{K_0} Q_{0n} = \overline{Q_{2n}} \cdot \overline{Q_{0n}}$$

$$Q_{1(n+1)} = Q_{0n} \cdot \overline{Q_{1n}} + \overline{Q_{0n}} \cdot Q_{1n} = Q_{1n} \oplus Q_{0n}$$

$$Q_{2(n+1)} = Q_{1n} \cdot Q_{0n} \cdot \overline{Q_{2n}}$$

(3) 列次态真值表。由次态方程可列出次态真值表,因本电路只有时钟信号,没有外输入信号,次态真值表见表 22.3.3。

表 22.3.3　例 22.3.1 的次态真值表

现　态			次　态			输　出
Q_{2n}	Q_{1n}	Q_{0n}	$Q_{2(n+1)}$	$Q_{1(n+1)}$	$Q_{0(n+1)}$	Y
0	0	0	0	0	1	0
0	0	1	0	1	0	0

续表

现态			次态			输出
Q_{2n}	Q_{1n}	Q_{0n}	$Q_{2(n+1)}$	$Q_{1(n+1)}$	$Q_{0(n+1)}$	Y
0	1	0	0	1	1	0
0	1	1	1	0	0	0
1	0	0	0	0	0	1

根据次态真值表可以看出,该时序电路的状态变化顺序是 000→001→010→011→100,因此,该电路的状态转换图应如图 22.3.5 所示。由于每输入 5 个计数脉冲后,电路又回到起始状态,因此,图 22.3.4 所示电路称为五进制计数器。

在图 22.3.4 中,有 3 个触发器,而每一个触发器有两种稳定输出状态,因而由 3 个触发器所组成的存储单元电路,应当有 $2^3 = 8$ 种状态组合。在图 22.3.5 中电路正常工作时只出现了 5 种状态组合,因此,由这 5 种状态组成的这个状态转换的循环圈,称为该时序电路的有效循环,在时钟脉冲作用下,就按图 22.3.5 所示,在 5 个状态中循环移动。

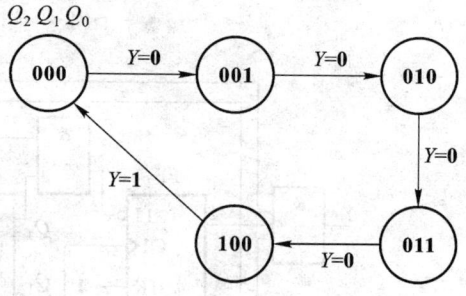

图 22.3.5 例 22.3.1 的状态转换图

在图 22.3.4 所示电路中,还有 $Q_2Q_1Q_0 = 101$、110 和 111 这 3 种状态组合没有用,这 3 种属于正常工作时不出现的状态组合,称为无效状态。对时序电路进行分析时,还需要检查由于某种原因使电路进入了无效状态后,能否在时钟脉冲作用下转入到有效循环状态中去。如果能够,这样的时序电路称为可以自启动的电路;如果不能,则称为不能自启动的电路。对图 22.3.4 所示电路出现无效状态后,如何判断该电路能否自启动时,可将出现的无效状态 101、110 及 111 分别作为现态,然后通过次态方程得到它们对应的次态为 101→010、110→010 和 111→000,即图 22.3.4 所示电路进入无效状态后,在时钟作用下可进入有效循环内,因此,图 22.3.4 所示电路可以自启动,该电路所有状态转换关系如图 22.3.6 所示。电路输出端 Y 按每输入 5 个脉冲,输出 1 个脉冲的规律输出信号。

▶▶22.3.2 异步时序电路分析

以上分析的两个电路均是同步时序电路,在同步时序电路中,各触发器受同一时钟脉冲控制,因而在分析触发器翻转时可以不考虑脉冲信号,只考虑输入端的控制信号即可。异步时序电路也用触发器作为存储单元,但工作时各触发器的时钟脉冲来源不是一个,因而在分析异步时序电路的触发器工作状态时,首先应确定该触发器是否有时钟脉冲,只有当时钟脉冲出现后,触发器才能按其控制端的信号进行翻转。下面的例题对异步时序电路作出分析。

例 22.3.2 图 22.3.7 所示异步时序电路,确定电路次态真值表,画状态转换图和时序图,说明电路功能,检查能否自启动。

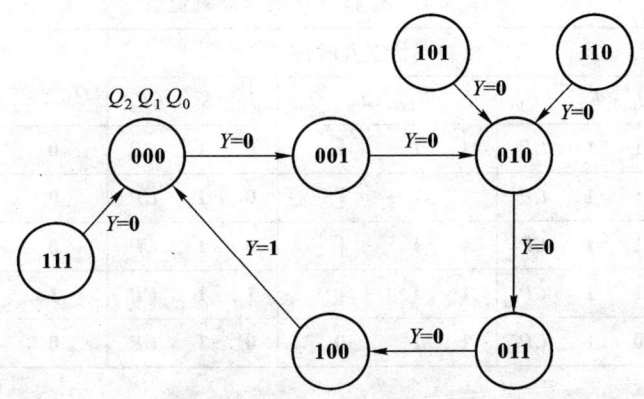

图 22.3.6　例 22.3.1 的全部状态转换图

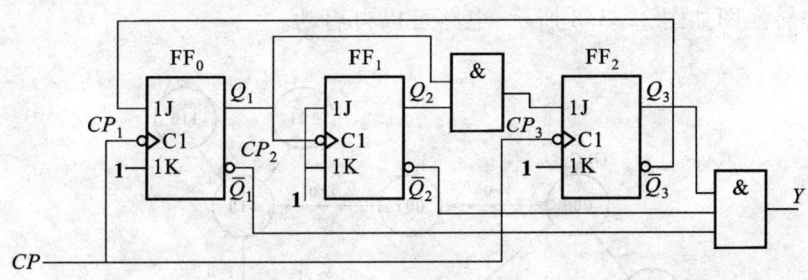

图 22.3.7　例 22.3.2 的图

解：异步时序电路的分析过程与同步时序电路相同，但要注意各触发器是否有时钟脉冲输入。由图 22.3.7 所示电路可知，$CP_1 = CP$，$CP_2 = Q_1$，即只有 Q_1 出现 $1 \searrow 0$ 的变化时触发器 FF_2 才有可能改变状态。$CP_3 = CP$。

（1）写输出函数表达式和激励方程。

输出函数　　　　$Y = Q_{2n} \cdot \overline{Q}_{1n} \cdot \overline{Q}_{0n}$

激励方程　　　　$FF_0 : J_0 = \overline{Q}_{2n}, K_0 = \mathbf{1}$

　　　　　　　　$FF_1 : J_1 = K_1 = \mathbf{1}$

　　　　　　　　$FF_2 : J_2 = Q_{1n} \cdot Q_{0n}, K_2 = \mathbf{1}$

（2）次态方程

$$Q_{0(n+1)} = J_1 \overline{Q}_{0n} + \overline{K} Q_{0n} = \overline{Q}_{2n} \cdot \overline{Q}_{0n}$$

$$Q_{1(n+1)} = \overline{Q}_{1n}$$

$$Q_{2(n+1)} = Q_{1n} \cdot Q_{0n} \cdot \overline{Q}_{2n}$$

（3）列次态真值表、画状态转换图。在列次态真值表时，为使问题的分析更易理解，将各触发器 J、K 端电位及时钟脉冲情况一同列出。图 22.3.7 所示电路的次态真值表见表 22.3.4。

表 22.3.4　图 22.3.7 的次态真值表

现 态			控制端状态及时钟									次 态			输出
Q_{2n}	Q_{1n}	Q_{0n}	J_0	K_0	CP_1	J_1	K_1	$CP_2=Q_0$	J_2	K_2	CP_3	$Q_{2(n+1)}$	$Q_{1(n+1)}$	$Q_{0(n+1)}$	Y
0	0	0	1	1	CP	1	1	↑	0	1	CP	0	0	1	0
0	0	1	1	1	CP	1	1	↓	0	1	CP	0	1	0	0
0	1	0	1	1	CP	1	1	↑	0	1	CP	0	1	1	0
0	1	1	1	1	CP	1	1	↓	0	1	CP	1	0	0	0
1	0	0	0	1	CP	1	1	0	0	1	CP	0	0	0	1

由表 22.3.4 可看出，这是一个五进制计数器电路，每输入 5 个时钟脉冲电路有 1 个脉冲输出。图 22.3.7 所示电路中有 3 个触发器应有 $2^3=8$ 种状态组合，而 **101**、**110** 和 **111** 这 3 种状态不在循环圈内，为无效状态，这 3 种状态出现后在时钟 CP 的作用下可进入有效循环内。图 22.3.7 所示电路的状态转换图如图 22.3.8 所示，电路可以自启动。

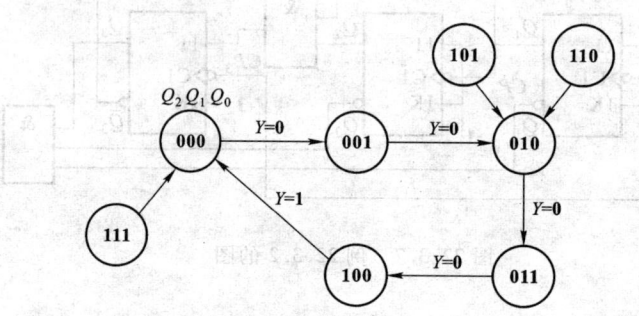

图 22.3.8　图 22.3.7 的状态转换图

（4）电路的时序（波形）图如图 22.3.9 所示。

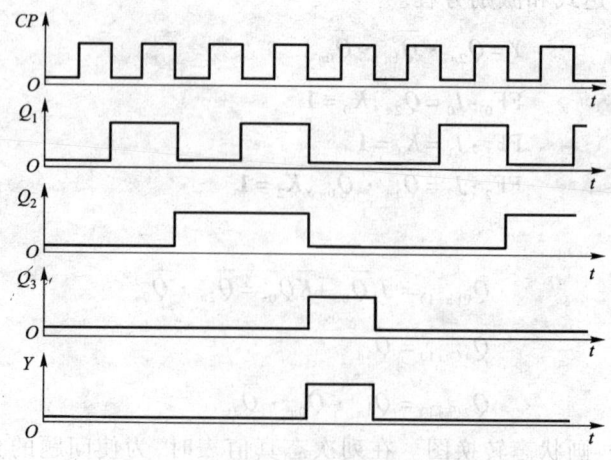

图 22.3.9　图 22.3.7 电路的时序（波形图）

22.4 集成时序电路组件

集成时序电路组件与由单个触发器和门电路组成的时序电路相比,在体积、功耗、抗干扰能力和工作速度等方面均占有很大优势,因而被广泛应用在数字电路中。寄存器和计数器是数字集成时序电路的主要部分,它们有着众多的品种,这里仅就常用的一些组件从如何应用的角度进行介绍,对于其内部的逻辑图不作过多讨论。

22.4.1 集成电路移位寄存器

集成电路移位寄存器有 TTL 组件和 CMOS 两种。同功能的 TTL 组件与 CMOS 组件,外引线功能端排列及功能表相同。

1. 74LS194 集成电路 4 位双向移位寄存器

集成电路移位寄存器的系列品种很多,其中,74LS194 是一种 TTL 的 4 位双向移位寄存器,该寄存器具有 4 位串入、并入与并出结构。在时钟脉冲上升沿作用下,可完成同步并入、串行左移、串行右移和保持 4 种功能,并设有直接清除端。因此,从功能上看是很典型的组件。74LS194 的外引线功能端如图 22.4.1(a)所示,图 22.4.1 所示(b)是它的惯用简化符号,图 22.4.2 所示是 74LS194 的逻辑图。

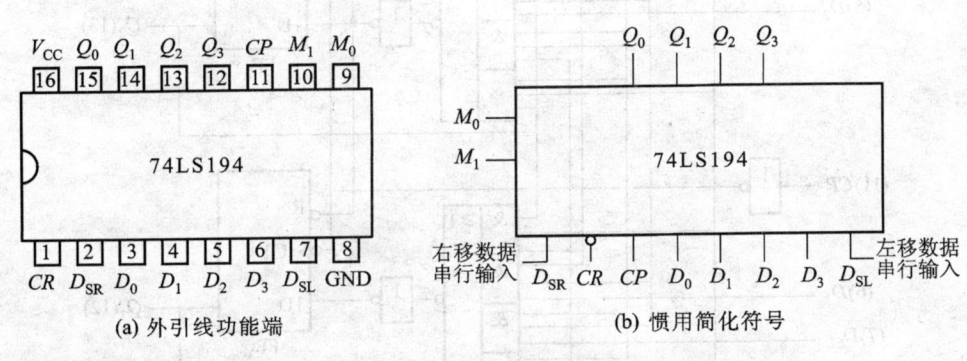

图 22.4.1 74LS194 外引线功能端图

由图 22.4.2 所示逻辑图可看出,74LS194 内采用 RS 触发器作为寄存单元,由 4 选 1 数据选择器对左移串入数据、右移串入数据及并入数据进行选择。工作时采用哪种方式置入数据,由状态控制端 M_0、M_1 分别通过门电路对数据选择器进行通道选择。送数的操作在时钟脉冲的上升沿进行。当 $\overline{CR} = 0$ 时,寄存器执行清除操作。数字集成电路的功能及如何实现这些功能,由它的功能表示出,4 位双向移位寄存器 74LS194 的功能表见表 22.4.1。

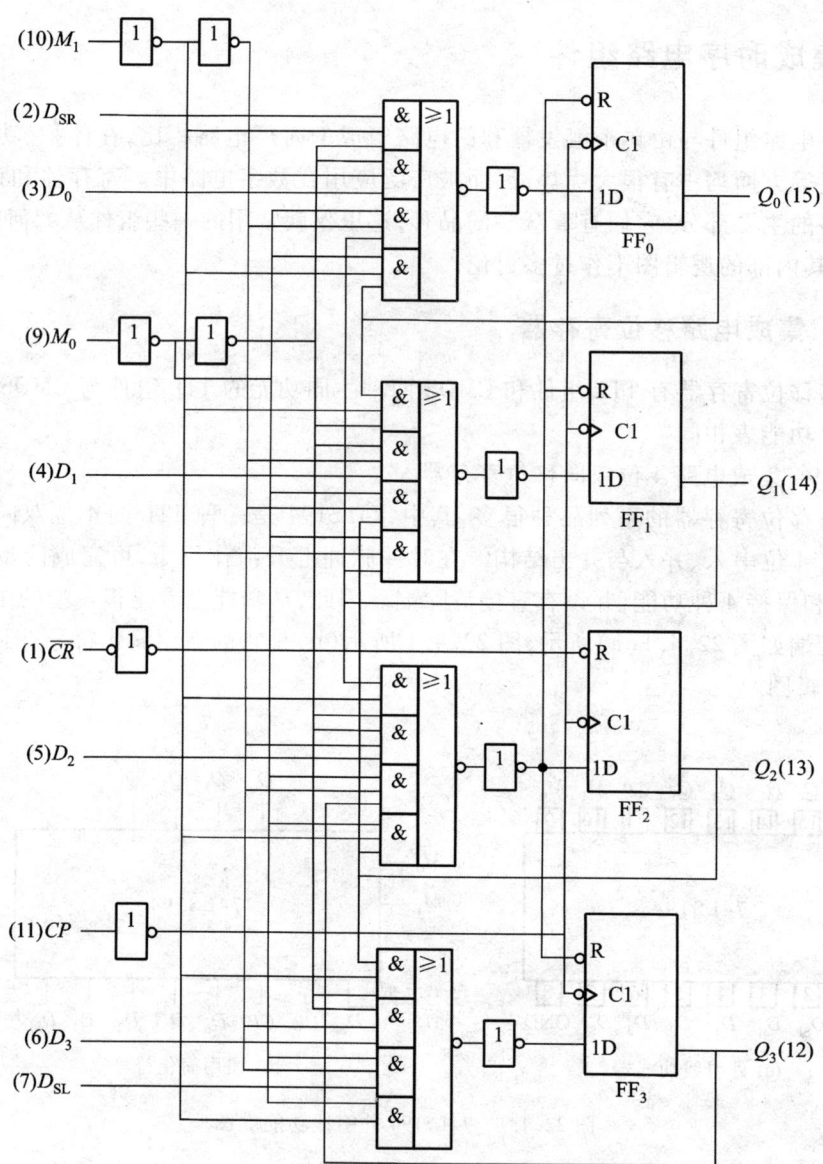

图 22.4.2 74LS194 逻辑图

表 22.4.1 4 位双向移位寄存器(74LS194)功能表

功能说明	清零 $\overline{CR}$	时钟 CP	右移输入 D_{SR}	左移输入 D_{SL}	方式控制		并入数据				输出			
					M_1	M_0	D_0	D_1	D_2	D_3	Q_0	Q_1	Q_2	Q_3
清零	0	×	×	×	×	×	×	×	×	×	0	0	0	0
无时钟	1	0	×	×	×	×	×	×	×	×	Q_{0n}	Q_{1n}	Q_{2n}	Q_{3n}

续表

功能说明	清零 $\overline{CR}$	时钟 CP	右移输入 D_{SR}	左移输入 D_{SL}	方式控制 M_1	方式控制 M_0	并入数据 D_0	并入数据 D_1	并入数据 D_2	并入数据 D_3	输出 Q_0	输出 Q_1	输出 Q_2	输出 Q_3
并行输入	1	↑	×	×	1	1	D_0	D_1	D_2	D_3	D_0	D_1	D_2	D_3
右移	1	↑	1	×	0	1	×	×	×	×	1	Q_{0n}	Q_{1n}	Q_{2n}
	1	↑	0	×	0	1	×	×	×	×	0	Q_{0n}	Q_{1n}	Q_{2n}
左移	1	↑	×	1	1	0	×	×	×	×	Q_{1n}	Q_{2n}	Q_{3n}	1
	1	↑	×	0	1	0	×	×	×	×	Q_{1n}	Q_{2n}	Q_{3n}	0
保持	1	×	×	×	0	0	×	×	×	×	Q_{0n}	Q_{1n}	Q_{2n}	Q_{3n}

由表22.4.1可看出：① 当寄存器的清零端 $\overline{CR}=0$ 时,执行清零操作,这时其他控制命令不起作用。② M_1,M_0 为工作状态控制端。只有在 $\overline{CR}$ 为 **1** 时,当 $M_1=M_0=1$ 时,寄存器执行并行送数功能,即在时钟 CP 作用下将置于数据端 $D_3 \sim D_0$ 的数据置到各触发器的 Q 端;当 $M_1=M_0=0$ 时,即使有时钟 CP 输入,寄存器的状态不变,执行保持功能;当 $M_1=0$,$M_0=1$ 时,寄存器执行数据右移功能,这时移入的数据应从 D_{SR} 端输入;当 $M_1=1$,$M_0=0$ 时,寄存器执行数据左移功能,移入的数据应从 D_{SL} 端输入。

对于数字集成电路组件,重要的是了解集成电路各引出端的功能和掌握该集成电路各输入控制端的控制作用,以便能按功能表规定的要求,正确地使用组件。

数字移位寄存器品种繁多。使用时应根据工作要求确定传输方式,即串入、串出还是并入、串出。寄存器的功耗大小也是应注意的问题,一般 CMOS 系列的集成电路要比 TTL 系列集成电路功耗低。有关寄存器的类型与功耗等问题可通过查阅有关手册得之。

2. 74LS194 的应用举例

集成电路移位寄存器在数字电路中应用广泛,如用于数据传送,用于二进制数码的加、减、乘、除运算电路,以及一些其他应用。

（1）移位寄存器级联

为增加移位寄存器的位数,可将寄存器进行级联。4位双向移位寄存器级联成8位双向寄存器的连线如图22.4.3所示。

（2）组成移位寄存器型计数器

将移位寄存器的一个输出（如 Q_3）,经反相后和寄存器的串行输入相连,如图22.4.4所示,这时就构成了一个称为扭环形移位寄存器,这种寄存器常被用作计数器（称扭环计数器）。这种计数器的特点是,计数器相邻的两个状态只有1位不同,因而在译码时不会产生冒险,译码器输出波形好。

该电路工作前,首先应输入清零信号,使 $Q_0 \sim Q_3$ 均为零,这时右移数据输入端 D_{SR} 处为 **1**。当电路作用时钟脉冲 CP 后,扭环计数器的状态转换图,如图22.4.5所示。图22.4.4所示电路不能自启动,将电路加以改进后可以做到自启动,改进后的电路见本章的习题22.15。

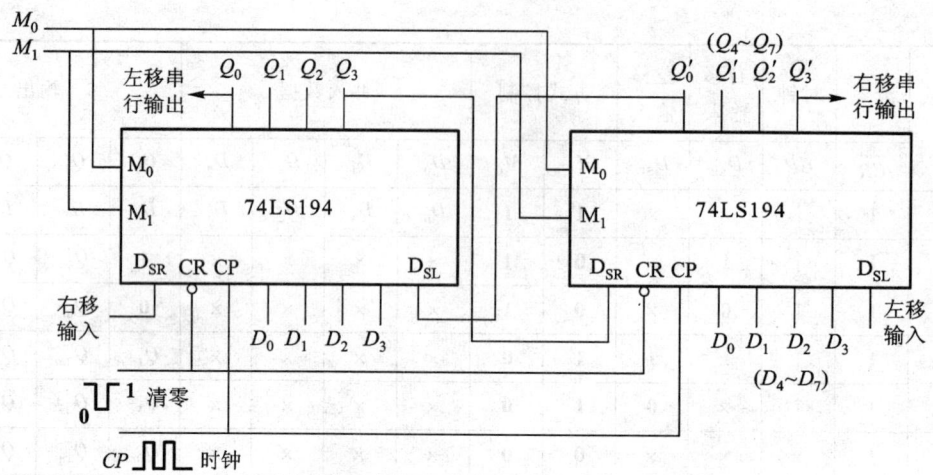

图 22.4.3　4 位双向移位寄存器级联成 8 位双向移位寄存器

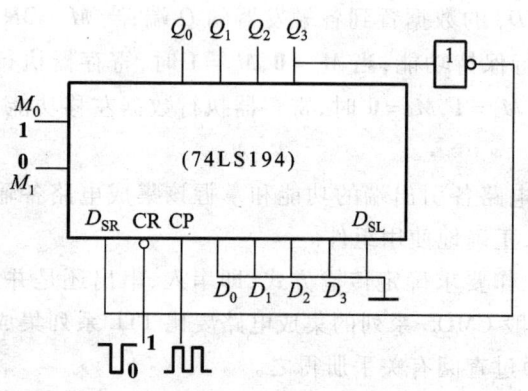

图 22.4.4　扭环计数器

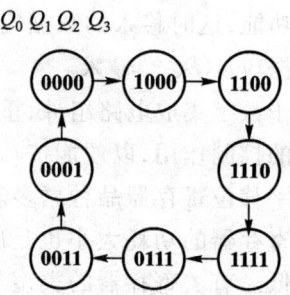

图 22.4.5　扭环计数器状态转换图

▶▶22.4.2　集成电路计数器

数字集成电路(TTL 及 CMOS)计数器各有多个系列,几十个品种。下面以 74LS290 异步二-五-十计数器和 74LS161 同步 4 位二进制计数器为例,对计数器的外引出功能端,功能表等作介绍,为了解集成计数器的使用起到举一反三的作用。

1. 74LS290

（1）外引线功能端和功能表

74LS290 的逻辑图、外引线功能端（引脚）及组件的简化接线示意图分别如图 22.4.6(a)、(b)、(c) 所示。

74LS290 芯片内电路由一个独立的二进制计数器 FF_0 和一个独立的异步五进制计数器 $FF_3 \sim FF_1$ 构成,如图 22.4.6(a)所示。$\overline{CP_0}$ 是二进制计数器的时钟输入端,$\overline{CP_1}$ 是五进制计数器的时钟脉冲输入端。这两个计数器可以单独使用,也可以连接起来成为一个十进制计数。

22.4 集成时序电路组件

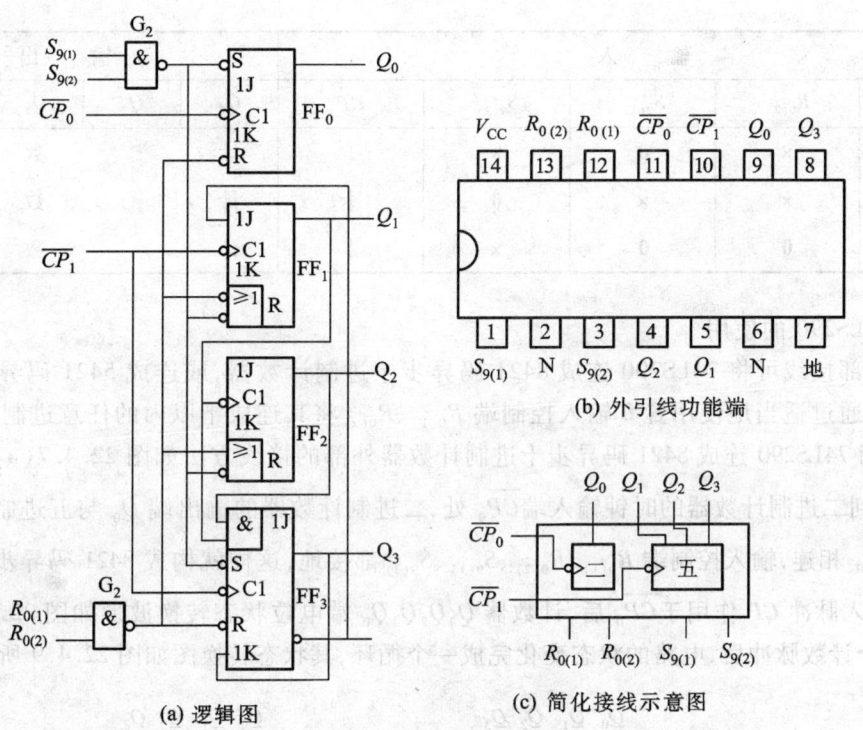

图 22.4.6　74LS290

74LS290 具有 4 个输入控制端,即 $R_{0(1)}$、$R_{0(2)}$、$S_{9(1)}$、$S_{9(2)}$。当 $R_{0(1)}$、$R_{0(2)}$ 同为 **1** 电平时,**与非门** G_1 输出为 **0** 电平,产生置 **0** 信号,使计数器的输出端 $Q_3Q_2Q_1Q_0=\mathbf{0000}$,称 $R_{0(1)}$、$R_{0(2)}$ 端为置 **0** 输入控制端。当 $S_{9(1)}$、$S_{9(2)}$ 同为 **1** 电平时,**与非门** G_2 输出为 **0** 电平,产生置 9 信号,使计数器的输出端 $Q_3Q_2Q_1Q_0=\mathbf{1001}$,称 $S_{9(1)}$、$S_{9(2)}$ 为置 9 输入控制端。

集成电路组件所具有的逻辑功能及实现这一功能的控制方式由功能表给出。74LS290 的功能表见表 22.4.2。由功能表可看出,该电路有 3 种功能:即置 9 功能;置 0 功能和计数功能。由功能表可知:这个计数器的置 9 功能强于置 0 功能,即 $R_{0(1)}$、$R_{0(2)}$、$S_{9(1)}$、$S_{9(2)}$ 同为 **1** 时,计数器置成 $Q_3Q_2Q_1Q_0=\mathbf{1001}$。若要执行计数功能,必须使输入端 $R_{0(1)}$、$R_{0(2)}$ 的信号至少要有一个为 **0** 电平,作用于 $S_{9(1)}$、$S_{9(2)}$ 端的信号也应当至少有一个为 **0** 电平。

表 22.4.2　74LS290 的功能表

输　　入					输　　出			
$R_{0(1)}$	$R_{0(2)}$	$S_{9(1)}$	$S_{9(2)}$	CP	Q_3	Q_2	Q_1	Q_0
1	1	0	×	×	0	0	0	0
1	1	×	0	×	0	0	0	0
×	×	1	1	×	1	0	0	1
×	0	×	0	↓	计		数	

续表

输入					输出			
$R_{0(1)}$	$R_{0(2)}$	$S_{9(1)}$	$S_{9(2)}$	CP	Q_3	Q_2	Q_1	Q_0
0	×	**0**	×	↓	计		数	
0	×	×	**0**	↓	计		数	
×	**0**	**0**	×	↓	计		数	

（2）74LS290 的使用

通过外部接线可将 74LS290 连成 8421 码异步十进制计数器，或连成 5421 码异步十进制计数器。还可通过适当地使用置 **0** 输入控制端 $R_{0(1)}$、$R_{0(2)}$ 将其连成十以内的任意进制的计数器。

① 使用 74LS290 连成 8421 码异步十进制计数器外部的接线方法如图 22.4.7(a) 所示。计数脉冲 CP 送到二进制计数器的时钟输入端 $\overline{CP_0}$ 处，二进制计数器的输出端 Q_0 与五进制计数器的时钟输入端 $\overline{CP_1}$ 相连，输入控制端 $R_{0(1)}$、$R_{0(2)}$、$S_{9(1)}$、$S_{9(2)}$ 都接地，这样就构成 8421 码异步十进制计数器。在有输入脉冲 CP 作用于 $\overline{CP_0}$ 后，计数器 $Q_3Q_2Q_1Q_0$ 端电位状态转换波形如图 22.4.8 所示，即每输入 10 个计数脉冲后，电路的状态变化完成一个循环，其状态转换图如图 22.4.9 所示。

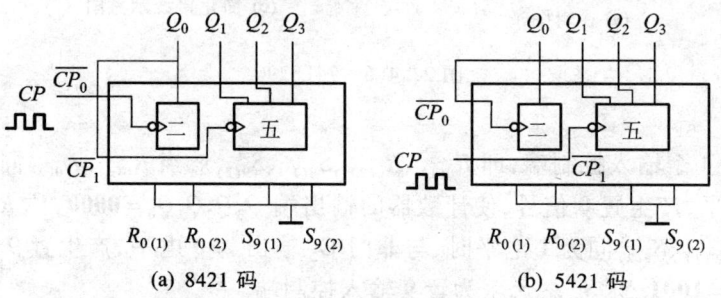

(a) 8421 码　　(b) 5421 码

图 22.4.7　74LS290 连接成异步十进制计数器时外部连线图

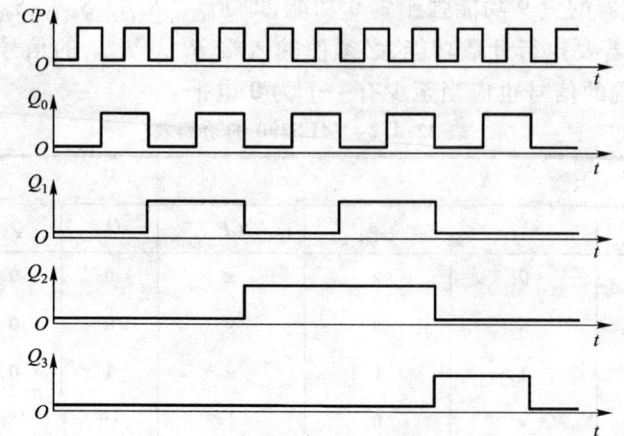

图 22.4.8　8421 码异步十进计数器输出端电位变化波形图（时序图）

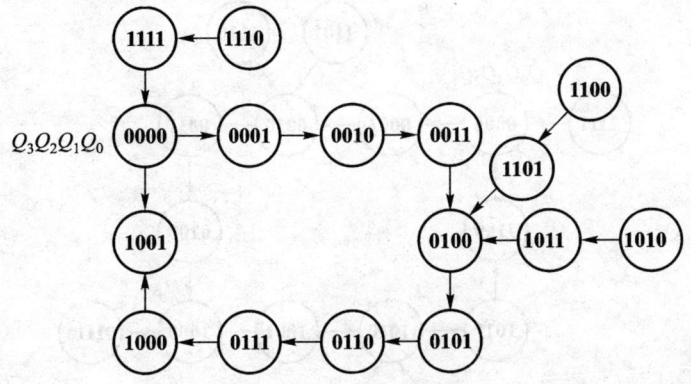

图 22.4.9 8421 码异步十进制计数器状态转换图

② 用 74LS290 连成 5421 码异步十进制计数器。接线方法如图 22.4.7(b) 所示，计数脉冲 CP 送到五进制计数器的时钟输入端 $\overline{CP_1}$ 处，每输入 5 个 CP 脉冲，Q_3 端将有一个进位脉冲送到二进制计数器的时钟输入端 $\overline{CP_0}$ 处，故 $Q_0=1$ 时表示有 5 个 CP 脉冲。在图 22.4.7(b) 接法下，Q_0 为最高位，Q_1 是最低位。5421 码的十进制计数器，每输入 10 个计数脉冲 CP 时，计数器 $Q_0Q_3Q_2Q_1$ 的电位状态转换波形如图 22.4.10 所示，5421 码的状态转换图如图 22.4.11 所示。

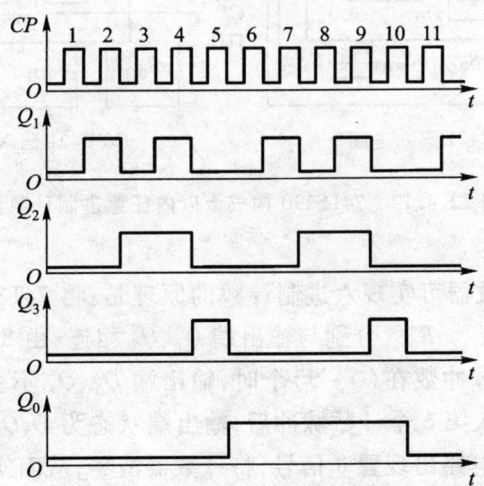

图 22.4.10 5421 码异步十进制计数器输出状态电位变化波形图

③ 用 74LS290 构成任意 (N) 进制计数器。由 74LS290 功能表可知，74LS290 在输入控制端 $S_{9(1)}$ 或 $S_{9(2)}$ 为 **0** 的情况下，当 $R_{0(1)}$ 和 $R_{0(2)}$ 同为 **1** 时，计数器执行置 **0** 功能。因此，合理地使用 $R_{0(1)}$ 和 $R_{0(2)}$ 这两个控制端，可以很方便地用一块 74LS290 组件构成十以内的任意进制的计数器。图 22.4.12(a) 所示是个 8421 码的六进制计数器；图 22.4.12(b) 所示是个 5421 码的六进制计数器。

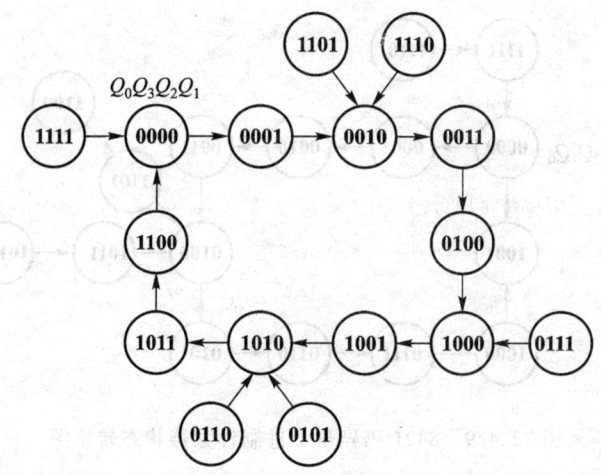

图 22.4.11　5421 码异步十进制计数器状态转换图

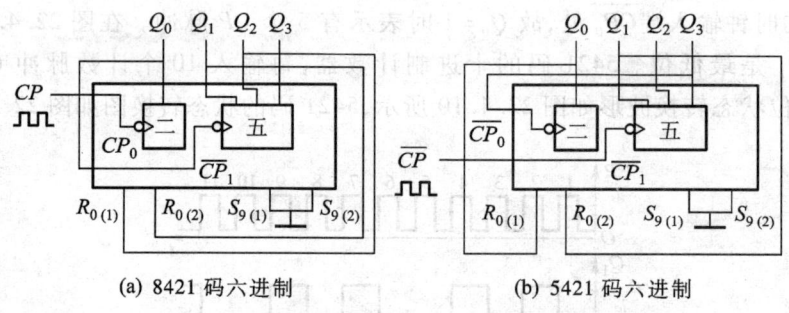

(a) 8421 码六进制　　　　　(b) 5421 码六进制

图 22.4.12　74LS290 构成十以内任意进制计数器

图 22.4.12(a)所示计数器可实现六进制计数的原理是：将 74LS290 按 8421 码连接后，置 9 端 $S_{9(1)}$、$S_{9(2)}$ 接地，置 0 端 $R_{0(1)}$、$R_{0(2)}$ 分别与输出端 Q_1、Q_2 相连，由 8421 码十进制计数器输出状态转换关系可知，当输入的脉冲数在(0～5)个时，输出端 Q_2、Q_1 不会同时为 **1**，即 $R_{0(1)}$、$R_{0(2)}$ 端至少有一个是 **0** 电平，当输入第 6 个计数脉冲后，输出端状态为 $Q_3Q_2Q_1Q_0 = $ **0110**，即这时 $R_{0(1)} = Q_1 = $ **1**，$R_{0(2)} = Q_2 = $ **1**，计数器电路出现置 **0** 信号，将计数器清零，从而实现每输入 6 个计数脉冲后，输出状态回到起始态，实现六进制计数。图 22.4.12(a)所示电路输出状态转换波形及状态转换图如图 22.4.13 所示，计数器在出现 **0110**(十进制 6)状态之后，产生置 **0** 功能，计数器回零。对图 22.4.12(b)所示 5421 码电路，当 Q_0 和 Q_1 产生 **1** 信号时，即 **1001**(5421 码的 6)用于置零。

图 22.4.12 所示电路，由电路输出端 Q 引回到电路输入控制端 $R_{0(1)}$ 和 $R_{0(2)}$ 产生置 **0** 信号，使电路回到 **0** 起始态，这种置 **0** 方法称为反馈置 **0** 法。应用反馈置 **0** 法，用两块 74LS290，可构成 100 以内的任意进制的计数器，图 22.4.14 所示是按 8421 码规律计数的二十四进制的计数器，当计入第 24 个计数脉冲时(高位的 $Q'_1 = $ **1**，低位的 $Q_2 = $ **1**)产生置 **0** 命令。

2. 74LS161

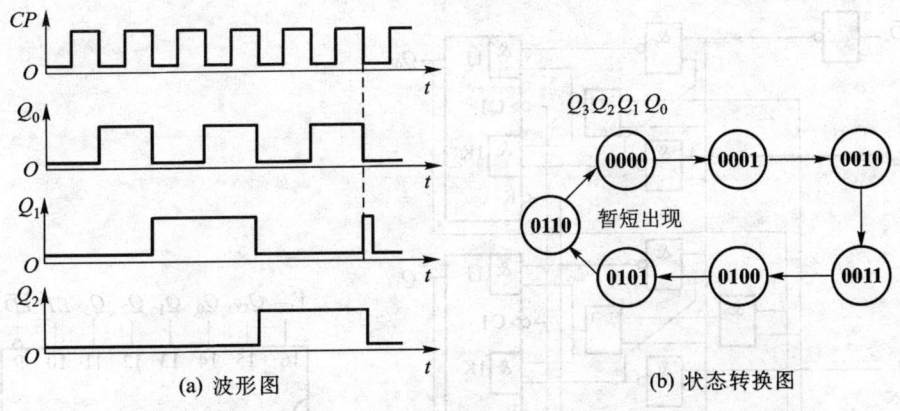

(a) 波形图   (b) 状态转换图

图 22.4.13 图 22.4.12(a)电路(8421 码)输出状态转换的波形图及状态转换图

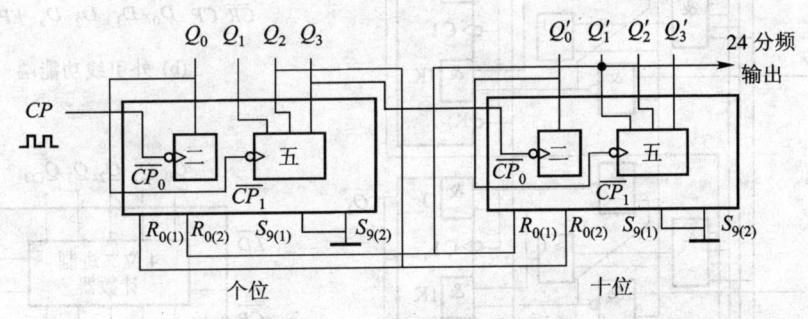

图 22.4.14 用两块 74LS290 按反馈置 **0** 法构成的二十四进制计数器
（图中 Q_3 端输出为低位向高位进位时产生的进位脉冲）

(1) 外引线功能端和功能表

74LS161 的逻辑图，外引线功能端及组件的简化示意图，如图 22.4.15(a)、(b)、(c)所示。

74LS161 是由 4 位同步二进制可预置的计数器构成，电路除具有二进制加法计数功能外，还具有预置数、保持及异步置零功能。为此，该组件加入有 $\overline{LD}$——预置数控制端；$\overline{CR}$——异步置零和 EP、ET 等工作状态控制端。各控制端的使用及实现的逻辑功能见表 22.4.3。

表 22.4.3 74LS161 的功能表

输入									输出			
$\overline{CR}$	$\overline{LD}$	EP	ET	CP	D_3	D_2	D_1	D_0	Q_3	Q_2	Q_1	Q_0
0	×	×	×	×	×	×	×	×	**0**	**0**	**0**	**0**
1	**0**	×	×	↑	d_3	d_2	d_1	d_0	d_3	d_2	d_1	d_0
1	**1**	**1**	**1**	↑	×	×	×	×	计			数
1	**1**	**0**	×	×	×	×	×	×	保			持
1	**1**	×	**0**	×	×	×	×	×	保持(但 Q_{CO} 为 0)			

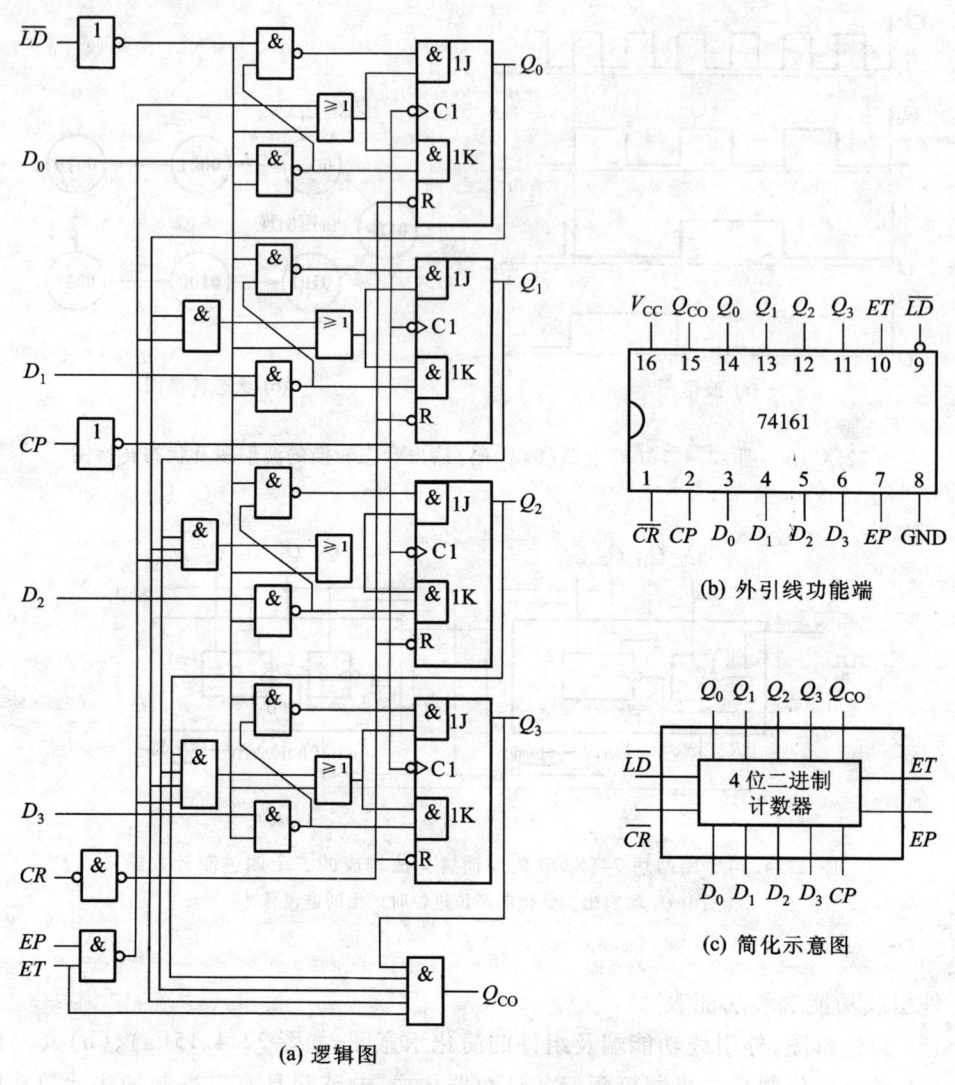

图 22.4.15　74LS161

由功能表可知:74LS161 的置零功能最强,只要置 **0** 端 $\overline{CR}$ 为 **0**,计数器的输出端 $Q_3Q_2Q_1Q_0 =$ **0000**。当 $\overline{CR} = \mathbf{1}$ 时,直接置数控制端 $\overline{LD}$ 为 **0** 时,在 CP 上升沿的作用下,计数器的输出端 $Q_3Q_2Q_1Q_0$ 将分别接收 $D_3D_2D_1D_0$ 处所输入的数据,即置数操作需要有时钟脉冲 CP 配合。当 $\overline{CR}, \overline{LD}, ET, EP$ 均为 **1** 时,74LS161 执行计数功能。由图 22.4.15(a) 可看出:当处在计数功能时,每输入一个时钟脉冲,Q_0 就翻转一次;只有在 $Q_0 = \mathbf{1}$ 时,有时钟脉冲输入时,Q_1 翻转;在 $Q_1 = Q_0 = \mathbf{1}$ 时,有时钟脉冲输入时,Q_2 翻转;在 $Q_2 = Q_1 = Q_0 = \mathbf{1}$ 时,有时钟脉冲输入时,Q_3 翻转。当 $Q_3 = Q_2 = Q_1 = Q_0 = \mathbf{1}$ 且 $ET = \mathbf{1}$ 时,进位输出 $Q_{CO} = \mathbf{1}$。即只有计入第 15 个 CP 时 Q_{CO} 才为 **1**,当计入第 16 个 CP 时,$Q_3Q_2Q_1Q_0 = \mathbf{0000}$,这时 Q_{CO} 也为 **0**。由功能表中还看到:当 $\overline{CR} = \overline{LD} = \mathbf{1}$ 时,若 EP 或

ET 有一个为 **0**,计数器 74LS161 中的各触发器的状态保持不变。

通过对 74LS161 功能表的理解,利用 74LS161 的置零 $\overline{CR}$ 及置数 $\overline{LD}$ 功能,可以用 74LS161 构成十六进制,十进制及任意进制的计数器。

(2) 74LS161 的应用

① 用 74LS161 实现同步十六进制加法计数器。接线方法如图 22.4.16(a)所示,图 22.4.16(b)所示是其波形图。由功能表可看出,欲实现十六进制计数,控制端 $\overline{CR}$、$\overline{LD}$、EP 和 ET 应均为 **1**。

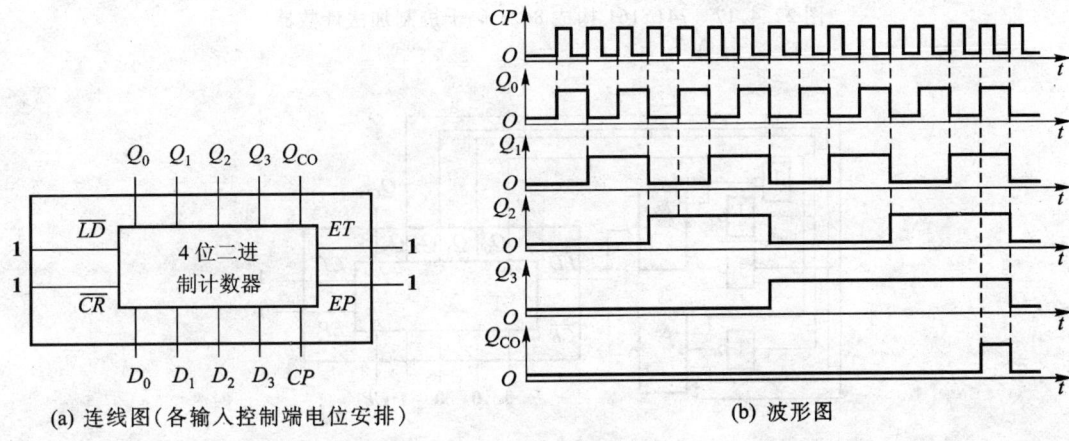

图 22.4.16　74LS161 构成同步十六进制加法计数器

② 用 74LS161 构成 8421 码十进制加法计数器。接线如图 22.4.17 所示。

因为 74LS161 是 4 位二进制计数器,有 16 种状态输出,欲构成 8421 码十进制加法计数器,应取 **0000～1111** 这 16 种状态的前 10 种,即取 **0000～1001**。为了使计数电路输入第 10 个时钟脉冲时能回到起始的 **0000** 状态,对于 74LS161 可用两种方法实现:① 用异步置零控制端 $\overline{CR}$ 作反馈置零时,应当用输出信号 $Q_3Q_2Q_1Q_0 = \mathbf{1010}$ 置零,如图 22.4.17(a)所示。② 用置数控制端 $\overline{LD}$ 进行置位置零,如图 22.4.17(b)所示,用这种方式置零时,应在第 9 个脉冲到达后令置数端 $\overline{LD} = \overline{Q_3\overline{Q_2}Q_1Q_0} = \mathbf{0}$,数据输入端 $D_3 \sim D_0$ 均输入 **0**,当第 10 个时钟脉冲到达后,因 $\overline{LD} = \mathbf{0}$,计数器接收 $D_3 \sim D_0 = \mathbf{0000}$ 的信号,使输出端状态在第 10 个时钟脉冲到达时变为 **0000**。

③ 构成 5421 码十进制加法计数器。接线如图 22.4.18 所示。

在图 22.4.18 所示电路中,通过作用于置数控制端 $\overline{LD}$ 的信号,在第 5 个时钟脉冲 CP 到来时将输出状态由 **0100** 变为 **1000**;再输入 4 个 CP 后,输出端状态为 $Q_3Q_2Q_1Q_0 = \mathbf{1100}$,而在第 10 个 CP 到来时,通过反馈置零信号 $Q_3Q_2\overline{Q_1}Q_0$ 使置零端 $\overline{CR} = \mathbf{0}$,将输出端的状态由 **1100** 变为 **1101**(出现短暂时刻)再变成 **0000**。

3. 计数器应用举例

(1) 数字钟

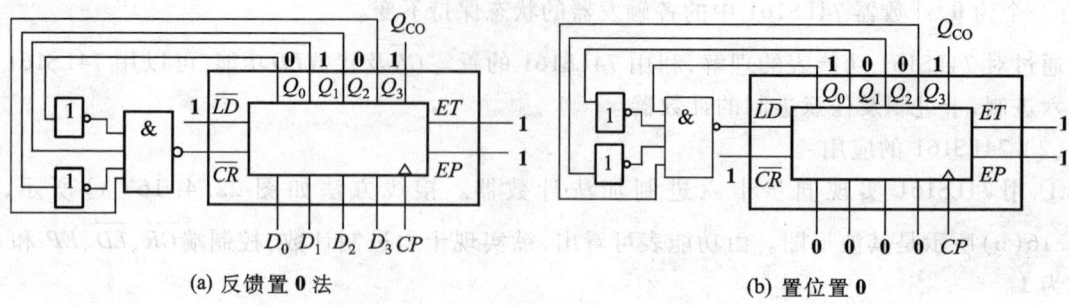

(a) 反馈置 0 法　　　　　　　　(b) 置位置 0

图 22.4.17　74LS161 构成 8421 码十进制加法计数器

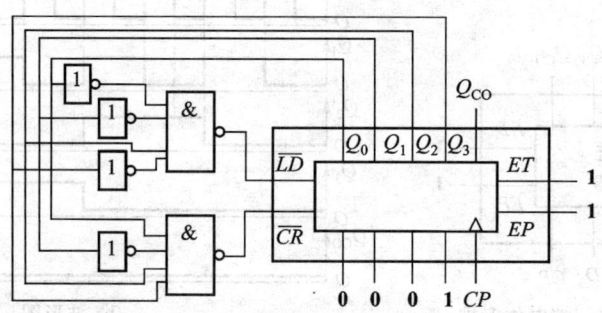

图 22.4.18　74LS161 构成 5421 码十进制加法计数器

电路原理框图如图 22.4.19 所示。

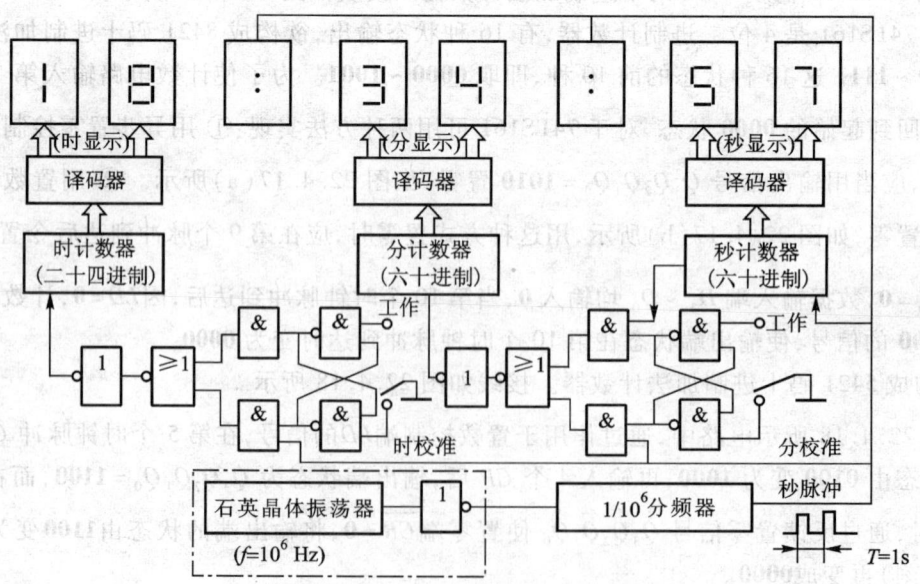

图 22.4.19　数字钟原理方框图

图 22.4.19 所示数字钟由 3 部分组成:① 标准秒脉冲发生电路。由石英晶体振荡器产生稳定的 1 MHz 的脉冲信号,然后经过分频电路输出秒脉冲信号作为计时信号用。② 时、分、秒计时、显示电路。这部分由两个六十进制计数器和一个二十四进制计数器串级而成。最大显示值为 23 小时 59 分 59 秒,显示出上述值后再输入一个秒脉冲,显示回零并重新开始计时。③ 时间校准电路。为便于进行时间校准,在小时和分计数的输入端,通过开关可将秒脉冲引入这两个计时计数器,可以快速校准时间。

(2) 计数机

为了计数生产线上产品的数量,可采用图 22.4.20 所示原理框图,进行产品计数。

图 22.4.20 所示电路工作原理是这样的,当产品在生产线上通过时,挡着了光线的照射,每通过一个产品传感器将输出一个计数脉冲,计数器加 1。当计数器计入的数值与设定值(如每 12 个产品装箱,12 个对应的二进制数为 **1100**)相等时,发出信号(如通过机械手将这 12 个产品装箱)并清除计数器,以备重新计数。

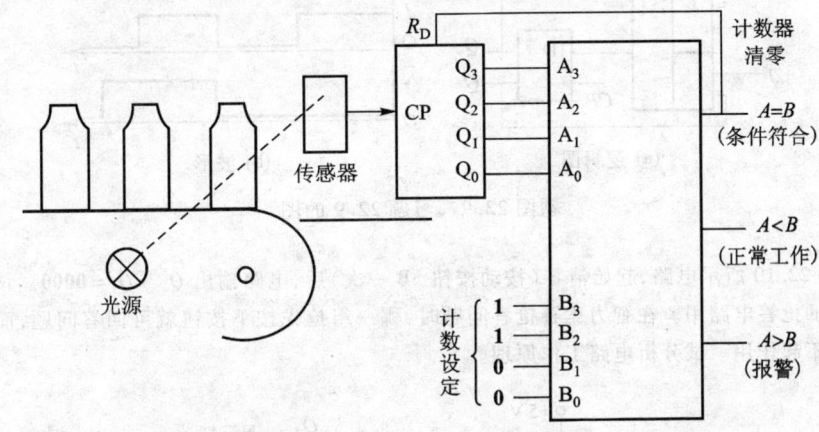

图 22.4.20 产品计数机原理图

 习 题

22.1 触发器的触发方式有哪几种?不同的触发方式,其表示符号有何区别?

22.2 触发器按能实现的逻辑功能的不同可分为几种?写出各种触发器的特性方程。

22.3 可以有几种方法来描述触发器的逻辑功能?

22.4 状态转换图的作用是什么?画出 RS、D、JK 和 $T(T')$ 触发器的状态转换图。

22.5 数码寄存器和移位寄存器有何异、同?移位寄存器内的数码,左移 1 位后与右移 1 位后,数码值有何改变?

22.6 4 位二进制计数器最多可计数多少个脉冲?如要计数 245 个脉冲,应当用几位二进制计数器或几位十进制计数器?

22.7 用 4 位二进制表示 1 位十进制数 8,采用 8421 码和采用 5421 码时,这 4 位二进制所显示出的输出状态组合(4 位数码值)有何不同?

22.8 题图 22.8(a)所示基本 RS 触发器,输入端控制信号如题图 20.10(b)所示。画出该触发器 Q 和 $\overline{Q}$ 的波形。

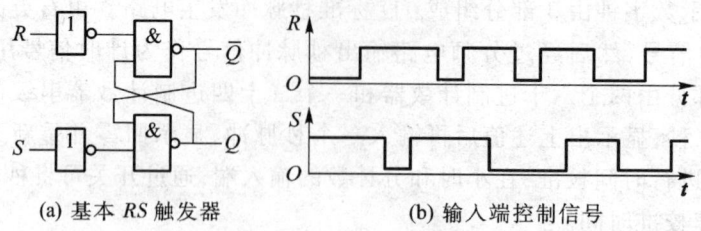

(a) 基本 RS 触发器　　　　(b) 输入端控制信号

题图 22.8　习题 22.8 的图

22.9　题图 22.9(a)所示逻辑图:(1) 写出该逻辑电路的特性方程;(2) 若输入端 J、$\overline{K}$ 和 CP 的波形如题图 22.9(b)所示,电路的起始态 $Q=0$,画出 Q、$\overline{Q}$ 的波形。

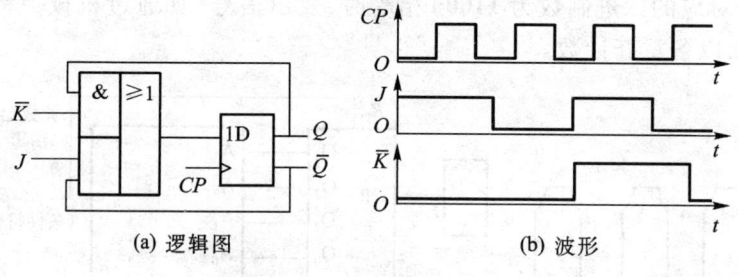

(a) 逻辑图　　　　(b) 波形

题图 22.9　习题 22.9 的图

22.10　题图 22.10 所示电路,起始清零(按动按钮 SB 一次)后,电路输出 $Q_4 \sim Q_1 = \mathbf{0000}$。该电路可以作为智力竞赛游戏中的抢答电路用。在智力竞赛抢答问题时,哪一组抢先按下按钮就可回答问题,而后按下按钮的组别再按按钮将不起作用。试分析电路工作原理。

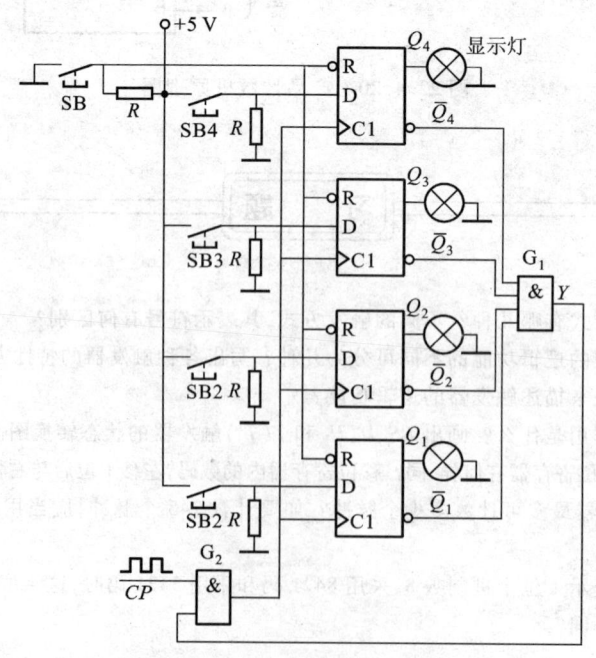

题图 22.10　习题 22.10 的图

22.11 题图 22.11(a)所示电路,称为单脉冲发生电路,即按钮 SB 每闭合一次,从 Q 端只输出一个脉冲。CP、$\overline{R}_D$ 和 D 端信号如题图 22.11(b)所示,画出所示电路 Q_1,Q_2 及 Q 端的波形。

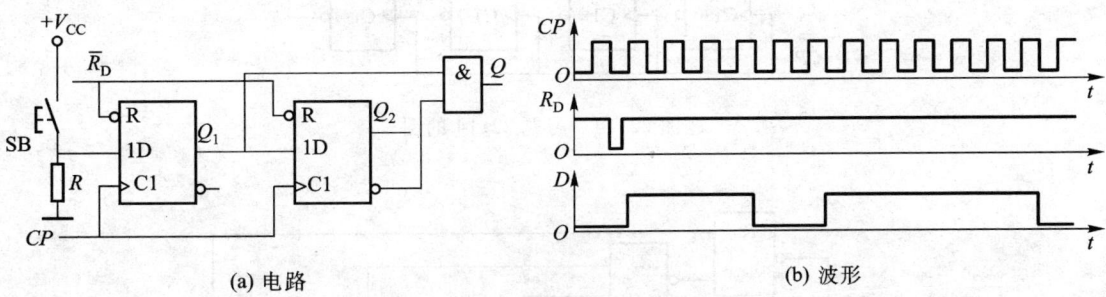

题图 22.11　习题 22.11 的图

22.12 题图 22.12 所示电路,CP、$\overline{R}_D$ 和 J 端信号如题图 22.12(b)所示,画出 Q_1 和 Q 的波形。

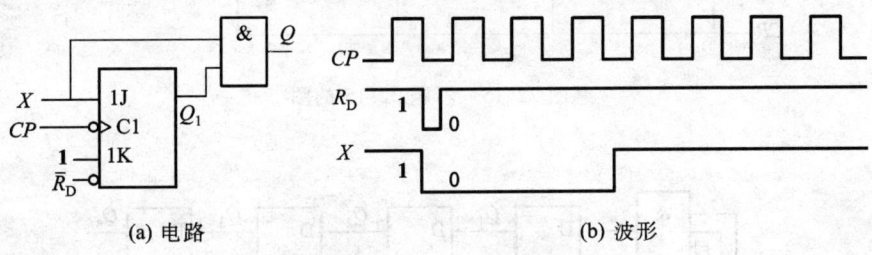

题图 22.12　习题 22.12 的图

22.13 题图 22.13 所示移位寄存器,判断它是一个左移还是右移的寄存器。若电路起始时 $Q_4Q_3Q_2Q_1 =$ **0101**,输入的数码 $d =$ **1010**(即第一次送 **1**,第二次送 **0**,……)。画出所示电路在 4 个 CP 脉冲下,各触发器 Q 端电位变化的波形图。

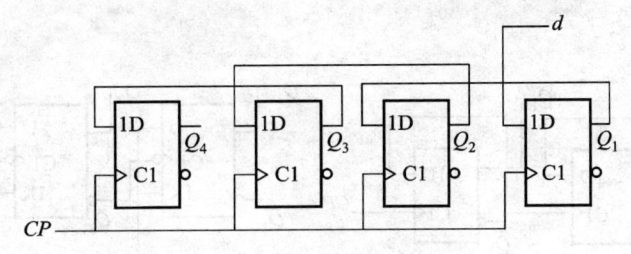

题图 22.13　习题 22.13 的图

22.14 题图 22.14 所示电路,起始时 $Q_4Q_3Q_2Q_1 =$ **0000**。问该电路在输入多少个时钟脉冲后,又回到起始态?画出各触发器 Q 电位在 CP 作用下的波形图。

22.15 题图 22.15 所示电路,称为能自启动的扭环计数器,设起始时 $Q_3 \sim Q_0 =$ **0000**,画出状态转换图、检查能否自启动。

22.16 题图 22.16 所示电路,起始时 $Q_4Q_3Q_2Q_1 =$ **0000**。画出状态转换图。

22.17 题图 22.17 所示逻辑图,两个电路起始态 $Q_3 \sim Q_1$ 均为 **000**,分别画出这两个电路 $Q_3 \sim Q_1$ 的输出电

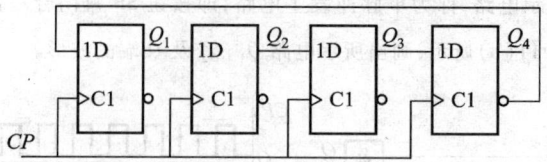

题图 22.14　习题 22.14 的图

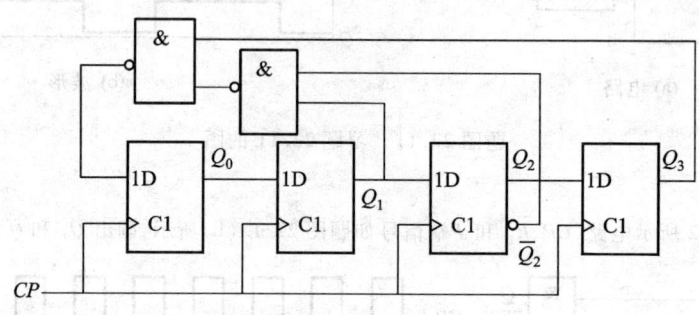

题图 22.15　习题 22.15 的图

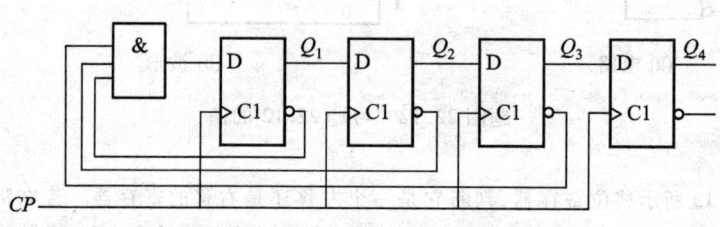

题图 22.16　习题 22.16 的图

压波形和电路状态转换图。

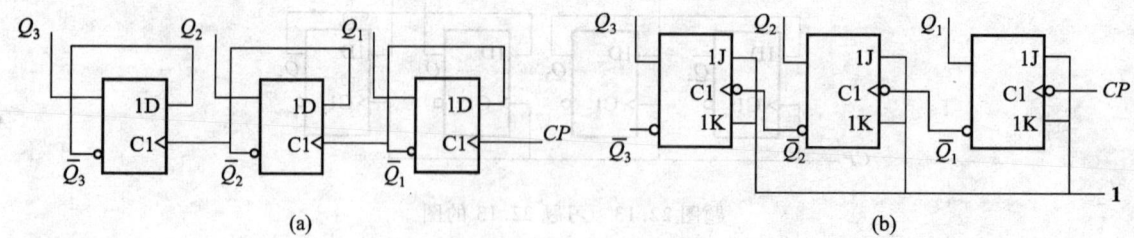

题图 22.17　习题 22.17 的图

22.18　题图 22.18 所示电路，CP 为系列脉冲，电路起始时 $Q_1Q_0 = \mathbf{00}$。分析所示电路 CP' 与 CP 的关系，画出 CP' 和 Q_1 的波形，说明电路的功能。

22.19　题图 22.19 所示电路，若该电路输入脉冲的频率为 256 Hz，要求输出脉冲频率为 1 Hz。试用 T 触发器实现这个要求。画出接线图，说明应使用多少个 T 触发器。

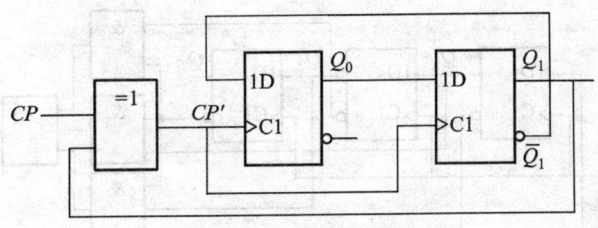

题图 22.18　习题 22.18 的图

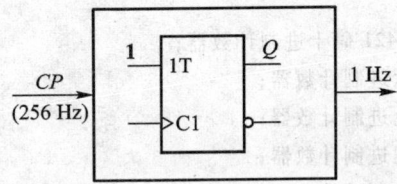

题图 22.19　习题 22.19 的图

22.20　题图 22.20 所示电路，列出该电路的状态转换图，检查能否自启动。电路起始时 $Q_3Q_2Q_1 = \mathbf{000}$。

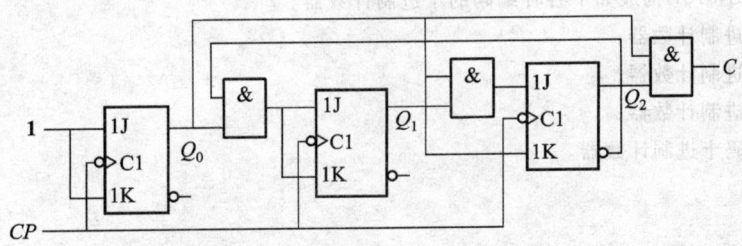

题图 22.20　习题 22.20 的图

22.21　题图 22.21 所示电路，画状态转换图及各 Q 端电位变化的波形图。电路起始时 $Q_3Q_2Q_1 = \mathbf{000}$。

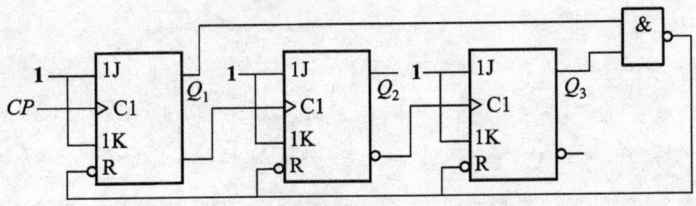

题图 22.21　习题 22.21 的图

22.22　题图 22.22 所示电路的初始态 $Q_3Q_2Q_1 = \mathbf{000}$。列出所示电路的状态转换图，画出各 Q 端及 Y 端的波形图。

22.23　应用 74LS194 接成一个 12 位的双向移位寄存器。

22.24　用 CT74290 构成下列各计数，画出组件外部连线图。

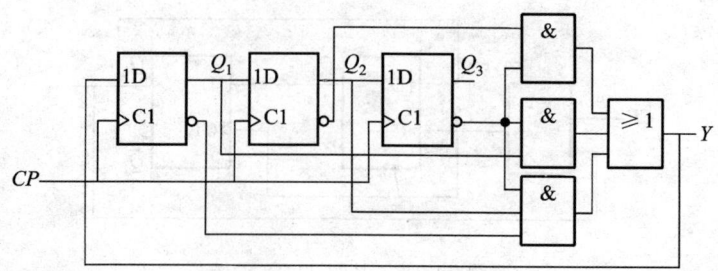

题图 22.22　习题 22.22 的图

（1）用一片 CT74290 构成一个 5421 码十进制计数器；
（2）用一片 CT74290 构成一个六进制计数器；
（3）用一片 CT74290 构成一个七进制计数器；
（4）用两片 CT74290 构成二十四进制计数器；
（5）用两片 CT74290 构成一百进制计数器。

22.25　应用 CC40161 构成十进制的计数器,画出下列两种不同要求的连线图。
（1）应用反馈置零法构成电路；
（2）应用置位置零法构成电路。

22.26　应用 CC40161 构成如下各种编码的十进制计数器。
（1）8421 码十进制计数器；
（2）5421 码十进制计数器；
（3）2421 码十进制计数器；
（4）8421 余 3 码十进制计数器。

第23章
脉冲信号的产生与整形

数字电路的信号是以脉冲形式出现的,由于脉冲波包含丰富的谐波,因此,脉冲波发生电路又称为多谐振荡器(简称多谐)。将幅值与宽度不同的脉冲信号改变成幅值和宽度一致的脉冲信号,称为整形。这个任务可用单稳态触发器(简称单稳)完成。将非脉冲波改变成脉冲信号,可由施密特触发器完成。

555 定时器是一个应用广泛的集成电器,它的 3 种基本工作模式为,构成多谐振荡器、单稳态触发器或施密特触发器。除此之外,555 定时器通过与不同电路组合,可以构成许多实用电路。

▶23.1 门电路构成的多谐振荡器、单稳态触发器和施密特触发器

▶▶23.1.1 多谐振荡器

多谐振荡器是脉冲源,将多谐振荡器电路接入直流电源后,便能自动、连续地输出脉冲信号。

1. 由奇数个与非门组成的环形振荡器

门电路传递信息时存在着传输延迟时间 t_{pd}。将奇数个非门或与非门串联成一个环路就组成了一个多谐振荡器。如图 23.1.1(a)所示,3 个非门连成一个环路,这时该电路就成为一个多谐振荡器,u_0 的波形将是一系列的脉冲,如图 23.1.1(b)所示。图 23.1.1(c)所示是多谐振荡器的逻辑符号。

图 23.1.1 所示(a)电路的工作原理如下:假设某一时刻,门 G_3 的输出 $u_3=u_0$ 为高电平,但是这个高电平并不能长久维持。这是因为 G_3 门的输出 u_3 作用到 G_1 门输入端,当 G_1 门输入为高电平时,G_1 门的输出 u_1 将延时一个 t_{pd} 时间后成为低电平,如图 23.1.1(b)所示,G_1 门的输出 u_1 又作为 G_2 门的输入,G_2 门输入低电平后,延时 t_{pd} 时间后其输出将变成高电平,而 G_2 门输出 u_2 又是 G_3 门的输入信号,所以 G_2 门输出成高电平后,经延时 t_{pd} 后,G_3 门的输出 $u_3=u_0$ 就会变成低电平。因此,当 G_3 门输出为高电平时,在图 23.1.1(a)所示电路中只能保持 $3t_{pd}$ 时间,过后

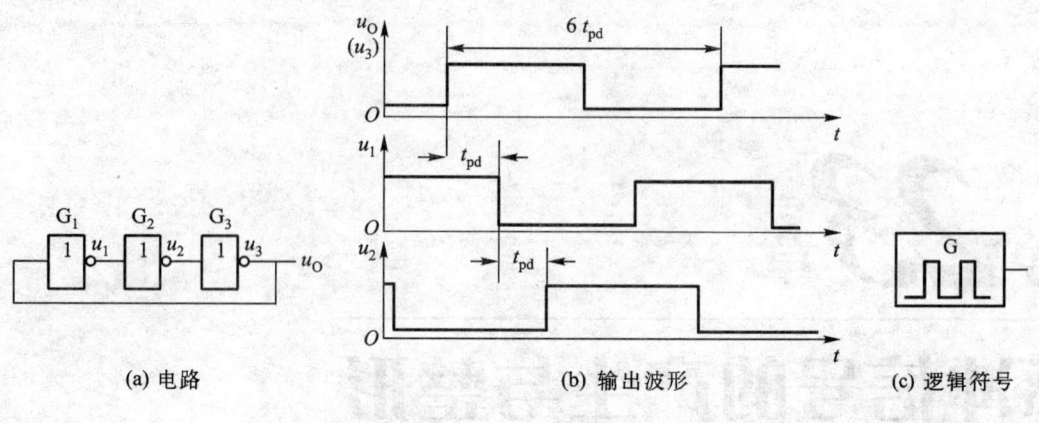

图 23.1.1 环形振荡器

自动地变为低电平;同样,当 G_3 门输出为低电平时,低电平状态也只能保持 $3t_{pd}$ 时间,之后又要变回高电平。

环形振荡器内每个门的输出(入)端的电压随时间不断变化,如图 23.1.1(b)所示,电路将始终处于不稳定的状态,其振荡周期 $T=2nt_{pd}$,n 是环内非门(或与非门)的数目,t_{pd} 是每个门的平均传输延迟时间。

2. 带 RC 电路的环形振荡器

由于门电路的平均传输延迟时间很短,只有几十纳秒,因此,用门电路构成的环形振荡器所产生的脉冲信号频率是很高的。为降低振荡频率,可在环形振荡器电路中加入 RC 充、放电回路,以延长环路中各个门输出(入)信号在高低电平期间停留的时间,从而降低了输出脉冲的频率。带 RC 电路的环形振荡器如图 23.1.2(a)所示。

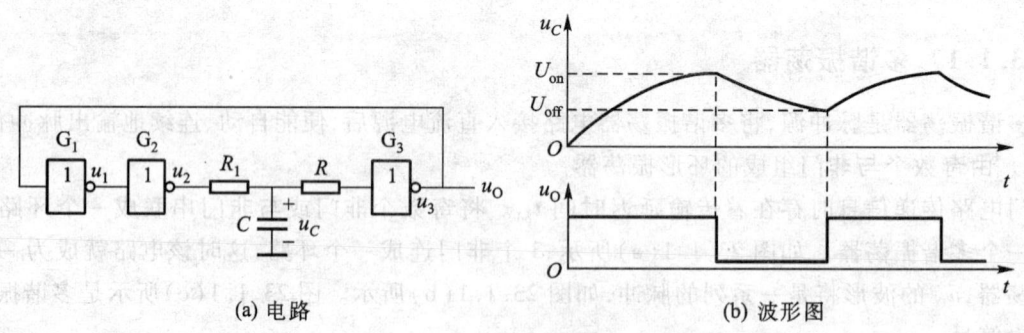

图 23.1.2 带 RC 电路的环形振荡器

图 23.1.2(a)所示电路在 u_2 变为高电平后,电压 u_3 不能立即变为低电平,只有电容电压 u_C 充电后升高到 G_3 门的开门电平 U_{on} 时,G_3 门的输出电压 $u_O=u_3$ 才变为低电平,而当 u_2 为低电平后,$u_O=u_3$ 也不会立即变为高电平,需待电容电压 u_C 放电,电压 u_C 降至关门电平 U_{off} 时,G_3 门的输出电压 $u_O=u_3$ 才会变为高电平。u_O 的波形如图 23.1.2(b)所示。

接入 RC 元件的环形振荡器,因 RC 电路的时间常数 τ 值要比 t_{pd} 值大很多倍,因此,在分析该电路工作时,延迟时间 t_{pd} 可以忽略不计,振荡周期 T 仅由 RC 电路的时间常数决定。

3. RC 耦合式振荡器

由门电路构成的、应用比较广泛的脉冲发生电路,如图 23.1.3 所示,两个非门通过电容形成信号传递通路,在这种电路中,通常取 $C_1 = C_2$ 和 $R_1 = R_2$。

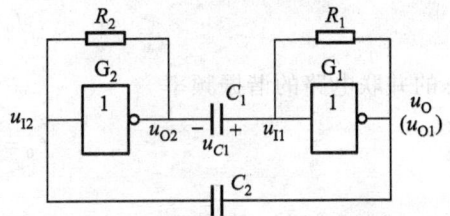

图 23.1.3 RC 耦合式振荡器

图 23.1.3 所示电路工作过程如下:该电路接入电源后,若 $u_{O1} = u_O$ 为高电平,这一电平信号通过电容 C_2 传递到门 G_2 的输入端,从而使 u_{O2} 为低电平。电路并不能保持着 u_O 为高电平、u_{O2} 为低电平的状态,在 u_O 为高电平、u_{O2} 为低电平的情况下,门 G_1 输出的高电平会通过电阻 R_1 对电容 C_1 充电,同时也会通过电容 C_2、电阻 R_2 对电容 C_2 充电,随着电容 C_1 充电、电压 u_{C1} 增加,门 G_1 的输入电压 $u_{I1} = u_{O2}$(低电平) $+ u_{C1}$ 将逐渐增加,当 u_{I1} 值上升到超过门 G_1 的开门电平 U_{on} 值后,门 G_1 的输入 u_{I1} 相当于高电平,这时门 G_1 的输出 $u_{O1} = u_O$ 则要从高电平变为低电平。当 u_O 从高电平变为低电平后,这一负跳变,通过电容 C_2 传递到门 G_2 的输入端,使 u_{I2} 变为低电平,其输出 u_{O2} 则要变成高电平。电路的输出这时变成了 $u_{O1} = u_O$ 为低电平,u_{O2} 为高电平。该电路在 u_O 为低电平、u_{O2} 为高电平的状态下也不能保持,u_{O2} 的高电平经电阻 R_2 对电容 C_2 进行反方向充电,并通过电容 C_1、电阻 R_1 进行反方向充电,随着电容 C_2 上电压的逐渐增高,门 G_2 的输入电压 u_{I2} 升高,当 u_{I2} 上升到超过门 G_2 的开门电平 U_{on} 后,门 G_2 的输出 u_{O2} 从高电平变为低电平,这一改变通过电容 C_1 传递到门 G_1 的输入端,使 u_{I1} 变为低电平,门 G_1 的输出 $u_{O1} = u_O$ 又变回到高电平,即又回到了起始时的状态。电路就这样不断重复着上述变化,在输出端 u_O 处将有一系列脉冲信号产生。

在图 23.1.3 中,改变电路中 R、C 之值,即可改变振荡周期,图 23.1.3 所示电路的振荡周期

$$T = 1.4RC \quad (23.1.1)$$

例如,$R = 1\ \text{k}\Omega$,$C = 0.25\ \mu\text{F}$ 时,该电路所产生的信号周期 $T = 1.4 \times 10^3 \times 0.25 \times 10^{-6}\ \text{s} = 0.35 \times 10^{-3}\ \text{s}$,信号频率 $f = 2.86\ \text{kHz}$。

有关 RC 振荡器的更详细资料及周期 T 计算公式导出,可参阅参考文献[4]、[5]等相关内容进行了解。

4. 石英晶体振荡器

环形振荡器及 RC 耦合振荡器的振荡频率受电路元件的参数值等许多条件影响,而元件参数值又易受环境温度变化而变化,故振荡频率难以保持稳定。为了获得稳定的振荡频率,通常使用石英晶体振荡器。

(1) 石英晶体的结构及其等效电路

石英晶体的结构如图 23.1.4(a)所示,在石英晶体切片的两个对应表面上装有一对金属极板,这时就构成了一个晶体振荡器。

在石英晶体的极板上加上交变电压时,晶体会出现机械变形和产生交变电场,这种物理状态称为压电现象。当晶体外加电压的频率与晶体固有频率相等时,晶体变形振幅及电场幅度会突

然加大,比在其他频率下增大很多,称为压电谐振。石英晶体的压电谐振效应可以用图23.1.4(b)所示等效电路表示,其中 R,L,C 为压电谐振的等效参数,C_0 为金属极板等形成的静电容,$C_0 \gg C$。

R,L,C 串联支路的谐振频率

$$f_0 = \frac{1}{2\pi\sqrt{LC}} \quad (23.1.2)$$

总的并联电路的谐振频率

$$f_0' = \frac{1}{2\pi\sqrt{L\frac{CC_0}{C+C_0}}}$$

f_0' 与 f_0 相差很小。

石英晶体的振荡频率稳定性极高,用它构成的多谐振荡器产生的方波频率是非常稳定的。

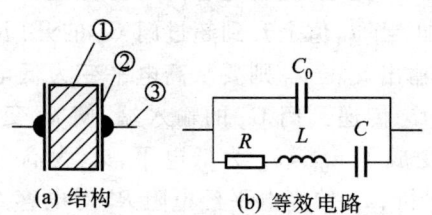

图 23.1.4 石英晶体结构及等效电路
①—石英晶体;②—电极;③—引线

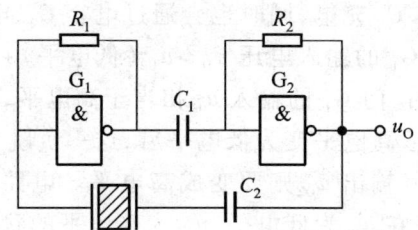

图 23.1.5 石英晶体多谐振荡器

(2) 石英晶体多谐振荡器

典型的石英晶体多谐振荡器是在 RC 耦合式多谐振荡器的基础上加入石英晶体构成的,如图 23.1.5 所示。与电容 C_2 串联的石英晶体相当于选频电路,只有频率为 f_0 的信号能够通过晶体,对其他频率的信号,石英晶体呈现出很高的阻抗,因此,该电路输出的方波频率将与石英晶体固有频率 f_0 相同。

图 23.1.5 所示电路,取电阻 $R_1 = R_2 = (800\ \Omega \sim 1\ \mathrm{k}\Omega)$,$C_1 = C_2 = 0.05\ \mu\mathrm{F}$,选用 f_0 为几赫至几十兆赫固有频率的石英晶体接入电路后,这时该电路输出的脉冲频率为 f_0 且极其稳定。因此,由石英晶体振荡器产生的脉冲信号,在数字电路中通常作为基准信号源,如数字钟表中的基准信号源。

多谐振荡器输出信号总是高、低电压交替变化,没有稳定状态,因此又将多谐振荡器称为无稳态触发器。

▶▶23.1.2 单稳态触发器

单稳态触发器简称单稳,单稳可用于脉冲波形的整形和脉冲信号的延时控制。单稳工作时,它的输出只有一种稳定状态,例如,$Q=0,\overline{Q}=1$ 是稳定状态,在外界触发信号作用下,输出的上述状态可以改变成为 $Q=1,\overline{Q}=0$,但是这种状态不能保持,经过一段时间后又会自动恢复到外界触发信号作用以前的状态。

23.1 门电路构成的多谐振荡器、单稳态触发器和施密特触发器

单稳在外界信号触发下状态改变,改变后的状态保留的时间,称为单稳的持续时间或延时时间。这段时间的长短由电路外接电阻、电容数值决定。由门电路构成的单稳电路有两种,即微分型单稳和积分型单稳,这里介绍微分型单稳和集成电路单稳,积分型单稳可参阅参考文献[4]、[5]等相关内容了解其工作原理。

1. 微分型单稳

微分型单稳利用 RC 微分电路提取的信号进行工作。如果电路输入脉冲宽度大于单稳电路输出脉冲宽度时,信号输入到单稳电路再经过一个 R、C 微分电路引入。微分型单稳电路、工作波形及单稳的图形符号如图 23.1.6 所示。

图 23.1.6 所示电路,选取电阻 $R_1 > 2$ kΩ,使得电压 $u_{I1} > G_1$ 门开门电压 U_{on};选取电阻 $R_2 < 1$ kΩ,使得电压 $u_{I2} < G_2$ 门关门电压 U_{off}。当电路没有触发信号 u_I 时,$\overline{Q}=1$,$Q=0$,即 $u_0=0$。$\overline{Q}=1$,$Q=0$ 是电路的稳定状态。

当输入信号 u_I 到来后,信号脉冲的上升沿在电阻 R_1 上产生一个正尖脉冲,如图 23.1.6(b) 所示,这个正尖脉冲对电路状态无影响。信号脉冲下降沿到来后,电阻 R_1 上将产生一个负尖脉冲,这个负脉冲使电压 u_{I1} 变负,因此,G_1 门的输出端 Q 的电平由 **0** 变 **1**;Q 端的这个正跳变将通过电容 C_2 传递到电阻 R_2 上,使电压 $u_{I2} > G_2$ 门的开门电压 U_{on},G_2 门的输出 $\overline{Q}$ 由 **1** 变为 **0**。因此,图 23.1.6(a) 所示电路,在 u_I 的下降沿到来后,Q、$\overline{Q}$ 的状态发生变化,由 $Q=0$,$\overline{Q}=1$ 变成 $Q=1$,$\overline{Q}=0$。输出电压 u_0 由 **0** 变为 **1**。

输入信号下降沿到来后,使 Q 变为 **1**,$\overline{Q}$ 变为 **0**,这种状态不能保持长久称为暂稳态。当 Q 变为高电平后,要通过微分电路的 R_2 对电容 C_2 充电,随着电容 C_2 上电压增高,电阻 R_2 上的电压 u_{I2} 下降,当 u_{I2} 降低到 G_2 门关门电压 U_{off} 时,G_2 门的输出 $\overline{Q}$ 又将变回高电平,使输出电压 u_0 由 **1** 变为 **0**。在 $\overline{Q}$ 变回 **1** 时,由输入信号引起的负尖脉冲已消失,即 u_{I1} 恢复到高电平。因此,在 u_{I2} 降至 U_{off} 后,G_1 门的两个输入 u_{I1} 和 $\overline{Q}$ 均为高电平,这时,G_1 门输出 Q 又返回到低电平。图 23.1.6(a) 所示电路在 $Q=1$,$\overline{Q}=0$ 的状态下仅维持一个很短的时间,然后又自动地返回到 $Q=0$,$\overline{Q}=1$ 的这种状态。电路波形如图 23.1.6(b) 所示。

图 23.1.6(a) 所示电路是通过微分电路 R_2、C_2 的充、放电形成 $Q=1$,$\overline{Q}=0$ 的暂稳态,电路输出 u_0($=Q$)为 **1** 的时间,也就是输出脉冲宽度。

图 23.1.6(a) 所示单稳,每输入一个信号脉冲,在信号脉冲的下降沿出现时,均会使电路的输出 u_0 产生一个正脉冲,$\overline{Q}$ 端产生一个负脉冲。由图 23.1.6(b) 可以看出:输入的信号脉冲 u_I,其幅值与脉冲宽度(脉冲持续时间)可能不相同,但从电路输出端所得到的脉冲,其幅度和宽度是一致的,这种将不规则的脉冲信号转变为幅度、宽度一致的脉冲信号称为整形。单稳态触发器具有整形的作用。

由图 23.1.6(b) 所示波形图还可看出:从输入信号的下降沿出现,到电路输出脉冲下降沿出现,中间相隔一段时间 t_W,即 u_0 的下降沿较输入信号 u_I 的下降沿延迟出现,延时的时间 t_W 由电阻 R_2、电容 C_2 值决定,因此,改变 R_2、C_2 的参数值,就可以改变信号延迟出现的时间,所以单稳可以作为定时器。

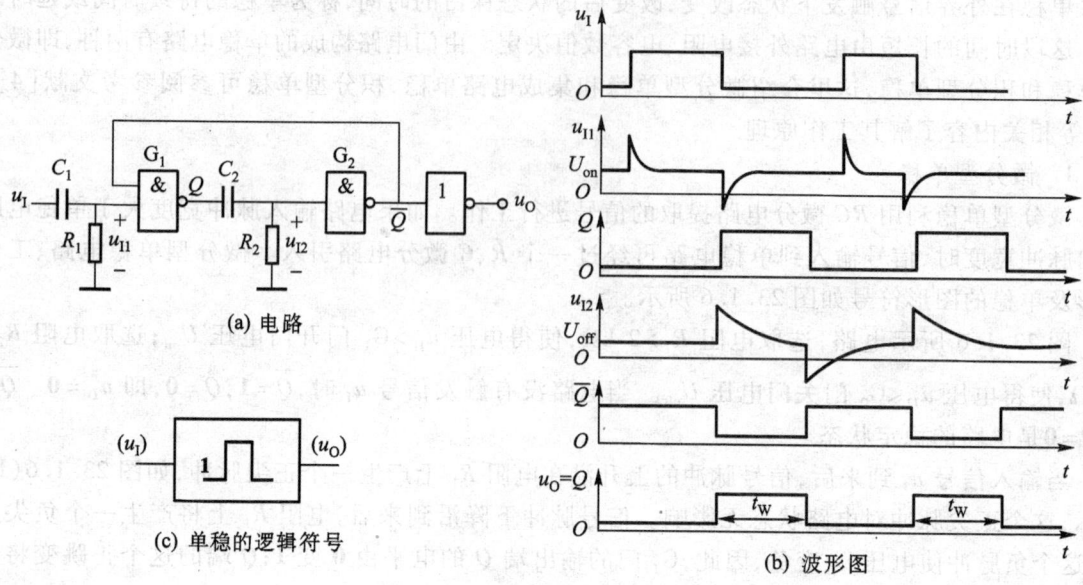

图 23.1.6 微分型单稳

为了使用的方便,一般单稳有几个信号输入端,以便信号上升沿出现时或信号下降沿出现时均能触发单稳电路翻转,具有两个触发信号的微分型单稳如图 23.1.7 所示。在图 23.1.7 中,当输入端 $B=0$,A 端输入负跳变触发信号时,单稳的输出端可产生一个脉冲;当 $A=1$,B 端输入正跳变触发信号时,也可以使输出端产生一个脉冲。

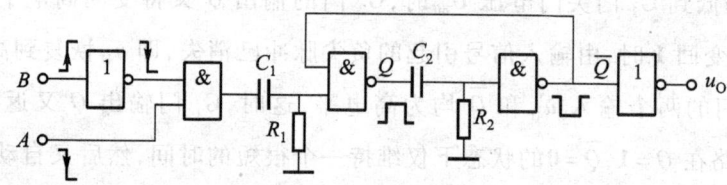

图 23.1.7 多信号输入的单稳触发器

2. 集成电路单稳

集成电路的单稳态触发器与由门电路(如图 23.1.6 所示电路)组成的单稳态触发器相比,脉冲宽度 t_W 大、外接元件少、抗干扰能力强、对电源电压变化的稳定性好。集成电路的单稳也有 TTL 组件和 MOS 组件两种。下面以常用的可重复触发的 74LS123 为例作简要介绍。

所谓可重复触发的单稳是具有这样的功能,即单稳被触发进入暂稳态后,如果这时电路再作用一个触发脉冲,单稳将重新被触发,使输出脉冲的宽度从再次触发时刻开始,再继续维持一个 t_W 宽度,如图 23.1.8(a) 所示。

不具备图 23.1.8(a) 所示功能的单稳一旦触发进入暂稳态后,若再输入触发信号将不会影响单稳的工作过程,只有在暂稳态结束后才能接收下一个触发脉冲,如图 23.1.8(b) 所示。

(1) 74LS123 的外引线功能端及惯用符号

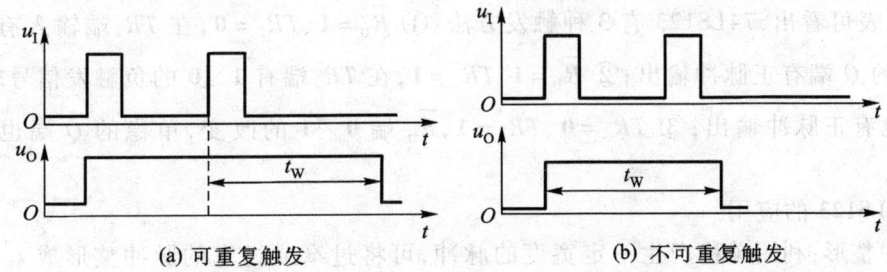

图 23.1.8　可重复触发型与不可重复触发型单稳工作波形图

74LS123 的外引线功能端排列图如图 23.1.9(a)所示，图 23.1.9(b)所示是它的惯用符号。

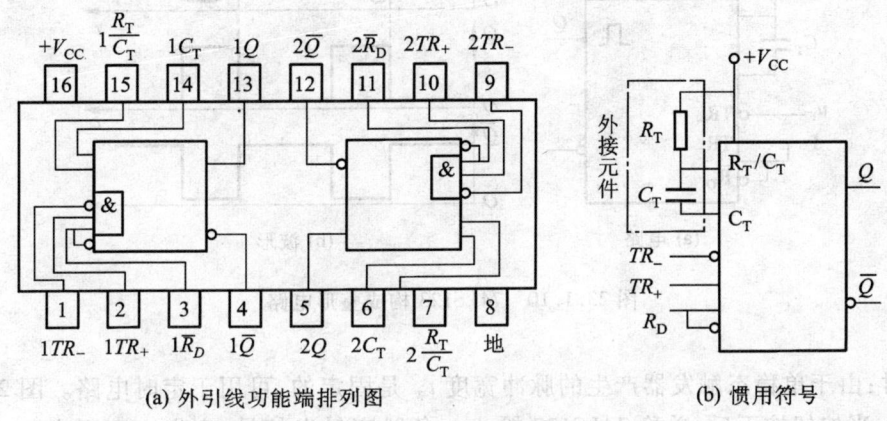

图 23.1.9　74LS123 可重复触发单稳触发器

74LS123 组件内有两个独立的可重复触发的单稳态触发器。外接电阻 R_T 连在引脚 R_T/C_T 与电源正极之间，电容 C_T 连接在引脚 R_T/C_T 与 C_T 脚间，如图 23.1.9(b)所示。74LS123 的输出脉冲宽度 t_W 由外接电阻 R_T 和电容 C_T 的数值决定。在 $C_T > 1\,000$ pF 时，输出脉冲宽度 $t_W = 0.45 R_T \cdot C_T$，式中：R_T 单位为 $k\Omega$，C_T 的单位是 μF，t_W 的单位是 ms。

（2）功能表

74LS123 的功能表见表 23.1.1。

表 23.1.1　74LS123 的功能表

$\overline{R_D}$	TR_-	TR_+	Q	$\overline{Q}$
0	×	×	0	1
×	1	×	0	1
×	×	0	0	1
1	0	↑	⊓	⊔
1	↓	1	⊓	⊔
↑	0	1	⊓	⊔

由功能表可看出，74LS123 有 3 种触发方法：① $\overline{R}_D=1$、$TR_-=0$，在 TR_+ 端输入有正触发信号时，单稳的 Q 端有正脉冲输出；② $\overline{R}_D=1$、$TR_+=1$，在 TR_- 端有 1↘0 的负触发信号输入时，单稳的 Q 端也有正脉冲输出；③ $TR_-=0$、$TR_+=1$，$\overline{R}_D$ 端 0↗1 的改变，单稳的 Q 端也有正脉冲输出。

（3）74LS123 的应用

① 脉冲整形：利用单稳产生一定宽度的脉冲，可将过窄或过宽的脉冲整形成 t_W 一定的脉冲，如图 23.1.10 所示（输入为负脉冲）。

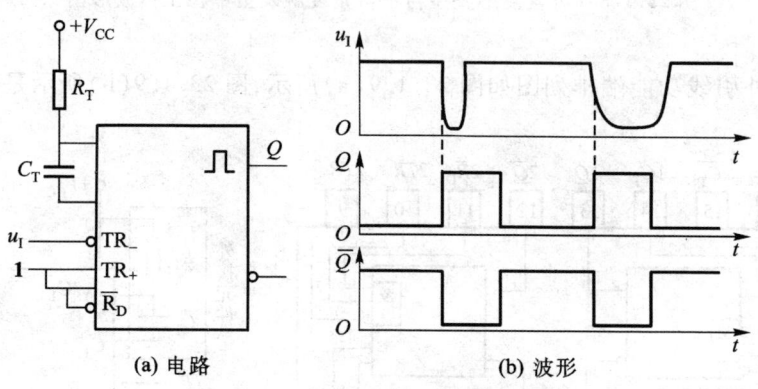

(a) 电路　　　　　　　　(b) 波形

图 23.1.10　74LS123 构成整形电路

② 定时：由于单稳态触发器产生的脉冲宽度 t_W 是固定的，可用于定时电路。图 23.1.11 所示定时电路，当按钮按下后，单稳 74LS123 输入一负跳变触发信号，产生一宽度为 t_W 的正脉冲，使晶体管通电，继电器工作 t_W(s)，从而可使负载通电时间与按钮按下时间长短无关。

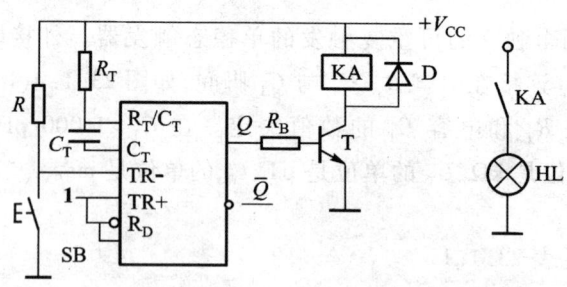

图 23.1.11　74LS123 构成的定时电路

▶▶23.1.3　施密特触发器（鉴幅器）

施密特触发器用于将非脉冲波形的信号如正弦波、三角波和其他任意波形等，变换成为脉冲波。施密特触发器在电子电路中还用于鉴别信号幅度，判断信号是否超越设定值等。

1. 电路与逻辑符号

施密特触发器有两种稳定状态：$Q=0$ 或 $Q=1$。处于哪一种稳定状态取决输入信号的大小。

当信号值高于或低于设定值后,其输出状态发生变化。

由 TTL 门电路构成的施密特触发器如图 23.1.12(a)所示,图 23.1.12(b)是它的逻辑符号。

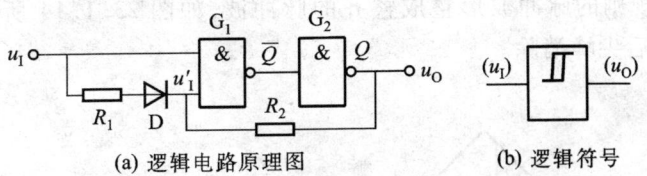

(a) 逻辑电路原理图   (b) 逻辑符号

图 23.1.12 施密特触发器

分析图 23.1.12(a)所示电路的工作时,应注意 G_1 门两输入信号电压 u_I 与 u'_I 的联系与区别。G_1 门的输入信号 u'_I 与 u_I 和 u_O 有关,当 $u_O(Q)=0$ 时,u'_I 是通过电阻 R_1、R_2 和二极管 D 将 u_I 的部分电压,即 $u'_I \approx \left(\dfrac{R_2}{R_1+R_2}u_I\right)$ 作用到 G_1 门的这个输入端;当 G_2 门输出 $Q=1$ 时,这时 $u'_I = u_O = 1$,二极管 D 不会导通,G_1 门的输入电压 u'_I 与电压 u_I 无关。

2. 工作原理

图 23.1.12(a)所示施密特触发器的工作原理如下:若电压 u_I 为图 23.1.13 所示的三角波,当 u_I 为正但其电压值低于 G_1 门的开门电平 U_{on} 时,$\overline{Q}$ 端为 1,Q 端为 0。随着电压 u_I 升高,u'_I 也增大,但 u_I 达到 G_1 门的开门电平 U_{on} 时,由于 $u'_I \approx \left(\dfrac{R_2}{R_1+R_2}u_I\right)$ 仍低于 G_1 门的 U_{on},故这时 $\overline{Q}$ 端仍是 1。只有当 u_I 再升高并使 u'_I 也达到 G_1 的开门电平 U_{on} 时,$\overline{Q}$ 端的电平才会由 1 变为 0,$\overline{Q}$ 由 1 变为 0 后,G_2 门输出 Q 端的电平由 0 变为 1。在施密特触发器的 Q 端电平由 0 变 1 时,作用在电路输入端的电压 u_I 之值,称为施密特触发器的上触发电压 U_{T+},对图 23.1.13(a)所示电路而言,$U_{T+} \approx \left(1+\dfrac{R_1}{R_2}\right)U_{on}$。

在施密特触发器 Q 端变为 1 之后,若输入电压 u_I 再有改变,只要 u_I 的幅值不低于 G_1 门的关门电平 U_{off},Q 端的状态保持不变。若输入电压 u_I 下降,其幅值低于 G_1 门的关门电平 U_{off} 时,G_1 门的输出 $\overline{Q}$ 端由 0 又变回到 1,从而使 G_2 门的输出 $u_O = Q$ 从 1 变回到 0,即又回到 $\overline{Q}=1, Q=0$ 的状态。使施密特触发器的 Q 端由 1 变 0 时,作用于输入的电压 u_I 之值称为下触发电压 U_{T-},$U_{T-} = U_{off}$。

由上所述可知,施密特触发器有两种稳定状态,即 $\overline{Q}=1, Q=0$ 和 $\overline{Q}=0, Q=1$。在电压 u_I 增加时,使 Q 端的电平由 0 变 1 所需的触发电压为 U_{T+};当 u_I 下降,使 Q 端电平由 1 变 0 时所需的触发电压为 U_{T-}。由于这两个电压值不同,$(U_{T+}-U_{T-})$ 称为施密特触发器的回差。回差可增加施密特触发器的抗干扰能力。若无回差,输入电压 u_I 达到动作电压后,稍有扰动就会造成输出状态改变,电路工作极不稳定。

3. 施密特触发器的应用(举例)

施密特触发器的作用是将不规则的信号变成良好的矩形波。下面通过两个例子说明它的应用。

（1）波形变换与整形。

① 波形变换。如图23.1.13所示，将三角波变成矩形（脉冲）波。

② 整形。将不规则的脉冲波形整成整齐的脉冲波，如图23.1.14所示。输入波形出现尖峰，通过施密特电路后尖峰消除。

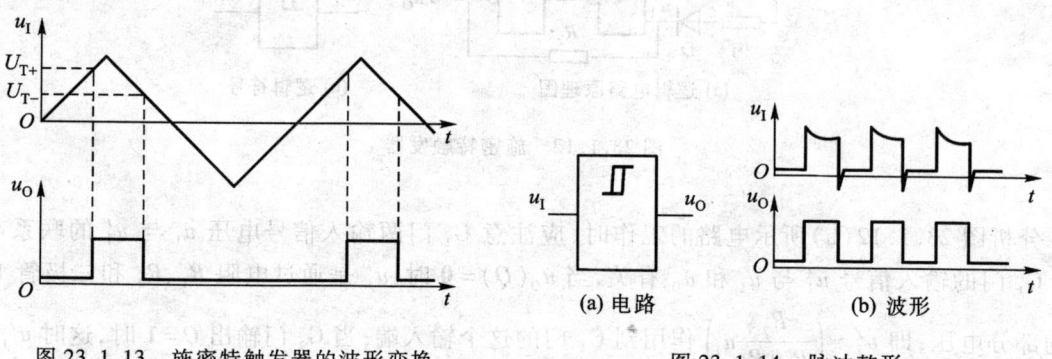

图23.1.13　施密特触发器的波形变换　　　　图23.1.14　脉冲整形

（2）幅度鉴别

由于施密特触发器的翻转取决于输入信号 u_I 的幅度是否大于 U_{T+} 或小于 U_{T-}，若要求将输入信号中幅值大于 U_{T+} 的波形（个数）鉴别出来，可以用施密特触发器构成这种鉴幅电路，如图23.1.15所示。

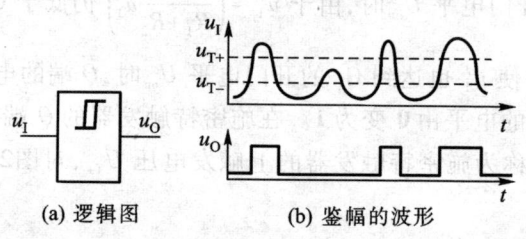

图23.1.15　幅度鉴别

由于施密特触发器在数字电路中有着广泛的应用，因而集成电路的施密特触发器应用更加普遍，有关集成电路施密特触发器的型号与应用可查阅电子器件手册进行了解。

▶23.2　555定时器

555定时器是数字与模拟混合的集成电路，不管是双极型的，还是CMOS的集成定时器，产品型号最后的3位数字都是555，如常用的5G555是双极型产品，CC7555则是CMOS产品，因此，统称为555定时器（556则是在一个芯片内有两个555电路的集成元件）。

555定时器通过适当连接和配以少量电阻、电容元件便可构成多谐振荡器或单稳态触发器或施密特触发器。

▶▶23.2.1 555定时器的原理电路与功能表

1. 555电路的组成

555定时器内部由电阻分压器，电压比较器C_1、C_2，基本RS触发器和放电电路（晶体管T）等部分组成。它的逻辑原理图如图23.2.1(a)所示，图23.2.1(b)所示是与图23.2.1(a)对应的引出端功能图。

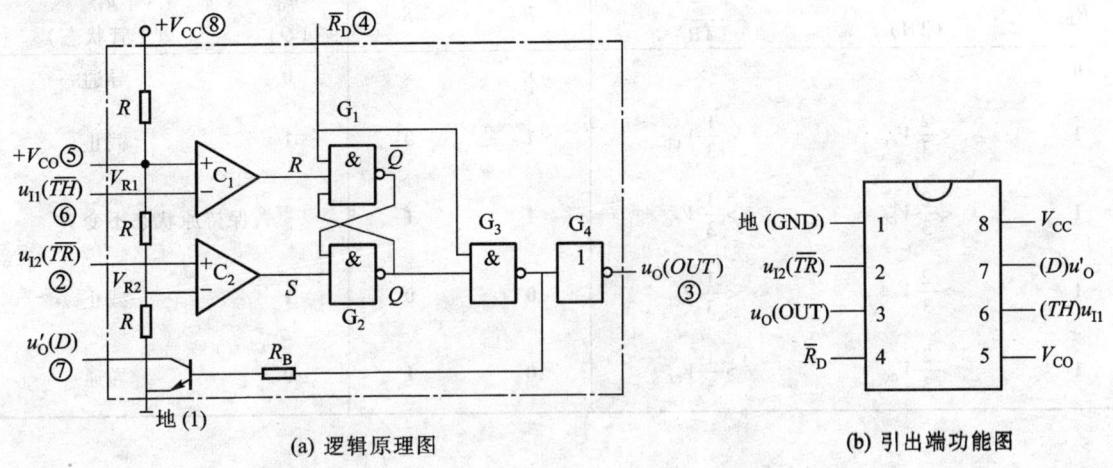

图 23.2.1 555定时器

由图23.2.1(a)可看出：电路通过电阻分压器，为电压比较器C_1在同相输入端提供参考电压$V_{R1} = \frac{2}{3}V_{CC}$，为电压比较器$C_2$在反相输入端提供参考电压$V_{R2} = \frac{V_{CC}}{3}$。电压比较器$C_1$的反相输入端，即引脚⑥称为阈值($TH$)端，当该端输入的信号电压值高于$V_{R1}$时，电压比较器$C_1$输出为低电平，将$RS$触发器的$\overline{Q}$端置**1**，所以比较器$C_1$的输出端是$RS$触发器的置**0**控制端。电压比较器$C_2$的同相输入端，即引脚②称为触发($\overline{TR}$)端，当该端输入信号电压值低于$V_{R2}$时，比较器$C_2$输出为低电平，因而将$RS$触发器的$Q$端置**1**，所以$C_2$的输出端是$RS$触发器的置**1**端。在触发器$Q=\mathbf{1}$时，输出$u_O(OUT)$也为高电平。相反，$Q=\mathbf{0}$时$u_O(OUT)$端为低电平。为提高带负载的能力，电路的$u_O(OUT)$端经由非门$G_4$（称缓冲器）后输出。

图23.2.1(a)的引脚⑤称为V_{CO}端，即外加电压控制端。此输入端的作用是，在需要改变电压比较器C_1、C_2的参考电压V_{R1}和V_{R2}值时，可在⑤脚与①脚间接入一个适当的电压U_{CO}，则$V_{R1}=U_{CO}$，$V_{R2}=\frac{U_{CO}}{2}$。若不需改变V_{R1}、V_{R2}值时，引脚⑤不要悬空，应在⑤脚与①脚间接入一个小电容（一般为$0.01~\mu F$），以防止外界信号对555定时器工作产生干扰。

图23.2.1(a)的引脚④，是直接复位$\overline{R}_D$端。当$\overline{R}_D=\mathbf{0}$时，$RS$触发器的$Q$端为**0**，电路输出$u_O(OUT)$端也为**0**。正常工作时，$\overline{R}_D$端应为高电压(**1**)。

图23.2.1(a)中的晶体管T，用于构成放电开关。在Q端为高电压(**1**)时，晶体管T截止；Q

端为低电压(**0**)时,晶体管 T 导通。

2. 555 定时器的功能表

555(双极型)定时器的功能表见表 23.2.1。

表 23.2.1 555 定时器功能表

输入			RS 触发器		输出	
$\overline{R}_\text{D}$	u_I1 (TH)	u_I2 (TR)	R	S	u_o (Q)	u_o' (T 管状态)
0	×	×	×	×	**0**	导通
1	$<\frac{2}{3}V_\text{CC}$	$<\frac{1}{3}V_\text{CC}$	**1**	**0**	**1**	截止
1	$<\frac{2}{3}V_\text{CC}$	$>\frac{1}{3}V_\text{CC}$	**1**	**1**	保持原状态不变	
1	$>\frac{2}{3}V_\text{CC}$	$<\frac{1}{3}V_\text{CC}$	**0**	**0**	**1**	截止
1	$>\frac{2}{3}V_\text{CC}$	$>\frac{1}{3}V_\text{CC}$	**0**	**1**	**0**	导通

▶▶**23.2.2 555 定时器构成的多谐、单稳和施密特触发器**

555 定时器功能灵活,输出电流大(例如,双极型的 555 定时器输出最大电流值可达 200 mA,MOS 的 555 定时器输出电流较小,不超过 10 mA)。因此,555 定时器被广泛地应用在电子测量电路、信号发生电路、电子乐器和家电等诸多方面。555 定时器的基本应用是构成多谐振荡器、单稳态触发器和施密特触发器。下面就 555 定时器在这 3 个方面的应用进行介绍。

1. 用 555 定时器构成多谐振荡器

根据 555 定时器的功能表可以看出,欲使 555 定时器能成为多谐振荡器,定时器电路中的 RS 触发器的状态必须不断地在 **1**,**0** 状态间转换,这时电路的输出 u_o③端才可能有一定频率的脉冲输出。为使 RS 触发器能不断在 **1**,**0** 状态间转换,电压比较器 C_1,C_2 的输出电平应在 **0**,**1** 和 **1**,**0** 间反复变化,这就需要电压比较器⑥端和②端的信号要不断地从低于 $V_\text{R2} = \frac{V_\text{CC}}{3}$ 变化到高于 $V_\text{R1} = \frac{2}{3}V_\text{CC}$,然后又变化到低于 V_R2 才能实现上述要求。为此,可在 555 定时器的外部接有一 RC 充、放电的电路,将 u_I1⑥脚和 u_I2②脚相连后,与 RC 电路相接,使电容电压 u_C 作为输入信号同时作用到 u_I1、u_I2 输入端,如图 23.2.2(a)所示,图 23.2.2(b)所示是外部连接图。

图 23.2.2(a)所示电路的工作原理如下:定时器接入电源前,电容 C 的电压 u_C 为 **0**,电路接入电源后,电压 u_C 不能跃变,因此,⑥端和②端的电位值均为 **0**,比较器 C_1 的输出为 **1**,比较器 C_2 的输出为 **0**,即 RS 触发器的 $R=1$,$S=0$,使 RS 触发器置 **1**,触发器的 $\overline{Q}=0$,定时器的输出 u_o③端为 **1**。

因 $\overline{Q}=0$,所以定时器内的晶体管 T 截止,电源 V_CC 通过电阻 R_1、R_2 对电容 C 充电。随着电容电

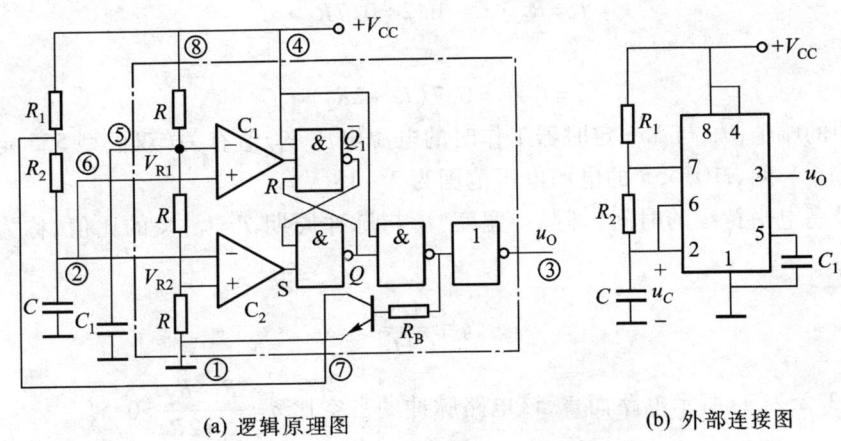

(a) 逻辑原理图　　　　　　　　(b) 外部连接图

图 23.2.2　由 555 构成的多谐振荡器

压 u_C 逐渐上升,电压比较器 C_1,C_2 的输入电压 u_{I1}、u_{I2} 亦增大。当 u_C 值超过 $V_{R2}=\dfrac{V_{CC}}{3}$,但低于 $\dfrac{2}{3}V_{CC}$ 时,比较器 C_2 的输出电压改变,即 S 端由 **0** 变为 **1**,这时 RS 触发器的 R、S 输入控制端的电平都是 **1**。当 $R=1, S=1$ 时,触发器的状态保持不变,原为 **1** 状态仍然保持为 **1** 状态,电路输出 u_O ③ 仍为 **1**。

当电容继续充电使 u_C 值超过 $V_{R1}=\dfrac{2}{3}V_{CC}$ 时,比较器 C_1 的输出状态改变,输出变为低电平,使 RS 触发器的 R 端为 **0**,S 端为 **1**,触发器被复位,触发器状态改变成 $Q=0$,$\overline{Q}=1$。$Q=0$,则电路输出 u_O 为 **0**,即电容电压 u_C 从 $<\dfrac{1}{3}V_{CC}$ 升高到 $>\dfrac{2}{3}V_{CC}$ 时,输出一个正脉冲。

在 RS 触发器的 $\overline{Q}$ 变为 **1** 后,晶体管 T 导电,电容 C 将通过电阻 R_2 及晶体管 T 的 C-E 极放电,电容电压 u_C 降低。当 u_C 值下降到 $V_{R1}=\dfrac{2}{3}V_{CC}$ 以下时,RS 触发器的 R,S 控制端均为 **1** 电平,触发器状态保持不变,$\overline{Q}$ 仍为 **1**,电路输出 u_O 仍为 **0**。当电容电压 u_C 继续下降,降至 $u_C<V_{R2}=\dfrac{V_{CC}}{3}$ 后,比较器 C_2 的输出又变成 **0** 电平,这时触发器的 R 端为 **1**,S 端为 **0**,触发器又翻转为 **1** 状态,即 $Q=1$,$\overline{Q}=0$,定时器的输出 u_O 又成高电平,而晶体管 T 从导电又变为截止,电容 C 再次充电,电容电压 u_C 不断地从 V_{R2} 充电至 V_{R1},又从 V_{R1} 放电至 V_{R2},电容电压这样不断地改变,由 555 定时器所连成的多谐电路的输出 u_O 将产生出一系列的脉冲,如图 23.2.3 所示。

在图 23.2.3 所示的波形中,输出脉冲高电平持续时间

$$t_1=(R_1+R_2)\cdot C\cdot \ln 2=0.7\cdot C(R_1+R_2)$$

脉冲低电平持续时间

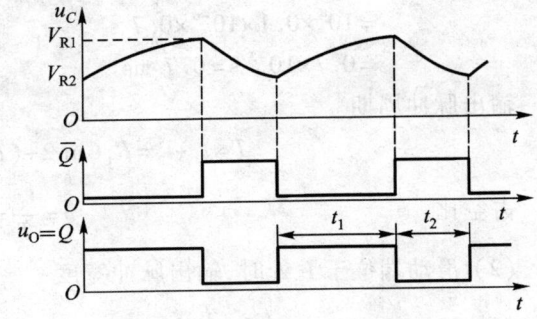

图 23.2.3　图 23.2.2(a)电路的波形

$$t_2 = R_2 \cdot C \cdot \ln 2 = 0.7 R_2 \cdot C$$

脉冲周期

$$T = t_1 + t_2 = 0.7(R_1 + 2R_2) \cdot C \tag{23.2.1}$$

输出脉冲的幅值 U_m 与 555 定时器工作时的电源电压 V_{CC} 值有关(双极型 555 定时器电源电压范围在 5~16 V 间,MOS555 的电源电压范围为 3~18 V)。

脉冲信号高电平持续的时间(即脉冲宽度)t_1 与脉冲周期 $T=t_1+t_2$ 的比值,称为脉冲的占空比 q,即

$$q = \frac{t_1}{t_1 + t_2} \tag{23.2.2}$$

对于图 23.2.2(a)所示电路而言,该电路脉冲的占空比 $q = \frac{R_1 + R_2}{R_1 + 2R_2} > 0.5$。

图 23.2.4 所示电路,为占空比可调的多谐振荡器,该电路电容充电路径为 R_1'、二极管 D_1 和电容 C;电容放电路径为电容 C、二极管 D_2 和电阻 R_2'。图中电阻 R_1' 由 R_1 及部分 R_P 组成,R_2' 由 R_2 及部分 R_P 组成,改变电阻 R_P 滑动端的位置,就改变了电阻 R_1'、R_2' 的阻值,故电路的占空比可调。图 23.2.4 所示电路的占空比

$$q = \frac{t_1}{t_1 + t_2} = \frac{R_1' C \ln 2}{R_1' C \ln 2 + R_2' C \ln 2} = \frac{R_1'}{R_1' + R_2'}$$

如 $R_1' = R_2'$,则占空比 $q=0.5$;若 $R_1' < R_2'$,则 $q<0.5$。

图 23.2.4 所示电路,调节电位器滑动端位置时,占空比改变,但电路输出脉冲的周期(或频率)不会改变。

例 23.2.1 图 23.2.4 所示电路,若 $C=0.1$ μF,电阻 $R_1=R_2=10$ kΩ,$R_P=100$ kΩ,二极管 D_1、D_2 视为理想元件(即正向电压降 $U_D=0$,反向电阻为无穷大)。求 R_P 的滑动端位于图中 a、b、c 三个位置时,输出脉冲宽度、周期 T 和占空比 q 值(位置 b:$R_1 = R_1' + \frac{R_P}{2}$,$R_2 = R_2' + \frac{R_P}{2}$)。

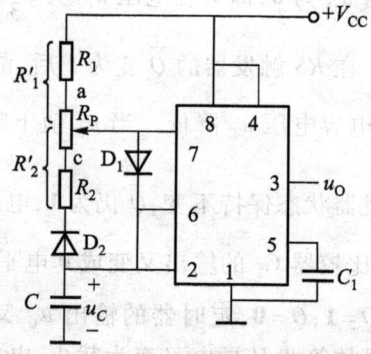

图 23.2.4 占空比可调的多谐振荡器

解:(1) 滑动端位于位置 a 处时,输出脉冲宽度

$$t_1 = R_1 \cdot C \ln 2$$
$$= 10^4 \times 0.1 \times 10^{-6} \times 0.7 \text{ s}$$
$$= 0.7 \times 10^{-3} \text{ s} = 0.7 \text{ ms}$$

输出脉冲周期

$$T = t_1 + t_2 = R_1 C \ln 2 + (R_2 + R_P) C \ln 2 = 8.4 \text{ ms}$$

占空比

$$q = \frac{t_1}{T} = 0.083$$

(2) 滑动端位于 b 处时,输出脉冲宽度

$$t_1 = \left(R_1 + \frac{R_P}{2}\right) C \ln 2 = 60 \times 10^3 \times 0.1 \times 10^{-6} \times 0.7 \text{ s} = 4.2 \text{ ms}$$

输出脉冲周期
$$T = R_1'C\ln 2 + R_2'C\ln 2 = (R_1+R_P+R_2)\cdot C\cdot \ln 2 = 8.4 \text{ ms}$$

占空比
$$q = \frac{t_1}{T} = 0.5$$

(3) 滑动端位于 c 处时,输出脉冲宽度
$$t_1 = (R_1+R_P)\cdot C\cdot \ln 2 = 110\times 10^3\times 0.1\times 10^{-6}\times 0.7 \text{ s} = 7.7 \text{ ms}$$

周期 $T = 8.4$ ms,占空比 $q = \frac{t_1}{T} = 0.92$。

2. 应用 555 定时器构成单稳态触发器

由 555 定时器构成的单稳如图 23.2.5 所示。

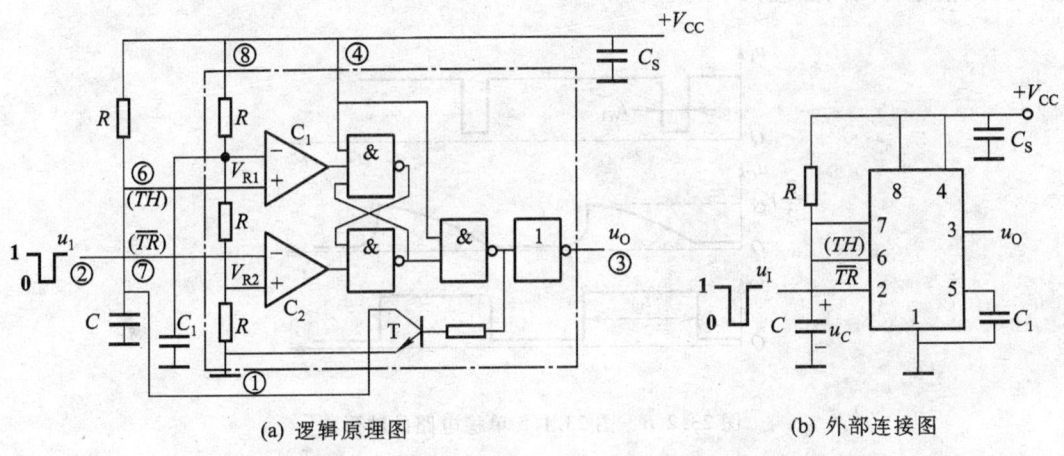

(a) 逻辑原理图　　　　　　　(b) 外部连接图

图 23.2.5　由 555 定时器构成的单稳态触发器

图 23.2.5(a)所示电路工作原理如下:电路接入电源 V_{CC} 后,由于电容 C_S 的电压不能跃变,因而使④脚,即 $\overline{R_D}$ 端相当于在起始时加有一低电平的信号,从而使 RS 触发器在 555 接入电源时直接置 0,然后电容 C_S 很快充电到 V_{CC} 值,使④脚保持为高电平。

555 内部 RS 触发器置 0 后,$\overline{Q}=1$,使晶体管 T 导电,电容 C 很快通过晶体管放电使电压 $u_C=0$,由于⑥脚(即 TH 端)连于电容 C 上,故电容放电后,⑥脚为低电平,所以比较器 C_1 的输出,即 RS 触发器的 R 端为 1。在外界没有信号输入时,②脚(即 $\overline{TR}$ 端)为高电平,所以比较器 C_2 的输出,即 RS 触发器的 S 端也为 1。因此,图 23.2.5 所示电路接入电源后,RS 触发器保持 0 状态,即 $Q=0,\overline{Q}=1$。$\overline{Q}=1$ 则电路输出 u_O 为 0。

当图 23.2.5 所示电路的②脚作用一个负脉冲触发信号后,②脚的电位 $u_1 < \frac{1}{3}V_{CC}$,这时比较器 C_2 的输出,即 RS 触发器的 S 端为 0,RS 触发器的 $S=0,R=1$,触发器的状态改变,Q 端由 0 变 1,$\overline{Q}$ 由 1 变 0。触发器 $\overline{Q}$ 端变为 0 后,电路的输出 u_O 变成 1。$\overline{Q}=0$ 之后,晶体管 T 截止,电源 V_{CC} 经电阻 R_1 对电容 C 充电。

在电容充电的过程中,②脚的触发信号消失,②脚又回到高电平,这时 RS 触发器的 R,S 控

制端均为 **1**,触发器状态保持不变,仍保持 $Q=1$,$\overline{Q}=0$ 的状态。因此,在外界触发信号消失后,电容 C 仍能继续充电。

当电容 C 充电,电压 u_C 超过 $V_{R1}=\frac{2}{3}V_{CC}$ 时,电压比较器 C_1 的输出由 **1** 变 **0**,即 RS 触发器的 R 端为 **0**,触发器被置 **0**,使 $Q=0$,$\overline{Q}=1$。$\overline{Q}=1$ 之后,电路的输出 u_O 又成低电平,电路输出了一个正脉冲。$\overline{Q}=1$ 之后晶体管 T 又导电,电容 C 通过晶体管 T 很快地放电,⑥脚又变为低电平,电路回复到触发脉冲到来前的状态。只有②端再次有负脉冲输入时,③端 u_O 才会有正脉冲输出。

单稳电路输入、输出波形如图 23.2.6 所示,电路输出脉冲宽度 $t_W\approx 1.1R_1C$。为使单稳电路能正常工作,输入脉冲宽度 t_{W1} 应小于输出脉冲宽度 t_W;若 $t_{W1}>t_W$,可在输入端加入微分电路;此外,输入的两信号时间间隔应大于 t_W。

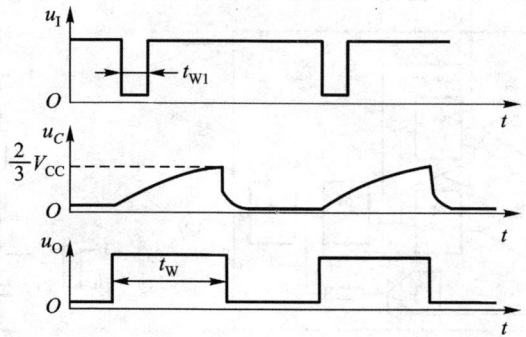

图 23.2.6　图 23.1.5 单稳电路的波形

3. 应用 555 定时器构成施密特触发器

由 555 定时器构成的施密特触发器,如图 23.2.7 所示。

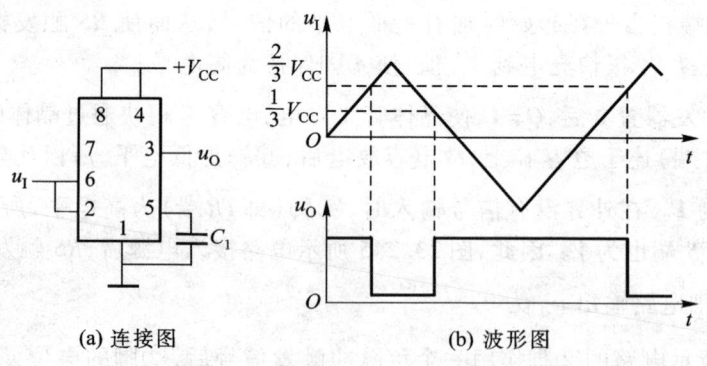

(a) 连接图　　　　　　(b) 波形图

图 23.2.7　由 555 定时器构成的施密特触发器

图 23.2.7(a)所示连接图的工作原理如下:555 的②脚和⑥脚相连,输入信号。当信号 u_I 电

压值$<\frac{V_{CC}}{3}$时,555内部的RS触发器置**1**,电路的输出u_o为高电平;当信号u_1电压值$>\frac{2}{3}V_{CC}$时,555内部的RS触发器置**0**,电路的输出u_o为低电平。555内部RS触发器置**1**后,只要u_1值不高于$\frac{2}{3}V_{CC}$,电路的输出u_o保持高电平;RS触发器置**0**后,只要u_1值不低于$\frac{V_{CC}}{3}$,电路的输出u_o保持低电平。整形后的波形如图23.2.7(b)所示。$\frac{2}{3}V_{CC}-\frac{V_{CC}}{3}=\frac{V_{CC}}{3}$为该电路的回差电压。

数字集成电路的定时器,除上述之外还有一种型号为GMT1555/1557的定时器,这是一种新型的定时器,它的内部电路较一般的"555"进行了简化,减少了放电电路、置**0**电路和外加电压控制端,制成为只有5个引脚的小型器件,其主要应用是构成单稳电路(GMT1555)和多谐振荡器(GMT1557)。有关GMT1555/1557的应用可查阅电子元件手册进行了解。

▶▶23.2.3 555定时器应用举例

例23.2.2 用555定时器构成延时断电(节电)电路。

楼道、通道等处的照明灯,使用者按下照明灯开关后,照明灯通电照亮通道,使用者离去后可通过延时节电控制电路,自动延时1~2 min后断电。图23.2.8所示即是由555定时器构成的延时断电(节电)电路。

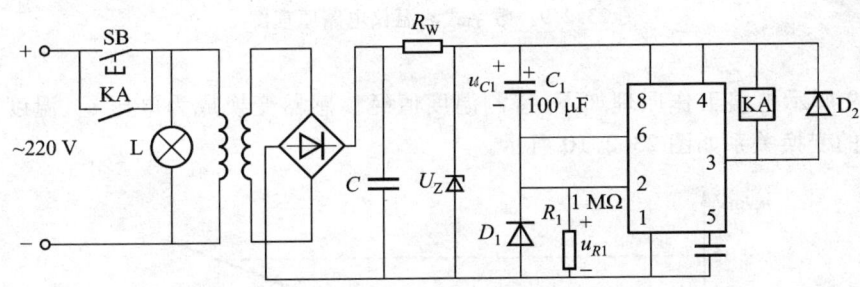

图23.2.8 由555构成的延时断电(节电)电路

图23.2.8所示电路工作原理如下:按下按钮SB后灯L通电,同时整流电路产生直流电压,经稳压后作用于555电路,稳定电压U_Z对C_1、R_1电路充电,起始时因$u_{C1}=0$,所以555的触发端(②脚和⑥脚)为高电平,即电阻R_1上的电压$>\frac{2}{3}U_Z$,因而输出电压u_o③脚为低,从而使继电器KA通电,其动合触点闭合,电路进行自锁。随着电容充电,电容电压u_{C1}升高,555的触发端电压u_{R1}下降,当u_{R1}下降到其值$<\frac{1}{3}U_Z$时,输出电压u_o变成高电平,继电器KA线圈电压减小,继电器不能使其动合触点闭合,触点KA断开后,电路与电源断开,照明灯自动断电。该电路中照明灯通电时间$t=R_1C_1\ln 3$,按图23.2.8中所示参数值,该电路照明灯通电时间约为110 s,即按一下按钮SB后,照明灯L通电约2 min,然后自动断电。

图23.2.8中与电阻R_1并联的二极管D_1用于断电后电容C_1快速放电;另一个二极管D_2用于继电器KA的续流,以保护555免受KA线圈在断电时产生高压而损坏。

例 23.2.3　数字式测温电路

图 23.2.9 所示是可显示 1 000 ℃ 以下温度的数字式测温仪电路原理图。

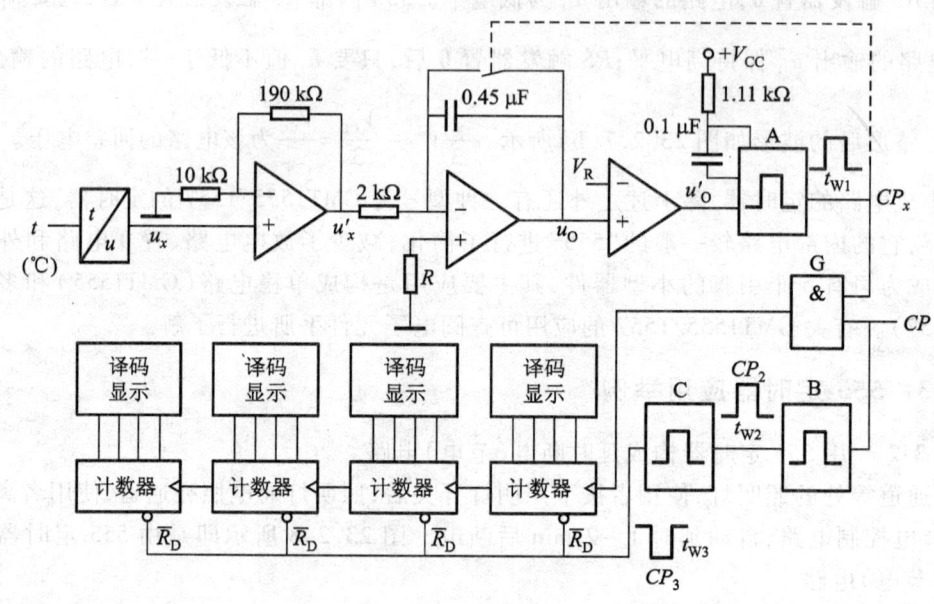

图 23.2.9　数字式测温仪电路原理图

图 23.2.9 所示电路工作原理如下：待测温度值经传感器变换成为电压 u_x，温度 t(℃) 与电压 u_x(mV) 间的变换关系如图 23.2.10 所示。

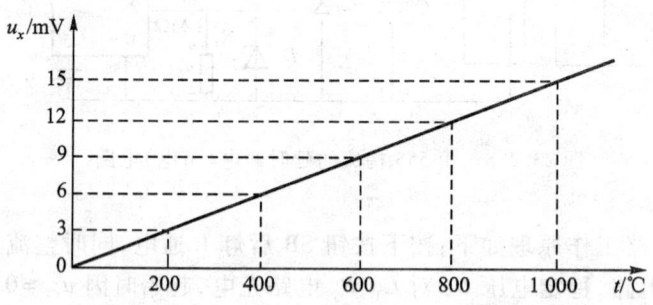

图 23.2.10　图 23.2.9 所用传感器的 $t-u_x$ 关系曲线

当待测温度经传感器变换出相应的电压 u_x，将 u_x 放大 20 倍后送入积分电路，积分器的输出电压 u_O 与参考电压 $V_R = -1$ V，通过电压比较器进行比较。在 $u_O > V_R$ 时，比较器输出电压 u'_O 为 **1**；在 $u_O < V_R$ 时，比较器输出电压 u'_O 为 **0**。因此，当 u_O 从大于 V_R 变到小于 V_R 时，比较器的输出电压 u'_O 将出现 **1↘0** 的负跳变。该负跳变用来触发单稳态触发器 A，使单稳 A 的 Q 输出端产生一个脉冲宽度 $t_{W1} = 0.45 R_T C_T$ 的正脉冲 CP_x。CP_x 一方面用于控制积分器上的电子开关，在 CP_x 出现时电子开关闭合，使电容 C 瞬间放电，积分器输出电压 u_O 回零；CP_x 脉冲另一方面通过主控门 G 进入计数器，作为计数脉冲。

主控门 G 的另一个输入信号是控制脉冲 CP,控制脉冲 CP 的周期 $T=60$ s,该脉冲的持续时间为 30 s。在脉冲 $CP=1$ 期间,主控门打开时,由单稳 A 产生的脉冲 CP_x 通过主控门进入计数器。脉冲 $CP=0$ 期间主控门关闭,显示器将显示出在 $CP=1$ 期间通过主控门进入计数器电路的脉冲 CP_x 的数目。

在脉冲 CP 由 **1**↘**0** 时,这个负跳变用来触发单稳态触发器 B,使单稳态触发器 B 的输出产生一个脉冲宽度 $t_{W2}=3$ s 的正脉冲 CP_2;经过 3 s 之后,CP_2 由 **1**↘**0**,这个负跳变触发单稳态触发器 C,使其输出端产生一个脉冲宽度 $t_{W3}=0.1$ ms 的负脉冲 CP_3。CP_3 出现后将计算器清零,该测温电路进入下一个测量周期。

图 23.2.9 所示电路,4 位数码的显示值将与被测温度值相等。例如,当被测温度为 800 ℃ 时,由 $t\,℃-u_x$ 转换曲线可得到对应的电压值 $u_x=12$ mV,经放大 20 倍后,$u_x'=12\times 20$ mV $=240$ mV $=0.24$ V。积分器对 0.24 V 电压进行积分,积分器的输出电压为

$$u_0 = \frac{-0.24}{RC}t = \frac{-0.24}{2\times 0.45\times 10^{-3}}t = -0.27\times 10^3 t(\text{V})$$

在 $u_0>V_R=-1$ V 时,比较器输出电压 u_0' 为高电平,而当 u_0 降低到 $\leqslant V_R=-1$ V 时,比较器将出现负跳变,使单稳 A 产生一个脉冲 CP_x。因此,u_0 从 0 V 降至 -1 V 时所用时间可根据下式求出,即

$$-1\text{ V} = -0.27\times 10^3 t(\text{V})$$

得

$$t = \frac{1}{0.27\times 10^3}\text{ s} = 3.70\text{ ms}$$

即每间隔 3.70 ms 将有一个负跳变的信号作用到单稳 A,使单稳 A 输出一个 CP_x 脉冲,根据图 23.2.9 给出的数值,可知 CP_x 的脉冲宽度

$$t_{W1} = 0.45 R_T \cdot C_T$$
$$= 0.45\times 1.11\times 0.1\text{ ms}$$
$$= 0.05\text{ ms}$$

因此,在 CP 脉冲为 **1** 期间,进入计数器的 CP_x 数 N 为

$$N = \frac{\frac{T}{2}}{t'}$$

而 $t' = t + t_{W1}$,得

$$N = \frac{\frac{T}{2}}{t+t_{W1}}$$
$$= \frac{30\text{ s}}{(3.70+0.05)\text{ ms}}$$
$$= 8\,000$$

因而,显示值为 800.0 ℃,考虑计算时取值的近似,因而显示值将会与实际值有些差别。

习 题

23.1 图 23.1.1(a)所示电路,若每个门的平均延迟时 $t_{pd}=40$ ns(10^{-9} s),求电路输出电压 u_O 的频率 f 为何值?

23.2 分析题图 23.2 所示电路的工作原理,并定性画出电压 u_1、u_2、u_2' 的波形[参考图 23.1.2(a)所示电路的工作原理]。该电路的电阻 R_1、R_2 均 <1 kΩ。

23.3 题图 23.3 所示电路,$R_1=R_2=1$ kΩ,电路起始时 $Q=0$,$\overline{Q}=1$,电容电压 $u_{C1}=u_{C2}=0$。分析所示电路的工作原理[参考图 23.1.3 所示电路的原理],画出 Q、$\overline{Q}$ 端电位变化的波形图。

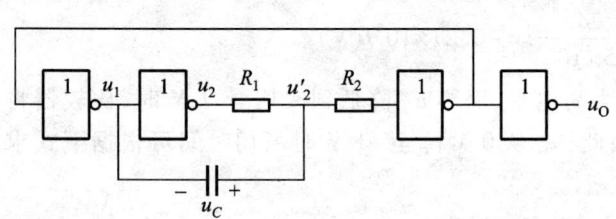

题图 23.2 习题 23.2 的图

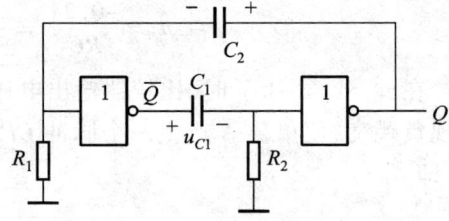

题图 23.3 习题 23.3 的图

23.4 题图 23.4 所示电路,起始时 $u_1=0$,$u_2=1$,$u_{C1}=u_{C2}=0$。图中的二极管的作用是:当 $u_1=0$(或 $u_2=0$)时,为电容 C 的快速放电提供途径。说明电路的功能,画出 u_1、u_2、u_{C1}、u_{C2} 和 u_O 的波形。图中 $R_1=R_2$,$C_1=C_2$,门电路的 $U_{on}=U_{off}$。

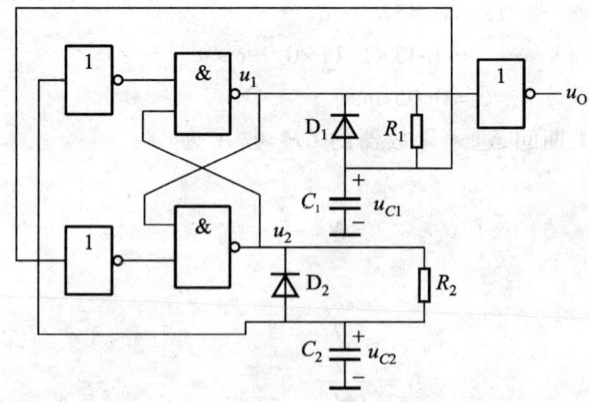

题图 23.4 习题 23.4 的图

23.5 题图 23.5 所示电路,起始时,$u_C=0$、$u_2=1$。说明电路的功能,画出电路 u_C 和 u_O 的波形。电路中 $R_1=R_2$ 和 $U_{on}=U_{off}$。

23.6 题图 23.6(a)所示电路,由集成单稳 74123 和移位寄存器 74194 组成。移位寄存器的时钟 CP,如题图 23.6(b)所示,单稳 74123 的 $R_1=100$ kΩ、$C_1=10$ μF,$R_2=10$ kΩ、$C_2=1$ μF。分析电路的工作过程,画出 $Q_0 \sim Q_3$ 及 u_{O1} 和 u_{O2} 的波形。

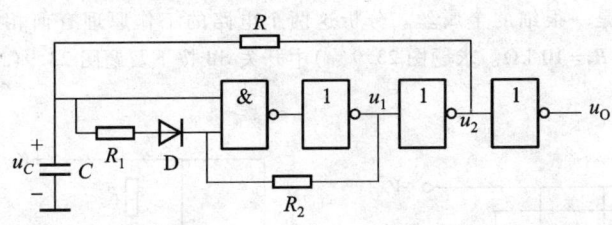

题图 23.5　习题 23.5 的图

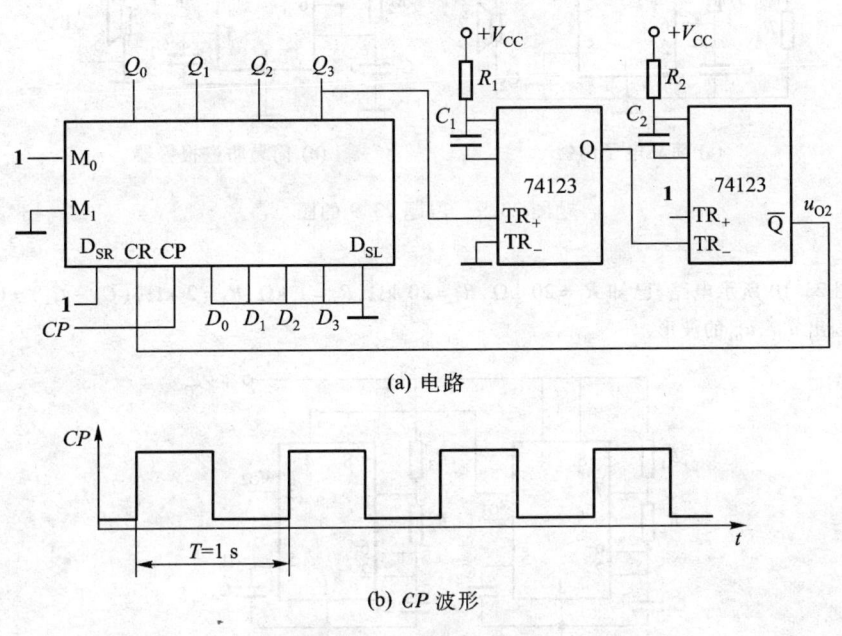

(a) 电路

(b) CP 波形

题图 23.6　题 23.6 的图

23.7　题图 23.7 所示电路，$R_1 = 10\text{ k}\Omega$，$R_2 = 40\text{ k}\Omega$，$C = 1\text{ μF}$。求电路输出电压的周期 T 和频率 f。

23.8　题图 23.8 所示单稳电路，若要求 $t_w = 0.5\text{ s}$，已知电容 $C = 10\text{ μF}$，该电路的电阻 R 为何值（kΩ）？

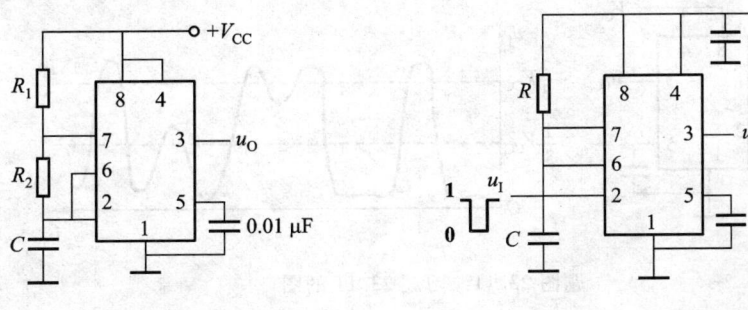

题图 23.7　习题 23.7 的图　　　　题图 23.8　习题 23.8 的图

23.9　题图 23.9(a) 所示电路是由 555 定时器构成的一个简易电子门铃；题图 23.9(b) 所示电路是一个简

易防盗报警器，图中 a-b 间是一很细的金属丝。分析这两个电路的工作原理有何相同之处。若电路中 $C_1 = 0.1\ \mu\text{F}, C = 100\ \mu\text{F}, R_1 = R_2 = R_3 = 10\ \text{k}\Omega$。求题图 23.9(a)中开关 SB 按下及题图 23.9(b)中金属丝断开后，这两个电路的工作频率 f。

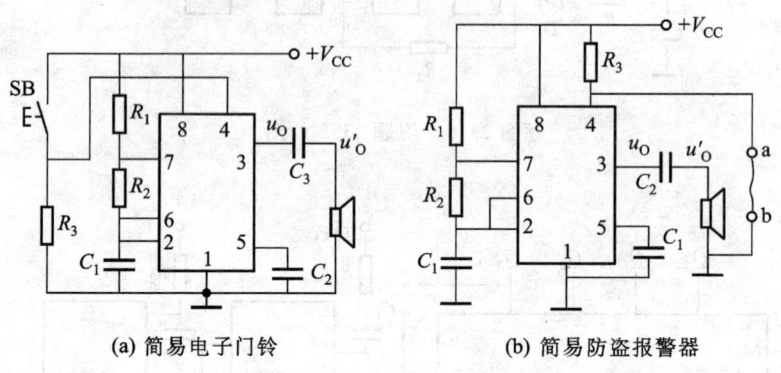

(a) 简易电子门铃　　　(b) 简易防盗报警器

题图 23.9　习题 23.9 的图

23.10　题图 23.10 所示电路，已知 $R_1 = 20\ \text{k}\Omega, R_2 = 20\ \text{k}\Omega, R_3 = 1\ \text{k}\Omega, R_4 = 2\ \text{k}\Omega, (C_1 \sim C_4) = 0.1\ \mu\text{F}$。计算 u_{O1}, u_{O2} 的频率，画出 u_{O1}, u_{O2} 的波形。

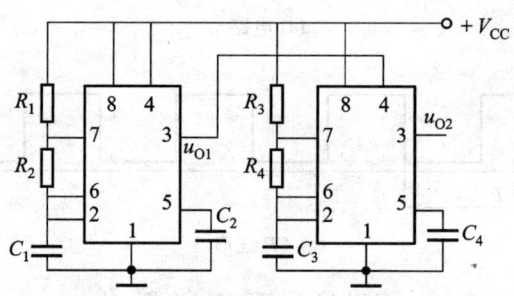

题图 23.10　习题 23.10 的图

23.11　题图 23.11 所示电路，输入波形如图所示。画出电路输出电压 u_O 的波形。

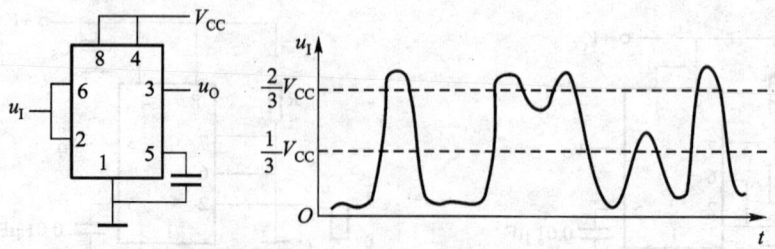

题图 23.11　习题 23.11 的图

23.12　题图 23.12 所示电路是一个数字频率计，用于测量 CP_x 的频率。该电路清零后，触发器 FF_1、FF_2 的 $Q_1 = Q_2 = 0$，计数器显示为零值，若电路 $\overline{Q_2}$ 有一负跳变时，单稳 I 将有一正脉冲 CP_1 输出（脉冲 CP_1 的宽度为

t_{W1}),当 CP_1 有负跳变时,单稳Ⅱ有一正脉冲 CP_2 输出。试分析该电路的工作过程,说明 t_{W1} 这段延时时间的作用;画出 Q_1、$Q_2(\overline{Q_2})$、CP_1、$CP_2(\overline{CP_2})$ 及 CP'_x 的工作波形图。

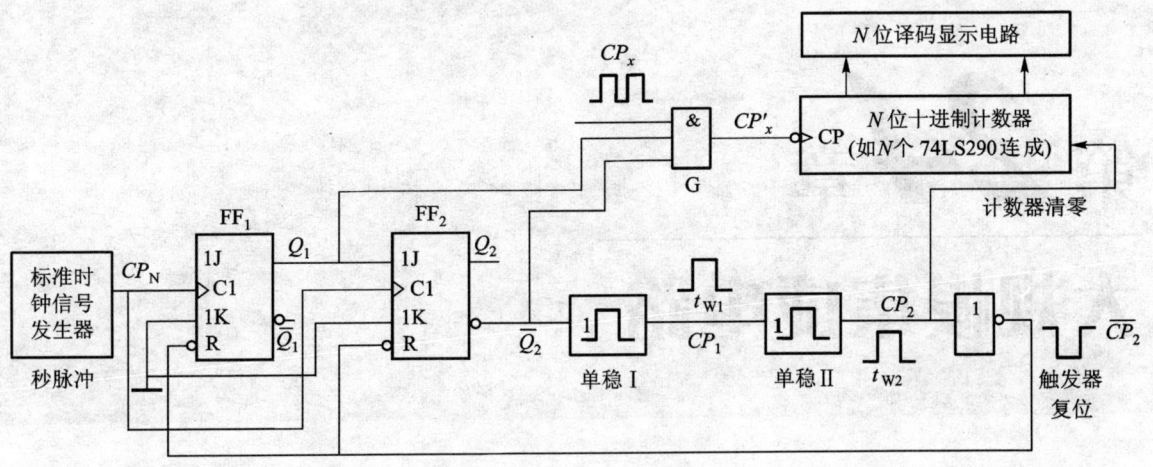

题图 23.12 习题 23.12 的图

第24章 大规模集成电路

数字集成电路的规模根据芯片的集成度(即芯片内集成的等效门电路的数目)来划分。例如,触发器、计数器和寄存器的集成电路,芯片中不足 100 个门,属于中、小规模集成电路。中小规模集成电路具有很强的通用性,可以构成复杂的数字系统,但这样构成的数字系统外部接线很多,会使系统工作的可靠性降低。随着半导体集成电路制造技术的发展,大规模和超大规模集成电路已得到发展和广泛应用,设计出的数字系统体积更小、重量更轻、可靠性更高。常用的大规模和超大规模集成电路有:数字量与模拟量的转换电路、半导体存储器、可编程逻辑器件、单片微处理机等。

本章将主要介绍数/模和模/数转换器、半导体存储器和可编程逻辑器件的工作原理。

▶24.1 数字量和模拟量的相互转换

随着数字电子技术的发展,用数字电路处理模拟信号的需求越来越多。用数字电路来处理模拟量,必须先将模拟信号转换成数字信号后才能进行处理。将模拟信号转换成数字信号,称为模/数转换,简称为 A/D(Analog to Digital)转换。模拟量变换成数字信号后,经过数字电路输出时,通常又需要将数字信号转换成为模拟量,以便于驱动仪表或电机运转等。将数字信号转换成模拟信号称为数/模转换,简称为 D/A(Digital to Analog)转换。

因此,A/D、D/A 转换是数字电路与外部设备连接的重要接口电路,是许多数字系统中常用的部件。

▶▶24.1.1 D/A 转换器(DAC)

将数字信号转换成模拟信号的电路称为数/模转换器(Digital to Analog Converter,DAC)。将数字信号通过 D/A 转换器变成模拟信号时,数字信号与模拟信号间应保持着确定的转换关系,下面以把一个 4 位二进制数 $d_3d_2d_1d_0$ 转换 0~5 V 的电压为例来说明其间的对应关系。

4 位二进制数每位的权重不同:d_3、d_2、d_1、d_0 各位的权分别为 8(即 2^3)、4(即 2^2)、2(即 2^1)、

1(即 2^0)。设参考电源 $V_R = 5$ V,则数字量的最低有效位所对应的电压为 $5/2^4 = 0.3125$(V),即 $d_3d_2d_1d_0$ 每加 1,其对应的模拟电压增加 0.312 5(V)。4 位数字量转换为 0~5 V 模拟量的对应关系见表 24.1.1。

表 24.1.1 4 位数字量转换为 0~5 V 模拟量的对应关系

序号	数字量				模拟量
	d_3	d_2	d_1	d_0	U/V
0	0	0	0	0	0
1	0	0	0	1	0.312 5
2	0	0	1	0	0.625
3	0	0	1	1	0.973 5
4	0	1	0	0	1.25
5	0	1	0	1	1.562 5
6	0	1	1	0	1.875
7	0	1	1	1	2.187 5
8	1	0	0	0	2.500 0
9	1	0	0	1	2.812 5
10	1	0	1	0	3.125
11	1	0	1	1	3.437 5
12	1	1	0	0	3.75
13	1	1	0	1	4.062 5
14	1	1	1	0	4.376
15	1	1	1	1	4.687 5

1. 数/模(D/A)转换方法

实现 D/A 转换的方法很多,典型的 D/A 转换电路是由电阻网络、电子开关及求和放大器等几部分组成。图 24.1.1 所示电路是个应用较广泛的 T 形电阻网络 D/A 转换器的原理图,该电路可将 4 位二进制数字量转换成相应的电压输出。图中,$S_3 \sim S_0$ 是 4 个电子开关(为模拟开关),其通、断分别受输入的 4 位二进制数码控制:当对应的数码为 **1** 时开关将合向左边,接在参考电源 V_R 上;当对应的数码为 **0** 时开关将合向右边,接地。该电路的转换原理如下所述。

当 $d_3d_2d_1d_0 = $ **1000** 时,开关 S_3 接 V_R、$S_2 \sim S_0$ 接地,则在图 24.1.1(a)所示电路中,点画线线框内的电路可用一个等效电阻 2R 替代,等效电路如图 24.1.1(b)所示,再用戴维宁定理对图 24.1.1(b)所示电路进行简化,可得图 24.1.1(c)所示的电路。由图 24.1.1(c)所示电路可知,当 $d_3d_2d_1d_0 = $ **1000** 时

$$u_O = -\frac{3R}{3R} \cdot \frac{V_R}{2} = -\frac{V_R}{2}$$

同理,当 $d_3d_2d_1d_0 = $ **0100** 时,可得

$$u_O = -\frac{V_R}{2^2}$$

当 $d_3d_2d_1d_0 = $ **0010** 时,可得

$$u_O = -\frac{V_R}{2^3}$$

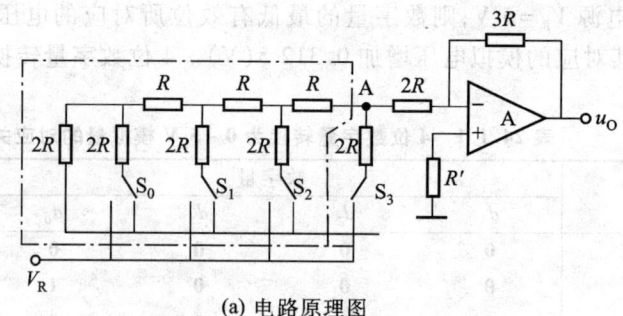

(a) 电路原理图

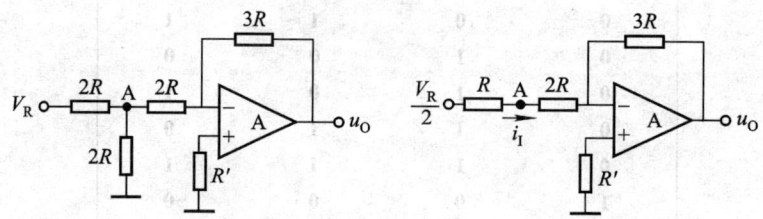

(b) $d_3d_2d_1d_0=1000$ 时的等效电路　　(c) $d_3d_2d_1d_0=1000$ 时的输入输出关系

图 24.1.1　T 形电阻网络 D/A 转换器

当 $d_3d_2d_1d_0=0001$ 时,可得

$$u_O = -\frac{V_R}{2^4}$$

综上所述,输出 u_O 与输入 $d_3d_2d_1d_0$ 的关系可表示为

$$u_O = -\frac{V_R}{16}(2^3d_3+2^2d_2+2^1d_1+2^0d_0) \qquad (24.1.1)$$

由式(24.1.1)可看出,该转换电路可以使输出的模拟量(电压)与输入的数字量成正比,完成 D/A 转换。

在图 24.1.1(a)中,电阻网络是由阻值为 R 和 $2R$ 的两种电阻构成,R、$2R$、R 之间以字母 T 的样式连接,因而这一转换电路称为 T 形电阻网络 D/A 转换器。

2. 集成电路 D/A 转换器

目前使用的 D/A 转换器均属于大规模集成电路组件,在集成 D/A 转换器的内部只有电阻网络和受数字量控制的电子开关,如常用的型号为 DAC0832 集成 D/A 转换器即为这样结构,其结构框图如图 24.1.2(a)所示。DAC0832 是 CMOS 集成电路,内部有两个带使能端的 8 位寄存器、一个 T 形电阻网络及相应的电子开关。

DAC0832 共有 20 个引脚,如图 22.1.2(b)所示。各引脚功能如下:

① $D_7 \sim D_0$:8 位数字输入端。D_7 为最高位,D_0 为最低位。

② 5 个输入控制端:

ILE 称为允许输入锁存端,高电平有效;

$\overline{CS}$ 为片选输入端,低电平有效;

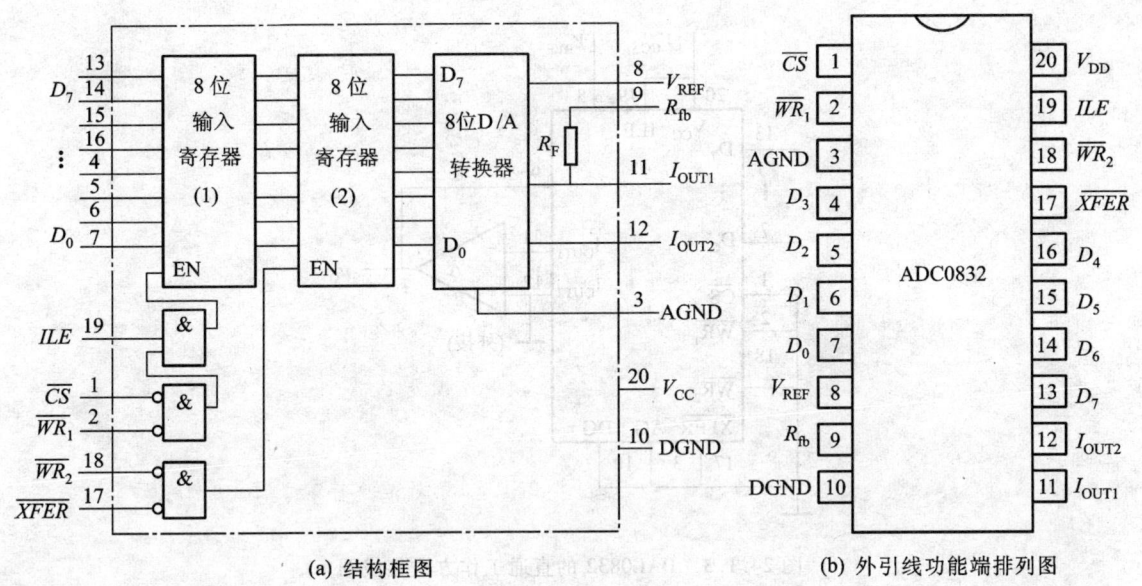

图 24.1.2 DAC0832 原理框图

$\overline{WR_1}$，为寄存器（1）的写入信号输入端，低电平有效；

$\overline{WR_2}$，为寄存器（2）的写入信号输入端，低电平有效；

$\overline{XREF}$ 为传输控制信号输入端，低电平有效。

这 5 个控制信号对 D/A 转换控制如下：当 $ILE = 1$，$\overline{CS}$ 和 $\overline{WR_1}$ 均为 **0** 时，可将外部输入的 8 位数字量 $D_7 \sim D_0$ 写入寄存器（1）并输出；若 $\overline{WR_1} = 1$ 则数据锁存于寄存器（1）中不能输出。当 $\overline{WR_2}$ 和 $\overline{XREF}$ 均为 **0** 时，寄存器（2）将接收由寄存器（1）送出的数字信号并进行 D/A 转换，若 $\overline{WR_2} = 1$ 则寄存器（2）内的数字信号锁存，不能进行转换。

由于 DAC0832 内部有两个寄存器，而两个寄存器又均可控，故使用比较灵活。例如：当数据由寄存器（1）转存到寄存器（2）后，寄存器（1）就可以接收新数据而不会影响输出；当两个寄存器均直通时，又可使输入的数据不断地进行转换。

③ 3 个与外接运放相连的输出端：I_{OUT1}、I_{OUT2}（两个电流输出端）和 R_{fb}（反馈电阻引线）端。

④ V_{CC}——电源电压（+5 ~ +15 V）接线端。

⑤ V_{REF}——参考电压（-10 ~ +10 V 范围选择）输入端。

⑥ 接地端：AGND——模拟信号接地端；DGND——数字信号接地端。

用 DAC0832 直通连线工作方式的接线图如图 24.1.3 所示。

D/A 转换器在数字系统中除了数/模转换外，还有着其他方面的应用。例如：可用来组成一个可控电源，将数字量经 D/A 转换成电压，再经功率放大后，得到一个能提供一定电流和电压的直流电源；当改变输入数字量时，输出的电源电压将随之改变。依照类似的方式也可构成产生不同频率、不同形状的各种波形的波形发生器。

3．D/A 转换器的主要技术指标

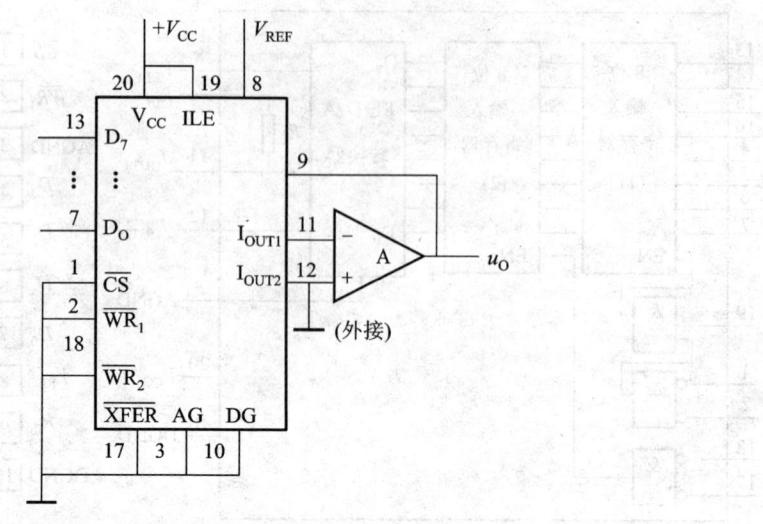

图 24.1.3 DAC0832 的直通工作方式接线图

D/A 转换器的主要技术指标有分辨率、转换误差、转换时间等项。各指标的含义如下：

(1) 分辨率

定义为最低有效位(Lowest Significant Bit, LSB)所对应的电压 U_{LSB} 与最大输出电压(也称满刻度输出电压, Full Scale Range, FSR) U_{FSR} 的比值。设 D/A 转换器的位数为 n，则

$$U_{LSB} = \frac{V_R}{2^n}$$

$$\delta = \frac{U_{LSB}}{U_{FSR}} = \frac{1}{2^n - 1}$$

若 D/A 转换器的参考电压 V_R 一定，则转换器的二进制位数越多，最低位对应的电压值也就越小，分辨率就越高。因此，D/A 转换器的分辨率也可以用二进制的位数来表示。例如 DAC0832 的分辨率为 8 位，DAC1000 的分辨率为 10 位，DAC1220 的分辨率为 12 位，AD7546 的分辨率为 16 位。

(2) 转换误差(或精度)

转换误差又称线性误差，它表示出实际的 D/A 转换器的转换特性和理想转换特性之间的最大偏差，如图 24.1.4 所示。

转换误差通常用最低有效位(即输入 n 位二进制数 **00⋯01** 时所对应的模拟量输出值)的倍数表示。例如当输入二进制为 8 位、参考电压 $V_R = 5$ V 时，若转换误差为 1.5LSB(LSB 为输入二进制数的最低位)，则转换误差(线性误差)值为：$1.5 \times \frac{5}{2^8} \approx 0.0293$ (V)。

转换误差又称 D/A 转换器的绝对精度，而绝对精

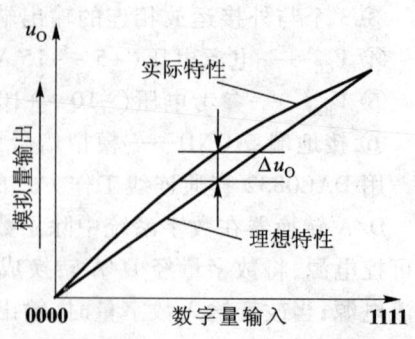

图 24.1.4 D/A 转换器的转换特性曲线

度与满刻度输出电压之比的百分数,称为相对精度。

(3) 转换时间

转换时间又称建立时间或稳定时间,它是指 D/A 转换器从接收数字量开始到输出电压达到与稳态值相差±1/2 LSB 范围以内的这段时间。如 ADC0832 的稳定时间为 1 μs。

▶▶24.1.2 A/D 转换器(ADC)

A/D 转换在现代测量、控制及信号处理系统中有着广泛的应用,转换的目的是将一些物理量,如温度、压力、语音、图像等连续变化的模拟信号,转换成能被数字系统处理的数字信号。

模拟量与数字量转换的方法很多,按工作原理的不同可分为两类:直接 A/D 转换和间接 A/D 转换。直接 A/D 转换是将输入的模拟量直接转换成为数字信号;间接 A/D 转换是将输入的模拟量先转换成某种中间量,如时间、频率等,然后再将此中间量转换成数字信号。

1. A/D 转换的步骤

将模拟信号转换成数字信号要比数字信号转换成模拟信号复杂些,原因是模拟信号转换为数字信号时要经过采样-保持、量化和编码等几个步骤后才可完成转换。

(1) 采样-保持

由于模拟量都为时间上连续的变化量,因此,对模拟量进行转换时不可能将模拟信号的每一时刻的数值都转换成数字量,而只能在一些选定的瞬间通过采样脉冲对模拟信号进行采样,然后将采集的数值保持一定时间,在保持的时间内将这个模拟量值转换成为数字量输出,如图 24.1.5 所示。

因为需要完成模/数转换,所以每一个采集的信号都要保持一段时间以便能够完成转换。信号采样与保持由采样-保持电路完成。有关采样-保持电路的工作原理可参阅参考文献[4]。

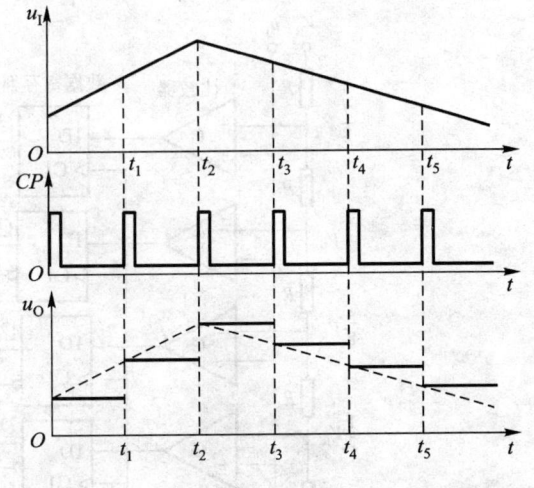

图 24.1.5 采样-保持(示意)波形

模/数转换时,由于只是对模拟量中采样的值进行转换,为了使采样后的信号能正确无误地还原出它所表示的模拟信号而不产生失真,采样频率 f_s 必须高于输入模拟信号频谱中的最高次谐波成分频率 f_{imax} 的两倍,这一规定称为采样定理。采样定理的相关内容可参阅《信号与系统》、《数字信号处理》等教材。

(2) 量化和编码

采集的模拟信号需进行量化才能转换成二进制数码。原因是数字信号在数值上的变化也是不连续的,数字量的大小都是以某个最小数量单位的整数倍表示出,所以在用数字量来表示模拟量时,也必须先将采样电压转化成事先规定好的某个最小数量单位的整数倍,这个转化过程称为量化。

将量化的模拟量(采样电压)用二进制代码表示出来,这个过程称为编码。编码的结果,即这个二进制代码就是 A/D 转换的结果。

模拟量(采样电压)如何量化呢?由表 24.1.1 可看出将 4 位二进制代码转换成 0~5 V 电压时的对应关系。相反,将 0~5 V 的电压转化成 4 位二进制代码时,应当是表 24.1.1 的反过程。从表 24.1.1 可看出,量化单位 Δ 应当是 0.312 5 V,即输入的模拟电压值小于 0.312 5 V 时,输出的二进制数码为 **0000**,当输入电压为 0.312 5 V 时,转化的二进制代码最低位为 **1**,其余位均为 **0**,输入的模拟量每增加 0.312 5 V,转换后的数字量就从最低位上加 **1**,不足 0.312 5 V 就没有反映。由于模拟量在转换时,是以最小单位的整数倍所对应的数字量表示,因此,转换后会出现因量化而产生的误差,量化单位越小,出现的转换误差越小,因此,同样的模拟电压值,转换出的二进制代码的位数多,误差将会减少。为减小转换误差还可通过改进划分量化电平的方法加以解决,具体做法可参阅参考文献[4]、[5]等相关内容。

2. 直接 A/D 转换

常用的直接 A/D 转换有以下两种方法:

(1) 并联比较型

并联比较型 A/D 转换器的原理电路如图 24.1.6 所示。该电路为 3 位 A/D 转换电路,由分压器、电压比较器、数据寄存器和编码器等几部分组成。

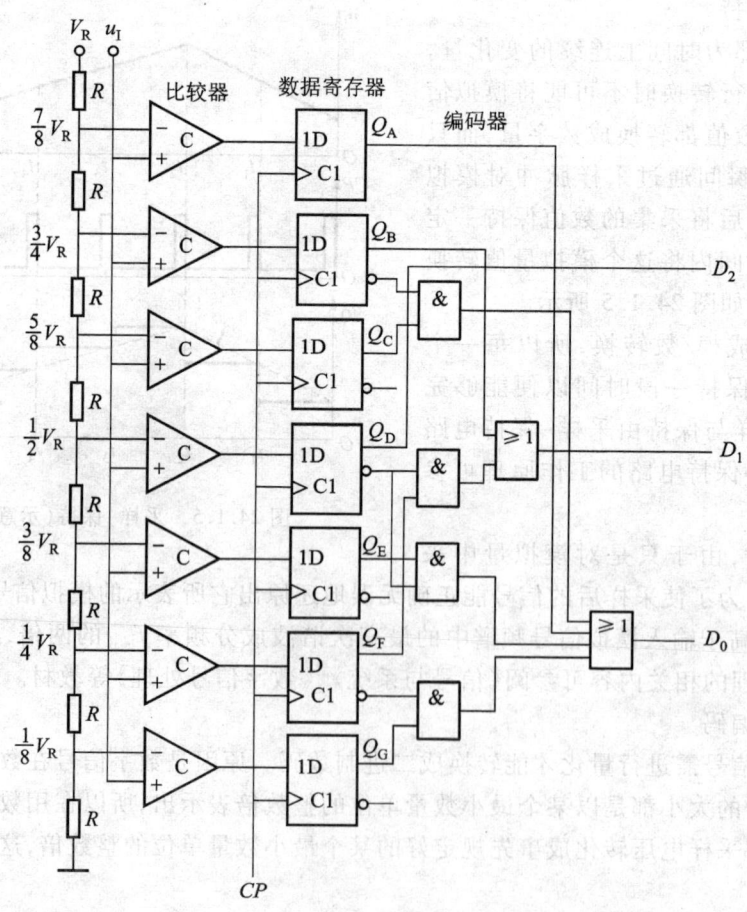

图 24.1.6 3 位并联比较型 A/D 转换器原理图

该电路的转换原理如下：

① 参考电压 V_R 通过 8 个精密电阻构成分压器，得到 7 个基准电压（即量化单位 $\Delta = V_R/8$）。

② 将这 7 个基准电压分别作用在电压比较器的反相输入端，电压比较器的同相输入端作用的是输入的（采样）模拟电压 u_i。当比较器同相输入端的电压值高于反相输入端的电压时，比较器输出为高电平 **1**；反之，输出为低电平 **0**。

③ 从比较器输出的 **1**、**0** 在时钟脉冲 CP 的作用下置入 D 触发器中寄存，以便输出得到稳定的数字信号。

④ 编码器输出的 3 位二进制数码 $D_2D_1D_0$ 与输入模拟电压 u_i 之间的关系见表 24.1.2。

并联比较型 A/D 转换器具有很高的转换速度，只要脉冲 CP 作用到 D 触发器，转换后的数字量即可从编码器输出。并联比较型 A/D 转换器的缺点是：需要的电压比较器多，3 位二进制数码的输出就要 $2^3-1=7$ 个比较器；若电路要求 8 位二进制数码输出，需要 $2^8-1=255$ 个精密电阻构成的分压电路和 255 个电压比较器。因此，当转换速度要求很高时，才使用这种工作方式的集成 A/D 转换器。

表 24.1.2 3 位并联比较型 A/D 转换器 A/D 转换关系对应表

输入模拟电压 u_i	比较器输出							二进制输出		
	A	B	C	D	E	F	G	D_2	D_1	D_0
$V_R > u_i > \frac{7}{8}V_R$	**1**	**1**	**1**	**1**	**1**	**1**	**1**	**1**	**1**	**1**
$\frac{7}{8}V_R > u_i > \frac{6}{8}V_R$	**0**	**1**	**1**	**1**	**1**	**1**	**1**	**1**	**1**	**0**
$\frac{6}{8}V_R > u_i > \frac{5}{8}V_R$	**0**	**0**	**1**	**1**	**1**	**1**	**1**	**1**	**0**	**1**
$\frac{5}{8}V_R > u_i > \frac{4}{8}V_R$	**0**	**0**	**0**	**1**	**1**	**1**	**1**	**1**	**0**	**0**
$\frac{4}{8}V_R > u_i > \frac{3}{8}V_R$	**0**	**0**	**0**	**0**	**1**	**1**	**1**	**0**	**1**	**1**
$\frac{3}{8}V_R > u_i > \frac{2}{8}V_R$	**0**	**0**	**0**	**0**	**0**	**1**	**1**	**0**	**1**	**0**
$\frac{2}{8}V_R > u_i > \frac{1}{8}V_R$	**0**	**0**	**0**	**0**	**0**	**0**	**1**	**0**	**0**	**1**
$\frac{1}{8}V_R > u_i > 0$	**0**	**0**	**0**	**0**	**0**	**0**	**0**	**0**	**0**	**0**

（2）逐次逼近方式的 A/D 转换器

逐次逼近工作方式的 A/D 转换器是目前应用较广泛的一种 A/D 转换方法，这种转换器的原理电路框图如图 24.1.7 所示，它由逻辑控制电路、N 位逐次逼近寄存器、N 位二进制数码三态输出电路、A/D 转换器及电压比较器等组成。

图 24.1.7 所示 A/D 转换器进行 A/D 转换的原理与过程如下：

① 转换器启动后，首先将 N 位逐次逼近寄存器清零。

② 输入第一个时钟脉冲 CP 后，将 N 位逐次逼近寄存器的最高位置成 **1**，即这时逐次逼近寄存器置为 $Q_nQ_{n-1}\cdots Q_1Q_0 = 10\cdots00$。这个数码送到 D/A 转换器，转换出的电压 $u_o = V_R/2$。将电压 u_o 与输入的（采样）模拟电压 u_I 通过电压比较器进行比较，若 $u_I < u_o$，则电压比较器输出为 **1**；若

$u_1>u_0$,则电压比较器输出为 **0**。

③ 若 $u_1<u_0$,即电压比较器输出为 **1**,则在第二个时钟 CP 到时,通过控制电路将最高位置为 **0**,同时将次高位置为 **1**;若 $u_1>u_0$,即电压比较器输出为 **0**,则在第二个时钟 CP 到时,通过控制电路将最高位的 **1** 保留,同时将次高位置为 **1**;若 $u_1>u_0$,则电压比较器输出为 **0**。这样比较一次后,寄存器的最高位是 **1** 还是 **0** 就确定了。

④ 输入第二个时钟脉冲 CP 后,将 N 位逐次逼近寄存器的最高位值已确定,次高位置成 **1**,将这个数码送到 D/A 转换器,再将转换出的电压 u'_0 与输入的(采样)模拟电压 u_1 通过电压比较器进行比较以同样的方法确定次高位的 **1** 是否保留。

⑤ 以后用同样的方法进行试探,直至进行到寄存器的最低位为止。如此,经过 N 次比较即可将输入的模拟量 u_1 转换成相应的数字量。

⑥ 最后转换好的数字量通过 N 位二进制三态输出电路输出。

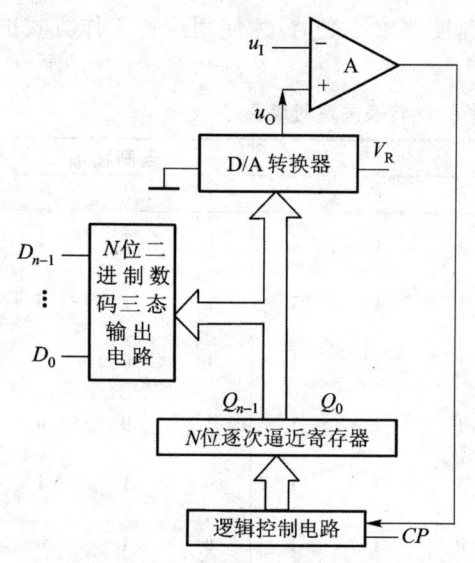

图 24.1.7 逐次逼近方式 A/D 转换器原理框图

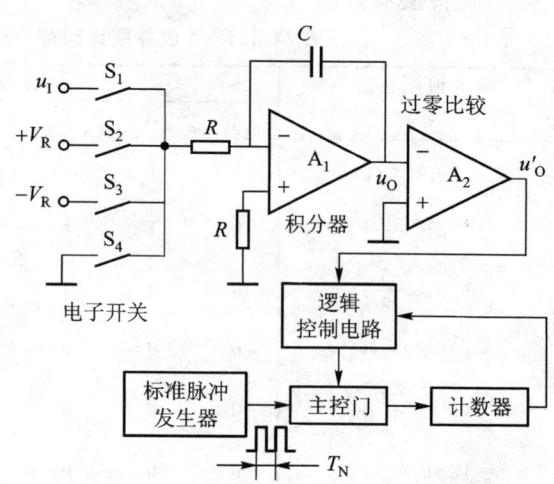

图 24.1.8 双积分 A/D 转换器原理框图

3. 间接 A/D 转换

间接 A/D 转换的方法有多种,其中,双积分 A/D 转换器是较常用的一种,其转换原理为,先将模拟电压 u_1 转换成与其平均值成正比的时间间隔 t_n,然后通过标准时钟脉冲和计数器测量这个时间间隔,从而将电压 u_1 转换成数字量。双积分 A/D 转换器的原理框图如图 24.1.8 所示。

图 24.1.8 所示双积分 A/D 转换器工作过程如下:

(1)准备阶段

待转换的电压 $u_1=0$ 时,电子开关 S_4 闭合,积分器 A_1 的反相输入端接地,输出电压 $u_0=0$。这时主控门关断,计数器内数值为 **0**。

(2)采样积分

当不为零值的电压 u_1 在 $t=t_1$ 时刻作用到转换器的输入端后,逻辑控制电路发出命令将电子开关 S_4 打开、S_1 闭合。S_1 闭合后积分器对电压 u_1 进行反相积分,称采样积分。

$$u_O = -\frac{1}{RC}\int_{t_1}^{t} u_I \, dt \qquad (24.1.2)$$

若 u_1 为定值，则式(24.1.2)又可写成

$$u_O = -\frac{u_1}{RC}(t-t_1) \qquad (24.1.3)$$

在采样积分开始的同时，即 $t=t_1$ 时，逻辑控制电路发出命令将主控门开通，使周期为 T_N 的时钟脉冲通过主控门进入计数器，计数器和积分器在同一时刻开始进行工作。

当 $t=t_2$ 时，计数器计满 n_1 个脉冲，发出溢出信号，通过逻辑控制电路，将电子开关 S_1 打开，积分器停止对电压 u_1 积分。

采样积分所用的时间为 $t_{n1}=t_2-t_1$。在 t_{n1} 这段时间内计数器计入 n_1 个周期为 T_N 的脉冲，因此，采样积分的时间为

$$t_{n1} = n_1 T_N \qquad (24.1.4)$$

式(24.1.4)中的 n_1 为计数器长度（它是一个固定值），因此，采样积分时间 t_{n1} 是固定的，与电压 u_1 的大小无关。积分器从 $t=t_1$ 开始对电压 u_1 进行积分，到 $t=t_2$ 时结束。在 $t=t_2$ 结束时积分器的输出电压为

$$u_O = -\frac{u_1}{RC}(n_1 T_N)$$

（3）比较阶段

当 $t=t_2$ 时，第一次积分完毕。根据电压 u_1 的极性，逻辑控制电路发出命令将极性与 u_1 相反的基准电压 $+V_R$ 或者 $-V_R$ 经电子开关接入积分器进行第二次积分，同时计数器从零开始重新计数。当 u_1 为正电压时，在 $t=t_2$ 时应将电子开关 S_1 打开、S_3 闭合，将基准电压 $-V_R$ 作用于积分器的输入端，在 $t>t_2$ 后，积分器的输出电压

$$u_O = -\frac{u_1}{RC}(n_1 T_N) + \frac{V_R}{RC}\int_{t_2}^{t_1} dt \qquad (24.1.5)$$

由于 u_1 与 $-U_R$ 极性相反，当 $t=t_3$ 时，积分器的输出电压 u_O 将会达到零值，即

$$u_O = -\frac{u_1}{RC}(n_1 T_N) + \frac{V_R}{RC}(t_3-t_2) = 0 \qquad (24.1.6)$$

当 u_O 达到零值后，图 24.1.8 所示电路中的过零比较器输出的信号极性改变，这个变化传至逻辑控制电路后，逻辑控制电路发出命令：停止积分和关闭主控门。

积分器两次积分时电压 u_O 的波形图如图 24.1.9 所示。

在图 24.1.9 中，$t_{n2}=t_3-t_2$ 这段时间称为比较阶段，比较阶段的时间 t_{n2} 可根据式(24.1.6)求出。即

$$t_{n2} = \frac{u_I}{V_R} n_1 T_N \qquad (24.1.7)$$

在 t_{n2} 这段时间内，计数器的计算值为 n_2，

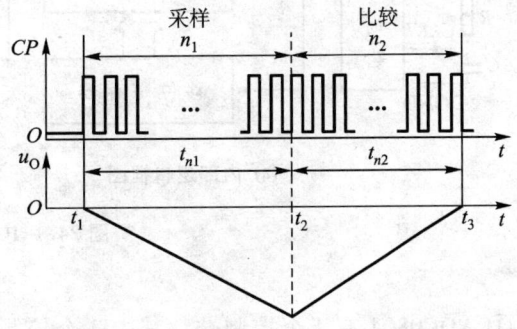

图 24.1.9 积分器输出电压 u_O 的波形图

即计入了 n_2 个周期为 T_N 的时钟脉冲,故 t_{n2} 又可表示为

$$t_{n2} = n_2 T_N \qquad (24.1.8)$$

将式(24.2.8)代入到式(24.1.7),得

$$n_2 = \frac{u_I}{V_R} n_1 \qquad (24.1.9)$$

式(24.2.9)表明,积分器在第二次积分期间,计数器内计入的脉冲数 n_2,即是电压 u_I 转换值,因此,这个电路可实现 A/D 转换。例如,当计数长度 $n=2000$ 时,$U_R=2$ V,若 $u_I=1.85$ V 时,计数器所显示出的脉冲数为

$$n_2 = \frac{1.85}{2} \times 2\,000 = 1\,850$$

由此可见,计数器累计的脉冲数 n_2 对应于被测电压 u_I 的数值。

双积分型 A/D 转换器抗干扰能力强,转换精度较高,但转换速度较低。这种转换方法广泛应用在数字仪表中。

4. 集成 A/D 转换器

集成电路的 A/D 转换器有许多种,下面分别就逐次逼近型集成 A/D 转换器 ADC0804 和双积分 A/D 转换器 CC14433 的工作原理进行简要介绍。

(1) ADC0804

ADC0804 是 CMOS 工艺的 8 位输出 A/D 转换器,其内部电路原理图如图 24.1.10(a)所示。ADC0804 的各引脚功能如下。

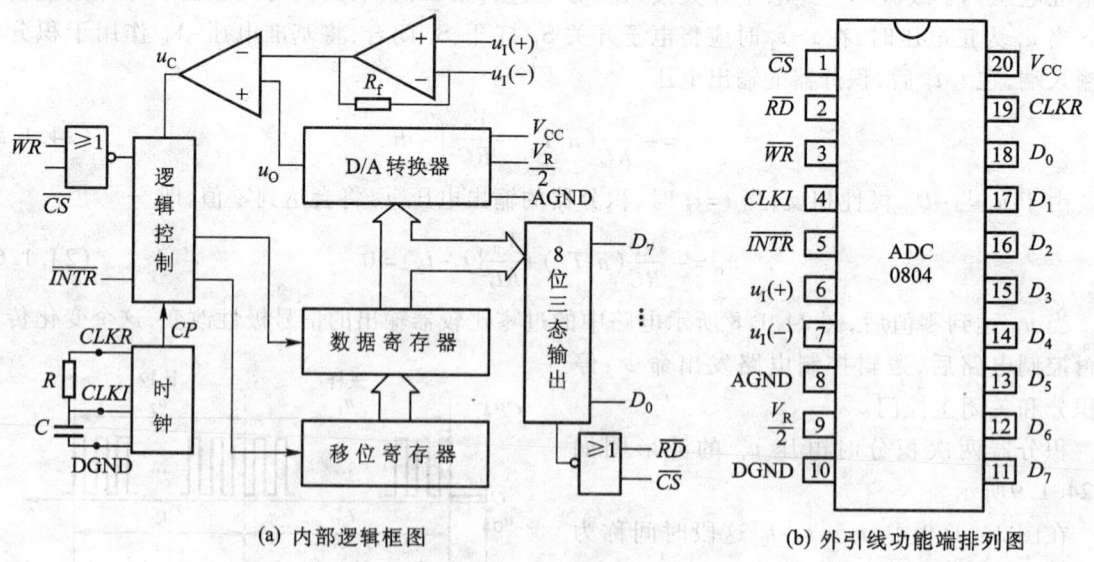

图 24.1.10 ADC0804

① ADC0804 有 4 个控制端。其中 3 个控制输入,1 个控制输出。$\overline{CS}$ 引脚①为片选端;$\overline{RD}$ 引脚②为读出端;$\overline{WR}$ 引脚③写入端;$\overline{INTR}$ 引脚⑤为中断请求端,各控制端功能及配合关系见

表24.1.3所示。

表24.1.3　ADC0804各控制端功能及配合关系

功　能	$\overline{CS}$	$\overline{WR}$	$\overline{RD}$	$\overline{INTR}$	说　明
采集输入信号进行A/D转换	0	⎍			在$\overline{WR}$上升沿后约100 μs转换完成
读出输出信号	0		⎍		$\overline{RD}=0$,三态门打开,送出数字信号 $\overline{RD}=1$,三态门处于高阻
中断请求				⎔	当A/D转换结束时,$\overline{INTR}$自动变低 通知计算机取结果 在$\overline{RD}$前沿后$\overline{INTR}$自动变高

② ADC0804有两个模拟电压输入端。$u_{I(+)}$引脚⑥、$u_{I(-)}$引脚⑦称为模拟差动输入端。如果输入模拟电压u为正时,则u接到$u_{I(+)}$引脚⑥,$u_{I(-)}$引脚⑦接地;若输入模拟电压u为负(极性),则u接到$u_{I(-)}$引脚⑦,而$u_{I(+)}$引脚⑥接地;若输入模拟电压u为双极性时,$u_{I(+)}$引脚⑥、$u_{I(-)}$分别接输入模拟电压的正、负极性端。

③ 时钟。ADC0804的时钟可以由外部提供,从引脚④——CLKI接入输入;也可以由ADC0804自身产生,但需引脚⑲——CLKR与引脚④间接入外接电阻R、在引脚④与地间接入电容C,所产生时钟脉冲的频率为$f=1/(1.1RC)$。

④ 电源电压V_{CC}和基准电压V_R。ADC0804的工作电源电压$V_{CC}=5$ V。ADC0804内部D/A转换部分所用基准电压$V'_R=V_{CC}/2=2.5$ V。若稳定度要求较高时V'_R也可由外部稳压电源提供,从引脚⑨输入。

图24.1.11所示为ADC0804的一个实验接线电路。ADC0804的时钟信号由555定时器构成的多谐振荡器提供,通过电位器R_P调节输入的模拟电压u_I的值,转换结果通过$D_7 \sim D_0$输出得到相应的8位数字量。

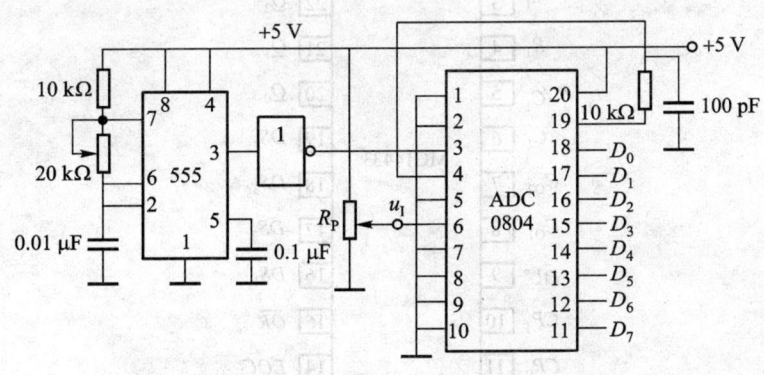

图24.1.11　ADC0804的一种实验电路

(2) CC14433(5G14433或MC14433)

CC14433是CMOS工艺制成的双积分A/D转换器,其内部结构框图及外引线功能端排列如

图 24.1.12 所示。当它外部接入两个电阻和两个电容(如图 24.1.12 所示)即可完成 $3\frac{1}{2}$ 位 A/D

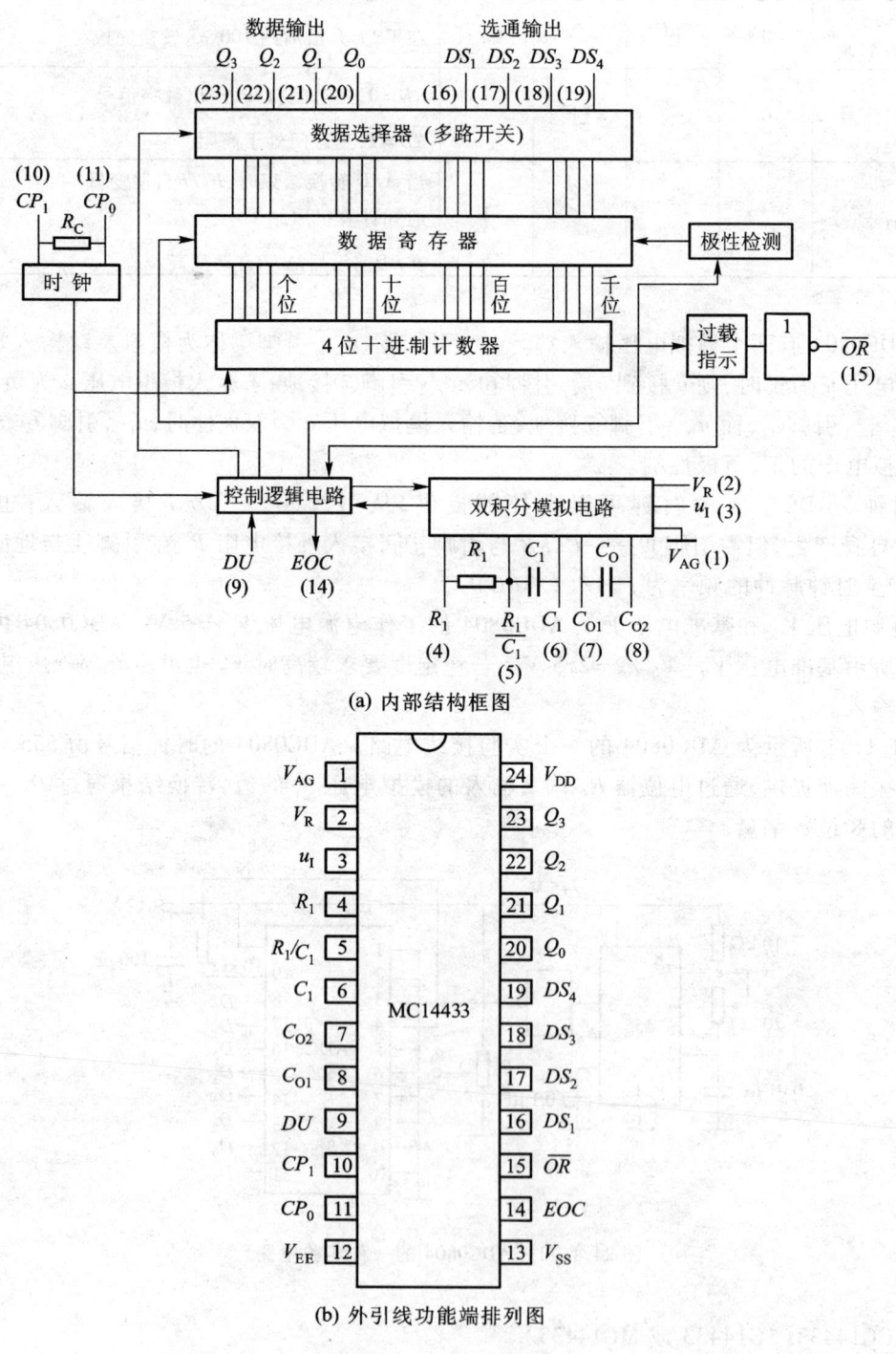

(a) 内部结构框图

(b) 外引线功能端排列图

图 24.1.12 CC14433

转换,转换的结果用4位十进制数表示,范围0000～1999,即最高位只能为0或1,故称为$3\frac{1}{2}$位A/D 转换。CC14433 将运算放大器和数字逻辑电路同时集成在一块芯片上,具有自动调零和自动极性转换功能。

图 24.1.13 所示电路的工作过程如下:接入被转换电压 u_I 后,积分器对 u_I 进行采样积分,然后通过对参考电压 V_R 进行比较积分,在积分器积分电压回零时,4位(二-十进制)计数器计入的脉冲数与 u_I 的值对应,即完成了一次 A/D 转换,这时引脚⑭(EOC,转换结束)变成 **1**,若将 EOC 引脚⑭与 DU 引脚⑨(实时输出控制端)相连后,则转换结果将被送入数据选择器输出。控制逻辑电路在发出 EOC 信号后,依次发出选通脉冲,令 DS_1～DS_4 依次接通,在 $DS_1 = 1$ 期间,计数器数值的千位数被送到数据输出端口 Q_3～Q_0;在 $DS_2 = 1$ 期间,计数器数值的百位数被送到数据输出端口 Q_3～Q_0;在 $DS_3 = 1$ 期间,计数器数值的十位数被送到数据输出端口 Q_3～Q_0;在 $DS_4 = 1$ 期间,计数器数值的个位数被送到数据输出端口 Q_3～Q_0。双积分 A/D 转换器完成一次转换要用 0.1～0.2 s。

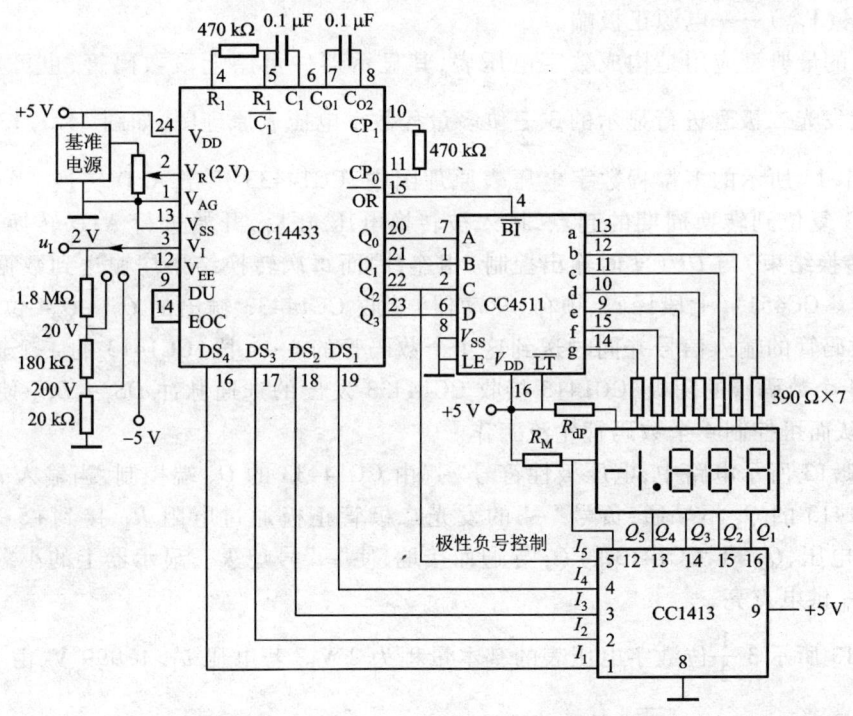

图 24.1.13 $3\frac{1}{2}$ 位多量程数字电压表原理图

CC14433 各引脚功能如下:
① 引脚①($AGND$)——模拟地,作为模拟输入信号 u_I 和参考电压 V_R 的地。
② 引脚②(V_R)——参考电压输入端,用于外接基准电源。
③ 引脚③(u_I)——被转换的模拟电压输入端。

④ 引脚④~⑥脚(R_1、R_2/C_1、C_1)——外接积分元件输入端。

⑤ 引脚⑦、⑧(C_{01}、C_{02})——补偿电容 C_0 的接入端。

⑥ 引脚⑨(DU)——控制转换结果输出端。将 DU 端与引脚⑭(EOC,转换结束)连接,则可输出每一转换周期的结果。

⑦ 引脚⑩~⑫——引脚⑩($CLKI$)时钟信号输入端,引脚⑪($CLKO$)时钟信号输出端,引脚⑫(V_{EE})为负电源输入端。当使用内部时钟时,只要在引脚⑩和⑪间接入一电阻 R 即可;使用外部时钟时,时钟信号从引脚⑩和引脚⑫间引入。

⑧ 引脚⑬(V_{SS})——除 $CLKO$ 外,所有其他输出($Q_3 \sim Q_0$、$DS_4 \sim DS_1$、EOC 等)的公共地端。

⑨ 引脚⑮($\overline{OR}$)——溢出标志。当被转换量电压 $u_I > V_R$ 时,$\overline{OR}$ 由 **1** 变为 **0**,利用此端可自动进行量程切换(或报警)。

⑩ 引脚⑯~⑲($DS_1 \sim DS_4$)——多路选通脉冲输出信号端,它们依次为 **1** 时,对应的数位被选通,将该位数据置于 $Q_3 \sim Q_0$ 输出。

⑪ 引脚⑳~㉓($Q_0 \sim Q_3$)——A/D 转换结果输出位。

⑫ 引脚㉔(V_{DD})——电源正极端。

CC14433 的最典型应用是构成数字电压表,其显示器件可用七段数码管,也可用液晶显示器。采用七段发光二极管进行显示的 $3\frac{1}{2}$ 位多量程数字电压表原理图,如图 24.1.13 所示。

在图 24.1.13 所示的多量程数字电压表原理图中,CC14433 用于 A/D 转换,当电路接入电源后,CC14433 复位到转换周期的起点,接入被转换电压 u_I 后,开始进行 A/D 转换。转换结束时,因 EOC(转换结束)与 DU(实时输出控制)相连,因而每次转换结果均输送到数据寄存器中,取代原有内容。CC4511(七段译码、锁存、驱动器)接收 CC14433 输出的 $Q_3 \sim Q_0$ 4 位 BCD 码,将其译成七段数码管的输入信号并同时送到这 4 个数码管的 a~g 段,CC1413 的 4 个输出端 $Q_4 \sim Q_1$ 分别接到 4 个数码管的阴极,CC1413 接收 CC14433 发出的选通脉冲 $DS_1 \sim DS_4$ 使 $Q_4 \sim Q_1$ 轮流为低电平,从而可控制 4 个数码管轮流工作。

在图 24.1.13 所示电路中,电压极性符号"-"由 CC14433 的 Q_2 端控制,当输入 u_I 为负电压时,$Q_2 = \mathbf{0}$,CC1413 的 Q_5 不导通,负号"-"的发光二极管正极通过电阻 R_M 接到+5 V 电源而点亮;若 u_I 为正电压,$Q_2 = \mathbf{1}$,CC1413 的 Q_5 导通而接地,使"-"号熄灭。显示器上的小数点,由+5 V 电源经电阻 R_{dp} 供电点亮。

图 24.1.13 所示 $3\frac{1}{2}$ 位数字电压表的基本量程为 2 V。若电压 $u_I > 1.999$ V,由 CC14433 的 $\overline{OR}$ 输出信号,控制 CC4511 的 $\overline{BI}$ 端使显示数字熄灭,但负号"-"和小数点仍然点亮。

5. 集成 A/D 的主要技术指标

① 量化误差——用数字量表示模拟量时,由于取整而引起的误差。

② 分辨率——在 A/D 变换时,分辨率是指能够判别模拟电压(电流)最小的变化值。它由二进制编码的位数决定,转换后的二进制位数越多,分辨率越高。

③ 精度——变换后产生的数字量 N 对应理论上的电压与实际输入电压的差值。

④ 转换时间——从 A/D 转换器开始工作,到获得数字输出所用的时间(一般高速转换器约为 50 ns、中速约为 50 μs、低速为 1~30 ms)。

24.2 半导体存储器

除上述主要技术指标外,集成 A/D 还有模拟输入的最大允许电压值、输出数字信号的高、低电平及带负载能力,以及功耗等项指标。具体使用及各项指标可查阅相关手册。

▶24.2 半导体存储器

半导体存储器能够存放大量二值信息,可用于存放数据、资料和程序等。

半导体按其内容的存取方式的不同,可分为只读存储器(ROM)和随机存储器(RAM)两种。只读存储器的存储内容是固定的,工作时只能读出,不能改变,用于存储程序。随机存储器又称读写存储器,其任何一个存储单元的内容都可随时更改与读出,而且存取时间与存储单元的物理位置无关,用于存储数据。RAM 和 ROM 又可根据内部结构的不同分为图 24.2.1 所示的各种类型。

此外,按半导体制造工艺的不同,半导体存储器还可分为双极型(TTL)半导体存储器和 MOS 半导体存储器两种。前者具有高速的特点,后者具有功耗低、集成度高等特点,并且制造简单,成本低廉,故 MOS 半导体存储器被广泛应用。

本节主要介绍图 24.2.1 所示的各种半导体存储器的结构和原理,并简单介绍集成半导体存储器的使用方法和应用。

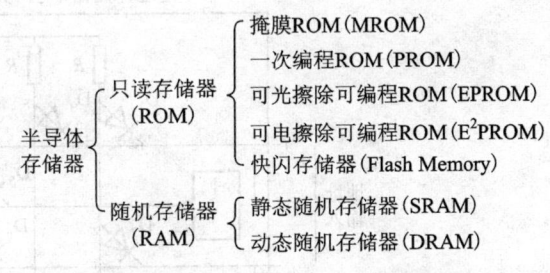

图 24.2.1 半导体存储器的类型

▶▶24.2.1 只读存储器(ROM)

只读存储器可分为固定只读存储器和可编程只读存储器。

早期只读存储器将用户要求的存储内容写入到芯片中,一旦制成后无法更改,这种只读存储器称为掩模只读存储器(Masked ROM,简称 MROM)。随着半导体技术的发展和用户需求的变化,只读存储器先后派生出可一次编程的只读存储器(Programmable ROM,简称 PROM)、可紫外光擦除可编程只读存储器(Ultra-Violet Erasable Programmable ROM,简称 UVEPROM)以及可电擦除可编程的只读存储器(Electrically Erasable Programmable ROM,简称 E^2PROM),近年来还出现了快闪存储器(Flash Memory),快闪存储器具有 E^2PROM 的特点,而速度比 E^2PROM 快得多。

1. 掩模只读存储器

ROM 由存储矩阵、地址译码器和输出缓冲电路 3 个组成部分,其结构框图如图 24.2.2 所示。ROM 的地址由字线和位线确定:如果把 ROM 比作旅馆的客房的话,字线好比房间号,位线好比床位号。每一个地址对应着一条字线和一条位线,即一个固定的存储单元。存储器的存储容量用"字数×位数"表

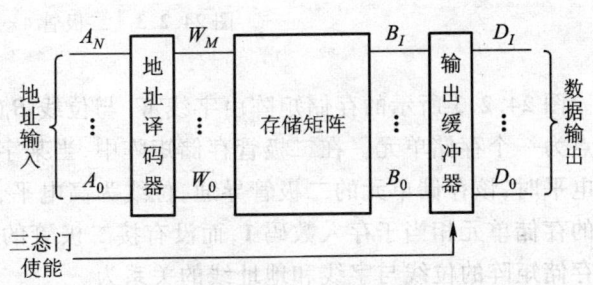

图 24.2.2 ROM 的结构框图

示。如某存储器的容量为"2 048×8",表明该存储器的字数为 2 048 个,每个字 8 位(bit),即 2 048 个 8 位二进制数码($D_7 \sim D_0$)。

图 24.2.3 所示的电路为一个二极管 4×4ROM,即该存储器可存储 4 个字,每个字 4 bit。

图 24.2.3 所示的 ROM 有 2 位地址 A_1 和 A_0,这 2 位地址的电位状态有 4 种组合,地址译码器通过这 4 种组合分别使 4 条字线 $W_3 \sim W_0$ 为高电平。例如,当 $A_1A_0 = 11$ 时,由图 24.2.3 可知:二极管 D_1、D_2、D_3 和 D_6 的阴极为高电平,处于截止状态,二极管 D_4、D_5、D_7 和 D_8 的阴极为低电平,处于导通状态,所以只有字线 W_3 为高电平,其他 3 条字线为低电平。同理,当 $A_1A_0 = 10$ 时,只有字线 W_2 为高电平;当 $A_1A_0 = 01$ 时,只有字线 W_1 为高电平;当 $A_1A_0 = 00$ 时,只有字线 W_0 为高电平。由此可见,地址译码器的每一条输出的字线对应着输入变量(即地址码)的一个最小项,因此,习惯上将地址译码器称为 AND(与)阵列。

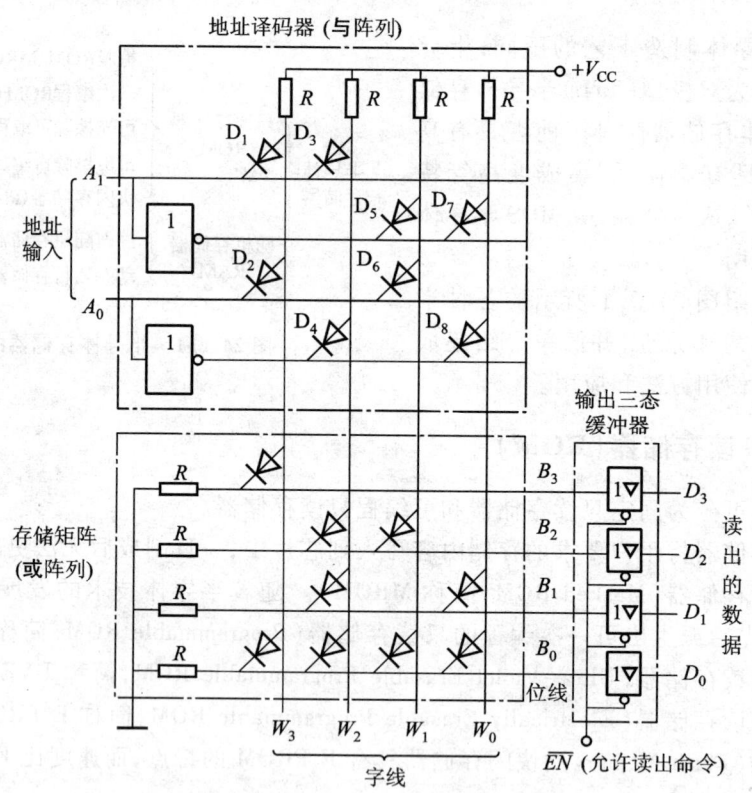

图 24.2.3 二极管 4×4ROM 示意图

图 24.2.3 所示的存储矩阵由字线 W_i 与位线 B_j(图中横线)交叉组合而成,字线与位线的交叉点为一个存储单元。在二极管存储矩阵中,当某字线与某位线间接有二极管时,则当该字线为高电平时,该存储单元的二极管导通,位线为高电平,因此位线与字线的逻辑关系是**或**,接有二极管的存储单元相当于存入数码 **1**,而没有接二极管的存储单元相当于存入数码 **0**。图 24.2.3 所示存储矩阵的位线与字线和地址线的关系为

$$B_3 = W_3 = A_1 A_0$$
$$B_2 = W_1 + W_2 = \overline{A_1} A_0 + A_1 \overline{A_0}$$
$$B_1 = W_0 + W_2 = \overline{A_1}\,\overline{A_0} + A_1 \overline{A_0}$$
$$B_0 = W_0 + W_1 + W_2 + W_3 = \overline{A_1}\,\overline{A_0} + \overline{A_1} A_0 + A_1 \overline{A_0} + A_1 A_0$$

可见,位线的输出为输入变量(地址)最小项之和。因此存储矩阵又称为 OR(或)阵列。图 24.2.3 所示 ROM 的输入(地址)与输出数据的关系(即真值表)见表 24.2.1。

表 24.2.1 ROM(图 24.2.3)的真值表

地址		字线				数据			
A_1	A_0	W_3	W_2	W_1	W_0	D_3	D_2	D_1	D_0
0	0	0	0	0	1	0	0	1	1
0	1	0	0	1	0	0	1	0	1
1	0	0	1	0	0	0	1	1	1
1	1	1	0	0	0	1	0	0	1

在图 24.2.3 中,三态输出缓冲器的作用:用 $\overline{EN}$ 端的允许读出命令控制数据何时输出;信号通过输出缓冲器可提高带负载的能力。在集成电路中,为提高输出带负载能力而增加的门称为缓冲器。

只读存储器的存储单元除了用二极管构成外,还可以采用晶体管或场效应管构成。图 24.2.4 所示为以双极型晶体管为存储单元的存储矩阵,有晶体管的单元当字线为高电平时,晶体管饱和导通位线为低电平,再经三态非门输出数据 **1**;无晶体管的单元存储 **0**。图 24.2.5 所示为以 MOS 管为存储单元的存储矩阵,同理,有 MOS 管的单元存储数据 **1**;无 MOS 管的单元存储 **0**。

固定只读存储器的内容不能修改,灵活性差,但使用时可靠性高,生产成本低,主要用于定型的批量生产的产品中,用于存放固定不变的程序、常数。如特殊的波形、汉字字库、计算机 BIOS 程序,甚至用于操作系统的固化等。

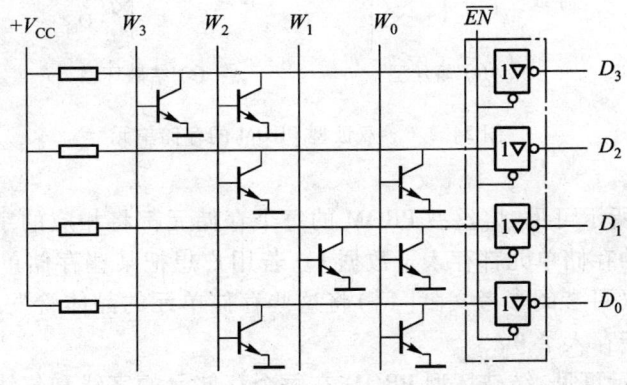

图 24.2.4 用双极性晶体管构成的存储矩阵

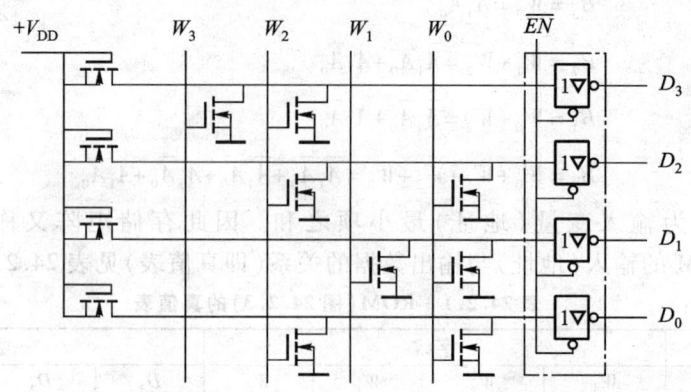

图 24.2.5　用 MOS 管构成的存储矩阵

2. 一次编程只读存储器

一次编程只读存储器称为可编程只读存储器（Programmable ROM，简称 PROM）。PROM 与固定 ROM 的区别在于：PROM 的存储矩阵的所有存储单元在制造时均存入了数字 **1** 或 **0**，用户在使用时根据需要可将某些单元改写为 **0** 或 **1**，这个过程称为编程。

PROM 有双极型和 MOS 型两种。双极型的 PROM 又分为熔丝型和结破坏型两种，其存储单元的示意图分别如图 24.2.6(a)、(b)所示。

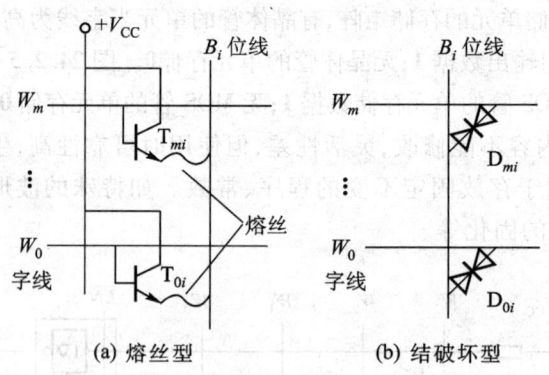

图 24.2.6　双极型 PROM 的存储单元

由图 24.2.6(a)所示可见，熔丝型 PROM 的每个存储元都将相应的字线和位线通过晶体管相连，即相当于所有的存储单元都存入了数据 **1**。若用户想把某些存储单元的内容改写为 **0**，可通过专用的编程设备（可参阅参考文献[4]）将这些存储单元的晶体管发射极的熔丝熔断，则字线与位线断开，相当于存入了 **0**。

图 24.2.6(b)所示可见，结破坏型 PROM 在每个存储元的字线和位线交界处制出一对阴极相连的二极管，因此，字线和位线制造好后是不通的，所有存储单元均存入 **0**。若用户想把某些存储单元的内容改写为 **1**，可通过专用的编程设备，按位从外部通入一个较大的电流，将这些存储单元的反向二极管击穿，使其字线与位线接通，存入的数据改写为 **1**。

由于以上两种电路,不管是将熔丝烧断,还是将反向二极管击穿,电路内部均不可能再恢复到原始状态,所以只能进行一次编程。

3. 可重新写入的只读存储器

可重新写入的只读存储器(Erasable Programmable ROM,简称 EPROM)可由用户重复多次编程。适合于系统开发时使用。EPROM 有两种擦除方式,一种用光(紫外线)擦除(Ultra-Violet Erasable Programming ROM,缩写 UVEPROM,简称 EPROM),另一种是用电的方法擦除(Electrically Erasable Programming ROM,简称 E^2PROM),近几年发展起来的快闪存储器(Flash Memory)为新一代电擦除存储器。

各种 EPROM 的总体结构形式与 PROM 相同,不同的是存储单元。

(1) 可光擦除的可编程只读存储器(UVEPROM)

UVEPROM 在出厂时全部置 **0** 或 **1**。图 24.2.7 所示为初始值置 **0** 的 UVEPROM 的基本存储单元。图中的 EPROM 管为叠栅注入 MOS 管(Stacked-gate Injection Metal-Oxide-Semiconductor,简称 SIMOS),其结构如图 24.2.8 所示。SIMOS 管为有两个重叠栅极的 N 沟道增强型 MOS 管。这两个重叠栅极一个有引线的称为控制栅(G_c),一个浮空的栅极称为浮置栅(G_f)。浮置栅与衬底之间的氧化层的厚度为 30~40 nm。

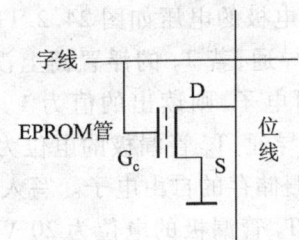

图 24.2.7 UVEPROM 的基本存储单元

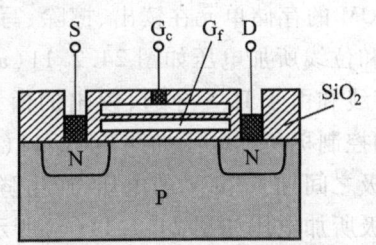

图 24.2.8 SIMOS 管的结构示意图

在制造好时,EPROM 管的浮置栅上没有电荷,当在控制栅 G_c 和源极 S 之间加正常高电压时,D 和 S 之间形成导电沟道,EPROM 管导通,故从存储单元读出的内容为 **0**。要改变读出的内容,需在漏极 D 和源极 S 之间加上 25 V 的高压,另外加上 50 ms 的编程脉冲,则所选中的存储单元的 D 和 S 之间被瞬时击穿,就会有电子通过绝缘层注入浮置栅,当高压电源去除后,因为浮置栅被绝缘层包围,注入的电子无处泄漏,这样当在控制栅 G_c 和源极 S 之间加正常高电压时,D 和 S 之间不能形成导电沟道,EPROM 管不通,故从存储单元读出的内容为 **1**。

在 UVEPROM 芯片的上方有一个石英玻璃的窗口,用紫外线通过这个窗口照射,经过 20~30 min,所有电路中的浮空硅栅上的电荷会形成光电流泄漏掉,使电路恢复起始状态,从而把写入的信号擦去,可以实现重写。UVEPROM 擦洗时,是将整个芯片原存的全部信息都擦去。平时必须在窗口上贴不透明胶纸,以防光线进入而造成信息流失。

由于 UVEPROM 价格便宜,擦洗方便,目前得到更普遍的应用。

(2) 可电擦除的可编程只读存储器(E^2PROM)

E^2PROM 是近年来被广泛使用的一种只读存储器,被称为电擦除可编程只读存储器,有时也写作 EEPROM。图 24.2.9 所示为初始值置 **0** 的 E^2PROM 的基本存储单元,由选通管 T_1 和存储

管 T_2 组成。T_2 管为浮栅氧化层 MOS 管（Floting-gateTunnel Oxide，简称 Flotox 管），其结构如图 24.2.10 所示。Flotox 管的结构与 SIMOS 管相似，但其浮置栅与漏区之间存在一个极薄的氧化层（<20 nm），称为隧道区。浮置栅与漏区间的电容比浮置栅与控制栅之间的电容小很多。当在控制栅和漏极之间加电压时，大部分电压加在浮置栅和源极之间。当隧道区的电场强度 >$2×10^7$ V/cm 时，漏区和浮置栅之间存在导电通道，电子可以双向通过，形成电流，这种现象称为隧道效应。

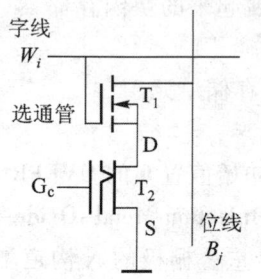
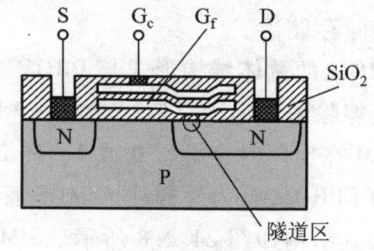

图 24.2.9 E^2PROM 的存储单元　　　　　图 24.2.10　Flotox 管的结构示意图

E^2PROM 的存储单元在读出、擦除、写入 3 种状态下的各电极的电压如图 24.2.11 所示。读出时字线和位线所加电压如图 24.2.11(a) 所示，这时 T_1 管导通，若 T_2 的浮置栅上没有充入自由电子，字线和由于 D、S 导通，读出的值为 **0**，若充入了自由电子，则读出的值为 **1**。擦除时字线、位线和控制极所加电压如图 24.2.11(b) 所示，这时 T_1 管导通，T_2 管漏极的电位为 0，所以在栅极与漏极之间加了 20 V 的电压，产生隧道效应，释放浮置栅储存的自由电子。写入时字线、位线和控制极所加电压如图 24.2.11(c) 所示，这时 T_1 管导通，T_2 管漏极的电位为 20 V，栅极电位为 0，所以在漏极与栅极之间加了 20 V 的电压，产生隧道效应，浮置栅存储的自由电子通过隧道区放电，使存储管的开启电压降到 0 V 左右。

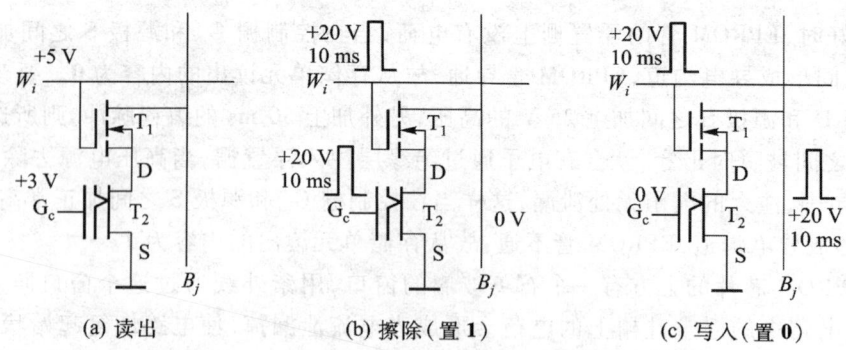

图 24.2.11　E^2PROM 存储单元的 3 种工作状态

与 EPROM 相比，E^2PROM 不需要用紫外线照射，能在应用系统中进行在线改写，并能在断电的情况下保存数据。由于擦除和写入时仍需加高电压，而且擦、写时间仍较长，在正常工作情况下 E^2PROM 工作在读出状态。

(3) 快闪存储器(Flash Memory)

快闪存储器(闪存)的存储单元仅由一个存储管构成,如图 24.2.12 所示(初始值为 **0**)。存储管采用了图 24.2.13 所示的叠栅 MOS 管,其结构与 EPROM 的存储管 SIMOS 管相似,但其浮置栅与衬底间氧化层的厚度较薄,仅为 10~15 nm,浮置栅源区间的电容比浮置栅与控制栅之间的电容小很多。当在控制栅和源极之间加电压时,大部分电压加在浮置栅和源极之间。

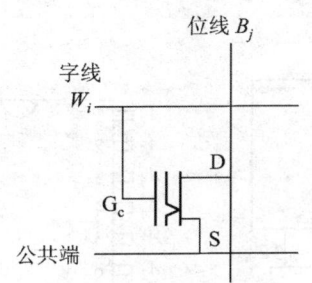
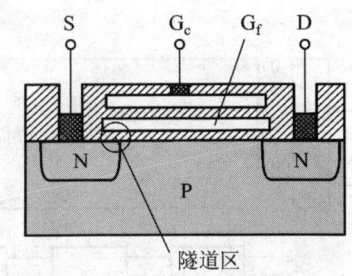

图 24.2.12 闪存的存储单元　　　图 24.2.13 叠栅 MOS 管的结构示意图

闪存存储单元在读出、擦除、写入 3 种状态下的各电极的电压如图 24.2.14 所示。读出时,若图 24.2.12 所示的存储管的浮置栅上没有充入自由电子,读出的值为 **0**,若充入了自由电子,则读出的值为 **1**。写入时,D-S 雪崩击穿,浮置栅充电。擦除时,隧道区的隧道效应使浮置栅的电荷经隧道区释放。擦除时,所有字线为 **0** 的字节中的存储单元同时被擦除,擦除速度快。写入速度较擦除慢。

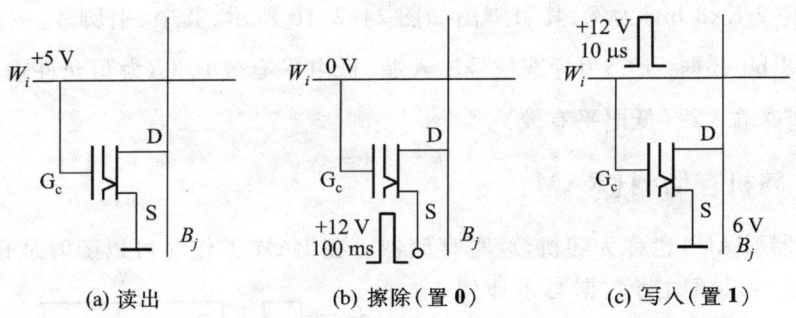

图 24.2.14 闪存存储单元的 3 种工作状态

快闪存储器的写入和擦除的控制电路集成在芯片内部,无需编程器,可以整块芯片电擦除。它还具有耗电低、集成度高、体积小、可靠性高等优点。

4. 集成 ROM 简介

目前使用的 ROM 均为大规模集成电路产品。PROM、EPROM 和 E^2PROM 有很多品种,如常用的 EPROM 型号有 2716(2 K×8 bit)、2732(4 K×8 bit)、2764(8 K×8 bit)、27128(16 K×8 bit)、27256(32 K×8 bit)、27512(64 K×8 bit)等;常用的 E^2PROM 型号有 2816(2 K×8 bit)、2817(2 K×8 bit)、2864(8 K×8 bit)、2864A(8 K×8 bit)等。

各类集成 ROM 芯片的内部结构相似。以图 24.2.15 所示容量为 1 KB 的 PROM 的结构框图为例。该 PROM 有 8 位地址码 $A_7 \sim A_0$。这 8 位地址码分为两组: $A_7 \sim A_3$ 这 5 位地址译出 32 条字线,故称之为行地址译码或 x 译码器;由低 3 位 $A_2 \sim A_0$ 地址码通过 4 个 8 选 1 多路选择器,从 4 组共 32 条位线中(每组 8 条)选择 4 条位线输出,即输出为 4 位数码,故 $A_2 \sim A_0$ 称为列地址译码或 y 译码器。该存储器容量为 32(字线数)×32(位线数)= 1 024 位,由于输出为 4 位数码,通常容量记作 256×4 位。存储器能否输出由使能端 $\overline{EN_1}$ 和 $\overline{EN_2}$ 控制,当 $\overline{EN_1}$ 和 $\overline{EN_2}$ 同为 **0** 时,读出数据。

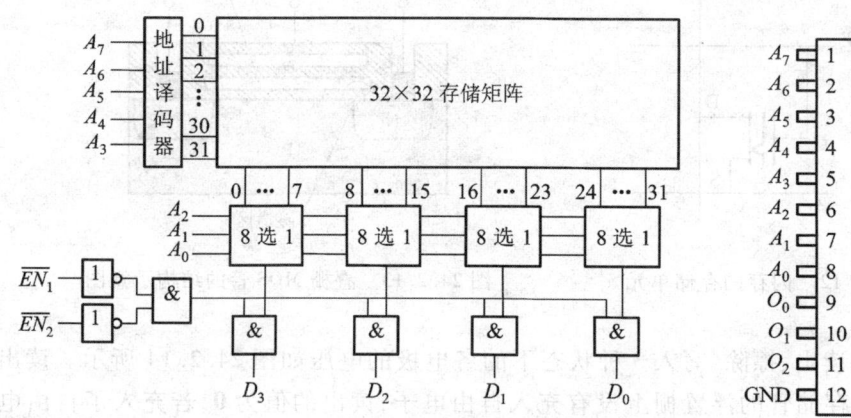

图 24.2.15　集成 PROM 结构框图(举例)　　图 24.2.16　EPROM2716 的引脚图

各种 ROM 芯片的使用方法大同小异,具体应用时应根据选用的存储器的功能表进行控制。以 EPROM2716(2 K×8 bit)为例,其引脚图如图 24.2.16 所示,其中,引脚 $A_{10} \sim A_0$ 为 11 根地址线,$O_7 \sim O_0$ 为 8 bit 数据线,$\overline{CS}$ 为片选信号输入端(低电平有效),$\overline{WR}$ 为写允许输入线(低电平有效),$\overline{RD}$ 为读允许输入线(低电平有效)。

▶▶24.2.2　随机存储器(RAM)

随机存储器(RAM)也称为随机读/写存储器。在 RAM 工作时可以随时从任何一个指定地址读出数据,也可以随时将数据写入任何一个指定的存储单元中去。RAM 的优点是读、写方便,使用灵活。但一旦停电,所存储的数据将随之丢失。根据存储原理的不同,RAM 又分为静态 RAM(SRAM)和动态 RAM(DRAM)两大类。

1. 静态 RAM(SRAM)

集成 SRAM 的结构与各种集成 PROM 的结构相似,也是由存储矩阵、地址译码器和读/写控制电路 3 部分组成,如图 24.2.17 所示

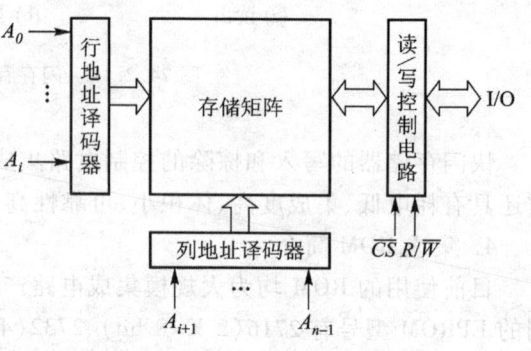

图 24.2.17　SRAM 的结构示意图

示。地址译码器一般分成行地址译码器和列地址译码器两部分;存储矩阵的存储单元在译码器和读/写控制电路的控制下,既可以写入 **1** 或 **0**,又可以将存储的数据读出。

(1) 静态 RAM 的存储单元

静态存储器的存储单元有多种结构,图 24.2.18 所示为六管 NMOS 静态存储单元,其工作原理如下。

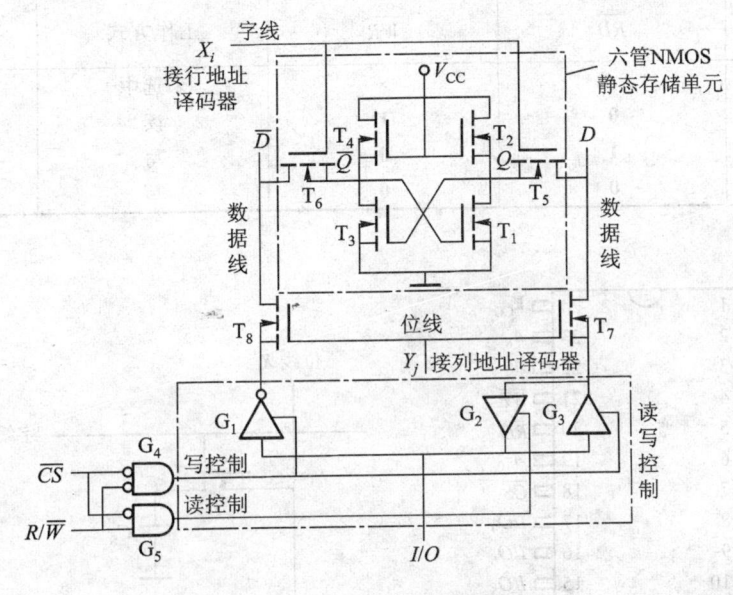

图 24.2.18 六管 NMOS 静态存储单元

① 读写控制。$\overline{CS}$ 为片选信号。当 $\overline{CS} = 1$ 时,$G_4 = 0$、$G_5 = 0$,$G_1 \sim G_3$ 输出均为高阻态,这时存储单元既不能写,也不能读;当 $\overline{CS} = 0$、$R/\overline{W} = 0$ 时,$G_4 = 1$、$G_5 = 0$,这时 G_1、G_3 工作,G_2 输出高阻态,存储单元执行写入操作;当 $\overline{CS} = 0$、$R/\overline{W} = 1$ 时,$G_4 = 0$、$G_5 = 1$,G_2 工作,G_1、G_3 输出高阻态,存储单元执行读操作。

② 写入操作。假定 $I/O = 1$,要向存储单元中写入 **1**。这时 $\overline{CS} = 0$、$R/\overline{W} = 0$,所以 G_1、G_3 工作,G_2 输出高阻态,存储单元的字线和位线选中后,$X_i = 1$,$Y_j = 1$。因为位线 $Y_j = 1$,所以 T_7、T_8 管导通,数据经 G_1、G_3 使数据线 $D = 1$,$\overline{D} = 0$;又因为字线 $X_i = 1$,所以 T_5、T_6 管导通,从而 $Q = D = 1$,$\overline{Q} = \overline{D} = 0$,数据存入。

③ 读出操作。这时 $\overline{CS} = 0$、$R/\overline{W} = 1$,G_2 工作,G_1、G_3 输出高阻态,存储单元的行线和列线选中后,$X_i = 1$,$Y_j = 1$。因为字线 $X_i = 1$,所以 T_5、T_6 管导通,所以数据线 $D = Q$,$\overline{D} = \overline{Q}$;又因为位线 $Y_j = 1$,所以 T_7、T_8 管导通,数据 D 由 G_2 门输出到数据线 I/O。

SRAM 的存储单元实际为 RS 触发器(图 24.2.18 中由 $T_1 \sim T_4$ 构成),信息存放时间长,不易丢失,因此不需要刷新,但每个存储单元元器件数量较多,集成度低。

(2) 静态 RAM 芯片

最常用的 SRAM 芯片有 6116(2 K×8 bit)和 6264(8 K×8 bit)两种。SRAM6116 的引脚图如

图 24.2.19 所示,其中,引脚 $A_{10} \sim A_0$ 为 11 根地址线,$I/O_7 \sim I/O_0$ 为 8 bit 双向数据线,$\overline{CS}$ 为片选信号输入端,$\overline{WR}$ 为写允许输入线,$\overline{RD}$ 为读允许输入线。SRAM6116 的功能表见表24.2.2。

SRAM6264 的引脚图和功能表与 6116 相似。

表 24.2.2 SRAM6116 的功能表

$\overline{CS}$	$\overline{RD}$	$\overline{WR}$	工作方式	$D_7 \sim D_0$
1	×	×	未选中	高阻
0	0	1	读	$O_7 \sim O_0$
0	1	0	写	$I_7 \sim I_0$
0	0	0	写	$I_7 \sim I_0$

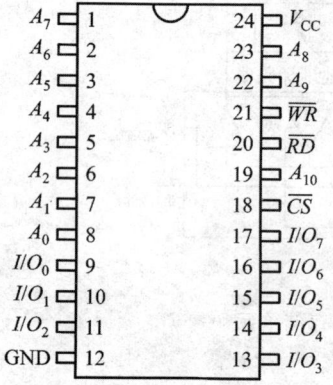
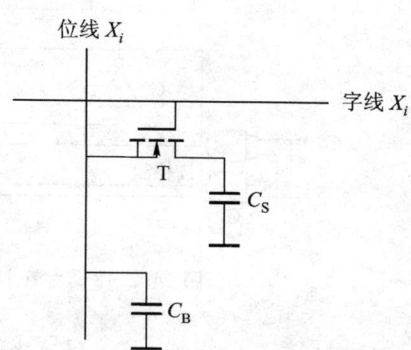

图 24.2.19 SRAM6116 的引脚图　　　图 24.2.20 单管动态存储单元

2. 动态 RAM(DRAM)

早期的动态存储单元采用四管或三管,但目前大容量 DRAM 首选单管电路。图 24.2.20 所示为单管动态存储单元的结构示意图,由一只 N 沟道增强型 MOS 管 T 和电容 C_S 构成。图中,C_B 为位线的等效电容。因为实际电路中,位线同时接有很多存储单元,所以 $C_B \gg C_S$。

写入时,字线为高电平,T 导通,若位线的数据为 **1**,则位线为高电平经 T 使 C_S 充电;若位线的数据为 **0**,则位线为低电平经 T 使 C_S 放电。

读出时,字线为高电平,T 导通,若存储数据为 **1**,则 C_S 经 T 使位线电容 C_B 充电,使位线获得信号 **1**;若存储数据为 **0**,则 C_S 经 T 使位线电容 C_B 放电,使位线获得信号 **0**。在读出 **1** 时,位线的电位上升为

$$V_B = \frac{C_S}{C_S + C_B} V_{CS}$$

因为 $C_B \gg C_S$,所以位线电容的电压很小,不是 **1**(高电平),所以为破坏性读出,需要将读出的信号放大并恢复(刷新)存储单元原来的信号,所以需要在集成 DRAM 的每根位线上配置灵敏恢复/读出放大器。关于灵敏恢复/读出放大器和集成 DRAM 的构成可参阅参考文献[4]、[5]。

单管 DRAM 存储单元的电路结构简单；它所能达到的集成度远高于 SRAM。Intel 公司的 iRAM2186 和 2187 兼具动态 RAM 和静态 RAM 的优点。

▶▶24.2.3 存储器容量的扩展

当 ROM 或 RAM 芯片的存储容量不够时，可按一定的方式连接，得到一个容量更大的存储器。ROM 与 RAM 的容量扩展方法相同，本节以 RAM2114 为例来说明 ROM/RAM 位扩展和字扩展的方法。

RAM2114 的容量为 1 K×4 位（1024 字×4 位），其引脚图如图 24.2.21 所示，$A_9 \sim A_0$ 为 10 根地址线，$I/O_3 \sim I/O_0$ 为 4 根数据线，$\overline{CS}$ 为片选信号（**0** 选中，**1** 未选中），$R/\overline{W}$ 为读写控制（**1**:读，**0**:写）。

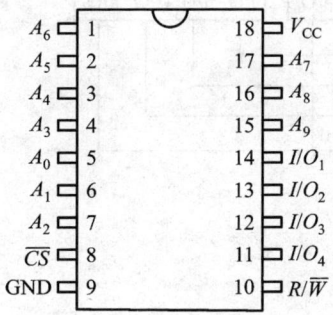

图 24.2.21　RAM2114 引脚图

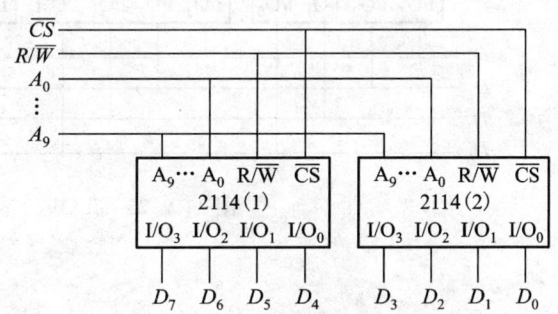

图 24.2.22　RAM 的位扩展接线图

例 24.2.1　位扩展。将两片 RAM2114（1024×4 bit）扩展为 1024×8 bit 的 RAM。

解：把两片 RAM2114 的地址线、读/写选择端、片选端对应并联起来即可，如图 24.2.22 所示。

例 24.2.2　字扩展。将 4 片 RAM2114（1 024×4 bit）扩展为 4 096×4 bit 的 RAM。

解：访问 4 096 个字，需要 4 096 个地址，所以必须有 12 根地址线；每片 RAM2114 有 1 024 个字，需要 10 根地址线用于访问；剩余的 2 根地址线通过一个 2 线－4 线译码器去控制 4 个 RAM2114 的片选端。字扩展的接线图如图 24.2.23 所示。

各片存储单元所对应的地址见表 24.2.3。

表 24.2.3　各片 RAM 所对应的地址

A_{11}	A_{10}	选中片	存储单元地址
0	0	2114(1)	0 ~ 1 023
0	1	2114(2)	1 024 ~ 2 047
1	0	2114(3)	2 048 ~ 3 071
1	1	2114(4)	3 072 ~ 4 095

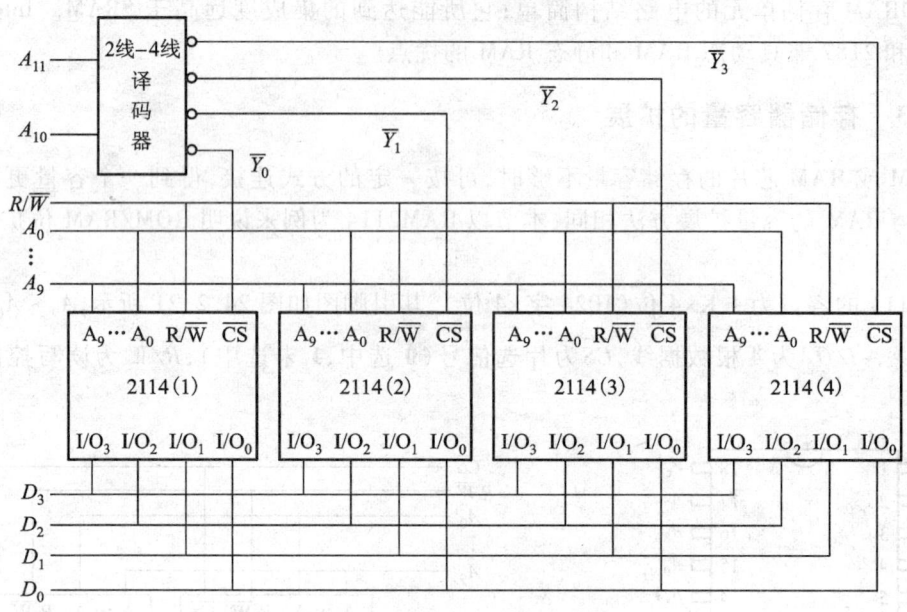

图 24.2.23 RAM 的字扩展接线图

▶24.3 可编程逻辑器件(PLD)

可编程逻辑器件(Programmable Logic Device,PLD)为大规模或超大规模专用集成电路(Application Specific IC,ASIC),其内部集成了大量的门电路。用户在使用时,通过软件编程可以实现这些门电路不同的连接关系,从而很方便地设计一个数字系统。PLD 能完成任何数字器件的功能,上至高性能 CPU 下至简单的 74 电路,都可以用 PLD 来实现。

PLD 具有先进的开发工具。PLD 的开发系统均具有软件仿真功能,可以用来验证设计的正确性。在电路板(PCB 板)完成以后,还可以利用 PLD 的在线修改能力修改设计而不必改动硬件电路。因此,使用 PLD 来开发数字电路,不仅可以降低成本、减少连线和 PCB 面积、提高系统的可靠性,还可以大大缩短产品的设计周期,此外,所设计的系统还具有很好的保密性。PLD 的这些优点使得 PLD 技术在 20 世纪 90 年代以后得到飞速的发展,同时也大大推动了 EDA 软件和硬件描述语言(HDL)的进步。

早期的可编程逻辑器件为可编程只读存储器(PROM、EPROM 和 EEPROM),但它们只能完成简单的组合逻辑功能,主要还是作为半导体存储器来用。在此基础上,开发并生产了一系列结构更复杂的可编程芯片,称为可编程逻辑器件(PLD),能够用于完成各种数字逻辑功能。

PLD 的主要产品有 PAL(Programmable Array Logic,可编程阵列逻辑)、GAL(Generic Array Logic,通用阵列逻辑)、CPLD(Complex Programmable Logic Devices,复杂 PLD)和 FPGA(Field Programmable Gate Array,现场可编程门阵列)。其中,PAL 和 GAL 为低集成度的可编程器件,均由一个与(AND)逻辑阵列和一个或(OR)逻辑阵列组成,能以与或(即乘积和)的形式完成组合逻辑功能。自 20 世纪 80 年代中期,产生了类似 PAL 结构的复杂型可编程逻辑器件(CPLD)和与标准门阵列类似的现场可编程门阵列(FPGA),这两种器件具有体系结构和逻辑单元灵活、集成度高、适用范围广泛等特点,且可以在系统进行编程。PLD的发展十分快速,主要生产厂家有ALTERA、ATMEL、CYPRESS、LATTICE及XILINX等。

本节主要介绍PAL、GAL、CPLD/FPGA的结构特点、使用和编程方法,并简单介绍VHDL语言。

24.3.1 PLD的逻辑图表示方法

可编程逻辑器件的集成度非常高,每个芯片上可以有数千个或上万个门,因此这类器件的逻辑表示方法与一般逻辑电路有所不同。

图24.3.1所示是可编程逻辑器件(PLD)的连线表示法,其中,图24.3.1(a)表示固定连接(硬接线),这种连接是不能改动的;图24.3.1(b)表示通过编程后连在一起;图24.3.1(c)表示交叉但不连接。

(a) 固定连接 (b) 编程连接 (c) 不连接

图24.3.1 PLD的连接表示法

可编程器件使用的逻辑符号与一般习惯用符号也有所不同,PLD中的一些逻辑符号与普通逻辑符号的对应关系如图24.3.2所示。采用PLD的逻辑图表示方法,三输入(即3位地址码)PROM的逻辑图如图24.3.3所示。

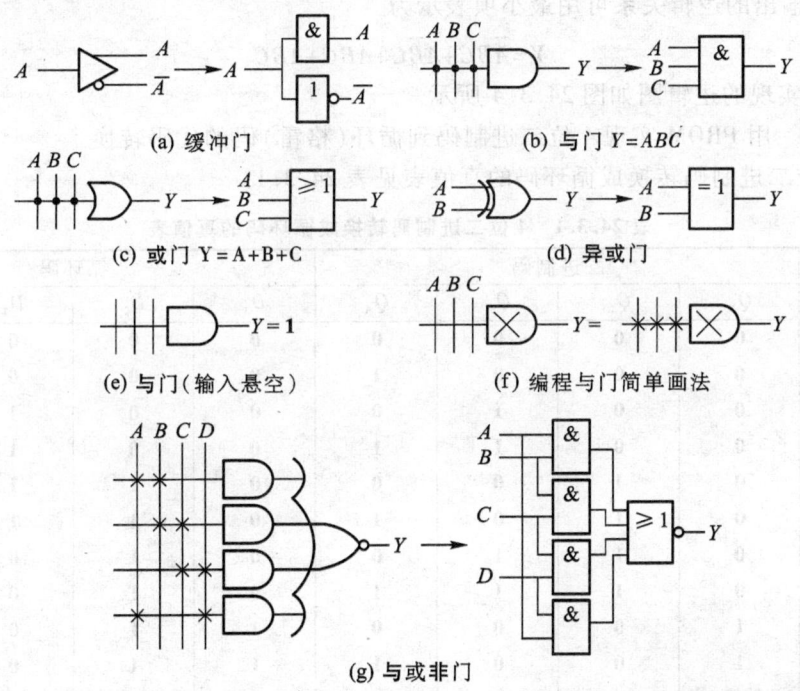

图24.3.2 PLD的逻辑符号及其意义

PROM是**与**阵列固定,**或**阵列可编程,与阵列是全译码阵列。在设计组合逻辑电路时,只要把逻辑关系表示为最小项之和,就可以很方便地用PROM设计组合逻辑电路。

例24.3.1 用PROM实现3人投票表决电路。设输入为A、B、C(**0**表示不同意,**1**表示同意),输出为Y(**0**表示不通过,**1**表示通过)。

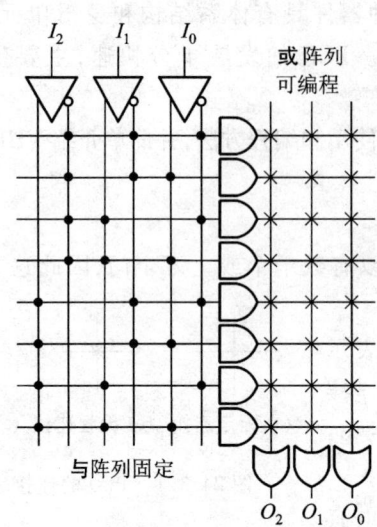
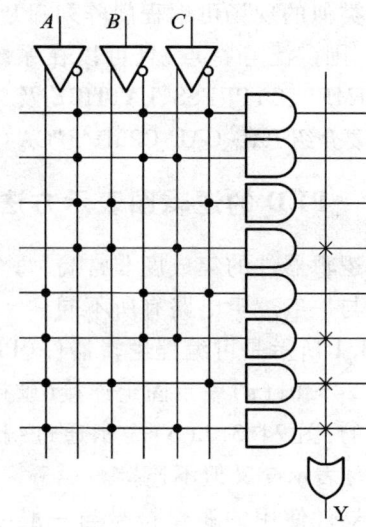

图 24.3.3　三输入 PROM 的逻辑图　　图 24.3.4　用 PROM 实现 3 人投票表决电路逻辑图

解：输入、输出的逻辑关系可用最小项表示为

$$Y = \bar{A}BC + A\bar{B}C + AB\bar{C} + ABC$$

用 PROM 实现的逻辑图如图 24.3.4 所示。

例 24.3.2　用 PROM 实现 4 位二进制码到循环(格雷)码的代码转换。

解：将 4 位二进制码转换成循环码的真值表见表 24.3.1。

表 24.3.1　4 位二进制码转换成循环码的真值表

状态	二进制码				循环码			
	Q_D	Q_C	Q_B	Q_A	D_3	D_2	D_1	D_0
0	0	0	0	0	0	0	0	0
1	0	0	0	1	0	0	0	1
2	0	0	1	0	0	0	1	1
3	0	0	1	1	0	0	1	0
4	0	1	0	0	0	1	1	0
5	0	1	0	1	0	1	1	1
6	0	1	1	0	0	1	0	1
7	0	1	1	1	0	1	0	0
8	1	0	0	0	1	1	0	0
9	1	0	0	1	1	1	0	1
10	1	0	1	0	1	1	1	1
11	1	0	1	1	1	1	1	0
12	1	1	0	0	1	0	1	0
13	1	1	0	1	1	0	1	1
14	1	1	1	0	1	0	0	1
15	1	1	1	1	1	0	0	0

用PROM只读存储器实现组合逻辑电路时,可以直接从真值表出发,将给定的逻辑函数的真值表放入存储矩阵中即可。逻辑图如图24.3.5所示。

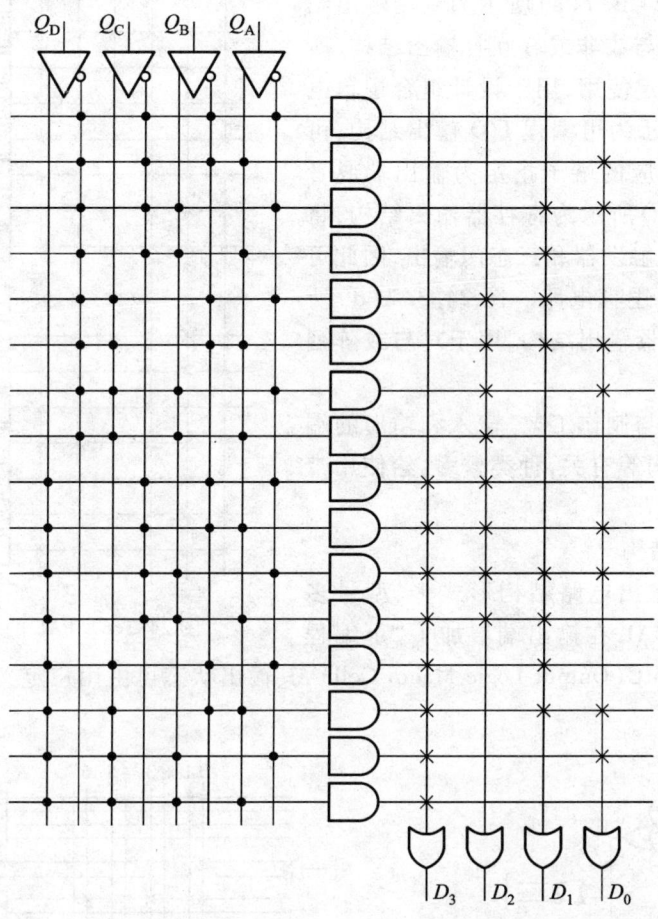

图24.3.5　用PROM实现二进制码转换循环码逻辑图

24.3.2　PAL(可编程阵列逻辑)/GAL(通用阵列逻辑)

PROM的与阵列为全译码阵列,提供输入变量的全部可能的组合,但实际应用时并不需要,因此存储单元不能得到充分利用,损耗大,集成度低。PAL和GAL将与阵列改为可编程连接、或阵列固定连接,则可改善上述性能。

PAL和GAL的内部均包含一个可编程的与逻辑(AND)阵列和一个固定的或逻辑(OR)阵列,两者的不同在于输出电路结构。

1. PAL的电路结构

PAL的编程单元多采用双极性工艺(一次性熔丝编程)或叠栅MOS工艺(UVEPROM,可多次光擦除)制作。其基本电路结构如图24.3.6所示。

PAL 的输出电路结构形式多样,以适应不同的应用需求。PAL 有 4 种典型的输出电路结构,分别如图 24.3.7(a)、(b)、(c)、(d) 所示。

图 24.3.6 和图 24.3.7(a) 所示为专用输出结构,输出端采用**与或**、**与或非**或者互补输出结构,所有输入端和输出端固定使用,用于设计组合逻辑电路。图 24.3.7(b) 所示为可编程 I/O 输出结构,可通过编程的方法将相应的端子指定为输出端或者输入端。图 24.3.7(c) 所示为寄存器输出结构,将**与或**阵列的输出经 D 触发器和三态门输出,因此可以很方便地构成时序逻辑电路。图 24.3.7(d) 所示为带**异或**门的寄存器输出结构,用于对**与或**阵列的输出函数求反。

PAL 器件的型号与制作工艺、输入和输出的端子数、输出电路的结构等有关,种类繁多,给使用带来一定的不便。

2. GAL 的电路结构

为克服 PAL 的输出电路结构形式多、型号多给应用带来的麻烦,GAL 在输出端增加了"可编程输出逻辑宏单元"OLMC(Output Logic Macro Cell),其输出状态可由用户定义,使编程更灵活。

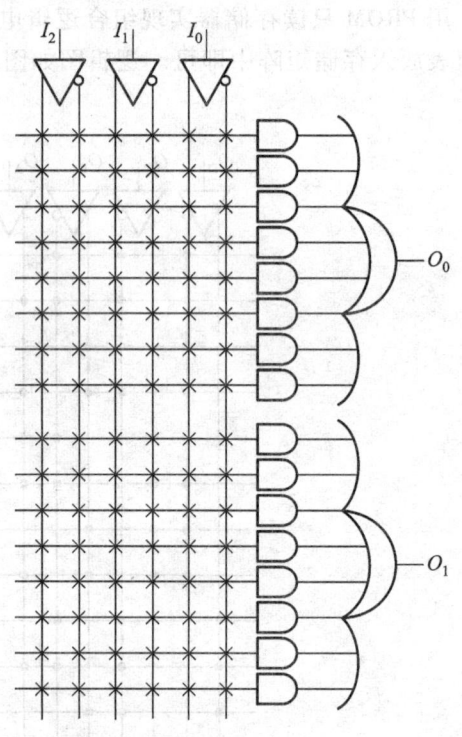

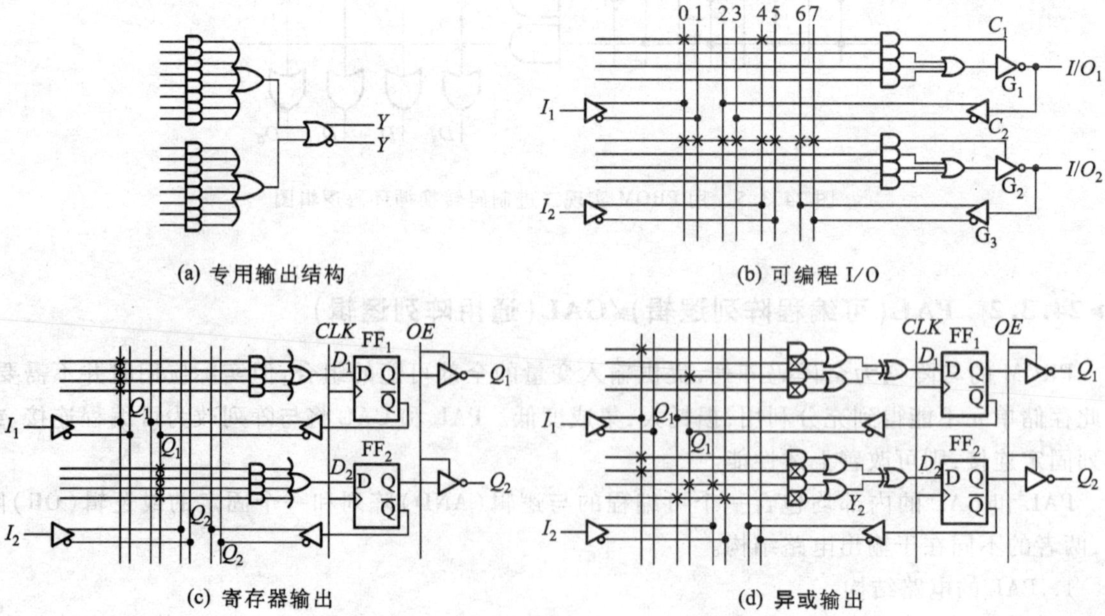

图 24.3.6 PAL 的基本电路结构

(a) 专用输出结构

(b) 可编程 I/O

(c) 寄存器输出

(d) 异或输出

图 24.3.7 PAL 的 4 种典型的输出电路结构

24.3 可编程逻辑器件(PLD)

以 GAL16V8 为例。GAL16V8 具有 32×64 bit 的可编程与阵列、10 个输入端和 8 个 OLMC，其电路结构图如图 24.3.8 所示。

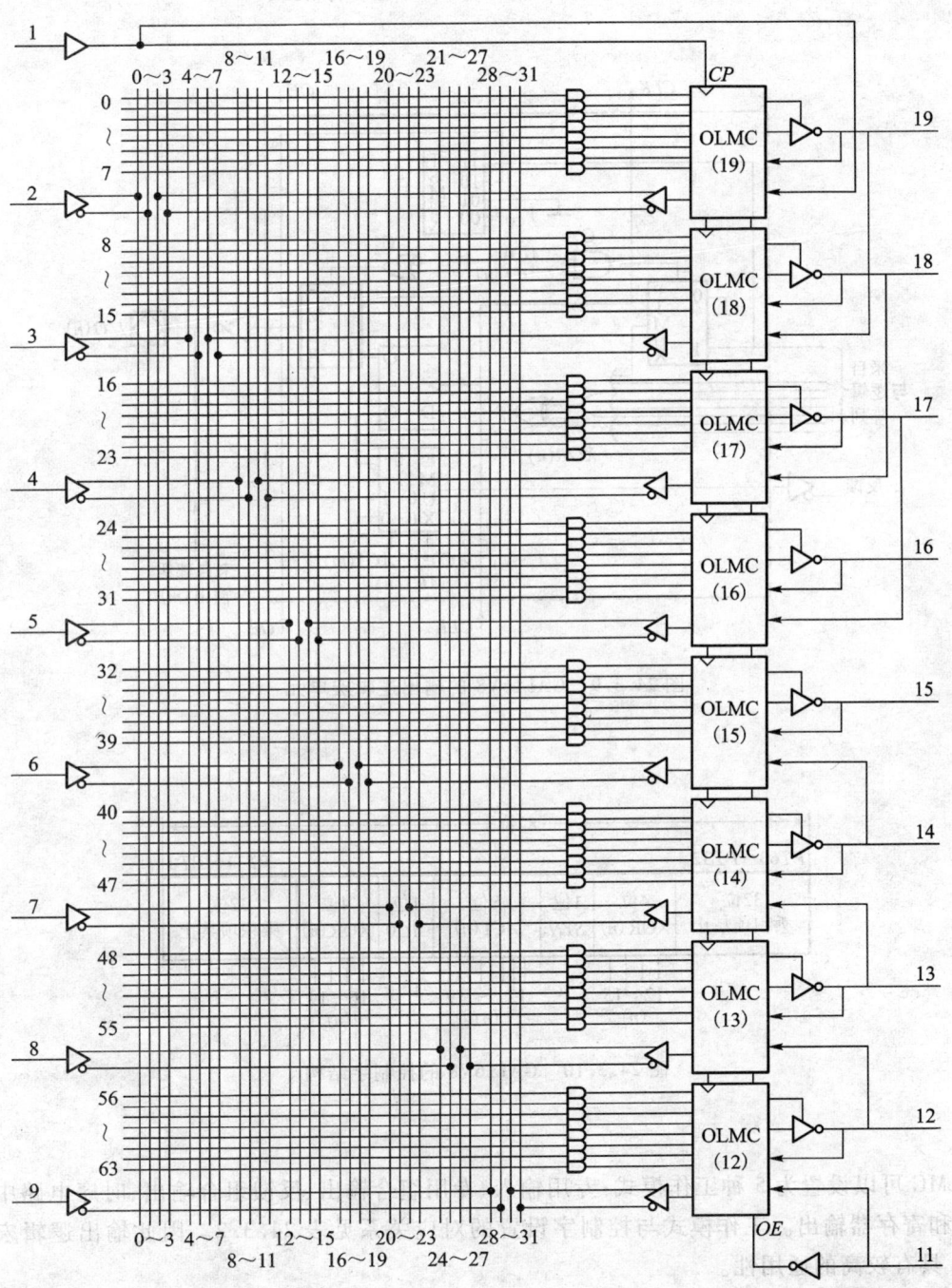

图 24.3.8　GAL16V8 的电路结构图

GAL16V8 的输出逻辑宏单元(OLMC)的电路结构如图 24.3.9 所示,由或门、异或门、D 触发器、多路选择器 MUX、时钟控制、使能控制和编程元件等组成。图中(n)表示 OLMC 的编号,$AC0$、$AC1(n)$、$XOR(n)$ 都是结构控制字中的 1 位数据。GAL16V8 的控制字结构如图 24.3.10 所示。通过开发软件对结构控制字编程,便可设定 OLMC 的工作模式。

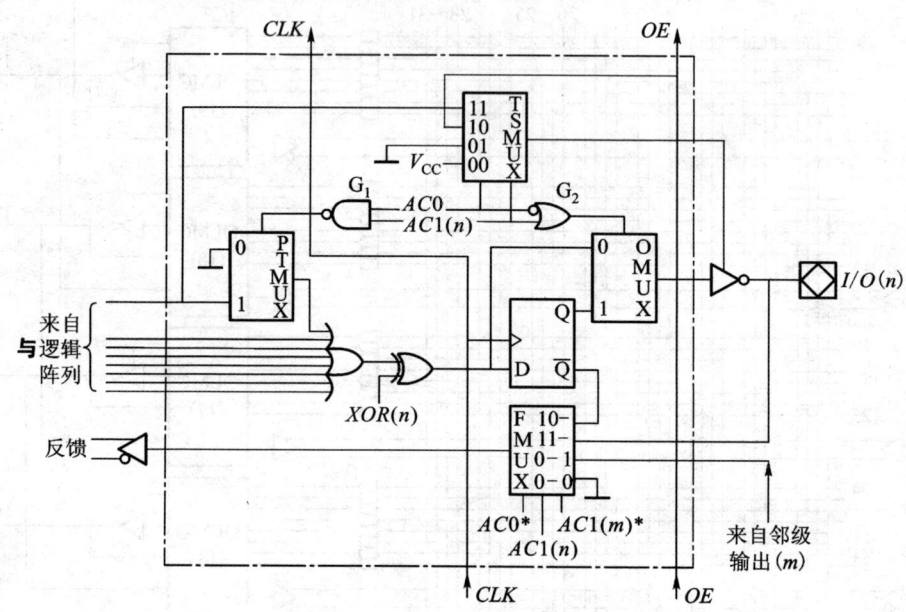

图 24.3.9　GAL16V8 的输出逻辑宏单元

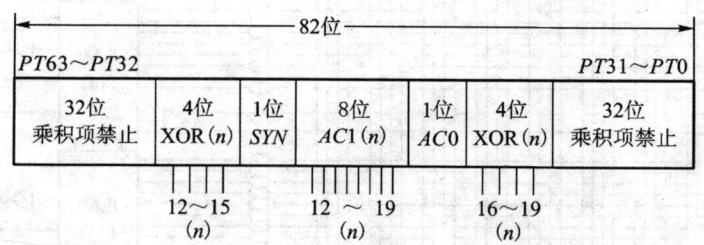

图 24.3.10　GAL16V8 的控制字结构

OLMC 可以设置为 5 种工作模式:专用输入、专用组合输出、反馈组合输出、时序电路中的组合输出和寄存器输出。工作模式与控制字设置的对应关系见表 24.3.2。因此输出逻辑宏单元使 GAL 具有较高的通用性。

表 24.3.2　OLMC 的 5 种工作模式与控制字设置的对应关系

SYN	AC0	AC1(n)	XOR(n)	工作模式	输出极性	备 注
1	0	1	/	专用输入	/	①和⑪脚为数据输入，三态门禁止
1	0	0	0	专用组合输出	低电平有效	①和⑪脚为数据输入，三态门被选通
1	0	0	1	专用组合输出	高电平有效	
1	1	1	0	反馈组合输出	低电平有效	①和⑪脚为数据输入，三态门选通信号是第一乘积项，反馈信号取自 I/O 端
1	1	1	1	反馈组合输出	高电平有效	
0	1	1	0	时序电路中的组合输出	低电平有效	①脚接 CLK，⑪脚接 $\overline{OE}$，至少另有一个 OLMC 为寄存器输出模式
0	1	1	1	时序电路中的组合输出	高电平有效	
0	1	0	0	寄存器输出	低电平有效	①脚接 CLK，⑪脚接 $\overline{OE}$
0	1	0	1	寄存器输出	高电平有效	

GAL 器件的命名直接反映了器件的基本性能和参数。例如 GAL16V8-15LDIB 表明 GAL 器件有 16 个输入引脚，8 个输出引脚，其中，V 表示通用型器件，15 表示速度级别 15ns，L 表示低功耗，D 表示封装方式为陶瓷双列直插式，I 表示温度范围 -40~125 ℃，B 表示已进行老化处理。常用的 GAL 器件见表 24.3.3。

表 24.3.3　常用的 GAL 器件

型号	与门阵列	宏单元个数	特点
GAL16V8	64×32	8	普通型
GAL20V8	64×40	8	普通型
ispGAL16Z8	64×32	8	实时在线可编程
GAL39V18	64×78	10	与、或阵列均可编程

GAL 的编程单元采用高性能的 E^2PROM 工艺，可多次编程，并具有高速、低耗的特点。一片 GAL 可替代 4~12 片中小规模集成器件。GAL 器件至少可改写 100 次，编程数据可保存 20 年以上。

3. PAL/GAL 应用举例

PAL 和 GAL 可以实现速度特性较好、规模较小的数字电路系统。尤其是 GAL，因为采用 OLMC 电路结构而具有很强的灵活性，至今仍有许多人使用。

例 24.3.3　用 PAL/GAL 器件实现下述逻辑关系

$$Y_1 = AB + \overline{\overline{BC} \cdot (C + \overline{A})}$$

$$Y_2 = \overline{\overline{(A+B+C)} + \overline{(AB+AC)}}$$

解: 现将上述逻辑表示式转换为最简与或式

$$Y_1 = AB + \overline{\overline{BC} \cdot \overline{(C + \overline{A})}} = AB + BC + C + \overline{A} = \overline{A} + B + C$$

$$Y_2 = \overline{\overline{(A+B+C)} + \overline{(AB+AC)}} = (A+B+C) \cdot (AB+AC) = AB + AC$$

PAL/GAL 的简化连线图如图 24.3.11 所示。

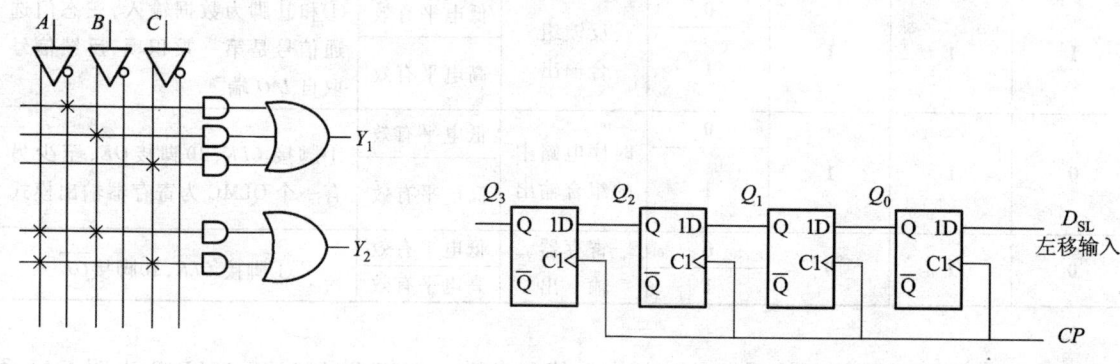

图 24.3.11 GAL 的简化连线图

图 24.3.12 例 24.3.4 4 位左移寄存器

例 24.3.4 用 GAL 实现图 24.3.12 所示的 4 位左移寄存器。画出 GAL 的简化连线图。

解: GAL 的简化连线图如图 24.3.13 所示。

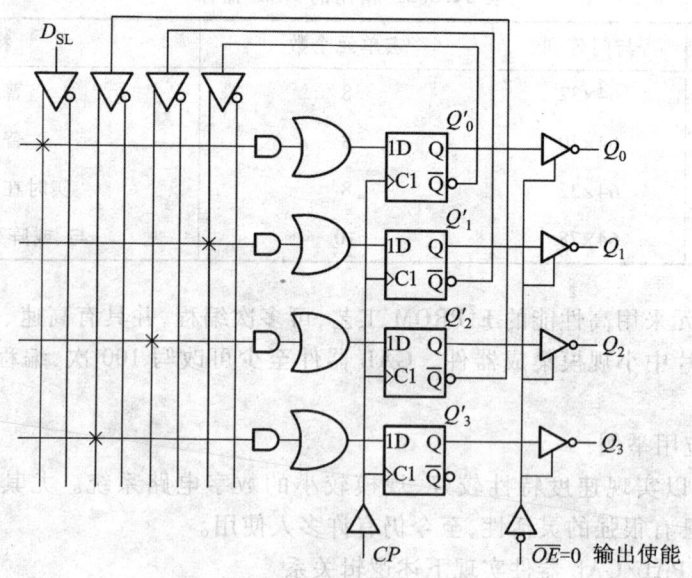

图 24.3.13 例 24.3.4 GAL 的简化连线图

▶▶24.3.3 CPLD/EPGA

PAL/GAL 器件的集成规模小,达不到单片内集成一个复杂数字系统的要求。尽管 GAL 器件有加密的功能,但对于这种阵列规模小的可编程逻辑器件解密已不是难题。因此在 PAL/GAL 基础上发展出了复杂可编程逻辑器(CPLD)和现场可编程门阵列(FPGA)。

从内部结构上看,CPLD/FPGA 有 3 个主要组成部分:逻辑阵列块(Logic Array Block,LAB)、I/O 单元(I/O Element,IOE)和可编程逻辑阵列(CPLD,Programmable Logic Array—PIA)/互连资源(FPGA,Interconnect Resource—IR)。

CPLD 的逻辑阵列块类似于 PAL 结构,其编程单元采用 Flash 结构形式,其中集成的宏单元不超过 512 个,是较高密度、高速度的电擦除的可编程逻辑器件,一般可以擦写几百次。

FPGA 的逻辑阵列块类似于与标准门阵列,基于查找表(Look-Up Table,LUT)采用 SRAM 结构形式,可集成几百万门电路,密摩较 CPLD 更高,理论上擦写 100 万次以上。

与 PAL、GAL 相比,FPGA/CPLD 的规模比较大,它可以替代几十甚至几千块通用 IC 芯片。尽管 CPLD 和 FPGA 的原理、内部结构和制作工艺有所不同,但两者的功能、软件编程等过程基本相同。两者均为在系统可编程器件,编程控制电路和编程所需的高压脉冲电路均集成在芯片内,使用时直接烧写程序。对初学者,可以忽略两者的区别,统称为 CPLD/FPGA。

在使用时需要注意,由于 FPGA 采用 SRAM 结构,断电后程序会消失。使用时需要外挂 EE-PROM,编程数据(逻辑关系、块间连接、引脚定义等)保存在 EEPROM 中,工作时,首先将 EEPROM 中的编程数据加载到 FPGA 中,然后才能使用。

不同厂家的 FPGA 和 CPLD 名称不同。例如 XILINX 公司把基于查找表技术、采用 SRAM 工艺、要外挂 EEPROM 的 PLD 称为 FPGA,把基于乘积项技术、采用 Flash 工艺的 PLD 叫 CPLD;ALTERA 公司则统称为 CPLD,通常所称的 FPGA 为 FLEX 系列产品,CPLD 为 MAX 系列产品。

下面以 ALTERA 公司的 MAX7000 和 FLEX10K 系列的 CPLD 为例来简单介绍 CPLD 和 FPGA 的结构特点。

1. CPILD 的结构特点

ALTERA 公司的 MAX7000 系列 EPM7032 的结构如图 24.3.14 所示,可分为逻辑阵列块(LAB)、I/O 单元(IOE)和可编程连线阵列(PIA)3 部分。LAB 通过 PIA 与全局总线连接。

(1) 逻辑阵列块

每个逻辑阵列块(LAB)包含 16 个宏单元。宏单元的结构与 PAL 相似,由逻辑阵列、乘积项选择矩阵和可编程触发器构成,如图 24.3.15 所示。

图 24.3.15 的左侧为可编程与阵列,每一个交叉点都是一个熔丝;与阵列右侧的乘积项选择矩阵是一个或阵列;右侧是一个可编程 D 触发器,其时钟和清零都可以通过编程选择全局清零和全局时钟,或者选择内部逻辑(与或阵列)产生的时钟和清零。如果不需要触发器,也可以将此触发器旁路,信号直接传输给 PIA 或输出到 I/O 引脚。

宏单元中的共享扩展项(图 24.3.15 的左下)是由每个宏单元提供一个未使用的乘积项,将其反相后反馈到逻辑阵列。每个 LAB 有多达 16 个共享乘积项。

(2) 可编程连线阵列(PIA)

MAX7000 的专用输入、I/O 引脚和宏单元的输出均馈送到 PIA,PIA 可以把这些信号送到器

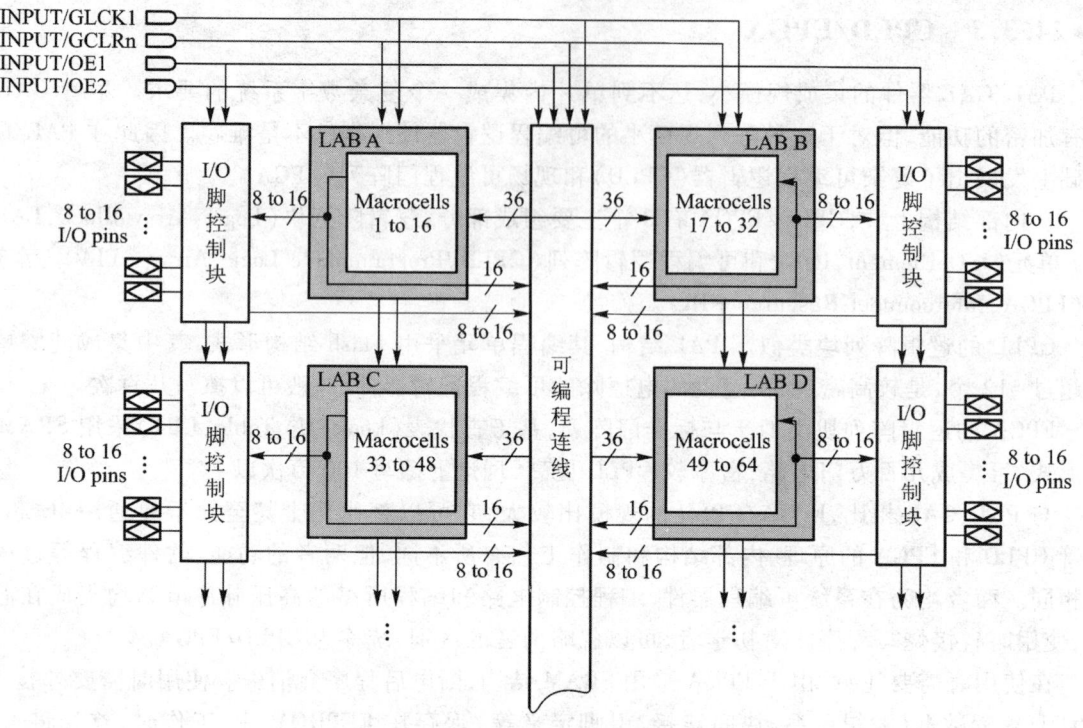

图 24.3.14　MAX7000 系列 EPM7032 的结构图

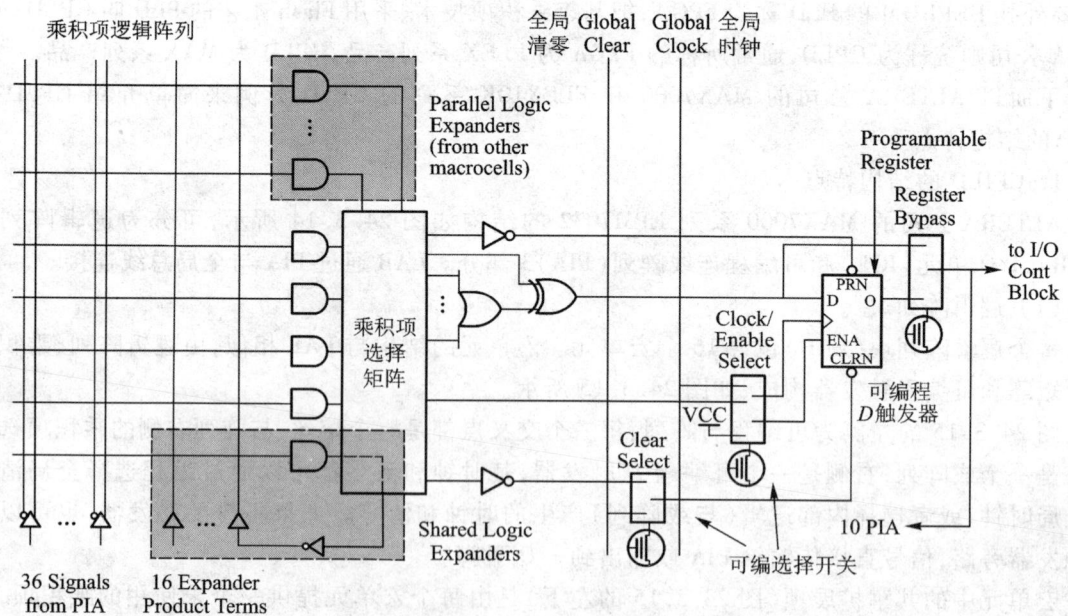

图 24.3.15　MAX7000 系列 EPM7032 宏单元的结构图

件的各个地方,将各 LAB 互相连接构成所需的逻辑。

(3) I/O 单元(IOE)

允许将 I/O 引脚配置为输入、输出或者双向工作方式。所有的 I/O 引脚都有一个三态门,使能信号为高电平时输出使能,由全局使能端信号进行控制。

2. EPGA 的结构特点

ALTERA 公司的灵活逻辑单元阵列结构(FLEX10K)如图 24.3.16 所示,由为逻辑阵列块(LAB)、I/O 单元(IOE)和快速互连通道构成。每个逻辑阵列块包含 8 个逻辑单元(Logic Element,LE)。

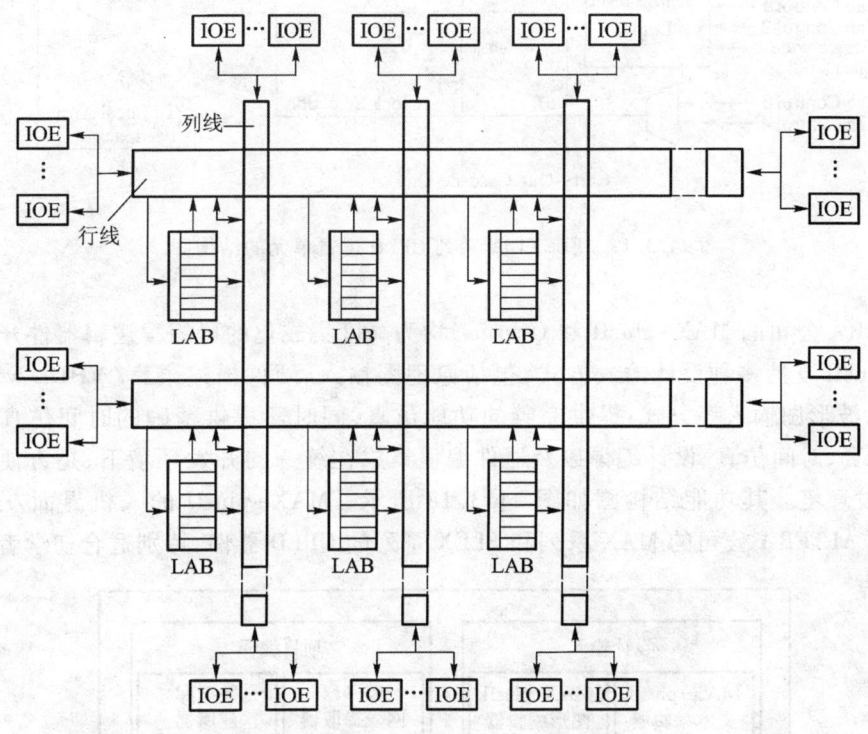

图 24.3.16　FLEX10K 系列 CPLD 的结构图

每个 LE 结构如图 24.3.17 所示,含有一个 4 输入组合逻辑函数的查找表(LUT),能快速产生 4 输入变量的任意逻辑函数。LE 还有一个带同步使能的可编程寄存器和一个进位链、一个级联链。LE 中的可编程寄存器可设为 D、T、JK 或 RS 触发器,其时钟、置位和复位端可由全局复位、LAB 控制信号驱动。如果需要 LE 实现组合逻辑功能,可以将该寄存器旁路。LE 产生两个可独立控制的输出:一个连接到快速互连通道,另一个连接到 LAB 的局部互连通道。

▶▶24.3.4　PLD 的编程方法

PLD 的编程需要在开发系统的支持下完成。软件包中有各种输入工具、仿真工具、版图设计工具和编程器等全线产品。在系统可编程器件的编程电路集成在芯片内部,不需要专用编程器。目前,不同厂家生产的器件类型不同,所用的编程软件也不同。例如 XILINX 公司的 Foundation

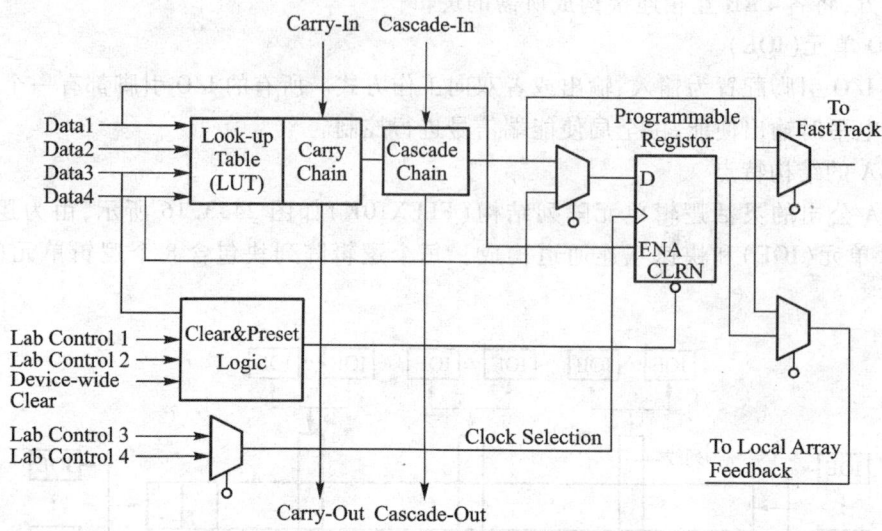

图 24.3.17 FLEX10K 系列 CPLD 逻辑单元的结构图

和 ISE、ALTERA 公司的 MAX+plusII 和 Quartus，均为高度集成化的可编程逻辑器件开发系统。

MAX+plusII 支持多种设计输入方式，包括原理图输入、硬件描述语言（VHDL、verilog HDL、AHDL）输入、波形图输入等方式；提供完善的功能仿真，同时还提供精确的时间仿真；它把设计输入、功能仿真、时间仿真、设计编译以及器件编程集成在统一的开发环境下，是方便、快捷的设计工具和开发环境。其功能结构图如图 24.3.18 所示。MAX+plusII 的人机界面友善，易于使用，可以开发 ALTERA 公司的 MAX 系列和 FLEX 系列的 CPLD 器件，特别适合初学者使用。

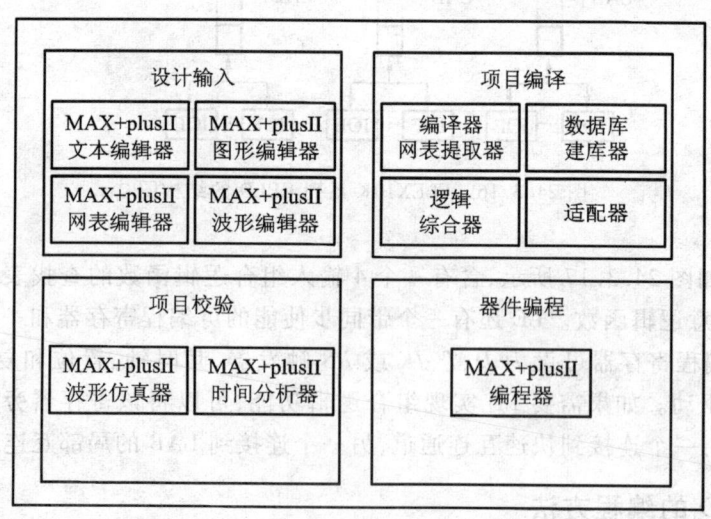

图 24.3.18 MAX+plusII 软件的功能结构图

可编程器件的开发系统可以利用其图形库元件（以下简称图元）进行原理图输入，原理图是对所设计电路具体电路结构的描述。但在设计复杂数字电路时,用户还需要掌握硬件描述语言(Hardware Description Language,HDL),通过语句来描述电路要实现的功能,不涉及具体的电路结构。HDL 是用于描述电路的输入/输出接口、电路行为和功能的语言。VHDL(Very High Speed Integrated Circuits HDL)和 Verilog HDL 为两种 IEEE 标准的 HDL,各 CPLD 生产厂家的开发系统均有这两种语言的接口,此外,厂家也有针对自己产品的 HDL,如 ALTERA 公司 AHDL。HDL 随着 CPLD 及其应用的发展也在不断发展,出现了系统级、行为验证级硬件描述语言,如 Superlog、SystemC、CylinbC++等,使复杂电子系统的设计和验证趋于简单。

▶▶24.3.5　VHDL 简介

本节简单介绍 VHDL 语言的程序结构和基本的功能描述语句。

1. VHDL 的程序结构

VHDL 的编程采用模块化程序结构。每一个模块由 3 部分组成:库、程序包使用说明,实体和结构体。模块的结构形式如下所示:

```
Module<模块名>(<端口列表>)
库、程序包使用说明
entity 实体名 is
        [generic（类属表）;]
        port([signal]    信号名:模式 类型
             [signal]    信号名:模式 类型
             ……);
end 实体名;
architecture 结构体名 of 实体名 is
        声明语句;
begin
        功能描述语句;
end 结构体名;
("[ ]"中为可选项,可以不写。)
```

(1) 库、程序包使用说明

库、程序包使用说明调用本设计要用到的库和程序包,以提高设计效率。VHDL 要调用以下 3 种库。

① **系统库**:是 VHDL 语言本身预定义的库,包括 std 库和 work 库,使用时不必显示表示,可以直接调用。

② **IEEE 库**:VHDL 最常用的库,主要包括 std_logic_1164、numeric_bit 和 numeric_std 等程序包。其中最为常用的程序包为 std_logic_1164。在 VHDL 代码中必须用下面的语句指定库和包:

　　　　library 库名
　　　　use 库名.包名.all

例如:

　　　　library IEEE

use IEEE.std_logic_1164.all

③ 用户库：是 EDA 工具开发商开发或用户自己设计的库和程序包以便调用。

（2）实体描述

实体部分描述定义设计实体与其使用环境的接口。实体名字必须是所对应的设计实体的名字。输入/输出接口有 5 种模式：

  In：元件只读该端口的值；
  Out：元件只把值写入该端口；
  Inout：元件对该信号读或写（双向信号）；
  Buffer：元件写或读回（要输出的）信号（非双向信号）；
  Linkage：只用在文本中。

端口数据的常用类型有：

  std_logic：逻辑变量；
  std_logic_vectors(m downto n)：逻辑向量；
  time：时间；
  integer：整数；
  constant：常数。

（3）结构体描述

结构体指定输入与输出之间的行为。一个实体可以有多个结构。结构体由声明语句和功能描述语句构成。结构体中的声明语句是对功能描述语句中将要用到的信号、变量、常数、元件、函数等对象的数据类型的说明；功能描述语句是 VHDL 编程中最重要、工作量最大的内容，其中常用的运算符见表 24.3.4，其他常用的功能描述语句如本节 2 所述。

表 24.3.4   VHDL 的常用运算符

类别	运算符
算术运算	＋ － * / ** mod rem abs 等
逻辑运算	not and or nand nor xor xnor
比较	＝ /= < > <= >= 等
拼接	&（可以把两个信号拼接成一个新的矢量信号。例：x(3 downto 2)<=x(1)&x(0);)

2. 基本 VHDL 功能描述语句及编程举例

VHDL 的功能描述语句可分为并行语句和顺序语句。并行语句是指执行与语句位置的先后无关的语句；顺序语句指在某些条件满足时执行的语句，顺序语句必须包含在进程语句中。

（1）并行语句

① 基本赋值语句

基本赋值语句见表 24.3.5。

24.3 可编程逻辑器件(PLD)

表 24.3.5 基本赋值语句

类别	格式
并行赋值	变量名:=表达式 目标信号<=表达式 目标信号<=表达式 after 延迟时间
条件赋值	信号名<=表达式 1 when 逻辑表达式 1 else 表达式 2 when 逻辑表达式 2 else …… 表达式 n when 逻辑表达式 n else 表达式;
选择信号赋值	with 表达式 select 信号名<=信号值 1 when 表达式 1, 信号值 2 when 表达式 2, …… 信号值 n when others;

例 24.3.5 两输入与门电路的 VHDL 代码。
```
library IEEE
use IEEE.std _ logic _ 1164.all
--*******************************
entity and1 is
        generic (rised : time : = 1ns
                        falld : time : =1ns);
        port (a1 : in std _ logic;
                a2 :in std _ logic;
                f: out std _ logic);
end and 1;
--*******************************
architecture behavior of and1 is
begin
        f<= a1 and a2 after 5ns;
end behavior;
```
例 24.3.6 3 人投票表决电路的 VHDL 代码。
```
Library IEEE;
use IEEE.std _ logic _ 1164.all;
--*******************************
```

```
entity voter3 is
    port(SW : in std_logic_vector(3 downto 1);
         L : out std_logic_vector(2 downto 1));
         -- ****L1:pass(green LED)    L2:fail(red LED)
end voter3;
-- ******************************************
architecture behavior of voter3 is
begin
  with SW select
  L <= "10" when "011",
       "10" when "101",
       "10" when "110",
       "10" when "111",
       "01" when others;
end behavior;
```

② 元件例化语句

元件例化语句相当于子程序。其格式如下：

```
component    实体名
port(信号名:模式 信号类型;
     ……
     信号名:模式 信号类型);
end component    实体名;
```

例 24.3.7 用元件例化语句描述用半加器组成的全加器，如图 24.3.19 所示。

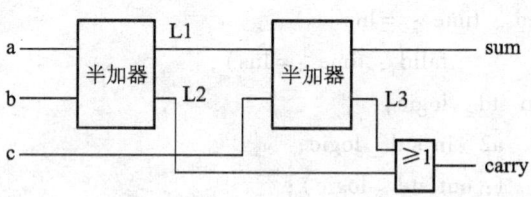

图 24.3.19 全加器的逻辑图

解：半加器的 VHDL 描述语句为

```
library IEEE
use IEEE_std_logic_1164.all
-- *****************************
--half_adder
entity half_adder is
    port(a,b : in std_logic;
```

```
            s, c0: out std_logic);
end half_adder;
architecture h_adder of half_adder is
    signal c,d : std_logic;
begin
    c<=a or b;
    d<=a hand b;
    c0<=not d;
    s<=c and d;
end h_adder;
--*************************
```

全加器的 VHDL 描述语句为

```
--full_adder
entity full_adder is
    port (3,y,cin: in std_logic;
          sum, carry : out std_logic);
end entity full_adder;
architecture struct of full_adder is
    component half_adder
        port ( a,b: in std_logic;
               s, c0 : out std_logic);
    end component half_adder;
    signal L1,L2,L3: std_logic;
begin
    P1: half_adder port map(3,y,L1,L2);
    P2: half_adder port map(L1,cin,sum,L3);
    carry<=L2 or L3;
end architecture struct;
```

③ 进程语句(process)

顺序语句、含敏感信号(如时钟上升沿)的语句必须包含在进程语句中。进程语句的格式为：

```
process(敏感信号表)
    声明
begin
    顺序语句
end process;
```

(2) 分支语句

分支语句见表 24.3.6。

表 24.3.6 分支语句

语句	If 语句	case 语句

格式	if 条件 1 then
	　　　顺序语句 1；
	elsif 条件 2 then
	　　　顺序语句 2；
	……
	elsif 条件 n then
	　　　顺序语句 n；
	else
	　　　顺序语句 n+1；
	end if；
		case 条件表达式 is
		when 值 1　=>顺序语句；
		when 值 2　=>顺序语句；
		……
		when others　=>顺序语句；
		end case；

例 24.3.8 分别用 if 和 case 语句描述二选一数据选择器（如图 24.3.20 所示）。

解：用 if 语句的描述为
if sel ='1' then
　　　c<=b；
else
　　　c<=a；
end if；

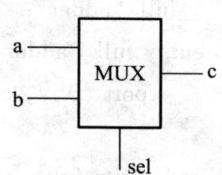

图 24.3.20　二选一数据选择器

用 case 语句的描述为：
case sel is
　　when 0 =>　c<=a；
　　when 1 =>　c<=b；
end case；

例 24.3.9 用 VHDL 描述图 24.3.21 所示的触发器。

解：VHDL 描述如下
library IEEE；
use IEEE.std_logic_1164.all；
-- **********************
entity dff is
　port(CLK：in std_logic；
　　　D：in std_logic；
　　　Q：om std_logic)；
end dff；
-- **********************
architechure bhv of dff is
　singal Q1：std_logic；
begin
　　process(CLK)

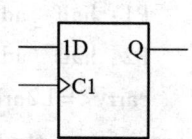

图 24.3.21　例 24.3.9 所要设计的 D 触发器

```
    begin
        if CLK'event and CLK = '1'
            then Q1 <= D;
        end if;
    end process;
    Q <= Q1;
end bhv;
```

(3) 循环语句

常用的循环语句见表 24.3.7。

表 24.3.7 常用的循环语句

语句	for loop 语句	while loop 语句
格式	[标号:]for 循环变量 　　　　in 循环范围 loop 　　　　　顺序语句; end loop[标号:];	[标号:]while 条件　loop 　　　　　顺序语句; end loop[标号:];

(4) wait 语句

wait until a = 1;   --a 发生变化,且其新值是'1'时,即 a 的上升沿,wait 条件满足,程序继续执行
wait on a,b;   --信号 a、b 发生变化时 wait 条件满足,进程继续执行
wait for 10ns;   --等待 10 ns 后进程继续执行
wait until a = '1' for 10 ns;--a 上升沿,或等待 a 至少 10 ns

习　题

24.1 D/A 转换电路如题图 24.1 所示,模拟开关 S 由二进制数字信号控制,$d_i = 0$ 开关 S_i 接地,$d_i = 1$ 关 S_i 接在运放反相输入端上。写出该电路输出电压 u_o 与数字信号 $d_3 d_2 d_1 d_0$ 之间的关系式。

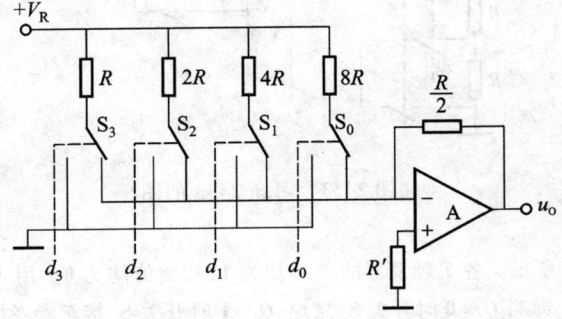

题图 24.1 习题 24.1 的图

24.2 T形电阻网络 D/A 转换电路如题图 24.2 所示,若 $V_R = 5$ V,$R = 10$ kΩ,当模拟开关 $S_3 \sim S_0$ 分别对应 $d_3 \sim d_0 = \mathbf{0111}$ 及 $d_3 \sim d_0 = \mathbf{1011}$ 两种情况时,该电路的输出电压 u_O 是多少伏?

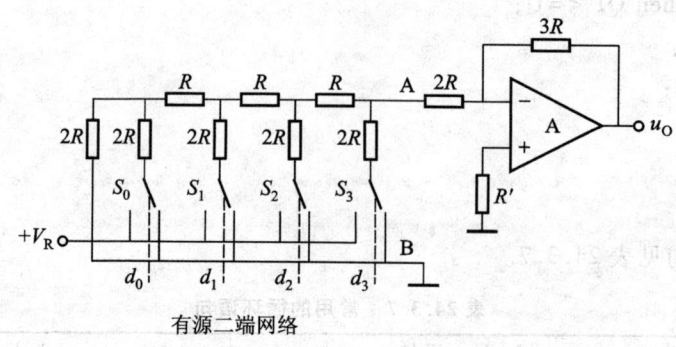

题图 24.2 习题 24.2 的图

24.3 树状开关电路如题图 24.3 所示。当若 $V_R = 5$ V,$R = 10$ kΩ,当 $d_i = 1$ 时,则 d_i 下面虚线所贯穿开关闭合,$d_i = 0$ 时 $\overline{d_i}$ 下面虚线所贯穿的开关闭合。求所示电路在 $d_2 d_1 d_0 = \mathbf{000}$、$\mathbf{011}$、$\mathbf{100}$、$\mathbf{111}$ 这 4 种情况下,该电路的输出电压为多少?

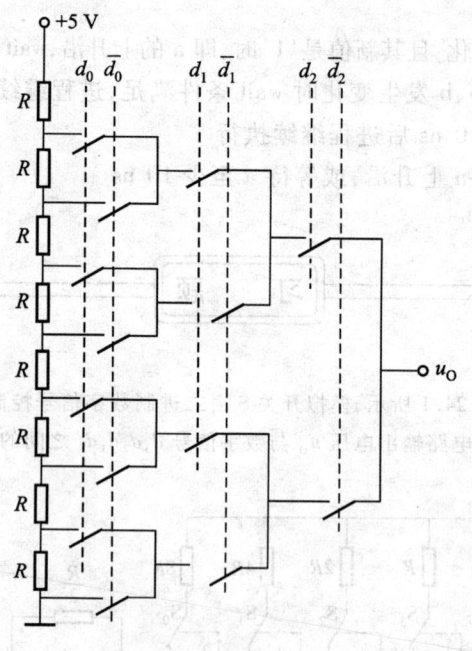

题图 24.3 习题 24.3 的图

24.4 电路如题图 24.4 所示。各 T 触发器的 T 端均为 $\mathbf{1}$,初始值均为 $\mathbf{0}$。用 4 位二进制计数器的 $Q_3 \sim Q_0$ 端输出控制模拟开关 $S_3 \sim S_1$,即当 $Q_i = \mathbf{0}$ 时开关 S_i 接地,$Q_i = \mathbf{1}$ 时开关 S_i 接至参考电压 V_R。画出图示电路在时钟脉冲 CP 的作用下,电路输出电压 u_O 的波形图。

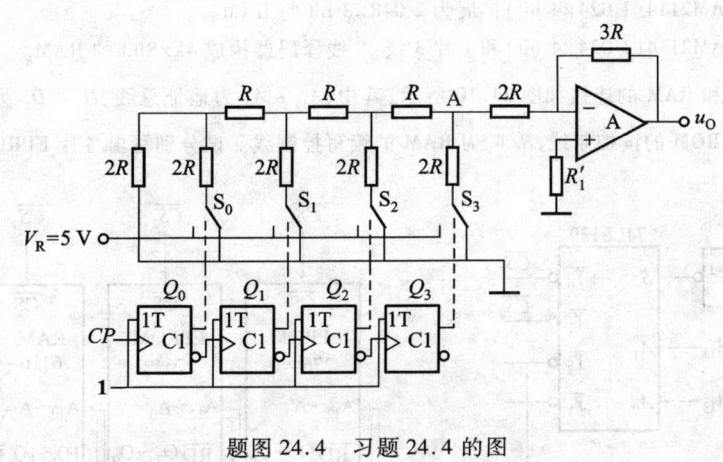

题图 24.4　习题 24.4 的图

24.5　图 24.1.2 所示 DAC0832。若 $V_R = 5\ \text{V}$,则

(1) 当 $d_7 \sim d_0 = \mathbf{10110000}$ 时,u_O 为何值?

(2) 若要求 $u_O = 2.7\ \text{V}$,则 $d_7 \sim d_0$ 为何值?

24.6　图 24.1.8 所示的双积分 A/D 转换电路。

(1) 若该电路的标准脉冲 CP_N 的频率 $f_N = 20\ \text{kHz}$,计数器电路由 4 块十进制 74LS90 集成芯片连成,计数总长度为 2 000 个 CP_N,问该电路第 1 次积分用时 t_1 为何值?

(2) 若该电路的参考电压 $V_R = \pm 2\ \text{V}$,在第 2 次积分期间,4 位计数器计入了 1 256 个 CP_N 脉冲,问该电路的输入电压 u_I 为何值?

(3) 该电路 1 s 之内可进行几次 A/D 转换?

24.7　二极管 ROM 如题图 24.7 所示,写出该存储矩阵 $\overline{Y_3}$、$\overline{Y_2}$、$\overline{Y_1}$、$\overline{Y_0}$ 的逻辑式。

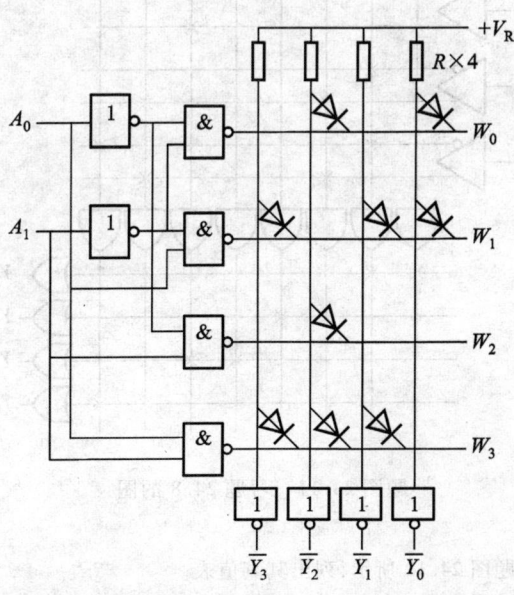

题图 24.7　习题 24.7 的图

24.8 将4片RAM2114(1 024×4 bit)扩展为2 048×8 bit的RAM。

24.9 用8片RAM2114(1 024×4 bit)和1片3线–8线译码器构成4k×8bit的RAM。

24.10 EPROM和RAM的连接如图24.10所示,其中,$A_{15} \sim A_0$为地址总线,$D_7 \sim D_0$为数据总线,$\overline{MREQ}$为存储器请求线,$\overline{RD}$为ROM的读控制线,$R/\overline{W}$为RAM的读写控制线。试分别写出各片EPROM和RAM的地址。

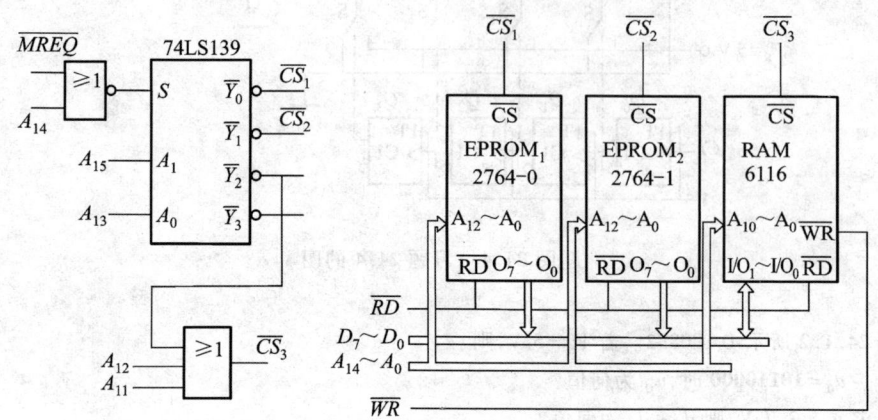

图24.10 习题24.10的电路图

24.11 电路题如图24.11所示,写出存储矩阵位线$Y_3 \sim Y_0$为**1**的逻辑表示式。

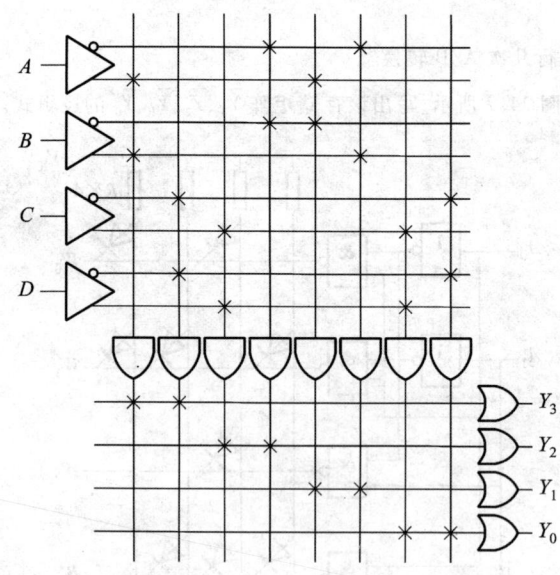

题图24.11 习题24.8的图

24.12 PROM的连接图如题图24.12所示,列出其真值表。

24.13 用PROM实现1位全加器。

24.14 用PROM实现显示译码器:输入为8421BCD码(**0000 ~ 1001**),输出($Y_a \sim Y_g$)用于驱动7段数码显

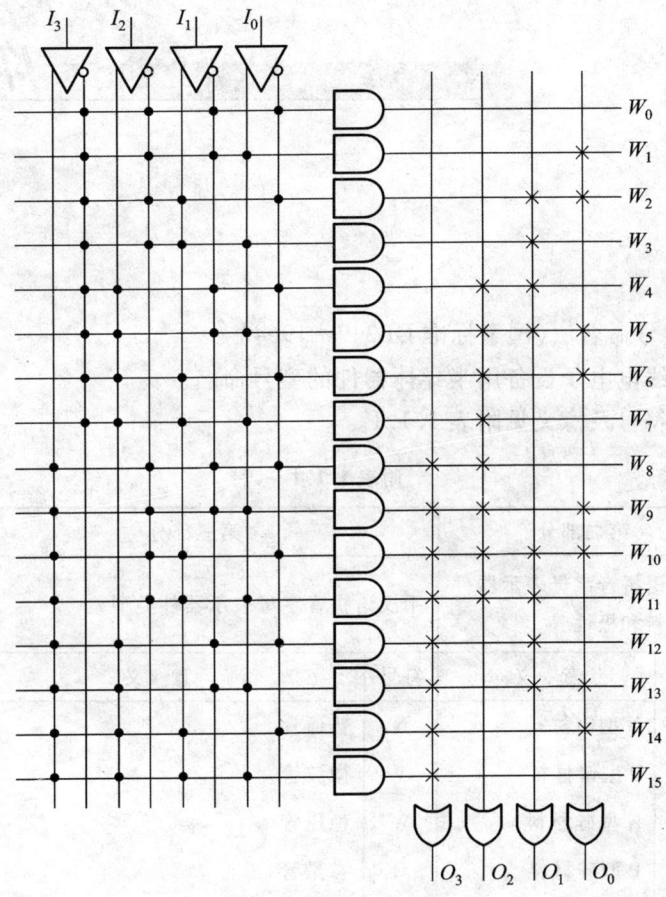

题图 24.12　习题 24.12 的图

示管。

24.15　用 PAL/GAL 实现显示译码器：输入为 8421BCD 码(**0000 ~ 1001**)，输出($Y_a \sim Y_g$)用于驱动 7 段数码显示管。

24.16　用 VHDL 语言描述两输入**异或**门。

24.17　用 VHDL 语言描述题图 24.17 所示的 JK 触发器。

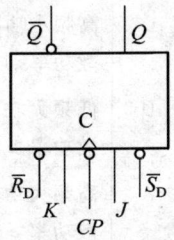

题图 24.17　JK 触发器逻辑图

附 录

▶ 附录[一]

1. 半导体器件型号命名法(国家标准 GB249—1964)

本标准适用于无线电电子设备用半导体器件的型号命名。

型号组成部分的符号及意义见附表1.1.1。

附表 1.1.1

第一部分		第二部分		第三部分		第四部分
用数字表示器件电极数目		用汉语拼音字母表示器件的材料和极性		用汉语拼音字母表示器件类型		用数字表示器件的序号
符号	意义	符号	意义	符号	意义	
2	二极管	A	N 型锗材料	N	普通管	
		B	P 型锗材料	V	微波管	
		C	N 型硅材料	W	稳压管	
		D	P 型硅材料	C	参量管	
3	晶体管	A	PNP 型锗材料	Z	整流管	
		B	NPN 型锗材料	L	整流堆	
		C	PNP 型硅材料	S	隧道管	
		D	NPN 型硅材料	U	光电管	
				K	开关管	
				X	低频小功率管(截止频率<3 MHz、耗散功率<1 W)	
				G	高频小功率管(截止频率≥3 MHz、耗散功率<1 W)	
				D	低频大功率管(截止频率<3 MHz、耗散功率≥1 W)	
				A	高频大功率管(截止频率≥3 MHz、耗散功率≥1 W)	
				T	可控整流器	

例 3DG6——高频小功率 NPN 型硅材料晶体管。

2. 一些二极管的型号和主要参数

半导体(硅整流)二极管型号和主要参数见附表1.2.1和附表1.2.2。

附表1.2.1 小功率整流用二极管

型号 新	型号 旧	最高反向峰值电压 U_{RM}/V	额定正向整流电流 I_F/A	正向电压降 U_F/V	反向电流 I_R/μA	频率 f/kHz	额定结温 T_{jm}/℃
2CZ82A	2CP10	25	0.1 (100 mA)	≤1.0	100	3	130
2CZ82B	2CP11	50					
2CZ82C	2CP12	100					
2CZ82D	2CP14	200					
2CZ82E	2CP16	300					
2CZ82F	2CP18	400					
2CZ82G	2CP19	500					
2CZ83B	2CP21A	50	0.3 (300 mA)	≤1.0	100	3	130
2CZ83C	2CP21	100					
2CZ83D	2CP22	200					
2CZ83E	2CP23	300					
2CZ83F	2CP24	400					
2CZ83G	2CP25	500					
2CZ11A~2CZ11G (反向峰值电压依次递增100 V)		100~700	1	≤1.0	600 (0.6 mA)	3	130(应装有60×60 ×1.5 mm;80×80× 1.5 mm的铝散热片)
2CZ12A~2CZ12G (2CZ12B~12G电压递增100 V)		50,100~ 600	3	≤1.0	1 000 (1 mA)	3	

附表1.2.2 大功率硅整流用二极管

系列	额定正向平均电流 /A	额定反向峰值电压 /V	正向平均压降 /V	反向平均漏电流 /mA	散热器最小散热面积 /mm²	冷却方式	电流过载倍数 1个周期	3个周期	6个周期	15个周期	5 s	5 min
2CZ5	5	30~1 000	0.45~0.65	0.1~2	100	自冷	11.5	8.5	5.5	4		
2CZ10	10	30~1 000	0.45~0.65	0.2~4	200	自冷	10	7.5	5.5	4		
2CZ20	20	30~1 000	0.45~0.65	5		自冷						
2CZ30	30	30~1 000	0.45~0.65	0.5~10	600	风冷	9	6.5	5	4	2	1.25

续表

系列	额定正向平均电流 /A	额定反向峰值电压 /V	正向平均压降 /V	反向平均漏电流 /mA	散热器最小散热面积 /mm²	冷却方式	电流过载倍数					
							1个周期	3个周期	6个周期	15个周期	5 s	5 min
2CZ50	50	30～1 000	0.45～0.65	0.5～10	600	风冷	8	6	5	4		
2CZ100	100	30～1 000	0.5～0.7	0.75～15	900	风冷	7	5.5	4.5	4		
2CZ200	200	30～1 000	0.5～0.7	1～20	1 200	风冷	7	5	4	3		
2CZ300	300	30～1 000	0.5～0.75	1～15	1 500	风冷	6					
2CZ500	500	30～1 000	0.5～0.75	1～20	2 500	风冷	6					

3. 一些硅稳压二极管的型号和主要参数

附表 1.3.1 硅稳压二极管

型号		稳定电压 /V	稳定电流 /mA	最大稳定电流 /mA	动态电阻 /Ω	电压温度系数 C_{TV} /(10⁻⁴/℃)	耗散功率 /W
新	旧						
2CW72	2CW1	7～8.8	5	29	6	≤7	
2CW73	2CW2	8.5～9.5	5	26	10	≤8	
2CW74	2CW3	9.2～10.5	5	23	12	≤8	0.25
2CW75	2CW4	10～12	5	20	15	≤9	
2CW76	2CW5	11.5～12.5	5	17	18	≤9	
2CW78	2CW6	13.5～17	5	100	21	≤9.5	
2CW53	2CW12	4.0～5.8	10	41	50	-6～4	
2CW54	2CW13	5.5～6.5	10	38	30	-3～5	
2CW55	2CW14	6.2～7.5	10	33	15	≤6	
2CW56	2CW15	7.0～8.8	5	27	15	≤7	0.25
2CW57	2CW16	8.5～9.5	5	26	20	≤8	
2CW58	2CW17	9.2～10.5	5	23	25	≤8	
2CW59	2CW18	10～11.8	5	20	30	≤9	
2CW60	2CW19	11.5～12.5	5	19	40	≤9	

续表

型号		稳定电压 /V	稳定电流 /mA	最大稳定电流 /mA	动态电阻 /Ω	电压温度系数 C_{TV} /(10^{-4}/℃)	耗散功率 /W
新	旧						
2CW110	2CW21G	11~12.5	20	76	12	≤9.5	
2CW111	2CW21H	12.2~14	20	66	16	≤9.5	
2CW112	2CW21H	13.5~17	10	58	20	≤9.5	
2CW113	2CW21I	16~19	10	52	20	≤10	1
2CW114	2CW21J	18~21	10	47	26	≤10	
2CW115	2CW21K	20~24	10	41	32	≤10	
2CW116	2CW21L	23~26	10	38	38	≤11	

4. 3AD型（锗）和3DD型（硅）低频大功率晶体管部分型号和主要参数

附表1.4.1 低频大功率晶体管

型号	集电极最大耗散功率 P_{CM}/W （装散热器）	集电极最大允许电流 I_{CM} /A)	反向击穿电压			反向饱和电流		共发射极电流放大系数 h_{fe} /β	最高允许结温 T_{JM} /℃
			集-基 BV_{CBO} /V	集-射 BV_{CEO} /V	射-基 BV_{EBO} /V	集-基 I_{CBO} /μA	集-射 I_{CEO} /μA		
3AD6A	1	2	50	18	20	≤400	≤2 500	≥12	90
3AD6B	10	2	60	24	20	≤300	≤2 500	≥12	90
3AD6C	10	2	70	30	20	≤300	≤2 500	≥12	90
3AD30A	2	4	50	12	20	≤500	≤15 mA	12~100	85
3AD30B	20	4	60	18	20	≤500	≤10 mA	12~100	85
3AD30C	20	4	70	24	20	≤500	≤10 mA	12~100	85
3DD2	3	0.5	A:20 B:30	≥4		≤50		≥10	175
3DD3	5	0.75	C:45 D:60	≥4		≤100		≥10	175
3DD4	10	1.5	E:80 F:100	≥4		≤100		≥10	175
3DD5	25.5	2.5	G:120	≥4		≤300		≥10	175
3DD6A	50	5	30	≥4		≤500		≥10	175
⁂			⁂	≥4		≤500		≥10	175
3DD6E	50	5	100	≥4		≤500		≥10	175

5. 晶闸管及一些新型全控半导体器件（简介）

(1) 普通晶闸管的参数

KP 型单向晶闸管参数见附表 1.5.1。

附表 1.5.1　KP 型单向晶闸管

型　号	通态平均电流 I_T/A	通态平均电压 U_{TM}/V	断态反向重复峰值电压 U_{DRM} U_{RRM}/V	断态反向重复峰值电流 I_{DRM} I_{RRM}/mA	控制（门）极触发电流 I_{GT}/mA	控制（门）极触发电压 U_{GT}/V	额定结温 $T_{jM}/℃$	冷却方式
KP5A	5	≤2.2	100～2 000	≤8	≤60	≤3	100	自然冷却
KP10A	10	≤2.2	100～2 000	≤10	≤100	≤3	100	自然冷却
KP20A	20	≤2.2	100～2 000	≤10	≤100	≤3	100	自然冷却
KP50A	50	≤2.4	100～2 400	≤20	≤200	≤3	100	强迫风冷
KP100A	100	≤2.6	100～3 000	≤40	≤250	≤3.5	125	强迫风冷
KP200A	200	≤2.6	100～3 000	≤40	≤250	≤3.5	125	强迫风冷
KP300A	300	≤2.6	100～3 000	≤50	≤350	≤3.5	125	强迫风冷
KP400A	400	≤2.6	100～3 000	≤50	≤350	≤4	125	强迫风冷
KP500A	500	≤2.6	100～3 000	≤60	≤350	≤4	125	强迫风冷
KP800A	800	≤2.6	100～3 000	≤80	≤450	≤4	125	强迫风冷

(2) 一些新型全控半导体器件（简介）

普通晶闸管是个半控元件，只能控制开通不易控制关断。用半控元件构成的电路，若输入为正弦波形，输出波形只是输入正弦波形的一部分，成为非正弦波，并引起电网内出现谐波，从而会影响在同一个电网中工作的其他设备正常运行；此外，还会引起功率因数 $\cos\varphi$ 下降。为克服半控元件的不足，自 20 世纪 80 年代以来研究出许多大功率全控半导体器件，除 14.3.3 节介绍的 VMOS 外，常见的还有：

① 绝缘栅双极型晶体管（IGBT）。绝缘栅双极型晶体管（IGBT）是一种集 MOS 管与双极型晶体管的优点于一体的新型功率半导体器件。它具有输入电阻高、工作频率高、驱动电路简单、通态电压低、电流大、耐压高等诸多优点，因而在电力电子装置中得到广泛应用。

IGBT 是在 VDMOS 基础上制成，在 VDMOS 的 N_+ 区下再增加一个 P_+ 层，从而形成一个 PNP 的晶体管，这个晶体管的导通与关断由 MOS 控制。

IGBT 的等效电路和图形符号如附图 1.5.1 所示。

IGBT 工作时，集电极 C 接高电位，发射极 E 接低电位，栅极 G 与发射极 E 间加正的控制电压，当电压 U_{GE} 达到阈值时，附图 1.5.1(a)中的 NMOS 管 T_2 形成导电沟道，为双极型晶体管 T_1 提供基极电流 $I_{B1}=I_D$，IGBT 管导通。若栅极电压 U_{GE} 为负值时，则 NMOS 管 T_2 的导电沟道消失，双极型晶体管 T_1 的基极电流 I_{B1} 被切断，IGBT 管截止。

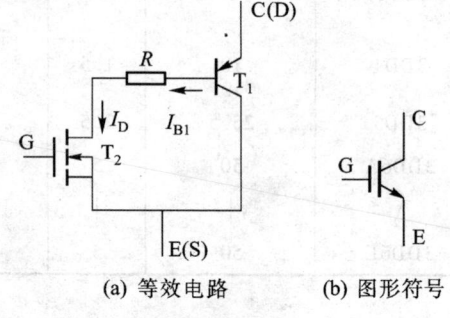

(a) 等效电路　　(b) 图形符号

附图 1.5.1　IGBT

IGBT 管导通时,管压降 U_{CE} 较 VDMOS 管的通态电压低,因此,在这两种器件电流相同的情况下,IGBT 的损耗较 VDMOS 小。由于 IGBT 的控制电路简单,耐压及电流值均较大,目前 1 200 V/1 000 A 的 IGBT 已广泛用于各种电力电子装置中。而开关频率 150 kHz,3 300 V/1 200 A 的 IGBT 已研制成功,目前正朝 4 500 V/2 500 A 方向发展。

IGBT 的主要技术参数有:峰值电流 I_{Cm}/A;击穿电压 BU_{CEO}/V;通态压降 U_{CE}/V;导通时间 t_{on}/ns;关断时间 t_{off}/ns;耗散功率 P_{CM}/W 等项。

② MOS 栅控晶闸管(MCT)。MOS 栅控晶闸管(MCT)是在晶闸管的基础上,发展成的一种新型大功率半导体器件。MCT 和 IGBT 一样,输出由双极型晶体管承担,导通与关断由 MOS 管控制。

MOS 栅控晶闸管的结构是在晶闸管的基础上,加入一对 MOS 场效应管而成,通过这一对场效应管控制晶闸管的导通与关断。MCT 的等效电路及图形符号如附图 1.5.2 所示。

MCT 结构中,双极型晶体管 T_1,T_2 构成了一个晶闸管,MOS 管 T_3 和 T_4 用于控制晶闸管的导通或关断。T_3 管用于控制导通,称为 ON-FET(开通的场效应管);T_4 管用于控制关断,称为 OFF-FET(关断的场效应管)。

由于 T_3 是 P 沟道的 MOS 管,T_4 是 N 沟道的 MOS 管,因此,当栅极 G 对阳极 A 加入一个负触发电压 U_{GA} 时,T_3 管出现导电沟道,而 T_4 管截止。在 T_3 管出现导电沟道后,由附图 1.5.2(a)可看出:这时 T_1 管将出现基极电流 $I_{B1}=I_{D3}$,使 T_1 管导电。T_1 管导电又为 T_2 管的导电提供了条件,T_2 管的导电又促使 T_1 管的电流增大。通过正反馈的作用,T_1,T_2 管很快进入饱和导电,即 MCT 管导通。

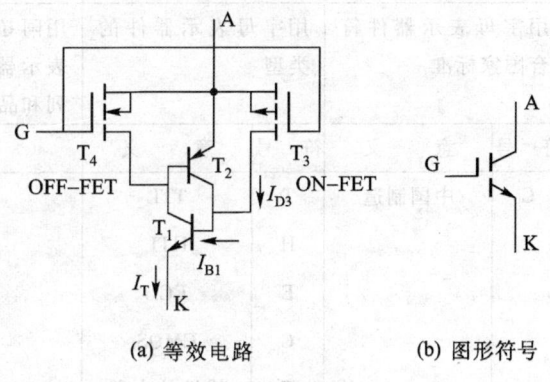

(a) 等效电路　　(b) 图形符号

附图 1.5.2　MCT

MCT 管导通时,若在栅极 G 处加入正的触发电压 U_{GA},则 T_3 管截止,T_4 管将出现导电沟道。T_4 管形成导电沟道后,相当于将 T_2 管的发射极与基极短接在一起,T_2 管不再导电,通过正反馈的作用,电流迅速下降。当电流 I_T 降到维持电流值以下时,MCT 管关断。

MCT 器件和 IGBT 器件均是场控自关断的器件,即属于全控的器件。这两种器件工作时,其控制电路均不需要很大的驱动功率。MCT 器件与 IGBT 器件在应用上,各有优点。例如,MCT 器件耐压高,允许通过的电流大,MCT 的另一个优势为通态电压低,约 1 V;IGBT 的通态电压在 2 V 以上。IGBT 的优势在于其开关特性优于 MCT 器件,IGBT 的开关时间比 MCT 短,因而开关损耗比 MCT 低,因此高频下应用 IGBT 要优于 MCT。

在人们生产出 IGBT 和 MCT 器件后,又生产出了更为先进的静电感应晶闸管(SITH)和静电感应晶体管(SIT),这两种更新型器件是开关速度高,可工作在几百千赫的电路,如用于制作高频感应加热电源等。

在制作出大功率半导体器件的同时,功率集成电路和智能功率集成电路的发展亦十分迅速,这些电路将电力电子电路与微电子电路集成在同一个芯片上或封装在同一个模块内,为电力电子装置小型化提供可能,目前已在电信、电源、电动机控制、汽车电子化、办公室自动化及家用电器等方面得到广泛应用。

附录[二]

1. 半导体集成电路型号命名法（国家标准 GB3430—82）

本标准适用于按半导体集成电路系列和品种的国家标准所生产的半导体集成电路。半导体集成电路的型号由 5 部分组成，5 个组成部分的符号及意义见附表 2.1.1。

附表 2.1.1

第零部分		第一部分		第二部分	第三部分		第四部分	
用字母表示器件符合国家标准		用字母表示器件的类型		用阿拉伯数字表示器件的系列和品种代号	用字母表示器件的工作温度范围		用字母表示器件的封装	
符号	意义	符号	意义		符号	意义	符号	意义
C	中国制造	T	TTL		C	0~70 ℃	W	陶瓷扁平
		H	HTL		E	−40~85 ℃	B	塑料扁平
		E	ECL		R	−55~85 ℃	F	全密封扁平
		C	CMOS		M	−55~125 ℃	D	陶瓷直插
		F	线性放大器		⋮	⋮	P	塑料直插
		D	音响、电视电路				J	黑陶瓷直插
		W	稳压器				K	金属菱形
		J	接口电路				T	金属圆形
		B	非线性电路				⋮	⋮
		M	存储器					
		μ	微型机电路					
		⋮						

例1　通用运算放大器

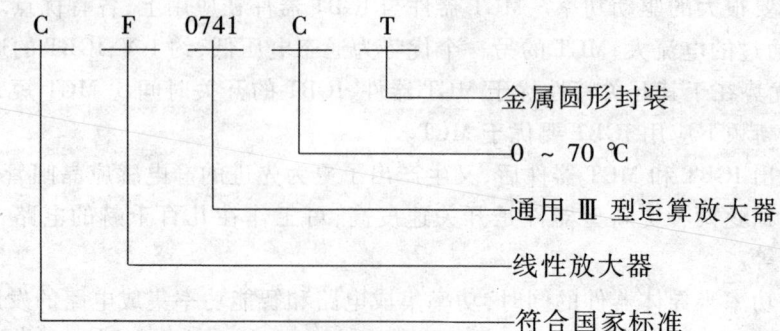

例2　CMOS 8 选 1 数据选择器（3S）

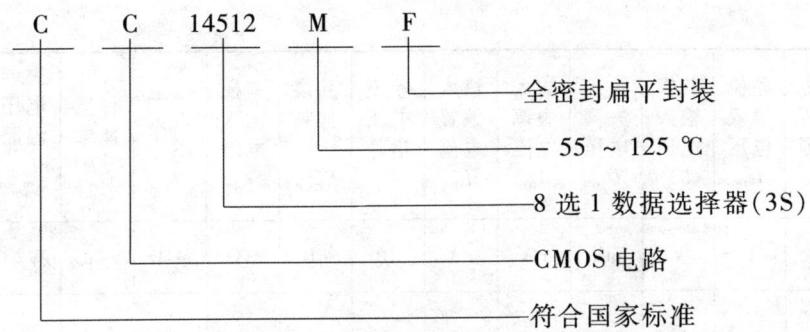

例3 $\underset{(0)}{C}\underset{(1)}{T}\underset{(2)}{74LS290}\underset{(3)}{C}\underset{(4)}{P}$

说明：

(0) 符合国家标准；

(1) 表示 TTL 电路；

(2) 表示系列，品种代号；

(3) 表示工作温度范围；

   C：0 ~ +70 ℃，同国际 74 系列电路的工作温度范围；

   M：-55 ~ +125 ℃，同国际 54 系列电路的工作温度范围；

(4) 表示封装形式。

2. 集成运算放大器

(1) 集成运放的主要参数

一些集成运放的主要参数值见附表 2.2.1，各参数的意义见参考文献[1]、[2]。

附表 2.2.1 一些集成运放的主要参数值

类型	参数 型号 单位	电源电压范围 $\pm V_{CC}$ V	差模输入电压 U_{Id} V	共模输入电压 U_{Ic} V	输入失调电压 U_{IO} mV	输入失调电流 I_{IO} nA	输入偏置电流 I_{IB} nA	差模电压增益 A_{od} dB	共模抑制比 K_{CMR} dB	差模输入电阻 r_{id} MΩ	增益带宽积 f_C MHz	转换速率 SR V/μs	失调电压温漂 dU_{IO}/dT μV/℃	失调电流温漂 dI_{IO}/dT nA/℃	静态功耗 P_Q mW
通用	CF741	±15	±30	±13	2	≤200	≤500	100	90	2	1	0.5	20	1	50
通用	CF324	±1.5 ~ ±15			7	≤50	≤250	≥87	70				7	0.1	
高阻	CF347	±15	±15	±10	10		≤10	80	70	10	5	20	20	0.1	150
低漂	CF7600	±5			5×10⁻³	5×10⁻³	1×10⁻²	120	120	10	2	2.5	1×10⁻²		
高速	CF318	±15	±12	±11	1.5	15	15	100	100	3	35	35		0.2	

续表

类型	参数 型号	电源电压范围 ±V_{CC}	差模输入电压 U_{Id}	共模输入电压 U_{Ic}	输入失调电压 U_{IO}	输入失调电流 I_{IO}	输入偏置电流 I_{IB}	差模电压增益 A_{od}	共模抑制比 K_{CMR}	差模输入电阻 r_{id}	增益带宽积 f_C	转换速率 SR	失调电压温漂 dU_{IO}/dT	失调电流温漂 dI_{IO}/dT	静态功耗 P_Q
	单位	V	V	V	mV	nA	nA	dB	dB	MΩ	MHz	V/μs	μV/℃	nA/℃	mW
低功耗	CF253	±6	±6	±5.5	0.7	0.5	7	100	110	6	1	1.5	3	0.07	0.24
高压	CF143	±40	±40	±40	2	1	8	100	90	1					2.5

(2) 集成运放的类型

集成运放种类很多,按性能及使用场合的不同可分为:

① 通用型集成运放。所谓通用型集成运放是指这类集成运放的性能指标,适合于一般无特殊要求的场合应用。常用的通用型集成运放有 CF741(μA741)和 CF348(μA348)及 CF324(μA324)四通用集成运放,CF348 和 CF324 是在一个集成块内有 4 个独立的集成运放,而 CF324 可以单电源供电工作。

② 高速型集成运放。高速型集成运放具有高单位增益带宽积和高转换速率。这类集成运放主要用于快速 A/D 和 D/A 转换器,精密比较器和视频放大电路中。国产型号有 F318(LM318)等。

③ 低漂移高精度集成运放。这类集成运放具有失调电压温漂低,增益和共模抑制比高的特性。主要用于毫伏级或更低量级的微弱信号检测。国产型号有 F7600 等(国外常用为 OP07)。

集成运放除上述类型外,还有高阻型、高压型、低功耗型等,有关情况可查阅手册了解。

(3) 集成运放使用中的一些问题

① 类型选择。集成运放种类很多,应根据工作要求确定所选用集成运放的类型。一般情况下应选用通用型集成运放,因为这类产品的参数值适当且价格便宜。专用型集成运放仅某些项指标较高,而其他项指标不一定高甚至比通用型低许多,例如,高阻型集成运放,虽然差模输入电阻高,可达 10 MΩ 或更高,但它静态功耗高、差模电压增益、共模抑制比等项指标均不高。

② 消除自激振荡。集成运放内部是高增益多级放大电路,由内部 PN 结电容的作用而易产生自激振荡,为稳定集成运放的工作,使用集成运放时应按产品说明书中的规定,在集成运放的补偿端(COMP 端),按规定接入补偿电阻 R 和电容 C,如附图 2.2.1 所示(如由通用型集成运放 CF725 连接成的集成运放电路,接有补偿 $R \cdot C$),以便破坏产生自激振荡的条件。

③ 调零。集成运放由于内部参数的不对称及温度变化而会引起输入为零时,输出不为零。为此,应规定在集成运放的 OA 端(调零电位器接入端),接入调零电位器,在集成运放输入信号为零的情况下进行闭环调零。如附图 2.2.2 由 CF741 构成的放大电路,调零电位器接入如附图 2.2.2 所示。

④ 输入信号限幅保护。集成运放输入的差模及共模电压不能过高,过高会引起集成运放工

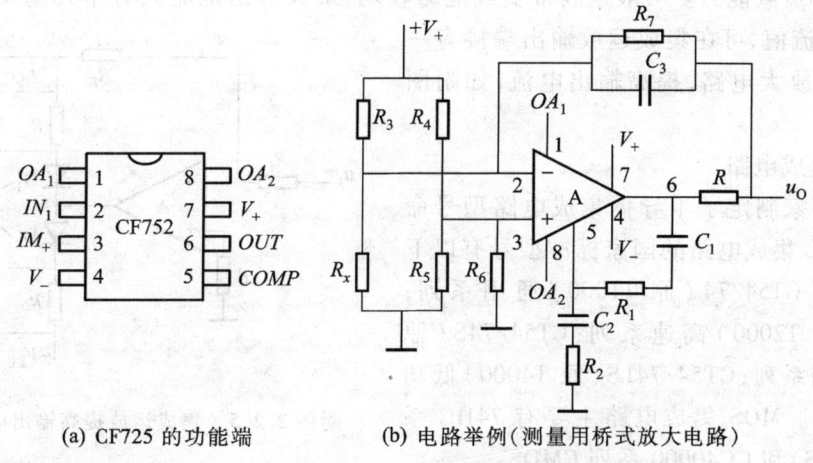

(a) CF725 的功能端　　　　(b) 电路举例(测量用桥式放大电路)

附图 2.2.1　集成运放的消振与调零(以 CF725 为例)

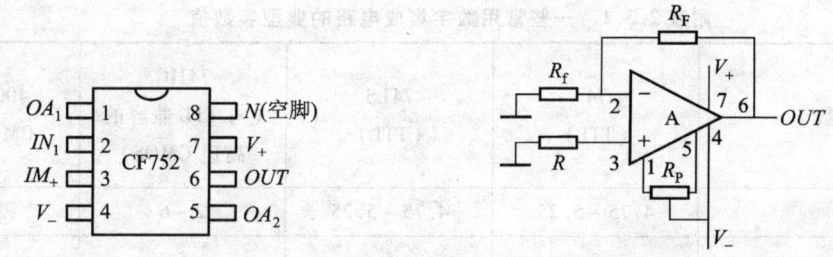

(a) CF741 功能端(OA_1-OA_2 接调零电位器)　(b) 调零电路举例(以 CF741 构成的放大电路为例)

附图 2.2.2　输入为零(闭环)运放调零

作不正常或损坏,为限制输入信号的幅值,在输入端接入反向并联的两只二极管,这时可将输入信号的幅值限制在±0.7 V 以内,如附图 2.2.3 所示。

⑤ 防输出电压 u_O 值过高的保护。可采用附图 2.2.4 所示方法,将限制输出电压的幅值为 $±(U_Z+U_D)$ 值,U_Z 为稳压二极管的稳压值,U_D 为稳压二极管正向导通时电压(同二极管正向电压)。

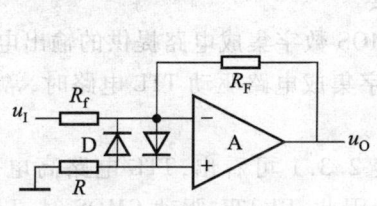
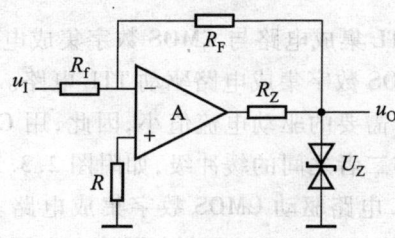

附图 2.2.3　输入信号限幅　　　　附图 2.2.4　输出电压限幅

⑥ 提高带负载能力。一般运放带负载能力较弱,最大输出电流只有十几毫安到几十毫安。为增大输出电流值,可在集成运放输出端接有一互补对称功率放大电路,提高输出电流,如附图 2.2.5 所示。

3. 数字集成电路

1982 年国家制定了半导体集成电路型号命名法,国产 TTL 集成电路的国家标准型号有以下几个系列,即 CT54/74(原 T1000)通用系列; CT54/74H(原 T2000)高速系列; CT54/74S(原 T3000)低功耗系列; CT54/74LS(原 T4000)低功耗肖特基系列。MOS 集成电路主要有 74HC 系列(高速 CMOS)和 CC40000 系列 CMOS。

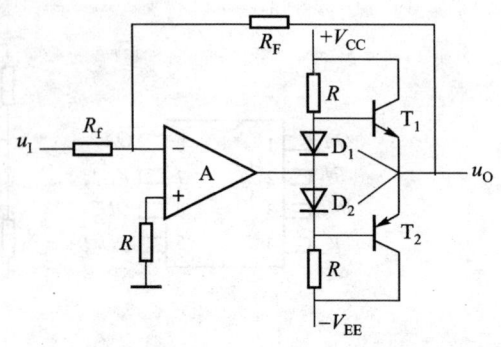

附图 2.2.5　集成运放提高输出电流的电路

(1) 一些常用数字集成电路的典型参数。

一些常用数字集成电路的典型参数值见附表 2.3.1。

附表 2.3.1　一些常用数字集成电路的典型参数值

参　　数	74 (TTL)	74LS (TTL)	74HC (与 TTL 兼容的 高速 CMOS)	4000 系列 CMOS 电路
电源电压范围/V	4.75~5.25	4.75~5.25	2~6	3~18
电源电压 V_{CC}/V	5	5	5	
高电平输入电压 U_{IH}/V	2	2	3.15	3.5($V_{DD}=5$)
低电平输入电压 U_{IL}/V	0.8	0.7	1.35	1.5($V_{DD}=5$)
高电平输出电压 U_{OH}/V	2.4	2.7	3.98	4.95($V_{DD}=5$)
低电平输出电压 U_{OL}/V	0.4	0.5	0.26	0.05
平均传输延迟时间 t_{pd}/ns	10	15	30	100
每门平均功耗/mW	10	2	<0.1	<0.1

(2) TTL 集成电路与 CMOS 数字集成电路的连接

① CMOS 数字集成电路驱动 TTL 电路。由于 CMOS 数字集成电路提供的输出电流值较 TTL 电路输入所需要的驱动电流值小,因此,用 CMOS 数字集成电路驱动 TTL 电路时,常采用晶体管放大电路作二者之间的缓冲级,如附图 2.3.1 所示。

② TTL 电路驱动 CMOS 数字集成电路。由附表 2.3.1 可看出,TTL 电路高电平输出电压 U_{OH} 的电压值较 CMOS 所需高电平输入电压值 U_{IH} 低,因此,用 TTL 驱动 CMOS 时,TTL 的输出高电平有可能不足以推动 CMOS 电路,在这种情况下,可在 TTL 电路输出端和 CMOS 集成电路的电源 V_{DD} 间接入上拉电阻,如附图 2.3.2 所示(电阻 R 取值 3~5 kΩ)。

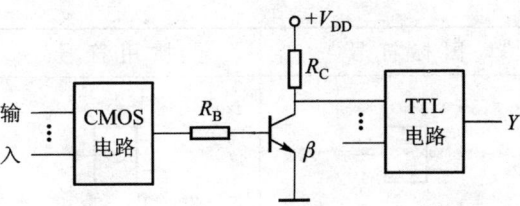

附图 2.3.1　CMOS 数字集成电路驱动 TTL 电路

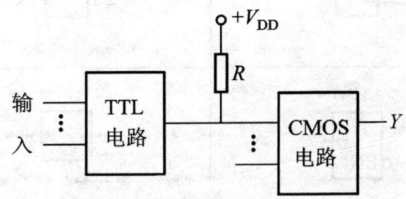

附图 2.3.2　TTL 电路驱动 CMOS 数字集成电路

（3）数字电路常用逻辑符号对照表

数字电路常用逻辑符号对照表见附表 2.3.2。

附表 2.3.2　一些逻辑符号对照表

名　　称	国标符号	惯用符号	国外符号
与门	&	□	⊃
或门	≥1	+	⊃
非门	1	□	▷
与非门	&	□	⊃∘
或非门	≥1	+	⊃∘
与或非门	& ≥1	+	
异或门	=1	⊕	⊃

续表

名 称	国标符号	惯用符号	国外符号
同或门			
集电极开路的与非门			
三态输出的非门			
传输门			
半加器			
全加器			
基本 RS 触发器			
电平触发同步 RS 触发器			
边沿(上升沿) D 触发器			
边沿(上升沿) JK 触发器			

名称	国标符号	惯用符号	国外符号
边沿(下降沿) JK 触发器	S, 1J, C1, 1K, R	J, CP, K, Q, Q̄	J, S_D, Q, CK, K, R_D, Q̄
脉冲触发(主从) JK 触发器	S, 1J, C1, 1K, R	J, CP, K, Q, Q̄	J, S_D, Q, CK, K, R_D, Q̄
边沿(上升沿) T 触发器	S, 1T, C1, R	T, CP, Q, Q̄	

4. 三端集成稳压器

集成稳压器78××和79××的电路参数见附表2.4.1。

附表2.4.1 集成稳压器78××和79××的电路参数

参数名称 符号	输出电压 U_o/V	电压调整率 S_u(1/V)	电流调整率 S_u (对 U_o 的影响)/mV (5 mA≤I_o≤1.5 A)	输出电阻 R_o /mΩ	最小电压差 (U_I-U_o) /V	温度系数 S_T /(mV/℃)	噪声电压 U_N/μV
W7805	5	0.008	40			1.0	
W7806	6	0.009	40			1.0	
W7809	9	0.01	50			1.2	
W7812	12	0.008	50	20	>2	1.2	10
W7815	15	0.007	50			1.5	
W7818	18	0.01	55			1.8	
W7824	24	0.01	60			2.4	
W7905	−5	0.008	10	20		1.0	40
W7906	−6	0.009	10	20		1.0	45
W7909	−9	0.009	30	30		1.2	50
W7912	−12	0.007	50	30	<−2	1.2	75
W7915	−15	0.007	70	40		1.5	90
W7918	−18	0.01	110	50		1.8	110
W7924	−24	0.01	150	60		2.4	170

续表

参数名称 符号	输出电压 U_o/V	电压调整率 S_u(1/V)	电流调整率 S_u（对 U_o 的影响）/mV（5 mA≤I_o≤1.5 A）	输出电阻 R_o/mΩ	最小电压差（U_I-U_o）/V	温度系数 S_T/(mV/℃)	噪声电压 U_N/μV
W78M05	5	0.003	20	40		1.0	40
W78M06	6	0.005	20	50		1.0	45
W78M09	9	0.006	25	70		1.2	65
W78M12	12	0.004	25	100	>2	1.2	75
W78M15	15	0.005	25	120		1.5	90
W78M18	18	0.005	30	140		1.8	100
W78M24	24	0.004	30	200		2.4	200
W79M05	-5	0.008	10	40		1.0	25
W79M06	-6	0.008	15	50		1.0	45
W79M09	-9	0.007	65	70		1.2	250
W79M12	-12	0.005	65	100	<-2	1.2	300
W79M15	-15	0.003	65	120		1.5	400
W79M18	-18	0.009	70	140		1.8	400
W79M24	-24	0.009	90	200		2.4	400

部分习题答案

第 14 章

14.4 0.7 V, 4.6 mA, 152 Ω

14.5 0.67 V, 5 mA, $R_D = 134$ Ω, $R_d = 5.2$ Ω

14.6 $i_D = 6.14 - 0.29\sin 10^4 t$ mA, $u_D = 0.7 - 1.2 \times 10^{-3}\sin 10^4 t$ V

14.8 (1) 3.7 V, 1.66 mA; (2) 1 V, 2.2 mA; (3) 1 V, 2.2 mA

14.9 (a) 12.6 V; (b) 7 V; (c) 1.4 V

14.10 (1) 40 mA, 15 mA, 25 mA; (2) 40 mA, 10 mA, 30 mA

14.11 (1) 40 mA, 15.1 mA, 24.8 mA; (2) 40 mA, 10.4 mA, 30 mA

14.12 7.5 V

14.13 NPN, 50

14.15 $I_C < 13.3$ mA, $U_{CE} < 30$ V

14.16 $U_B = 0$ V 截止; $U_B = 1$ V 放大; $U_B = 1.6$ V 饱和

14.17 (a) 放大; (b) 饱和; (c) 截止

14.19 (a) 夹断; (b) 恒流; (c) 可变电阻区

第 15 章

15.6 (1) −18.2; (2) 饱和; (3) 截止

15.7 $\dot{A}_u = -96$, $R_i = 0.88$ kΩ, $R_o = 3$ kΩ

15.8 (1) 6.64 kΩ; (2) −1.48

15.9 (1) 16 μA, 1.3 mA, 4.2 V; (2) −146, $R_i = 1.5$ kΩ, $R_o = 5$ kΩ

15.10 $\dot{A}_u = -95$, $\dot{A}_{us} = -57$

15.11 −56.7, −76

15.12 $u_{o1} = 490\sin(\omega t + 180°)$ mV, $u_{o2} = 490\sin \omega t$ mV

15.13 −2.5

15.14 −2.5

15.15 0.714

15.16 0.022 mA, 1.75 mA, 5.2 V, 0.99

15.17 0.99

15.18 2147

15.19 72.2

15.20 −11.8

15.21 −17.3, −17

第 16 章

16.11 −35

16.12 $-125, 0.25, 54$ dB

16.14 36 mV

16.15 -48

16.16 $-48\sqrt{2}\sin\omega t$ mV

16.17 -270

16.18 ≈ 10 W

16.19 8 W

16.20 5 W

第17章

17.8 (b) $-R_F/R_f$

17.9 (a) $-R_F/R_f$;(b) $(R_F+R_{e1})/R_{e1}$

17.10 (a) $-R_F/R_f$;(b) $-R_F/R_1$

17.11 (a) R_L/R_E;(b) $\approx -(R_L//R_C)/R_e$

17.12 (a) -30;(b) 15

17.13 (a) $-R_F/R_1$;(b) 正反馈

17.14 (a) $(1+R_F/R_{e2}) \cdot R'_L/R_s$;(b) $-R_F/R_s$

17.15 4

17.16 19 kΩ

第18章

18.1 -5 V

18.2 $-13.5, 34.2$ kΩ

18.5 1.5 kΩ,15 kΩ

18.6 (3) $-R_F/R_1$

18.7 $(1+R_4/R_5)(-R_7/R_6)$

18.8 $=R_F//R_f$

18.9 (1) -30;(2) $U_{IC1}=U_1$;(3) $U_{IC2}=0$

18.10 100 Ω,10 Ω,2 Ω

18.11 0.325 V

18.14 -2.02 V

18.15 1.91,11

18.16 5.49~10.71

18.17 5 s

18.19 $2u_1t/RC$

18.24 (c) 5.75 V,-4.25 V,10 V;(d) 13 V,-7 V,20 V

18.26 455 Hz

18.27 833 Hz

18.28 455 Hz

18.29 3 183 Hz

18.32 20.6,1.125 W

18.33 $-10, 1.9$ W

第 19 章

19.1   122.2 V, 2.75 A, 173 V
19.2   108 V, 2.7 A, 1.35 A, 170 V
19.3   2.25 A, 1.125 A, 142 V
19.4   1 414 V
19.5   622 V
19.6 $C = (300 \sim 500)$ μF, $U_2 = 15$ V
19.7   18 V, 21 V, 3 W
19.9   89 V, 30 A, 252 V
19.10 22.5 V, 15 A, 283 V
19.11 92.5 V, 20 A, 310 V
19.12 $25° \sim 180°$, 10 A, 115 V
19.15 $U_{a(AV)} = \left(\dfrac{2t_1}{T} - 1\right) U_1$
19.16 逆变电路

第 20 章

20.1   或门
20.2   或非门
20.5   (1) $A+B$; (2) **1**; (3) C
20.6   (1) $\overline{\overline{AC} \cdot \overline{AB} \cdot \overline{BC}}$; (2) $\overline{B} \cdot \overline{AC}$; (3) $\overline{A} \cdot \overline{B}$
20.7   (1) $\sum(1、3、5、6、7)$; (2) $\sum(9、13)$; (3) $\sum(3、5、6、7)$
       (4) $\sum(0、2、3、5、6、7)$; (5) $\sum(1、8、9、10、12、14)$
20.8   (1) $AC+AB+BC$; (2) $(A \oplus C)+BD$; (3) $AB+AC$;
       (4) $A \oplus B \oplus C \oplus D$
20.11 (a) $\overline{AB}$; (b) $\overline{A \oplus B}$; (c) $A \oplus B$

第 21 章

21.1   (a) **1**; (b) **1**; (c) 高阻; (d) 高阻
21.5   (a) $\overline{A} \cdot \overline{B} + AB$; (b) $Y_1 = A \oplus B \oplus C, Y_2 = AB+AC+BC$ (c) $A \oplus B \oplus C \oplus D$

第 22 章

22.6   15 个 CP, 8 位二进制或 3 位十进制计数器
22.9 $Q_{n+1} = Q_n \overline{K} + \overline{Q_n} \cdot J$
22.13 左移
22.14 8 个
22.15 $0000 \to 1000 \to 1100$ $0100 \leftarrow 1001 \leftarrow 0010$
       $\uparrow \qquad\qquad\qquad \downarrow$ $\downarrow \qquad\qquad\qquad \uparrow$
       $0001 \qquad 1110 \leftarrow 1101 \leftarrow 1010$
       $\uparrow \qquad\qquad\qquad \downarrow$ $\downarrow \qquad\qquad\qquad \uparrow$
       $0011 \leftarrow 0111 \leftarrow 1111$ $0101 \leftarrow 1011 \leftarrow 0110$

22.16 0000→1000→0100→0010→0001 ↰

22.17 (a) 000→001→010
         ↑   ↓
         111   011
         ↑   ↓
         110←101←100

(b) 000→111→110
    ↑   ↓
    001   101
    ↑   ↓
    010←011←100

22.18 $CP' = \dfrac{1}{3}CP$（三分频电路）

22.20 000→001→010 ← 111 ← 110
       ↑   ↓
       101←100←011

22.21 101→110→111→000→001→010
                    ↖   ↓
                    100←011

22.22 000→001→011
       ↑   ↓
       100←110←111

第 23 章

23.1 4.17×10^6 Hz

23.2 多谐

23.3 多谐

23.4 多谐

23.5 施密特构成的多谐

23.7 63 ms, 16 Hz

23.8 45.5 kΩ

23.9 483 Hz

23.10 240 Hz, 2 882 Hz

第 24 章

24.1 $-\dfrac{V_R}{16}(2^3 \cdot d_3 + 2^2 \cdot d_2 + 2^1 \cdot d_1 + 2^0 \cdot d_0)$

24.2 −2.187 5 V, −3.437 5 V

24.3 0, 1.875 V, 2.5 V, 4.375 V

24.5 3.43 V, **10001011**

24.6 (1) 0.1 s; (2) 1.256 V; (3) 5 次

24.7 $W_3 = \overline{A_1 \cdot A_0}, W_2 = \overline{A \cdot \overline{A_0}}, W_1 = \overline{\overline{A_1} \cdot A_0}, W_0 = \overline{\overline{A_1} \cdot \overline{A_0}}$

24.11 $Y_3 = AB + CD, Y_2 = CD + \overline{A}\,\overline{B}, Y_1 = A\overline{B} + \overline{A}B, Y_0 = CD + \overline{C}\,\overline{D}$

24.12 $Q_3 = I_3, Q_2 = I_3 \oplus I_2, Q_1 = I_2 \oplus I_1, Q_0 = I_1 \oplus I_0$

参 考 文 献

[1] 华成英,童诗白.模拟电子技术基础[M].4版.北京:高等教育出版社,2006.
[2] 康华光.电子技术基础——模拟部分[M].4版.北京:高等教育出版社,1999.
[3] 邓汉馨,郑家龙.模拟集成电子技术教程[M].北京:高等教育出版社,1994.
[4] 阎石.数字电子技术基础[M].5版.北京:高等教育出版社,2006.
[5] 李士雄,丁康源.数字集成电子技术教程[M].北京:高等教育出版社,1993.
[6] 张建华.数字电子技术[M].北京:机械工业出版社,1994.
[7] 何希才.新型集成电路及其应用实例[M].北京:科学出版社,2002.
[8] 中国集成电路大全编写委员会.中国集成电路大全.TTL集成电路[M].北京:国防工业出版社,1985.
[9] 中国集成电路大全编写委员会.中国集成电路大全.CMOS集成电路[M].北京:国防工业出版社,1985.
[10] 新编电气工程师实用手册编写委员会.新编电气工程师实用手册[M].北京:水利水电出版社,1998.
[11] 赵良炳.现代电力电子技术基础[M].北京:清华大学出版社,1995.
[12] 周明宝,瞿文龙.电力电子技术[M].北京:机械工业出版社,1997.
[13] 刘全忠.电子技术(电工学Ⅱ)[M].北京:高等教育出版社,1999.
[14] 叶挺秀.电工电子学[M].北京:高等教育出版社,1999.
[15] 孙骆生.电工学基本教程下册[M].3版.北京:高等教育出版社,2003.
[16] 刘宝琴.数字电路与系统[M].北京:清华大学出版社,1993.
[17] 王尔乾,巴林凤.数字逻辑及数字集成电路[M].北京:清华大学出版社,1994.
[18] 李大友,严化南,顾喜隆.数字电路逻辑设计[M].北京:清华大学出版社,1997.
[19] 童诗白,徐振英.现代电子学及应用[M].北京:高等教育出版社,1994.

郑 重 声 明

高等教育出版社依法对本书享有专有出版权。任何未经许可的复制、销售行为均违反《中华人民共和国著作权法》，其行为人将承担相应的民事责任和行政责任，构成犯罪的，将被依法追究刑事责任。为了维护市场秩序，保护读者的合法权益，避免读者误用盗版书造成不良后果，我社将配合行政执法部门和司法机关对违法犯罪的单位和个人给予严厉打击。社会各界人士如发现上述侵权行为，希望及时举报，本社将奖励举报有功人员。

反盗版举报电话：(010)58581897/58581896/58581879
传　　真：(010)82086060
E - mail：dd@hep.com.cn
通信地址：北京市西城区德外大街4号
　　　　　高等教育出版社打击盗版办公室
邮　　编：100120

购书请拨打电话：(010)58581118